光电技术系列丛书

工程光学计量测试技术概论

主　编　杨照金
副主编　崔东旭

国防工业出版社
·北京·

内 容 简 介

本书系统地介绍工程光学计量测试的基础理论和有关的测量方法，涉及了红外武器系统、激光武器系统、可见光光电系统、综合光电系统、空间光学仪器设备、靶场光学测量设备、微光成像系统和光学隐身等方面的计量测试技术。

本书的读者对象为从事光电系统工程和光学计量测试工作的科技工作者，光学工程专业和仪器仪表专业的硕士研究生和博士研究生。

图书在版编目(CIP)数据

工程光学计量测试技术概论／杨照金主编. －－北京：国防工业出版社，2016.2

（光电技术系列丛书）

ISBN 978－7－118－10792－0

Ⅰ.①工… Ⅱ.①杨… Ⅲ.①工程光学－光学计量－测试技术－概论 Ⅳ.①TB96

中国版本图书馆 CIP 数据核字(2016)第 025627 号

※

国防工业出版社出版发行

（北京市海淀区紫竹院南路 23 号　邮政编码 100048）

三河市腾飞印务有限公司印刷

新华书店经售

*

开本 787×1092　1/16　**印张** 29½　**字数** 711 千字

2016 年 2 月第 1 版第 1 次印刷　**印数** 1—2000 册　**定价** 98.00 元

国防书店：(010)88540777　　发行邮购：(010)88540776

发行传真：(010)88540755　　发行业务：(010)88540717

《工程光学计量测试技术概论》

编审委员会

前　言

光学计量主要是围绕光学物理量测量技术和量值传递开展工作。它的主要任务是不断完善光学计量单位制，复现光学物理量单位，研究新的光学计量标准器具和标准装置，建立量值传递系统和传递方法，发展新的光学测试技术，研究新的光学计量理论。通过多年发展，光学计量基本的计量基准、计量标准已经基本完善，包括光度、色度、光谱光度、光辐射、激光参数、成像光学、光学材料等方面的计量标准体系已经覆盖了光学科学和光学工业的方方面面。随着光学科学和光学技术的发展，新型的光电系统不断涌现，特别是光电技术在国防系统的广泛应用，新一代光电武器系统对光学计量测试提出了新的要求，这就出现了光电武器系统整机性能的测量与校准问题。本书的目的就是在已有光学计量标准的基础上，研究工程光学领域的计量测试问题和光电系统整机性能的计量测试技术。

本书的作者曾于2010年、2013年分别出版了《现代光学计量与测试》和《当代光学计量测试技术概论》两本书，对光学计量测试的基础理论、计量基准、计量标准和光学参数测量方法进行了较为系统的总结。本书是上述工作的继续，较系统地介绍工程光学计量测试有关的测量方法，涉及了红外武器系统、激光武器系统、可见光光电系统、综合光电系统、空间光学仪器设备、靶场光学测量设备、微光成像系统和光学隐身等方面的计量与测试技术。

本书的内容共分为9章。第1章　绪论，介绍工程光学计量测试的内涵和工程光学计量测试的需求等。第2章　红外武器系统参数测量与校准，介绍红外热像仪、红外导引头、光纤红外图像寻的、红外烟幕干扰、红外搜索跟踪、红外告警等光电武器系统所涉及的计量测试问题。第3章　激光武器系统参数测量与校准，介绍激光测距机、激光雷达、激光导引头、空间激光通信、高能激光、激光引信、激光目标指示器和激光告警等系统所涉及的计量测试问题。第4章　可见光光电系统参数测量与校准，介绍可见光CCD成像系统、电视导引头等系统所涉及的计量测试问题。第5章　综合光电系统参数测量与校准，介绍光电跟踪仪、多光谱多光轴系统、光电稳定系统、光学陀螺、捷联惯性导航系统、光电对抗系统、光电干扰、闪光爆炸和光电显示器等系统所涉及的计量测试问题。第6章　空间光学计量测试，介绍成像光谱仪、航天相机、太阳模拟器、地球模拟器、星敏感器、太阳能电池等空间光学仪器设备所涉及的计量测试问题。第7章　靶场光学测量设备及其校准，介绍常规靶场通用的光幕靶、天幕靶、CCD立靶、光电经纬仪、弹道相机、能见度仪、校靶镜和高速摄影机等系统所涉及的计量测试问题。第8章　微光成像系统参数测量，介绍直视型微光夜视系统、微光CCD成像系统、水下微光成像系统及激光距离选通微光成像系统等所涉及的计量测试问题。第9章　光学隐身性能测试与计量，介绍红外隐身、激光隐身和可见光隐身所涉及的计量测试问题。

本书由杨照金、崔东旭组织策划和编写。其中，2.1节由胡铁力撰写；2.2.4、2.8节由岳文龙撰写；3.1节由南瑶撰写；3.4节、3.5节由王雷撰写；第4章由郭羽撰写；5.2节由马世帮撰写；5.3节由黎高平撰写；5.6节、5.7节由杨爱粉、张佳撰写；5.8.1节~5.8.6节由吴宝宁撰写；7.4.2节、7.7节由王生云撰写；8.2节由孙宇楠撰写；8.3节、8.4节由解琪撰写；其余章节均由杨照金撰写，全书由杨照金统稿。西安应用光学研究所科研管理处李杰、情报研究室田民强、人力资源处樊桂云、赵琳等提供很多帮助，解琪、于东钰、张佳、李琪、孙宇楠等负责插图整理。杨红同志对全书进行了认真的审阅，并提出许多中肯意见和建议。

本书内容基于作者所在科研集体(国防科技工业光学一级计量站)的一些科研成果，同时参考和引用了国内许多专家、学者发表的相关著作和文章。西安应用光学研究所和国防科技工业光学一级计量站领导的关心与支持使得作者能在较短的时间内完成本书撰写。在此一并表示衷心感谢。

由于作者知识面和水平有限，错误在所难免，希望广大读者多加批评指正。

作　者

2015年12月于西安

目　录

第1章　绪　论

随着军用光电子技术的发展,红外热成像、激光测距、激光雷达、激光照射、高能激光武器、光电制导、光电跟踪等技术广泛应用于陆、海、空各种作战武器平台,极大地改变了现代战场的攻防态势。随着光电武器系统综合性能的提高,对光学计量测试技术提出了新的更高的要求,对这些武器系统性能的精确测量和准确评价,已经成为光电武器系统研制、生产、试验和使用的一个重要方面,同时也成为国防光学计量测试一个充满活力的新分支。

1.1　工程光学计量测试的内涵

计量是关于测量的科学,是实现单位统一、量值准确可靠的活动,是经济活动、国防建设、科学研究和社会发展的重要技术基础。计量在现代工业、农业、国防和科学技术各个领域发挥着重要作用。

我国目前按专业和被测对象量的不同,把计量学分为十大类,即几何量计量、热学计量、力学计量、电磁学计量、电子学计量、时间频率计量、电离辐射计量、声学计量、光学计量、化学计量。按照计量学的内容和性质、应用的不同领域划分,计量学还可分为通用计量学、应用计量学、技术计量学、质量计量学、理论计量学和法制计量学等。

光学计量是计量学的十大计量专业之一,它是围绕光学物理量测量技术和量值传递开展工作。它的主要任务是不断完善光学计量单位制,复现光学物理量单位,研究新的光学计量标准器具和标准装置,建立量值传递系统和传递方法,发展新的光学测试技术,研究新的光学计量理论。随着科学技术的进步,光学计量技术得到飞速发展,已成为光学产业重要的支撑技术。

按照计量学中的分类方法,光学计量也可分为通用计量学和应用计量学。光学计量中的通用计量应当包括在实验室进行的常规量限的计量检定和校准工作,如以黑体辐射源作为标准的对黑体的检定及对光辐射量的计量,以激光功率标准对激光功率计的检定等。光学计量中的应用计量包括的内容特别多,如在现场对光学整机性能测试装置的检定与校准,对专用测试设备的现场校准等。

工程光学计量属于应用计量,它是以正在研制和装备于部队的光电武器系统为对象,对典型装备性能测试装置进行现场检定和校准,确保光电武器系统性能测试装置的量值受控,并通过一定的方式溯源于国家计量标准。如红外热像仪的性能测试和性能测试装置的校准,激光测距机的性能测试和性能测试装置的校准等。而工程光学计量测试既包括了上面所说的检定和校准问题,同时也包括了对光电武器系统总体性能的测试与评价问题,范围非常广,内容非常丰富,它将成为光学计量测试领域一个新的分支。

1.2 工程光学计量测试的需求

光学计量涉及的分专业有光度计量、光谱光度计量、色度计量、光辐射计量、激光参数计量、光学材料参数计量、成像光学计量、光电探测器参数计量、光纤参数计量、微光夜视计量等。通过多年发展,光学计量各个分专业的计量标准体系已经建立起来,一般的计量器具都可以通过一定的方式溯源于国家计量标准。

在国防领域,为了满足军用光学系统在研制过程中组装调校、现场实验、综合性能评价等需求,需要研制许多综合参数测量系统。例如 CCD 成像系统综合参数测试仪、激光测距机测试系统、红外热像仪评价系统等。这些测试系统是保证整机性能质量的基础,其本身必须通过计量检定,确保测试数据的准确可靠。目前这类仪器越来越多,保证其测试数据的准确可靠是计量部门今后承担的重要任务。归纳起来,当前迫切需要的涉及工程光学计量的有如下一些方面。

1. 红外武器系统参数测量与校准

红外技术在武器系统应用的典型代表是红外热像仪,红外热像仪已经作为主要的夜视观察设备,广泛的应用于陆、海、空部队的各种作战平台。在此基础上发展的红外成像导引头、红外有线制导、红外烟幕干扰、红外搜索跟踪和红外告警等对光学计量测试提出了新的要求,这已经成为国防光学计量一个非常重要的方面。

2. 激光武器系统参数测量与校准

激光技术以及战术激光武器在军事上的广泛应用,对战场目标的生存构成了严重威胁。目前战场上使用的激光武器系统,包括激光测距机、激光雷达、激光目标指示器、激光对抗和激光制导武器。近年来,高能激光武器系统、空间光通信系统、激光引信和激光告警等系统正在受到重视,这些方面对光学计量测试提出了新的要求,需求越来越迫切。

3. 可见光光电系统参数测量与校准

可见光成像系统在各种武器系统中是技术最成熟、应用最广泛的一个方面,其基础是可见光 CCD 成像系统,典型应用是电视观察系统、成像导引头等。对这些成像系统整机性能进行综合评价和现场校准是一项新的任务,需要花大力气开展研究。

4. 综合光电系统参数测量与校准

除了红外武器系统、激光武器系统和可见光成像系统外,在现代光电武器系统中,有些涉及到可见、红外和激光,性能上不仅涉及观察,而且涉及跟踪和瞄准,我们把这一类光电武器系统称为综合光电系统,比较典型的有光电跟踪仪、多光谱多光轴系统、光电稳瞄稳像、光学陀螺、光电对抗和光电干扰等。对这些系统进行整机性能评估、仿真试验及校准已经成为一项迫切的任务。

5. 空间光学计量测试

空间光学仪器和设备在空间探测遥感中发挥着重要作用,随着我国探月工程、对地观测和载人航天计划的实施,在我国掀起了新的空间技术热,与此相关的空间光学仪器与设备受到了重视,一大批新型光学仪器与设备投入使用,对这些新的空间光学仪器设备的性能评价和校准已经受到许多从事空间光学仪器研究与计量测试工作者的关注,这将成为光学计量一个新的分支。典型的空间光学仪器有航天相机、成像光谱仪、星敏感器、太阳模拟器、地球模拟器、星模拟器等。

6. 靶场光学测量设备及其校准

靶场光学测量设备主要指在常规靶场进行打靶试验中用于弹道测量的光学仪器,包括光幕靶、天幕靶、CCD立靶、光电经纬仪、弹道相机等。随着新型光电武器系统的发展,对靶场测量设备提出了更高的要求,新的测量设备不断涌现。对这些测量设备的校准已经成为一项新的任务。

7. 微光成像系统参数测量与校准

微光成像系统是指以微光像增强技术为基础的微光成像系统,与可见光成像系统相比,它具有像增强功能,可以在夜间观察到用可见光成像系统观察不到的目标。典型的微光成像系统有直视型微光夜视系统、增强型CCD(ICCD)、电子轰击CCD成像系统(EBCCD)、微光水下成像系统和激光距离选通微光成像系统等。

8. 光学隐身性能参数测量与校准

随着红外热成像、激光测距、光电制导等技术广泛应用于各种作战武器平台,极大地改变了现代战场的攻防态势。由于光电系统性能的提高,现代战场上,被发现往往意味着被摧毁。因此,光电隐身技术在现代战争中的作用越来越受到重视。隐身性能的评价和计量测试已经成为工程光学计量一个重要的方面。

1.3 计量测试有关名词术语

我国于1982年由国家计量局制定了JJG 1001—82《常用计量名词术语及定义》,1991年修订为JJG 1001—91《通用计量名词及定义》。

作为以后各章的预备知识,我们简要地介绍后面各章要用到的一些计量测试名词术语。

1. 计量学(metrology)

定义:测量的科学。

计量学研究量与单位、测量原理与方法、测量标准的建立与溯源、测量器具及其特性以及与测量有关的法制、技术和行政的管理。计量学也研究物理常量、标准物质和材料特性的测量。

2. 测量(measurement)

定义:以确定量值为目的的一组操作。

量值是通过测量来确定的。测量要有一定的手段,要有人去操作,要用一定的测量方法,要在一定的环境下进行,并且必须给出测量结果。

3. 校准(calibration)

定义:在规定条件下,为确定测量仪器或测量系统所指示的量值,或实物量具、标准物质所代表的量值,与对应的由计量标准所复现的量值之间关系的一组操作。

校准的对象是测量仪器、实物量具、标准物质或测量系统,也包括各单位、各部门的计量标准装置。校准的目的是确定被校对象示值所代表的量值。

4. 检定(verification)

定义:由法定计量技术机构确定与证实测量器具是否完全满足要求而做的全部工作。

在国际标准化组织制定的ISO/IEC导则25中定义为:通过检查和提供客观证据表明已满足规定要求的确认。对测量设备管理而言,检定是检查测量器具的示值与对应的被测量的已知值之间的偏移是否小于标准、规程或技术规范规定的最大允许误差。根据检定结果可对测量设备作出继续使用、进行调整、修理、降级使用或声明报废的决定。

5. 测试、试验(testing、test)

定义:对给定的产品、材料、设备、生物体、物理现象、过程或服务,按照规定的程序确定一种或多种特性或性能的技术操作。

测试的对象涉及面很宽,在工业部门主要是材料和产品。校准与检定的目的是为了保证测量设备准确可靠,而测试是为了确定材料或产品的性能或特性而进行的测量或试验。

6. 检验(inspection)

定义:对产品的一个或多个特性进行的诸如测量、检查、试验或度量,并将结果与规定要求进行比较,以确定每项特性是否合格所进行的活动。

7. 测量误差(error of measurement)

测量结果与被测量的真值之差值,即

$$测量误差 = 测得值 - 真值$$

8. 测量不确定度(uncertainty of measurement)

与测量结果相关联的、用于合理表征被测量值分散性大小的参数,它是定量评定测量结果的一个重要质量指标。

9. 测量结果(result of measurement)

由测量所得的赋予被测量的值。

10. 测量结果的重复性(repeatability of measurement result)

在相同测量条件下,对同一被测量体连续进行多次测量所得结果之间的一致性。

参考文献

[1] 李宗扬. 计量技术基础[M]. 北京:原子能出版社,2002.
[2] 郑克哲. 光学计量[M]. 北京:原子能出版社,2002.
[3] 杨照金,范纪红,王雷. 现代光学计量与测试[M]. 北京:北京航空航天大学出版社,2010.

第2章　红外武器系统参数测量与校准

随着红外探测技术的发展，尤其是红外热成像技术的发展，红外热像仪已经成为海、陆、空部队夜间观察的主要手段，它和微光夜视仪一起，根本性地改变了夜间作战模式，大幅度提高了部队夜间作战的效率。红外制导已经成为导弹、精确制导炸弹的主要制导方式之一。本章将重点围绕目前已经装备于部队和正在研制的红外武器系统所涉及的光学计量测试技术进行研究和讨论。

2.1　红外热像仪参数计量测试

2.1.1　红外热像仪概述

红外热像仪是利用红外探测器、光学成像物镜和光机扫描系统，接收被测目标的红外辐射能量分布图形反映到红外探测器的光敏元上，在光学系统和红外探测器之间，有一个光机扫描机构对被测物体的红外热像进行扫描，并聚焦在单元或分光探测器上，由探测器将红外辐射能转换成电信号，经放大处理、转换成标准视频信号通过电视屏或监测器显示红外热像图。这种热像图与物体表面的热分布场相对应，实质上是被测目标物体各部分红外辐射的热像分布图。由于信号非常弱，与可见光图像相比，缺少层次和立体感，因此，在实际动作过程中为更有效地判断被测目标的红外热分布场，常采用一些辅助措施来增加仪器的实用功能，如图像亮度、对比度的控制，伪色彩描绘等技术。

随着红外焦平面探测技术的发展，红外热像仪的结构形式发生了根本性改变，红外辐射图像直接通过物镜成像在红外焦平面探测器上，去掉了复杂的光机扫描机构，使得红外热像仪的结构更加紧凑。

红外热像仪一般分光机扫描成像系统和非扫描成像系统。光机扫描成像系统采用单元或多元（元数有8、10、16、23、48、55、60、120、180甚至更多）光电导或光伏红外探测器，用单元探测器时速度慢，主要是帧幅响应的时间不够快，多元阵列探测器可做成高速实时热像仪。非扫描成像的热像仪，属新一代的热成像装置，在性能上大大优于光机扫描式热像仪，有逐步取代光机扫描式热像仪的趋势。非扫描成像热像仪的关键技术是探测器由单片集成电路组成，被测目标的整个视野都聚焦在上面，并且图像更加清晰，使用更加方便，仪器非常小巧轻便，同时具有自动调焦、图像冻结、连续放大、点温、线温、等温和语音注释图像等功能，仪器采用PC卡，存储容量可高达500幅图像。

红外热电视是红外热像仪的一种。红外热电视是通过热释电摄像管（PEV）接收被测目标物体的表面红外辐射，并把目标内热辐射分布的不可见热图像转变成视频信号，因此，热释电摄像管是红外热电视的光键器件，它是一种实时成像、宽谱成像（对3 ~ 5μm及8 ~ 14μm有较好的频率响应)、具有中等分辨力的热成像器件,主要由透镜、靶面和电子枪三部分组成。其技术功能是将被测目标的红外辐射线通过透镜聚焦成像到热释电摄像管,采用常温热电视探测器和电子束扫描及靶面成像技术来实现的。

2.1.2 红外热像仪评价参数

随着红外热像仪技术的发展和日趋广泛的应用,对它的性能参数的评价越来越显得重要。下面简要介绍与红外热像仪光学性能有关的参数的定义。

1. 信号传递函数(*SiTF*)

信号传递函数定义为红外热像仪入瞳上的输入信号与其输出信号之间的函数关系,即信号传递函数指在增益、亮度、灰度指数和直流恢复控制给定时,系统的光亮度(或电压)输出对标准测量靶标中靶标—背景温差输入的函数关系。输入信号一般规定为靶标与其均匀背景之间的温差,输出信号可规定为红外热像仪监视器上靶标图像的对数亮度($\lg L$),现在一般规定为红外热像仪输出电压,所以,信号传递函数 *SiTF* 等于被测量红外热像仪观察刀口靶或其他合适的靶标时,红外热像仪的输出电压相对于输入温差的斜率。

2. 噪声等效温差(*NETD*)

衡量红外热像仪判别噪声中小信号能力的一种广泛使用的参数是噪声等效温差(*NETD*)。噪声等效温差(*NETD*)有几种不同的定义,最简单且通用的定义为:噪声等效温差(*NETD*)是红外热像仪观察试验靶标时,基准电子滤波器输出端产生的峰值信号与均方根噪声比为 1 的试验靶标上黑体目标与背景的温差。

3. 调制传递函数(*MTF*)

调制传输函数的定义是对标称无限的周期性正弦空间亮度分布的响应。对一个光强在空间按正弦分布的输入信号,经红外热像仪输出仍是同一空间频率的正弦信号,但是,输出的正弦信号对比度下降,且相位发生移动。对比度降低的倍数及相位移动的大小是空间频率的函数,分别被称为红外热像仪的调制传递函数(*MTF*)及相位传递函数(*PTF*)。一个红外热像仪的 *MTF* 及 *PTF* 表征了该红外热像仪空间分辨能力的高低。

4. 最小可分辨温差(*MRTD*)

MRTD 是一个用景物空间频率函数来表征热像仪的温度分辨力的量度。*MRTD* 的测量图案为四条带,带的高度为宽度的 7 倍,目标与背景均为黑体。由红外热像仪对某一组四条带图案成像,调节目标相对于背景的温差,从零逐渐增大,直到在显示屏上刚能分辨出条带图案为止,此时的目标与背景间的温差就是该组目标基本空间频率下的最小可分辨温差。分别对不同基频的四条带图案重复上述过程,可得到以空间频率为自变量的 *MRTD* 曲线。

5. 最小可探测温差(*MDTD*)

最小可探测温差(*MDTD*)是将噪声等效温差 *NETD* 与最小可分辨温差 *MRTD* 的概念在某些方面作了取舍后而得到的。具体地说,*MDTD* 仍是采用 *MRTD* 的观测方式,由在显示屏上刚能分辨出目标对背景的温差来定义。但 *MDTD* 测量采用的标准图案是位于均匀背景中的单个方形或圆形目标,对于不同尺寸的靶,测出相应的 *MDTD*。因此,*MDTD* 与 *MRTD* 相同之处是二者既反映了红外热像仪的热灵敏性;也反映了红外热像仪的空间分辨力。*MDTD* 与 *MRTD* 不同之处在于,*MRTD* 是空间频率的函数,而 *MDTD* 是目标张角的函数。

6. 动态范围

对于红外热像仪的输出,不致因饱和与噪声而产生令人不能接受的信息损失时所接收的输入信号输入值的范围。

7. 均匀性

均匀性定义为在红外热像仪视场(FOV)内,对于均匀景物输入,红外热像仪输出的均匀性。

8. 畸变

畸变是指在红外热像仪整个视场(FOV)内,放大率的变化对轴上放大率的百分比。畸变提供关于把观察景物按几何光学传递给观察者的情况。

一般情况下,通过信号传递函数(*SiTF*)、噪声等效温差(*NETD*)、调制传输函数(*MTF*)、最小可探测温差(*MDTD*)和最小可分辨温差(*MRTD*)的测量,基本上可实现对红外热像仪较为全面的性能评估[1-5]。

2.1.3 红外热像仪参数测量装置

红外热像仪参数测量装置主要包括:准直辐射系统、光学测量平台、承载被测量红外热像仪转台、信噪比测量仪、帧采样器、微光度计、读数显微镜和计算机及测量软件。其中准直辐射系统由温差目标发生器及准直光管组成。红外热像仪参数测量装置组成及功能模块如图2-1所示。

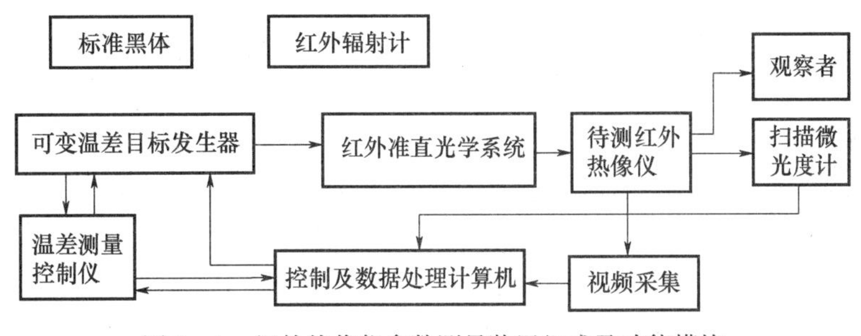

图2-1　红外热像仪参数测量装置组成及功能模块

红外热像仪参数测量装置涉及到多种技术:精密面源黑体制造技术、精密仪器加工技术、光学技术、微机测控技术、红外测量技术等。红外热像仪参数测量装置示意图如图2-2所示。

1. 准直辐射系统

准直辐射系统的功能是给被测红外热像仪提供多种图案的目标。准直辐射系统一般分为两种类型,一种是采用单黑体的准直辐射系统,又称为辐射靶系统,其系统示意图如图2-3所示。在工作时,辐射靶本身的温度 T_B 始终处于被监控状态。当 T_B 改变时,黑体本身温度 T_T 随之相应改变,使预先设定的温差 $\Delta T = T_T - T_B$ 保持恒定。

另一种是采用双黑体的标准辐射系统,又称反射靶系统,其系统示意图如图2-4所示。反射靶与辐射靶的主要区别是反射靶表面具有高反射率。通过第二个黑体,辐射背景温度得到精确的设定和控制。

测量靶包括一系列各种空间频率的四条靶,中间带圆孔的十字形靶、方形及圆形的窗口靶、针孔靶、狭缝靶等,以实现红外热像仪各种参数的测量。

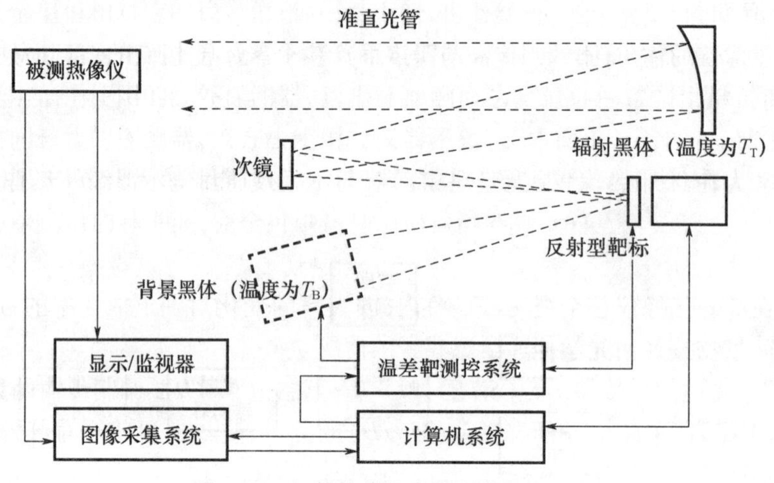

图 2-2　红外热像仪参数测量装置示意

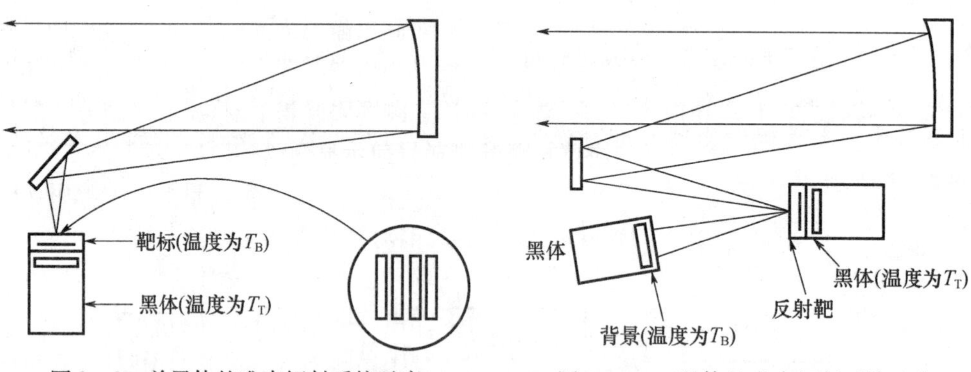

图 2-3　单黑体的准直辐射系统示意　　图 2-4　双黑体的准直辐射系统示意

2. 光学测量平台

光学测量平台承载整个红外热像仪测量系统，提供一个水平防震的设备安装平台。

3. 承载被测量红外热像仪转台

承载被测量红外热像仪转台的主要功能是通过转动，精确调节被测量红外热像仪光轴对准准直光管的光轴。同时，还可以利用承载被测量红外热像仪转台进行承载被测量红外热像仪视场 FOV 大小的测量。

4. 信噪比测量仪

信噪比测量仪由基准电子滤波器、均方根噪声电压表、数字电压表等仪器组成，通过测量在一定输入下的信噪比，从而可计算出被测量红外热像仪的噪声等效温差 *NETD* 和噪声等效通量密度 *NEFD*。

5. 帧采样器

对于在被测量红外热像仪的测量过程中，通过帧采样器与被测量红外热像仪接口，帧采样器对被测量红外热像仪视频输出采样、数字化，然后传输到计算机进行数据处理与分析，可测量出被测量红外热像仪的噪声等效温差 *NETD*、线扩展函数 *LSF*、调制传输函数 *MTF*、信号传递函数 *SiTF*、亮度均匀性、光谱响应及客观 *MRTD*、客观 *MDTD* 等参数。

6. 微光度计

利用微光度计可测量被测量红外热像仪显示器上特定靶图所成像的亮度大小及分布，完成 *NETD*、*LSF*、*SiTF*、*MTF*、亮度均匀性、光谱响应及客观 *MRTD* 和 *MDTD* 的测量。

7. 读数显微镜

读数显微镜可测量被测量红外热像仪显示器上对特定靶图案所成像的尺寸大小，完成畸变性能测量。

8. 计算机及测量软件

计算机系统的功能主要是：第一，提取每次测量所得到的被测量红外热像仪的输出信息，通过自动测量软件，计算出被测量红外热像仪的各种参数；第二，实施黑体温度和靶标定位的控制和整个测量过程的自动化管理。

2.1.4 红外热像仪调制传递函数测量

我们知道，红外热像仪由光学系统、探测器、信号采集及处理电路、显示器等部分组成。因此，红外热像仪的调制传递函数为各分系统调制传递函数的乘积，即

$$MTF_s = \prod_{i=1}^{n} MTF_i = MTF_o \cdot MTF_d \cdot MTF_e \cdot MTF_m \cdot MTF_{\text{eye}} \tag{2-1}$$

式中：MTF_i 为红外热像仪各分系统的调制传递函数；MTF_o 为红外热像仪光学系统的调制传递函数；MTF_d 为红外热像仪探测器的调制传递函数；MTF_e 为红外热像仪电子线路的调制传递函数；MTF_m 为红外热像仪显示器的调制传递函数；MTF_{eye}为人眼的调制传递函数。

调制传递函数 *MTF* 用来说明景物（或图像）的反差与空间频率的关系。直接测量红外热像仪的调制传递函数 *MTF*，测量和计算都很复杂。所以，通常在实验室中先测量红外热像仪的线扩展函数 *LSF*，然后由线扩展函数的傅里叶变换可得红外热像仪的调制传递函数 *MTF*。

用测量线扩展函数 *LSF* 来计算 *MTF* 的测量原理框图如图 2-5 所示。测量靶可采用矩形刀口靶，也可采用狭缝靶。

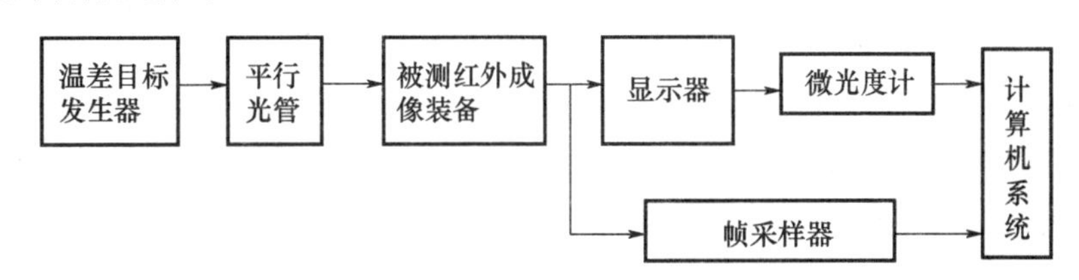

图 2-5 *MTF* 测量原理框图

因为调制传递函数是对线性系统而言的，由测得的红外热像仪 *SiTF* 曲线可知其非线性区。根据测得的 *SiTF* 曲线找出被测红外热像仪的线性工作区，再进行 *MTF* 参数测量。采用狭缝靶测量红外热像仪 *MTF* 的程序如下：

（1）将红外热像仪的“增益”和“电平”控制设定为 *SiTF* 线性区的相应值，靶标温度调到 *SiTF* 线性区的中间位置的对应位置。

（2）把狭缝靶置于准直光管焦平面上，使其投影像位于被测红外热像仪视场内规定区域，并使图像清晰。对被测红外热像仪输出狭缝图案采样（由微光度计对显示器上的亮度信号采样或由帧采集器对输出电信号采样）得到系统的线扩展函数 *LSF*。

（3）关闭靶标辐射源，扫描背景图像并记录背景信号。两次扫描的信号相减，对所得结果

进行快速傅里叶变换，求出光学传递函数 *OTF*，取其模得到被测量红外热像仪的 *MTF*。

(4) 由于测量的结果包括靶标的 *MTF*、准直光管的 *MTF*、被测量红外热像仪的 *MTF* 及图像采样装置的 *MTF*，扣除靶标的 *MTF*、准直光管的 *MTF* 及图像采样装置的 *MTF*，并归一化后得到被测量红外热像仪的 *MTF*。

(5) 对每一要求的取向（测量方向为狭缝垂直方向或 ±45°方向）、区域、视场等重复上述步骤。

典型的 *LSF* 和 *MTF* 曲线如图 2-6 所示。

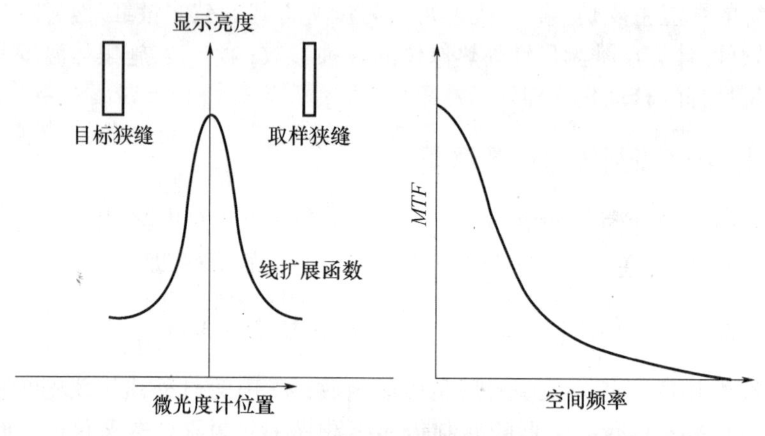

图 2-6　典型的 *LSF* 和 *MTF* 曲线

2.1.5　红外热像仪噪声等效温差测量

测量噪声等效温差时，一般采用方形窗口靶，尺寸为 $W \times W$，温度为 T_T 的均匀方形黑体目标，处在温度为 $T_B(T_T > T_B)$ 的均匀黑体背景中构成红外热像仪噪声等效温差 *NETD* 的测量图案。被测红外热像仪对这个图案进行观察，当系统的基准电子滤波器输出的信号电压峰值和均方根噪声电压的值之比等于 1 时，黑体目标和黑体背景的温差称为噪声等效温差 *NETD*。

实际测量时，为了取得良好的结果，通常要求目标尺寸 W 超过被测红外热像仪瞬时视场若干倍，测量目标和背景的温差超过被测红外热像仪 *NETD* 数十倍，使信号峰值电压 V_s 远大于均方根噪声电压 V_n，然后按下式计算被测红外热像仪的 *NETD*：

$$NETD = \frac{\Delta T}{V_s/V_n} \tag{2-2}$$

式中：ΔT 为目标和背景的温差；V_s 为信号峰值电压；V_n 为热像仪的均方根噪声电压。

噪声等效温差 *NETD* 作为红外热像仪性能综合量度有一些局限性：

(1) *NETD* 的测量点是在基准化电路的输出端。由于从电路输出端到终端图像之间还有其他子系统（如被测量红外热像仪的显示器等），因而 *NETD* 并不能表征整个被测量红外热像仪的整机性能。

(2) *NETD* 反映的是客观信噪比限制的温度分辨力，但人眼对图像的分辨效果与视在信噪比有关。*NETD* 并没有考虑人眼视觉特性的影响。

(3) 单纯追求低的 *NETD* 值并一定能达到好的系统性能。例如增大工作波段的 $\lambda_1 \sim \lambda_2$ 的宽度，显然会使红外热像仪的 *NETD* 减小。但是在实际应用场合，可能会由于所接收的日光成分的增加，使红外热像仪测出的温度与真实温度的差异加大。这表明 *NETD* 公式未能保证与红外热像仪实际性能的一致性。

(4) 红外热像仪 *NETD* 反映的是红外热像仪对低频景物（均匀大目标）的温度分辨力，不能表征系统红外热像仪用于观测较高空间频率景物时的温度分辨性能。

尽管 *NETD* 作为系统性能的综合量度有一定局限性，但是，*NETD* 参数概念明确，易于测量，目前仍在广泛采用。尤其是在红外热像仪的设计阶段，采用 *NETD* 作为对红外热像仪诸参数进行选择的权衡标准是有用的。

红外热像仪 *NETD* 的测量原理如图 2 - 7 所示。其中 ΔT 等于温度为 T_T 的均匀方形或圆形黑体目标与处在温度为 T_B（$T_T > T_B$）的均匀黑体背景之间的温差，其数值可由温差目标发生器直接给出。信号电压 V_s 和均方根电压 V_n 可由数字电压表和均方根噪声电压表分别测出。同样，红外热像仪的信噪比 V_s/V_n 还有另一种基于帧采样器的测量方法，通过帧采样器对被测量红外热像仪的视频输出采样、数字化，然后传输到计算机进行数据处理与分析，也可计算出其信噪比。从而计算出被测量红外热像仪的噪声等效电压 *NETD*。

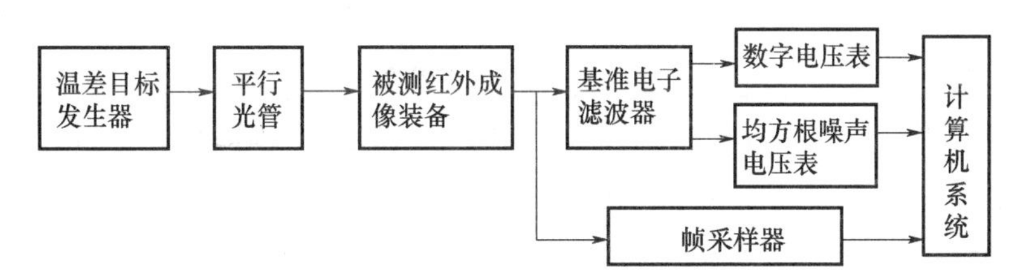

图 2 - 7　红外热像仪 *NETD* 测量原理图

利用这套测量装置还可计算出被测量红外热像仪的噪声等效通量密度 *NEFD* 及噪声等效辐照度 *NEI* 的测量。

2.1.6　红外热像仪最小可分辨温差（*MRTD*）测量

1. 红外热像仪 *MRTD* 计算公式

红外热像仪 *MRTD* 分析是根据图像特点及视觉特性，将客观信噪比修正为视在信噪比，从而得到与图案测量频率有关的极限视在信噪比下的温差值，即 *MRTD*。

红外热像仪接收到的目标图像信噪比 $(S/N)_0$ 为

$$(S/N)_0 = \Delta T/NETD \tag{2-3}$$

式中：ΔT 为目标与背景的温差。

在红外热像仪的输出端，一个条带图案的信噪比 $(S/N)_i$ 为

$$(S/N)_i = R(f)\frac{\Delta T}{NETD}\left[\frac{\Delta f_n}{\int_0^{\infty} S(f)MTF_e^2(f)MTF_m^2(f)\mathrm{d}f}\right]^{1/2} \tag{2-4}$$

式中：$R(f)$ 为红外热像仪的方波响应，即对比度传递函数；$s(f)$ 为归一化噪声功率谱；$MTF_e(f)$ 为电子线路的调制传递函数；$MTF_m(f)$ 为显示器的调制传递函数；Δf_n 为噪声等效带宽。

采用基频为 f_T 的条带（方波）图案时，$R(f)$ 应为

$$R(f) \approx \frac{4}{\pi}MTF_s(f) \tag{2-5}$$

式中：$MTF_s(f)$ 为系统调制传递函数。

下面在红外热像仪 $MRTD$ 的测量条件下对$(S/N)_i$进行修正：眼睛感受到的目标亮度是平均值，因正弦信号半周内的平均值是幅值的 $2/\pi$，则对信噪比修正因子为 $2/\pi$。由于眼睛的时间积分效应，信号将按人眼积分时间（$t_e=0.2\mathrm{s}$）一次独立采样积分，同时噪声按平方根叠加，因此信噪比将改善$(t_e f_p)^{1/2}$，f_p 为帧频。在垂直方向，人眼将进行信号空间积分，并沿线条去噪声的均方根值，利用垂直瞬时视场 β 作为噪声的相关长度，得到修正因子为

$$\left(\frac{L}{\beta}\right)^{1/2}=\left(\frac{\varepsilon}{2f_{\mathrm{T}}\beta}\right)^{1/2} \tag{2-6}$$

式中：L 为条带长（角宽度）；ε 为条带长宽比（$=L/W$），$\varepsilon=7$；f_{T} 为条带空间频率。

当频率 f_{T} 的周期矩形线条目标存在时，人眼的窄带空间滤波效应近似为单个线条匹配滤波器，匹配滤波函数为 $\mathrm{sinc}(\pi f/2f_{\mathrm{T}})$。

在白噪声情况下，电路、显示器及眼睛匹配滤波器的噪声带宽 $\Delta f_{\mathrm{eye}}(f_{\mathrm{T}})$ 为

$$\Delta f_{\mathrm{eye}}(f_{\mathrm{T}})=\int_0^{\infty}MTF_e^2(f)MTF_m^2(f)\,\mathrm{sinc}(\pi f/2f_{\mathrm{T}})\,\mathrm{d}f \tag{2-7}$$

即信噪比修正因子$\left(\frac{\Delta f_n}{\Delta f_{\mathrm{eye}}}\right)^{1/2}$为

$$\left(\frac{\Delta f_n}{\Delta f_{\mathrm{eye}}}\right)^{1/2}=\left[\frac{\int_0^{\infty}MTF_e^2(f)MTF_m^2(f)\,\mathrm{d}f}{\Delta f_{\mathrm{eye}}(f_T)}\right]^{1/2} \tag{2-8}$$

把上述四种效应与显示信噪比结合，就得到视觉信噪比$(S/N)_v$为

$$(S/N)_v=\frac{8}{\pi^2}MTF_s(f)\,(t_e f_p)^{1/2}\left(\frac{\varepsilon}{2f_{\mathrm{T}}\beta}\right)^{1/2}\left(\frac{\Delta f_n}{\Delta f_{\mathrm{eye}}}\right)^{1/2}\frac{\Delta T}{NETD} \tag{2-9}$$

令观察者能分辨线条的阈值视觉信噪比为$(S/N)_{DT}$，则由上式解出 ΔT 就是 $MRTD$ 表达式：

$$MRTD(f)=\frac{\pi^2}{8}\frac{NETD\,(2f\beta)^{1/2}\,(S/N)_{DT}}{(t_e f_p\varepsilon)^{1/2}MTF_s(f)}\left(\frac{\Delta f_n}{\Delta f_{\mathrm{eye}}}\right)^{1/2} \tag{2-10}$$

式中：$NETD$ 为热像仪的噪声等效温差；$(S/N)_{TD}$为观察者能分辨线条的阈值视觉信噪比；f 为图像的空间频率；Δf_n 为噪声等效带宽；Δf_{eye}为考虑人眼匹配滤波器作用的噪声等效带宽；β 为垂直方向瞬时视场；$MTF_s(f)$ 为热像仪系统调制传递函数；t_e为人眼积分时间；f_p为热像仪的帧频；ε 为条带长宽比。

2. 红外热像仪 *MRTD* 主观测量

红外热像仪 $MRTD$ 主观测量方法如下：

1）测量装置标定

标定用的仪器是标准黑体（包括常温腔式黑体和中温腔式黑体）和辐射计。先用标准黑体对辐射计进行标定，然后用辐射计对红外热像仪 $MRTD$ 测量装置的稳定度、均匀性和温差进行标定，并由此计算出仪器常数 ϕ。

2）空间频率选择

在测量红外热像仪 $MRTD$ 时规定至少在四个空间频率 f_1、f_2、f_3、f_4（周期每毫弧度）上进行，频率选择以能反映红外热像仪的工作要求为准。通常选择 $0.2f_0$、$0.5f_0$、$1.0f_0$、$1.2f_0$ 值，f_0 为被测量红外热像仪的特征频率的 $1/2(DAS)$。DAS 是红外热像仪探测器尺寸对它的物镜的张角（毫弧度）。

3）测量程序

首先把较低空间频率的标准四杆图案靶标置于准直光管焦平面上，并把温差调到高于规定值进行观察。调节红外热像仪，使靶标图像清晰成像。

降低温差，继续观察，把目标黑体温度从背景温度以下调到背景温度以上，分辨黑白图样，记录当观察到每杆靶面积的75%和两杆靶间面积的75%时的温差，称之为热杆（白杆）温差。继续降低温差，直到冷杆（黑杆出现），记录并判断温差，判断时以75%的观察者能分清图像为准。

4）测量结果处理

上述测量中，当目标温度高于背景温度时（白杆）称为正温差 ΔT_1，目标温度低于背景温度时（黑杆）称为负温差 ΔT_2，取其绝对值的平均值，并考虑到准直光管的透射比（准直光管的 *MTF* 不计）及温差发生器的发射率校正，用下式计算被测量红外热像仪的 $MRTD(f)$ 值。

$$MRTD(f) = \phi \frac{|\Delta T_1| + |\Delta T_2|}{2} \tag{2-11}$$

$$\Delta T_1 = T_1 - T_0, \Delta T_2 = T_2 - T_0$$

式中：ϕ 为测量装置常数，与红外热像仪参数测量装置的调制传输函数 *MTF*、光谱透射比及温差发生器的发射率等有关；温差发生器采用双黑体方案时，T_0 为背景辐射黑体温度，采用单黑体方案时，T_0 为等效环境温度；T_1 为观察者能分辨出四杆白条图案时的目标温度；T_2 为观察者能分辨出四杆黑条图案时的目标温度；ΔT_1 为观察者能分辨出四杆白条图案时目标与背景的最小温差 $T_1 > T_0$；ΔT_2 为观察者能分辨出四杆黑条图案时目标与背景的最小温差 $T_2 < T_0$。

一般情况下，对于每一种空间频率的图案都要在三个典型区域进行测量，求每一区域除垂直方向外，还要测量与之相对应的 ±45°取向的 *MRTD*。典型的红外热像仪 *MRTD* 曲线如图2－8所示。

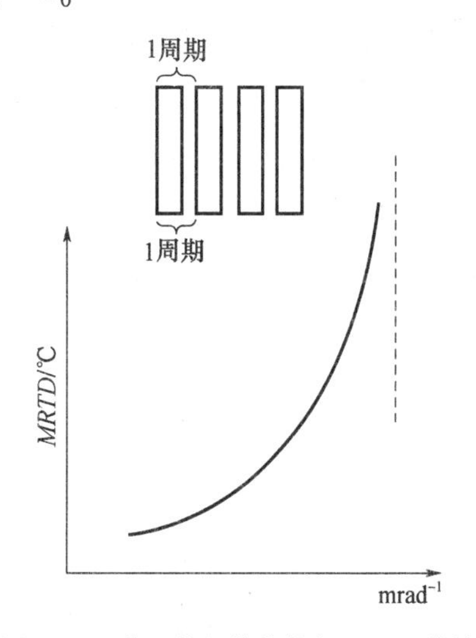

图2－8 典型的红外热像仪 *MRTD* 曲线

3. *MRTD* 客观测量

红外热像仪 *MRTD* 主观测量法中，由于观察者响应有较大的分散性和占用时间较长等问题，近年来红外热像仪参数测量向客观即自动测量方向发展。红外热像仪 *MRTD* 客观测量法目前分两种：一种是对红外热像仪显示器进行测量，称为光度法；另一种是利用视频帧采集卡对红外热像仪视频信号进行测量，称为 *MTF* 法。

2.1.7 红外热像仪最小可探测温差（*MDTD*）测量

1. 红外热像仪 *MDTD* 计算公式

设目标是角宽度为 W 的方形，在考虑了目标图案及视觉效应后，从对视觉信噪比作修正入手分析并推导出红外热像仪 *MRTD* 表达式。视觉信噪比修正具体表现在：

（1）视觉平均积分作用对信号的修正；

（2）人眼的时间积分效应对信噪比的修正；

(3) 在垂直方向上,人眼对空间积分作用对信噪比的修正;

(4) 人眼频域滤波作用对信噪比的修正。

红外热像仪 *MDTD* 表达式为

$$MDTD(f) = \sqrt{2}\,(S/N)_{DT}\,\frac{NETD}{\bar{I}(x,y)}\left[\frac{f\beta\Delta f_{\mathrm{eye}}(f)}{t_e f_p \Delta f_n}\right]^{1/2} \tag{2-12}$$

式中:$\bar{I}(x,y)$ 为显示器上振幅规格化为 1 时方块目标的像。

2. 红外热像仪最小可探测温差 *MDTD* 测量

红外热像仪的 *MDTD* 测量方法与 *MRTD* 的测量方法相同,只是将靶标换成圆形或方形靶。对不同尺寸的靶,测出相应的 *MDTD*,然后作出 *MDTD* 与靶标尺寸的关系曲线。典型的红外热像仪 *MDTD* 曲线如图 2-9 所示。

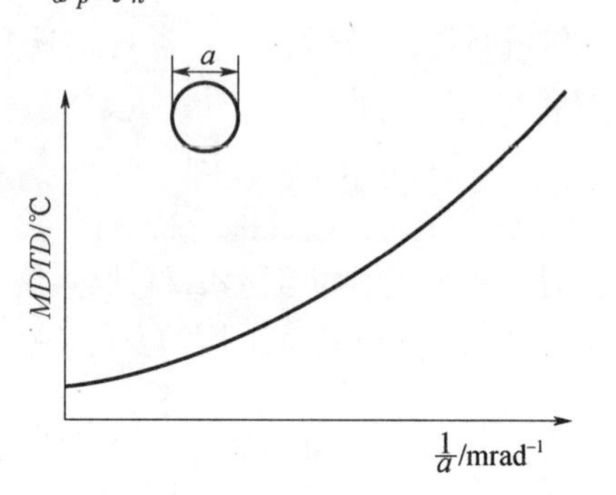

图 2-9 典型的红外热像仪 *MDTD* 曲线

2.1.8 红外热像仪信号传递函数 *SiTF* 测量

红外热像仪信号传递函数 *SiTF* 是说明目标温度变化 ΔT 与被测量红外热像仪输出(显示器亮度或输出电压)之间的一个函数。红外热像仪信号传递函数 *SiTF* 测量原理如图 2-10 所示。测量靶标采用圆孔靶。

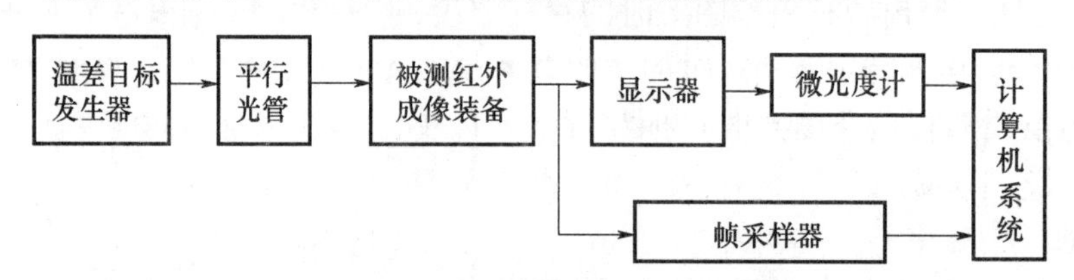

图 2-10 红外热像仪 *SiTF* 测量原理

在预定的温度范围内,等间隔的改变目标与背景之间的温差,记录相应的被测量红外热像仪输出视频信号的电压值或显示器上的目标亮度(由微光度计对显示器上的亮度信号采样或由视频帧采集器对视频输出信号采样),最后画出信号电压或亮度与相对应的目标与背景之间的温差关系曲线,由曲线可得到被测量红外热像仪的线性工作区域。

2.1.9 红外热像仪参数测量装置的校准

上面我们介绍了红外热像仪主要参数的定义、测量原理与测量装置。下面我们介绍测量装置的溯源与校准。

1. 差分温度传输比

在红外热像仪测试中,传输给被测红外热像仪的输入信号是红外热像仪测试系统在其光学准直系统的出射口向被测红外热像仪提供的辐射温差(又称差分辐射温度)。被测红外热像仪的输出信号往往是视频差分电压,通过对被测红外热像仪输出信号和输入信号的运算,我们可以得到被测红外热像仪的许多性能参数。但是,在具体测试计算红外热像仪技术性能参数时,测试人员首先应该理解两个温差(即差分温度),第一个温差是红外热像仪测试系统的面源黑体温度测控仪器显示温差，是面源黑体、红外靶标向红外热像仪测试系统提供的输入温差；第二个温差是红外热像仪测试系统的输出温差，即红外热像仪测试系统在其光学准直系统的出射口向被测红外热像仪提供辐射温差。定义差分温度传输比为面源黑体温度测控仪器显示温差与红外热像仪测试系统在其光学准直系统的出射口向被测试红外热像仪提供的辐射温差之比。将红外热像仪测试系统的仪表显示温差乘以红外热像仪测试系统的传输比，我们就可以得到红外热像仪测试系统在其光学准直系统的出射口向被测试红外热像仪提供的辐射温差。

1）红外热像仪的双黑体测试系统温差传输比

由两个面源黑体和高反射比靶标提供差分温度的红外热像仪双黑体测试系统如图 2－11 所示，由两个面源黑体产生的差分温度应该等于反射型靶标后面的目标黑体仪表显示温度与背景黑体仪表显示温度之差，差分温度经准直光管准直后，投射到准直光管的出射口，作为被测红外热成像系统的输入量，被测红外热像仪产生相应的视频差分电压信号输出 ΔV_{UUT} 为

$$\Delta V_{UUT} = G\frac{\pi A_d}{4F_{UUT}^2}\int_{\lambda_1}^{\lambda_2} R(\lambda)[\varepsilon_T L(\lambda,T_T) - \rho_{\mathrm{TB}}(\lambda)\varepsilon_B L(\lambda,T_B)]Tr_{UUT}(\lambda)Tr_{\mathrm{TEST}}(\lambda)\mathrm{d}\lambda \tag{2-13}$$

式中：G 为被测红外热像仪的电子增益；A_d 为被测红外热像仪中单元探测器的光敏面面积；F_{UUT} 为被测红外热像仪的焦数；λ_1，λ_2 分别为被测红外热像仪的光谱响应带宽的上下限；$R(\lambda)$ 为被测红外热像仪的探测器光谱响应度；ε_T 为目标黑体的有效发射率；ε_B 为背景黑体的有效发射率；$\rho_{TB}(\lambda)$ 为反射式靶标的光谱反射率；$L(\lambda,T_T)$ 为目标黑体的光谱辐射亮度；$L(\lambda,T_B)$ 为背景黑体的光谱辐射亮度；$Tr_{UUT}(\lambda)$ 为被测红外热像仪的光谱传输比；$Tr_{\mathrm{TEST}}(\lambda)$ 为测试系统中主镜、次镜及大气的光谱传输比。

运用中值定理计算方法，在作了许多近似处理的情况下，可以将式(2－13)简化为

$$\Delta V_{\mathrm{SYS}} = SiTF \cdot \phi(\varepsilon_T,\rho_{\mathrm{TB}},\varepsilon_B,T_{\mathrm{TEST}}) \cdot \Delta T \tag{2-14}$$

式中：$SiTF$ 为被测红外热像仪的信号传递函数；$\phi(\varepsilon_T,\rho_{\mathrm{TB}},\varepsilon_B,T_{\mathrm{TEST}})$ 为红外热像仪测试系统温差传输比；ΔT 为辐射黑体与背景黑体的仪表显示温差。

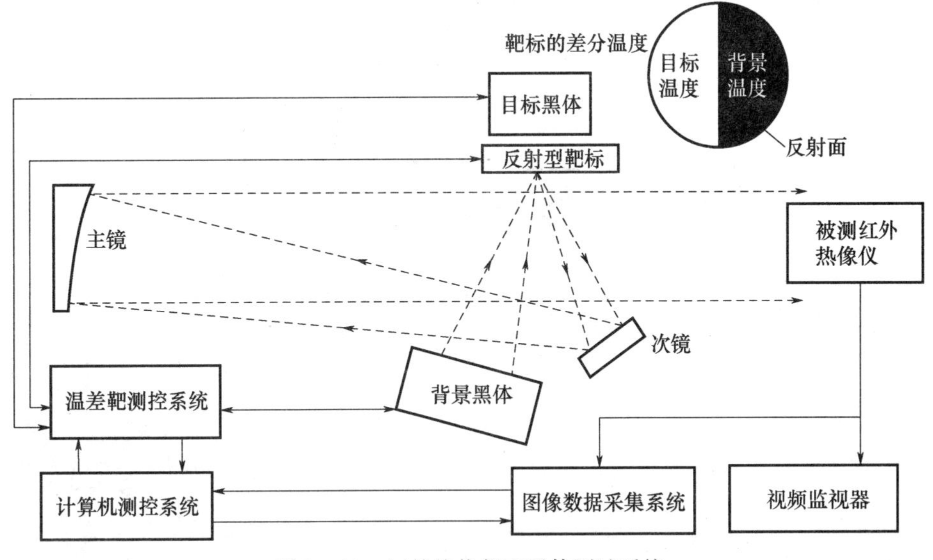

图 2－11　红外热像仪双黑体测试系统

从式(2-14)可以看出,用于红外热像仪测试的双黑体型测试系统,其差分温度传输比不能简单的通过将测试系统中的面源黑体发射率、反射式靶标的反射比、光学元件综合反射比以及大气透过率简单的相乘来获得。况且对于长时间使用的测试装置,往往会出现光学元件微小移位,光学元件表面蒙灰甚至污染,光学元件表面氧化,面源黑体与靶标离焦等情况。因此,对于红外热像仪的双黑体型测试系统,其差分温度传输比必须经过定期的准确标定来确定。

2) 红外热像仪的单黑体测试系统传输比

对于由一个面源黑体和高发射率靶标提供差分温度的红外热像仪单黑体测试系统,由面源黑体、高发射率靶标产生的差分温度辐射经准直光管投射到准直光管的出射口,作为被测试红外热成像系统的输入量。在将面源黑体和作为辐射背景的高发射率靶标表面近似看作Lambert 体,并近似认为二者的有效发射率相等时,被测红外热像仪产生相应的视频差分电压信号输出 ΔV_{UUT}为

$$\Delta V_{UUT} = G\frac{A_d}{4F_{UUT}^2}\int_{\lambda_1}^{\lambda_2} R(\lambda)[M(\lambda,T_T) - M(\lambda,T_B)]Tr_{UUT}(\lambda)\varepsilon Tr_{\text{TEST}}(\lambda)\,\mathrm{d}\lambda \tag{2-15}$$

式中:G 为被测红外热像仪的电子增益;A_d 为被测红外热像仪中单元探测器的光敏面面积;F_{UUT}为被测红外热像仪的焦数;λ_1,λ_2 分别为被测红外热像仪的光谱响应带宽的上下限;$R(\lambda)$为被测红外热像仪的探测器光谱响应度;$Tr_{UUT}(\lambda)$为被测红外热像仪的光谱传输比;ε 为面源黑体和高发射率靶标的有效发射率;$Tr_{\text{TEST}}(\lambda)$为测试系统中主镜、次镜及大气的光谱传输比。

可以将 $M(\lambda,T_T)-M(\lambda,T_B)$ 中的目标黑体 T_T 表示为 $T_T=T_B+\Delta T$,则根据泰勒公式,得到:

$$M(\lambda,T_B+\Delta T) - M(\lambda,T_B) = \left[\frac{\partial M(\lambda,T_B)}{\partial T_B}\right]\Delta T + \left[\frac{\partial^2 M(\lambda,T_B)}{\partial^2 T_B}\right]\frac{\Delta T^2}{2} + \cdots \tag{2-16}$$

通过分析计算可以知道,常温温度区域,在 8~14μm 范围内,当 $\Delta T \leqslant 10℃$;在 3~5μm 的光谱范围内,当 $\Delta T \leqslant 5℃$时。忽略上式的第一项之后的分项,产生的误差小于 0.01%,完全可以忽略。因此,可以认为,差分辐射出射度与普朗克公式对温度的偏导数成正比,如下式所示:

$$M(\lambda,T_B+\Delta T) - M(\lambda,T_B) = \left[\frac{\partial M(\lambda,T_B)}{\partial T_B}\right]\Delta T \tag{2-17}$$

将式(2-16)代入式(2-15),化简后得到:

$$\Delta V_{UUT} = SiTF_{UUT}\cdot[\varepsilon Tr_{\text{TEST}}(\lambda)\cdot\Delta T] \tag{2-18}$$

式中:$SiTF_{UUT}$为被测红外热像仪的信号传递函数,可以简写为 $SiTF$。

在近似的情况下,式(2-18)中的 $\varepsilon\cdot Tr_{\text{TEST}}\cdot\Delta T$ 被认为是准直光管出射口差分辐射温度,等于红外热像仪测试系统的仪表显示温差值 ΔT 乘以 $\varepsilon\cdot Tr_{\text{TEST}}$。$\varepsilon\cdot Tr_{\text{TEST}}$被近似地认为是红外热像仪测试系统的差分温度传输比(即红外热像仪测试系统的仪器常数)。

上式是在比较理想的情况下近似得到的结果,这时我们认为红外热像仪测试系统的光机结构已经调试到理想状态,如靶标、面源黑体均已准确调试到主镜的焦面上,背景黑体以最适合的角度入射到准直光管的主镜上,次镜空间位置已完全调整到位,面源黑体和靶标的发射率不变,光学元件反射比保持不变等。但长期处于工作状态的红外热像仪测试装置,往往并不是

处于理想工作状态。如果我们在计算红外热像仪测试系统的传输比时按照理想状况来近似，以式(2-18)来计算红外热像仪测试系统的差分温度传输比，则会出现较大的误差。例如，许多差分温度传输比的标称值为0.95以上的红外热像仪测试系统，其真实的差分温度传输比一般都低于此值，并且在长期使用后，红外热像仪测试系统的差分温度传输比往往低于0.90。因此，由一个面源黑体和高发射率靶标提供差分温度的红外热像仪单黑体测试系统，其差分温度传输比同样需经过实际测量来得到，并在长期使用过程中做定期的校准。

2. 传输比对红外热像仪参数测量的影响

如果红外热像仪测试系统的差分温度传输比不能准确测量或者测量到的误差较大，那么这个误差将会进一步影响到被测红外热像仪参数测试的准确度，使得被测红外热像仪的信号传递函数 *SiTF*、最小可分辨温差 *MRTD*、最小可探测温差 *MDTD* 等参数测试结果出现较大误差。

1）传输比对 *SiTF* 测试的影响

红外热像仪的空间噪声等效温差、时域噪声等效温差、3D 噪声等往往是通过先测出被测红外热像仪的 *SiTF*，然后 *SiTF* 参与下一步的测试数据分析计算来得到的。因此，红外热像仪测试系统的传输比进一步影响到了空间噪声等效温差、时域噪声等效温差、3D 噪声等参数的测试结果。

在实际测量被测红外热像仪的信号传递函数 *SiTF* 时，国际上普遍用到的通用计算模型公式为

$$SiTF = \frac{\Delta U_{UUT}}{\phi \cdot \Delta T} \tag{2-19}$$

式中：ΔU_{UUT}为被测试红外热像仪的视频差分电压；ϕ 为红外热像仪测试系统的仪器常数或传输比；ΔT 为红外热像仪测试系统向被测试红外热像仪提供的物理温差，即面源黑体温度测控仪器显示的差分温度值。

上式中的 $\phi \cdot \Delta T$ 就是被测红外热像仪在测试装置的出射口得到的实际辐射温差。

2）传输比对 *MRTD* 测试的影响

在测试红外热像仪的 *MRTD* 时，应该至少在四个以上的空间频率上进行，选择以能较全面地反映红外热像仪在不同空间频率下对温差的最小分辨能力。首先选用较低空间频率的标准四杆靶标，将其置于红外热像仪测试系统中准直光管的焦面上，并把红外热像仪测试系统中的差分温度（即温差）调节到正的较大值进行观察，调节被测红外热像仪和红外热像仪显示器的亮度、对比度等，并使观察者以最佳观察距离和角度来观察被测红外热像仪显示器上所显示的标准四杆靶标图像。降低差分温度，继续观察黑白，期间会出现黑白图像由清晰到模糊临界状态，继续降低差分温度，又会出现黑白图像由模糊到清晰的过程，分别记录下两次出现的图像临界状态时的温差值。换用其他空间频率标准四杆图像靶标，重复测试步骤。差分温度降低过程中，将第一次出现的图像临界状态时的差分温度设为 ΔT_1，第二次出现的图像临界状态时的差分温度设为 ΔT_2。一般情况下，$\Delta T_1 > 0$（此时称为正温差），一般将此值称为热杆温差或白杆温差；$\Delta T_2 < 0$（此时称为负温差），一般将此值称为冷杆温差或黑杆温差。

对于由一个面源黑体和高发射率靶标来提供差分温度的红外热像仪测试系统，面源黑体的温度为目标温度，可以随意改变，高发射率靶标的温度等于环境温度，不可控，此时的差分温度等于面源黑体的温度减去高发射率靶标的温度。

对于由两个面源黑体和高反射比靶标来提供差分温度的红外热像仪测试系统，作为目标黑体的面源黑体的温度为目标温度，用作背景黑体的面源黑体的温度为背景温度，目标温度、背景温度及差分温度均可精确控制和准确复现。

计算被测试红外热像仪在某一空间频率 f 下的最小可分辨温差 $MRTD(f)$ 表示如下：

$$MRTD(f) = \frac{|\Delta T_1| + |\Delta T_2|}{2} \cdot \phi \qquad (2-20)$$

式中：ϕ 为红外热像仪测试系统的仪器常数或传输比。

最小可分辨温差是空间频率的函数，其曲线是一条渐近线，它也包含了观察者的视觉阈值，它实际上衡量的是由红外热像仪、红外热像仪显示器及观察者组成的系统对远距离红外目标的分辨能力的性能指标。换用一组针孔型靶标，按照以上类似的方法测量出红外热像仪在不同空间角度下的最小可探测温差，用类似于式(2-20)的公式计算。

由以上对红外热像仪信号传递函数 *SiTF*、最小可分辨温差 *MRTD* 及最小可探测温差 *MDTD* 的分析可以看出，红外热像仪测试系统的仪器常数或传输比 ϕ 在红外热像仪参数测试中的重要性。

3. 红外热像仪测试系统的校准

红外热像仪测试系统的差分温度传输比是通过专用的红外测温扫描辐射计准确测量得到的。如图 2-12 所示，红外测温扫描辐射计主要由以下部件组成。

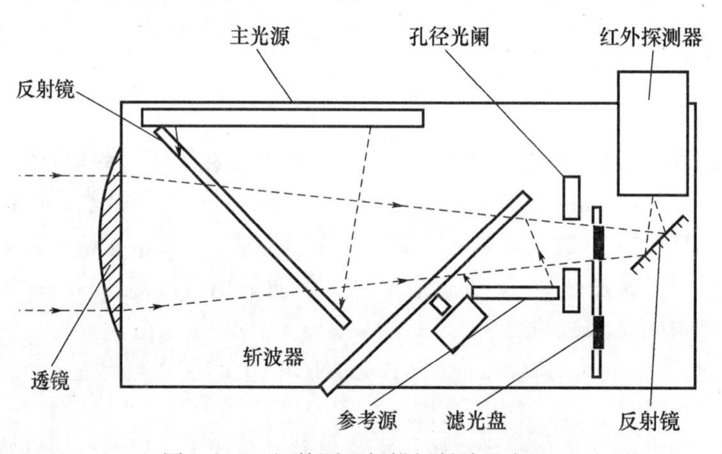

图 2-12　红外测温扫描辐射计示意图

该辐射计具体包括：用于 3～5μm 波段的硅材料透镜和用于 8～14μm 波段的锗材料透镜；精密验证黑体；验证黑体进入光路用反射镜；具有反射面的高稳定度斩波器；滤光片组；平面反射镜；视场光阑；高精度参考黑体；用于 3～5μm 波段的 CdHgTe 探测器或 InSb；用于 8～14μm 波段的 CdHgTe 探测器；前置放大器及锁相放大或选频放大电子单元；校准红外测温扫描辐射计数据库及相关软件；校准红外热像仪测试系统传输软件；一维与二维可编程精密扫描单元。

其中的高精度参考黑体为红外测温扫描辐射计提供稳定、准确的参考辐射，为准确测量红外热像仪测试系统出口处的输出差分辐射温度或差分辐射量等提供辐射基准。红外测温扫描辐射计中的精密验证黑体下方的平面反射镜进入光路时，可以利用精密验证黑体来验证红外测温扫描辐射计是否处于正常工作状态。滤光片组具有 3～5μm、8～14μm、某些特定的带通、某些特定波长的红外滤光片，与聚焦透镜、红外探测器相配合用来测量红外热像仪参数测试系统不同红外波段的传输比。在具体测量红外热像仪参数测试系统的差分温度传输比之前，首先用辐射口径大于红外测温扫描辐射计入射口径、发射率可达0.992以上、温度准确度优于0.025℃、温度稳定性高的常温面源黑体放置于红外测温扫描辐射计入射口之前，用此常温面源黑体校准红外测温扫描辐射计，建立起红外测温扫描辐射计在不同增益下、不同红外波段下的响应数据库。然后再用校准后的红外测温扫描辐射计，通过预设编程的空间扫描来测量红外热像仪参数测试系统出口处的输出差分辐射温度，最后通过大冗余量的数据准确拟合出红外热像仪参数测试系统在不同红外波段的传输比。

4. 红外热像仪参数测试量值传递体系

在红外计量领域，通过红外测温扫描辐射计可以准确测量各种红外热像仪测试系统的传输比，实现红外热像仪测试系统的定期校准，并进一步实现红外热像仪参数的量值溯源，我们提出以下辐射量值标准溯源方案，建立起科学合理的红外热像仪参数测试量值传递技术路线。

首先，我们利用-30～+75℃面源黑体辐射特性校准装置实现常温面源黑体的校准；通过-30～+75℃面源黑体辐射特性校准装置完成常温面源黑体与常温金属凝固点黑体的辐射量值比对，实现常温面源黑体发射率的准确校准，实现了常温面源黑体的量值溯源。然后通过用校准过的常温面源黑体实现红外测温扫描辐射计的校准，通过校准后的红外测温扫描辐射计实现红外热像仪测试系统的差分温度传输比的校准。红外热像仪中的AC交流耦合压制大的均匀背景，使得相对于背景的微小差分温度能被红外热成像系统探测和放大。因此，通过图2-13所示的红外热像仪参数测试量值传递技术方案，可以科学合理的实现我国红外热像仪参数测试的量值传递与溯源。

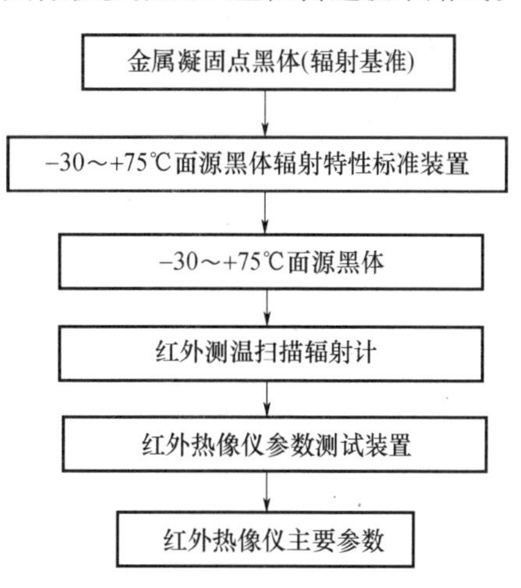

图2-13　红外热像仪参数是值传递图

2.2　红外导引头性能测试与校准

2.2.1　红外导引头概述

1. 红外导引头的概念及应用

导引头是用来完成对目标的自主搜索、识别和跟踪，并给出制导律所需要控制信号的光电系统。导引头技术已成为精确制导武器的核心技术之一，日益受到重视。导引头一般分为红外导引头、电视导引头和激光导引头。

红外导引头由于具有全天候作战、制导精度高、抗干扰能力强、隐蔽性好、效费比高、结构紧凑、机动灵活等优点，已成为精确制导武器的重要技术手段[6,7]。红外导引头的研究始于第二次世界大战期间，经过几十年的发展，红外导引头已广泛用于空空导弹、空地导弹、地空导弹、反坦克导弹和巡航导弹等。早期的红外导引头为非成像导引头，利用红外四象限探测器确定目标位置。随着红外热成像技术的发展，红外成像导引头逐渐取代非成像导引头而成为红外导引头的主角。

红外导引头的功能可概括以下几个方面：

(1) 接收目标的红外辐射，完成对目标的自动搜索、识别和捕获；

(2) 隔离弹体的角运动，稳定光学轴，为提取目标视线角提供参考系；

(3) 对锁定后的目标进行自动跟踪并实时输出俯仰、偏航两路视线角速度信号；

(4) 输出两路弹轴与光学轴的框架角信号。

2. 非成像红外导引头

非成像红外导引头通常由光学系统、调制器、红外探测器、制冷器、陀螺伺服系统以及电子线路等组成，其框图如图 2－14 所示。其中，光学系统、调制器、红外探测器、制冷器和陀螺伺服系统所组成的光机系统又称位标器。所以，从结构上来看，非成像红外导引头即由红外位标器和电子线路(舱)组成，如图 2－15 所示。

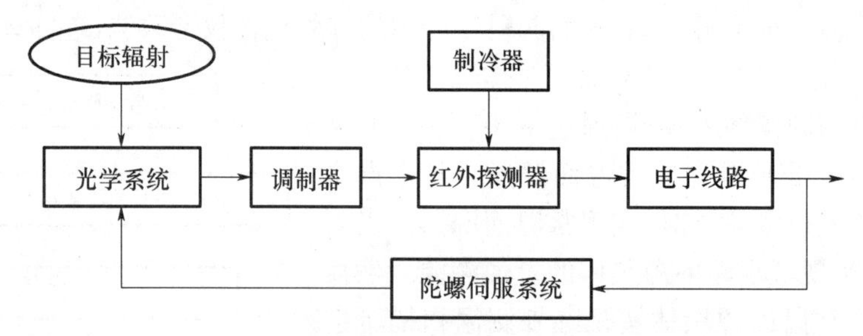

图 2－14　非成像红外导引头组成框图

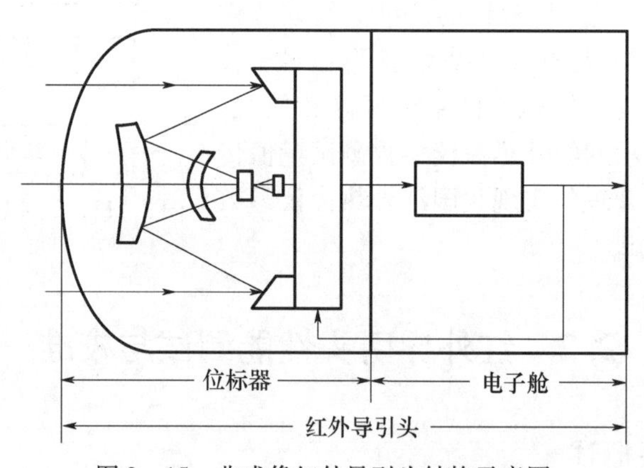

图 2－15　非成像红外导引头结构示意图

红外导引头简单工作过程为：光学系统接收目标红外辐射，经调制器处理成具有目标信息的光信号，由红外探测器将光信号转换成易于处理的电信号。再经电子线路进行信号的滤波、放大，检出目标位置误差信息。然后输给陀螺跟踪系统，驱动陀螺带动光学系统进动，使光轴向着目标位置误差方向运动，构成导引系统的角跟踪回路，实现导引系统跟踪目标。

3. 红外成像导引头

随着红外热成像技术的发展，在传统红外导引头的基础上，发展了红外成像导引头，其原理如图 2－16 所示。红外成像器件是整个导引头的核心，其发展也代表了导引头技术的方向。红外成像器件由单元发展到多元，由线阵发展到面阵，由近红外发展到长波红外，从二维机械扫描发展成一维机械扫描,最后进化为电子扫描。当前,红外成像器件已经发展到智能化阶段,也预示着第三代红外成像导引头的到来。

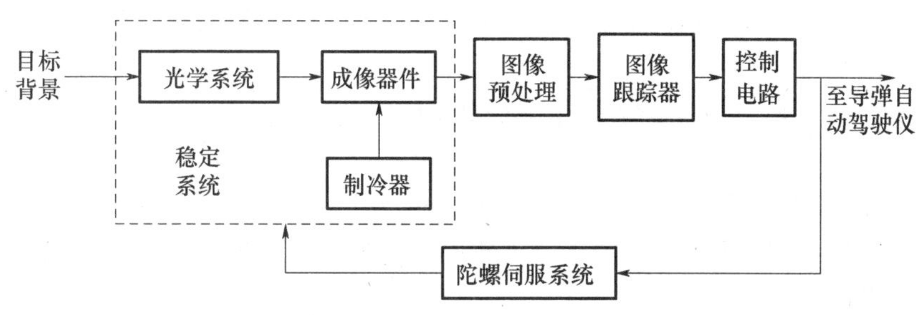

图2-16　红外成像导引头原理框图

2.2.2　红外成像导引头性能评估

1. 红外成像导引头性能评价系统的任务

红外导引头的性能测试与评价由红外导引头的作用和要完成的任务所决定[8,9]。根据红外成像导引头的作用,其性能评价系统的任务可概括为以下几个方面:

(1) 红外成像导引头总体性能测试,为整个导引头系统的评估和研制提供依据;

(2) 红外成像传感器的性能测试(包括整流罩、光学系统和红外摄像头),为传感器分系统的评估和研制提供依据;

(3) 图像稳定系统性能的测试,为位标器的评估和研制提供依据;

(4) 图像处理系统的性能测试,为图像处理系统的评估和研制提供依据;

(5) 红外目标、背景生成、辐射特性与大气传输特性的测试研究,为红外成像导引头的设计、研制提供依据。

2. 红外成像导引头的主要性能参数

为了给红外导引头的研制提供可靠的数据依据,评估系统除完成红外成像导引头分系统的测试外,主要应进行导引头总体性能的测试,主要性能参数为:

1) 作用距离

在不同背景环境条件下,红外图像系统对各种不同目标进行探测、识别、截获和跟踪的最大距离,是红外系统重要的总体参数之一。各种红外图像系统的最大作用距离由于其系统参数和战术性能的不同而差别很大。另外,当目标与系统间的距离小于某一最小值时,目标在光学系统视场内的像点将大于系统的空间分辨力,像点进一步增大将使成像传感器的像质严重模糊,从而使系统“失控”。因此,红外成像系统还存在一个最小作用距离,这个参数也是非常重要而需要测试的。

2) 视场

导引头视场包括瞬时视场和跟踪视场。红外成像导引头的瞬时视场是指任意瞬间红外光学系统观测到的空间立体角;跟踪视场是指导引头在跟踪目标过程中,位标器光轴相对跟踪系统纵轴(弹轴)的最大偏转范围。二者是截然不同的概念,是红外成像导引头的两个重要的总体参数。

3) 跟踪角速度

导引头的跟踪角速度是指对目标进行跟踪时不丢失目标而可能达到的最小平稳跟踪角速

度和最大跟踪角速度,它是表征导引头性能的一个重要参数,表明了系统的跟踪能力。

4) 灵敏度

灵敏度的测试包括噪声等效温差和最小可分辨温差。热成像系统有许多性能指标,但噪声等效温差(*NETD*)和最小可辨温差(*MRTD*)是表征热成像温度灵敏度的主要参数,它是热成像系统的综合指标,是红外成像导引头作用距离设计的重要依据。

5) 传递函数

导引头是由多个复杂环节构成的自动控制系统,其结构与选用的导引方式和测量原理有关。它的动态特性一般需要采用高阶传递函数进行精确描述。传递函数确定的正确与否,对导引头的动态性能影响甚大。

6) 跟踪精度

跟踪精度就是导引头在跟踪运动目标过程中的动态跟踪角误差,是衡量导引头性能的一个重要总体参数。它是由目标的视线角速度和角加速度引起的,各种红外系统对跟踪精度的要求差别很大,测角系统要求较高,有时要求达到角秒的数量级。

7) 稳像精度

图像稳定精度是红外成像导引头技术中的关键技术之一,它直接影响制导武器系统的导引精度,是表征图像导引头性能的重要参数之一。

8) 自动增益控制校正

自动增益控制校正是表征导引头回路控制系统适应外界干扰的调节能力,是导引头控制系统的重要参数之一。

9) 交叉耦合和响应特性

导引头方位和俯仰两个正交通道之间寄生交连引起的信号串扰现象,称为导引头的通道交叉耦合。它直接影响导弹制导精度,应加以测试,并根据测得的量值程度设法进行解耦,以提高制导精度。

10) 陀螺综合漂移

导引头陀螺的自由漂移以及在外界各种干扰因素下引起的陀螺进动角速度称为导引头的综合漂移,这是检验导引头系统抗各种干扰的性能指标,它直接影响图像稳定精度和导弹的制导精度。

11) 输出特性

导引头的输出特性包括视线角速度信号误差和框架角信号误差,输出特性的好坏直接影响导弹的制导精度。

总之,红外成像导引头评估系统应能完成导引头全方位的特征性能测试任务。

3. 红外成像导引头性能评估系统的构成

红外成像导引头性能评估系统的设计与建立,要依据对导引头性能测试的要求来进行。一般情况下,红外成像导引头性能评估系统主要由红外目标图像生成模块、调制器仿真模块、接口模块、导引头模块和评估系统模块组成。其结构如图 2-17 所示。

下面以一种红外成像导引头性能评估的仿真试验装置为例进行讨论。

红外目标图像产生模块产生目标图像信号,信号被送到调制盘仿真模块进行处理,输出的信号通过接口模块直接注入到导引头模块中,导引头中的电路系统对接收到的信号进行处理,得出目标的位置信息。评估系统负责整个系统参数的设置和导引头性能的评估。

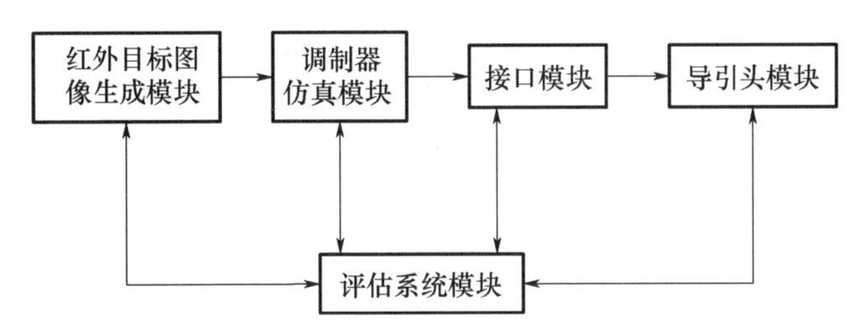

图2-17　红外成像导引头性能评估系统框图

1）红外目标图像生成模块

红外目标模型的建立主要分为以下几个步骤：

（1）根据已有的相关模型来建立目标的三维网格图。

（2）计算机根据给定条件给目标的三维网格图的每一个节点都分配一个温度值，温度值的分配参考实际情况下目标表面温度的分配情况。例如，在实际飞行器中，排气管与发动机周围的温度是最高的，因此在给网格节点分配温度值时也要给这两部分分配较高的值。

（3）当给各个网格节点分配了温度值后就需要将飞行器表面的温度值转化为相应红外波段的辐射度，假设目标表面是一个理想的黑体，利用普朗克定律，通过对下式的求解可以得出与温度值相对应的辐照度：

$$M_{e\lambda}=\frac{3.7418\times10^{8}}{\lambda^{5}\left(e^{\frac{14387.86}{\lambda T}}-1\right)}\tag{2-21}$$

式中：$M_{e\lambda}$为辐射度，单位是 $W\cdot m^{-1}\cdot \mu m^{-2}$；$T$为目标的温度（K）；$\lambda$为波长（μm）。

2）调制器仿真模块

系统采用的调制器是由透辐射和不透辐射的扇形条交替呈辐射状形成的调制盘，每一个扇形条的角度为4°，调制盘共由90个扇形组成。假定调制盘旋转速率是100次/s，则调制器输出的信号频率为9000Hz。为分析方便，假定红外目标图像生成模块生成的红外图像在调制盘旋转一周的时间内是不变的，生成红外图像的分辨力为340像素×340像素（每像素用32bit表示），那么每秒钟图像生成模块就要输出大约360Mbit的数据，将这些数据通过网络来传输给调制器模块进行处理是很难实现的。因此，将调制器仿真模块和红外目标图像生成模块放在同一个计算机上，调制器仿真系统可以在内存中对红外目标图像数据进行直接操作，如图2-18所示。

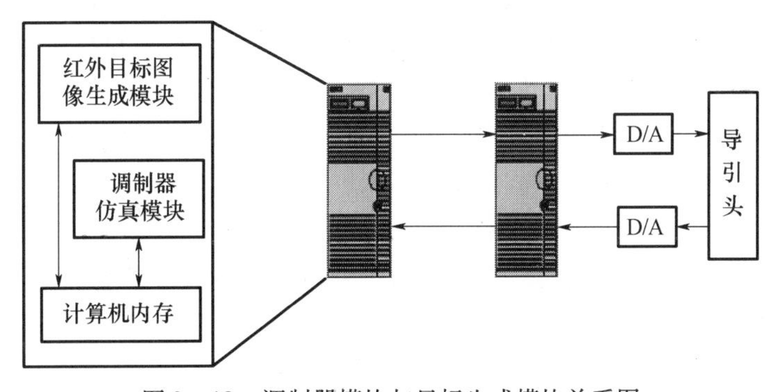

图2-18　调制器模块与目标生成模块关系图

3）导引头接口模块

导引头接口由一台带数据采集卡的计算机构成。计算机主要负责计算调制器视场方位并且将调制器产生的信号直接注入到导引头的电路系统中。为了准确的模拟导引头的工作过程，提供给导引头信号的频率必须是9000Hz，并且必须在调制盘旋转开始的时刻将信号注入到导引头电路中，任何的误差都会导致错误的仿真结果。

数据采集卡每秒为导引头提供9000个中断信号，在每个中断周期内，导引头电路系统的工作流程如图2－19所示。

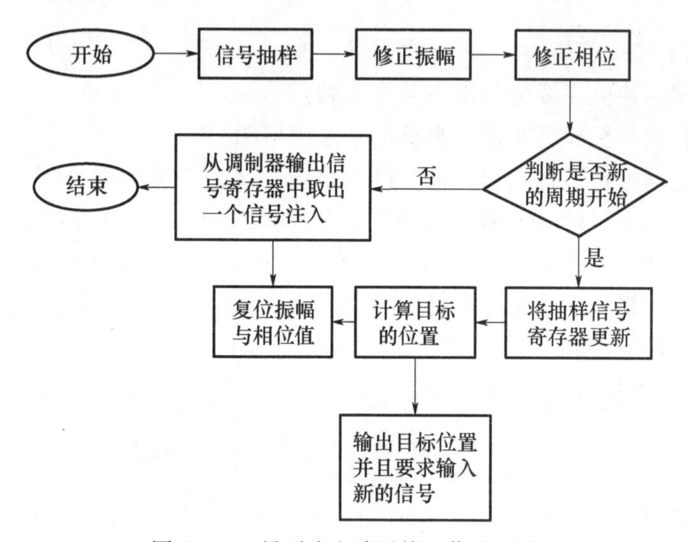

图2－19　导引头电路系统工作流程图

4. 性能评估系统的工作原理

图2－17中的评估系统模块是系统的重要组成部分，它用来评估导引头各种性能的优劣。对导引头不同性能进行评估时，所使用的评估系统也存在着一定的差异。下面以导引头的跟踪精度评估和导引头作用距离评估为例，分析评估系统的工作原理。

1）导引头跟踪精度评估

在计算机生成的目标红外图像中以图像左下角的像素点为坐标原点建立坐标系（单位是像素），则图像中的所有像素点的坐标都可以用(x,y)来表示。由导弹导引头根据调制器输出信号计算出目标的坐标位置，同样目标的坐标位置也可以在我们建立的坐标系中用(x',y')来表示。令$\Delta x = x - x'$，$\Delta y = y - y'$，通过对系统初始值的设置，使红外目标图像中的目标在整个像平面中以速率V_m向任意方向运动，图像生成模块在产生红外图像的同时将图像中系统目标的坐标位置(x,y)传送给性能评估系统，评估系统将此坐标值与从导引头模块传过来的坐标位置(x',y')代入到下式中：

$$S = \sqrt{(\Delta x)^2 + (\Delta y)^2} \tag{2-22}$$

假定在调制盘旋转一周时间内输入到调制盘模拟器的红外图像保持静止，调制盘共转了n周，可以用S'来表示系统跟踪精度的高低：

$$S' = \frac{\sum_{i=0}^{n} \sqrt{(\Delta x_i)^2 + (\Delta y_i)^2}}{n} \tag{2-23}$$

2）导引头作用距离的评估

导引头作用距离受到大气传输效应、调制盘透光度、CCD 探测器灵敏度、目标辐照度、天气条件等一系列条件的限制。作用距离的评估与上面介绍的跟踪精度评估的不同在于导引头作用距离的长短与大气传输效应模型和 CCD 探测器模型有很大的关系。因此，在对导引头作用距离进行评估时必须在原来模型的基础上加上大气传输模型、光学系统模型和 CCD 探测器模型，下面对这三个模型分别进行分析。

（1）大气传输模型。

大气传输模型是三个模型中最复杂、最关键的一个模型。大气传输模型的建立有两种方式，第一种是直接调用大气模拟软件，例如 LOWTRAN，MOTRAN 等。这种方法的优点是通过调用已有的大气模拟软件可以方便准确地模拟大气传输的效应。但是，由于直接调用的大气模拟软件结构都比较复杂，运算量较大，当评估系统实时性要求较高时难以满足要求。第二种方式分别对大气传输的各种效应如大气吸收、大气散射、大气湍流等进行建模，然后采用面向对象语言进行模型的实现并封装成一个动态链接库，以便在仿真中直接调用。

（2）光学系统模型。

光学系统的作用就是将物平面的红外辐射亮度分布转换为像平面辐射照度分布，其模型用下式表述：

$$E(x,y) = \frac{\tau_{\mathrm{opt}}A_{\mathrm{opt}}}{l_2^2}\iint\limits_{\sqrt{(x-x')^2+(y-y')^2}\leqslant r_c} h(x',y')P(x-x',y-y')\,\mathrm{d}x'\mathrm{d}y'$$

$$= \frac{\tau_{\mathrm{opt}}A_{\mathrm{opt}}}{l_2^2}P(x,y)\times h(x,y) \tag{2-24}$$

$$P(x,y) = L(x,y)\cos[\theta(x,y)] \tag{2-25}$$

式中：$E(x,y)$ 为像面 (x,y) 处辐照度；$L(x,y)$ 为物面 (x,y) 处波段辐亮度；$\theta(x,y)$ 为物面 (x,y) 处辐射面法线与视线的夹角；$h(x,y)$ 为光学系统点扩展函数；τ_{opt} 为光学系统透过率；A_{opt} 为光学系统有效通光面积；l_2 为像距。

（3）CCD 探测器模型。

CCD 探测器的模型可以表示为

$$V_i = R(\tau)\iint\limits_{\Omega_i}E(x,y)\,\mathrm{d}x\mathrm{d}y V_{bi}(\tau) \tag{2-26}$$

式中：V_i 为探测器第 i 个像元输出的电压值；τ 为探测器积分时间；$V_{bi}(\tau)$ 为探测器第 i 个像元输出的背景电压值；$R(\tau)$ 为探测器响应率；$E(x,y)$ 为探测器靶面上辐照度；Ω_i 为积分区域，在第 i 个像元尺寸范围内。其中探测器响应率和像元输出的背景电压值可以通过静态测试得到。

把上面建立的三个模型加入到评估系统中，系统框图可用图 2-20 表示。

导引头作用距离评估系统的原理：依然采用跟踪精度评估时建立的坐标系，首先由红外目标图像生成模块产生一帧红外目标图像，同时将红外目标的坐标值 (x,y) 传给评估系统模块，然后，将生成的图像先后传入到大气传输模块、光学系统模块、调制器仿真模块、探测器模块，并将探测器模块输出的探测信号通过接口模块注入到导引头模块的电路系统中进行分析，并将结果 (x',y') 送入评估系统中。评估系统比较红外目标的坐标值 (x,y) 与导引头模块分析结果 (x',y') 差值 Δx、Δy 的大小，如果 Δx、Δy 小于系统设定值 a、b，则调整大气传输模块的参数，然后重复以上工作，直到 $\Delta x = a$、$\Delta y = b$ 时刻停止循环，并由评估系统负责计算此时的大气传输距离。图 2－21 表示评估系统工作流程。

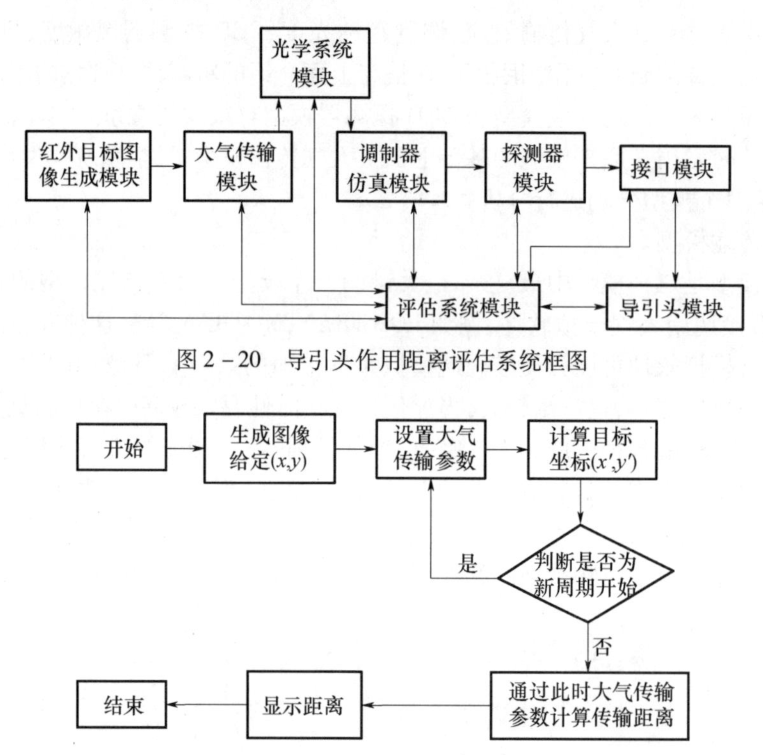

图 2－20　导引头作用距离评估系统框图

图 2－21　评估系统流程框图

2.2.3　红外导引头光学性能测试

以上我们介绍了红外导引头整机性能的评估，这里将讨论红外导引头光学性能参数的测试问题，介绍一种智能化红外导引头测试仪。该仪器主要用来定量测量红外光学系统像面上的能量分布及透过率，评价光学系统质量，确保其满足系统的像质要求和能量要求[10]。为达到准确、便捷的测量，测试仪可由计算机控制，实现指定范围内像方不同位置、不同视场、不同截面位置的设置与改变，并通过软件自动寻找最佳像面位置，通过 CCD 接收，对被测光学系统像面上的光斑能量进行求和、求差、比较、求偏心差等统计计算，以截面曲线图、三维立体图及数据表格等方式显示不同测量条件下的光斑形状及能量分布情况，输出相关数据。

智能化红外导引头测试仪由红外光源、平行光管、成像接收及采集处理四部分组成。主体装置外形尺寸为 1600mm × 400mm × 600mm。整个仪器采用模块式组合结构，将各部分装置置于刚性底座上，形成整体测试系统。通过控制装置，可以调整被测光学系统的位置。测试原理及仪器布局如图 2－22 所示。

其工作原理为：从激光器 1 输出红外光，经平行光管 2 进行多次扩束，将激光器发出的点光源扩展为一个模拟无穷远光源，该光源为基模输出。考虑到 CCD 摄像器件的敏感元对光信号的能量范围有很强的选择性，设置了有一定调节范围的复合衰减器 3，以适用 CCD 对接收能量强度的要求，获得更好的测量效果。一定强度的准直光束，经被测光学系统 4 形成成像光斑，由 CCD 探测器 6 敏感元接收。再经采集卡 10（10 位的图像采集卡，可以采集到 0 ~ 1023 共 210 个灰度等级），将接收到的光信号转换成电信号，输入计算机 13，由专用软件统计计算处理为所需的数据阵列,可以以截面曲线图、三维立体图或数据表等方式显示不同测量条件下光斑的形状及能量分布情况,并可将所需数据由打印机12打印出来,提供数据分析。

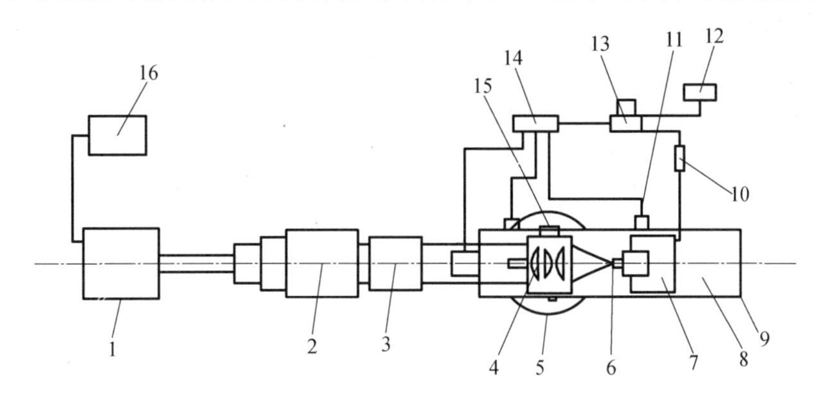

图2-22　红外导引头光学性能测试系统原理及布局图

1—激光器;2—平行光管;3—复合衰减器;4—被测光学系统;5—电转台;6—CCD探测器;7—三维调整装置;8—纵向电控平移台;9—光具底座;10—采集卡;11—横向电控平移台;12—打印机;13—计算机;14—三维电控箱;15—被测件调整装置;16—激光器驱动电源控制箱。

对于波长为 λ 的辐射光,设其入射光通量为 $F_0(\lambda)$,通过被测光学系统后的出射光通量为 $F(\lambda)$,则被测光学系统的光谱透射比 $T(\lambda)$ 定义为

$$T(\lambda) = F(\lambda) / F_0(\lambda) \tag{2-27}$$

测量装置在测量透过率 T 时分两步进行:

(1) 将一已知透过率为 T_0 的标准透镜放置于被测光学系统处,测量此时入射光通过透镜后的光强之和 F_{sum1};

(2) 用被测光学系统取代标准透镜,再测量此时入射光通过透镜后的光强之和 F_{sum2},则被测光学系统的透过率为

$$T = \frac{F_{\text{sum2}} \times T_0}{F_{\text{sum1}}} \tag{2-28}$$

为获取不同视场(即轴外测量时)的光斑能量状况,可由计算机发出指令,通过电转台5旋转到所要求进行测量的角度,并由三维电控调整装置7、纵向电控平移台8带动CCD做纵向移动,横向电控平移台11带动CCD做横向移动,调整CCD敏感元中心线到与透过被测系统的红外光主光线重合的位置(CCD最佳接收位置)。

该测试仪组成方框图如图2-23所示。

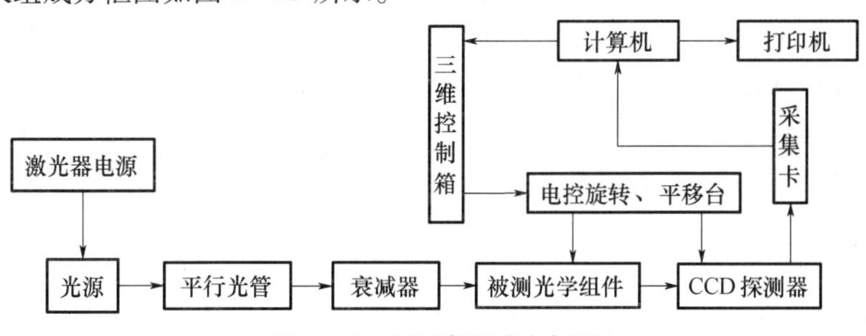

图2-23　测试仪组成方框图

2.2.4 红外导引头灵敏度校准

1. 红外成像导引头灵敏度现场校准

红外成像导引头的灵敏度,原则上可用红外热像仪的最小可分辨温差(*MRTD*)和噪声等效温差(*NETD*)来评价,有关测量方法在2.1节已经介绍,这里不再重复。

从实际使用来讲,往往需要在现场对导引头的灵敏度进行校准,为此,研制了红外成像导引头灵敏度现场校准装置[11],其原理框图如图2-24所示。

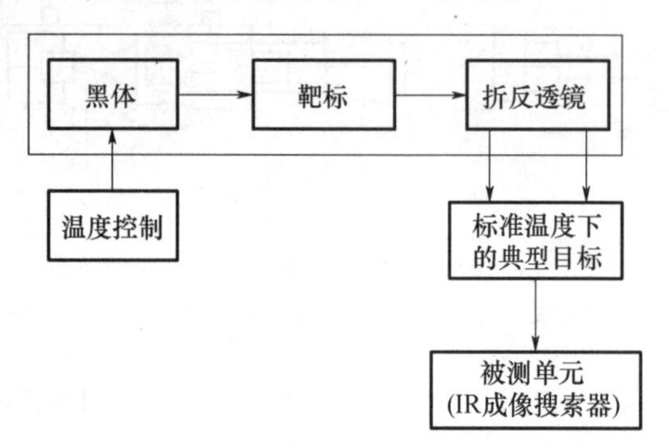

图2-24 红外成像导引头灵敏度现场校准装置框图

校准装置为一个标准的红外目标模拟器,为考虑现场校准使用,采用透射式设计方法以减小体积,同时视场角可以覆盖成像导引头的视场。对红外目标模拟器的要求为,使模拟目标成像在红外导引头上的尺寸形状和真实外场试验目标成像在导引头上的尺寸形状一致。同时,利用红外扫描辐射计测量出红外目标模拟器模拟的目标和背景的等效黑体温度,当这两个温度分别与外场试验测量出的目标和背景的温度值T_S和T_B相等时,相当于在一个定量点对导引头进行考核评价,评价的结果和导引头作战时的灵敏度指标直接相联系。可设置不同的模拟目标等效黑体温度,以进行定量的测量。在红外目标模拟器靶标的设计上,对于模拟的外场真实目标较为简单的情况,可以直接利用机械刻靶制作成一个等比例的模拟靶标,靶标的大小使得成像在红外导引头上的尺寸形状和真实外场试验目标成像在导引头上的尺寸形状一致。如果外场真实目标的形状较为复杂,可借鉴 Johnson 准则,将复杂目标形状转换为等效条带形状以进行测量。用于识别性能测量时的等效条带的条带数可根据多次验证试验结果得出。利用该校准装置,即可对红外成像导引头的灵敏度进行现场校准,对导引头的校准结果直接反映了红外成像导引头的战术技术指标性能,如搜索探测性能、识别截获性能。结合一个航向和俯仰可以控制的转台,还可对导引头的跟踪性能进行测量。

依据以上现场灵敏度校准要求,提出包括单黑体温度控制设计方案和双黑体温度控制设计方案。单黑体控制方案即为只控制目标的输出温度,模拟背景的目标随环境温度变化。由于只采用一个黑体辐射源,体积和质量都较小,符合现场校准的需求。为了对红外成像导引头的灵敏度技术指标进行校准,需要在校准装置温度控制上进行校正,以满足背景温度变化的需求。

为了严格控制背景的温度,采用双黑体控制方案,一个主黑体模拟目标的温度,另一个辅助黑体模拟背景的温度,这样环境温度就可以严格人为控制。

单黑体红外成像导引头灵敏度现场校准装置如图2-25所示。

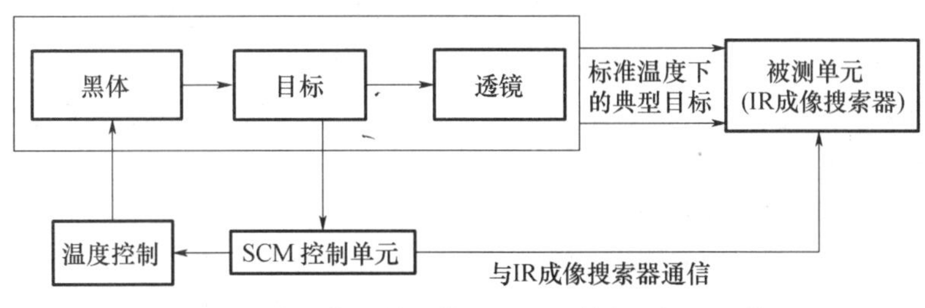

图2-25　单黑体红外成像导引头灵敏度现场校准装置

采用双黑体控制的小型化红外成像导引头灵敏度现场校准装置如图2-26所示，装置主要由红外辐射源、红外靶标、红外准直光学系统组成。其中红外准直光学系统包括透射式光学系统和半反半透镜。红外辐射源包括目标辐射源、背景辐射源和温度控制器等。

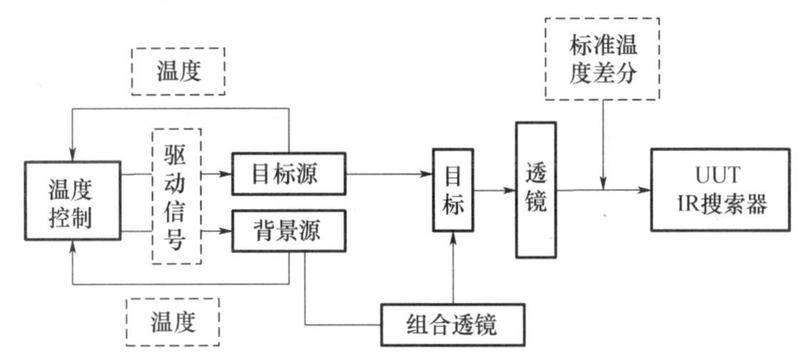

图2-26　双黑体灵敏度现场校准装置

双黑体校准装置的原理光路图如图2-27所示，背景辐射源红外辐射能量经过半反半透镜反射后照射在红外靶标上，红外靶标中心为镂空特征靶型，目标辐射源能量可以通过靶型透射到主光路中，其余部分为镀金膜反射面，将背景辐射源能量反射到主光路中。经过半反半透镜透射后，由红外透射式光学系统准直，为红外成像导引头提供可识别的红外准直温差源。目标辐射源和背景辐射源辐射温度通过温度控制器可以精确控制，因此，红外靶标中的目标温度和背景温度就可以精确控制，与环境温度无关，避免了环境温度的变化对红外准直辐射源辐射温差的影响。

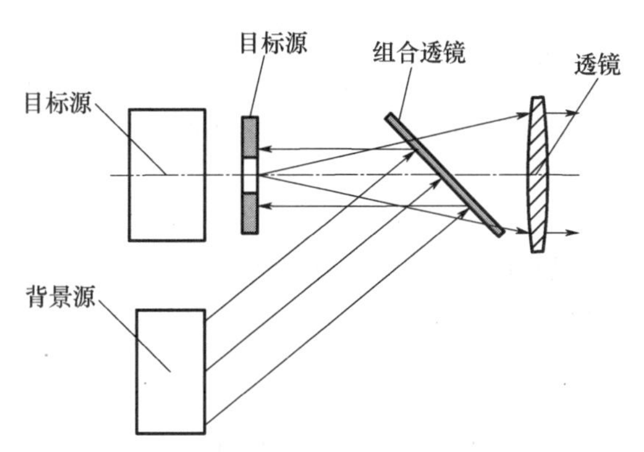

图2-27　双黑体灵敏度现场校准装置光路图

透射式灵敏度现场校准装置校准原理是：该装置为红外成像导引头提供具有准确辐射温

差的特征红外目标,满足其自动捕获条件的最小辐射温差为红外成像导引头灵敏度测量结果,即为最小可捕获温差。通过此装置,实现了目标和背景的温度都可以控制,控温精度高,同时整个系统体积小,质量轻,视场角可以覆盖导引头的整个成像视场,结合一个五维转台,可以满足导引头的定量测量要求。

2. 非成像红外导引头灵敏度校准

非成像红外导引头灵敏度校准相对比较简单,可以把导引头看作一个红外辐射计,采用红外辐射计校准装置进行校准。由于是借用红外辐射计校准装置,所以下面我们说的辐射计实际就是导引头。

红外辐射计的校准是以标准黑体作为标准,校准时所用的已知黑体辐射源称为校准源。一般选用腔型黑体辐射源并且是用高性能的一级标准黑体作为校准源,一级标准黑体的量值直接溯源到国际公认的辐射基准——金属凝固点黑体上,这样可以使校准的不确定度得到有效保证。

对于视场角小于10mrad的辐射计,由于此时辐射计的最近聚焦距离比较远,一般为几十米,所以,对响应度的校准我们采用“远距离小源法”,其基本原理如图2-28所示。

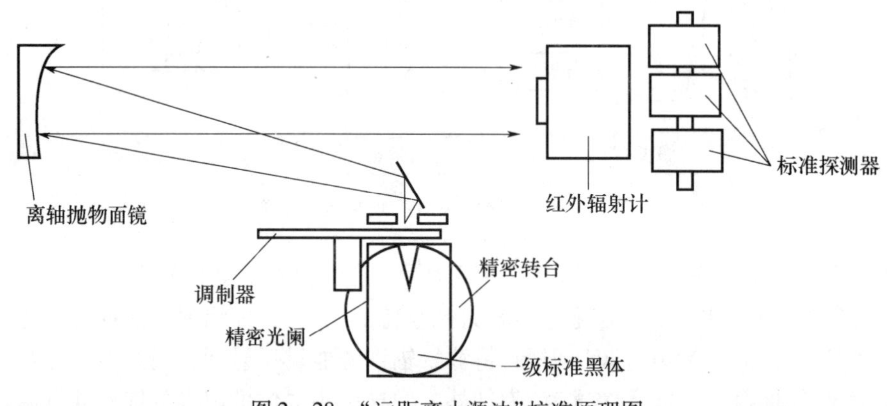

图2-28 “远距离小源法”校准原理图

把标准源置于辐射计足够远的位置上,为了获得等效的远距离小源,校准时使用准直光管,利用光学成像质量非常好的非球面光学元件组成准直光学系统,一级标准黑体作为标准辐射源,将一级标准黑体放置在一个精密转台上,这样,当不需要使用准直系统校准时,由计算机控制转台转动,可以实施“远距离小源法”来进行校准,将三个标准探测器置于一个滑动平台上,其主要目的是对准直光源出射口的辐射照度进行验证。

这时,辐射计入瞳上的光谱辐照度为

$$E_{\lambda bb}(T) = M_{\lambda bb}(T) \cdot \tau(\lambda) \cdot \rho_1(\lambda) \cdot \rho_2(\lambda) \cdot A_s/\pi f^2 \tag{2-29}$$

式中:$M_{\lambda bb}(T)$为校准源的辐射出射度;$\tau(\lambda)$为大气透射比;A_s为校准源的光阑孔面积;f为准直光管的焦距;$\rho_1(\lambda)$为次镜的光谱反射率;$\rho_2(\lambda)$为抛物面反射镜的光谱反射率。

$$M_{\lambda bb}(T) = \varepsilon \cdot C_1 \cdot \lambda^{-5} \left(e^{\frac{C_2}{\lambda T}} - 1\right)^{-1} \tag{2-30}$$

式中:ε为黑体辐射源的有效发射率;C_1为第一辐射常数,其值为3.741844×10^{-12}W·cm²;C_2为第二辐射常数,其值为1.43883cm·K;T为黑体辐射源有效辐射面的绝对温度(K)。

通过改变黑体辐射源的温度和光阑孔的面积,在辐射计的入瞳上就产生了不同的辐照度,

辐射计也就会有不同的输出值,这样就可以得到红外辐射计的响应度 R_E:

$$R_E = \frac{\Delta V_s}{\Delta E_{\lambda bb}(T)} \tag{2-31}$$

由于校准源不能充满辐射计的视场,所以,背景辐射将直接进入视场,当我们移走黑体辐射源时,辐射计的输出即为背景辐射的贡献,记为 ΔV_{bg},那么,红外辐射计的响应度 R_E 则应表示为

$$R_E = \frac{\Delta V_s - \Delta V_{bg}}{\Delta E_{\lambda bb}(T)} \tag{2-32}$$

需要特别注意的是:在"远距离小源法"校准中,准直光管的口径必须大于辐射计的入射光瞳,辐射源像的角尺寸应该和辐射计的视场相匹配,以便尽可能缩小因准直光管的像差对校准结果带来的影响。

上面我们提到了,三个标准探测器的主要目的是对准直光源出射口的辐射照度进行验证,这是因为,我们得到的辐射计入瞳上的光谱辐照度值仅仅是由理论计算出来的,但是由于黑体的出射能量经过两次反射以后,而且在大气中有一定传输距离,这样,理论往往和实际是有差别的,那么,辐射计入瞳上的光谱辐照度到底是多少,这可以由标准探测器来验证,三个标准探测器分别为硫化铅、碲镉汞、锑化铟,其光敏元前面分别加上 1 ~ 3μm,3 ~ 5μm,8 ~ 14μm 的带通滤光片,它接收到来自准直光管的光辐射后,经过选频放大,就可以得到电压信号,而标准探测器的量值又可以溯源到低温辐射计,这样,准直光管出射口上的量值是否准确就可以得到验证。

标准探测器的结构组成如图 2 - 29 所示。

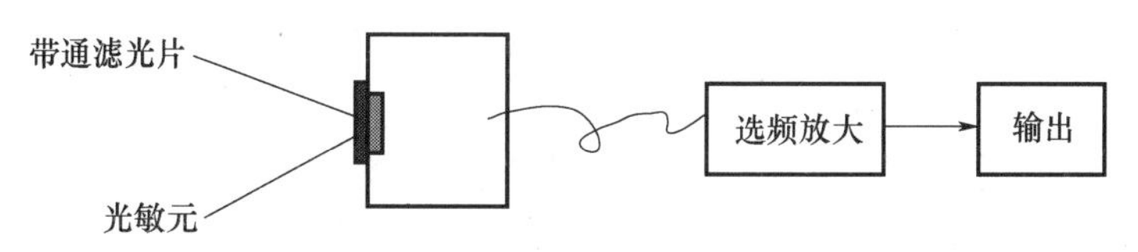

图 2 - 29 标准探测器的结构组成

当红外辐射计的视场角大于 10mrad 时,我们采用传统的"近距离小源法"来校准红外辐射计。为了提高其校准不确定度,仍然采用一级标准黑体作为校准源,用一个一级标准黑体近距离直接对着红外辐射计进行校准,其校准原理如图 2 - 30 所示。

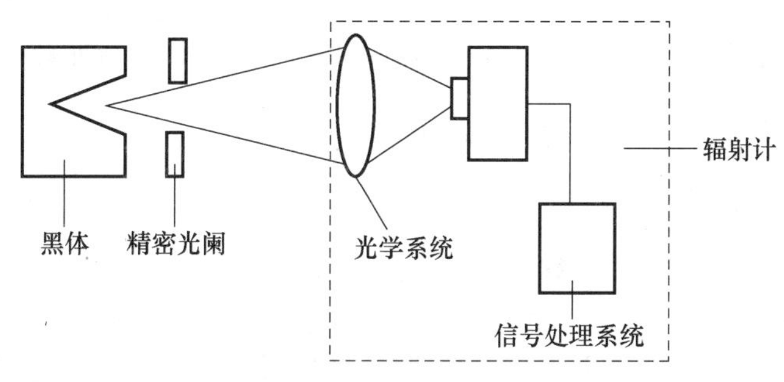

图 2 - 30 "近距离小源法"校准原理图

设辐射计距离校准源光阑孔的距离为 l,那么,和"远距离小源法"类似,辐射计入瞳上的

光谱辐照度为

$$E_{\lambda bb}(T) = M_{\lambda bb}(T) \cdot \tau(\lambda) \cdot A_s/\pi \cdot l^2 \tag{2-33}$$

其计算方法和“远距离小源法”的计算方法完全一样。

这里直接校准的是辐射计的响应度 R_E,也就是单位辐照度产生的电压值。通过不断的改变黑体辐射源的温度和光阑孔的面积,必要时也可以加入经过标定的红外衰减器,直到辐射计达到探测极限,这时的响应度值就是系统的灵敏度值。

2.3 光纤红外图像寻的系统性能测试

2.3.1 光纤红外图像寻的系统

光纤红外图像寻的系统是导弹控制回路中的小回路,主要完成射手对目标的搜索、锁定以及对目标的手动跟踪或导引头对目标的自动跟踪,同时输出弹目视线角速度信号,为导弹大回路提供制导信息。

光纤红外图像寻的系统由红外成像导引头、图像跟踪器、弹载端机、光纤线管、车载端机和地面显示控制系统等组成。光纤红外图像寻的是一种有人控制的制导模式,可有效地解决复杂背景条件下的目标红外图像识别问题,具有很强的抗干扰能力。

光纤寻的系统用一根单芯的制导光缆构成导弹和武器站之间双向全双工信号传输通道,由导弹到武器站的信道称下行线,下行线传输弹上摄像机摄取的目标及背景的图像信号和弹上的遥测信号(导弹俯仰角、偏航角、滚动角、视线角等导弹飞行的姿态参数以及弹上主要部件的工况参数),这些信号传到武器站,图像信号显示在图像监视器的屏幕上并输入到图像跟踪器,遥测信号输送给武器站的控制计算机。由武器站到导弹的信道称上行线,在导弹发射以后,在弹上摄像机视距之外的巡航过程中,上行线把武器站观瞄装置得到的目标位置和状态信息传到弹上,控制导弹的飞行,等目标进入弹上摄像机的视距以内,上行线把射手手动产生的或者图像跟踪器生成的控制指令传到弹上,把导弹引向目标。

光纤制导双向传输系统是光纤制导导弹的重要组成部分。图 2-31 表示了光纤制导双向传输系统的结构。

整个系统由弹上部分、武器站部分和制导光缆三部分构成。弹上部分包括下行线的发射光/电端机、上行线接收光/电端机和双向耦合器。武器站部分包括上行线发射光/电端机、下行线接收光/电端机和武器站的双向耦合器。制导线包由高强度抗弯曲单芯制导光缆绕制。

2.3.2 光纤红外图像寻的系统性能评价

1. 评价体系的任务

光纤红外图像寻的系统性能评价的任务应包括[12]:

(1) 光纤红外图像寻的系统总体性能测试,为全系统的评估和研制提供依据;

(2) 红外成像导引头总体性能测试,为红外成像导引头系统的评估与研制提供依据;

(3) 光纤缠绕与高速释放性能测试,为光纤性能的评估和研制确定依据;

(4) 光纤双向传输系统的性能测试,为光纤双向数据链的评估与研制提供依据;

(5) 光纤红外图像寻的集成系统弹载飞行性能测试,为系统的评估与研制提供依据。

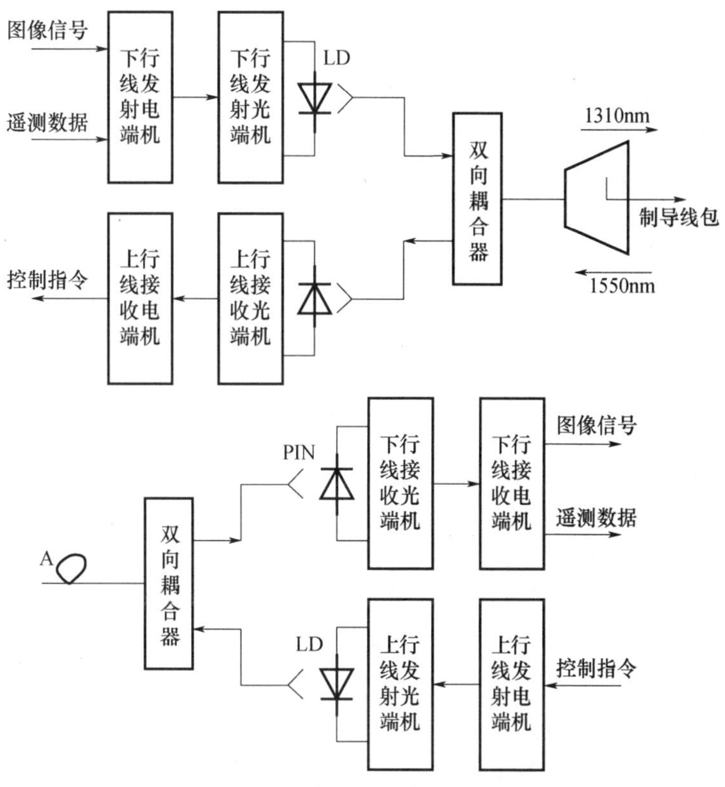

图2-31　光纤制导双向传输系统的结构

2. 评价光纤红外图像寻的系统的主要测试内容

依据评价的任务要求,评价光纤红外图像寻的系统的主要测试内容为:

1）红外成像导引头

(1) 工作波长;

(2) 系统最小可分辨温差(*MRTD*);

(3) 瞬时视场;

(4) 作用距离;

(5) 跟踪角速度;

(6) 跟踪视场;

(7) 动态输入输出特性;

(8) 去耦能力。

2）光纤缠绕与高速释放

(1) 光纤截止波长;

(2) 光纤色散系数;

(3) 光纤零色散波长;

(4) 光纤抗拉强度;

(5) 光纤长度;

(6) 光损耗;

(7) 光动态损耗范围;

(8) 释放速度。

3) 光纤双向传输系统

(1) 工作波长;

(2) 上行线传输误码率;

(3) 下行线传输误码率;

(4) 光端机发射功率;

(5) 光端机接收灵敏度;

(6) 上行线传输延迟时间;

(7) 下行线传输延迟时间;

(8) 上下行线间光隔离度。

3. 光纤红外图像寻的系统性能评估体系

光纤红外图像寻的系统组成较复杂,由光、机、电等多种部件组成;分布范围广,分别隶属于导弹和地面武器站,飞行过程中制导光缆还会停留在空中;连接关系复杂,信号、接口种类众多,有光信号、RS422、CAN、LVDS 及模拟信号等;信号速率差异大,最高的达到每秒数百兆字节,低的只有每秒一百余字节;其性能有动态特性和静态特性之分,并且动态特性对武器系统的性能有重要的影响。由于以上原因,对系统进行测试的过程非常复杂和困难,尤其是动态性能测试,还需要进行飞行试验验证,而且成本非常高。为了能够客观地对系统进行测试,降低测试与试验成本,减小武器系统的飞行风险,因此,有必要建立一套科学的、低成本的测试评估体系。

根据光纤红外图像寻的系统的实际情况,光纤红外图像寻的系统的性能测试按以下五个不同层次进行,比较合理可行:

(1) 各部件的独立验收测试;

(2) 将各部件组成光纤红外图像寻的系统,进行地面静态性能测试;

(3) 系统地面动态性能测试;

(4) 地面仿真试验测试;

(5) 靶场实弹飞行验证。

1) 部件验收测试

部件验收测试的目的是检查各部件满足相应设计技术要求的程度。光纤红外图像寻的系统所属各部件完成后,根据部件的设计技术要求,编制各自的验收规范,并根据规范开展验收测试工作,记录相关的测试数据,给出具体的测试验收结果和验收结论,验收合格的产品参加光纤图像寻的系统的总体联试和试验。

2) 系统地面静态性能测试

光纤红外图像寻的系统地面静态测试的目的是检查各部件间接口的协调程度,测试静态条件下系统的功能和性能指标。光纤红外图像寻的系统地面静态测试系统由红外成像导引头、弹载光端机、光纤线管、车载光端机、图像跟踪器、监视器、模拟 CAN 协议数据源、422 通信板卡和数据采集计算机等组成,如图 2-32 所示。

3) 系统地面动态性能测试

光纤红外图像寻的系统地面动态测试的目的是检测在地面模拟放线的动态条件下系统的

功能与性能。该测试需要利用光缆地面模拟放线系统进行,其组成如图2－33所示。测试的项目包括制导光缆高速放线性能、图像传输性能、指令传输性能、光动态损耗等指标。该测试系统的关键是检查光纤双向传输系统在动态放线条件下的双向传输性能。

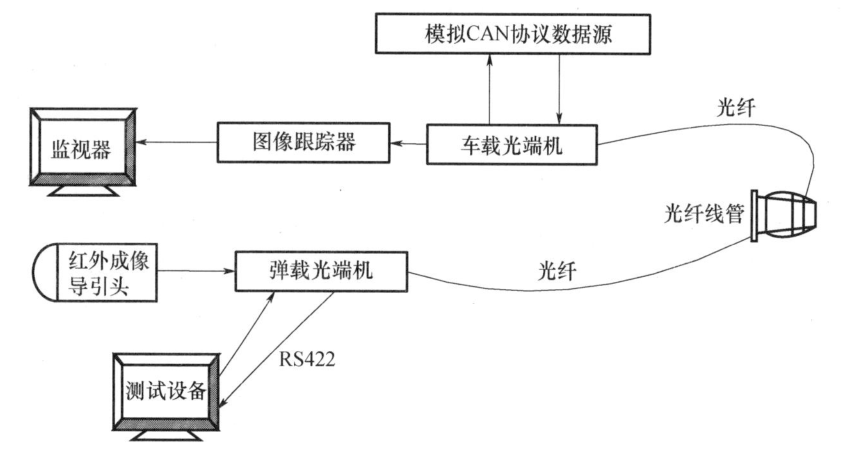

图2－32　光纤红外图像寻的系统静态性能测试组成图

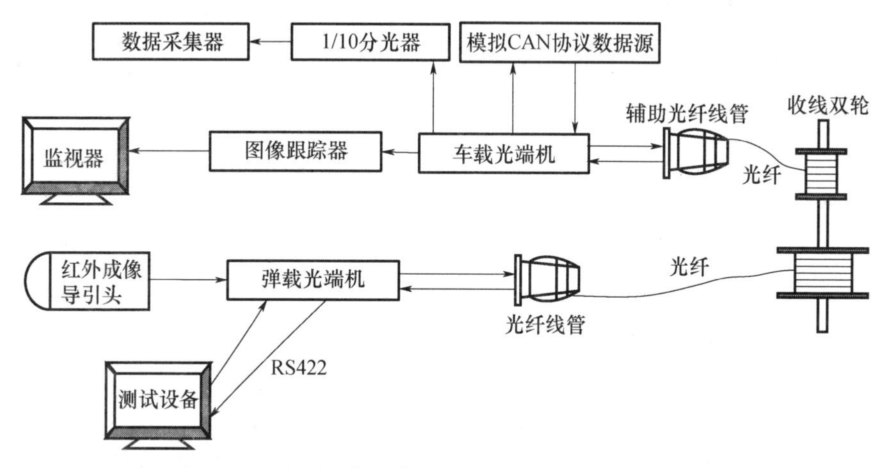

图2－33　光纤红外图像寻的系统动态性能测试组成图

4）系统仿真试验

光纤红外图像寻的系统仿真试验的目的是检测该系统在模拟目标和导弹飞行条件下功能和性能满足设计指标的程度,而且仿真试验可以节约飞行试验用弹量。仿真试验在武器系统仿真试验中心进行,除了光纤红外图像寻的系统外,参加仿真的还要包括导弹的控制部件和执行机构,如飞控计算机、舵机、IMU、地面火力控制系统、操纵装置和地面电源等。仿真系统包括五轴速率/位置转台运动模拟系统、红外成像场景目标生成模拟系统、仿真计算机系统、测试记录与分析系统以及性能评估系统等。考核的内容主要包括在不同场景如沙漠、丘陵和平原等,对不同目标如坦克、房屋、方靶、飞艇、直升机等,导弹以不同弹道飞行的条件下,光纤红外图像寻的系统对目标的探测、识别和跟踪能力。

5）飞行试验验证

光纤红外图像寻的系统飞行试验验证的目的是在地面充分模拟试验和测试的基础上,考核在实弹飞行的条件下制导光缆放线性能以及系统对真实背景条件下目标的探测、识别及跟踪功能和性能。与地面仿真试验相比较,除了场景和目标为真实场景、目标外,主要还加上了导弹发射时的冲击和飞行时振动的真实环境条件,尤其是检测在导弹飞行条件下,光纤双向传输系统工作在制导光缆实际放线状态下,与地面动态性能考核存在的放线性能差异。其中红外目标可以采用真实目标,也可以采用3~5μm的中波红外模拟目标。

飞行验证考核需要利用全武器系统进行,将光纤红外图像寻的系统与相关部件组成箱装导弹,在发射车上进行实弹发射,导弹在规定的弹道和射程条件下,对特定的目标进行攻击,通过飞行过程中的遥测数据和地面数据及图像采集系统的数据对飞行结果进行评估。

通过飞行试验可以获得的数据包括导弹速度、飞行弹道,红外成像导引头视线角速度、框架角、飞行图像,弹载端机及车载端机的发射光功率、接收光功率,图像跟踪系统的跟踪指令,飞行过程中射手的操作指令、开关量,导弹的测量数据等大量的数据。

光纤红外图像寻的系统的飞行试验验证无疑是最全面、最真实的评估方法,但成本非常高,而且考核的条件样本有限。

2.4 红外烟幕干扰与效果评估

2.4.1 红外烟幕干扰技术概述

1. 烟幕干扰

烟幕干扰技术就是通过在空中施放大量气溶微粒,以改变电磁波介质传输特性来实施对光电探测、观瞄、制导武器系统干扰的一种技术手段。烟幕干扰技术具有“隐真”和“示假”双重功能,是一种主动式无源干扰器材,与其他无源干扰手段相比,具有实时对抗敌方光电武器攻击的特点,尤其是能对光电制导威胁作出快速反应,降低其首发命中率。因此,在光电制导武器迅猛发展和大量使用的今天,烟幕干扰材料及其相应的布设、施放和成形器材都受到各国军方的重视,发展很快。

通常,在战场上烟幕主要用于遮蔽、迷盲、欺骗和识别。传统的遮蔽烟幕主要施放于友军阵地或友军阵地和敌军阵地之间,降低敌军观察哨所和目标识别系统的作用,便于友军安全地集结、机动和展开,或为支援部队的救助及后勤供给、设施维修等提供掩护;而现代遮蔽烟幕主要用于改变光电侦察和光电精确制导武器的电磁波介质传输特性,降低敌军光电侦察和制导系统的作用。迷盲烟幕直接用于敌军前沿,防止敌军对友军机动的观察,降低敌军诸如反坦克导弹等光电武器系统的作战效能,或通过引起混乱和迫使敌军改变原作战计划来干扰敌前进部队的运动。欺骗烟幕用于欺骗和迷惑敌军,在一处或多处施放,并常与前两种烟幕综合使用,干扰敌军对友军行动意图的判断。识别/信号烟幕主要用于标识特殊战场位置和支援地域或用作预定的战场通信联络信号。

现代烟幕干扰技术的发展是以红外遮蔽烟幕剂研制为标志,它突破了常规烟幕干扰只能对抗可见光观瞄器材的局限性,同时它也预示了未来烟幕干扰技术的发展方向:一方面提高烟幕的遮蔽能力,扩大有效遮蔽范围(可见光、红外、毫米波及微波),加快有效烟幕的形成速度,延长烟幕持续时间;另一方面加强烟幕器材的研制,拓展烟幕技术的使用范围,并与综合侦察告警装置、计算机自动控制装置组成自适应干扰系统。

2. 红外烟幕干扰原理

红外烟幕对红外辐射作用的机制一般包括以下两个方面：

（1）干扰作用。利用烟幕本身发射更强的红外辐射，将目标的红外辐射遮盖，从而干扰热成像使图像模糊。

（2）消弱作用。利用烟幕对目标和背景的红外辐射产生吸收和反射作用，使其进入红外探测器的红外辐射能低于其分辨能力，保护目标不被发现。战场环境中目标红外辐射的传输和接收过程如图2-34所示。

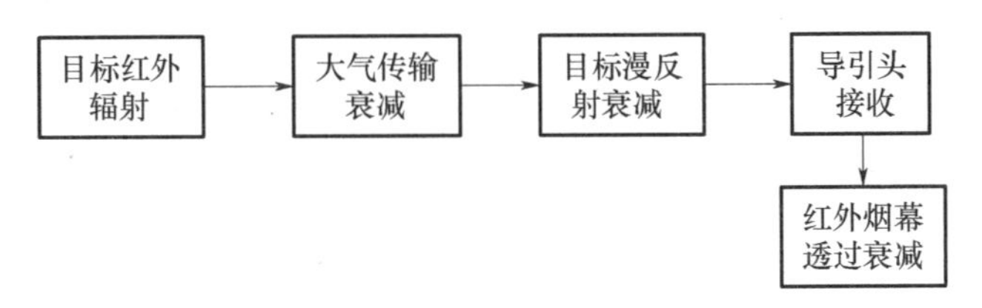

图2-34 目标红外辐射的传输和接收过程

3. 红外烟幕的遮蔽原理

由于烟幕是由许多固体或液体微粒悬浮于大气中形成的气溶胶体系。当目标发出的红外辐射入射到烟幕中时，一方面，由于大量烟幕粒子的吸收和散射作用，使红外探测器接收的目标红外信号减弱或消失，同时还使图像对比度下降；另一方面，烟幕还可以发射红外辐射将目标与背景的红外辐射覆盖，使红外探测系统探测不到目标。其遮蔽原理如图2-35所示。

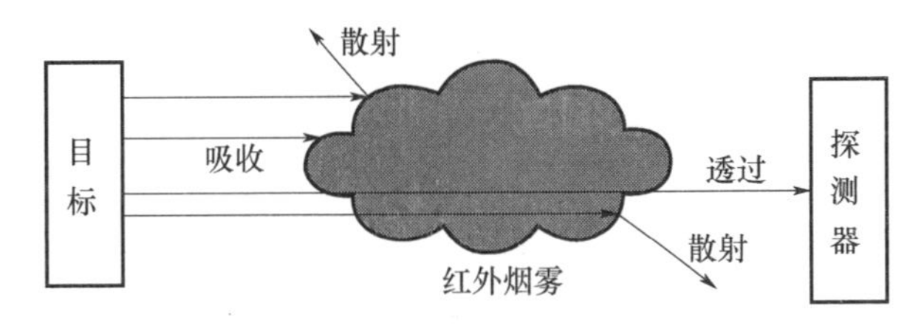

图2-35 红外图像的遮蔽原理示意图

4. 红外烟幕对红外成像系统的影响

红外成像系统的性能取决于目标与背景的辐射之差，固有的信噪比可以表示为

$$(S/N)_0 = A(L_t - L_b) \tag{2-34}$$

式中：A为比例常数；L_t，L_b为目标和背景的固有辐射亮度。

假设烟幕为均匀分散系，则烟幕中红外辐射在传输过程中附加的辐射量由散射的红外辐射和烟幕本身的红外辐射组成，可统称为路径辐射亮度L_α。在距离目标R处成像系统表现的信噪比为

$$\begin{aligned}(S/N)_R &= A[(L_t\tau_{IR} + L_\alpha) - (L_b\tau_{IR} + L_\alpha)] \\ &= A\tau_{IR}(L_t - L_b) = (S/N)_0\tau_{IR}\end{aligned} \tag{2-35}$$

式中：τ_{IR}为烟幕的红外光谱透过率。

可以用有效信噪比传递函数来表示红外成像系统受烟幕消光的影响，即$T_{ef} = \dfrac{(S/N)_R}{(S/N)_0} = \tau_{IR}$。可以看出，烟幕的路径辐射亮度对红外成像系统不起作用。烟幕的遮蔽率只反映在红外光谱透过率上，所以可以把透过率作为评价烟幕干扰效果的指标之一。

2.4.2 红外烟幕干扰效果的理论计算评价法

理论计算评价法是通过理论推导烟幕红外光谱透过率或消光系数对光电辐射的遮蔽效果进行运算,优点是需要的客观条件比较少,可以从理论上进行深入的研究。理论计算法根据不同层次的需要,分为透过率级的计算法和反映在红外成像系统上信噪比级的计算法。信噪比级评价方法则是针对不同的成像系统,计算烟幕干扰下系统的信噪比,与系统的信噪比阈值比较,进而判定烟幕的干扰效果[13,14]。

1. 透过率等级计算法

烟幕的主要作用是对入射光辐射进行衰减,这就需要定量地求出入射光的辐射强度源中有多少辐射能以原特性保持不变地通过烟幕。通常人们在计算辐射通过红外烟幕的透过率时,根据 Lamber - Beer 定律进行计算:

$$T = \frac{I}{I_i} = \exp(-\alpha c l) \tag{2-36}$$

式中:T 为透过率;I 为透射辐射强度;I_i 为入射辐射强度;α 为烟幕的质量消光系数;c 为烟幕的质量浓度;l 为辐射通道长度;αcl 为烟幕的光学厚度。

对于烟幕的质量消光系数 α,最重要的是衰减效率因子 Q_e、散射效率因子 Q_s、吸收效率因子 Q_α,其公式为

$$Q_e = \frac{2}{X^2}\sum_{n=1}^{\infty}(2n+1)\mathrm{Re}(a_n + b_n) \tag{2-37}$$

$$Q_s = \frac{2}{X^2}\sum_{n=1}^{\infty}(2n+1)(|a_n|^2 + |b_n|^2) \tag{2-38}$$

式中:$Q_e = Q_\alpha + Q_s$;$X = 2\pi r/\lambda$,r 为颗粒半径,λ 为入射光波长;a_n 和 b_n 都是负函数,由贝塞尔函数决定。

用下式可计算单位体积粒子群的总消光系数、散射系数和吸收系数:

$$K_i = N\pi r^2 Q_i, \cdots (i = \alpha, s) \tag{2-39}$$

式中:N 为粒子浓度。如果知道烟幕的浓度分布 $c(l)$,由朗伯—比尔定律可以求得光的透过率为:

$$\tau = \exp\left[-\int \frac{c}{\frac{4}{3}\pi r^3 \rho}\pi r^2 Q_e \mathrm{d}l\right] = -\int \frac{cQ_e}{4\pi\rho}\mathrm{d}l \tag{2-40}$$

利用 Mie 散射理论的消光模型,按照烟幕对工作波段的透过率值可以将遮蔽效果分为 4 个等级,即很好(目标、背景无区别),好(目标、背景分辨不清),中等(目标模糊可见),不好(目标清楚可见)。另外,还可以确定干扰烟幕在不同条件下的最佳干扰粒径、烟幕浓度分布、最小光程等参数。

2. 信噪比评价方法

透过率等级评价方法在一定程度上反映了烟幕遮蔽效果的好坏,但是,对有烟幕时热像图的像质评价不应局限于这个阶段。考虑到导引系统的信噪比(S/N)是一个关键参数,因此还存在另一种评价模型,即采用信噪比与最小等效温差 $NETD$ 的关系来评价烟幕的干扰效果,对于凝视制导系统,设目标为灰体,(S/N) 的定义为

$$(S/N) = \frac{\varepsilon \Delta T \tau_{\alpha}}{NETD}\eta_{e} \tag{2-41}$$

式中：ε 为发射率；ΔT 为目标背景温差；η_e 为凝视系统的凝视效率；$\tau_{\alpha} = \tau_{air}\tau_{tra}$，$\tau_{air}$ 为大气透过率，参照典型的大气模型，采用 LOWTRAN7 软件计算，τ 为烟幕透过率。计算信噪比时，需要考虑探测器与目标的距离和烟幕厚度。

由于不同的导引系统有不同的信噪比阈值，因此，当红外烟幕形成干扰后，若信噪比小于探测器阈值，则导引头就失去了对目标的探测，干扰就达到了效果。此方法继承了透过率方法的优点，并且针对探测成像系统进行了干扰效果的进一步研究。

2.4.3　红外烟幕干扰效果的试验测定法

烟幕性能评价的试验测定法按试验环境条件分为实验室烟幕箱评价方法、中小型风洞评价方法和野外评价方法三种。在烟幕箱中进行烟幕性能测试，具有能人为控制环境条件、测试项目较多、方便重复测试的优点，所以应用较多；风洞法模拟野外气象条件和地理条件、可测烟幕的流场等各种参数，较烟幕箱的试验方法复杂，但更接近实战情况；野外评价法把野外场地作为大实验室，现场摆放各种测试仪器，优点是与实际战技情况相符，缺点是由于测试时的环境条件（温度、湿度、风力、风向等）不能人为控制，而且使用的发烟剂量大，烟幕覆盖范围宽，扩散快，数据重复性差。

在实验室对烟幕性能的测量是定量评定烟幕干扰效果的初步依据。下面我们以烟幕箱测试为例，阐述试验测定方法的原理。

设透过前光强为 I_0，透过后光强为 I_t，烟幕透过率为

$$\tau = I_t/I_0 \times 100\% \tag{2-42}$$

透射光经单色仪变为单色光，被探测器接收并转化成电信号，通过多波段红外辐射计处理后，光能量被转化成电压值，并经放大，由毫伏表显示。

此光度值和未经衰减的光度值相比较便可得到烟幕透过率。试验原理如图2-36所示。

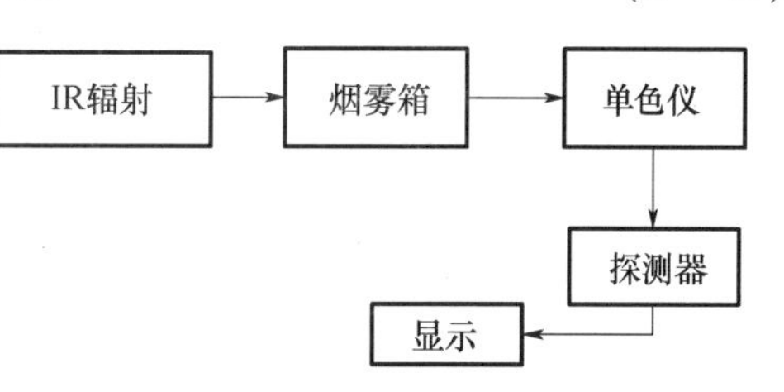

图2-36　室内烟幕测试原理图

消光系数表征烟幕对入射光辐射衰减的能力大小，可按下式计算：

$$\alpha(\lambda) = -\frac{1}{c_m L_t}\ln\frac{I_t(\lambda)}{I_0(\lambda)} \tag{2-43}$$

式中：c_m 为烟幕的质量浓度（kg/m^3）；L_t为光源与探测器的距离（m）。

试验测试烟幕的主要内容是烟幕的透过率、质量密度、烟幕的粒子大小和分布。使用的仪器主要有亮度计、红外分光光度计、激光测距仪、热像仪、滤膜过滤器、尘埃质量浓度仪、分子撞击器、粒子计数器、粒子图像分析仪等。

综合评价烟幕的遮蔽效果，除了依据烟幕的透过率曲线外，还需要根据试验测得以下参数：

（1）热像仪的工作波段；

（2）烟幕尺寸；

(3) 烟幕粒子浓度(单位体积里布放烟幕剂的质量或单位体积的烟幕粒子数);

(4) 当时的环境条件(温度、湿度等)。

在烟幕箱中进行烟幕性能试验,试验条件可以人为控制、测试项目多,是筛选和评价发烟剂非常重要的一步,设备一经建立,可以长期使用。根据系统的大量测量计算数据,可以进行经验总结,归纳出一定的数值评价标准。

2.4.4 红外烟幕干扰效果的外场测试

1. 外场评估的主要指标

红外烟幕的作用是遮蔽被保护目标发射或反射的红外信息,以保证保护目标的安全。外场评估其性能的主要技术指标为:遮蔽率或透过率、有效遮蔽面积、形成时间和有效遮蔽时间。透过率的定义和前面一样,这里不重复。

有效遮蔽面积是指满足规定的透过率或遮蔽率技术指标条件下烟幕面积。

形成时间是指在达到规定的有效遮蔽面积条件下,烟幕形成时间。

持续时间是指达到规定的有效遮蔽面积条件下烟幕的持续时间。

2. 测量装置的组成

红外烟幕外场测试原理如图 2-37 所示。测量装置主要包括红外辐射源、释放烟幕、红外成像辐射计、数据处理终端等。

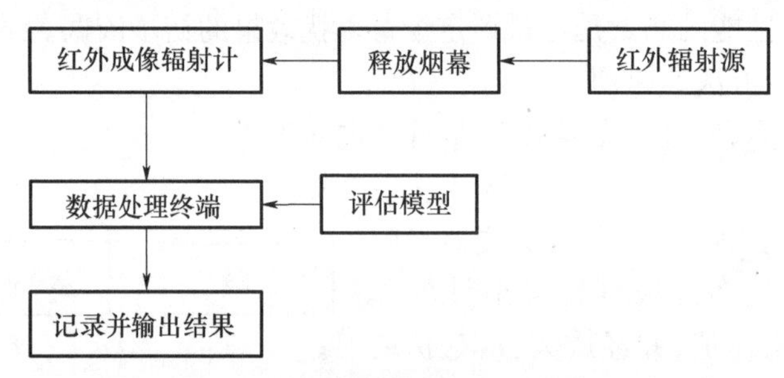

图 2-37 红外烟幕外场测试原理图

从烟幕遮蔽效果的主要技术指标可以看出,烟幕的透过率或遮蔽率是评价烟幕遮蔽效果的最重要技术指标,也是其他技术指标的基础,因此测量烟幕的透过率或遮蔽率是评价烟幕的关键所在。

烟幕形成的机理决定了烟幕的散布有一定的范围,具有随机性,其边缘是不规则的,并随着时间的延续不断扩散,因此测量烟幕透过率的关键是同时多点测量烟幕的透过率。目前红外烟幕不仅仅是干扰其中一个波段,而是在追求全频段干扰,要求测量系统能够对常用的红外波段同时测量。为此有人研制了一套系统可以同时、多点测量。同时测量 1~3μm、3~5μm、8~12μm 三个波段的红外透过率。

红外烟幕遮蔽效果测量评估系统包括红外烟幕测量探头、数据采集与处理器、红外光源、时间统一系统等部分[15,16]。

1) 红外烟幕测量探头

红外烟幕测量探头由红外焦平面器件和光学镜头等组成。按照测量波段,在短波、中波和长波各配备一个探头,共有三个测量探头。

2）红外光源

为实现对大面积烟幕面积的测量，设计了 200 个红外光源。根据红外测量探头的技术指标，当最远试验距离为 800m 时，要考虑三个波段对红外光源的辐射强度的最低要求。

为提高红外光源的使用效率，专门设计了类似球形的光源罩，对红外光源的辐射信号定向，并把红外发热片另外一面的红外辐射通过该罩发射，以增加信号强度，降低对电源总功率的要求。

3）数据采集与处理器

数据采集与处理器采集并处理三个烟幕测量探头，分别输出的视频图像信号和同步信号，处理出烟幕在不同点的透过率。数据采集与处理由 TMS320 系列高速处理器完成，处理板插入 PC 机内，由 PC 机进行控制，完成数据计算、图像处理和硬盘存储等功能。人机对话由键盘操作，菜单式功能选择，软件均在 WINDOWS NT 操作系统下进行。工作流程如图 2－38所示。

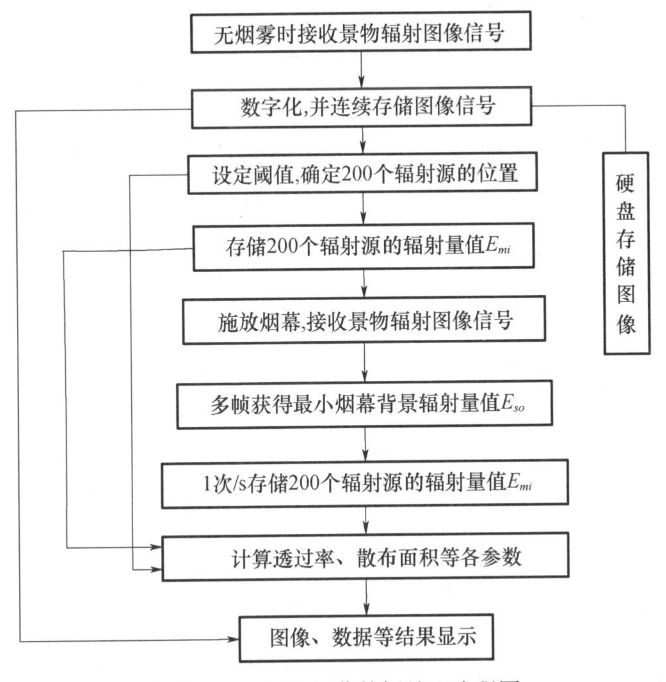

图 2－38　红外烟幕数据处理流程图

3. 红外透过率测量方法

试验时，红外测量探头和处理系统放置在高台上，在地面按照要求布设红外光源，在红外测量探头和光源之间释放烟幕。布局示意图如图 2－39 所示。

利用红外辐射计测量烟幕透过率。由于一次烟幕试验在几分钟内完成，可以认为辐射源和地物背景均是稳定的。设辐射源的辐射量为 E_{oi}，地物背景辐射量为 E_{gi}，烟幕本身辐射量为 E_{yi}。烟幕释放前，红外辐射源对应的像元接收到的辐射源产生的辐射量为 E_{mi}，地物背景辐射量为 E_{gi}；施放烟幕时，与红外辐射源对应像元接收到的辐射量为 E_{ti} 为

$$E_{ti} = (E_{oi} + E_{gi})\tau + E_{yi} \tag{2-44}$$

施放烟幕时，仅仅有背景的像元接收到的背景辐射量 E_{bi} 为

$$E_{bi} = E'_{gi}\tau + E'_{yi} \tag{2-45}$$

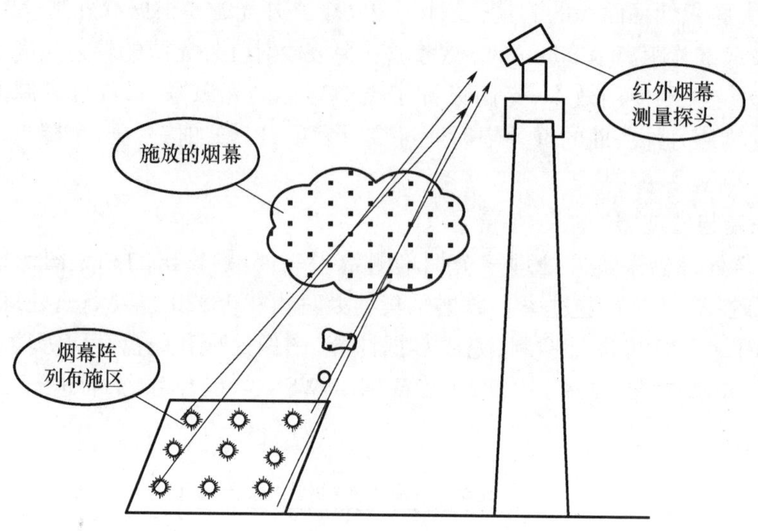

图 2-39 红外烟幕透过率测量布局示意图

使用的红外辐射计为焦平面式，并经过了均匀性校正和非线性校正，可以认为相邻像元的地物背景基本相同，接收到的烟幕产生的红外辐射相同，即 $E_{gi} = E'_{cgi}$，$E_{yi} = E'_{cyi}$，则式(2-44)和式(2-45)相减得

$$E_{ti} - E_{bi} = E_{oi}\tau_i \tag{2-46}$$

在释放烟幕前，可以对有红外辐射源对应的像元接收的红外辐射和周围没有红外辐射源对应像元接收的红外辐射分别测量，得到红外辐射源产生的红外辐射量：

$$E_{oi} = E_{mi} - E_{gi} \tag{2-47}$$

把式(2-47)代入式(2-46)，可以得到透过率：

$$\tau_i = (E_{ti} - E_{bi})/(E_{mi} - E_{gi}) \tag{2-48}$$

从上式可以看出，利用成像式红外测量探头，根据其邻域背景基本相同的特性，在测量烟幕透过率时，可以不受烟幕自身红外辐射的影响，因此可以用于热烟幕的红外透过率测量。

4. 烟幕有效遮蔽面积处理方法

利用式(2-48)，可以测量得到在每个红外辐射源对应像元(x,y)处的透过率矩阵 $\tau_i(x,y)$。利用该透过率矩阵，采用二维三次插值算法，计算出成像辐射计每个像元对应的透过率矩阵，把该矩阵与红外烟幕要求的透过率阈值 τ_0 进行比较，再进行二值化处理，满足透过率要求的像元定义为1，根据物像投影关系，计算出每个为1的像元对应的烟幕面积。把所有面积叠加，可以得到烟幕的有效遮蔽面积。

5. 烟幕形成时间与持续时间

烟幕测量系统在同时间同系统控制下同步工作。记录烟幕释放时的时间 t_1 和达到规定的烟幕面颊时间 t_2，求差可以得到烟幕形成时间 $t_{\mathrm{stime}} = t_2 - t_1$。随着时间的延续，烟幕不断扩散，透过率一直下降，烟幕的有效遮蔽面积不断变小，记录烟幕有效遮蔽面积为规定的技术指标时刻 t_3，则烟幕的有效持续时间为 $t_{\mathrm{dtime}} = t_3 - t_2$。

2.5　红外搜索跟踪系统性能测试

2.5.1　红外搜索跟踪系统概述

1. 工作原理及系统组成

利用红外热像仪或其他红外探测系统进行目标搜索与跟踪的光电系统称为红外搜索跟踪系统。红外搜索跟踪系统是一种采用被动方式工作的成像探测设备,具有隐蔽性好、不怕电子干扰、精度高、低空探测性能好等多种优点,主要用于搜索跟踪空中、地面、海面目标,为近程防御武器系统提供目标信息[17]。

红外搜索跟踪系统具有以下显著特点:

(1) 角分辨力比雷达高,体积、重量比雷达小;

(2) 提供符合人类视觉习惯的目标及背景图像,可完成识别目标及选择攻击目标;

(3) 可昼夜工作,提高了飞机夜战时对目标的探测能力;

(4) 可在多视场角和各种背景条件下自动搜索跟踪多个目标。

红外搜索跟踪系统一般由三部分组成:红外热成像系统(TIS)、稳定与瞄准系统(PSS)、信号处理系统(SPU),如图2－40所示。

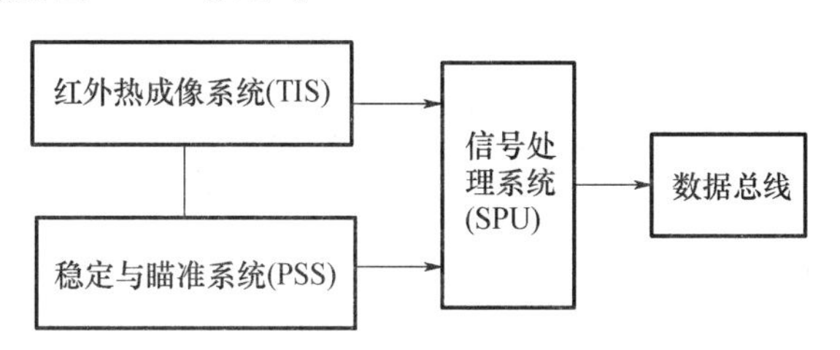

图2－40　红外搜索跟踪系统组成

1) 红外热成像系统

红外热成像系统主要包括红外成像光学系统、探测器和电子信号处理组件。红外成像光学系统是红外探测的光学窗口;探测器一般选择线列或焦平面阵列器件,要求其量子效率及工作波段的大气透射率比较高;电子信号处理组件主要完成探测器电信号的放大和后续处理。

2) 稳定与瞄准系统

稳定与瞄准系统包括瞄准与稳定机构和电子组件。主要完成对光学装置瞄准线的稳定,并实现对光学视轴、搜索视场等的控制。

3) 信号处理系统

信号处理系统主要由滤波器、接口电路及微处理计算机(图像处理器)组成。主要完成目标捕获与跟踪等数据处理功能。

从光学系统的组成来看,将物空间扫描和像空间扫描有机地结合起来,就形成搜索跟踪一体化系统。下面介绍一种典型的搜索跟踪一体化系统。其搜索状态工作原理如图2－41所示。

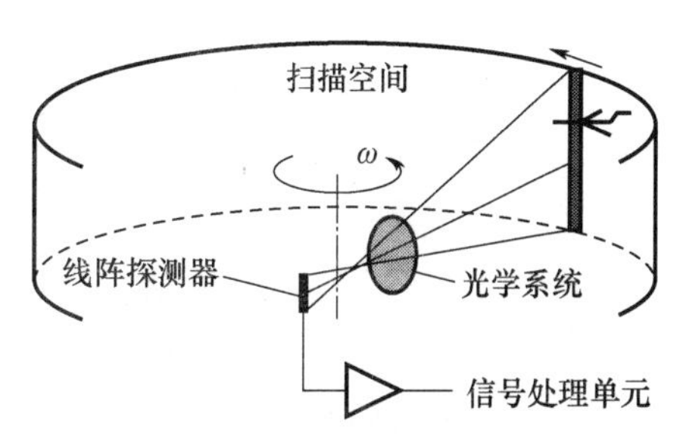

图2－41　搜索状态基本工作原理

当探测通道像空间红外扫描传感器内的扫描摆镜停止摆动时,传感器头部在方位转台的

驱动下完成 $n\times360^{\circ}$ 周视物空间扫描，在俯仰执行机构驱动下完成搜索高低角度选择，信号处理电路将处理来自探测器的输出，获得进入扫描空间的目标方位及俯仰角度，同时输出全景扫描图像。

当系统确定威胁最大的目标后，传感器的扫描摆镜立即开始工作（图2-42），系统转入红外热像仪工作状态，同时伺服系统驱动方位转台及俯仰执行机构，进行自动跟踪或半自动跟踪。

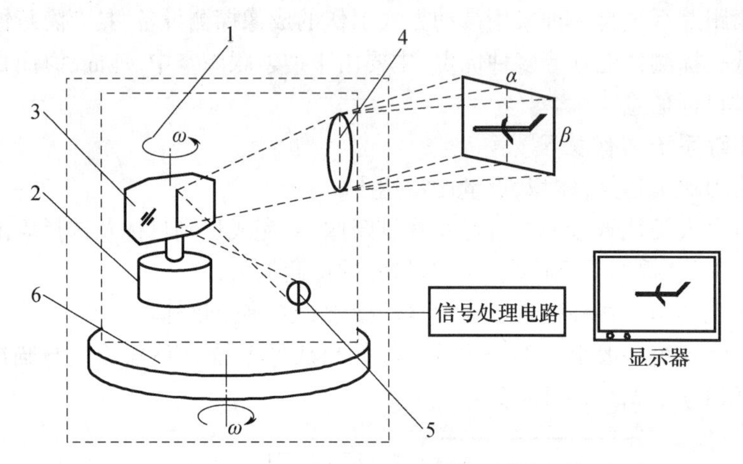

图2-42　红外搜索/跟踪器工作原理

1—像空间扫描传感器；2—扫描电机；3—扫描器摆镜；4—望远镜；5—线阵列焦平面探测器；6—方位转台。

在目标捕获后进入跟踪状态时，系统转入热像仪工作状态，扫描器摆镜高速摆动，将探测器线阵列光电探测器扫描物方的图像，即实现物方扫描。探测器输出的信号经信号处理电路处理产生视频信号，通过取差器，获得目标相对于瞄准线的方位、俯仰角偏差量 $\Delta\alpha$、$\Delta\beta$。此时，激光光轴与热像仪瞄准线始终保持平行，激光器进行测距。伺服系统根据角偏差量驱动方位转台及俯仰执行机构，使扫描传感器瞄准线始终指向目标，实现对目标的自动跟踪。

2. 主要技术参数

1）探测概率和虚警概率

在红外搜索跟踪系统中，探测概率和虚警概率是两个最常用的关键参数。探测概率是指在搜索视场中出现目标时，系统能够将它探测出来的概率；虚警概率是指搜索视场内没有目标时，系统却误认为有目标的概率。发生一次虚警的平均时间间隔称为虚警时间，单位时间内的平均虚警次数称为虚警率[18]。

在红外搜索跟踪系统中，探测概率和虚警概率相互影响、相互制约，它们的选择在工程上是一件很费周折的事情。

2）作用距离

红外系统在某一距离上所接收到的目标辐射刚好能达到预期的使用效果，则此距离就称为系统的作用距离，它是红外系统的一个重要性能参数。红外搜索跟踪系统一般用于对远距离目标的探测，故可按点源计算[19]。在对其进行评价时一般依据的传统计算公式为

$$R^2 e^{\mu R} = \frac{I\tau_0 A_0 D^*}{(V_s/V_n)\sqrt{\Delta f A_d}} \tag{2-49}$$

式中：R 为作用距离；μ 为大气衰减系数；I 为目标产生的辐射强度差；τ_0，A_0分别为光学系统的透过率和入瞳面积；D^* 为归一化探测率；V_s/V_n 为信噪比 SNR；Δf 为等效噪声带宽；A_d为像元感光面积。

根据式(2－49)，系统探测距离与目标辐射强度、大气透过率、光学系统参数、系统的目标处理信噪比水平、探测器参数等有关。

2.5.2　红外搜索跟踪系统参数测量

针对红外搜索跟踪系统主要参数的测量需要，建立了红外搜索跟踪系统测试仪，该仪器可模拟某些红外目标的辐射和运动，可测试与系统作用距离有关的参数及系统各种特性参数；可研究系统的响应、活动目标的捕获、跟踪速度和跟踪精度[20]。

1. 测试仪的组成

测试仪主要由辐射源、准直仪、模拟转台及控制台组成。

1）准直辐射源

辐射源为一黑体，黑体的辐射通过准直仪产生平行辐射，模拟远距离目标。可变光阑模拟目标像尺寸的变化。

准直辐射源光路原理如图 2－43 所示。在光路中设置了衰减器，它可以无惯性地连续改变辐射能量。此准直仪适应波长范围宽，遮光面积小。

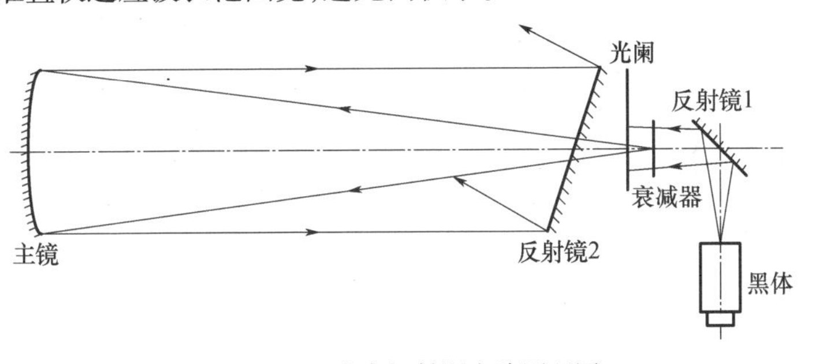

图 2－43　准直辐射源光路原理图

2）模拟转台和控制台

该转台有两个自由度，准直仪支承在转台上，作方位、俯仰运动。转台由力矩电机驱动，也可以手动；同步机与转台连接，可给出转台的位置。控制台通过电缆与转台相连，其内装有转台的控制和操纵电路，及黑体温控电路和各种指示电路。图 2－44 为模拟转台控制原理框图。

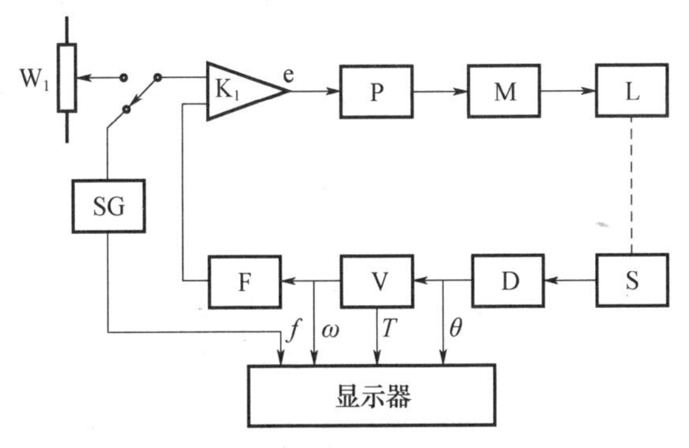

图 2－44　模拟转台控制原理框图

模拟转台控制回路是一个速度回路,可用电位计操纵,或由信号发生器 SG 驱动。同步机 S 与转台是机械连接,经解码后指示目标位置;位置信号经微分获得目标速度,作速度指示,并作速度反馈。

2. 工作原理

红外光学系统是一种光学辐射接收系统,测试时必须使运动目标的辐射始终通过试件位标器旋转中心,图 2-45 为测试仪测试原理及工作位置图。

测试仪方位转轴与试件位标器方位轴大致重合,测试仪俯仰转轴在位标器中心下距离为 H,$H = L \cdot \cos\alpha_0$。

测试中可通过改变黑体温度、光阑孔尺寸和衰减器来改变目标辐射能量,通过控制台操纵目标运动,测定伺服参数时须配合通用记录仪器。

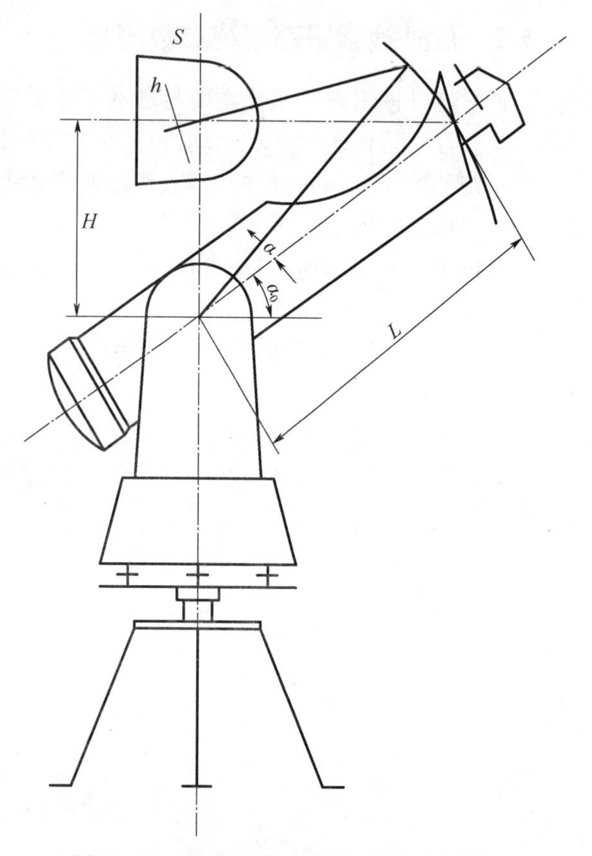

图 2-45 测试仪测试原理及工作位置图

3. 测试方法

红外测试要求仪器测量准确度高,环境稳定,还要有熟练的技术。

1) 辐射校准

辐射校准是测量中必须解决的首要问题。根据玻尔兹曼定律,黑体辐射主要受黑体有效发射率和黑体温度的影响。国防系统已经建立了黑体辐射源标准,可以直接标定黑体的发射率和等效温度。

2) 与作用距离有关的参数

灵敏度:一般指系统所能探测到的最小信号,即系统输出信号 S 等于均方根噪声 N 时系统所需最小照度,此照度越小,灵敏度越高。

然而,系统正常捕获和跟踪目标要求 S/N 大于 1,它与系统设计水平有关,若按上述定义很难测试。通常的做法是,改变黑体温度及光阑和衰减器位置,提供一定照度;系统对准目标后,测定其输出端的 S/N,S/N 越大,灵敏度越高。

虚警概率:指由于背景或干扰使系统错误发现、捕获假目标的可能性。以规定的 S/N 下两次虚警之间的平均时间来表示。

测量方法:用目标当作背景或干扰,使 S/N 达到规定值,系统对准目标,记录错误发现、捕获假目标的时间。

捕获概率:指在规定的 S/N 下,系统捕获目标的可靠性。测试中以频率代替概率。给定目标尺寸及 S/N,使目标位于系统搜索范围内,目标通过时记录捕获次数,并计算其频率。

3) 特性参数

特性参数如视场、相对孔径、波段范围、调制特性、斜率等,通常在明确定义、选定适当的辐射下进行，主要用模拟转台的位置读数来实现，这里以调制特性为例说明。

调制特性：当目标偏离视场中心时，系统将产生误差信号，在视场内误差信号 E 与偏角 ε 间的关系称为调制特性，其关系为

$$E(\rho,\theta) = f(\varepsilon) \tag{2-50}$$

式中：ρ 为误差信号幅度；θ 为误差相位；ε 为偏差角。

测量方法：选定适当的目标辐射，系统对准目标，系统不动，在方位或俯仰上移动目标，逐点测定误差信号的幅度和相位。

4）伺服参数

阶跃位置响应：系统对准目标，并处于跟踪状态；遮挡目标，使目标偏离视场中心；移去遮挡，记录系统跟踪目标时的位置输出过程。从中可以确定系统的超调量、调节时间、振荡次数等。给以不同的偏移，还可以观察系统非线性对过渡过程的影响。

跟踪速度：目标通过系统视场时做等速运动，记录系统捕获、跟踪目标的输出响应过程。改变目标速度可求出最大跟踪速度。

跟踪精度：目标按一定方式运动，系统跟踪目标，同时记录系统和仪器的位置输出，同一时刻位置之差，即为在给定输入下的跟踪误差。

2.5.3　红外搜索跟踪系统的半实物仿真

红外搜索跟踪系统通常由光学系统、探测器系统、信息处理组件及伺服控制平台等几个部分组成。其中信息处理组件接收红外探测器输出的实时红外图像，通过图像预处理算法、目标检测和跟踪算法对图像进行分析和处理，并驱动伺服控制平台，调整红外搜索跟踪系统的视线角，实现对目标搜索与跟踪。因此，信息处理组件是红外搜索跟踪系统的核心，直接影响系统性能指标。

红外信息处理组件算法在开发过程中需要大量试验验证与测试，如采用转台、黑体组成目标模拟等效设备进行测试，不仅设备复杂、昂贵，而且多目标及复杂目标场景模拟困难；如采用外场试飞测试，费用高昂、试验受气象条件影响大、研制周期长、对算法测试不全面。而采用直接信号注入的半实物仿真系统能够有效解决上述问题。为此，提出一个基于双核移动多媒体平台的通用型红外信息处理组件半实物仿真测试系统设计方案，能够为信息处理组件测试提供灵活多变的复杂红外目标场景，根据红外搜索跟踪系统配置不同的伺服控制平台模型，实现红外信息处理组件闭环半实物仿真测试，为红外目标检测与跟踪算法的设计与调试提供开放式集成验证评估环境[21]。

1. 半实物仿真系统模型建立

本系统的被测对象是信息处理组件，它完成的工作实际上是输入红外视频信号，输出伺服控制信号。所以，在仿真系统中需要模拟红外视频源和伺服控制平台仿真模型。红外搜索跟踪系统闭环半实物仿真系统模型如图2-46所示。

在真实的红外搜索跟踪系统中，伺服控制平台带动红外图像传感器转动，使后者观察到的视场发生变化。而在半实物仿真环境中，红外视场由计算机模拟，伺服控制平台仿真模型通过改变视线坐标，通知计算机虚拟转台发生了移动，计算机以视线坐标为依据，在视频场景数据库中定位、读取新的视场数据，通过视频信号发生器发送给被测对象。要求过程中视场的移动连贯、逼真，满足视频刷新率的要求。被测对象对接收到的视频场景进行处理，探测出目标位

置，输出相应的伺服控制信号。伺服控制平台仿真模型结合转台的角度变化和自身的机械特性，动态改变视线坐标。如此就构成了闭环半实物仿真系统，该系统可对信息处理组件进行连续动态测试，最大程度还原了实际工作状态，能够充分测试被测对象的跟踪性能，具有开环测试不可比拟的优势。

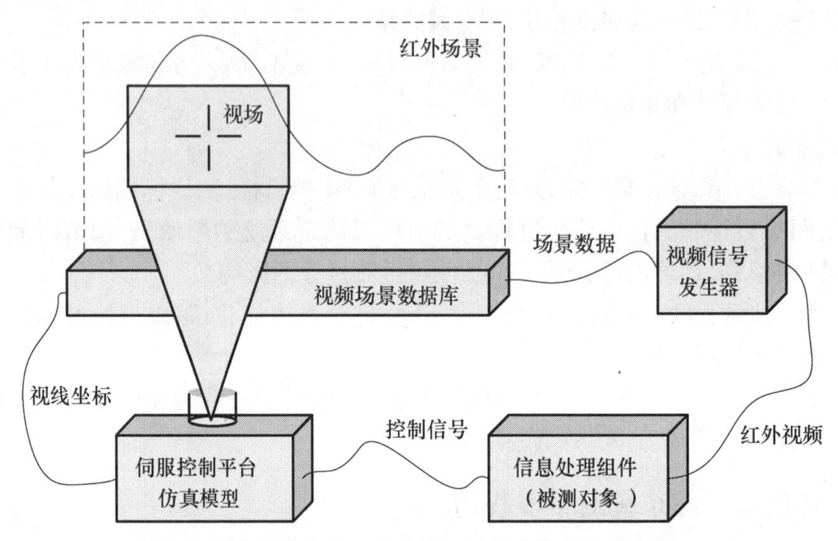

图 2－46　红外搜索跟踪系统闭环半实物仿真系统模型

2. 半实物仿真硬件系统组成

根据真实系统的硬件组成和上述半实物仿真系统模型，系统的硬件由被测对象、嵌入式半实物仿真系统和仿真计算机组成，如图 2－47 所示。

仿真计算机主要完成伺服控制平台仿真模型和视频发生器等功能，还可以通过 JTAG 调试接口对信息处理组件进行算法调试。而嵌入式半实物仿真系统是仿真系统硬件设计的主要任务，它负责仿真测试所需的各类电信号与数字信息之间的相互转换，并通过以太网的方式与仿真计算机通信。嵌入式半实物仿真系统由图 2－47 所示的数字信号处理单元、以太网接口模块和四个功能子模块组成。

以太网接口模块由 RJ－45 网络接口、网络变压器和 LAN9220 以太网控制器构成，实现以太网数据从物理层到数据链路层、网络层的数据格式转换。红外视频输出模块把来自仿真计算机的仿真数字视频转换为红外视频输出。角度信号输出模块把来自仿真计算机的角度量转换为相应的电平信号。控制信号采集模块把来自信息处理组件的 PAL－D 格式模拟视频转换为数字视频，然后发送至仿真计算机。模拟视频采集模块把来自信息处理组件的 PWM 波伺服控制信号转换数字量发送至仿真计算机。

3. 半实物仿真软件系统

仿真系统软件设计分为 Windows 环境下的仿真计算机软件和 Linux 环境下的嵌入式系统软件两个部分，如图 2－48 所示。

嵌入式系统软件设计即开发 OMAP3530 的软件系统及其应用程序，它包含硬件驱动层、信号处理层和应用程序层三个部分。

仿真计算机软件主要实现伺服控制平台仿真模型和视频发生器两个功能，二者配合嵌入式半实物系统完成对信息处理组件的闭环测试。

在初始化阶段，用户通过配置网络建立仿真计算机与嵌入式系统之间的通信。然后，把真实伺服控制平台的机械参数（如上升时间、稳态值等）输入到仿真模型中。整个闭环仿真流程分为以下步骤：

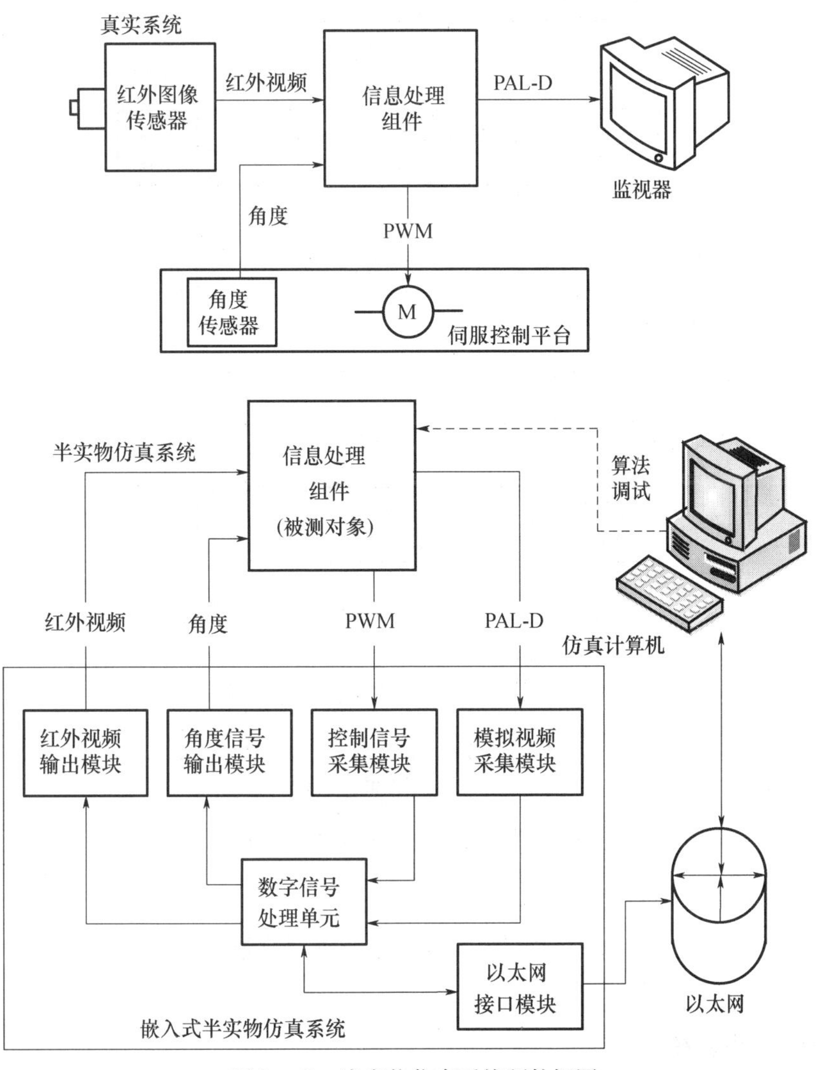

图2-47　半实物仿真系统硬件框图

（1）根据信息处理组件输出的PWM波控制信号，伺服控制平台仿真模型模拟真实系统的机械特性，输出相应的角度变化量（角速度）；同时，仿真模型根据当前时刻的视线坐标，计算出下一时刻的视线坐标。

（2）视频发生器根据下一时刻的视线坐标和目标动态轨迹，把三维的场景数据库投影为一个二维的红外视频图像，并把视频图像实时地输出到信息处理组件。

（3）信息处理组件采集上述仿真视频，得到新一组的PWM波控制信号，如此完成闭环测试。

（4）闭环测试中可对信息处理组件输出的红外视频回采，可对信息处理组件的目标搜索与跟踪效果进行性能评估。

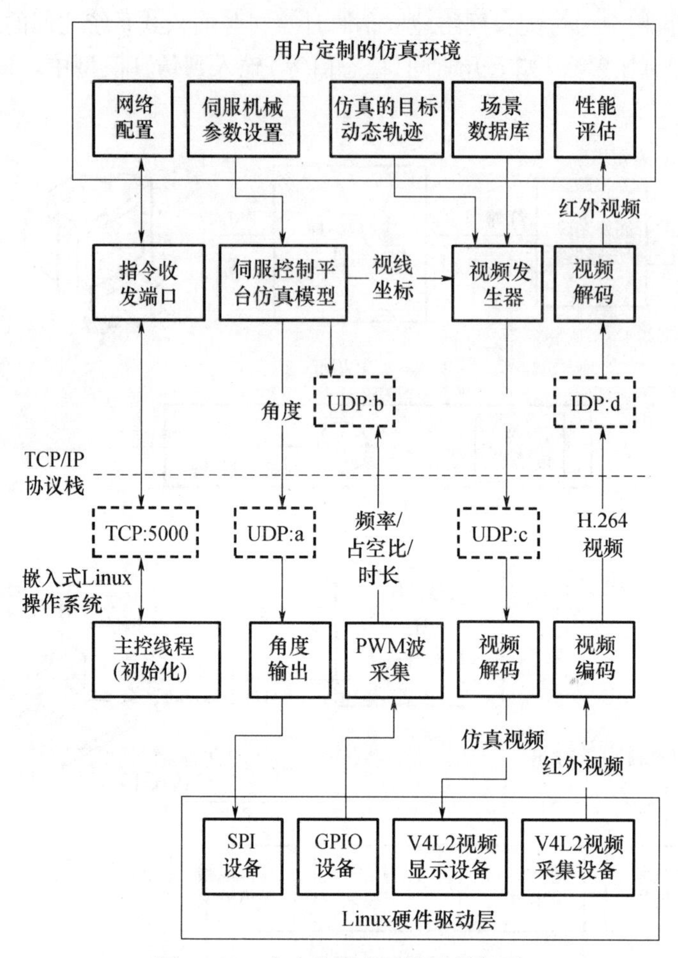

图 2－48　半实物仿真系统软件框图

2.6　红外告警系统性能测试

2.6.1　红外告警系统概述

1. 红外告警系统的工作原理与组成

红外告警系统以无源方式工作，具有自身隐蔽性好、抗干扰能力强、探测目标范围广、定位精度高以及作用距离较紫外告警器远等特点，已成为对军事目标告警的主要技术手段。20 世纪 80 年代后期，红外焦平面面阵探测器飞速发展并逐步得到使用，为研制先进的红外告警系统提供了技术保证[22]。

红外告警的功能包括连续观察威胁目标的活动，探测并识别出威胁导弹，确定威胁导弹的详细特征，并向所保护的平台发出警报。对威胁目标特征的识别必须可靠，以免出现虚警。告警器的反应时间要短，以使所保护的平台有足够的时间采取相应的对抗措施。

红外告警系统按照选择探测目的不同，分为采用线列探测器的扫描型和采用焦平面器件的凝视型两大类。基本组成包括告警单元、信号处理单元、显示控制单元和装载平台四个部分[23]。告警系统的组成功能如图 2-49 所示。

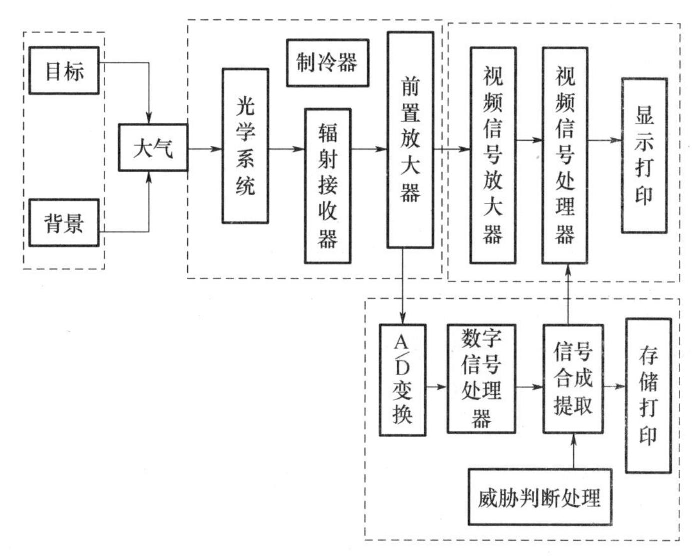

图 2-49　红外告警系统组成功能示意图

2. 红外告警系统的主要性能特征

为了有效地保护飞机、坦克和重要目标，提供来袭飞机和导弹威胁的探测，能够全方位告警和多目标探测识别，并将威胁数据传送给电子对抗系统，以便启动适当的对抗措施，红外告警系统应具有以下主要性能特征：

（1）采用 3～5μm，8～12μm 双波段探测器，覆盖两个大气窗口，以保证在探测光谱区内具有发现目标的能力。

（2）按照不同装载平台的需要，告警探测范围方位为 360°，俯仰机载型 -50°～+60°，车载型 0～+60°，以满足探测多方位来袭威胁目标，并可以连续地边搜索边跟踪处理，以达到告警空间范围的覆盖。

（3）为满足对快速攻击目标（飞机、导弹）逼近快速预警，要具备高速红外信号处理能力，有多威胁目标探测和识别模式，并有识别威胁和非威胁目标的能力以及快速反应能力，反应时间为 2～3s。

（4）为提高远距离探测威胁目标的能力，系统要有高探测概率和低虚警率，以达到探测目标准确度和识别正确度，能够在剧烈的机动和强杂波环境下达到探测概率不低于 95%，虚警率不低于 1 次/100h。

（5）能够精确提供威胁目标的逼近方向，以满足拦截或干扰时间和自动快速启动对抗装置，方位分辨力为 2mrad，目标指示精度 1mrad，最佳应达到微弧量级。

（6）能够有多种鉴别模式以对付阳光辐射、地面和水面反射干扰和移动云层造成的虚警，在多目标威胁告警方面，可同时探测目标 20～40 个。

（7）具有高分辨力、高探测度的性能，探测迎头飞行的飞机大于 10 km，并能够自动发出对抗指令，与地面或其他系统的信息相联，达到全景监视系统与告警一体化。

（8）装载平台的适用性好，能在飞机、舰船、坦克等各种机动平台上使用，以补充雷达、激光告警系统功能，达到不同作战环境要求。

当然,以上是对红外告警系统的一般要求,对不同用途的告警系统,可能要求会有所不同,其主要技术指标也会有所不同。

2.6.2 红外告警系统参数测试

为了科学准确地评价红外告警系统的作战性能,依据红外告警系统的被动属性和工作原理,针对视场大、目标指示精度高、反应时间短、探测(告警)距离远等特点,按照作战使用要求和检测条件,其评价重点是系统性能和设计性能的一致性。为此,评价红外告警系统的方法也分为技术参数测试方法和战术性能考核方法[23]。

1. 红外告警系统参数测试装置的组成

红外告警系统是一个红外辐射测量系统,关键是红外接收设备对红外告警系统参数的测试,主要是对红外接收设备各种参数的测试。检测设备包括温差目标产生器、中温黑体、平行光管、单色仪、光学测试平台、数字存储示波器、帧采样器、微光度计、被检设备承载转台、控制显示单元和处理软件等。红外技术参数测试功能模块如图 2-50 所示,其主要技术参数的测试应当满足综合评价红外告警系统的主要技术性能。对红外点源告警系统来说,系统的综合性能是最小可探测能量,而对成像告警系统来说则是可探测的最小景物的温差,影响和描述红外告警性能时,主要有 *NEFD*、*NETD*、*MRTD*、*MDTD*、*SiTF* 等。

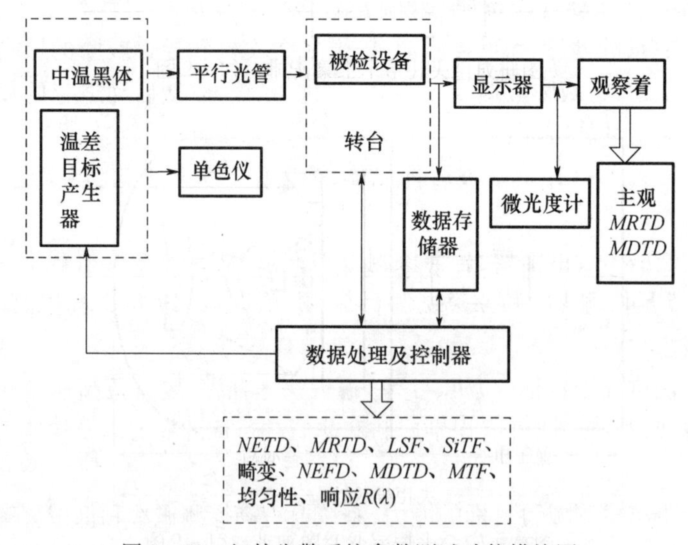

图 2-50 红外告警系统参数测试功能模块图

2. 主要参数测试方法

1)噪声等效通量密度(*NEFD*)测试

当红外告警系统(非成像系统)观测黑体目标时,其输出端的峰值信号电压 V_s 与其均方根噪声电压 V_n 之比为 1 时,这时辐射通量密度就是被检系统的 *NEFD*:

$$NEFD = FD/(V_s/V_n) \tag{2-51}$$

若当红外告警系统为成像系统时,黑体目标与背景之间的温差为 ΔT,被检系统的噪声等效温差(*NETD*)表示为

$$NETD = \Delta T/(V_s/V_n) \tag{2-52}$$

为了便于测量和保证良好的信号响应，目标尺寸应为探测器张角的若干倍，而且目标的温差 ΔT 至少应是 $NETD$ 值的若干倍，以保证 $V_s > V_n$ 才能按式(2－52)计算。ΔT 可由温差目标产生器给出，辐射通量密度根据黑体温度通过普朗克定理精确计算给出，信号电压和均方根噪声电压由数字存储示波器给出。

2）信号传递函数（$SiTF$）测试

在预定温度范围等间隔的改变目标靶，记录背景的温差，被测红外告警（成像）系统输出视频信号的信号电压或显示器上目标亮度（微光度计采样），绘出信号电压值或目标亮度与相应温差的关系曲线，以检测系统的线性工作范围。

3）最小可分辨温差（$MRTD$）测试

实际测量时分为主观测试和客观测试两种方法。主观视觉参评时，对一定空间频率（K_i 一般为 $1/20a$）的靶标，改变黑体目标（测试板）与背景之间的温差 ΔT，由判读人员同时观察显示器的热图像，分辨出靶图的最小温差 ΔT_i，经多次观测，统计分辨概率达到50%时的温差，根据不同空间频率 K_i 的杆靶，求出相应的 $MRTD$ 值，给出 $MRTD-K_i$ 曲线；客观测试方法是对输出的视频信号采样或由微光度计对被测显示器的目标亮度进行采样，经数据处理得到 $MRTD$ 值，对不同空间频率 K_i 的靶杆重复测量给出 $MRTD-K_i$ 曲线。

4）最小可探测温差（$MDTD$）测试

当判读人员在显示屏上刚能够分辨出目标形状和位置时，此时的目标与背景的温差即为最小可探测温差 $MDTD$。另外，$MDTD$ 是目标大小的函数，而 $MRTD$ 是目标空间频率的函数。因此，在外场测量中使用 $MDTD$ 这个参数来评价红外告警系统性能是合适的。

2.6.3　红外告警系统的仿真测试

1. 仿真评估系统的组成

在地面红外侦察告警系统的相关性能测试中，由于野外测试的实际气象条件多种多样，难以构造和再现各种测试环境和合作目标。在实验室采取半实物仿真的方法具有重复性好、环境可控、安全经济、不受气象场地时间限制等优点，是进行红外侦察告警系统性能测试的有效途径[24]。

红外侦察告警半实物仿真评估系统的硬件部分主要包括主控计算机、仿真控制单元、红外目标模拟单元、运动单元、数据综合处理单元和标校测量单元等部分。仿真评估系统组成如图2－51所示。

（1）主控计算机：完成侦察告警仿真总控、场景设定、各种数据库模型库调用、数据传输通信、进程显示、数据显示、结果显示等。

（2）仿真控制单元：是系统的仿真控制中心，接受主控计算机指令完成各个单元的协调和控制。

（3）红外目标模拟单元：包括多套红外目标模拟器，每套红外目标模拟器包括反射式平行光管、红外目标源、运动模拟装置、波段滤光片等部分。

① 红外目标源。红外目标源是模拟信号单元的重要组成部分，主要功能是模拟出野外红外威胁信号的辐射量大小、空间尺寸和分布特性等。由可变温差靶标、靶盘、面源黑体、温度传感器、前置放大器、功率放大器、温控箱（内有温控器）、横向移动机构（包括水平、俯仰和特定设置方向的单向、双向移动）、底座、微机控制用RS－485接口等部分组成。

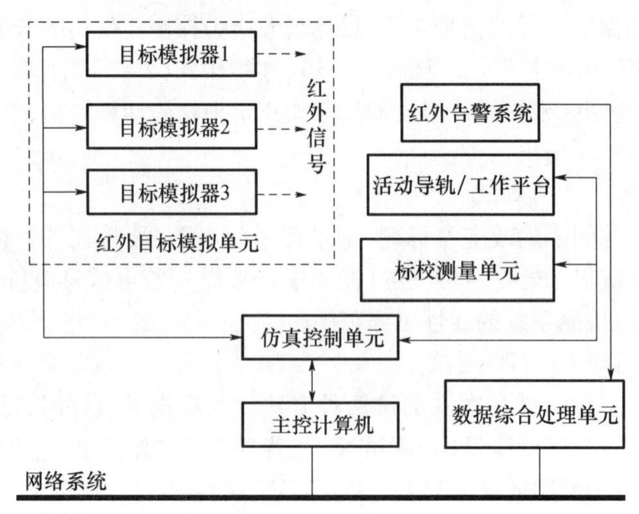

图2-51　红外侦察告警半实物仿真评估系统组成框图

② 反射式平行光管。反射式平行光管的主要功能是把有限距离的红外源转换为无穷远的红外目标,为被测系统提供高标准的测试条件与测试环境。主要由离轴抛物面反射镜、平面反射镜、镜框、镜座、高低升降调节机构、俯仰调节机构和方位调节机构组成。反射式平行光管系统采用大口径离轴抛物面镜作为平行光管的物镜,最大优点是成像光谱范围宽、光路通视好。根据使用要求,离轴抛物面反射镜和平面反射镜应镀反射膜层,并用 SiO_2 保护膜防潮和防尘。

③ 波段滤光片。根据红外侦察告警系统的侦察告警波段,设计相应的中性波段滤光片。滤光片的光谱透射比曲线平坦,热稳定性、防潮性和机械强度等物理、化学性能良好。

(4) 运动单元:包括活动导轨/工作平台等部分,用来对模拟目标的空间位置和指向进行调整,形成相对于告警系统的上半球空间不同相对位置的模拟目标。

(5) 数据综合处理单元:实时录取告警系统的仿真数据,同时接收仿真监测标校单元送来的各模拟单元的数据;对各数据进行处理和分析,评估仿真结果。

(6) 标校测量系统:包括中常温黑体、光谱辐射计、小型光电经纬仪等测量系统。用于各个红外目标模拟器的辐射量或温差测量标定、空间位置精确定位和方位分辨力、俯仰分辨力测试中角度真值测量。

仿真系统的计算机应用软件模块有:目标及背景特性仿真数据库应用模块、大气传输计算模块、目标几何形状特性计算模块、目标运动特性计算模块、目标红外辐射特性计算模块、背景红外辐射特性计算模块、红外目标模拟器控制模块、仿真控制与评估模块以及数据通信模块等部分。

整个系统在系统控制模块的控制下进行工作,数据通信模块完成系统内部以及对外的数据交互。其中,目标及背景特性仿真数据库应用模块、大气传输计算模块、目标几何形状特性计算模块、目标运动特性计算模块、目标红外辐射特性计算模块、背景红外辐射特性计算模块、红外目标模拟器控制模块等部分完成红外模拟目标与背景的模型解算、红外目标模拟器控制与仿真目标生成等功能。仿真结果评估模块根据仿真数据库数据、目标背景特性、大气传输计算结果以及告警系统的告警情况对仿真结果进行测试数据处理,对测试结果分析,并对仿真模型和仿真测试系统可信性进行分析评价。主要应用软件模块和信息流程框图如图 2－52 所示。

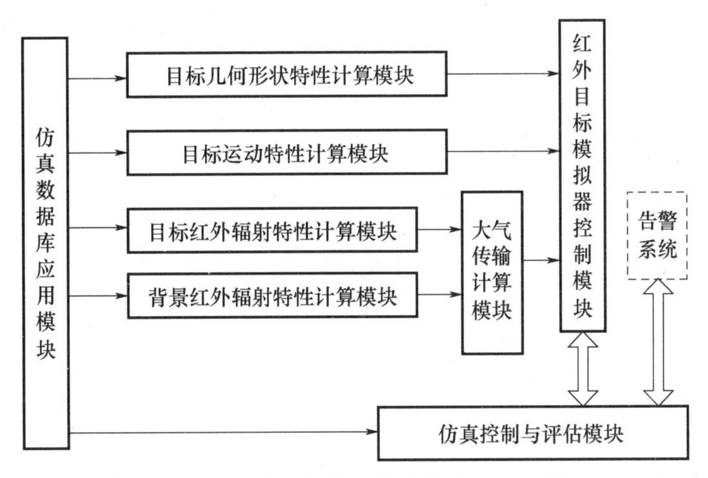

图 2－52　应用软件模块和信息流程框图

2. 仿真评估系统工作原理

根据红外侦察告警系统性能测试要求,告警对象为相对无穷远敌方目标,其光电探测敏感器件一般都安装在成像物镜的焦面上。需要利用平行光管将合作目标设置在无穷远的位置,以进行参数测试和对其性能进行评价。系统工作原理框图如图 2－53 所示。

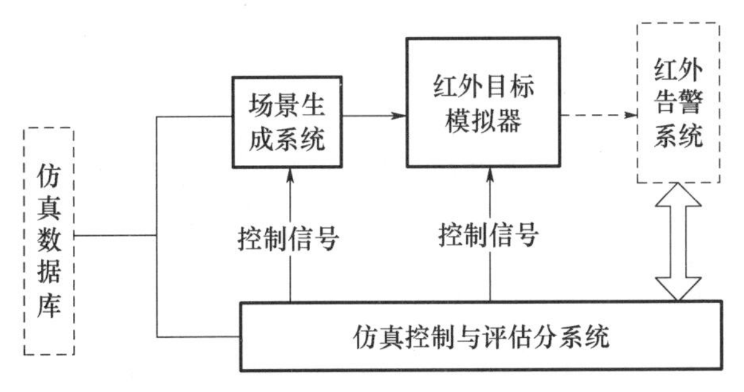

图 2－53　仿真系统工作原理框图

测试时在实验室内利用多个红外目标模拟器等系统模拟野外远场红外目标。把红外目标源精确置于大口径离轴抛物面镜的焦面上,目标中心与焦点重合,光轴方向上用红外温差源照射目标靶面,透过目标靶面的光束经过平面反射镜反射后到达离轴抛物面镜。目标靶面放置在离轴抛物面镜的焦面上,经离轴抛物面镜出射后的目标光束成像在无穷远处。

工作流程:系统在仿真控制与评估分系统控制下工作。根据仿真数据库事先设定的预定程序,利用场景生成系统对红外目标模拟器进行目标红外辐射、温度、出口光阑和运动状态控制,生成预定的红外场景,并以此作为红外侦察告警系统的合作目标进行告警波段、警戒视场等静态技术参数测试。也可以完成多目标处理能力、反应时间、全景搜索时间、角度分辨力、目标指示精度、初步威胁等级排序能力、抗干扰能力等性能参数测试。通过测试红外侦察告警系统处光谱辐射,借助红外大气传输数据库中的相关数据,计算得到对不同红外威胁源在不同气象条件和模式下的告警性能。

通过计算机控制红外目标模拟器靶标运动方向和辐射量大小使得模拟目标以告警系统能正常告警的角速度在视场中运动。

在图2－53的仿真系统工作原理图中，红外目标模拟单元是本系统硬件的核心，包括反射式平行光管红外目标源和测量控制机构等部分。对目标模拟器的要求：

（1）再现某一特定频段的辐射能量的空间分布特性（几何形状和大小）。

（2）再现某一特定频段的辐射源光谱分布特性。

（3）再现辐射源的空间运动动态特性。

红外目标模拟器的主要组成部分有：离轴抛物面物镜、平面反射镜、可变小孔光阑、半透半反平面镜、黑体和支架等。黑体的红外辐射经过半透半反平面镜透射，以保证黑体和装有可变小孔光阑的靶标之间的温差。其组成和基本工作原理如图2－54所示。图中，虚线框内为红外目标模拟器，靶标放置在离轴抛物面物镜焦面上，经过平面反射镜反射和抛物面物镜焦面反射形成平行光束的红外目标，在红外告警系统光学镜头处形成无穷远目标。

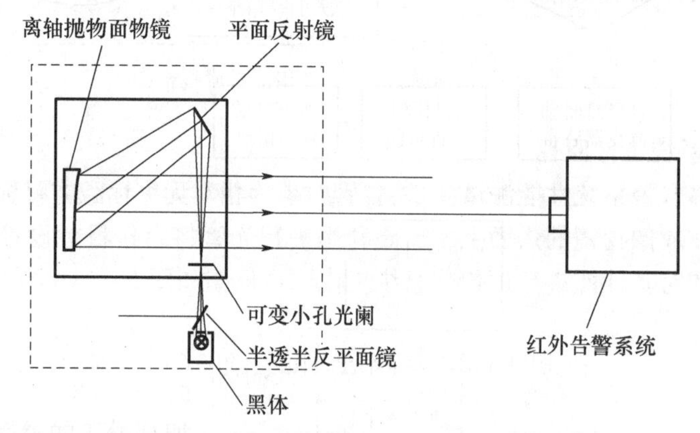

图2－54　红外目标模拟器组成和工作原理图

2.6.4　红外告警系统的外场试验方法

由于目前红外告警系统大都以飞机为平台，并且都是以机动目标（飞机、导弹、战车等）作为威胁告警目标。为此，外场试验主要评价红外告警系统的探测距离、定向精度、探测概率、虚警率及多目标能力和抗阳光辐射、地面和水面反射干扰，移动云层造成的影响等。红外告警系统外场试验示意图如图2－55所示。

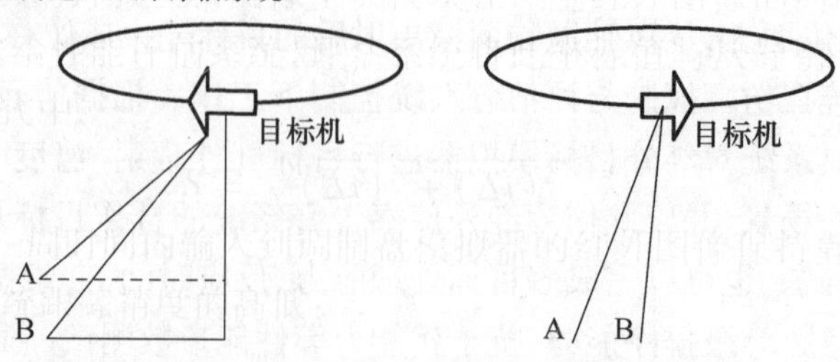

图2－55　红外告警系统外场试验示意图

在进行红外告警探测距离和探测概率试验时，可选择单机或多机径向水平迎头飞行，依据红外探测原理，当告警概率达到50%的距离为其作用距离。在定向精度试验时，目标沿圆周水平飞行，根据测量雷达提供的实时测量值来评价被检系统。这里需要指出，由于红外告警属于被动侦察告警，且一切高于绝对零度的物体都有红外辐射，在外场试验时，就要具有多波段的红外目标的背景辐射特性测量设备。还要做到在实时测量的基础上，结合评估准则给出试验评价结果。

2.7　气动光学环境红外成像末制导系统性能测试

随着凝视红外成像末制导探测技术的发展，新一代防空导弹朝着高速化、精确制导化方向发展，从而对红外成像末制导及其应用技术提出了新的要求。国外已经致力于在新一代高速导弹中应用红外末制导技术。它们与一般的红外成像制导探测系统不同，具有大气层内外高速飞行、侧窗凝视红外成像、作用距离远、目标视线角与位置角速度测量精度高等特点。

为加速高精度红外末制导技术在新型军事装备中的应用，开展红外成像探测系统在高速导弹上应用的性能测试和评估方法研究，通过系统仿真和验证试验考核凝视红外成像末制导系统的各项综合性能，对促进红外成像探测末制导技术在新一代高速导弹上的应用具有重要意义。

2.7.1　气动光学效应环境的分析

开展红外成像探测系统在高速导弹上应用的评估方法研究，首先必须认清高速导弹红外末制导系统所面临的气动光学效应的工作环境，通过理论分析和测试试验，从而为红外末制导系统的应用评估提供设计分析依据。

采用凝视红外成像探测体制的高速导弹在大气层内高速飞行时，其光学头罩与来流之间剧烈的相互作用产生真实气体效应、激波诱导边界层分离、无粘流与边界层的相互干扰等，从而引起气流密度、温度和组成成分的变化，甚至产生气体分子电离现象等。光学头罩与来流之间所形成的复杂流场，对红外成像探测系统造成气动热、热辐射和图像传输干扰等气动光学效应，引起探测目标图像的偏移、抖动、模糊以及能量衰减[25]。气动光学效应环境分析的基本过程如图2－56所示。

1. 气动热效应环境

高速导弹在大气中高速飞行时，来流与光学头罩头部相遇时受到压缩而被阻滞，在头罩表面附近形成边界层，在边界层内来流中的动能被耗散而转变为热能，使光学头罩周围的气流温度升高，表面被加热，产生的气动热效应将影响光学头罩和窗口的工作性能，严重时甚至对光学头罩产生热破坏作用。

2. 气动热辐射效应环境

高速导弹在大气层内高速飞行时产生高温激波，头罩周围高温激波和被气动加热的窗口产生热辐射噪声，形成辐射干扰，严重时甚至使红外探测器饱和而不能接收来自目标的辐射，这种气动热辐射效应产生的热辐射增加了背景噪声，降低了成像探测系统对目标探测信噪比和图像质量，从而影响了对目标的探测能力。

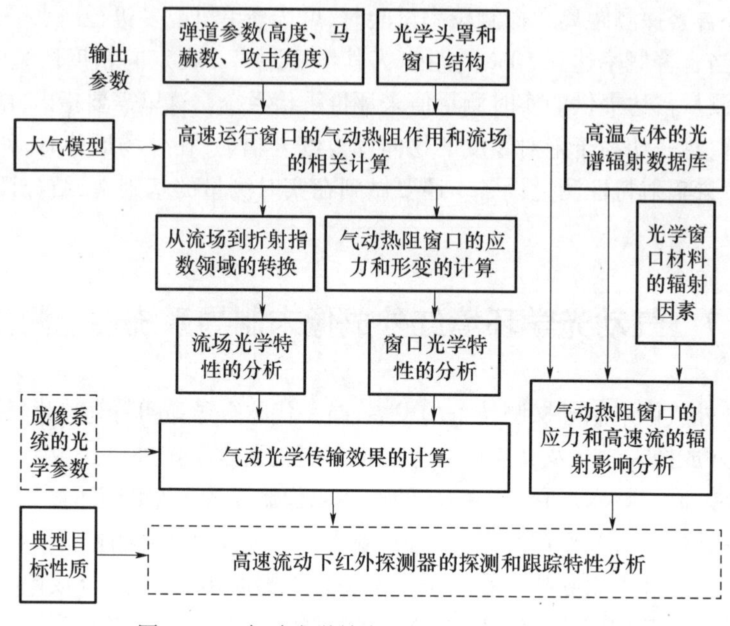

图 2-56 气动光学效应环境分析的基本过程

3. 气动光学传输效应

飞行中的光学头罩周围大气不断发生变化,这种变化将影响来自目标的红外辐射的传输,使成像探测器中目标图像产生模糊、抖动、偏移和能量衰减,使成像探测系统对目标的视线角位置测量发生偏折,视线角速率发生抖动,从而影响探测系统制导精度。当目标伴有假目标或干扰时,高速流场和热窗口引起的目标图像抖动和模糊会使成像探测系统对远距离的真目标干扰或假目标成像发生混叠,从而降低对目标的检测识别概率,抗诱饵、抗假目标能力和命中点选择能力。

2.7.2 气动光学效应验证试验

气动光学效应验证测试试验包括地面测试试验和外场飞行试验两种途径。由于外场飞行试验的局限性,主要通过地面高速风洞对末制导工作环境的模拟,利用目标模拟器和相应的测试设备,实现气动光学效应测试试验。

1. 气动光学传输效应测试

对于光学成像探测器,气动光学传输效应表现为图像的偏移、模糊、抖动和能量衰减。光学成像探测器测量的是目标辐射在探测器上的能量分布,不包含目标辐射的相位信息,但本质上引起气动光学传输效应的根本原因是光波波前受流场的影响而产生畸变,因此,气动光学传输效应测试主要从序列失真图像测试和失真波前测试两方面开展。

失真图像测试试验时,高速来流在头罩窗口模型表面形成高速流场,模拟导弹在高速飞行过程中成像探测系统头罩窗口外的流场情形。采用多光谱目标模拟系统,由红外或可见光准直目标光源同时生成测试目标,经过分光镜合成,模拟系统所观察到的目标;目标辐射通过风洞侧壁多光谱窗口进入试验段,经风洞模拟高速流场、头罩窗口外激波层、边界层、头罩窗口模型后,从风洞的另一侧洞壁窗口出风洞测试段进入图像探测系统;高速图像采集设备连续记录模拟的目标穿过流场前后的图像，由流场引起的像偏移、像抖动和像模糊信息都将包含在这些连续的目标图像中，通过对序列失真图像的分析处理，可以定量分析在不同飞行高度及来流马赫数、不同流场密度、不同积分时间条件下的像偏移、像抖动和像模糊等气动光学效应参数。图2-57为气动光学传输效应失真图像测试原理图。

图2-58为气动光学效应失真波前测试技术原理图。针对目前失真波前测试技术的发展，可应用脉冲激光波前畸变剪切干涉测量方法进行高速绕流流场扰动波前的测量，该技术对通过流场的失真波前进行检测，获得稳定的带有气动湍流信息的干涉条纹，对干涉条纹进行处理后得到气动光学效应瞬态扰动波前信息。

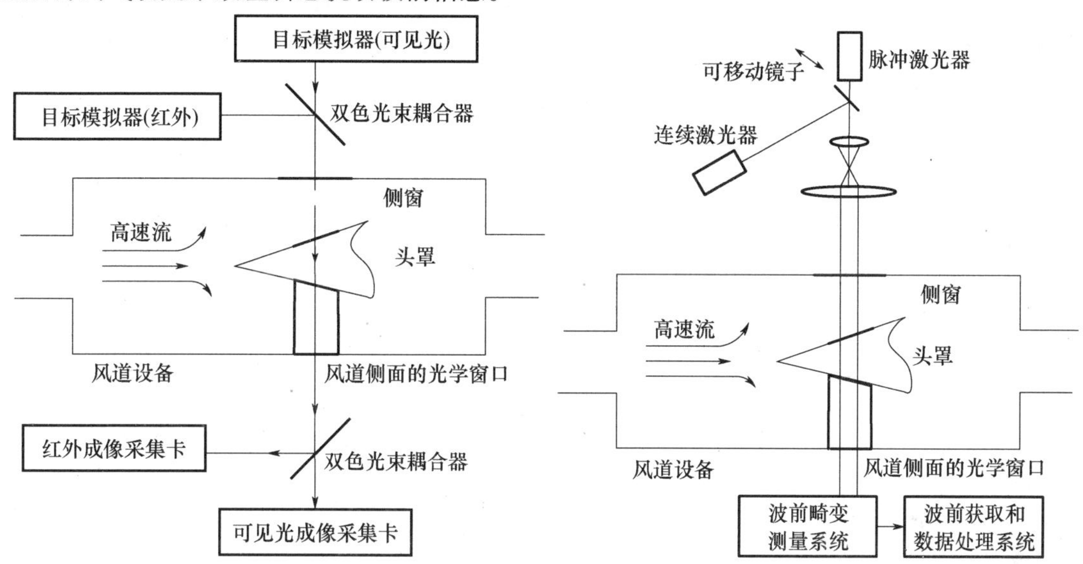

图2-57　气动光学传输效应失真图像测试原理图　　图2-58　气动光学效应失真波前测试原理图

2. 热效应测试

利用电弧风洞模拟末制导成像探测系统所处的工作热环境，将头罩窗口模型置于试验风洞中，在头罩模型和窗口所需位置安装热电耦装置，实现对头罩表面热流的测试，如图2-59所示。

3. 热辐射效应测试

如图2-60所示，利用红外光谱辐射计、标准黑体辐射源等测试设备在电弧风洞中进行气动热辐射效应的测试。

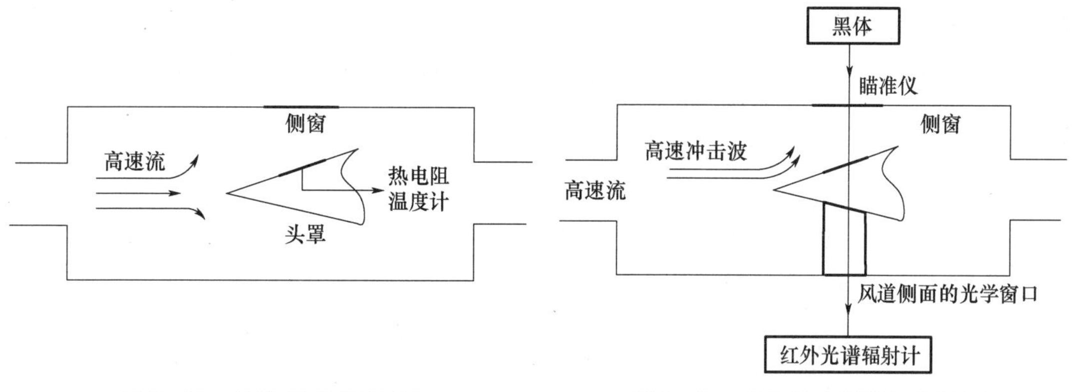

图2-59　热效应测试原理图　　图2-60　热辐射效应测试原理系统

电弧风洞产生的高温高速来流作用于风洞中窗口模型上,使其温度升高,模拟导弹高速飞行时产生的激波和高温侧窗;采用红外光谱辐射计,通过风洞壁上的红外观察窗对模拟的激波和热窗口的红外光谱辐射进行测试,分析处理采集的数据可获得窗口的红外光谱辐射、高速流场的光谱辐射以及红外辐射随时间的变化规律。

2.7.3 地面测试与评估方法

气动光学效应环境下的红外成像末制导系统性能测试评估研究主要包括数学仿真评估和实验室测试评估两方面,对末制导探测系统在半实物仿真环境及各种模拟条件下的探测、截获与跟踪等综合性能进行评估考核。

1. 数学仿真评估

数学仿真评估方法在建立高速导弹红外成像探测末制导系统虚拟样机及其工作环境基础上,通过数学仿真对红外成像末制导系统进行性能的评估。

针对红外成像探测系统所处的工作环境,开展高速导弹末制导飞行条件下气动光学效应特性分析与建模,进行气动热效应、热辐射效应和光学传输效应的数学建模和仿真分析。主要包括:

(1) 高速飞行时红外成像末制导系统所处的气动热效应,分析气动加热对头罩及窗口的热作用;

(2) 头罩及周围被气动加热的激波和窗口热辐射效应,研究头罩外气体热辐射、窗口热辐射的规律,分析对导引头信噪比的影响;

(3) 高速导弹飞行时其头罩周围流场和窗口对目标光线的气动光学传输效应,分析其对目标红外辐射光线传输的影响。

通过建立的光学头罩气动热与致冷效果数学仿真模块、激波和窗口热辐射数学仿真模块和光学传输效应等数学模块,对红外成像末制导系统工作环境进行数学仿真和结果分析。建立的高速导弹红外成像探测末制导系统虚拟样机工作环境主要包括:目标/环境红外特性数学模块、气动光学效应特性数学模块、大气传输与辐射特性数学模块、导弹飞行空气动力学模块和运动学模块等。

在上述虚拟样机工作环境仿真分析的基础上,建立红外成像探测末制导系统虚拟样机系统,由末制导成像探测虚拟子系统和末制导控制虚拟子系统组成。末制导成像探测虚拟子系统主要包括:目标干扰环境特性模型和数据库、红外成像探测模块、光学侧窗致冷头罩模块和气动光学效应校正单元模块;末制导控制虚拟子系统主要包括轨控指令形成模块,姿控指令形成模块,轨、姿控动力模型模块和惯性导航装置数学模型模块等。

通过数学仿真实验,实现对末制导探测系统的检测识别跟踪等性能的仿真分析,评估末制导气动光学效应特性和导引头探测跟踪误差等对该系统截获、跟踪等性能的影响,支撑系统总体设计和优化。

2. 试验测试评估

在数学仿真评估的基础上,通过实验室的测试评估试验,验证数学仿真模型,考核数字评估结果的准确性;同时通过各种模拟条件下的评估试验,实现对末制导探测系统各项性能的测试与评估。

1）气动光学效应下的末制导系统性能测试评估

（1）气动热环境下性能评估。

高速导弹红外成像探测系统通常采用侧窗光学头罩来实现对目标的探测，避免导弹头罩前部驻点高温对头罩材料的热破坏。评估试验主要考核气动热环境下头罩侧窗透过率等光学性能、窗口（耐温性、抗烧蚀性、隔热性、耐热冲击等）热环境适应能力以及高热环境下红外成像器非均匀校正及其对目标的探测性能。评估原理如图2－61所示。

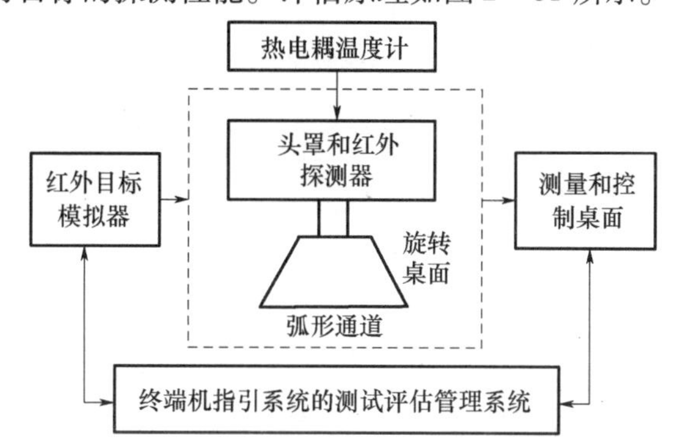

图2－61　末制导探测系统热环境下性能测试评估原理系统

（2）气动热辐射环境下性能评估。

为减小气动热辐射效应对末制导系统的影响，主要根据激波辐射和目标的光谱特性进行光谱滤波设计，减小激波辐射，提高红外成像系统在高速飞行条件下对目标的探测信噪比；通过光学侧窗的致冷，控制头罩窗口的温度，降低窗口辐射对目标的探测影响。

气动热辐射环境下性能评估试验原理图如图2－62所示。评估试验利用光谱辐射计对通过头罩光学窗口的不同视角目标辐射以及流场辐射量度进行测试，根据其光谱特性分布和红外目标图像的信噪比分析，评估光学窗口的透过率及辐射特性。

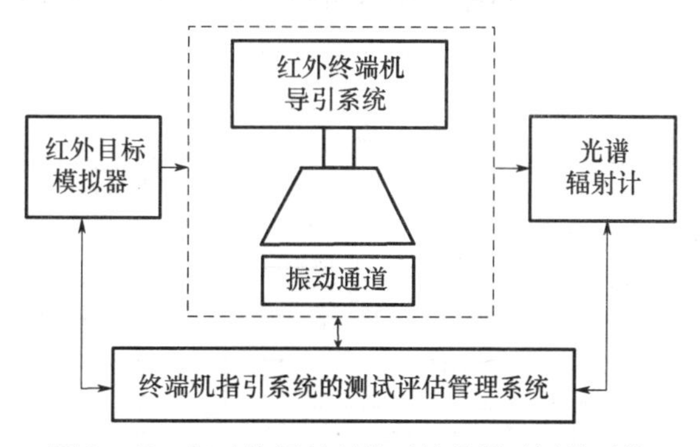

图2－62　气动热辐射环境下性能测试评估系统

（3）气动光学传输效应的性能评估。

光学传输效应校正技术就是对成像探测系统像偏移、像抖动和像模糊的校正，以减小气动光学效应对红外末制导探测的影响。主要通过结构设计实现控制侧窗口外湍流，达到减小气动光学效应的目的；采用数字图像和信号处理的方法，进行因气动光学效应引起的图像模糊、偏移和抖动的校正。传输效应试验在激波风洞或电弧风洞中进行，风洞模拟了导弹飞行时的飞行高度和马赫数，测试系统如图2－63所示。红外目标发生器产生的目标辐射经光学准直系统后,通过风洞窗口进入红外成像末制导系统;试验中测控台记录气动光学效应校正系统校正前后目标的像偏移、像抖动、像模糊和能量衰减情况,对比结果,对气动光学效应校正效果等进行评估;通过改变风洞马赫数、模拟高度、攻角及目标辐射入射角等条件,对红外成像末制导系统在不同飞行条件下的光学传输性能进行测试评估,分析高速流场及窗口传输效应对探测器信噪比、目标视线角位置以及视线角速率的影响,验证光学传输效应模型及校正模型。

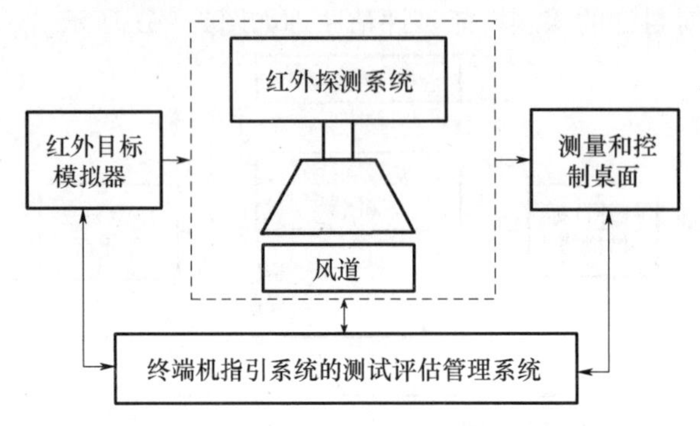

图 2-63 末制导系统传输效应风洞测试系统

2)末制导系统半实物测试评估

末制导系统半实物评估试验系统根据目标特性数据库、干扰特性数据库、计算机图像生成单元(CIG)实时生成红外传感器所接收的目标红外图像。显示光学系统实现目标的投影和空间位置,保证目标模拟器与红外传感器光学系统具有良好的瞳衔接关系;三轴飞行转台由评估系统仿真计算机控制,实现高速导弹飞行姿态的模拟,红外成像末制导系统在飞行转台上对模拟的目标进行探测跟踪,以进行系统集成测试和性能评估;系统管理与控制单元实现对整个集成评估系统的参数设定、人视对话以及试验过程的控制与管理。通过对参加测试试验的红外成像末制导系统输出信号的分析处理就可以实现系统试验评估。

在所建立的红外成像末制导系统集成与性能评估试验系统中,关键技术为动态红外图像转换技术。目前国际上主要从五种技术途径,即数字微镜、红外液晶光阀、电阻阵列、红外 CRT 和激光调制扫描 VO_2 显示来发展红外动态图像转换技术。

3)力学环境模拟条件下红外末制导探测系统性能的测试评估

根据高速导弹飞行环境条件要求,通过对力学环境模拟条件下的末制导探测系统性能测试评估试验,实现在冲击、振动等力学模拟环境下末制导探测系统对目标的成像探测、动态跟踪和视线稳定性能的测试。试验中将末制导探测系统安装在弹体振动模拟台上,振动台模拟的振动强度和频段范围与弹体飞行过程中的实际情况相符;在末制导系统前方建立以预定视线角速度运动的目标模拟系统,通过对该系统生成的动态目标进行探测和跟踪,考核在不同振动条件下末制导探测系统的工作性能。

2.8 红外目标模拟器校准

在红外导引头、红外搜索跟踪和红外告警等系统性能测试和仿真评估试验中,都不同程度的涉及了红外目标模拟器。在测试系统中,红外目标模拟器是以标准辐射源的形式出现。所以,测试系统的测量准确度很大程度上取决于这些红外目标模拟器性能的好坏。因此,我们本节专门介绍红外目标模拟器的校准问题。

2.8.1　红外目标模拟器概述

1. 红外目标模拟器

红外目标模拟器提供已知的准直辐射能量,可以对红外接收系统进行测试和定标。2.6.3 节图 2-54就是一种典型的反射式红外目标模拟器,辐射源用黑体,离轴抛物镜将辐射准直后出射。

从红外目标模拟器的工作原理可以看出,由于以标准黑体作为辐射源,其输出光辐射特性可以预先知道,而反射镜的反射率也可以预先测量出来,所以理论上讲,红外目标模拟器输出面上的光谱辐照度可以计算出来。这正是其作为标准辐射源的原因。

在检测各种红外系统参数过程中,重点关心的是红外目标模拟器所提供的辐射能量。红外目标模拟器作为红外系统使用的准直光束红外源,其辐射能量主要标定和检测参数是辐射照度。辐射照度是用辐射计测量的一个基本参数。其他的辐射量,如辐射通量、辐射强度和辐射亮度等,均可由测量的照度值计算得到。

2. 红外目标旋转模拟器

在红外目标模拟器的基础上,出现了红外目标旋转模拟器[28]。红外目标旋转模拟器用来模拟目标的运动特性和光学特性,用来测试光电设备的跟踪速度和演示光电设备对目标的跟踪状况。该模拟器由机箱、旋转机构、运动目标、控制电路、手持盒等组成,外部使用 220 V 供电,整套装置如图 2-64(a) 所示。装置中的数显仪表分别显示环境温度、目标温度和旋转角速度。装置中的运动目标由目标框架、隔热板、发热面、发热面遮挡板、加热电阻、温度传感器和绝热介质组成,整个目标框架为一封闭环境,当升温时,加热电阻发热,通过发热面散热,发热面遮挡板中心内挖正方形孔,设计成五种尺寸,用于调节实际散热面积,运动目标如图 2-64(b) 所示。

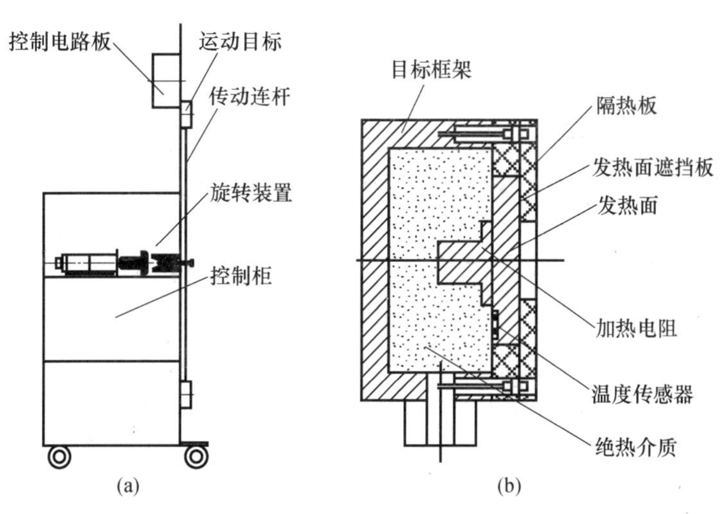

图 2-64　红外目标旋转模拟器及运动目标示意图

3. 红外微镜阵列(DMD)目标模拟器

红外 DMD 目标模拟器是红外半实物仿真试验中为红外导引头提供红外目标的装置。红外 DMD 目标模拟器利用微镜的迅速反转，高频率的模拟出红外目标场景[30]。红外 DMD 目标模拟器由红外成像目标投影系统和计算机图像生成系统组成，如图 2-65 所示。

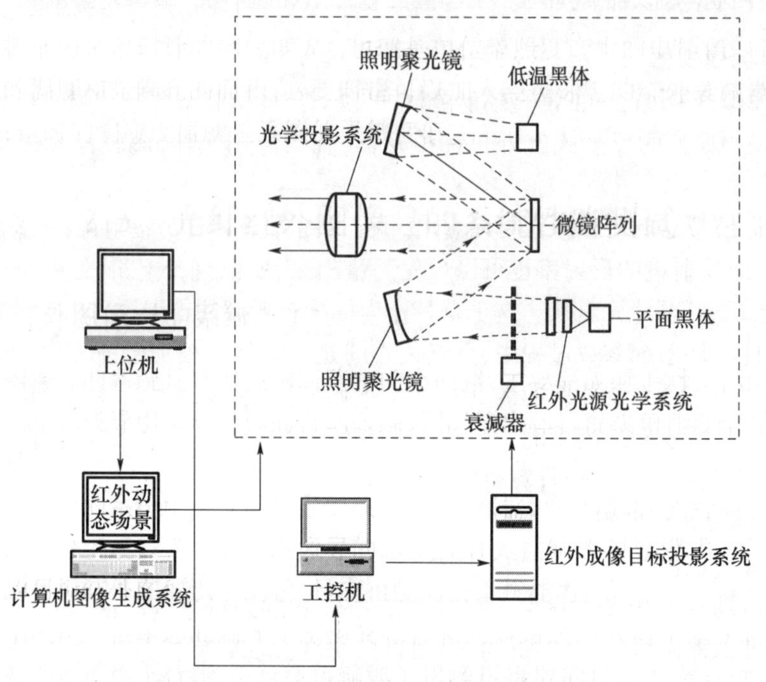

图 2-65 红外 DMD 目标模拟器结构示意图

2.8.2 红外目标模拟器校准原理

1. 红外目标模拟器校准装置的组成及原理

红外目标模拟器校准装置一般由红外标准准直辐射源、转台平面反射镜和红外光谱辐射计组成，红外目标模拟器校准装置工作原理如图 2-66 所示。转台平面反射镜将被校准红外目标模拟器的辐射与红外标准准直辐射源的辐射交替地送入红外光谱辐射计进行测量，红外光谱辐射计输出经精密锁相放大器放大后送入计算机，计算出被校准红外目标模拟器的光谱辐照度分布和积分辐照度值。由于采取了实时比对的方法，免去了对红外光谱辐射计光谱响应度等参数进行的多项复杂测试；大气吸收、大气散射、温度扰动等环境影响和时间漂移的影响也减少到最低限度[26,27]。

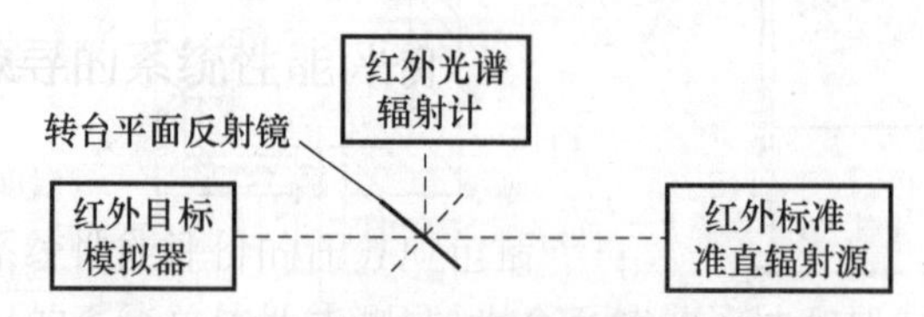

图 2-66 红外目标模拟器校准系统工作原理图

红外标准准直辐射源提供已知的红外标准准直辐射，其结构如图 2-67 所示。变温标准黑体 3 和可见光光源 2 置于精密平移滑台 1 之上，分别对准红外标准准直辐射源的入射光阑 4。可见光源 2 用于系统光路调整；变温标准黑体 3 的辐射经入射光阑 4 和平面反射镜 5 后，由离轴抛物面镜6进行准直。

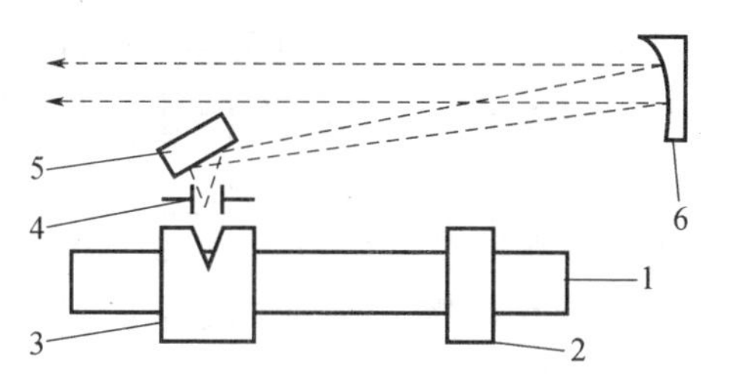

图2-67 红外标准准直辐射源结构图
1—精密平移滑台;2—可见光光源;3—变温标准黑体;
4—入射光阑;5—平面反射镜;6—离轴抛物面镜。

转台平面反射镜由计算机控制的步进电机驱动,可以交替地将红外标准准直辐射源的辐射和红外目标模拟器的辐射折向红外光谱辐射计。

红外光谱辐射计通过转台平面反射镜,分别接收红外标准准直辐射源和被校准红外目标模拟器的辐射,将辐射功率转变为电信号。红外光谱辐射计的工作原理如图2-68所示。红外光谱辐射计入射光阑1的口径范围为$\phi60 \sim \phi140$mm,采用圆形渐变滤光片7分光,光谱范围为$1 \sim 14\mu$m。准直的入射光通过红外光谱辐射计入射光阑1后,由抛物面反射镜3会聚,楔形反射镜将会聚光偏转后通过斩波器调制和圆形渐变滤光片7分光,被红外探测器9接收。

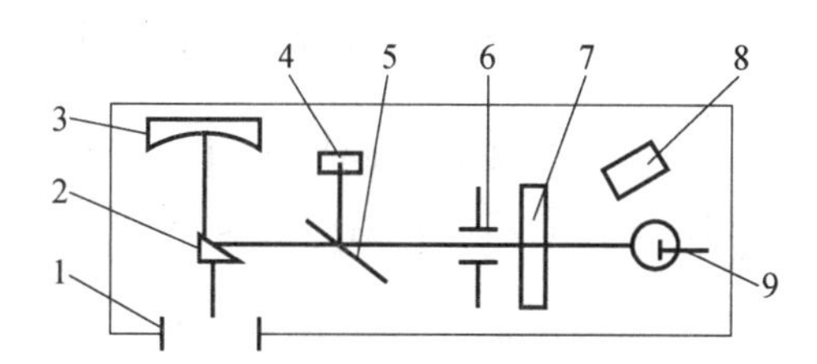

图2-68 红外光谱辐射计工作原理图
1—入射光阑;2—楔形反射镜;3—抛物面反射镜;4—内黑体;5—斩波器;
6—视场光阑盘;7—圆形渐变滤光片;8—CCD摄像机;9—红外探测器。

视场光阑盘6上有通孔和十字分划板(图中未示出),十字分划板配合CCD摄像机8,在光路调节时使用。

2. 红外目标模拟器校准数学模型

对红外光谱辐射计中的探测器而言,从探测器输出的信号,是被测量的红外光谱辐射通量产生的输出信号与保持恒定的参考黑体光谱辐射产生的输出信号之差。红外标准准直辐射源光谱辐射对应的红外光谱辐射计输出为$V_b(\lambda)$,即

$$V_b(\lambda) = \iiint_{\lambda \Omega {}_b A} R_\Phi [L_b(\lambda, T_b) + L_B(\lambda, T_B)] T_{\mathrm{ATM1}}(\lambda) \rho_b(\lambda) T_{\mathrm{ATM2}}(\lambda) T_{\mathrm{SYS}}(\lambda) \mathrm{d}A \mathrm{d}\Omega \mathrm{d}\lambda - C \tag{2-53}$$

式中:$T_{\mathrm{ATM1}}(\lambda)$为红外标准准直辐射源中大气对红外光谱辐射的透射比;$\rho_b(\lambda)$为红外标准准直辐射源中反射镜总的红外光谱反射比;$T_{\mathrm{ATM2}}(\lambda)$为对应于红外标准准直辐射源,从红

外标准准直辐射源出射口到红外光谱辐射计，大气对红外光谱辐射的透射比；$T_{SYS}(\lambda)$为红外光谱辐射计对红外光谱辐射总的传输比；Ω_b 为红外标准准直辐射源的黑体入射光阑所成的立体角；R_Φ 为红外探测器的光谱通量响应度；C 为红外光谱辐射计中内部黑体辐射在探测器上产生的信号。

这个公式指出，红外光谱辐射计的输出信号 $V_b(\lambda)$是在 CVF 滤光片的滤光窄带宽度 $\Delta\lambda$ 内，经红外光谱辐射入射光阑 A 入射在探测器视场内的所有红外光谱辐射通量产生的。

采取以下近似，使式(2－52)简化：

(1) 在黑体光阑对应的视场内，探测器的光谱响应度不随视场角变化；

(2) 在测量时间内，位于探测器的视场中的黑体入射光阑周围的背景辐射保持恒定；

(3) 相对于红外光谱辐射计入射光阑，探测器的光谱响应度保持恒定；

(4) 红外滤光片的滤光带宽很窄，并且在滤光带宽范围内，探测器的光谱响应度保持恒定；

(5) 通过红外光谱辐射计入射光阑的红外光谱辐射通量，在入射光阑范围内在空间上分布均匀。

$$V_b(\lambda) = R_E E_b(\lambda, T_b) T_{ATM1}(\lambda) T_{ATM2}(\lambda) \rho_b(\lambda) T_{SYS}(\lambda) + V_{bB}(\lambda) \qquad (2-54)$$

式中：R_E 为红外光谱辐射计中红外探测器的光谱辐照度响应度；$E_b(\lambda, T_b)$为红外标准准直辐射源的光谱辐照度；V_{bB}为对应于红外标准准直辐射源，背景辐射产生的红外光谱辐射计的输出信号。

被校准红外目标模拟器对应的红外光谱辐射计输出信号，相似于式(2－54)，有

$$V_w(\lambda) = R'_E E_w(\lambda, T_w) T'_{ATM1}(\lambda) T'_{ATM2}(\lambda) \rho_w(\lambda) T_{SYS}(\lambda) + V_{wB} \qquad (2-55)$$

式中：$V_w(\lambda)$为被校准红外目标模拟器对应的红外光谱辐射计输出信号；$E_w(\lambda, T_w)$为被校准红外目标模拟器的光谱辐照度；$T'_{ATM1}(\lambda)$为被校准红外目标模拟器中，大气对红外辐射的透射比；$\rho_w(\lambda)$为被校准红外目标模拟器中反射镜总的红外光谱反射比；$T'_{ATM2}(\lambda)$为被校准红外目标模拟器中，从被校准红外目标模拟器出射口到红外光谱辐射计，大气对红外辐射的透射比；V_{wB}为对应于被校准红外目标模拟器，背景辐射产生的红外光谱辐射计输出信号。

取红外光谱辐射计入射光阑口径不仅小于被校准红外目标模拟器的出射口径，也小于红外标准准直辐射源出射口径。无论对于红外标准准直辐射源，还是对于被校准红外目标模拟器，探测器对红外光谱辐照度的响应度相同；红外光谱辐射计中的内部黑体产生的参考信号 C 保持不变；而且红外光谱辐射计对红外标准准直辐射源和被校准红外目标模拟器光谱辐射的传输比 T_{SYS} 相同。通过一系列的距离调整，如调整被校准红外目标模拟器到红外光谱辐射计的距离，使之等于红外标准准直辐射源到红外光谱辐射计的距离，可实现：

$$T'_{ARM1}(\lambda) T'_{ATM2}(\lambda) = T_{ATM1}(\lambda) T_{ATM2}(\lambda)$$

将式(2－54)和式(2－55)变形，然后两式相比，得：

$$\rho_w E_w(\lambda, T_w) = \frac{V_w(\lambda) - V_{wB}}{V_b(\lambda) - V_{bB}} \rho_b E_b(\lambda, T_b)$$

将被校准红外目标模拟器的实际光谱辐照度 $\rho_w E_w(\lambda, T_w)$记为 $E_w(\lambda)$，红外标准准直辐射源的实际光谱辐照度 $\rho_b E_b(\lambda, T_b)$记为 $E_b(\lambda)$，则有

$$E_w(\lambda) = \frac{V_w(\lambda) - V_{wB}}{V_b(\lambda) - V_{bB}} E_b(\lambda) \tag{2-56}$$

红外标准准直辐射源的实际光谱辐照度 $E_b(\lambda)$ 按式(2－57)计算：

$$E_b(\lambda) = \varepsilon_b(\lambda)\rho_b(\lambda)C_1\lambda^{-5}\left[\exp\left(\frac{C_2}{\lambda T_b}\right)-1\right]^{-1}\left(\frac{r_b}{f_b}\right)^2 \tag{2-57}$$

式中：$E_b(\lambda)$ 为红外标准准直辐射源光谱辐照度（$\mathrm{W \cdot cm^{-2} \cdot \mu m^{-1}}$）；$\lambda$ 为红外标准准直辐射源采样波长值（μm）；T_b 为变温标准黑体温度（K）；$\varepsilon_b(\lambda)$ 为变温标准黑体的有效发射率；r_b 为红外标准准直辐射源入射光阑半径（mm）；f_b 为红外标准准直辐射源中离轴抛物面镜的焦距（mm）；C_1 为第一辐射常数；C_2 为第二辐射常数。

2.8.3　红外目标模拟器校准方法

上面我们介绍了红外目标模拟器校准的基本原理，采用标准辐射源和被测辐射源通过红外辐射计直接比对测量，这种方法一般是整体辐照度的测量。根据采用不同的布局方式，主要有三种典型的测量装置：红外光谱辐射计和标准准直辐射源固定，待测红外目标模拟器在导轨上移动对准红外辐射计；待测红外目标模拟器和标准准直辐射源固定，红外辐射计在平移台移动，分别对准标准的和待测的辐射源；精密转台上放置大口径的平面反射镜，利用平面反射镜将标准准直辐射源和待测的红外目标模拟器辐射交替折转进入红外辐射计中[29]。

1. 采用移动平台的校准系统

红外光谱辐射计和标准红外目标模拟器固定，待测红外目标模拟器在导轨上移动，标准准直辐射源和红外目标模拟器交替移动对准红外光谱辐射计。这种布局适合于较小型的红外目标模拟器，大型的则需要更大的移动装置和移动空间。图2－69为其原理图。

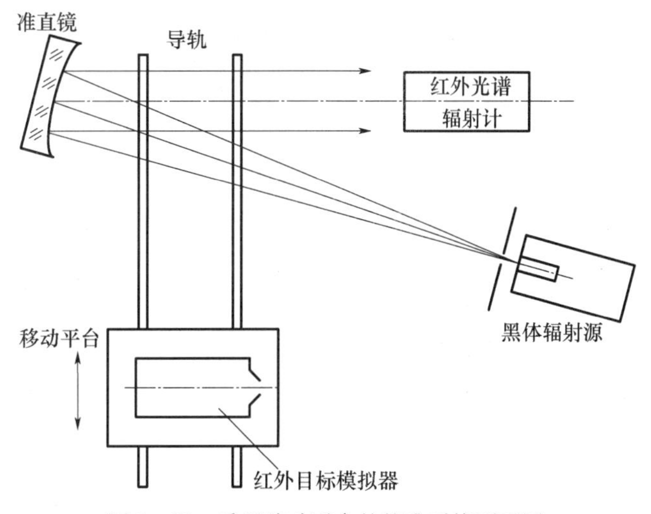

图2－69　采用移动平台的校准系统原理图

2. 采用移动转台的校准系统

待测红外目标模拟器和标准红外目标模拟器固定，红外辐射计在平移台移动，分别对准标准的和待测的辐射源。这种布局解决了较大型红外目标模拟器需要大的移动装置和移动空间。图2－70为其原理示意图。

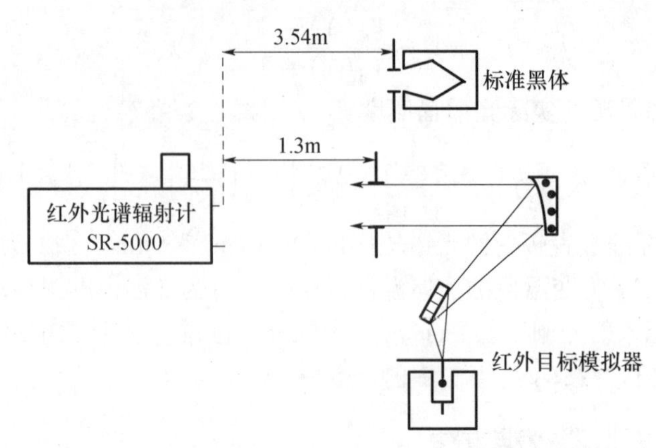

图 2－70 采用移动转台校准红外目标模拟器示意图

3. 采用精密转台的校准系统

精密转台上放置大口径的平面反射镜,利用平面反射镜将标准准直辐射和待测的红外目标模拟器辐射交替折转进入红外光谱辐射计中。从总体布局上解决了辐射设备运动的问题,但对精密转台的重复定位精度提出了很高的要求。图 2－71 为该装置原理图。

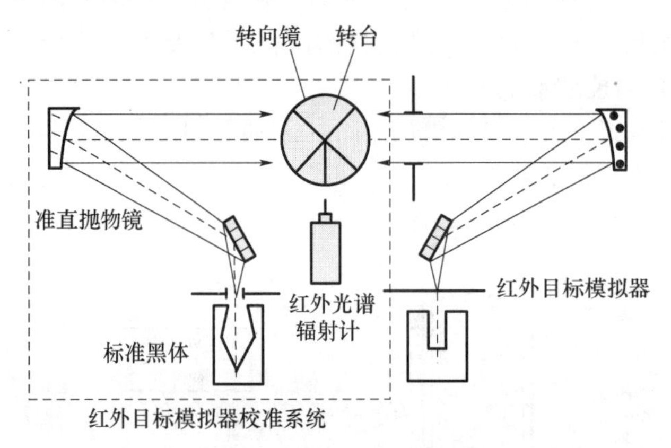

图 2－71 用精密转台结构的校准系统原理图

2.8.4 红外目标旋转模拟器校准方法

在红外目标旋转模拟器的主要技术指标中,目标温度和目标旋转速度是红外目标旋转模拟器的两项关键技术指标,是光电设备的溯源参数,下面详细介绍这两项技术参数的校准方法[28]。

1. 目标温度的校准

目标温度分静止温度和旋转温度。静止温度是指红外目标旋转模拟器静止时目标的温度;旋转温度是指红外目标旋转模拟器旋转时目标的温度。在校准目标温度时,首先要确保环境满足 20～25℃的温度范围,静止温度可直接采用表面温度计进行校准,将表面温度计直接贴于目标模拟器的发热体表面上,测量发热体表面的温度,校准步骤如下:

(1) 选取准确度满足要求的表面温度计,并将温度传感器直接贴于发热体表面固定好;

(2) 将红外目标旋转模拟器和表面温度计通电预热 20min 以上;

(3) 在30～70℃范围内，均匀选取10个温度点，并按选取的温度点设置红外目标旋转模拟器；

(4) 在每个温度点上，等红外目标旋转模拟器温度显示稳定后，分别读取红外目标旋转模拟器显示的温度和表面温度计显示的温度，并做记录；

(5) 在每个温度点上，分别计算误差，判断是否满足±1℃的误差要求。

当目标模拟器始终处于旋转运动状态时，将无法直接测量发热体表面的温度，若使用红外测温仪，又不能实现准确跟踪定位；目标模拟器处于旋转状态，还会受到环境旋转气流的影响，其发热体表面的温度将会改变，这将直接影响到光电设备跟踪性能的测试。因此，旋转温度必须经校准才能使用。

可采用间接的方法校准旋转温度。校准基于红外目标旋转模拟器的输出接口，该接口具有4～20mA 温度模拟量输出，校准时需选择一台满足准确度要求的数显温度仪表与该输出接口配接，通过数显温度仪表测量目标模拟器的温度。使用该方法前首先要在模拟器静止条件下验证其测量准确性，验证步骤按静止温度校准步骤进行，在选定的10个温度点上将其测量值与直接测量法的测量值进行比较，判定其测量误差是否满足要求。该方法经验证满足要求后，再进行目标模拟器旋转温度的校准，校准按以下步骤进行：

(1) 数显温度仪表应与目标模拟器的输出接口正确连接；

(2) 在1°/s～1000°/s 旋转速度范围内按要求均匀选取10个点来设定目标模拟器的旋转速度；

(3) 在每个速度点上，选取10个温度点进行测量，等红外目标旋转模拟器的显示温度稳定后，分别读取其显示温度和仪表显示的温度，并作记录；

(4) 计算每个速度点上的每个温度点的误差，判断是否满足±1℃的误差要求。

2. 角速度的校准

目前常用的角速度测量类型有测速发电机、磁电式、光电式、同步闪光式和旋转编码盘等。应用比较多的测量方法为测频式的数字测速，即给定标准时间测得旋转的角度。组成电路主要由时基电路、计数控制器和计数器三部分构成。由于红外目标旋转模拟器无法使用常用的校准装置对其进行校准，因此必须针对该装置专门设计角速度的校准方法。

角速度的校准需确定平均角速度和角速度波动率两项指标。平均角速度一般使用“定时测角”和“定角测时”两种方法，利用长时间求平均值的方法进行测量；而角速度波动率是指瞬时角速度与平均角速度的差值与该平均角速度的比值，要校准角速度波动率必须先测出瞬时角速度，通过计算才能得出测量结果。

由于在红外目标旋转模拟器的轴上无法安装校准装置，综合分析客观条件和实际校准需求，采用“定角测时”的测量方法校准红外目标旋转模拟器的平均角速度；对于另一项指标，即红外目标旋转模拟器角速度波动率的校准则比较困难，主要是瞬时角速度无法准确测量。从光电设备实际测试需求看，波动可按象限考核，因此我们将红外目标旋转模拟器旋转区域划分为四个象限(即象限之间的角速度波动量不能超过规定值)，专门设计了四套激光收发装置，将光敏三极管粘贴到红外目标旋转模拟器的背板上，粘贴位置位于背板的象限轴上，四个位置分别如图2-72中的1～4所示，在红外目标旋转模拟器的外部安装四套激光发射管分别与四个光敏三极管的位置相对应，当光敏三极管受到激光照射时，输出低电平，反之输出高电平。因此当红外目标旋转模拟器旋转一周时，其旋转臂将遮挡两次激光光线，每个光敏三极管输出两个脉冲信号。

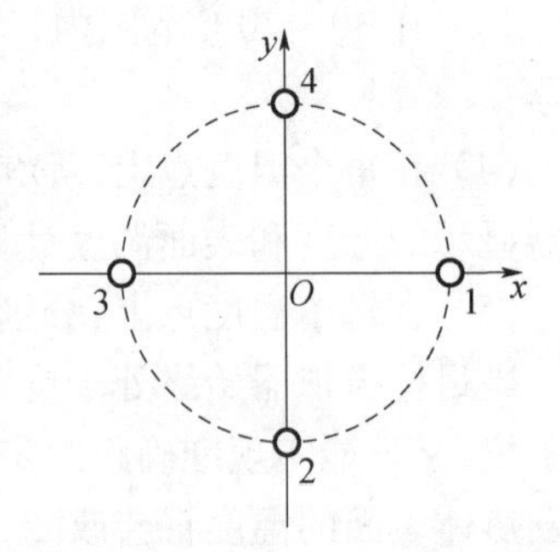

图 2－72　光敏三极管位置分布图

测量红外目标旋转模拟器的平均角速度需要一台多功能高精度的频率计数器，将四个光敏三极管中的任意一个输出信号连接到频率计数器的输入端，频率计数器设置为周期测量模式，闸门时间随着红外目标旋转模拟器的旋转角速度的改变灵活设置，测量次数1000次，通过频率计数器可测得周期平均值，用180°除以该周期平均值即可算出红外目标旋转模拟器的平均角速度，将计算结果与装置显示值比较，便可判断红外目标旋转模拟器装置的角速度技术指标是否满足要求。频率计数器的晶振不确定度优于 1×10^{-8}，触发误差、触发电平定时误差、分辨力误差均比较小，因此使用频率计数器测量红外目标旋转模拟器的平均角速度可以得到很高的精度。平均角速度校准点的选取要考虑被校装置的角速度范围，通常从低到高选取10个点分别进行测试。

测量红外目标旋转模拟器象限间的角速度波动，自然涉及到四路脉冲信号的采集和显示，为了准确直观的显示四路脉冲信号的波动特征，需要借助一台四通道数字示波器同时进行测量，通过分析四路脉冲信号之间的相位关系和脉冲沿抖动分布情况确定模拟器象限间的角速度波动，四路脉冲信号波形如图2－73所示。

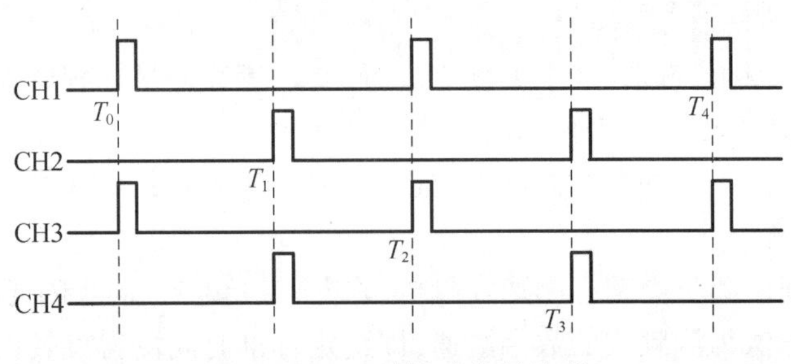

图 2－73　四路脉冲信号波形

校准过程如下：将四个光敏三极管的输出按标号分别与数字示波器的 CH1 ~ CH4 通道对应连接，数字示波器 CH1 ~ CH4 通道的垂直灵敏度根据输入信号幅度而设置，并且四个通道要一致；时基根据四路脉冲信号周期进行调整；采样方式为实时，采样次数为1000；用 CH1 通道的信号作为触发源，以 CH1 通道的上升沿作为时间基准，T_1 ~ T_4 位置依次对应第一象限至第四象限，利用数字示波器的相位抖动测量功能，分析计算 CH1 ~ CH4 通道波形中四个位置点 T_1 ~ T_4 处上升沿的抖动分布。

2.8.5　红外数字微镜阵列（DMD）目标模拟器的温度标定

1. 影响红外 DMD 目标模拟器目标温度的主要因素

通过理论分析和实验观察可以确认，造成红外 DMD 目标模拟器模拟的目标温度不准确的主要原因有以下三点[30]：

（1）测试设备在标定时所在实验室的环境温度与实际进行仿真试验时的环境温度不同，就会造成模拟温度的偏差。

（2）在模拟红外目标灰度时控制红外 DMD 模拟温度范围主要有平面黑体和衰减片两个

环节。如果平面黑体和衰减片每次试验设置不一致,就会造成模拟的温度的偏差。

(3) 由于模拟的温度与灰度值的曲线不是严格的线性关系,因此,图像生成计算机按照目标温度分布特性模拟红外目标时,在一些位置模拟的温度会出现偏差。

2. 解决方案

根据以上分析造成红外 DMD 目标模拟器模拟的目标温度不准确的原因,提出如下解决方案:

(1) 由于环境温度会对红外 DMD 目标模拟器产生红外辐射场景叠加干扰,如果环境温度在一个较大范围波动,对模拟的红外辐射场景产生影响,因此可通过控制实验环境温度来克服这种环境温度变化带来的干扰;

(2) 通过试验进行多组温度测试,得到平面黑体和衰减片不同设置与可模拟温度范围之间的对应关系;

(3) 根据红外 DMD 目标模拟器模拟的温度与灰度的对应曲线,参照目标实际温度测量结果的温度区域分布,修改图像相应区域的灰度值。

3. 模拟器温度模拟标定方法

通过以上解决方案的几项措施达到试验环境温度相对稳定,得到在某种衰减程度和平面黑体温度情况下准确的模拟温度范围的数据,另外通过计算机对产生的红外目标图像的灰度值进行修正,达到试验要求的红外目标温度模拟精度,以满足红外半实物仿真试验的精度要求。

在整个模拟器温度标定的过程中,一个最为基本的前提条件就是在试验测量过程中使用的红外热像仪,是经过全面系统的标定的,这也是整个模拟器温度模拟标定方法的基础。

下面具体介绍一下红外 DMD 目标模拟器温度模拟标定的方法:

(1) 在控制实验室环境温度的情况下,利用标准面源黑体和中波红外热像仪,先对红外热像仪进行温度标定,得到在一定积分时间下温度与热像仪灰度显示值之间的对应关系数据,再拟合成温度与灰度变化的曲线;

(2) 用图像生成计算机生成 0 ~ 255 共 256 幅单一灰度值的图像,在固定积分时间内投影 255 灰度时热像仪不饱合,以及平面黑体和衰减片设置不同的前提下,测试多组灰度与热像仪测温的曲线;

(3) 在整个测试过程中尽量保持热像仪测试平台温度的恒定,也就是在热像仪开始工作一定时间之后再进行测试;

(4) 在得到灰度与模拟温度曲线后,根据需要模拟的红外目标的温度分布,对红外目标的具体位置的灰度数值进行相应地修改,以达到投影出的红外目标温度特性与实际测量出的目标温度特性相一致。

参 考 文 献

[1] 胡铁力,李旭东,等. 红外热像仪参数的双黑体测量装置[J]. 应用光学,2006,27(3):246 - 249.

[2] 李旭东,艾克聪,王伟. 扫描热成像系统 NETD 数学模型的研究[J]. 应用光学,2004,25(4):37 - 40.

[3] 李旭东,艾克聪,张安锋. 热成像系统 MRTD 数学模型的研究[J]. 应用光学,2004,25(6):38 - 42.

[4] 胡铁力,韩军,郑克哲,等. 红外热像仪测试系统校准[J]. 应用光学,2006,27(特刊):28 - 32.

[5] 杨照金,李燕梅,王芳,等. 国防光学计量测试新进展[J]. 应用光学,2001,22(4):35 - 39.

[6] 赵善彪,张天孝,李晓钟. 红外导引头综述[J]. 飞航导弹,2006(8):42 - 45.
[7] 李保平. 红外成像导引头总体设计技术研究(一)[J]. 红外技术,1995:17(5):1 - 6.
[8] 刘永昌,李保平. 红外成像导引头性能评估系统技术[J]. 红外技术,1995:17(4):1 - 4.
[9] 张晓哲,李云霞,马丽华,等. 红外成像导引头性能评估系统的分析与设计[J]. 红外技术,2008,30(3):136 - 138.
[10] 陈波,陈海清,廖兆曙,等. 智能化红外导引头测试仪的设计与研究[J]. 光学仪器,2003,25(5):39 - 43.
[11] 孙红胜,陈应航,隋左宁. 红外成像导引头灵敏度现场校准技术研究[J]. 红外与激光工程,2008,37(增刊):463 - 469.
[12] 崔得东. 光纤红外图像寻的系统性能评估方法研究[J]. 红外技术,2010,32(6):362 - 365.
[13] 李钊,董巍巍,李建军,等. 红外烟幕干扰效果评价方法研究[J]. 计算机与网络,2012(03,04):116 - 118.
[14] 韩洁,张建奇,何国经. 红外烟幕干扰效果评价方法[J]. 红外与激光工程,2004,33(1):1 - 4,13.
[15] 李明,范东启,康文运,等. 红外烟幕遮蔽效果测量与评估方法研究[J]. 激光与红外,2006,36(7):599 - 603.
[16] 王继光,高文静,杨彦杰. 红外烟幕干扰效果的测试与评估[J]. 舰船电子对抗,2007,30(1):60 - 63.
[17] 刘忠领,于振红,李立仁,等. 红外搜索跟踪系统的研究现状与发展趋势[J]. 现代防御技术,2014,42(2):95 - 101.
[18] 祁蒙. 红外搜索跟踪系统的探测概率研究[J]. 激光与红外,2004,34(4):269 - 271.
[19] 严世华,祝世杰. 红外搜索跟踪系统作用距离分析与计算[J]. 光电技术应用,2011,26(2):39 - 41.
[20] 任心志. 红外搜索跟踪系统测试仪[J]. 红外研究,1984(3):63 - 66.
[21] 王辉,周振彪,于劲松,等. 红外搜索跟踪系统的半实物仿真系统设计[J]. 计算机测量与控制,2014,20(6):1672 - 1675.
[22] 奚云. 红外告警技术[J]. 红外,2002(5):10 - 14.
[23] 李明智. 红外告警系统评价技术研究[J]. 红外技术,2000,22(2):27 - 31.
[24] 李华,李宏,吴军辉,等. 基于半实物仿真的红外侦察告警系统性能评估方法[J]. 红外技术,2004,26(5):80 - 85.
[25] 费锦东,梁波,魏宇飞. 凝视红外成像末制导系统性能测试评估方法[J]. 红外与激光工程,2007,36(5):588 - 592.
[26] 梁培,高教波. 红外目标模拟器的光谱辐照度校准[J]. 红外技术,2003,33(3):197 - 199.
[27] 梁培,朱明义. 红外目标模拟器校准系统的研制与应用[J]. 红外与毫米波学报,2003,22(4):251 - 255.
[28] 赵自文. 红外目标旋转模拟器校准方法的研究设想[J]. 计测技术,2008,28(1):25 - 27.
[29] 戴景民,萧鹏. 红外目标模拟器校准系统研究与分析[J]. 仪器仪表学报,2007,28(4):96 - 99,117.
[30] 张毅,高阳,杜惠杰,等. 红外 DMD 目标模拟器温度标定方法的研究[C]. 第三届红外成像系统仿真、测试与评价技术研讨会论文集,2011.

第3章　激光武器系统参数测量与校准

激光武器系统是光电技术在军事上应用的典型代表,由于激光技术在军事上的广泛应用,极大地改变了现代战场的作战模式。目前战场上使用的激光武器系统包括激光测距机、激光雷达、激光导引头、空间激光通信、高能激光武器系统、激光引信、激光告警系统等。本章重点围绕以上装备的光学计量测试问题开展研究和讨论。

3.1　激光测距机参数校准

激光测距机是利用激光准直性好的特点,实现非接触性测量目标距离的设备。激光测距机一般有两种形式:一种为脉冲时间延迟型,另一种为相位测距型。

3.1.1　激光测距机概述

1. 脉冲激光测距机

激光测距是激光应用最成熟的范例。激光测距机在军事、工程、科学研究上应用非常广泛,如战地目标测距、工程测量、月球到地球测距等。激光测距方式较多,一般有脉冲激光测距、相位激光测距[1]。在军事上应用最多的是脉冲测距,已经制定了相关技术规范和标准。下面我们主要针对脉冲激光测距机进行讨论。脉冲激光测距是测量激光到达目标后反射回来所用的时间,即

$$R = \frac{1}{2}ct \tag{3-1}$$

式中:R 为被测目标距离(m);c 为真空中光速(m/s);t 为激光来回一次经历的时间(s)。

其工作原理如图3-1所示。

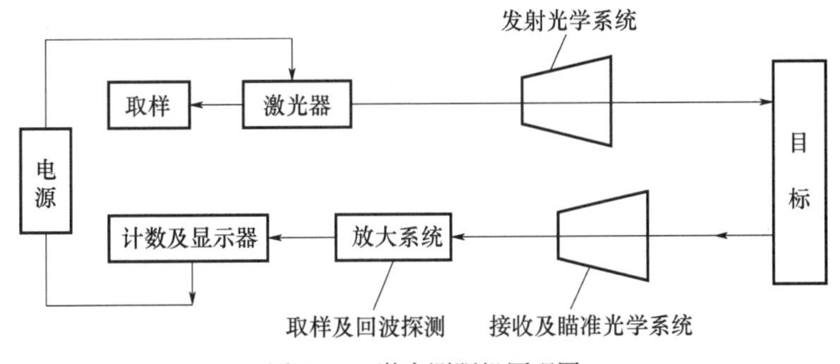

图3-1　激光测距机原理图

图中脉冲激光测距机主要由以下四部分构成:

(1) 脉冲激光器。它产生具有一定能量、一定脉冲宽度、一定激光发散角的激光光束。目

前应用最多的是输出波长为1.06μm的Nd:YAG激光器,输出能量在几十毫焦耳,脉冲宽度在10ns左右。近年来出现了对人眼安全的1.54μm铒玻璃激光测距机和10.6μm二氧化碳激光测距机。

(2)发射光学系统。它把激光束准直后向目标发射,其作用是进一步压缩发散角。

(3)接收及瞄准光学系统。它把目标反射和散射光进行汇聚,聚焦后到达接收器接收面。

(4)取样及回波探测系统。该系统是测距的核心,在脉冲式测距中,激光发射的同时,取样器记录起始时间,接收信号到达取样器时记录中止时间,两个时间差就决定了测量到的距离。

2. 相位式激光测距机

相位式激光测距机是用无线电波段的两个调制频率,对脉冲激光的幅度进行调制,并测定激光经目标(漫)反射往返一次所产生的脉冲信号的差拍与相位延迟,再根据激光的调制频率,换算此相位延迟所代表的距离,即用间接方法测定出激光经目标往返一次所需的时间。相位式激光测距机一般应用在精密测距中。由于其精度高,一般为毫米级,为了有效的反射信号,并使测定的目标限制在与仪器精度相称的某一特定点上,对这种测距机都配置了被称为合作目标的反射镜。

若调制光角频率为ω,在待测量距离R上往返一次产生的相位延迟为ϕ,则对应时间t可表示为

$$t = \phi/\omega \tag{3-2}$$

将此关系代入式(3-1),距离R可表示为

$$R = \frac{1}{2}c\frac{\phi}{\omega} = \frac{c}{4\pi f}\phi = \frac{c}{4\pi f}(N\pi + \Delta\phi) = \frac{c}{4f}(N + \Delta N) \tag{3-3}$$

式中:ϕ为信号往返测线一次产生的总的相位延迟;ω为调制信号的角频率,$\omega = 2\pi f$;N为测线所包含调制半波长个数;$\Delta\phi$为信号往返测线一次产生相位延迟不足π的部分;ΔN为测线所包含调制波不足半波长的小数部分,$\Delta N = \phi/\omega$。

在给定调制和标准大气条件下,频率$c/(4\pi f)$是一个常数,此时距离的测量变成了测线所包含半波长个数的测量和不足半波长的小数部分的测量,即测量N或ϕ。

为了测得不足π的相位角ϕ,可以通过不同的方法来进行测量,通常应用最多的是延迟测相和数字测相,目前,短程激光测距机均采用数字测相原理来求得ϕ。

由上所述,一般情况下相位式激光测距机使用连续发射带调制信号的激光束,为了获得测距高精度还需配置合作目标,目前推出的手持式激光测距仪是脉冲式激光测距仪中又一新型测距机,它不仅体积小、重量轻,还采用数字测相脉冲展宽细分技术,无需合作目标即可达到毫米级精度,测程已经超过100m,且能快速准确地直接显示距离,是短程精密工程测量、房屋建筑面积测量中最新型的长度计量标准器具。

不论对脉冲激光测距机还是相位激光测距机,主要参数都是:最大测程、最小测程、测距准确度、激光束散角和重复频率。其中激光束散角的测量在激光基本特性测量的书籍中都有介绍,这里不再重复,下面主要介绍和距离特性有关的测量和校准问题[2-5]。

3.1.2 最大测程校准

最大测程是激光测距机最主要的一个参数,它是测距机测距能力的综合反映。最大测程

校准最早采用室外标杆法,在室外选一目标,事先测好距离,用测距机测量,不断地增大距离,直到测不出来为止,此时对应的距离就是最大测程。这种方法一方面受气候条件影响,另一方面很难找到合适的目标进行校准和测量。为了解决这个问题,提出了室外消光比校准方法,用消光比与最大测程的对应关系校准最大测程。下面我们首先介绍最大测程与消光比的关系,然后介绍如何通过消光比来校准最大测程。

1. 最大测程与消光比的关系

在大目标漫反射条件下,测距基本方程式为

$$p_r = (p_t\tau_t)(\rho e^{-2aR})(A_r/\pi R^2)\tau_r \tag{3-4}$$

在最大测程条件下的测距方程变为

$$\frac{p_t}{p_{r\min}}\tau_t\tau_r A_r = \frac{\pi R_{\max}^2}{\rho}e^{2aR_{\max}} \tag{3-5}$$

以上两式中:R 为激光测距机至目标的距离;p_t 为激光测距机发射功率;p_r 为激光测距机接收功率;$p_{r\min}$ 为测距机接收到的最小可探测功率;τ_t 为发射系统的透射比;τ_r 为接收系统的透射比;A_r 为接收的有效面积;$R_{\max}$ 为最大测程;ρ 为目标靶板反射率;a 为大气衰减系数(dB/km),$e^{-2aR_{\max}}$。

式(3-5)中两侧取以10为底的对数再乘以10,定义为激光测距机的消光比 S,即

$$S = 10\lg\left[\frac{p_t}{p_{r\min}}\tau_t\tau_r A_r\right] = 10\lg\left[\frac{\pi R_{\max}^2}{\rho}e^{2\alpha R_{\max}}\right] \tag{3-6}$$

消光比的大小反映了该测距机的测距能力。

考虑到有些测距机具有自动增益功能,增益与探测功率成反比,即

$$p_{r\min}G_{\max} = p_2G_2 \tag{3-7}$$

于是,消光比定义为

$$S = 10\lg\left[M_1\frac{G_{\max}}{G_2}\frac{\pi R_2^2}{\rho_2}e^{\psi\frac{R_2}{V_2}}\right] \tag{3-8}$$

式中:V_2 为大气能见度;G 为测距机增益,G_2 为对应于接收功率 p_2 时的增益;M_1 为衰减倍数,dB值;$G_{\max}$ 为最大增益;ψ 为待定的与大气衰减有关的系数,对波长为1.06μm近似为2.7,对波长为1.54μm和1.57μm近似为2.14。

式(3-8)中,第一项 $10\lg M_1$ 由消光比校准得到;第二项 $10\lg(G_{\max}/G_2)$ 由时序增益消光比校准得到;第三项 $10\lg(\pi {R_2}^2/\rho_2)$ 和最后一项分别由靶板漫反射率、大气能见度、大气衰减系数和靶距给定。

其中靶板漫反射率通过预先标定得到,一般是在靶板上取一小块作为样品,定期标定。大气能见度、大气衰减系数通过以往积累的数据库得到,在测量中,对天气条件作了规定,在规定条件下的大气资料作为依据。靶距事先测量准确。最后根据测出的消光比值,通过计算机由式(3-8)算得最大测程 $R_{\max}$。

在实际工作中,往往以消光比的大小表示最大测程,为此已经制定了国家军用标准,所以下面主要介绍消光比校准方法。

2. 最大测程大气传输消光比校准

1) 测量装置的构成

大气传输消光比法是国标“脉冲激光测距仪最大测程模拟测试方法”规定的方法,在靶场

试验和产品出厂时普遍采用。标准规定,消光比试验应选择无雨、无雪、平均风速小于10m/s,能见度大于3km的气候条件下测量。大气传输消光比校准系统原理如图3-2所示。

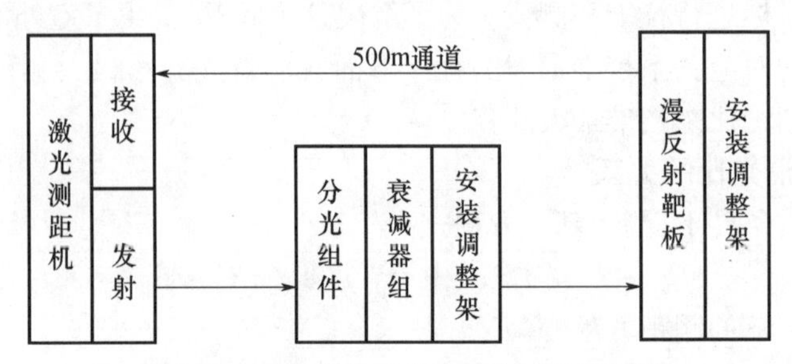

图3-2 大气传输消光比校准系统原理图

测量方法如下:在激光测距机的正前方500m处,垂直于激光测距机的发射光轴上依次放置衰减片组、分光镜组、漫反射板。进行校准时,调整测距机发射物镜前放置的衰减片组,由小至大地改变衰减值,直至激光测距机达到临界稳定测距状态。此时,根据衰减片组的衰减值、500m靶距、靶板反射率、大气衰减系数等外部参数可以推算出该激光测距机在指定大气条件、指定目标靶板情况下的最大测程。

测量装置由如下几部分构成:

(1)衰减器组。

衰减器是消光比测量的核心,也是测量装置的主要部件。一般由固定衰减器和连续变化衰减器组成。固定衰减器可设定为:10dB,20dB,30dB和40dB,衰减器用中性灰玻璃加工制成,经过一定时间的时效处理后标定,标定值作为今后测量时的依据。

连续变化衰减器衰减范围为0~10dB,采用特殊镀膜工艺,制成圆形渐变衰减器,利用两块同样形式平板玻璃相对转动的方式实现细分衰减。

固定衰减器和连续变化衰减器放置在同一光路中,固定支架保证每次放置不发生倾斜。整个衰减器装在一个盒子内。

(2)反射靶。

反射靶是大气消光比测量装置的另一核心,它要模拟目标反射激光,由于大多数目标都是漫射体,所以规定反射靶漫反射率大于85%。反射靶由4块0.8m×0.8m的标准靶板拼接而成,在每一块靶板边角处设有一块ϕ50mm的测试块,用以测量靶面的标准漫反射系数。靶板由专用支架固定。

(3)反射板安装支架。

靶板架设机构由模拟测试标准靶板挂架、斜拉支撑杆及底座组成。

(4)激光测距机承载车。

激光测距机承载车用于放置待测激光测距机,一般把衰减器组也放置在承载车上。

2)校准过程

(1)校准准备。

将0.8m×0.8m靶板按自下而上的顺序靠在靶板架上,形成一块1.6m×1.6m的模拟测试标准靶;将枪瞄镜组件固定在便于瞄准的测试块安装孔上;用枪瞄镜的十字分划中心瞄准被测仪器的中心位置,保证靶面与被测仪器发射的激光束垂直度在±5°以内。

（2）校准过程。

① 定值衰减器：

a. 先把20dB或30dB衰减器插入图3－2衰减装置中，将测距机对准靶板中心测距，显示距离500m，或500m附近的一个值，记录和统计测量数据。

b. 逐渐增加衰减器的数量，使测距机达到临界测距状态，并记录和统计测量数据。

c. 最后逐渐减少衰减器的衰减度，使测距机达到临界稳定测距状态，并记录和统计测量数据。

② 连续可变衰减器：

采用连续可变衰减器能使测距机最大测程模拟测试连续或分段进行，是定值衰减器的补充。校准程序与定值衰减器相同。

（3）衰减度计算。

测距机最大测程模拟校准衰减器的衰减度按下式计算：

$$N = N_1 + N_2 + N_3 + N_4 \tag{3-9}$$

式中：N_1 为第一块衰减器的衰减度；N_2 为第二块衰减器的衰减度；N_3 为第三块衰减器的衰减度；N_4 为第四块衰减器的衰减度；N 为衰减器组的衰减度。

（4）最大测程模拟测试消光比计算。

消光比测量原理公式：

$$S = 10\ln(M_1) + 10\ln\left(\frac{\pi R_2^2}{\rho_2}\right) + 10\ln\left(e^{\psi\frac{R_2}{V_2}}\right) = S_1 + S_2 + S_3 \tag{3-10}$$

式中：S_1、M_1 为目标靶离开测距机 R_2 处测得临界稳定测距状态时的光衰减器分贝值及其衰减倍数；S_2 为室外靶在漫反射立体角 π、一定靶距 R_2 和靶反射率 ρ 造成的消光比分贝值；S_3 为大气能见度 V_2、大气衰减系数 ψ 和一定靶距 R_2 造成的消光比分贝值；ρ_2 为消光试验靶的反射率；R_2 为消光试验时的距离（km）；ψ 为待定的与大气衰减有关的系数，对波长为1.06μm近似为2.7，对波长为1.54μm和1.57μm近似为2.14；V_2 为消光试验时的大气能见度（km）。

根据原理公式分别测得 S_1，算得 S_2 和 S_3，进而得 S 值。由 S 值再按下式可算得最大测程 $R_{\max}$。

$$S = 10\ln\left[\frac{\pi R_{\max}^2}{\rho_2} e^{\frac{\psi k_{\max}}{V_2}}\right] \tag{3-11}$$

在这里，式（3－10）中，第一项为 N；第二项中 R_2 为500m，ρ_2 为靶板实际反射率值，约85%；第三项中 ψ 为2.7或2.14，V_2 为实测大气能见度值。代入以上各值即可由式（3－10）计算出消光比值。得到消光比值后，可由式（3－11）换算出最大测程。

3. 时序增益消光比校准

1）装置构成

时序增益消光比校准主要是为具有时序增益特性的测距机而建立，但由于时间延迟可以任意设定，所以可以在任何需要的时间间隔下测量，也就是在任何测量距离下校准。

该系统主要包括被试激光测距机安装架、被试激光测距机、分光组件、光电接收与脉冲形成电路、精密定时延迟器、脉冲触发式模拟激光器、激光准直扩束器、衰减器组件等。系统的组成如图3－3所示。

该系统工作原理如下：

激光测距机发射激光，经分光组件输入光电接收系统转换成电信号，该电信号触发精密延时电路,经过一个延迟时间(延迟时间对应于一定距离)后,电路自动打开模拟激光光源,该模拟激光光源发射激光波长与激光测距机波长一致,模拟激光经过准直扩束器、衰减器组到达测距机接收组件。改变衰减器分贝值,测量达到临界状态时标准衰减器的分贝值,也即消光比值。调整延迟电路的延迟时间,就可以获得一系列与距离对应的消光比值。将最大测程的消光比值与最小测程的消光比值相减就可得出激光测距机的时序增益消光比,通过换算可获得激光测距机的最大测程。

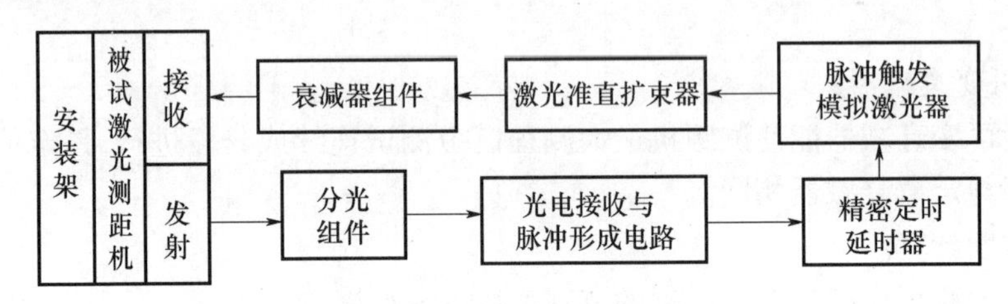

图 3-3 时序增益消光比校准装置

测量装置主要由如下几部分构成:

(1) 分光组件。

分光组件由分光镜、支架和耦合窗口组成,其作用是把测距机输出的激光束有效地耦合进光电探测器,同时要屏蔽杂散光,防止因散射光引起测距机的接收触发。

(2) 光电接收与脉冲形成电路。

光电接收器把激光信号转换成电信号,把光脉冲变成电信号。

(3) 精密定时延迟器。

精密定时延迟器是用延时电路模拟距离,一个Δt 对应一个距离 L,$L = \Delta tc$,时序增益消光比实际是测量不同距离时的消光比值,对具有自动增益功能的测距机,增益是随距离增加而增加的。由于延迟时间和距离对应,所以延迟时间要预先校准。

(4) 脉冲触发模拟激光器。

当电脉冲延迟一定时间,达到预定距离时,触发模拟激光器产生激光脉冲,模拟激光器的工作波长应与待校测距机波长一致。

(5) 准直扩束器。

准直扩束器把模拟激光器输出光束准直、扩束,变成一个平行光束。模拟激光器的发光面位于准直扩束器镜头的焦平面上。

(6) 调整支架。

调整支架是对模拟激光进行精密调整,使其与待校激光测距机接收光路准直。

(7) 衰减器组。

衰减器与大气消光比系统相同,可以通用。

2) 校准过程

校准步骤为:

(1) 连接好系统的每台设备,把高精度定时延迟器设定正确;

(2) 用待校测距机瞄准光路进行测量;

(3) 每个显示距离重复测量六次,取平均值。

3.1.3　最小测程校准

最小测程反映测距机的盲区大小,采用不断改变距离的方法测量。在室外瞄准大于最小测程的目标,逐渐减小距离,直到测不出距离为止,此时显示的距离为最小测程。将待测激光测距机距离选通设置在最小测程以内进行测距,测距结果大于最小测程时,说明该激光测距机最小测程指标满足要求。

3.1.4　测距准确度校准

1. 装置构成

测距准确度是衡量测距性能的一个主要参数,也是测距机校准的核心之一。过去采用固定目标测量,一方面受气候影响,另一方面,固定目标难以寻找,所以采用光导纤维模拟距离来实现测距准确度校准。光纤距离模拟器校准测距准确度的原理如图3－4所示,它是用光纤端面模拟目标大小,激光在光纤中的传输损耗模拟激光在大气中的传输损耗,光纤与其他光学元件组成一个光学系统。激光测距机瞄准光纤端面中心,在激光测距机的发射或接收天线前加标准衰减片,然后通过光纤介质测距,由被测激光测距机指示距离值,与标准光纤距离模拟器的标准距离相比较,即可获得测距准确度的量值。光纤距离模拟器的距离校准有两种方法:光程法和时间延迟法。光程法是校准光纤距离模拟器的光纤长度 L_0、折射率 n_0 激光经光纤距离模拟器对应的标准距离为

$$L = nL_0/2 \qquad (3-12)$$

式中:L_0 为光纤长度(m);L 为与 L_0 对应的实际距离(m);n 为光纤的折射率。

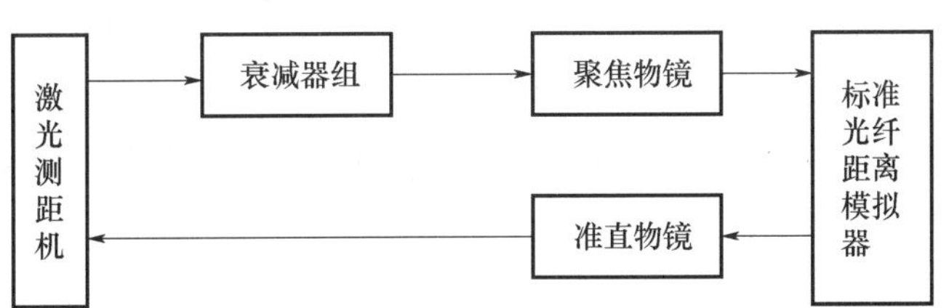

图3－4　测距准确度校准装置原理

根据波长不同,折射率取值由表3－1所列。

表3－1　石英在不同工作波长的折射率

波长/μm	折射率
1.06	1.449
1.54	1.444
1.57	1.444

时间延迟法是同一激光脉冲同时输入标准距离模拟器和参考光纤,其输出输入同一光电探测器,产生两个电脉冲,输入数字存储示波器,测量两个电脉冲波形峰值点之间的时间间隔 T,参考光纤纤芯在激光波长处的折射率为 n_r,物理长度为 L_r,则标准距离模拟器的标准距离 R 为

$$R = \frac{1}{2}\{1 \times 10^{-9} \times cT + n_r L_r\} \qquad (3-13)$$

式中：R 为标准距离(m)；c 为大气中光速，通常用真空中的光速 $c=299792458\mathrm{m/s}$；T 为测量的两个激光脉冲波形峰值之间的时间间隔(ns)；n_r 为参考光纤纤芯在激光波长的折射率；L_r 为参考光纤的物理长度(m)。

测量装置由如下几部分构成：

1）衰减器组

衰减器组的作用与最大测程校准不同，它的作用是当光纤距离不太长，光纤输出功率有可能使测距机探测器饱和时，适当衰减，保持接收系统处于正常工作状态。

2）聚焦物镜

聚焦物镜的作用和衰减器组的作用刚好相反，当光纤距离太长，接收信号太弱而不能正常工作时，把测距机输出激光适当聚焦，保证测距机处于正常工作状态。

3）标准光纤距离模拟器

标准光纤距离模拟器用于标准距离的模拟和量值传递，是标准器，也是装置的核心。采用通信用单模光纤制成。光纤两端为标准 FC 插头，长度固定，绕在标准盘上。一般选取长度为：10000m，5000m，3000m，1000m。光纤长度和折射率要严格标定，放置在专用包装箱内。当校准距离大于 10000m 时，可以把几段光纤对接起来使用，总长度是几段长度的叠加。

4）准直物镜

由于光纤输出为发散光束，在输出信号比较弱时，采用准直物镜压缩光束发散角，保证输出光信号有效的被测距机接收器接收。

2. 校准过程

校准步骤如下：

(1) 把待校测距机按图 3-4 所示光路对准距离模拟器。调整衰减倍数，保证测距机处于正常工作状态。

(2) 打开测距机开关，测量距离，用测距机显示值与距离模拟器标定值比较，实现测距准确度校准。

(3) 连续测量六次，取平均值，作为测距准确度校准值。

3.1.5 基于时间延迟测距能力和测距精度检测方法

有人提出一种专门用于光电跟踪仪激光测距机测距能力和测距精度检测的方法[6]。测距能力和测距精度共用一套测量装置，其原理如图 3-5 所示。装置主要由平行光管、准直透镜、分光镜、衰减片、光电转换、放大整形、可编程精密延时控制器以及 1.06μm 激光器等组成。

激光测距器发射的激光脉冲遇到离轴抛物面镜反射到焦点靶面，准直系统为一个焦点和抛物面镜焦点重合的耦合透镜，激光脉冲经过准直系统、分光镜、衰减器 1，到达光电转换模块。光电探测器把激光脉冲转换为电脉冲，经过整形延时模拟控制模块以后，驱动 1.06μm 激光器，模拟激光回波信号。激光回波脉冲经过衰减器 2、分光镜、耦合透镜、离轴抛物镜返回激光测距器的接收物镜。根据衰减器 1，2 以及装置的固有衰减量，就可以得出激光测距器的总消光比；根据精密延时可以得出测距器的精度。

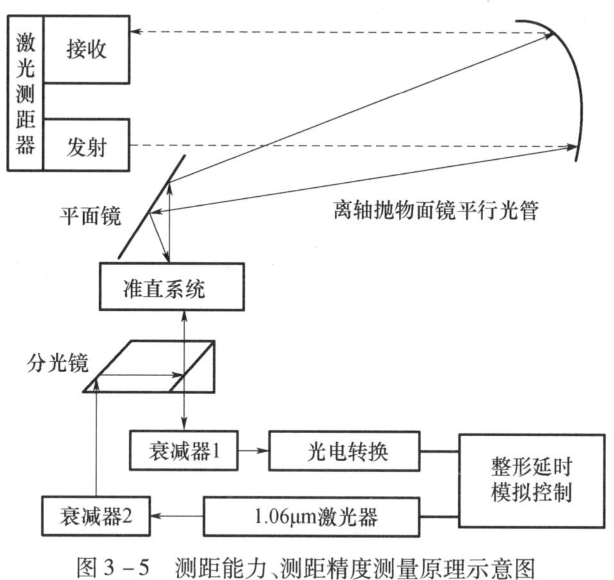

图3－5　测距能力、测距精度测量原理示意图

3.2　激光雷达参数校准

3.2.1　激光雷达概述

“雷达”是一种利用电磁波探测目标位置的电子设备。其功能包括搜索和发现目标；测量其距离、速度、角位置等运动参数；测量目标反射率、散射截面和形状等特征参数。

传统的雷达是以微波和毫米波段的电磁波作为载波的雷达。激光雷达以激光作为载波，可以用振幅、频率、相位和偏振来搭载信息，作为信息的载体。激光雷达由发射、接收和后置信号处理三部分和使此三部分协调工作的机构组成。由于激光发散角小，能量集中，所以探测灵敏度和分辨力高。激光与目标作用产生的多普勒频移大，可以探测从低速到高速的目标。与电磁波雷达相比，天线和雷达系统的结构尺寸很小。利用不同的分子对特定波长的激光吸收、散射或荧光特性，可以探测不同的物质成分，这是激光雷达独有的优点。

激光雷达是激光、大气光学、目标和环境特性、雷达、光机电一体化和电算等技术相结合的产物，几乎涉及了物理学的各个领域。

按照现代激光雷达的概念，激光雷达常分为如下几类：

（1）按激光波段分，有紫外激光雷达、可见激光雷达和红外激光雷达。

（2）按激光介质分，有气体激光雷达、固体激光雷达、半导体激光雷达和二极管泵浦固体激光雷达等。

（3）按激光发射波形分，有脉冲激光雷达、连续波激光雷达和混合型激光雷达等。

（4）按显示方式分，有模拟或数字显示激光雷达和成像激光雷达。

（5）按运载平台分，有地基固定式激光雷达、车载激光雷达和手持式激光雷达等。

（6）按功能分，有激光测距雷达、星载激光雷达、激光测角和跟踪雷达、激光成像雷达、激光目标指示器和生物激光雷达。

（7）按用途分，有激光测距仪、靶场激光雷达、火控激光雷达、跟踪识别激光雷达、多功能战术激光雷达、侦毒激光雷达、导航激光雷达、气象激光雷达和大气监测激光雷达等。

通过上面的介绍我们看到，激光雷达具有非常广泛的含义，凡是以激光作为载体探测目标的距离、速度、角位置等运动参数的光电系统，都可以认为是激光雷达，所以对雷达参数的校准对不同用途的激光雷达是不一样的。例如对测距激光雷达，主要校准其测距能力，可以采用校准激光测距机的方法；而对具有跟踪功能的雷达，就要校准它的测角功能。以下分别介绍各种雷达的校准方法。有关测距激光雷达可采用激光测距机的校准方法，所以以下不包括测距雷达校准的内容。

3.2.2 激光雷达测量仪的校准

1. 激光雷达测量仪

激光雷达测量仪是用来测量三维空间坐标的仪器，通常包括激光器、发射望远镜、接收望远镜、滤光器、光电探测器、信号处理单元、数据输出单元和电源等基本组成部分。其基本原理和构造与激光测距仪极为相似：首先向被测量目标发射一束激光，然后根据所测量的反射或散射信号的到达时间、强弱和频率变化等参数，确定被测量目标的距离、方位和运动速度等。激光雷达测量仪是一种球坐标系的测量系统，它利用反射镜指向测量目标来得出方位角 β 和俯仰角 α，利用红外激光来获取目标的距离 R，最后将被测目标的球坐标参数转换成笛卡儿直角坐标，得出被测量点的坐标位置 (x,y,z)，如图 3-6 所示，其中的坐标转换可按式(3-14)~式(3-16)进行。

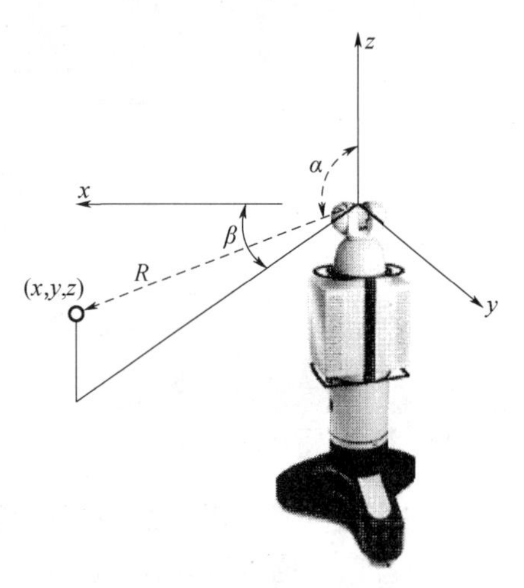

图 3-6 激光雷达测量坐标系的转换

$$x = R\sin\alpha\cos\beta \tag{3-14}$$

$$y = R\sin\alpha\sin\beta \tag{3-15}$$

$$z = R\cos\alpha \tag{3-16}$$

激光雷达在测量过程中，被测目标的方位角和俯仰角可分别由反射镜和旋转头处的角位移传感器获取。而在测量目标的距离时，首先由激光器产生两束同源激光，其中一束通过反射镜投射到被测目标，再经目标反射后，由激光雷达的反射信号接收装置捕获，而与此同时，另一束则沿内置的已知长度的光纤传播。通过把接收信号的频率和通过已知的精确长度光纤的发射信号频率作比较得出测量的长度，即被测目标与激光雷达的距离（见图 3-7）。

以 Metris 的 MV240 激光雷达为例，其采用的激光频率是在 200THz 基础上从 0~86GHz 呈锯齿状变化的。激光束在内部光纤中传播的时间，相当于其在空气中传播 17.4m 距离所需的时间。若经由被测目标返回的激光信号较之在内部定长光纤中传播的激光信号存在 Δt 的延迟时间，则由于信号延迟导致的频率变化 Δf 与 Δt 之间存在正比关系（见图 3-8），而这一频率变化 Δf 可以在激光雷达中准确测出，因此可以算出延迟时间 Δt，并最终得到被测目标与激光雷达之间的距离 R。

2. 激光雷达测量仪校准方法

仪器的校准主要是通过与标准的比较来对仪器的各种参数进行修正的[7]。由于仪器参数的复杂性，校准要比现场检查更为麻烦。校准方法主要通过距离测量和双面测量来发现激光雷达测量仪的测距误差和测角误差，再利用系统补偿来恢复仪器的测量性能。图 3－9 为激光雷达测量仪校准过程框图。

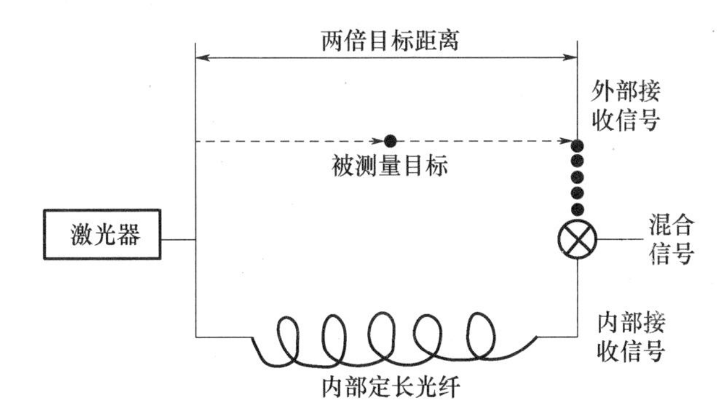

图 3－7　激光雷达测距原理示意图

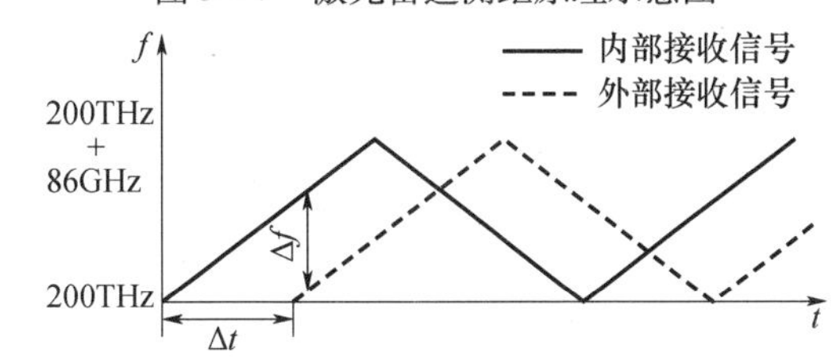

图 3－8　延迟时间 Δt 与频率变化 Δf 的关系示意图

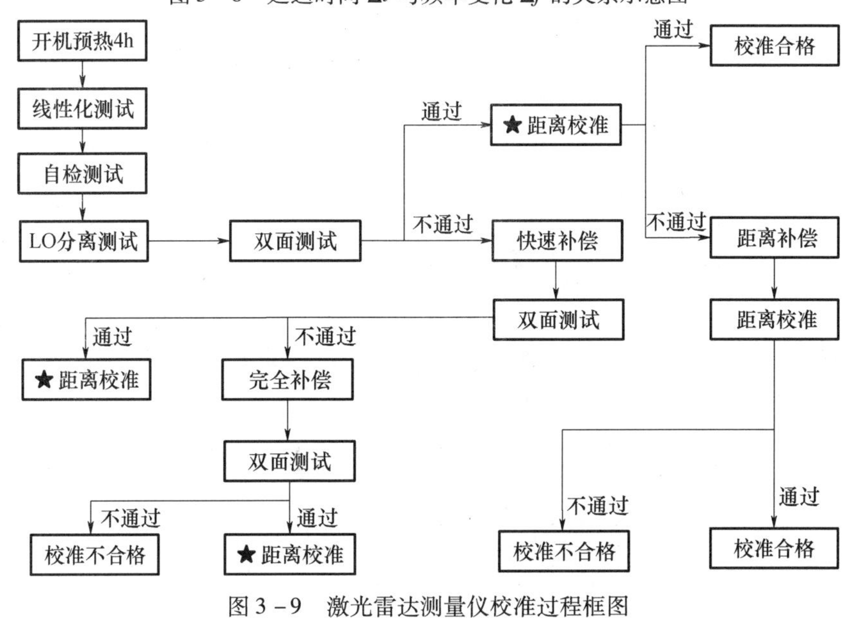

图 3－9　激光雷达测量仪校准过程框图

1）双面测试

双面测试，即前、后视测试。前视定义为仪器的正常测量模式；后视是将仪器绕垂直轴旋转180°。它的原理是仪器度盘在前、后视位置测量同一个目标时,其角度的测量值之和应等于360°,差值反映了仪器的轴系角度误差。其校准方法为:有八个双面测点,位于距仪器3m的一个圆周上,相邻测量位置和仪器成45°夹角,如图3－10(b)所示;在每个双面测点中,分别对标准杆上的高、中、低三个位置点进行测量,如图3－10(a)所示。该项测试通过对圆周内八个方向的三个位置,共24个前视与后视的双面测量,可以很好地检查出水平度盘和垂直度盘的准确性。根据测量结果进行计算,若双面测量的误差大于0.0017°,应进行快速补偿或完全补偿,从而对仪器角度值进行修正。

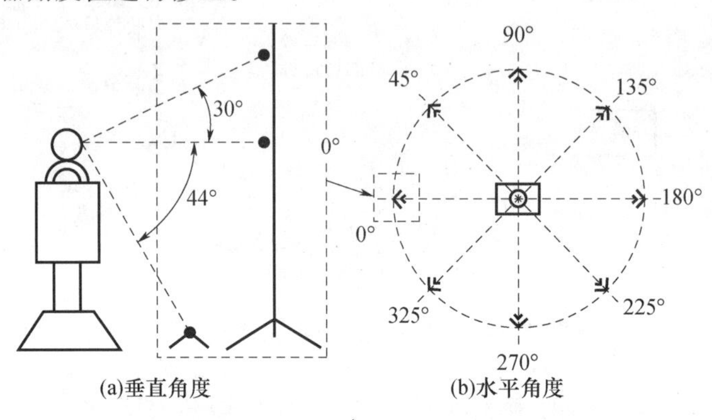

图3－10 双面测试示意图

2)距离校准

测距精度的校准原理是:采用激光干涉仪作为标准测量仪器,因为从精度评定的角度上来说,激光干涉仪是一个国际认可的长度标准,在一定程度上可替代标准尺。通过激光干涉仪和激光雷达测量仪的比对,实现对激光雷达测量仪测距精度的校准和补偿。如图3－11所示,激光雷达测量仪和双频激光干涉仪采用面对面的方式,分别架设于20m大型测量机导轨的两侧,将移动靶镜和工具球固定在测量机的测量臂上。调整仪器时,尽可能将双频激光干涉仪与激光雷达测量仪的测量轴线调整至同一测量轴线上,这样符合阿贝原则,但缺点是空气折射率对两台激光的影响不一致。设置SA软件中的参数使激光雷达测量仪的角编码器处于零位,即水平角和俯仰角均置0,确保水平射出激光光束。通过操作20m测量机,将两台激光的靶标从2m移至16m处,每间隔2m作为一个测点。当测量机的测量臂带着两台激光的靶标移动到某一位置时,对其中一台激光的光程增加,则对另一台激光的光程减小。工具球和靶镜随之移动到指定位置,通过测量该点,即可得到双频激光干涉仪与激光雷达测量仪的测量值,以双频激光干涉仪的测量值为理论值,激光雷达测量仪的测量值与理论值的偏差就是示值误差。

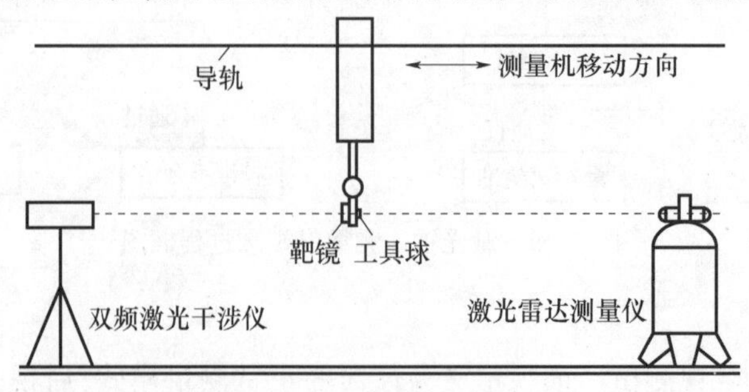

图3－11 距离校准示意图

3.2.3　多普勒测风激光雷达的校准

1. 多普勒测风原理

基于法布里—珀罗(Fabry - Perot,F - P) 标准具的直接测风激光雷达采用双边缘技术,具有高测量精度、高空间分辨力、可反演三维风场信息等特点,已成为目前国际上主流的大气风场测量方法之一。

直接测风激光雷达的系统结构如图3 - 12 所示。激光出射后,很少一部分能量的光被分出作为参考光,其余的光经过二维扫描系统指向大气被探测区域。大气后向散射信号经二维扫描系统由望远镜接收并耦合到传输光纤。传输光纤的另一端输入到接收机的准直镜,信号经滤光片,在入射到标准具之前分出一部分作为能量探测并耦合到硅雪崩光电二极管光子计数探测器 SPC1。法布里—珀罗标准具为双通道结构,两通道的透射光由三棱镜分离后分别耦合到光子计数探测器 SPC2 和 SPC3。探测器的输出信号经采集卡计数后送入计算机进行数据处理。由计算机完成对标准具、采集卡、二维扫描以及激光电源的整体控制。

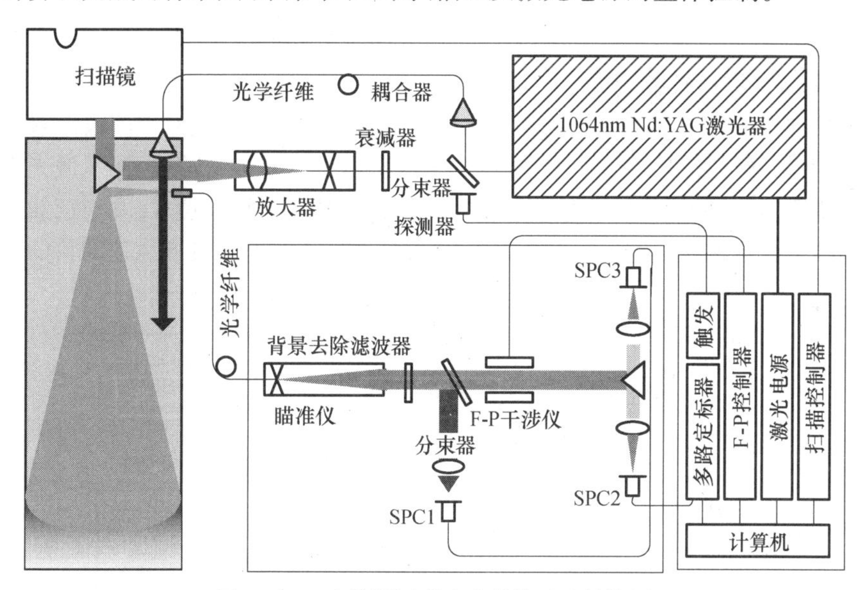

图3 - 12　直接测风激光多普勒雷达结构图

出射激光频率设在双通道对气溶胶后向散射信号的响应曲线的交点位置附近。后向散射信号的多普勒频移 ν_s 为

$$\nu_s = \frac{2V_r}{c\nu} \tag{3 - 17}$$

式中:V_r 为径向风速;c 为光速;ν 为出射激光频率。

分别测量大气后向散射信号和出射激光相对于每一个通道的透过率。透过率的变化可以反演多普勒频移 ν_s,从而得到激光束指定方向的径向风速。实际测风时,通过连续扫描的方法,在多个方位角测得径向风速,可反演矢量风场。

基于双边缘技术的瑞利散射多普勒测量基本原理如图3 - 13 所示,双法布里—珀罗(F - P)标准具频谱分别位于瑞利散射光谱的两翼,初始发射激光频率锁定在两个标准具频谱的交叉点附近。多普勒频移前后两个标准具的输出信号不同,根据两个标准具输出信号比值的变化可以确定后向散射信号的多普勒频移量。

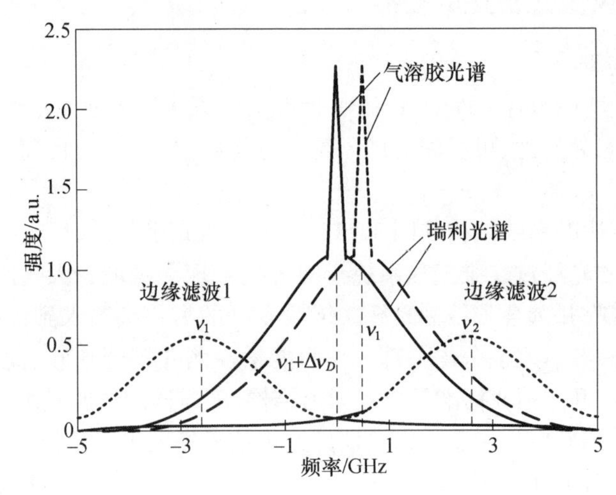

图 3 – 13　基于双边缘技术的瑞利散射多普勒测量原理

2. 多普勒激光雷达校准装置

多普勒校准仪工作原理如图 3 – 14 所示。校准首先是依据激光对气溶胶散射谱与激光对硬目标的散射谱一致的原理，从而用硬目标的速度去校准软目标的速度，测风激光雷达系统接收机接收和检测多普勒散射光，测量散射信号的多普勒频率或径向速度，并与已知运动硬目标速度的准确结果进行比较，得到系统的校准曲线，并最终达到准确校准风速的目的[8 – 10]。

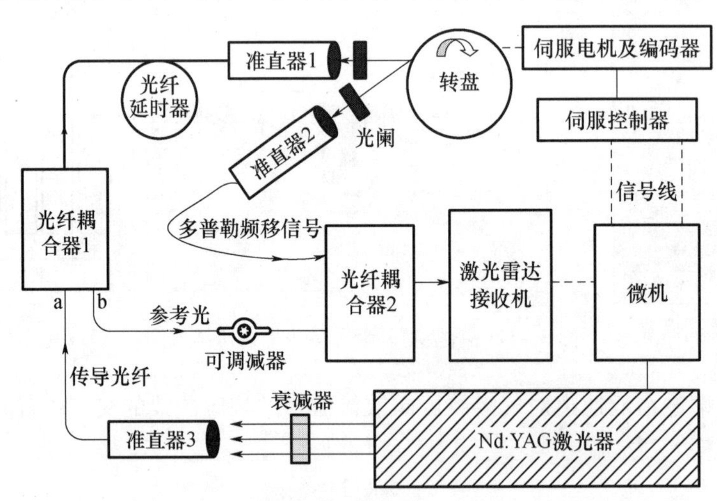

图 3 – 14　多普勒激光雷达校准系统工作原理图

测量过程如下：激光器发射 1.06μm 的脉冲激光，通过分束片分出一小部分光进入 2 × 1 光纤耦合器一端，利用光纤的后向散射将脉冲光展宽成连续光作为参考光，从 2 × 1 光纤耦合器另一端经过准直系统入射到标准具锁定通道，测量出发射激光频率 ν_0；而大部分光能通过耦合器耦合至发射光纤，先经过 100m 的光纤延时，再通过发射准直器 1 入射到转盘边缘，而散射光通过接收准直器 2 耦合到接收光纤，再经过准直系统入射到标准具的两个边缘通道，测量出后向散射光的频率 ν，从而可求得多普勒频移量 $\nu_D = \nu - \nu_0$，根据多普勒效应公式可得转盘边缘的线速度：

$$V = \lambda \nu_D / (\cos\alpha + \cos\theta) \tag{3-18}$$

式中：α，θ 为校准仪中激光入射和接收角度，α，θ 事先已知。

可以根据上式由多普勒激光雷达光学接收机测出转盘边缘的线速度。而转盘的转速 n（r/min）又可以通过电子学方法精确测得，则线速度为

$$V_0 = \frac{n}{60} 2\pi r \tag{3-19}$$

式中：r 为转盘半径；n 为实测转速（r/min）。

通过改变转盘转速测量一系列的（V_0，V），可以作出两者的相关图，通过实验结果就可以对雷达系统进行校准。

校准仪中激光入射和接收角度的设计是一个至关重要的内容。其中涉及准直器到转盘的距离的选取、多普勒频移量的分析、入射光覆盖弧长的计算等项内容，这些因素对入射和接收角度来说很多是相互制约的，单独考虑其中一个因素往往是片面的，最后入射和接收角度的选取必须要从多个相互制约的因素中进行优化来获得。校准仪激光入射和接收角度设计是针对发射准直器 1、接收准直器 2 与圆盘之间的角度来确定的，几何关系如图 3－15 所示。

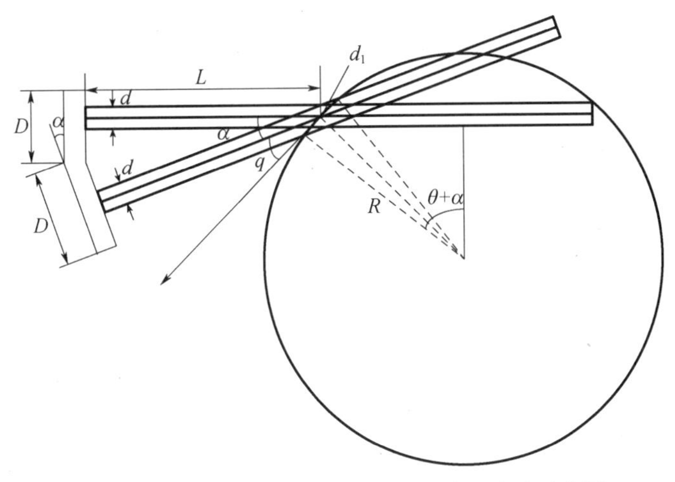

图 3－15　激光多普勒校准仪入射和接收光路示意图

由于圆盘半径、准直器到转盘的距离、多普勒频仪量、入射激光覆盖的弧长等多个因素交错在一起，影响其入射和接收角度的选取，根据有关分析，最终按照数学上“主成分分析”的方法，对各量进行优化，最终确立当多普勒校准仪中转盘半径为 100mm，准直器到转盘的距离 $L < 50$mm时，选取激光接收夹角为 25°，入射角为 20°。

3.3　激光导引头的性能测试与校准

3.3.1　激光导引头概述

可以笼统的将那些与激光或激光器发生关系的制导武器系统、制导武器、制导技术等统称为激光制导。

激光制导技术涉及大气、目标、背景、激光器、激光束控制、激光探测、信息处理、伺服控制等领域。一个完整的激光制导系统如图3-16所示。

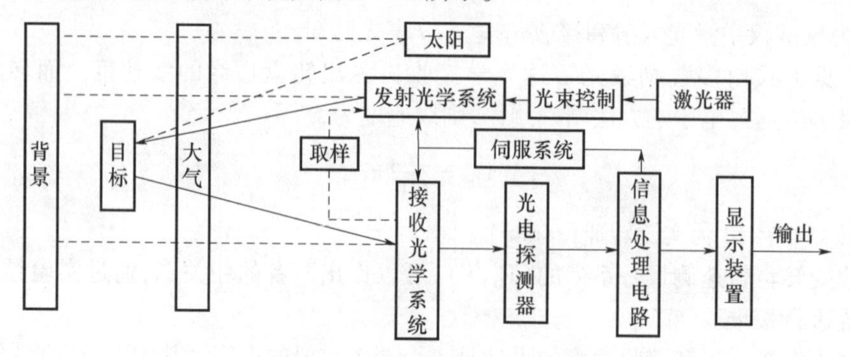

图3-16　激光制导系统框图

按照激光源所在位置的不同,激光寻的制导有主动、半主动和被动之分,迄今只有照射光束在弹外的激光半主动寻的制导,而且只有波长为1.06μm的系统得到了应用。

激光半主动制导武器主要有三类:激光半主动制导航空炸弹、导弹(含火箭)和炮弹。激光半主动寻的制导系统由导弹的激光寻的器和弹外的激光目标指示器两部分组成。

激光半主动制导武器工作原理是:装在地面、战车、舰船、飞机或其他载体上的激光器照射目标,弹上导引头接收目标反射的激光能量,确定目标和导弹的相对位置,在弹上形成控制信号,自动将导弹导向目标。激光半主动制导原理如图3-17所示。

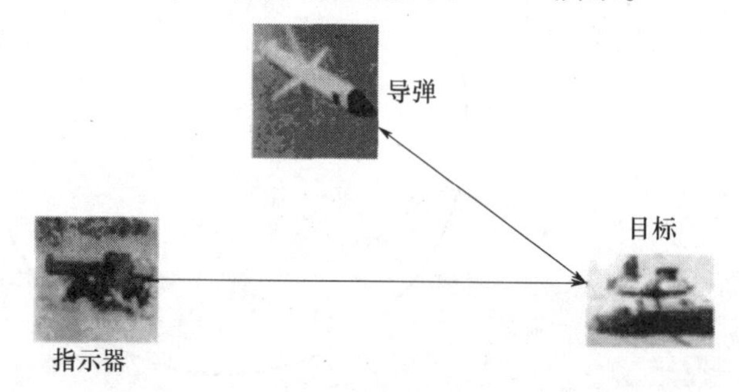

图3-17　激光半主动制导原理示意图

根据激光制导武器的工作原理,激光照射及导引头接收激光的过程如图3-18所示。

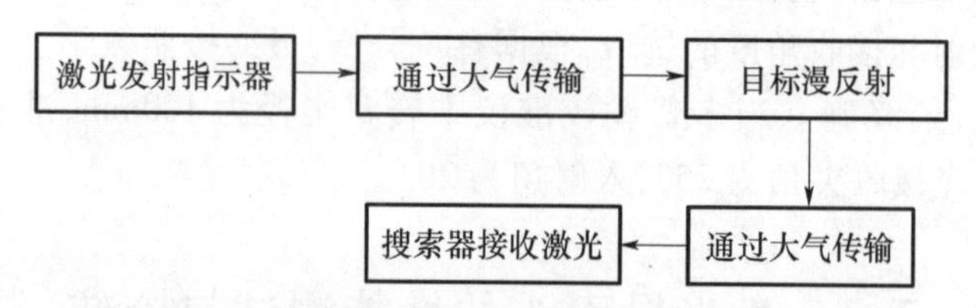

图3-18　激光照射及导引头接收激光过程示意图

3.3.2　激光导引头自动评估系统

自动评估系统是一种用来测试和评估采用四象限硅探测器的半主动激光导引头[11]。这些导引头的工作原理是跟踪被激光指示器(工作波长在近红外区)照射的目标漫反射的能量。

自动评估系统由导引头电源/ 控制板、激光指示模拟器和带状图形记录器组成(见图3-19)。主要由HP计算机、绝缘工作台、激光模拟器、分光束组件、能量监控器、衰减器、两轴光束扫描器、散射屏、两轴定位台、延时发生器、专用组件、显示台、图形终端、视频硬拷贝装置、行式打印机以及静态测试定位装置组成。

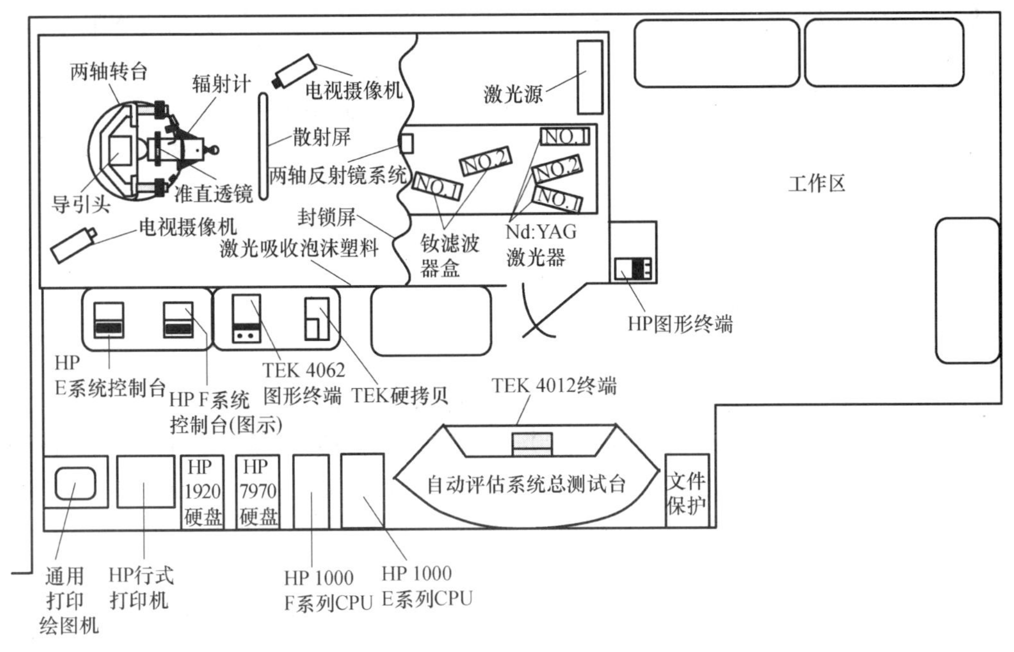

图3-19　激光导引头性能自动评估系统

1. 工作模式及程序

1）手动操作

在手动操作方式中,测试人员可把导引头置于任意一种工作方式。头罩中激光能量的变化范围是从$0\sim10^{-9}\mathrm{J/cm^2}$,增量为0.1dB,导引头与激光束之间的夹角可从$-30°$变化到$+30°$。然后,从输出盒中提取导引头的模拟输出信号,并记录在八通道带状图形记录仪上。

2）自动操作

在自动测试方式中,除自动打印、绘图及对数据定标以外,计算机还能控制进行所有手动操作。以下是自动评估系统测试程序及其简要说明。

(1) 导引头旋转速度:该程序从接通电源开始,连续对导引头的旋转速度进行抽样并绘图,直到操作员决定结束为止。该程序也检测和记录导引头的准备时间。

(2) 矩形扫描:当导引头工作在扫描方式时,矩形扫描程序对导引头的万向支架回转角进行抽样并绘图。

(3) 自动增益控制校准:导引头自动增益控制电压作为输入能量的函数被抽样和标绘,输入能量范围是60dB,增量为1dB。

(4) 阈值灵敏度:100%相关所需的最小能量密度限定在±0.25dB范围之内。

(5) 导引头传递函数:在导引头跟踪回路不工作的情况下,当激光能量扫掠探测器时,开始抽样和标绘导引头制导指令。

(6) 导引头制导指令噪声:该程序抽样和标绘导引头制导指令与时间的关系曲线,该程序还计算平均值、有效值及峰-峰值。

(7) 万向支架回转角线性度:当导引头和目标夹角从 $-30°$ 变化到 $+30°$ 时,对万向支架回转角进行抽样和绘图。同时用虚线绘出规定的极限范围。

(8) 静态跟踪速率误差:当导引头和目标夹角从 $-30°$ 变化到 $+30°$ 时,程序对制导指令和万向支架回转角进行抽样和绘图,以确定跟踪误差和交叉耦合效应。

(9) 导引头视场(FOV):程序通过将激光光斑从相关状态移至不相关状态的方法确定导引头视场。

(10) 导引头陀螺漂移:该程序在切断激光之后对导引头的万向支架回转角进行抽样并绘图,以确定截获丢失之后万向支架回转角的漂移量。

2. 评估系统的硬件组成

1) 激光器/衰减器/光学系统

(1) 激光器。

自动评估系统中用两台激光器作为指示器模拟器。它们是 Nd:YAG 激光器,工作波长为 1.06μm,宽为 25ns 的脉冲,输出能量约为 20mJ。脉冲重复频率编码器给每个选定码提供基准脉冲频率。脉冲重复频率信号通过三台延时发生器送入规定线路,延时发生器提供实际的闪光灯和波克尔元件用触发器,同时还提供两台激光器之间的可变延迟。

(2) 衰减器。

激光能量可由两台中度衰减器上的控制器进行人工或计算机控制。衰减器由四个装成"W"形的线性分级反射玻璃滑块组成。这就使低度滤波器滑块能平衡设计成堆积式的,并将不需要的能量反射到衰减器盒两侧的吸光盒里。铬镍铁合金被用作反射镜滑块涂层,这种合金在整个光谱区几乎无波长选择性。激光束由配对的 6 倍望远镜扩散和聚焦,以减小在衰减器滑块表面上的能量密度。这种设计允许 90 dB 的衰减量,增量约为 0.1dB。

(3) 光学系统。

光学系统由红外光束转向器、散射屏及准直透镜组成。红外光束转向器是一个两轴电流计式光束偏转器,每个轴上使用 1in × 1in 的反射镜。该装置在每个轴上有 ±15°的光束偏转,响应特性为 300°/s。散射屏是一个标准的 3m 后向投射屏,它将激光束扩散成为一个近似朗伯漫散射图形。准直透镜是一组直径为 12in 的透镜,它将从散射屏来的能量准直后提供给导引头整流罩。

自动评估系统的光源模拟器和衰减系统如图 3-20 所示。

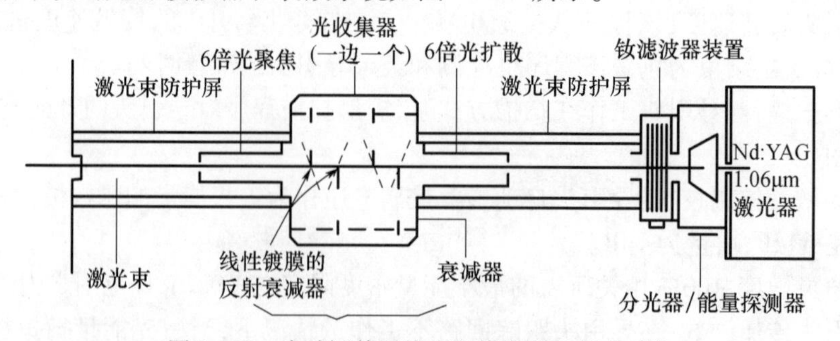

图 3-20 自动评估系统光源模拟器/衰减系统

2）导引头测试台

导引头测试台由带控制器的两轴定位桌及将导引头安装到桌上的导引头装卡环组成。该桌每个轴的转动范围是±32°，分辨力为0.05°。

3.3.3　激光导引头综合性能的半实物仿真测试

1. 半实物仿真试验系统的基本功能

半实物仿真试验又称为“实物在回路中”的仿真试验，因此要进行半实物仿真试验，必须按照仿真技术的相似性原理，为参试实物提供与实际工作状况同样或相似的试验环境。激光导引头半实物仿真系统是将激光导引头硬件设备接入仿真回路构成的仿真系统，需要构造一个激光导引头在接近真实飞行环境下的对目标实施攻击的仿真飞行试验环境，用以检测和考核激光导引头接收目标信息、分辨目标、跟踪目标和抗干扰工作的能力[12,13]。

对导引头半实物仿真系统来说，需要提供的试验环境包括：

（1）为导引头风标提供角度运动和弹目相对平移运动环境；

（2）为导引头提供目标运动环境；

（3）为导引头提供干扰目标运动环境；

（4）为导引头提供背景干扰特性环境；

（5）为导引头提供激光照射环境；

（6）为线加速度传感器提供过载环境；

（7）为弹体提供角度运动环境。

2. 半实物仿真试验系统的组成

某型激光导引头半实物仿真试验系统框图如图3－21所示。仿真系统由目标/环境模拟系统、导引头姿态模拟系统、仿真计算机系统、实时通信接口系统、总控制台系统、光学暗室等几个部分组成。

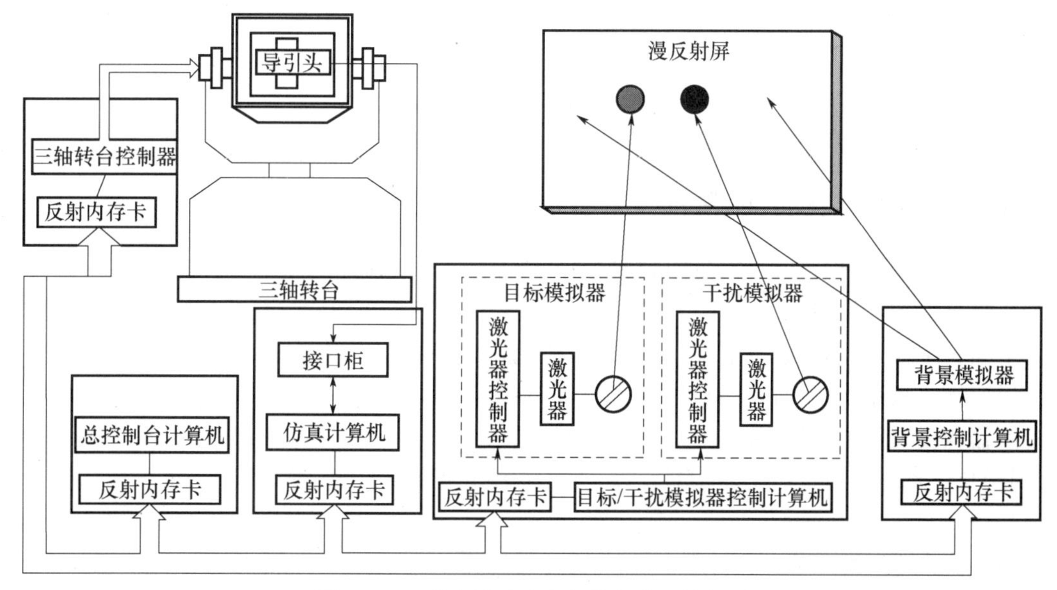

图3－21　激光导引头半实物仿真系统框图

1）目标/环境模拟系统

目标/环境模拟系统由激光目标模拟器、干扰模拟器、背景模拟器、场景合成系统和视线运动系统组成。它用来模拟激光导引头视景中的目标激光散射、有源干扰及自然背景的辐射和运动特性。它既能为导引头的静态和动态性能测试提供试验光源，又能接入激光制导仿真回路，在仿真计算机中生成的信号控制下，形成实时动态激光目标和干扰环境。

2）导引头姿态模拟系统

导引头姿态模拟系统由三轴转台和相应附件组成。三轴转台由台体、控制柜、功放电源柜及监控操作台几部分组成。它既能和目标/环境模拟系统一起，为导引头的静态和动态性能测试提供一个硬、软件平台，又能接入激光制导仿真回路，模拟导引头的俯仰、偏航和滚转运动。

3）仿真计算机系统

仿真计算机采用银河仿真工作站，主机通过 A/D、D/A 控制器连接高速并行的 D/A、A/D 子系统，用于控制具有模拟量输入/输出的仿真设备。仿真计算机系统是全系统的核心，它既能用数学模型对激光导引头进行全数字仿真，又能只用数学模型模拟自动驾驶仪、舵机和弹体的运动，同时生成控制三轴转台和目标/环境模拟系统的数字指令，与导引头实物及其他仿真设备一起构成仿真回路来研究系统的行为特征。

4）实时通信接口系统

实时通信接口系统采用反射内存实时网，在各子系统的控制计算机中插入反射内存卡，全系统通过光纤连成一个雏菊花链似的环形网络。它用于完成仿真计算机、三轴台控制系统、两轴台控制系统、激光目标/干扰模拟器控制系统、总控制台计算机之间的实时通信和时间同步控制等。

5）总控制台系统

总控制台系统由控制台机架、系统管理与控制计算机、控制面板及接口、监控系统几部分组成。它是整个半实物仿真系统的控制中心、调度中心和监测中心，用来完成全系统状态的设定、检测与加载；全系统的信号变换、时统、信号分发调度和通信控制；进行数据处理及仿真结果的分析、显示等。

6）光学暗室

光学暗室用于为激光导引头半实物仿真系统提供必须的空间环境和工作环境。

3.3.4 激光导引头激光能量特性半实物仿真测试

激光半主动制导武器的激光能量特性半实物仿真，属于激光目标特性模拟的一部分，也是检测激光导引头灵敏度的一种方法[14]。目前主要有两种模拟方式：直接照射法和投影反射法。下面介绍投影反射法。图 3－22 是激光能量特性半实物仿真原理示意图。

半实物仿真系统主要由仿真计算机、三轴转台、激光发射器、太阳光斑特性模拟器、激光模拟控制器和漫反射屏组成，导引头置于三轴转台上。激光模拟控制器由计算机和控制软件组成，用于与仿真计算机进行实时信息交换，并控制激光器和光斑特性模拟器按仿真计算机的要求运行。

激光器为 Nd:YAG 激光器，用于模拟激光目标指示器的主要性能，包括：激光波长、激光脉冲重复频率、脉宽、脉冲能量等。其中激光波长、重复频率、脉宽等指标，应与被模拟的激光目标指示器一致，其输出的脉冲能量应稳定在要求的值上。

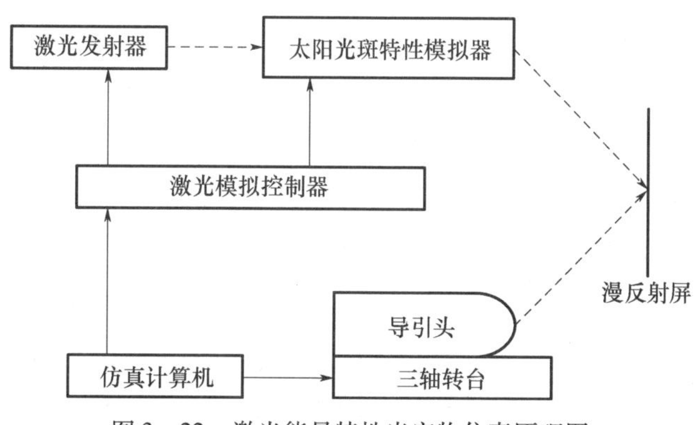

图 3-22　激光能量特性半实物仿真原理图

光斑特性模拟器由能量衰减器、尺寸模拟器和运动模拟器组成。其作用有三个:

(1) 将激光器输出的激光能量按照预定要求进行衰减,以模拟弹目相对运动而引起的导引头接收激光能量变化的情况;

(2) 将激光器输出的激光束按照预定要求进行扩束,以模拟弹目相对运动和指示器与目标之间相对运动而引起的导引头“看到”光斑尺寸变化的情况;

(3) 使照射在漫反射屏上的激光光斑按预定要求运动,以模拟弹目相对运动和指示器与目标之间相对运动而引起的导引头“看到”光斑能量中心运动的情况。

激光器发射的激光,经光斑特性模拟器照射在漫反射屏上,三轴转台带动导引头进行三维姿态运动,以模拟弹体姿态运动规律,此时导引头就可从漫反射屏上“看到”一个与实战情况完全相似的激光光斑。

3.3.5　激光导引头探测灵敏阈标定

在激光导引头各项指标中,以激光能量阈值标定最为重要[15,16]。因此,激光能量阈值标定是激光导引头计量中的核心问题。对于典型的激光制导系统,能量阈值标定范围:1×10^{-15}J ~ 1×10^{-6}J;阈值标定精度:1×10^{-15}J。所以导引头阈值标定是一个微能量计量问题。

这里介绍一套适用于激光寻的制导导引头的激光能量阈值标定系统。该系统可用来精确标定导引头敏感激光能量阈值,同时该系统可用于导引头视场角范围和盲区范围的精确标定,可用于捕获特性测试和回转角测试等。该系统构造了一个低光学干扰、低电磁干扰的标定环境,为各项指标标定奠定了基础,是进一步提高导引头性能和导引头出厂检验的必需环节。

激光寻的制导武器导引头精确阈值标定系统由程控一体化集成激光器系统、漫反射屏、三轴转台、导引头测试计算机和激光暗室等五部分组成,图 3-23 为系统组成框图,图 3-24为系统主要设备放置示意图(俯视图)。

系统用于标定导引头能量阈值时,首先将导引头精确固定于三轴转台上,并根据旋转三轴转台的三轴,使三轴转台处于初始零位,通过导引头测试计算机和电机驱动器等精密控制激光器能量输出,可用于能量阈值标定;当固定能量为 1 倍阈值时,转动三轴转台外、中、内三框,可用于盲区精确标定,并根据三框读数重新定位三轴转台测试零位(将盲区中心对准漫反射屏幕中心),在此测试零位基准上,可标定导引头视场角范围,同时根据以上过程可以初步估计出导引头探测面安装基准误差等。

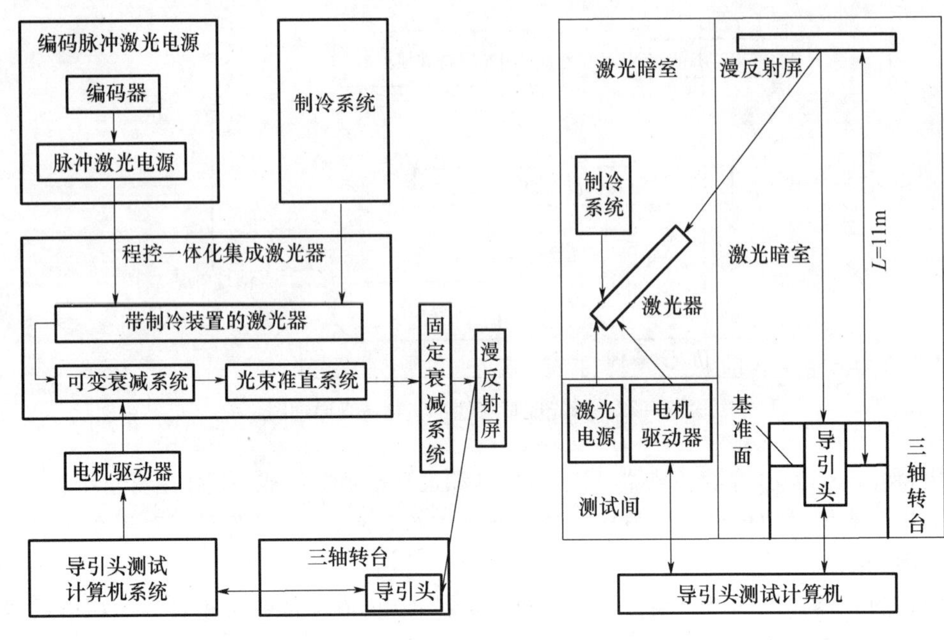

图 3－23　激光寻的制导武器导引头精确阈值标定系统组成框图

图 3－24　激光寻的制导武器导引头精确阈值标定设备放置图

3.3.6　激光导引头灵敏度的溯源

激光导引头的作用是跟踪目标，而要跟踪目标，首先需要探测到目标。从激光导引头的工作原理看，探测灵敏度主要取决于导引头激光探头对激光的灵敏度，也就是对微弱激光的探测能力。激光照射器发射的激光照射到目标，反射回导引头的激光能量仅有几十飞焦到几百飞焦，所以需要弹上的探测器，至少能够探测到几十飞焦的激光能量。为了很好地校准激光导引头探测能力，必须研制准确的现场飞焦级标准激光光源，通过飞焦级激光微能量传递标准，对激光导引头光电检测设备的激光光源辐射能量进行严格校准。

在半实物仿真试验中，要模拟目标的运动，需要有运动平台。对平台的校准可溯源于角度量。所以说，对激光导引头测量装置的校准，关键是激光微能量的校准[17]。

1. 微能量激光光源

为了校准激光导引头的灵敏度，需要一套能量可控并能精确标定的激光光源系统。一台典型的激光光源系统如图 3－25 所示。

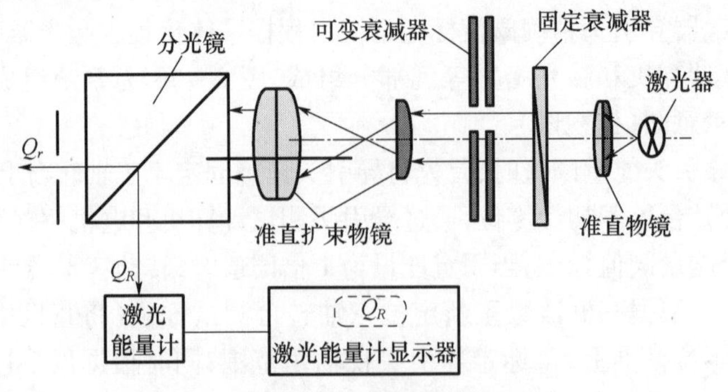

图 3－25　激光微能量光源系统

该方案的基本思路是，对于大于 1pJ 的较大脉冲能量，使用激光能量计直接校准。为获得小于 1pJ 的脉冲能量，乃至 1fJ 的脉冲能量，采取的措施是在较大脉冲能量直接校准的基础上，在光路中插入透过率已校准的标准衰减器，经标准衰减器的出射光脉冲能量为直接校准的较大脉冲能量乘以标准衰减器的透过率。此种方法在理论上完全可行，但实际试验表明，虽然标准衰减器的透过率已校准，但由于透过率测试与插入光路的状态不尽相同，加之标准衰减器插入时位置的不确定性，实际的衰减率并非校准的实际值，机械结构上很难保证。所以需要引入一台监视激光能量计。这样，输出的激光能量 Q_T 预先已经精确已知，可以作为标准值来标定导引头的灵敏度。

2. 微能量激光光源的校准

采取如图 3－25 所示的激光光源系统后，还需要对光源的激光能量进行校准，校准装置如图 3－26 所示。

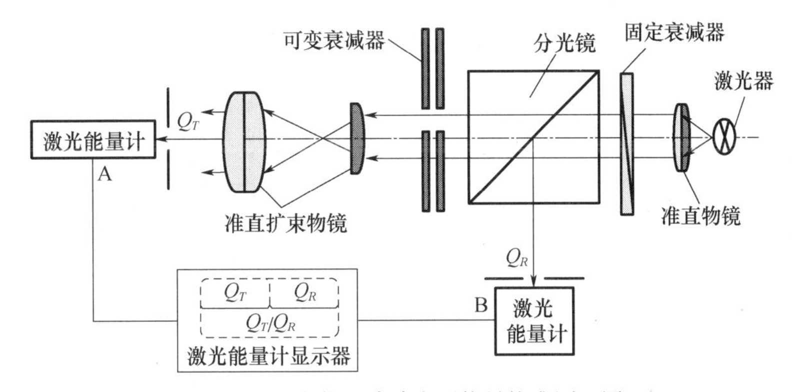

图 3－26　微能量脉冲光源能量校准原理图

将与光源光学系统中相同的激光能量计的另一探头安装于出射光出瞳处，并插入一适当口径的光阑。这样，分束器两边的能量都可以测量出来，通过比较就完成对输出能量的校准。

3.4　空间激光通信性能参数测量

激光通信在激光技术发展的早期就被提出，但由于在地球大气层中大气吸收的影响，更由于激光通信容易受到建筑物及其他目标的遮挡，光纤通信逐渐取代了激光通信。随着空间技术的发展，需要建立传输速率快、信息量大、覆盖空间广的通信网络系统，这样，空间激光通信技术受到了重视。采用波长极短的光波进行空间卫星的通信，是实现高码率通信的最佳方案，甚至被认为是唯一手段，尤其是在空间卫星日益拥挤的今天，这一点已经取得了通信领域许多专家学者的共识。世界上各主要技术强国为了争夺空间光通信这一领域的技术优势，已经投入大量的人力物力，并取得了可喜的进展。

3.4.1　空间激光通信概述

空间激光通信又称为无线光通信，是指用激光束作为信息载体进行空间包括深空、同步轨道（GEO）、中轨道（MEO）、低轨道（LEO）卫星间、地面站之间的激光通信，还包括卫星与地面站之间的激光通信。空间激光通信按照传输介质的不同，又可分为大气激光通信以及星际激光通信。大气激光通信主要用于不便铺设光纤的地区，如海岛之间的通信，或者作为应急通信手段使用。在外层空间，由于不存在大气对光信号传播的不利影响以及光通信的固有优势，因而建立星际激光通信具有巨大优势。

激光通信的原理与普通的无线电通信相类似。所不同的是，无线电通信是把声音、图像或其他信号调制到无线电载波上发送出去，而激光通信则是把声音、图像或其他信息调制到激光载波上发送出去。空间激光通信主要包括三种类型：大气激光通信、星际激光通信、星地激光通信。三种通信方式各自具有不同的特点。在三种类型中，最具代表性的是卫星间激光通信。

卫星间激光通信系统主要由激光光源子系统，发射/接收子系统，捕获、跟踪和瞄准（ATP）子系统构成。按照功能不同，可将卫星间激光通信系统分为光源分系统，发射和接收分系统，信标分系统，捕获、瞄准和跟踪分系统四大模块。图3-27所示是一个收发天线共用的卫星间激光通信系统构成框图。

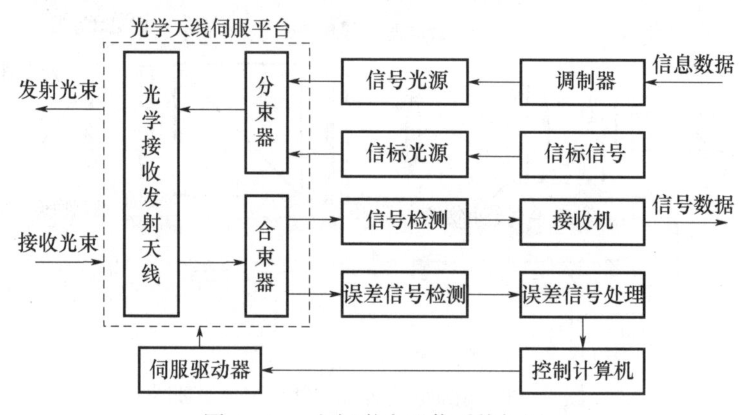

图3-27　空间激光通信系统框图

相比于微波通信，自由空间激光通信具有以下优势：

（1）发射光束窄，方向性好。空间激光通信中，激光光束的发散角通常都在毫弧度，甚至微弧度量级，它能较好地解决日益严重的卫星间的电磁波干扰和保密问题。

（2）天线尺寸小。由于光波波长短，在同样功能情况下，光天线的尺寸比微波、毫米波通信天线尺寸要小许多。

（3）功耗小，体积小，重量轻，尤其适用于卫星通信。

（4）深空对于光波是一种无损耗、无干扰的良好传输介质，传输同样速率与信息的装备，光通信的性价比最高。

3.4.2　星间激光通信地面检测技术的基本要求

星间激光通信终端属于高精度的光机电系统。其代表性技术指标为：通信激光光束达到衍射极限，其发散度为微弧度量级，跟瞄精度达到亚角秒量级，通信距离至数万千米，激光通信终端的检测验证需要很高精度的测量手段。然而，星间激光通信终端的主要技术指标和运行性能不可能在空间进行检测和验证，必须事先在地面实验室条件下进行模拟检验[19,21]。

因此，世界各国的空间激光通信项目在发展通信终端的同时，还发展空间激光通信的地面检测和验证设备，用于检测空间激光通信终端整机的主要技术指标，验证远距离激光通信性能以及光学捕获跟瞄动态性能。

在星间激光通信系统中,需要对三种类型的参数进行检验:

(1) 激光通信性能检验,即验证在一定的模拟距离上的通信误码率的检测;

(2) 光学跟瞄性能检验,包括向对方终端瞄准、扫描捕获信标激光、从捕获转入跟踪,最终进行大范围精密跟踪并包括抗卫星振动等的全过程的检验;

(3) 激光光束质量检验,如通信激光光束的发散角或波面波差等。

3.4.3 卫星激光通信光学跟瞄检测

在空间从发射激光通信终端到接收激光通信终端的距离为数百千米到数万千米,在光学上属于远场衍射。而在地面实验室模拟中,从检测发射光通信终端到被测卫星激光通信终端的距离只为数米左右,属于光学近场衍射。

远场衍射和近场衍射有本质上的差别。在远场条件下,接收终端的光跟踪位置误差信号是由于两个终端之间的相对平动以及接收端的偏转而产生的。这时发射端的偏转不产生误差信号的位置变动而只导致其强度变化,在近场条件下两个终端之间的相对平动不产生位置误差信号的变动,而发射端和接收端的偏转都会产生位置误差信号的变动。目前都是采用透镜变换的方法,在透镜焦平面处产生符合远场分布的光斑,在此位置接收回馈光就可以模拟实际环境的接收光强分布。

1. 光跟踪检测验证系统

这里介绍一种激光通信终端光跟踪检测验证系统。该系统由双焦距激光收/发平行光管、精密光束扫描装置和卫星轨道模拟扫描装置等三部分组成,如图3-28所示。

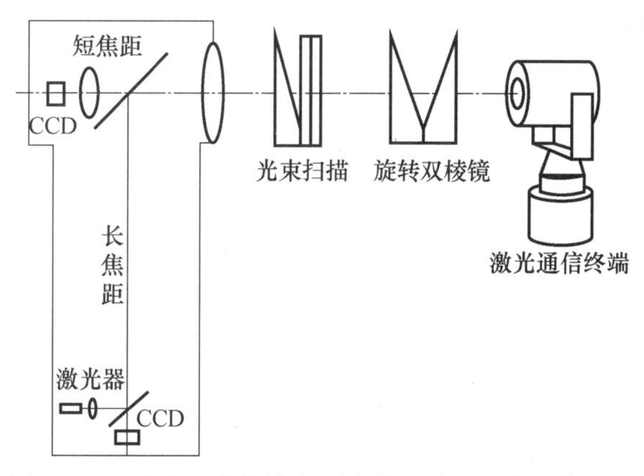

图3-28 激光通信终端光跟踪检测验证系统工作原理

卫星轨道模拟扫描装置由旋转双棱镜组成,用于实现光束二维扫描以模拟卫星相对运动。双棱镜结构可以获得较大范围的角度扫描,也能够得到很近的被测终端至扫描器的工作距离,减少有限孔径的渐晕效应。精密光束扫描器采用光楔摆动产生微小光束偏转的原理,由正交光楔组成,产生二维精密光束偏转。卫星轨道模拟扫描装置和精密光束扫描器相结合可以产生大范围高精度角度扫描。双焦距激光收/发平行光管相当于测试用的激光通信终端,用于发射激光信号,也用于接收被测终端发射的激光光束。它有两个焦距,短焦距接收CCD具有较大视场和较低测量精度,长焦距接收CCD具有较小视场和较高测量精度,可以分别用于ATP

的瞄准捕获过程和跟踪过程的测量。

2. 卫星激光通信跟瞄精度测试

一种卫星激光通信跟瞄精度测试方案框图如图 3－29 所示，卫星接收端机位于长焦距透镜（焦距 $f=9.47$m）后。半导体激光器作为点光源置于长焦距透镜焦平面处，点光源通过长焦距透镜模拟产生平行的入射信标光。为了精确模拟入射信标光微弧度（μrad）量级的方向偏转，用压电陶瓷（PZT）驱动点光源在长焦距透镜焦平面上做线性运动，并用非接触式的电容位移传感器精确测量 PZT 的位移量。如果点光源在焦平面上直线移动 xμm，则卫星接收端机接收到的光方向偏转为（x/f）μrad。这时，接收端机将发射一束与入射信标光方向一致的回馈光。用四象限光电二极管位置探测器（4QD）在长焦距透镜焦平面处测量出端机回馈光的远场光斑位置变化，与由电容位移传感器测量出的点光源位移量作比较则可得到端机的跟瞄精度（见图 3－30）。

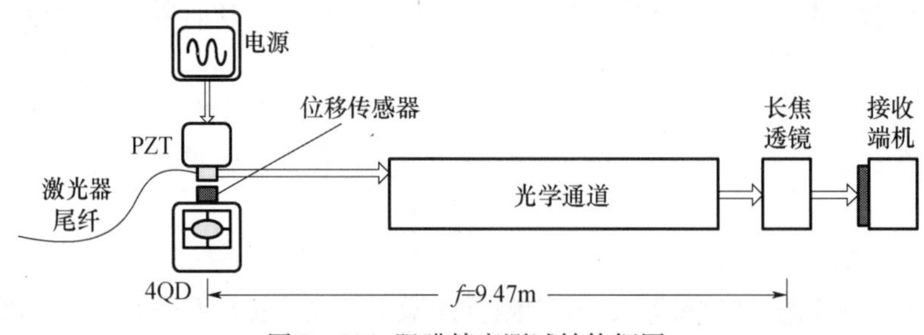

图 3－29　跟瞄精度测试结构框图

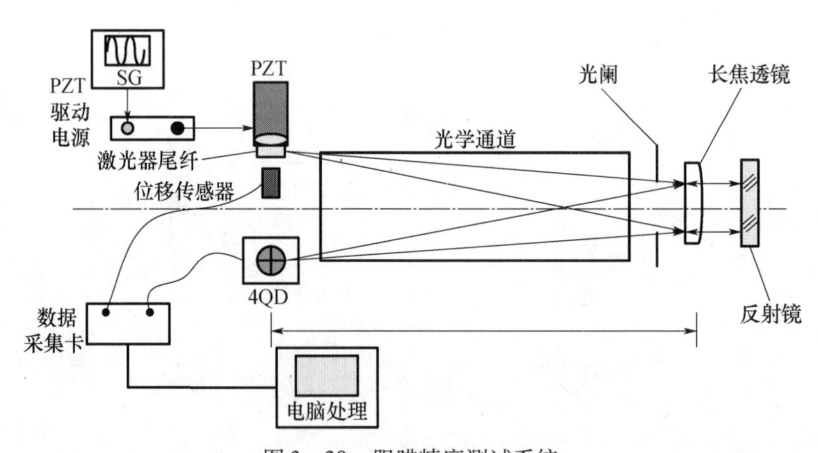

图 3－30　跟瞄精度测试系统

跟瞄精度测试的另一个重要指标是跟踪带宽。半导体激光器尾纤输出端通过 PZT 驱动做周期振动，振动幅度和频率可以在一定范围内调节。使 PZT 在不同频率下振动以测量其带宽。采用开环控制 PZT 以增加其振动频率范围。由于 PZT 存在电滞效应，位移量与工作电压之间不是简单的正比关系，所以采用电容位移传感器来精确测量半导体激光器输出端的位移量。

3.4.4　远距离光束传播模拟和通信性能检测验证

远距离光束传播模拟和通信性能检测验证的目的是对卫星激光通信终端发射光束的空间

远距离传播光学模拟，并进行激光通信误码率检测。本节介绍一种基于距离比例压缩原理的光束传输模拟以及通信性能检验验证的方法，如图3-31所示。

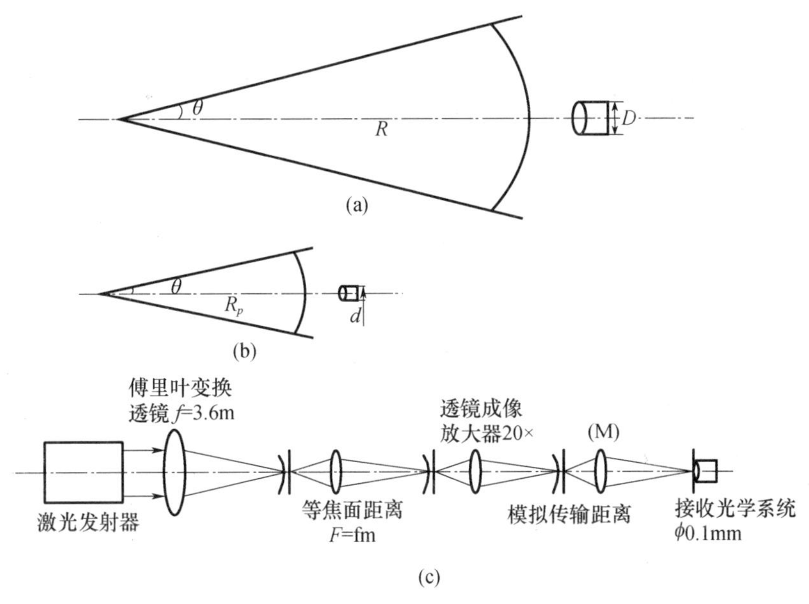

图3-31　距离比例压缩原理

图3-31中，(a)是实际的激光传输过程，θ为激光束的发散角，R为两个卫星通信终端之间的距离，D为接收端的口径；(b)是压缩后的系统，激光束的发散角依然为θ，R_p为压缩后系统的实际距离，d为探测系统的口径。为了实现等距离压缩，应当满足以下关系：

$$R_p = \frac{d}{D}R \tag{3-20}$$

在空间实际条件下，一个终端的激光发射光束通过夫琅和费远场衍射到达对方终端，对方终端用一定的孔径接收。首先通过比例化压缩对激光传播距离等效缩小，同时接收孔径也按比例缩小。然后，缩小了的远场传播可以用光学透镜和级联光学放大器模拟(图3-31(c))，其中光束的夫琅和费远场变换用透镜的傅里叶光学变换实现，而光学变换透镜和多级光学放大器产生的等效焦距则模拟比例压缩传播距离。最后，利用精密光束扫描控制器来调整输入光束，从而实现固定通信距离，进行可能达到的误码率测量；以及固定误码率，进行可能达到的通信距离测量。

因此，远距离光束传播模拟和通信性能检测验证平台由长焦距傅里叶光学变换透镜、多级光学放大器、波面采样小孔和精密光束扫描控制器组成。其中精密光束扫描控制器为正交光楔精密光束偏转装置，用于调整输入光束。图3-32为系统光学结构。

远距离光束传播模拟和通信性能检测验证平台的结构设计为：主镜通光孔径为ϕ280 mm；主镜焦距为3.6 m；光学成像放大器为三级；成像放大倍数为可变，最大20×，中间10×；最大傅里叶变换等效焦距为30km；采样小孔为单模光纤ϕ10μm，多模光纤ϕ100μm，针孔ϕ1mm；误码率测量范围(min)为10^{-12}。

采用比例化压缩的原理可以实现直至数万千米的光束远场传播，在测量上具有如下特点：可以固定通信距离，进行可能达到的误码率测量；也可以固定误码率，进行可能达到的通信距离测量。这样便能够对卫星激光通信终端的通信性能质量作出准确的评估，也可以判断发射光束的质量。

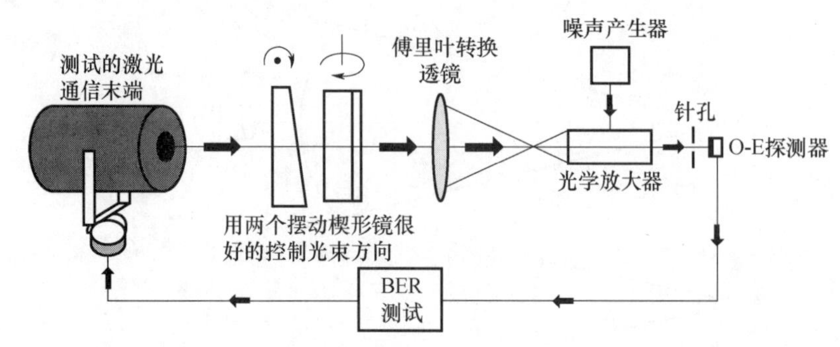

图 3-32　远距离光束传播模拟和通信性能检测验证平台光学结构

3.4.5 光束波面分析

通信激光光束的发散角是终端最重要的参数之一，一般来说，卫星间的距离通常达到几千至几万公里，要在两个卫星之间建立激光通信，这就要求各发射终端所发出的激光光束具有高度的平行性，否则由于光束发散，造成的能量损失将达到无法接收的程度。因此，在卫星激光通信中，通信激光光束的发散角达到衍射极限，其发散角已经不能用平行光管来进行准确测量。必须采用波面分析方法，即首先采用光学方法测量波面波差，然后用泽尼克多项式综合计算出发散角。

待测波面对于理想参考波面的偏差称之为波像差。波像差的测量方法比较成熟，比较典型的方法以及测量仪器有：横向剪切干涉法、数字相移剪切干涉仪、夏克—哈特曼传感器等。在诸多波面检测技术中，并不是所有的都适合于大口径衍射极限或接近衍射极限波面检测。下面介绍几种在星间激光通信中常用的波前检测方法。

1. 横向剪切干涉法

这种方法是最常用的波前检测方法之一。横向剪切干涉计量是通过横向移动被测波面使原始波面和错位波面之间产生重叠并发生干涉，从而产生横向剪切干涉图。

一种简单有效的横向剪切干涉就是平行平板激光横向剪切干涉结构，其基本原理是光束从平板的前后两个平面反射，就可产生两个横向错位的波面。利用横向剪切干涉原理，发展了许多装置，如以雅敏干涉仪为基础的平行光横向剪切干涉装置；以马赫—曾德尔干涉仪为基础的平行光横向干涉装置等。

因为星间激光通信中普遍采用半导体激光器作为信号光，半导体激光的相干长度一般在毫米量级，而众多横向剪切干涉仪在光路中所引起的光程差一般远大于这个量级，这使得在接收时很难得到高质量的干涉条纹，而且待测波面的波差小于一个波长时，由于观察不到一个以上的条纹，基本上也无法进行正确的测量。所以采用一般的横向剪切干涉法要达到衍射极限波面的测量精度只能与衍射极限波面的波差相当。此外，由于被测量的光束口径较大（达到25cm 左右），在大口径条件下，利用普通的横向剪切干涉法，要达到高精度的测量是困难的。

2. 夏克—哈特曼传感器

哈特曼方法是一种通过利用取样光阑测量波面取样点在像面上的横向像面偏差 T 来得知

波面在取样点局部偏差的一种波面检测方式。哈特曼检测法是按预定的方式，在波面通过位置处用带有小孔的光阑对波面取样。当取样点之间彼此保持一定关系时，就能够得出波面无像差的大小和再现波面。

夏克—哈特曼(Shack - Hartmann)检测系统光学原理如图3 - 33所示。

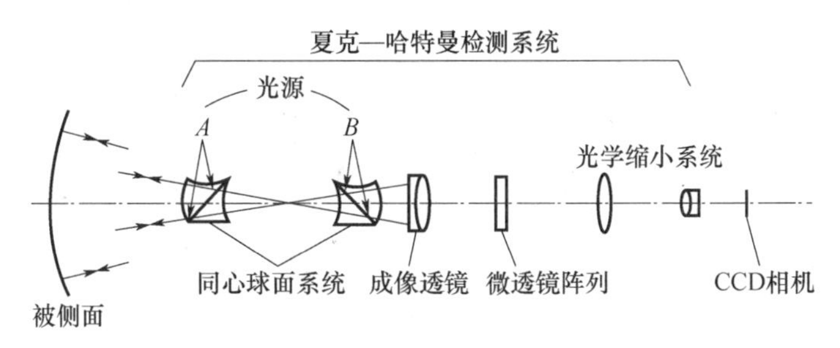

图3 - 33　夏克—哈特曼检验光学系统图

A、B是两个点光源，其中一个点光源B被成像准直后，变成一近似平行光，经过微透镜阵列后形成一个网格状点阵，这个点阵经过光学缩小系统成像在CCD相机靶面上，这组点阵称为标准点阵；另一个点光源A发出的光线经过待测镜面反射后，再经过准直镜和光学缩小系统进入CCD相机，这些带有被测镜面面形误差(或波像差)信息的光线在CCD靶面上形成另外一组网格状点阵，称为待测点阵。将这两组点阵进行比较，根据它们的坐标值和泽尼克多项式波面拟合函数建立偏微分方程，再应用最小二乘法求出待测波面的波像差。

Shack - Hartmann微透镜阵列示意图如图3 - 34所示。

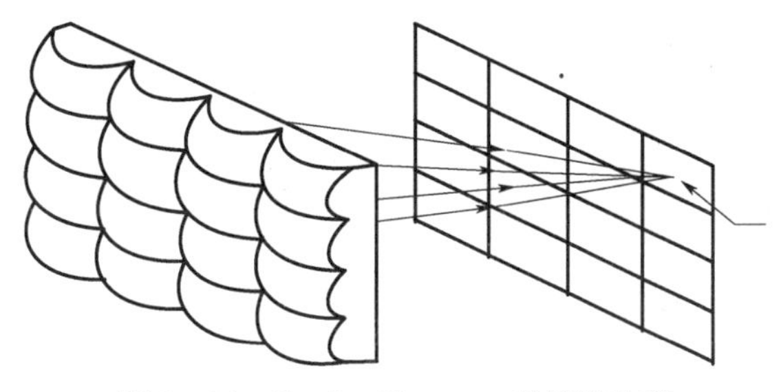

图3 - 34　Shack - Hartmann微透镜阵列

夏克—哈特曼检验法广泛用于自适应光学系统。它可以同时测量光束的波前相位和强度分布的时间和空间特性，而且测量时对于环境的要求也不像干涉测量那样敏感。但是夏克—哈特曼传感器中的微透镜阵列却不易精确地制作，从而影响波像差的精确测量，这成为影响此方法测量精度的主要因素。

3. 等光程横向双剪切干涉法

该方法是上海光机所报道的一种检测近衍射极限的波面新方法，称为等光程横向双剪切干涉法，其基本原理如图3 - 35所示。

它由输入雅敏光学平板、四块互补放置的倾斜移位楔板、输出雅敏光学平板和接收屏组成。此结构的特点在于，被测光束经扩束准直系统成为具有一定口径的光束后，以45°角斜入射雅敏光学平板，光束一部分被前表面反射(A)，另一部分进入平板后被后表面反射后，再经前表面折射而出射(B)。两光束继续平行传输，分别以同样的入射角入射倾斜角相互补偿的四块倾斜移位楔板上,产生平移和偏转。然后,两光束以与输入雅敏光学走向平板相反的方式经过输出雅敏平板后输出。光束部分重叠,在接收屏上产生上下双层的横向剪切干涉图样。干涉条纹示意图如图 3-36 所示。

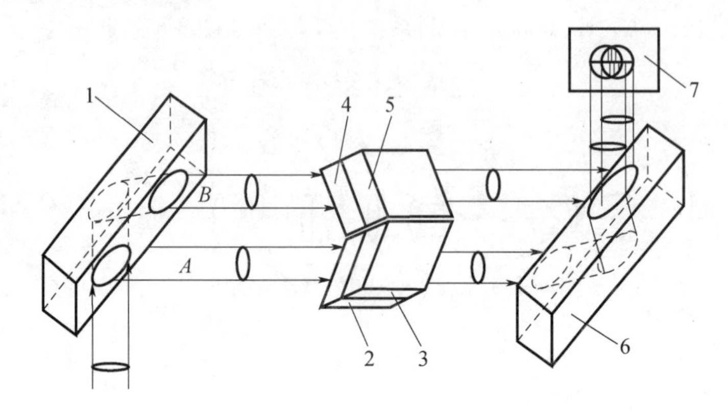

图 3-35 互补双剪切干涉波面测量仪原理

1—输入雅敏光学平板;2~5—倾斜移位楔板;6—输出雅敏光学平板;7—接收屏。

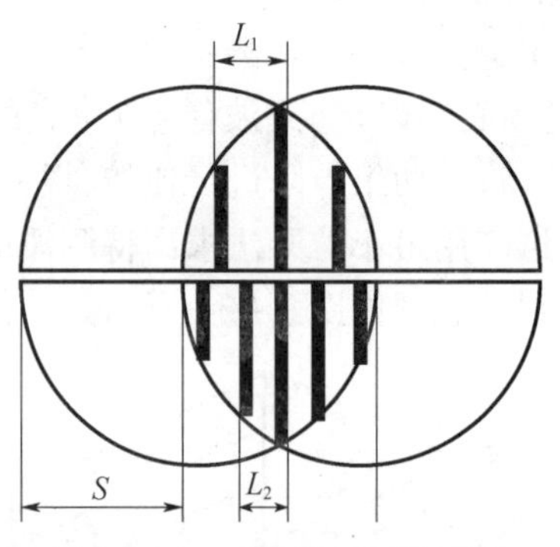

图 3-36 互补剪切干涉图像

其中:L_1 为干涉图上半部分的条纹间距;L_2 为干涉图下半部分的条纹间距;S 为剪切量的大小。

由于双剪切的上下偏置背景条纹将产生符号相反的影响,则一半视场中是增加条纹,而另一半视场中是减少条纹。通过差动剪切干涉,测量出上下两半部分条纹间距的相对变化,就可测量出波差。此方法能够提高最小可探测灵敏度,达到测量高精度、大口径的衍射极限激光波面的目的。

3.5 高能激光武器系统性能测试与校准

3.5.1 高能激光武器系统概述

利用激光的直接照射而杀伤目标的武器就是激光武器。经过 40 多年的发展,激光武器已成为定向能武器中最为成熟的一种。据预测,从 2006 年到 2025 年,美国的机载、车载、舰载、地基、天基五大类平台的高能激光武器将陆续进入实战部署阶段,主要用于毁伤导弹、飞机、卫星等空中目标。一个激光武器系统一般由高能激光器、精密瞄准跟踪系统和控制反射系统等组成。激光武器是多学科综合的高技术武器装备,研制的关键技术主要有:高功率激光器技术;高能激光光束质量技术;快速、高精度的瞄准跟踪技术;重量轻、机动性好的发射控制系统技术;低成本耗能技术;激光对各类目标材质的毁伤技术。作为激光武器的激光器主要有氟氘化学激光器和氧碘化学激光器,激光持续时间为数秒,激光能量在几十万焦以上。

3.5.2 高能激光功率与能量测量技术

高能激光的显著特点是输出功率和能量极强,足以造成材料的熔化损伤以及气化损伤,在设计高功率或高能量激光测试装置时,必须考虑确保吸收表面可以承受激光辐射而不受到损伤,这正是高能激光计量的难点,也是高能激光与普通激光计量的区别之处。

目前,高能强激光能量的测量方法主要有烧蚀法、相对式测量法和绝对式测量法等[22,23]。

1. 烧蚀法

烧蚀称量法的工作原理是用高能激光烧蚀有机玻璃,根据有机玻璃重量的减少来估计能量值。一般烧蚀比为3000J/kg。这种方法的优点是成本低、操作简单、方便易行。这种方法的缺点显而易见,测量误差大,定标困难,属于半定量的测量方法,此方法经常作为一种辅助的参考手段来使用。

2. 相对式测量法

相对式测量方法是通过对激光的时间或空间取样,仅获取一小部分激光能量,因此,可承受较高的激光辐射。但是,采用衰减和取样等间接方法进行测量时,需要高精度的衰减器或取样器,为了满足测量要求,衰减或取样比至少要达到 $10^{-4} \sim 10^{-3}$ 量级。在高能强激光的作用下,衰减和取样元件的取样比非常容易变化,取样比的微小变化,会导致能量测量有很大误差,如测量兆瓦级激光辐射时,元件取样比由 1/1000 变为 2/1000,则造成的测量误差就会达到兆瓦量级。因此,在需要对高能激光的功率和能量进行高精度测量时,一般采用绝对式测量方法,衰减和取样测量只能用作激光束的在线监测使用,并需要经常用直接测量仪标定取样比,才能保证测量的准确性。

下面介绍两种空间取样的相对测量方法:一种是积分球法;另一种是斩波法,其中前者是利用积分球对高能激光进行取样,后者则是利用空间斩波器实现取样。

1)积分球形测量法

这种方法是利用积分球作为激光的衰减器,利用积分球的多次反射使激光均匀的分布在积分球内表面,通过测量功率并记录脉冲时间,获得激光能量值,其工作原理如图 3-37 所示。激光进入积分球内,经过多次反射,其中一小部分激光辐射被贴置在球腔壁上的探测器接收,其输出信号由指示器显示出来。球腔内的反射均匀,球面一般为漫反射壁。为了避免高能激光造成损伤,球腔内表面为高反射面。球腔内的挡屏旨在遮去入射激光在腔壁上的第一次反射光。

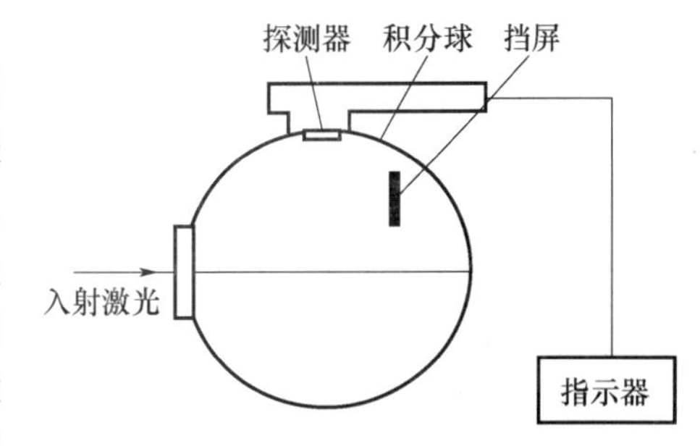

图 3-37　积分球测量原理图

假定球内壁为漫射型,窗口与球壁面积相比很小,则探测器所在窗口处得到的激光辐射功率 P 可以由式(3-21)描述,由式(3-21)得到入射激光总功率:

$$P = P_0 \frac{r^2}{4R^2} \cdot \frac{\rho}{1 - \rho} \tag{3-21}$$

式中：P_0 为入射的激光功率；r,R 分别为探测器窗口和球腔的半径；ρ 为球的内壁漫反射系数。

根据入射功率，记录脉冲时间，得到总能量。由于该方法是通过测量功率得到激光能量，因此，严格而言，这是一种相对型的激光功率计。

2）斩波法激光能量测量装置

斩波法是通过对激光在空间取样，实现激光能量测量。这里介绍一种扇形取样法，空间取样原理如图 3－38 所示。取样器为高速旋转的扇形指针，指针的两端连接在金属空腔上，由于仪器采用了空腔式结构，绝大多数激光将透过能量计，只有少量的激光辐射能量被扇形指针反射到侧面的吸收体上，产生温升，通过测量温升得到待测能量。

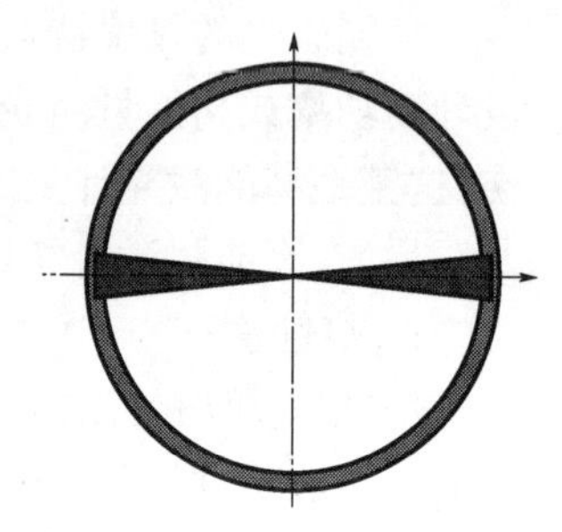

图 3－38 斩波法测量激光能量原理图

扇形指针在空腔内部高速旋转，对激光束进行空间和时间采样，然后，根据指针的取样比、反射率以及旋转速度等参数，利用相应的控制电路将信号读出，换算出激光能量值。

为了消除探测器输出信号的起伏或闪烁带来的误差、保证测量精度，扇形指针的转速必须相当稳定，且应当足够高。

3. 绝对式测量法

绝对式测量法是利用全吸收型探测器，使高能激光全部照射进探测器中进行测量。绝对式测量方法吸收了全部的入射激光，因此测量准确度高，但由于激光功率和能量密度很高，因此，常规的光压法、光电法等测量方法难以直接应用，通常采用量热法进行直接测量，由于量热式测量方法具有平坦的波长特性，因而可作为高精度的测量方法使用。

基于直接量热式原理的激光能量测量系统对中小激光器而言是成熟技术，但在高能激光测量当中还存在一定问题，其关键就是测量系统的抗激光损伤问题。目前，通常采用两种方法：一种是流水式测量方法；另一种是绝对式量热法。流水式是利用循环冷却水的办法，将吸收体吸收的热能带走，通过测量入口端与流出端水温的差别得到激光功率值。

绝对式量热法是采用吸收腔直接吸收全部入射激光，将光能转化为热能，通过在吸收腔的外壁缠绕测温电阻丝来直接测量吸收体的温升，在已知材料质量和比热的条件下，计算出能量。在这种测量方法当中，吸收腔的有效吸收系数，即吸收腔吸收能量与入射总能量之比，将直接关系到此方法的测量准确度。

通常采用两种结构的吸收腔：一种为锥形腔；另一种为球形腔。这两种结构可以吸收绝大多数的激光辐射，因此，有较高的吸收效率。下面分别对这两种吸收腔结构进行介绍。

1）锥形激光能量计

锥形量热计结构如图 3－39 所示，圆锥多采用铜或铝材料制作而成，为了提高吸收效率，吸收腔内壁发黑形成高吸收面。

当吸收锥的内表面为镜面时（图 3－39 中所示实线），即便吸收锥表面的吸收系数较低，但是入射激光在吸收锥内反射多次后几乎全被吸收，因此吸收腔的总吸收率非常高。

若吸收锥内表面为漫射面（图 3－39 中所示虚线），则由于散射和漫反射造成的能量损失将不可忽略。

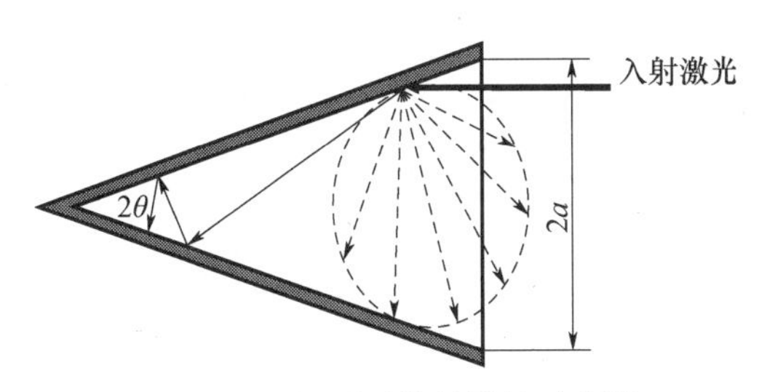

图 3－39　锥形量热计结构示意图

2）球形激光能量计

球形激光能量计是利用光在球内的多次反射吸收实现测量，球内部发黑形成吸收面，吸收全部入射激光，光束在球内的反射如图 3－40 所示。

若球内表面为严格镜面，则约有 1/3 的激光束经历一次反射后从球开口处逃逸出去，而其他光束将在球内多次反射后被吸收腔所吸收。若球内壁为漫反射，则从球内反射出去的激光能量约为 $0.25(r_h/r_s)^2$，其中 r_h 与 r_s 分别为球开口半径和积分球半径。

可见，为提高吸收腔的吸收率，必须减小球腔开口半径与球腔半径之比。目前采用的一种结构如图 3－41 所示。在入射口有一喇叭口形反射体，保证入射激光经过几次反射进入吸收球，在入射光束正对的球内表面装一半球形反射体，减小入射强激光对表面的损伤。球体由强激光照射产生的温升由测温电阻测量。温度升高的量值与吸收的激光能之间满足以下关系式：

$$E = M \cdot C_p \cdot \Delta T/\alpha(\lambda) \tag{3-22}$$

式中：E 为进入吸收腔激光能量（J）；M 为吸收腔质量（kg）；C_p 为吸收腔材料的比热（J/kg · C）；ΔT 为吸收腔温升（℃）；$\alpha(\lambda)$ 为吸收腔吸收系数。

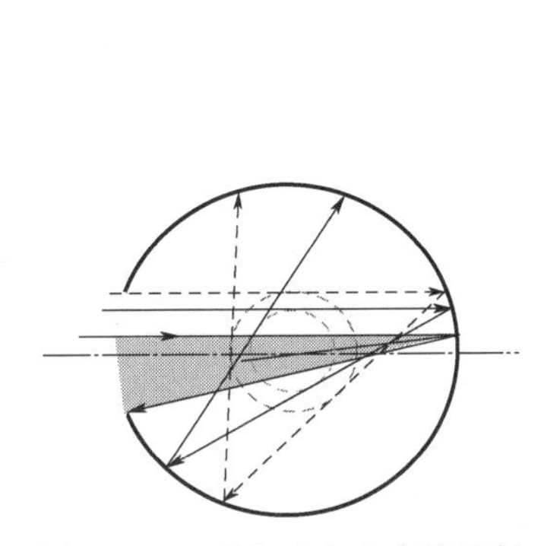

图 3－40　吸收球内光束的反射

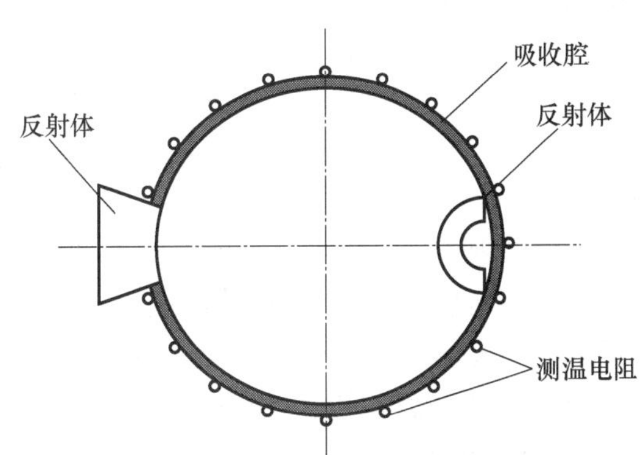

图 3－41　球形腔高能激光能量测量装置示意图

3.5.3　高能激光能量的校准与溯源

1. 高能激光能量计校准

通过上面的介绍我们知道，对高能激光能量的精确测量，最有效的方法是绝对量热式测量法。其他方法均可以以量热式测量为标准进行比较校准。所以下面我们介绍建立在绝对量热式基础上的校准装置。

对于各类高能激光能量计，需要利用高能激光能量校准装置对能量计进行校准，高能激光能量校准装置如图 3－42 所示。

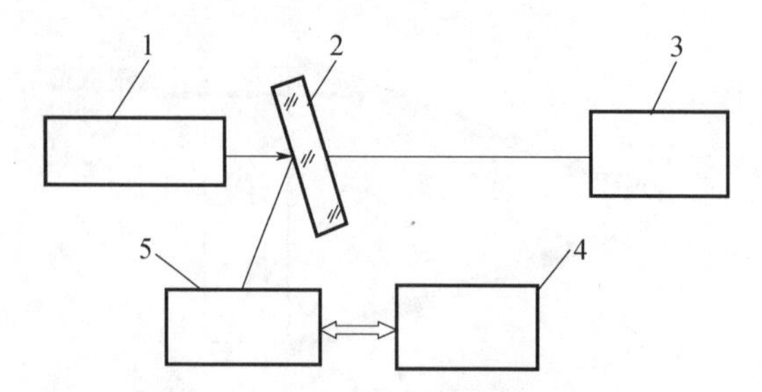

图3－42　高能激光校准装置原理图

1—激光器;2—分束器;3—监视能量计;4—待检能量计;5—标准能量计。

校准装置主要由四部分组成:高能激光器、分束器、监视能量计和标准能量计。

(1) 高能激光器:作为校准光源,要求输出功率和能量相对稳定,在要求的校准量限范围内功率或能量连续可调,目前主要用化学激光器。

(2) 分束器:高能激光器的输出稳定性达不到校准要求,一般采用分束器把输入光分成两束,利用监视能量计检测光源稳定性变化对校准结果的影响。

(3) 监视能量计:用于监测光源稳定性变化对校准结果的影响。

(4) 标准能量计:标准能量计是校准装置的核心,是标准器具。一般采用绝对量热方式制作,通过直接或间接方式标定后使用。

首先,高能激光光束由分束镜分成两束,与普通激光能量计校准装置不同的是,采用高反射、低透射的分束器。透射光束由监视能量计接收,反射光束进入标准能量计,由此定出分束比。然后放入待检能量计,通过分束比和监视能量就得到被校能量计的能量值。

2. 高能激光能量计的溯源

通过上面的介绍我们知道,标准高能激光能量计是校准装置的核心,其测量不确定度决定了校准装置的不确定度。所以首先要解决标准高能激光能量计的溯源问题。对现有条件下,无法对标准高能激光能量计进行直接溯源,所以只能采用间接溯源法。

从式(3－21)看到,绝对量热法测量能量的原理是要预先测量得到吸收腔的质量 M、吸收腔材料的比热 C_p 和吸收腔的吸收系数 $\alpha(\lambda)$。在以上参数确定后,通过测量吸收腔温升 ΔT 计算得到激光能量。所以,能量计的溯源归因到质量 M、比热 C_p 和温度的溯源。吸收体的质量有质量计量部门精确测量,比热和测温器件由热工计量部门精确测量。其总的测量不确定度由上面三方面的不确定度决定。

3. 测量不确定度评定

下面我们进行测量不确定度评定。测量不确定度评定的出发点是式(3－22)。我们首先分析测量不确定度分量。

1) 不确定度分量

下面对影响测量结果不确定度分量逐一进行分析。

(1) 吸收腔质量。

吸收腔的质量由计量单位检测后给出,根据计量检定结果,同时根据吸收腔质量可计算出由吸收腔称重引入的不确定度分量 $u_B(M)$。

(2) 吸收腔材料比热。

采用比热测量结果或文献给出的比热值,可算出测量相对不确定度 $u_B(C_p)$。

（3）温度测量不准确。

测温不准确包括以下几个方面的内容：测温元件测量不准确而引入的不确定度；由于热阻，导致吸收腔内外壁温度差而引入不确定度；电阻温度标定引入的不确定度。这一部分分量记作 $u_B(\Delta T)$。

（4）其他因素。

以上介绍的各种不确定度源可通过由计量单位进行精确计量后，直接予以分析和计算，而除此之外，影响测量结果的更重要的不确定度因素主要有吸收腔的热损失和后向散射能量损失，这两部分能量损失是造成高能激光能量测量不确定度的重要因素。这一部分分量记作 u_B（其他）。

2）合成不确定度

以式（3－22）为基础进行分析，最终得到能量计合成测量不确定度：

$$u(E) = \sqrt{\left(\frac{\partial E}{\partial M}\right)^2 u_B^2(M) + \left(\frac{\partial E}{\partial(C_p)}\right)^2 u_B^2(c_p) + \left(\frac{\partial E}{\partial(\Delta T)}\right)^2 u_B^2(\Delta T) + u_B^2(\text{其他}) + \mathrm{u}_{\mathrm{A}}^2}$$

则相对合成不确定度为

$$u(E)/E = \sqrt{u_{\text{相对}}^2(M) + u_{\text{相对}}^2(C_p) + u_{\text{相对}}^2(\Delta T) + u_{\text{相对}}^2(\text{其他}) + \mathrm{u}_{\text{相对}}^2(\mathrm{A})}$$

上两式中：u_A 为由随机因素引起的 A 类不确定度分量。

3.5.4　高能激光光束质量的测量

1. 高能激光光斑的一般测量方法

高能激光光束质量的测量最终归结于聚焦光斑光强分布的测量，为此首先讨论强激光光斑的测量方法，其测量方法有多种，下面主要介绍烧蚀法、CCD 测量法以及强激光光斑面阵探测法[24－32]。

1）烧蚀法

用被测激光在一定时间内辐照已知烧蚀能的材料，测量材料上产生烧蚀分布，结合烧蚀深度、辐照时间、材料密度和烧蚀能便可计算材料上的激光光强分布。由被烧蚀掉的材料质量，通过标定还可以得到激光的输出功率。可见采用这种方法需要一种在辐照条件下已知烧蚀能的材料，而且该材料在烧蚀机理上最好是高度一维的。例如对于 CO_2 激光和氟化氢、氟化氘化学激光器，可采用有机玻璃作为烧蚀材料。

这种方法存在的问题是标校比较复杂。

2）CCD 测量法

在利用红外 CCD 测量强激光光斑时，通常是把强激光分光取样并进一步衰减后用红外 CCD 直接接收光束测量，得到低功率光强分布，再由图像处理系统分析处理后得到各种光束特性参数。另外通过标校后还可以得到绝对光强分布。这种方法的缺点在于将强激光大幅度衰减后，光强分布的大量高阶分量被滤掉，从而无法得到完整的光强分布和准确的光斑尺寸，测量误差很大。另一种方法是利用红外 CCD 相机拍摄强激光照射在漫反射屏上的光斑以得到相对的空间光强分布，如果经过标校还可以得到绝对光强分布。这种测量方法除了存在上述 CCD 直接接收测量法的缺点外，还存在着因各方向漫反射不均匀带来的测量误差以及标校更困难的问题。美国空军武器实验室研制了专用测量强激光光强分布的金属靶盘，用被测激光照射已知热传导性质的薄金属靶盘，通过测量靶盘后表面上各点的温度和照射时间，便可求得靶盘上激光强度分布。对靶盘材料的要求是能经得起强激光照射、响应快,在数据采样时间内热传导是高度一维的,这样就可以将靶盘后表面上任意一点的响应直接和前表面对应点的辐射联系起来。对于 30μm 厚的靶盘,当吸收的激光束强度低于 1.4kW/cm^2 时,可用钢盘(SS304);吸收量为 2kW/cm^{2}水平时,可用镍盘(Ni200);若盘吸收量超过 7kW/cm^2,则可采用倾斜靶盘的方法。对于不同的光强水平,靶盘前表面上采用不同的涂层,如石墨等。利用靶盘技术可以测量的光强范围为 50W/ cm^2 ~912 kW/ cm^2。标准靶盘测量误差随峰功率密度增加而增加,当激光功率密度为 50~400 W/ cm^2 时其测量误差相应为 7%~9.5%。

3)光斑阵列探测器

光斑阵列探测基于量热原理研制,入射激光束不经衰减直接辐照到阵列上,各路能量探头吸收入射激光能量并产生温升,由测温热电偶测量并输出电信号,将此电信号放大处理后用多通道数采系统记录,得出各个单元能量探头背光面的温升值 $T_b(t)$,由此背光面温升值回推探头迎光面的入射激光能量。其中,量热式单元探测器是整个测量系统的核心,也是技术难点之一。

2. 量热阵列式测量系统

国内研制了几种专用的量热型强激光光斑阵列探测器。这类探测器阵列由许多个探测单元构成,每一个探测单元对应一路输出信号,利用它可以直接测量强激光光斑能量分布。此外,还研制了 32 单元快响应强激光测试系统原理样机,通过衰减强激光采用光电二极管探测,提高了响应速度,从而可以测量瞬时光强分布。

图 3-43 为石墨面阵激光空域强度分布测量装置的面阵结构,为一种蜂窝状空间结构阵列内嵌分立隔热式单元探头的阵列方案。图 3-44 为靶面单元探头空间分布矩阵。

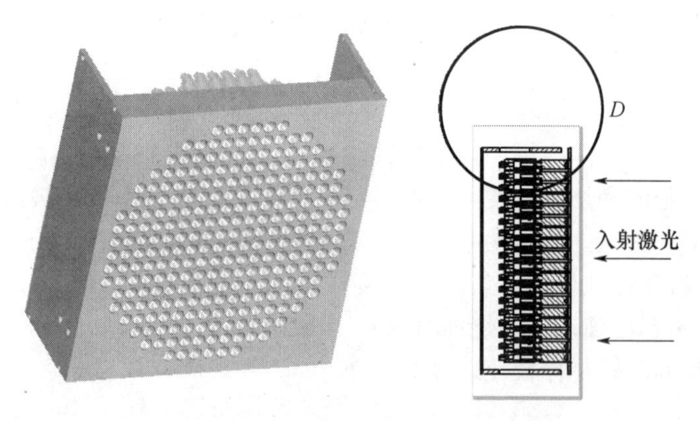

图 3-43 阵列空间结构设计

在得到每个量热探头的能量之后,再对这些数据进行空间组合分析,将最终的结果按照单元探头空间排列矩阵还原为空间光强分布,并最终还原为直观的三维或二维光斑图像。同时,在进行光斑统计和激光束参数分析时(包括质心坐标、总能量、平均功率、环围半径、环围平均能量密度和靶面峰值能量密度等)也要用到此空间矩阵。

1)阵列空间结构

激光束参数测量要求系统具有尽可能高的空间占空比和分辨力,因此,进行单元量热探测器组合时要求探头之间的间隙尽可能小。同时,为保证各个单元探测器独立、准确地测量出各自位置处的入射激光能量,必须减小各单元探测器间的热串扰和外界环境干扰。经过多次设计和实验,采用如图 3－43 所示的蜂窝状空间结构阵列内嵌分立隔热式单元探头的设计思想解决了上述难题。阵列中同时安装有少量光电探测器,可以给出入射激光的时间信息。

						49	54	59	160	165	170						
				40	45	50	55	60	161	166	171	175	179				
			36	41	46	51	56	61	162	167	172	176	180	184			
		33	37	42	47	52	57	62	163	168	173	177	181	185	188		
	32	34	38	43	48	53	58	63	164	169	174	178	182	186	189	191	
	6	35	39	44	96	104	112	120	128	136	144	152	183	187	190	242	
0	7	14	20	26	97	105	113	121	129	137	145	153	224	230	236	243	250
1	8	15	21	27	98	106	114	122	130	138	146	154	225	231	237	244	251
2	9	16	22	28	99	107	115	123	131	139	147	155	226	232	238	245	252
3	10	17	23	29	100	108	116	124	132	140	148	156	227	233	239	246	253
4	11	18	24	30	101	109	117	125	133	141	149	157	228	234	240	247	254
5	12	19	25	31	102	110	118	126	134	142	150	158	229	235	241	248	255
	13	65	68	72	103	111	119	127	135	143	151	159	211	216	220	249	
	64	66	69	73	77	81	86	91	192	197	202	207	212	217	221	223	
		67	70	74	78	82	87	92	193	198	203	208	213	218	222		
			71	75	79	83	88	93	194	199	204	209	214	219			
				76	80	84	89	94	195	200	205	210	215				
						85	90	95	196	201	206						

图 3－44　靶面单元探头空间分布矩阵

此结构设计不但考虑了空间结构的紧凑性和稳定性,同时也考虑了单元探头的可更换性和阵列整体的实验安全防护问题,保证了激光参数测量顺利进行。

量热阵列式测量系统主要由 256 路单元能量探测器、信号调理和放大电路、高速多通道数据采集系统、计算机数据处理和图像计算还原系统等部分组成,原理框图如图 3－45 所示。

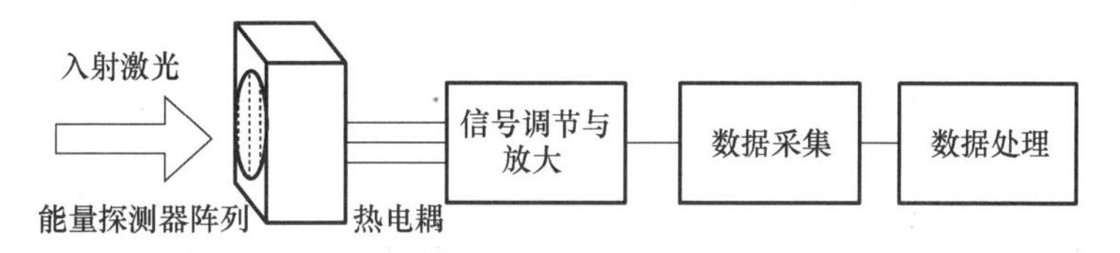

图 3－45　量热阵列测量系统原理图

2）数采单元

该系统主要由 256 路热电耦信号通道和 32 路光电信号通道组成。选用基于 PCDAQ 技术的多通道数据采集和存储系统,全系统采用 NI 公司的 SCXI 模块进行前端信号调理和 PCMCIA 数采模块进行数据采集,具有测量物理量准确、迅速和能够进行长时间连续采集、存储的优点,满足了量热阵列前端各个单元探头数据采集处理的需要。

3）处理程序

多路数据采集系统中,采集过程是从设置、采集、存储到对数据文件发送以及统一管理调度的综合过程,利用数据处理和光束还原软件进行数据的分析和重构,得到靶面总能量和靶面能量密度分布等结果。开发平台选择虚拟仪器平台,通过与测量硬件的密切结合,实现了硬件控制、数据显示、数据采集和存储的应用系统,并具备良好的用户交互接口和可扩展能力。

3. 空心探针法大功率激光光束参数的测量

空心探针法是基于空心探针对大功率激光光束光斑进行直接的测量,其结构如图 3-46 所示。该方法借助一个转动的、能传输激光束的空心针而起作用,空心针一端的侧表面上开有一小孔,由小孔进入的激光束通过内空腔被引导至转轴上,由此处的探测器进行检测。当探针垂直于光束转动时,小孔就划出一条剖面线,随着整个探针支架的平移,就能划出一系列剖面线来,从而探测到光束横截面上的光强分布,如图 3-47 所示。

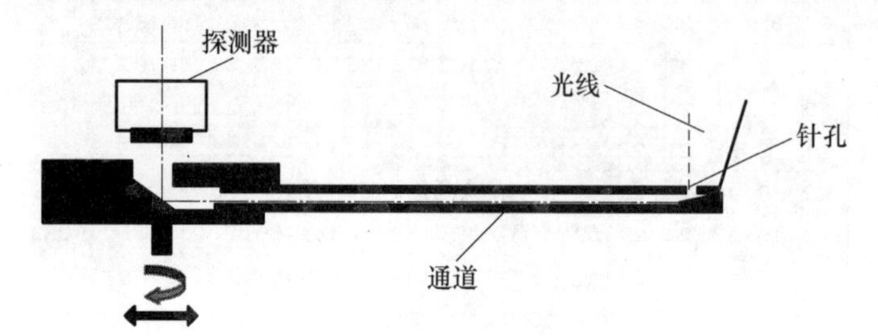

图 3-46 探针结构示意图

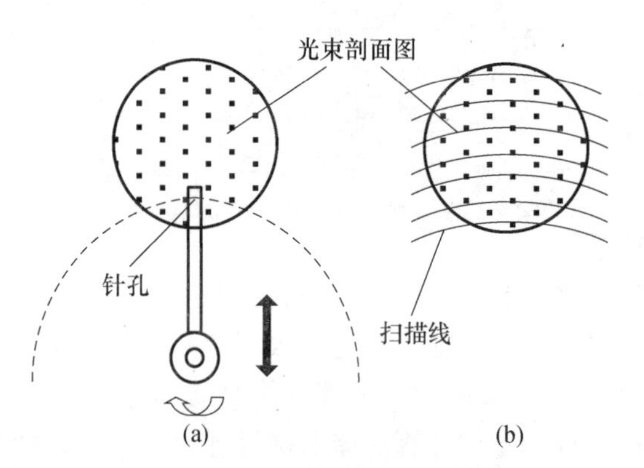

图 3-47 探针扫描光束横截面

探针的主要作用是在探测处进行能量采样,并由内部通道把它引导至与转轴中心相对静止的探测器上。探针按照一定的要求进行设计和制作,可使得探针的传输性能和光束的偏振、入射方向等特性无关,即 $T = P_0/P_i$ 为常量。其中,P_i 为在采样点处的入射功率;P_0 为出射功率。对不同探针,传输率是不同的,但这不影响对光束参数的测量,因为测得的是相对值。探测器所得信号再经增益调节、高速 A/D 转换及数据缓存,通过在采样系统和计算机间建立的双向实时通信,计算机快速的计算和处理,最后给出相关光束参数的数值结果和横截面功率密度分布的直观图形显示。

对测得的数据采用相应的数学处理可以计算出相关的光束参数,如功率密度分布、光束位置、光束半径等;通过光轴上的多点测量,可得到焦点位置和焦斑大小、发散角、焦深及光束质量因子;根据功率密度分布,可以得到光斑形状,进一步分析出大致的模结构;通过光束位置的确定和重复多次测量,可检测激光器的稳定性。

4. 环形光刀取样式高能激光光强分布测量

环形光刀取样式高能激光光强分布测量方法实现了光束直径数百毫米、能量达数百千焦的高能激光光束测量,测量空间分辨力约 2mm,时间分辨力为 30~50ms。

1）环形光刀在线取样的原理

环形光刀扫描取样的原理如图3-48所示。其核心部分是一只与入射激光轴线偏心安装的高速旋转的45°斜面环形光刀，光刀与转动圆筒联为一体并高速旋转，探测单元阵列沿光刀反射光路圆周均匀分布。其中探测单元包括光衰减片、光纤、探测器等。

激光沿图示方向入射至光刀表面，经光刀斜面反射后耦合进探测单元，通过多通道高速数据采集系统记录探测器的响应信号幅值，可以得出反射光的功率密度值。由于光纤有一定的孔径角（只有在孔径角范围内的光才能通过光纤耦合进探测器光敏面），为了能确保在测量的任意时刻，整个圆周上有半数的探测器能接收到光信号，光刀必须设计为一定曲率半径的曲面，实际中为了加工方便，光刀设计为一个圆环，在测量中只用圆环的一部分进行光取样。

在如图3-48所示的起始位置中，当大光斑激光平行于转动圆筒轴向入射时，绝大部分光将穿过转筒并沿原光路无扰动传播，只有照到环形光刀表面的光才被反射取样，且照射到光刀不同位置的光沿不同的角度耦合进不同的探测器中。通过对数据采集系统记录的探测器响应信号进行复原和计算，可以得出取样光沿圆环圆周方向上的功率密度分布。同样当光刀从起始位置开始转动一个很小的角度后，又得出取样光沿另外一个圆环圆周方向上的功率密度分布。依此类推，当光刀转动一周后，就得到整个光斑面积上的光功率密度分布；当光刀转动数圈之后，就得到高能激光功率密度随时间的变化。通过积分，还可以得出高能激光的总能量和能量密度分布。

2）空间光映射计算

由于系统采用环形光刀反射取样，在任意一个时刻，照在光刀不同位置的光将被反射到不同的探测器上。如何将探测器上的信号复原到发射激光的原始位置，需要一套合理的映射算法。

首先计算当光刀在固定位置时任意一只探测器映射的空间位置。如图3-49所示，以光刀开口方向与$-x$轴一致为例，假设沿探测器固定圆盘均匀布放了n只探测器组件，A点为从x轴正向沿逆时针第i只探测器（光纤）位置，则OA与x轴正向夹角为$\theta(\theta=2\pi i/n)$。由光的反射定理可知，A点在该时刻所接收的光来自于线段AB与光刀的交点C，因此求出了C点的空间位置，也就知道了A处探测器所探测的光功率对应的空间位置。

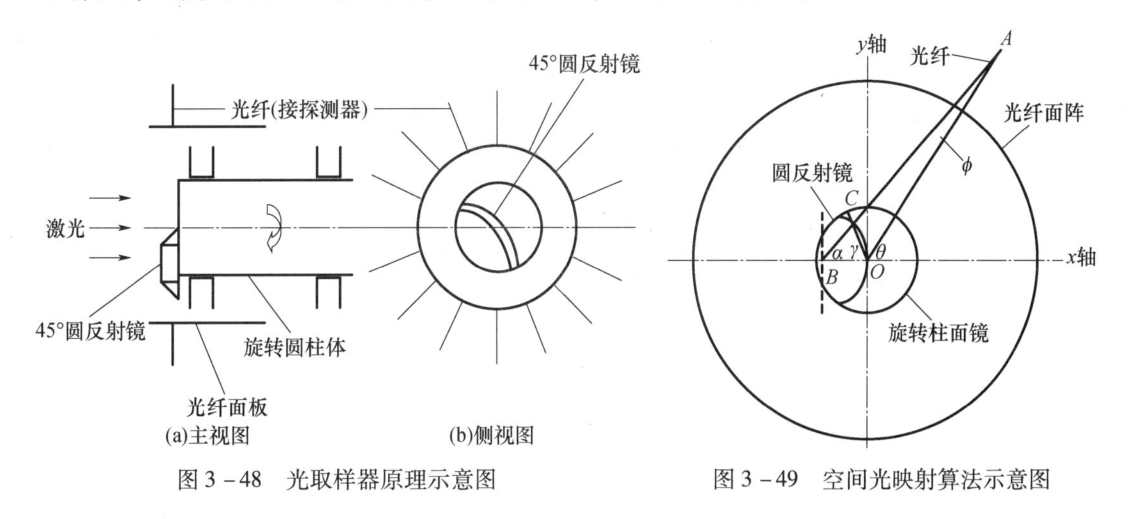

图3-48　光取样器原理示意图

图3-49　空间光映射算法示意图

图中，$|BC|=|OB|=r$为光刀的半径，$|OA|=R$为光纤固定盘的半径，设$\angle ABO$为α，所

求 C 点的极角为 β,极径 $|OC| = \rho$。

在三角形 $\angle OAB$ 中,根据几何关系得

$$\sin\alpha = \frac{R\sin(\pi - \theta)}{\sqrt{R^2 + r^2 - 2Rr\cos(\pi - \theta)}} \tag{3-23}$$

由于 A 点是所在探测单元固定盘圆周上的任一探测单元,在整个圆周范围内,α 可能是锐角,也可能是钝角,故应对 α 的属性进行判断后方可求解。根据图 3-49 中几何关系可得

$$\alpha = \begin{cases} \arcsin\left[\dfrac{R\sin(\pi - \theta)}{\sqrt{R^2 + r^2 - 2Rr\cos(\pi - \theta)}}\right], \cos\theta > -\dfrac{r}{R} \\ \pi - \arcsin\left[\dfrac{R\sin(\pi - \theta)}{\sqrt{R^2 + r^2 - 2Rr\cos(\pi - \theta)}}\right], \cos\theta \leqslant -\dfrac{r}{R} \end{cases} \tag{3-24}$$

从而解得空间映射点 C 的极坐标(ρ,β)。

$$\rho = |OC| = |2r\sin(\alpha/2)| \tag{3-25}$$

$$\beta = \pi - \gamma = \pi - (\pi - \alpha)/2 = (\pi + \alpha)/2 \tag{3-26}$$

由于光刀的半径 r 和探测器固定盘的半径 R 均已知,故映射点的极径 ρ、极角 β 仅与探测器角度位置即图 3-49 中的 θ 有关。由 $\theta = 2\pi i/n$ 可知,当探测器个数固定时,取不同的 i 可以得到不同探测器的映射点位置。将每个探测器测量得到的光强值除以各自对应的光衰减因子,就得到了 C 点的光功率密度函数 $f[\rho(\theta),\beta(\theta)]$。

上述计算仅以光刀开口方向与 $-x$ 轴一致时为例,由于探测器沿圆周均匀布置,如果要计算光刀在其他位置的映射点参数,则相当于将探测器旋转了一个角度 θ',即公式中的 θ 变化为 $\theta+\theta'$,且变化的角度与光刀转动的角度一致,最终得到了一系列功率密度值 $f[\rho(\theta+\theta'),\beta(\theta+\theta')]$。

3) 图像复原和显示

将上述每一个映射点按照对应位置填充到图像中,得到如图 3-50 所示的像素点模拟分布图(图中探测器数量 $n = 128$,被测量光域即转筒直径 $d = 300\text{mm}$),可知系统的空间像素点分布呈非均匀分布,在有效光斑范围内,像素点分布在以转筒中心为圆点的一系列同心圆上。为了便于图像显示,采用正方形网格点阵分割显示的图像处理方案,具体步骤见图 3-51。

图 3-50 空间像素点分布模拟图

设正方形像素的尺度为 k,则在 $d \times d$ 区域内均布有$(d/k) \times (d/k)$个像素点。将空间映射算法得到的极坐标矩阵 $\boldsymbol{F}[\rho(\theta+\theta'),\beta(\theta+\theta')]$ 转换为直角坐标矩阵 $\boldsymbol{F}'(x,y)$,并映射生成

最终的图像显示矩阵 $\boldsymbol{F}''(x',y')$。由于在映射中会出现多个点落在同一个像素点方格内即同一方格内的光强被重复赋值的情况，故对每个像素网格内映射点计数并对光强值平均。最后对个每像素点的光强值进行数值量化和伪彩色显示，得到光强的空间分布图像。

$$\boldsymbol{F}(\rho,\beta)=\begin{bmatrix} f_{1,1} & f_{1,2} & \cdots & f_{1,n} \\ f_{2,1} & f_{2,2} & \cdots & f_{2,n} \\ \vdots & \vdots & \ddots & \vdots \\ f_{n,1} & f_{n,2} & \cdots & f_{n,n} \end{bmatrix} \xrightarrow[y=\rho\sin\beta]{x=\rho\cos\beta} \boldsymbol{F}'(x,y)=\begin{bmatrix} f'_{1,1} & f'_{1,2} & \cdots & f'_{1,n} \\ f'_{2,1} & f'_{2,2} & \cdots & f'_{2,n} \\ \vdots & \vdots & \ddots & \vdots \\ f'_{n,1} & f'_{n,2} & \cdots & f'_{n,n} \end{bmatrix} \xrightarrow[\text{果平均值}]{\text{映像和结}}$$

$$\boldsymbol{F}''(x',y')=\begin{bmatrix} f'_{1,1} & f'_{1,2} & \cdots & f'_{1,d/k} \\ f'_{2,1} & f'_{2,2} & \cdots & f'_{2,d/k} \\ \vdots & \vdots & \ddots & \vdots \\ f'_{d/k,1} & f'_{d/k,2} & \cdots & f'_{d/k,d/k} \end{bmatrix} \xrightarrow[\text{显示}]{\text{图像}}$$

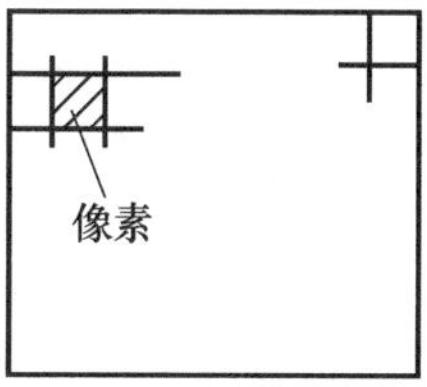

像素

图 3-51　图像复原和显示步骤

5. 采用红外热像仪的靶板照射法

针对 CO_2 强激光，提出一些间接性的测量方法。下面介绍几种典型装置。

采用红外热像仪的测量装置如图 3-52 所示，先将激光光斑照射到设立于远场的漫反射靶面，再通过非制冷红外焦平面热像仪（工作波段 8 ~ 14μm）摄取脉冲 TEA CO_2 激光光斑图像，并在靶面中心区域挖小孔，孔后放置快响应能量探测器，实时动态测量激光脉宽和峰值功率，然后对激光光斑图像进行能量定标，进而得出远场靶目标处脉冲 CO_2 激光的实际空间能量/ 功率分布、总能量以及相应的光束质量参数。

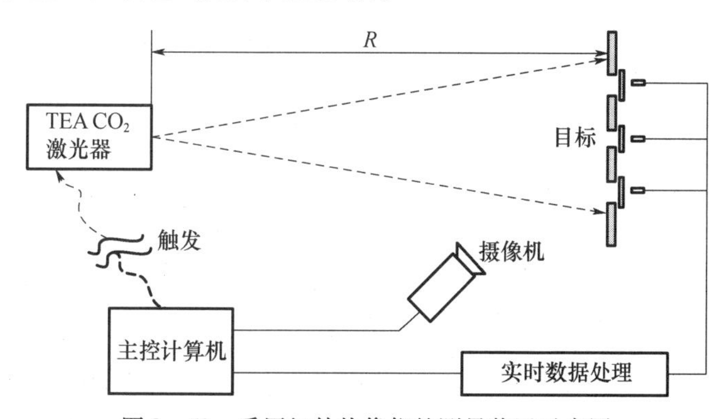

图 3-52　采用红外热像仪的测量装置示意图

采用多晶硅非制冷红外焦平面阵列器件作为成像元件，其等效噪声温差（*NETD*）≤ 120mK，像元数为 320 × 240，响应波段为 8 ~ 14μm，场频为 50Hz。

为获得高能激光到达远场时的能量集中度和能量密度分布，测得实际激光脉冲的能量值，必须对光斑图像进行能量定标，即用能量探测器的功率值对整个光斑图像的灰度值进行标定。

HgCdZnTe 探测器接收到光脉冲后，经光电转换输出电压信号，电压信号与入射光强之间存在一定的标量关系，即探测器接收到的辐射能量应正比于激光脉冲波形包络面积（比例因子为 K），可通过实验测得，探测器标定实验装置如图 3-53 所示。

首先，在激光器出光口处放置一可变光阑，通过改变光阑孔径，使得通过光阑的光脉冲接近平面波,近似认为通过光阑的光脉冲为均匀辐照光波。然后,在可变光阑后放置分光镜监测激光脉冲能量值,以获取激光脉冲的实时真实能量值。

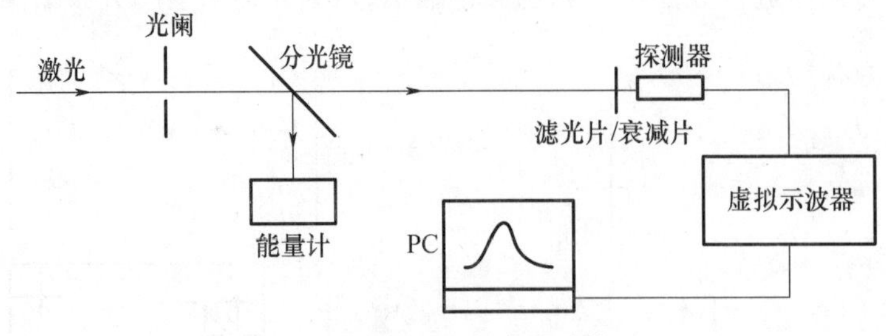

图 3-53　探测器标定实验装置

接着,光束经可变衰减后照射到探测器表面,探测器将光脉冲信号转换为电信号,输入虚拟示波器,虚拟示波器与计算机之间通过 USB 口连接,经软件处理后,最终得出激光脉冲波形,即

$$K = \frac{P}{S} = \frac{4P_0S_0}{\pi d^2 k\, 10^{m/10} S} \tag{3-27}$$

式中:P 为探测器表面能量密度;S 为激光脉冲波形包络面积;k 为分光镜分光比;P_0 为能量计监测能量值;S_0 为探测器感光面积;d 为可变光阑通光孔径;m 为可变衰减分贝数。

对包络中各采样点进行积分求和,可求得激光脉冲波形包络面积:

$$S = \sum_{i=1}^{N} \tau V_i \tag{3-28}$$

式中:τ 为采样间隔;N 为采样数;V_i 为各采样点处的电压值。

6. 采用半导体制冷片作接收靶的方法

在采用红外热像仪方法的基础上,有人提出用半导体制冷片作为高能激光的接收靶屏,制冷片的表面为氧化铝陶瓷,能承受强激光辐照,而且能迅速主动地转移受热面的热量,从而显著提高可测激光能量的动态范围和测量频率。热像仪可以方便地测量屏表面的温度分布,从温度的时空分布图就可以重构出辐照激光的强度分布。

半导体制冷片是利用半导体材料的温差电效应(帕尔帖效应)制成的热泵,帕尔帖半导体(碲化铋)在通直流电后能将一端的热量转移到另一端。如图 3-54 所示,制冷片由两块材质为 96% 氧化铝陶瓷基片封装,内部排列了若干对半导体热电耦,加直流电后工作,将热量从冷面均匀搬运到热面,搬运方向取决于电流的流向。因此,若用制冷片的冷面作为强激光的靶屏则可快速缓解热累积效应。假设制冷片尺寸为 $W \times W$,额定电压 U,额定电流 I,电热转化效率为 q,则制冷功率密度 $P_s = \dfrac{UIq}{W^2}$。

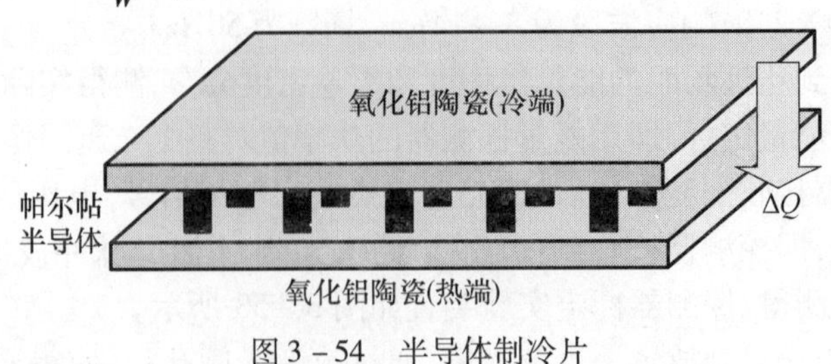

图 3-54　半导体制冷片

半导体制冷片厚度远小于光斑尺寸，光斑尺寸又远小于接收区域尺寸。因此，可简化为无限大薄板受热模型，如图3－55所示。假设一束空间轴对称分布、功率密度为 $I(r)=I_0\times e^{-2\left(\frac{r}{a}\right)^2}$ 的高斯光束照射半径为 b 的圆形区域，a 为高斯光束的 e^{-2} 峰值光强半径，I_0 为激光功率密度的最大值，h 为受热层的厚度。受热层与半导体的接触面简单理解成均匀热输运，功率密度为 P_s。

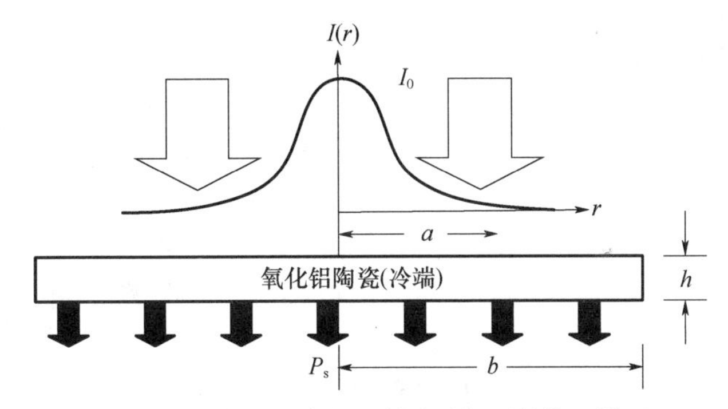

图3－55　高斯光束辐照制冷片靶屏的物理模型

因为靶材的厚度远小于直径，厚度方向的温度很快趋于均匀，因此，制冷的作用可等效为使入射光强降低一个定值。整个系统轴向对称，因此选用柱坐标系，建立导热方程：

$$\rho c\frac{\partial T}{\partial t}-k\frac{1}{r}\frac{\partial}{\partial r}\left(r\frac{\partial T}{\partial r}\right)=\frac{I(r)-P_s}{h} \tag{3-29}$$

侧面与外界绝热，初始温度为0。故边界条件：$\left.\frac{\partial T}{\partial r}\right|_{r=b}=0$，初始条件：$T|_{t=0}=0$。

式中：$T(r,t)$ 为物体的瞬态温升；ρ 为靶屏的密度；c 为比热；k 为导热系数，均作常数处理。利用 Hankel 积分变换的方法可解得

$$T(r,t)=\frac{2I_0}{b^2h\rho c}\times\left\{f_0t+\sum_{m=0}^{r}\frac{f_mJ_0(\beta_mr)}{D\beta_mJ_0^2(\beta_mb)}\times\left[1-\exp(-D\beta_m^2t)\right]\right\}-\frac{P_s}{h\rho c}t \tag{3-30}$$

式中：β_mb 为第一类一阶贝塞尔函数的根，$m=0,1,2,\cdots$；$D=\frac{k}{\rho c}$ 为热扩散系数；$f_m=\int_0^b\frac{I(r)}{I_0}J_0(\beta_mr)r\mathrm{d}r$。式中最后一项表示制冷作用与位置无关，降温幅度正比于时间。

从式(3－30)的温度表达式可以看出，$T(r,t)$ 是时空变化的，随着红外非接触测温技术的成熟，可以用热像仪测出靶屏的 $T(r,t)$，将 $T(r,t)$ 代入式(3－29)即可得到 $I(r)$。显然，热像仪测温只能得到时间和空间都离散的数据点，而式(3－29)包含 $T(r,t)$ 关于时间的一阶导数、关于空间的二阶导数，所以需要先对温度数据进行函数拟合（或者直接用差分代替求导），然后代入式(3－29)即可得到 $I(r)$：

$$I(r)=h\rho c\frac{\partial T}{\partial t}-kh\frac{1}{r}\frac{\partial}{\partial r}\left(r\frac{\partial T}{\partial r}\right)+P_s \tag{3-31}$$

式中：第一项是焦耳定律的体现；第二项是横向热传导的体现；第三项体现了制冷效应。

3.6 激光引信的性能测试

3.6.1 激光引信概述

1. 激光引信的工作原理

激光引信是随着激光技术的发展而出现的一种利用激光束探测目标的引信。利用激光束探测目标的光学近炸引信,相对于传统光、电近炸引信,具有引爆时间准、命中概率高、抗干扰能力强的突出特点,因此,在现代导弹、火箭弹、炮弹,炸弹、水雷等领域得到了广泛的推广和应用。

激光引信是一种主动型的引信,它本身发射激光,这一束光通常以重复脉冲形式发送光束到达目标后发生反射,有一部分反射激光被引信接收系统接收变成电信号,经过适当处理,使引信在距目标一定距离上引爆战斗部[33]。

激光引信的测距原理与脉冲无线电引信是相同的,只要测出激光束从发射瞬间到遇目标后发射光波返回到引信处的时间 t,便可得出目标的距离 R。这实际上就是脉冲激光测距机的工作原理。图 3-56 为主动式激光引信原理方框图,引信系统主要由发射系统和接收系统两大部分组成。

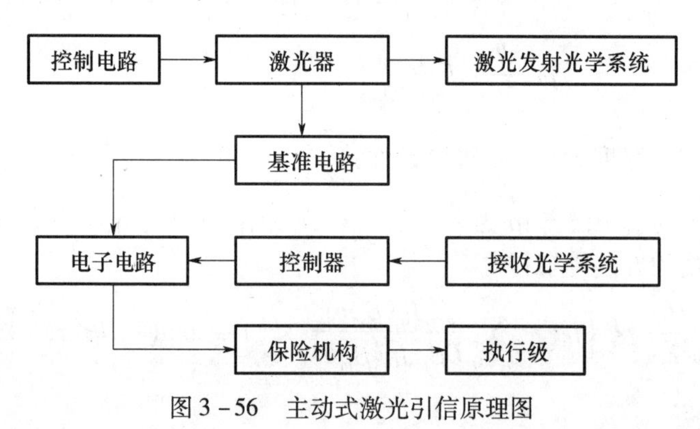

图 3-56 主动式激光引信原理图

发射系统产生所要求的频率和能量的激光,并以光束的形式向空间辐射光能量,在空间形成所需的探测场,同时给出同步信号。该系统包括:控制电路、激光器激励电路、同步信号电路和激光发射光学系统。控制电路中有产生所需频率信号的振荡电路、公放电路及延迟电路。如果是编码体制的激光引信,还要有编码电路。

对于 360°探测场的激光引信,比较简便的方法是采用光锥来完成。在激光器功率一定的条件下,发射光的发散角越小,探测距离越远。

接收系统包括:接收光学系统、光敏元件、前置放大电路、信号处理电路和执行级。在国内研究的激光引信中,接收光学系统大都为球面复合系统,要求接收视场在能覆盖发射激光波束的前提下尽可能小,保证所要求的有效接收面积极高的光学透过率。在某些主动式激光引信中,将发射光学系统和接收光学系统设计为同轴光学系统,如图 3-57 所示,这种设计可缩小引信的体积和增大有效接收面积。而采用非同轴三角交叉光学系统,接收和发射系统中间由隔板隔开,这样可以避免发射和接收系统光信号的相互干扰,如图 3-58 所示。

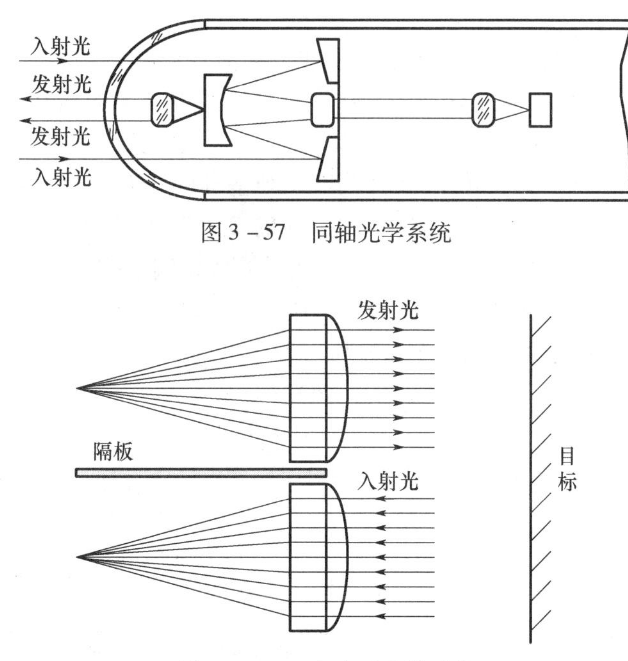

图3-57　同轴光学系统

图3-58　三角交叉光学系统

2. 激光引信的主要性能参数

激光引信的作用是探测和分辨目标,使炮弹适时起爆,最大限度地发挥它的威力。通过上面的介绍可知,激光引信的工作原理是:由引信光学组件发出脉冲激光束,快速扫描目标,反射回来的激光束被组件中的探测器接收,进而测量出弹头和目标的距离,以控制战斗部的引爆。因此,激光引信的性能参数应当包括:发射光学组件参数、接收光学组件参数和整机性能参数等。对组件各项参数的测试以及对整机特性的测试都非常重要。

(1) 发射光学组件:发射光学组件的主要性能参数包括光学组件的光学基准和机械基准的位置和角度调整,以及对应关系的调整;激光器组件的光束宽度、发散角、M^2因子和脉冲峰值功率、光谱特性等。

(2) 接收光学组件:接收光学组件的主要性能参数包括接收灵敏度、响应时间特性、视场角和静态噪声。

(3) 激光引信整机特性:激光引信整机特性参数为探测精度、探测距离、抗自然和人为干扰能力等。

3.6.2　激光引信光学组件综合参数测量

激光引信光学组件的各项性能指标直接关系到引信乃至整个武器系统的质量,对激光引信光学组件各项参数的测试非常重要。对激光器和探测器参数有各种测量方法,但这些测量方法主要用于实验室对器件单项参数的测量,对装入整机的激光发射系统和探测组件,以上方法和仪器满足不了需要。对于激光引信光学系统来说,激光器和探测器是密不可分的,测试激光引信光学系统的各项性能指标必须实现激光器和探测器的各项参数的综合测试以及系统的联调。为此,有人研制了激光引信光学组件测试系统,实现了激光引信光学组件各项参数的全自动综合测试[34,35]。

1. 系统组成

激光引信光学组件测试系统主要用于实现如下功能:实现引信光学部件的光学基准和机械基准的位置和角度,以及对应关系的全自动调整;实现引信光学部件中 LD 发射机组件的发射光功率、光束发散角、光谱特性以及 PD 接收机组件的接收视场角、灵敏度、响应时间七个参数的全自动测量;实现引信光学部件的准直度以及与基准的相对位置关系的全自动测量。工控机作为整个测试系统的控制中枢,通过各种不同的接口形式,如串口、GPIB 卡、USB 口、PCI 卡,与各测试仪器进行通信和数据交换。控制软件采用 VC 编写控制程序,整个系统需要测试的参数较多,涉及多种的测试设备和数据处理方法。

激光引信光学组件测试系统如图 3-59 所示。

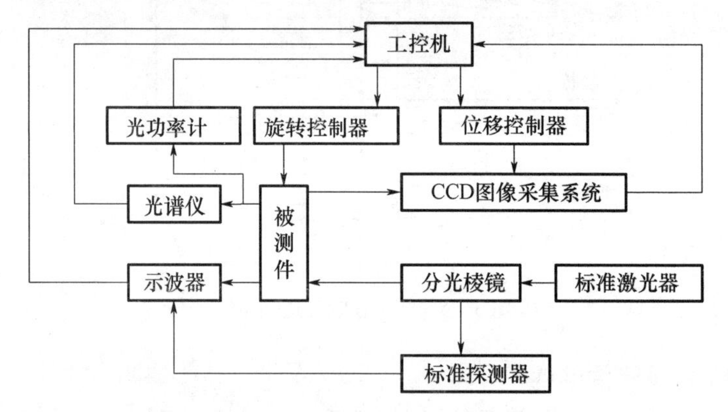

图 3-59 激光引信光学组件测试系统框图

图 3-59 中光谱仪和光功率计分别用来测量发射机组件的光波长和出射光功率,CCD 图像采集系统用来测量发散角。示波器用来测量接收机组件的灵敏度、视场角、响应时间和噪声。旋转控制器用来带动被测件旋转,以测量引信各个窗口各发射机和接收机的参数。位移控制器用来控制测量装置沿纵轴移动,以及被测引信沿横轴移动。整个测试系统由检测平台、电气柜、测试软件三部分组成。按引信光学组件功能不同,可分为两个调试单元:发射机光学组件调试单元和接收机光学组件调试单元。

2. 系统测试原理

1) 发射机光学组件测试单元

发射机光学组件测试单元用来测量发射机组件的激光特性参数,激光参数是用来表征激光辐射在时域、空域、频域的微分、积分、分布等特性。对于激光引信,在众多参数中,光波长、光功率、发散角是三个基本参数,直接影响激光引信的质量。

(1) 光波长的测量。

不同的波长,对于探测器来说,对应的就是不同的灵敏度,直接关系到探测器输出电压信号的强弱。采用光谱仪测量引信六个象限发射机光学组件发射出的激光光谱特性,LD 发出的激光束首先入射到光谱仪的狭缝中,光谱仪通过串口线与工控机相连,传输数据和控制信号。由此可很方便地扫描出光谱曲线,并且给出波长中心值。

(2) 光功率的测量。

利用脉冲光功率计测量引信六个象限发射机光学组件发射出的激光光功率,功率计显示测量得到的功率值,同时该功率值就通过 GPIB 线和采集卡读进了工控机。

（3）发散角的测量。

采用CCD成像方法测量发散角。LD位于透镜的焦点处，对于具有较大发散角的激光光束，在测量时，CCD到透镜的距离要有所变化，由光束分析软件对成像光斑进行分析计算，得出发散角。

CCD图像采集系统包括平移台、成像屏、滤光片、衰减片、CCD摄像机、图像采集卡及计算机，CCD成像法光束发散角测量系统如图3－60所示。被测引信的光发射机单元输出激光光束经过衰减后，照射在成像屏上，成像屏上的光斑在CCD摄像机内成像，由图像采集卡将图像转化为数字信号，最后数字图像在计算机中进行处理。

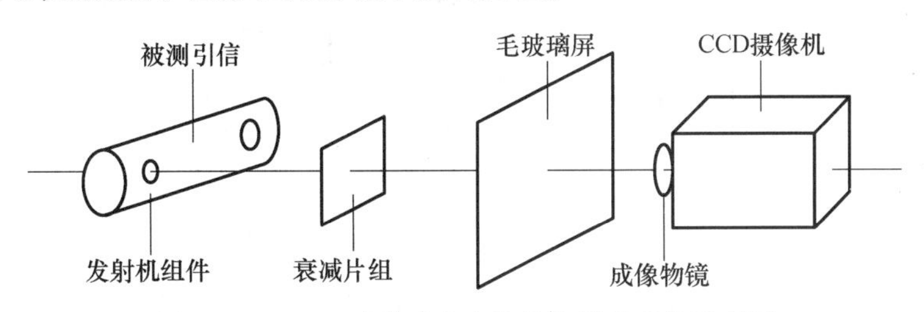

图3－60　CCD成像法光束发散角测量系统示意图

对CCD采集到的图像数据使用二阶矩算法选取适当的积分区域即可计算出相关的光束参数，如光束中心位置、光束半径等；通过光轴上的多点测量，可得发散角及光束质量因子；通过光束位置的确定和重复多次测量，可检测激光器的稳定性。

2）接收机光学组件测试单元

（1）灵敏度的测量。

光电探测器的电流灵敏度表示探测器把入射光信号转化成为电信号的能力。探测器电压（电流）灵敏度定义为：入射光垂直入射到探测器表面时，探测器开路输出的基频电压（电流）的均方根值与入射基频功率均方根值之比。

针对激光引信实际检测要求，考虑到待测探测器的实际外观和辅助器件的摆放问题，选择双光路比较法作为测量方法。如图3－61所示，双光路比较法就是红外激光照射到位于不同位置上的标准探测器（灵敏度已知）和被测探测器上，分别测量它们的响应输出，通过计算求出被测探测器的响应灵敏度。这种方法对于光源和标准探测器的稳定度要求比较高。

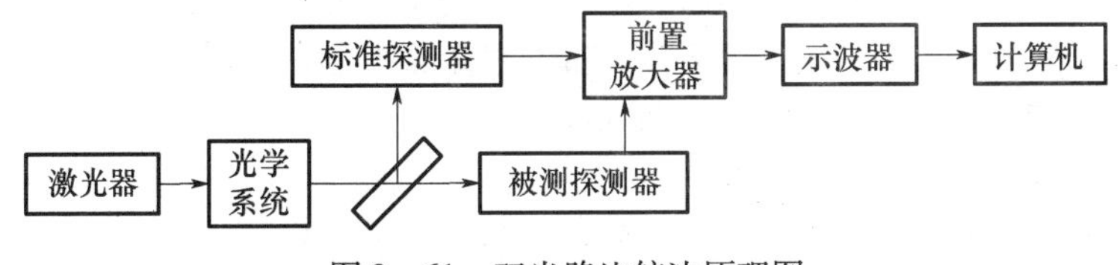

图3－61　双光路比较法原理图

激光器输出的脉冲经过准直整形和适当衰减后，由一块半透半反的分束器，将光束分成两路，分别照射在标准探测器和待测探测器上，由示波器同时获得两个探测器的响应输出，通过GPIB接口接到计算机，通过计算，即可获得被测探测器的相对灵敏度。

（2）响应时间特性的测量。

响应时间是用来描述光电探测器对入射的辐射响应快慢的一个特征参量。它是指探测器将入射光辐射转化成为电信号输出的弛豫时间。入射光照射时，探测器经过一定时间才能上升到与入射光辐射值相对应的稳定值；辐射结束时，也要经过一定时间才能降到无辐射时的稳定状态。这种从开始变化到上升或者下降到稳定值所需要的时间称为探测器的响应时间。

对于激光引信中使用的红外探测器，利用脉冲响应法是最佳的选择。脉冲响应法一般用于测量响应时间较快的探测器，该方法使用的仪器不多，操作简单，脉冲响应法测量探测器响应时间原理如图3-62所示。目前数字示波器的模拟带宽已能达到500MHz以上，能够精确测量纳秒(ns)级前沿的脉冲波，完全可以达到引信探测器测试的指标要求。

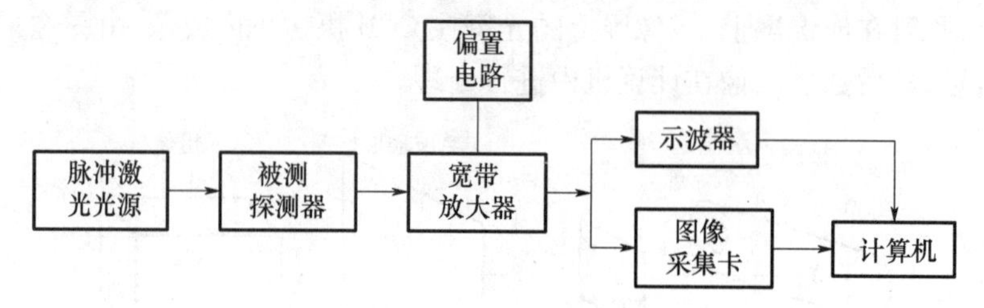

图3-62　脉冲响应法测量探测器响应时间原理框图

测量时，标准的红外激光光源输出高能光脉冲，经过衰减后，形成微弱的光信号，垂直入射到待测的光电探测器上，探测器的输出电信号经过低噪声前置放大器的放大后，在示波器上进行实时显示和调整观察，从而得到探测响应时间，主要用带有GPI接口卡的数字示波器与计算机相连，可实现实时观察和检测，显示信号波形和测试数据。

(3) 视场角的测量。

当入射光垂直入射到探测器上时，对应输出电压达到峰值。如果入射光相对于探测器光轴有偏转，那么探测器的输出电压就会下降。当探测器的输出功率下降到原来峰值功率的1/2时，对应的入射光与探测器光轴之间夹角的2倍，定义为探测器光学组件接收视场角。

测量方法：利用标准激光光源输出的脉冲信号，经过衰减后入射到光电探测器，记录下峰值功率。利用计算机监控电机，带动被测产品旋转，同时将被测探测器接收到的信号强度反馈给计算机，当向两个方向旋转均达到半功率点时，记录下这两点之间旋转过的夹角，就近似地等于探测器光学组件的视场角。

(4) 静态噪声的测量。

探测器在提供偏置电压后就开始工作，当有光入射到它的光敏面上时，它就将光信号转换成电压(或者电流)信号，再通过后面的耦合、放大电路将信号进行放大输出。但是，当没有光入射时，探测器的最终输出电压并不等于零，这时的输出就是它的噪声。这个噪声输出包括：探测器本身的暗电流，耦合电路和放大电路的噪声等。

具体的测量方法相对比较简单：首先，打开开关，让探测器及其放大电路正常工作；然后，关闭激光器，此时，探测器的光敏面上没有激光入射，它的最终输出电压就是要测量的噪声。需要说明的是，测试环境不可能达到一个完全无光的境界，它总是存在一定的背景光，这些背景光也会引起探测器的响应输出，但是它仍然属于噪声。

3.6.3　激光引信测距能力的光学测试

测距精度是激光近炸引信的重要指标之一，特别对于测距能力在10 m以内的激光近炸引信尤为重要，为了检验激光近炸引信测距能力与测距精度是否达到设计指标要求，对引信测距能力和测距精度进行测试十分重要。目前对普通激光测距机测试的方法很难实现对激光近炸引信测距精度的测量。例如在 3.1 节介绍的激光测距机校准方法，对最小测程在几十米的测距机可以测量，而对测程在几米的测距机就不能满足要求。为此，有人从光学角度出发，提出了一种适合于激光近炸引信测距能力与精度测量的方法[36]。

图 3－63 为光学法距离仿真原理图。利用激光在测试仪中走过的光程来代替激光引信测得的目标反射回波的距离。测试仪包括的主要器件有光束准直系统、直角棱镜组、光纤、光开关、步进电机二维驱动装置。激光引信发射的激光脉冲进入测试仪入射窗口，通过衰减器、光学系统到达可调光程的直角棱镜组，再经过耦合器进入光程，经精确标定后的可切换光纤经过耦合器输出到达激光引信的接收机，通过接收机测量回波与发射主波的脉冲延迟时间来测量距离。

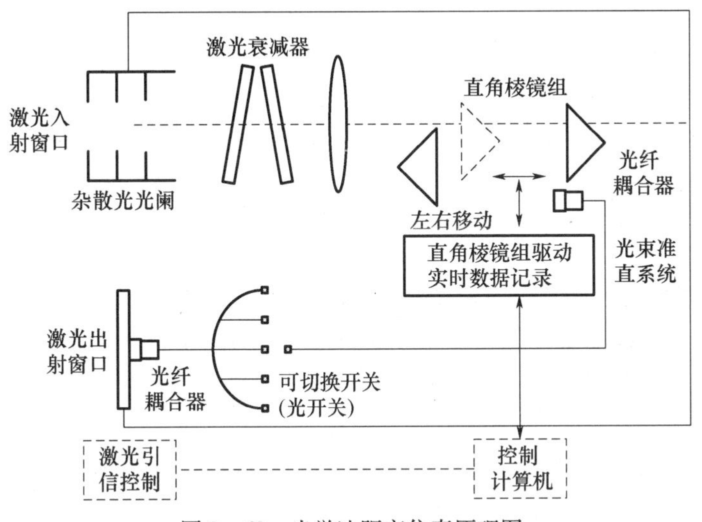

图 3－63　光学法距离仿真原理图

其中衰减器可防止激光对光电敏感元件的破坏，且可模拟实际目标回波时的光能损失，光纤是为了模拟发射激光走过光程的主要范围，可通过光开关选择所需要的匹配光纤以实现光程的倍增，例如，5m、10m 等，然后通过调节直角棱镜组之间的距离来改变光程的微小范围，可精确计算整个脉冲激光走过的光程，如公式：

$$L = l_g + l_x + l_b \tag{3-32}$$

式中：L 为光在测试仪中走过的光程总和；l_g 为固定光程（除光纤和直角棱镜外在其他系统中光走过的光程）；l_x 为光纤代表的光程；l_b 为光在可精确调节直角棱镜中走过的光程。

因此，当使直角棱镜中的光程发生变化时，也就相当于对整个系统的光程进行了精确调节，这样，便可知道激光近炸引信的测距能力与精度范围。

工作流程如下：

（1）由控制计算机给引信控制系统发出开始工作指令，引信控制系统完成对引信的加电、距离值设置。

（2）测试仪在确定激光引信工作后开始测试，这时直角棱镜组相互靠近以实现光程的精确调节（光纤通过光开关已经与引信测量距离相匹配）。

（3）当测试仪接收到引信控制系统发出的引炸信号后停止直角棱镜组的运动，这时可在控制计算机上记录此时的距离值，即为激光引信测得的距离值。

（4）经过多次测量后由数据统计软件完成对引信的测距能力与精度的确定。

在所有器件中直角棱镜组为测距精度测试仪的核心器件，它是通过两个步进电机控制，使直角棱镜完成上下或左右移动，可用计算机来控制步进电机的驱动装置以控制直角棱镜的精确移动。直角棱镜组原理如图3-64所示。相同等腰直角棱镜M_1，M_2的两个底面平行放置，由脉冲激光器发出的光束经准直整形后垂直于直角棱镜M_2入射，由M_1反射后，垂直入射到直角棱镜M_2，又被M_2反射，再次入射到M_1，如此在M_1，M_2间多次往返，再由可换光纤输出。

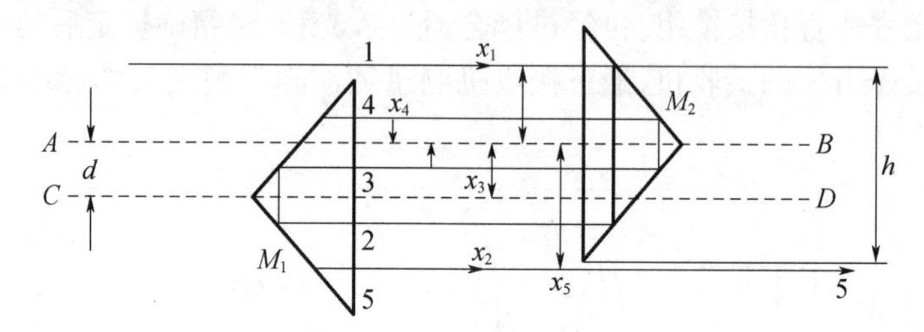

图3-64　直角棱镜组原理图

参考图3-64可计算出光在直角棱镜中走过的光程为

$$L = n \cdot l + l_n \tag{3-33}$$

式中：L为光在棱镜组内所走光程的和，即从光线1与M_1的底边垂直时开始算起，到光线5出射时与M_2的底边垂直终了所走的光程；n为光线在M_1，M_2间往返的次数；l为M_1，M_2两底面的距离；l_n为光在M_1，M_2之中走过的光程（每往返一次走过的光程为底边长与棱镜折射率的积）。

这样当移动两直角棱镜相对运动时，在棱镜中走过的光程不变，增加的光程为相对运动距离的n（光线往返次数）倍。因此，如果想使光程增加0.1m，只需将棱镜相对距离移动0.1nm。将所改变的光程与激光测距机在计算机上所产生的数据相比较，便得出测距精度的范围。

光束在直角棱镜间的往返次数n与过直角棱镜M_2间各自直角棱镜的两对称面的间距d有关。由几何法证明得，光束的往返次数n为

$$n = \mathrm{int}(h/d) + 2 \tag{3-34}$$

式中：h为入射光束到直角棱镜M_1底部45°角棱边的距离；d为水平调节距离。

下面以图3-64为例来说明。图中，$n=5$。以直线AB为基线，入射光束1到基线的距离为x_1；输出光束5到基线的距离为x_5；在棱镜间的折反光束2、3、4到基线的距离分别为x_2、x_3、x_4，设$x_1=x_2=x_0$，$x_3=x_4$。由图知：

$$\frac{x_0 - x_3}{2} = d - x_3 \tag{3-35}$$

$$x_5 = x_0 + 2x_3 \tag{3-36}$$

由式(3-35)、式(3-36)得

$$x_5 + x_0 = 4d \tag{3-37}$$

$$x_3 + x_0 = 2d \tag{3-38}$$

由于$x_5+x_0>h$，故$h<4d$，因此可得不等式：$\mathrm{int}(h/d)<4$。另一方面，由于$x_0>x_3$，得$x_0>d$。由以上各式得，$x_3+2x_0>3d$。从图3-64可知，透过棱镜底面的光束分别对称分布在轴线AB和CD两侧，$h \geqslant x_3+2x_0>3d$，因此可得不等式：$\mathrm{int}(h/d) \geqslant 3$。与$\mathrm{int}(h/d)<4$相比

得，$\mathrm{int}(h/d)=3$，$n=\mathrm{int}(h/d)+2=5$。对于其他 n 值时，亦可用同样方法加以说明。

3.6.4 激光近炸引信半实物仿真与性能验证

对于激光近炸引信的性能验证，以往主要通过外场试验及靶试来进行，手段较为单一，存在成本高、难以重复验证、缺少全面性等缺点。半实物仿真及性能验证系统，克服外场试验环境条件的片面性，可重复地对武器系统的性能进行全方位的验证，能够显著降低试验成本，因其诸多优点越来越成为科研工程领域特别是精确制导武器为代表的军事领域必不可少的研究手段。

半实物仿真系统主要由动态滑轨、目标姿态控制装置、引信姿态控制装置、目标及背景反射特性及状态数据采集装置、回波模拟器、FPGA 开发系统、仿真计算机网络、总控计算机、作为半实物仿真中实物部分的激光引信样机、背景干扰模拟装置、目标模拟装置、试验过程监视、记录设备等组成。激光近炸引信半实物仿真及性能验证系统组成示意图如图 3－65 所示[37]。

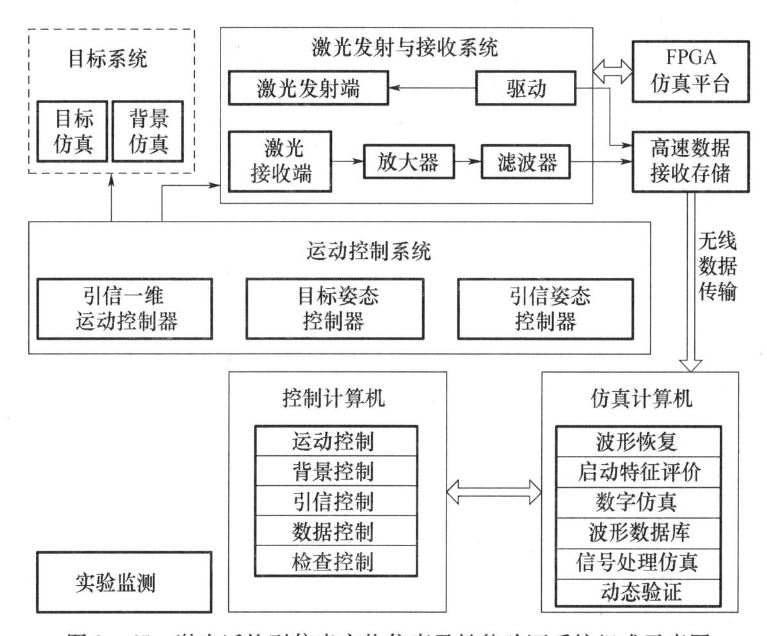

图 3－65　激光近炸引信半实物仿真及性能验证系统组成示意图

系统的主要功能：激光近炸引信弹目交会动态缩比仿真及启动特性测试试验、典型目标及背景激光散射特性模拟、回波信号的采集存储及回波特性数据库的建立、回波特性分析、回波模拟输出、引信信息处理仿真算法研究、引信数字仿真。

激光近炸引信的半实物仿真及启动特性测试中采用了动态滑轨。可以采用在 1～7.5m/s 范围内多档调速的动态滑轨、滑车作为模拟引信空间运动的载体，用缩比验证的方法模拟不同速度的弹目交会过程。利用安装在滑车上的三维电控转台实现引信实物的角运动模拟。

目标模拟采用典型目标模型及标准漫反射靶板相结合的方法。其空间位置及角运动模拟用试验厂房顶棚上的天车来控制。

目前采用的背景干扰模拟装置主要用于模拟云雾干扰。采用与真实云雾成分相近、粒子直径相当的模拟云雾发生装置，并利用能见度测量仪及计算机对云雾浓度实现实时闭环控制。

由于在弹目交会末段交会速度、交会姿态一定，对引信实物及模拟目标的交会姿态及交会速度可以在试验开始前设定,在试验过程中不需实时变换。

具备多路高速采集存储功能的数据采集存储装置和引信实物一起安置在滑车上,在试验过程中对激光回波信号、引信状态信号、滑车位置、速度信号等进行采集存储,并通过无线网络回传到地面的仿真计算机网络进行波形还原、时序分析、引战效能评估。

回波模拟器可以将数据采集存储装置或激光回波波形数据库中的回波波形还原为与激光引信光电探测系统输出信号特征一致的模拟电信号,也可以将回波仿真算法得到的仿真波形生成实际的电信号波形。该设备作为激光近炸引信信息处理部分半实物仿真设计中的仿真信号源,在激光回波数据库不断完善的前提下可以使信息处理部分的半实物仿真设计不再依赖滑轨试验。

FPGA 开发系统作为激光近炸引信信息处理仿真设计的硬件平台,用于引信信息处理算法开发和功能验证。

仿真计算机网络主要完成引信波形恢复显示、激光回波特性数据库的建立、激光引信启动特性分析、引战效果评估、目标回波特性仿真算法研究、激光近炸引信数字仿真等工作。

试验工程监视记录设备采用红外摄像机及可见光摄像机。其中红外摄像机可以在试验过程中监视、记录引信激光光束在目标上的照射位置及光斑质量。

整个系统在总控计算机的控制下,形成了包含通信、控制等功能的自动化网络,使整个仿真试验过程得以协调进行。

3.7 激光目标指示器的性能测试

3.7.1 激光目标指示器概述

1. 激光目标指示器的工作原理

在激光半主动寻的制导武器系统中,一般利用弹外的激光目标指示器发射的激光束照射目标,弹上的激光寻的器利用目标漫反射的激光实现对目标的跟踪和对弹的控制,从而将弹准确地导向目标。显然,在这类武器(炸弹、导弹及炮弹)的精确制导过程中,激光目标指示器起着至关重要的作用[38]。

图 3-66 是一个典型的激光目标指示器。它既可以安装在直升机旋翼轴顶平台上,也可安装在车载的升降桅杆上。

来自目标区的光学图像信号 C 由窗口 1 进入,经可控制的稳定反射镜 2、可调反射镜 5、分束器 6 反射后进入光学系统 7,在电视摄像机 12 上成像,系统操作者可根据显示器上的图像选择目标,控制陀螺 3,使反射镜 2 转动,用显示器上的跟踪窗套住目标,并使其保持在自动跟踪状态。系统操作者在搜索目标时一般用电视摄像机的宽视场,而在跟踪时用电视摄像机的窄视场,这时把镜头 10 从光路中移开。为了保证摄像机有良好的图像对比度,在光路中要用中性密度滤光片 9。

当选定目标后即可向目标发射激光 A。激光指示器 13 发射的激光束经过分束镜 6、可调反射镜 5、陀螺稳定反射镜 2,经窗口 1 射向目标。来自目标漫反射的激光信号 B 沿着与发射相反的通道进入激光测距机 14,操作者可在显示器上读出距离。

为了随时检查激光发射、接收和电视的光轴间的相对位置是否正确,机内设有视线调校装置一角隅棱镜4。当陀螺稳定反射镜转向角隅棱镜4时,激光可按原光路返回,并在电视摄像机上得到一个与瞄准点重合的图像。若有偏差可通过调整荧光屏上跟踪窗口的位置予以修正。

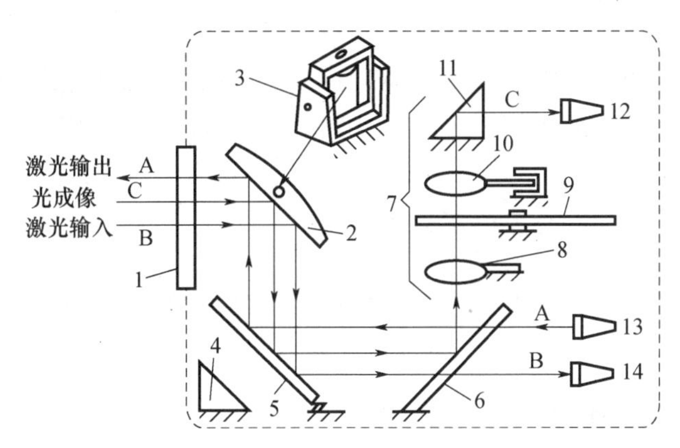

图3-66　激光目标指示器原理图

1—窗;2—可控稳定反射镜;3—陀螺;4—角隅棱镜;5—可调反射镜;6—分束镜;7—光学系统;8、10—透镜;9—中性密度滤光片;11—棱镜;12—光导摄像管摄影机;13—激光指示器;14—激光测距机。

下面以激光末制导系统为例来看激光指示器的应用方式。导引头安装在弹上,被用来自动跟踪目标、测量和修正弹的飞行误差。而照射器在前沿阵地,用来指示目标。具体的工作原理如图3-67所示。

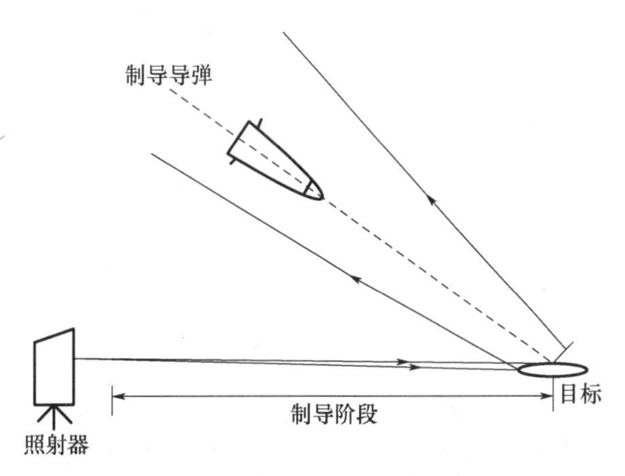

图3-67　激光末制导工作原理图

2. 激光目标指示器的主要技术指标

激光目标指示器的性能指标可以分为光学瞄准性能、激光测距性能和激光指示性能。其中对制导精度起关键作用,需经常检测的性能指标有以下几种:

(1) 最小测量距离、最大测量距离。必须保证有效的测程,在指标要求的距离上能够正确地测距。

(2) 测距误差、测距逻辑。对多目标实施正确的逻辑选择。

(3) 在照射周期前几秒内激光发射脉冲的平均能量。为了保证制导炮弹在进入制导段的初期能有效地捕捉到信号,必须保证这段时间内激光脉冲的能量。

(4) 在照射周期内激光发射脉冲的平均能量。由于发射的是高能重频激光,所以一个照射周期的时间很短。为了在整个制导周期都能对制导炮弹提供发射的目标信息,要对整个照射周期内的激光脉冲平均能量进行检查。

(5) 每周期内激光脉冲的个数。为了在复杂战场环境下,可靠地识别真假目标信号,激光照射指示器发射的是一束经过编码的激光脉冲序列。必须保证这些激光脉冲的个数、脉冲间隔和重复频率精度正确,才能对炮弹进行可靠的制导。

(6) 激光脉冲间隔。

(7) 激光脉冲频率。

(8) 激光束散角。

出射激光束散角如果过大,则发射能量密度降低,反射激光能量降低,容易丢失目标。同时由于照射的范围可能大于目标,所以容易出现假目标,降低制导精度。

3.7.2 激光目标指示器整机性能检测

在平时的维护保养和实战条件下,需要一种能在一台仪器上快速检测指示器整机性能的装置。为此,有人提出一种整机性能检测装置,采用能量、功率、测距能力、束散角四通道结构来实现这一要求[39,40]。

1. 整机组成

测试系统分为检测仪和计算机两部分。计算机为上位机,完成数据的处理和可视化显示。检测仪单片机为下位机,完成时序控制和信号采集,通过 RS232 进行通信。图 3 - 68 为检测仪四通道结构图,能量、功率、测距能力和束散角分别采用四个独立的通道,提高系统的模块化和可靠性。内部分别封装能量探测器、功率计、CCD 、接收二极管、发光二极管、相应的聚焦透镜和处理电路。检测系统光路如图 3 - 69 所示,检测仪工作原理如图 3 - 70 所示。

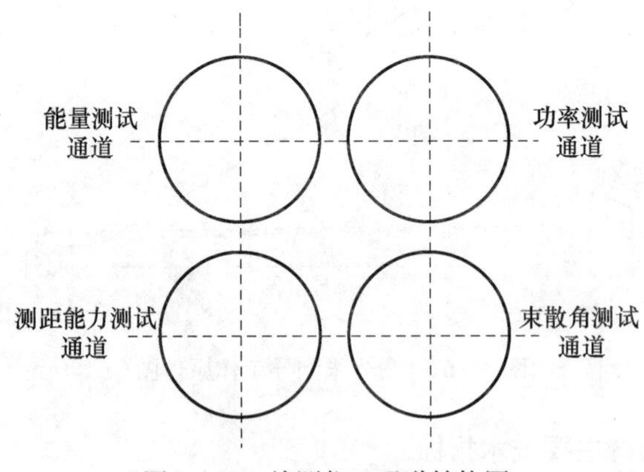

图 3 - 68 检测仪四通道结构图

2. 检测原理

1) 测距功能检测

对距离 L 上的测距能力进行检测时,单片机根据时钟周期 T 和光速 c 计算出对应的计数值 $N = 2L/cT$,送入延时信号发生器,如图 3 - 70 所示。当控制照射器在测距状态下发射一个激光脉冲时,接收二极管检测到该激光的出射信号,如图 3 - 69(a)所示,控制激光脉冲信号同步器打开延时信号发生器。计数 N 结束后,发光强度控制电路控制发光二极管发出经过准直的模拟激光回波信号。该信号强度和距离 L 上的回波信号能量相同,如图3-69(b)所示。该回波信号进入激光照射器的接收物镜,使照射器显示测量的距离值、比较显示值和设置值即可。

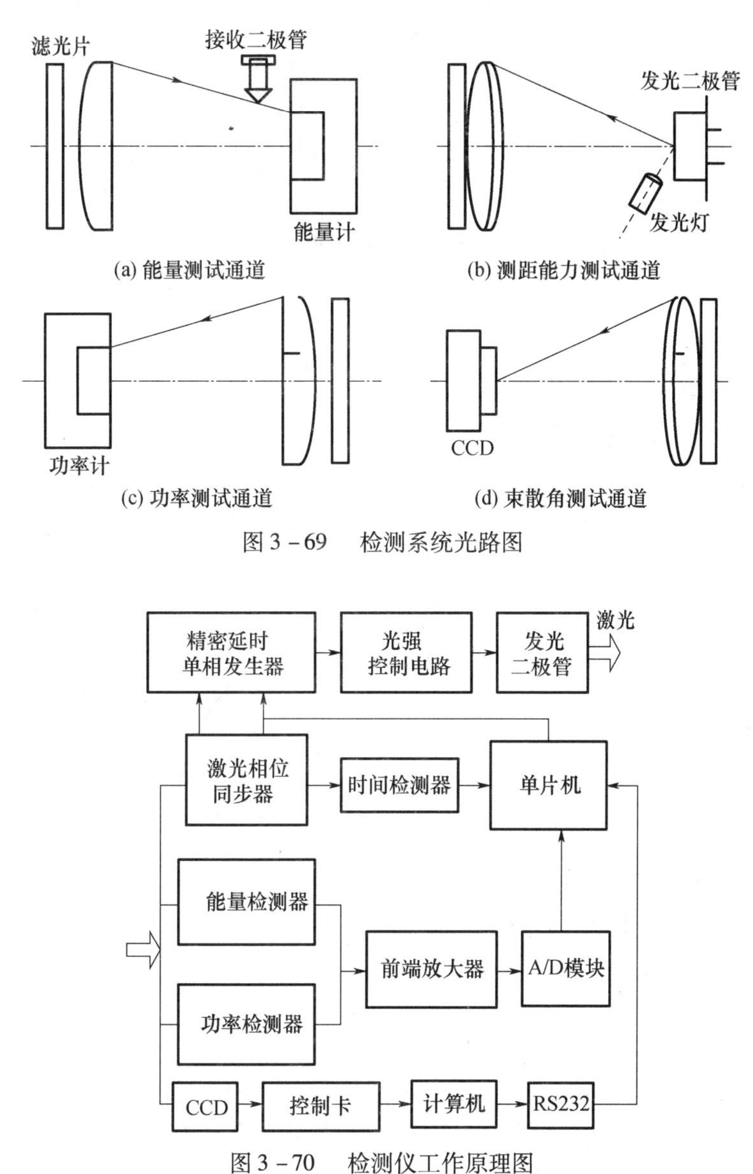

(a) 能量测试通道 (b) 测距能力测试通道

(c) 功率测试通道 (d) 束散角测试通道

图3-69 检测系统光路图

图3-70 检测仪工作原理图

2）能量测量

控制照射器发出激光脉冲,经能量测试通道(见图3-69(a))进入能量探测器。经过前置放大和光电转换后送至单片机(见图3-70),在计算机中经过修正补偿后输出。对于连续激光脉冲功率的测试采用图3-69(c)的光路,原理相同。

3）周期精度检测

当照射器发出一序列激光脉冲时,接收二极管检测到每一个激光脉冲的开始和结束信号,送入激光脉冲信号同步器。该同步器触发重复频率测时器进行计数,即可根据时钟周期计算出照射周期，同时对脉冲个数进行计数，得到如图 3－71 所示的激光脉冲序列，图中 T 为每个照射周期时间，t_i为第 i 个脉冲宽度、t'_n是第 n 个脉冲间隔、Q_m是第 m 个脉冲的能量。据此，可以计算出待检测的脉冲个数、脉冲间隔、脉冲频率、频率精度、周期、周期精度等参数。

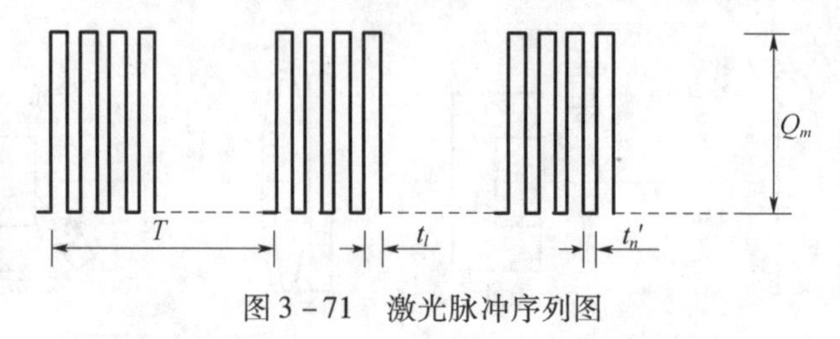

图 3－71　激光脉冲序列图

4）束散角检测

区别于传统的套孔法和反射靶板法，由采集卡将激光脉冲在 CCD 上成的光斑图像送到计算机中进行处理。由于激光并非规则的圆形，所以用质心法确定光斑中心。根据每个像素的灰度值和像素位置计算光斑图像的中心质点，即光斑中心。然后由中心向外做半径 r 处一定宽度的圆环，计算该微小圆环内所有像素的灰度均值 ρ，做出 $\rho-r$ 关系图，如图 3－72 所示。在计算机中对准确的光斑半径进行修正即可得到对应的光斑半径 R。

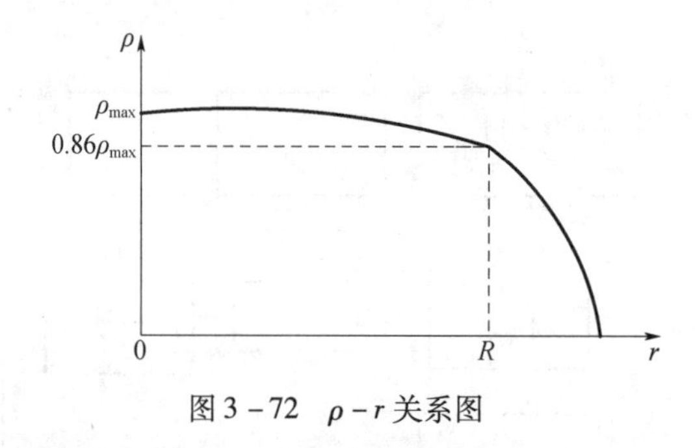

图 3－72　$\rho-r$ 关系图

根据图 3－69(d)的光路，可以得到 CCD 物镜像方焦平面上的光斑大小和待测的束散角的关系式：

$$u=-\frac{2R}{f'} \tag{3-39}$$

式中：u 为待测激光的束散角；f' 为 CCD 物镜的焦距；R 为 CCD 物镜焦平面上得到的光斑半径。已知 f'，由计算机解算出激光光斑半径 R，即可得到束散角 u。

3.8　激光告警设备的性能测试

3.8.1　激光侦察告警设备概述

激光侦察告警设备是一种用于截获、测量、识别敌方激光威胁信号并实时告警的光电侦察设备。通常装载在飞机、舰船、坦克及单兵头盔上，或安装在地面重点目标上，对激光测距机、目标指示器、激光驾束制导照射器、激光雷达、激光制导武器的激光信号进行实时探测、识别和告警，以便载体适时地采取规避机动或施放干扰等对抗措施。激光侦察告警具有如下特点：

(1) 接收视场大,能覆盖整个警戒空域;

(2) 频带宽,能测定敌方所有可能的军用激光波长;

(3) 低虚警、高探测概率、宽动态范围;

(4) 有效的方向识别能力;

(5) 反应时间短;

(6) 体积小、重量轻、效费比高。

激光侦察告警设备主要由激光接收系统、光电传感器、信号处理器、显示与告警装备等部分组成,测量敌方激光辐射源的方向、波长、脉冲重复频率等技术参数。激光接收系统用于截获敌方激光束、滤除大部分杂散光后将激光束会聚到光电传感器上,光电传感器将光信号转变为电信号后送至信号处理器,经信号处理器处理后送至显示器,显示器可显示出目标类型、威胁等级以及方位等有关信息,并发出告警信号。还可将来袭目标的威胁信号数据通过接口装置直接送到与其交连的对抗设备中,直接启动和控制这些对抗设备。

激光侦察告警设备按探测工作原理分为光谱识别型、成像型、相干识别型和全息探测型等几大类型。

(1) 光谱识别型激光侦察告警设备是比较成熟的体制,它技术难度小,成本低,成为开发种类最多的激光告警器。它通常由探测头和处理器两个部分组成。

(2) 成像型激光告警设备通常采用鱼眼透镜和红外电荷耦合器件(CCD)或 PSD(位置传感探测器)器件,它的优点是:视场大、角分辨力高、虚警率低。

(3) 相干识别是目前测定激光波长的最有效方法。激光辐射有高度的时间相干性,故利用干涉元件调制入射激光可确定其波长和方向。特别是可识别波长且识别能力强、虚警率低、视场大、定向精度高。

(4) 全息探测型激光告警设备利用光电二极管作为传感器,能在告警的同时,测定激光来袭方向,还可利用全息场镜的色散特性识别激光波长,具有电路简单、反应速度快、成本低、稳定性好等优点。

3.8.2　激光告警设备的仿真试验

激光告警设备仿真试验就是在光电暗室中设计出各种战场环境,测出激光侦察告警设备在各种环境中的战技指标。它的优点是:大样本、高重复、试验环境可控、效费比高,试验条件可控[41,42]。

1. 系统组成

激光侦察告警设备是实施激光对抗必不可少的前端设备,仿真试验系统应包括激光威胁信号模拟器,HLA(或 DIS)支撑软件平台,仿真控制计算机,功率、透过率和束散角调制单元,激光目标模拟器,数据录取设备,试验转台等。激光侦察告警仿真试验系统组成如图 3－73 所示。从图 3－73 可以看出,仿真控制计算机是实施仿真试验的控制中心,主要包括计算机网络、软件和接口三个部分,它基于 HLA(或 DIS)支撑软件平台,依据规定格式的通信协议,协调管理各设备,并为各设备提供统一的时间节拍,将各个分设备连接成一个有机的整体,实现对各个分设备的控制以及对仿真试验过程的控制。

激光威胁信号模拟器用于模拟激光威胁源信号,特别是模拟假想敌的激光武器威胁信号,主要有以下几种类型:半主动制导激光照射器、激光测距机、激光压制(含致盲)干扰机、激光主动制导雷达等。通过空间缩比仿真有效降低试验保障难度,确保在近似实战条件下检验、鉴定被试激光侦察告警设备的作战性能。该设备由发射望远镜、激光器、激励源、编码控制单元、冷却系统等组成。激光威胁信号模拟器如图 3-74 所示。

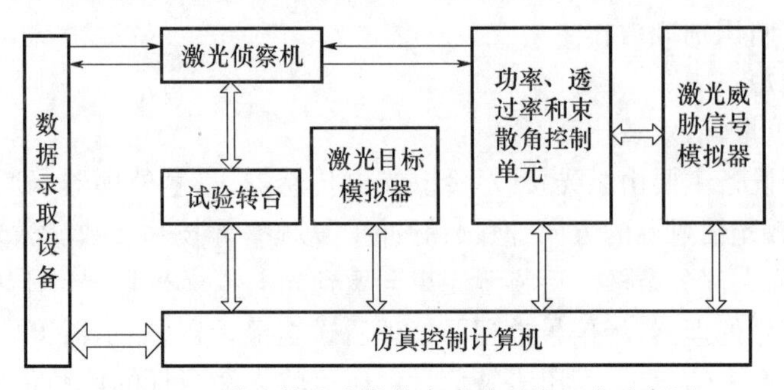

图 3-73 激光侦察告警仿真试验系统组成示意图

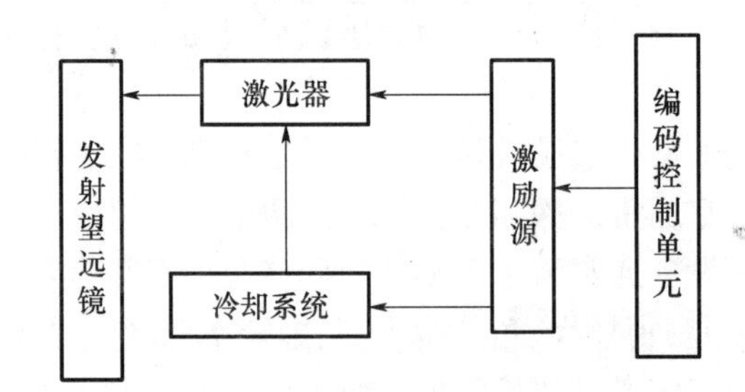

图 3-74 激光威胁信号模拟器

激光目标模拟器包括激光器、漫反射屏等,用于为激光制导设备提供目标回波模拟信号,主要用于复制制导武器飞行时导引头探测到的激光信号特征以及弹目相对运动特征。它可以提供类似的实战条件下的光电环境,以检验激光侦察告警设备的侦察告警能力。

功率、透过率和束散角调制单元,在技术应用上比较特殊,其中功率控制用于解决不同试验对象的功率等级差异和作用距离模拟时的激光功率连续可变问题;大气透过率调制是为了解决激光信号经过各类大气环境传输后的能量衰减问题;束散角控制则是模拟距离变化时光斑大小的变化以及经过大气传输后的色散效应问题,最终达到近场模拟与远场效果的一致性,它是激光侦察告警设备仿真试验的关键技术,它的好坏关系到试验结果的置信度,其灵活性是设计的主要要求。

试验转台用于模拟激光侦察告警设备载体的运动特性,以及平台与目标之间的相对运动特性,它提供的是载体的方位、俯仰、运动速率等运动参数。

数据录取设备用于录取激光侦察告警设备侦测的数据,通过仿真控制计算机与发射的原始数据进行对比,以判别侦察告警设备的侦测能力。

2. 仿真试验内容和试验方法

激光侦察告警设备仿真试验内容可依据试验特点分为两大类:一类为性能测试试验;另一类为能力试验。

(1) 性能测试试验。包括以下试验内容:告警波长及动态范围测试;探测灵敏度;编码识别;虚警率;侦察空域。其试验特点是无应力条件,试验方法基本相同,试验流程也基本类似。一般情况下可采用如图 3-75 所示的试验流程来进行试验,其中,仿真控制计算机设置的参数依据上面给出的仿真试验系统，设计各种性能试验所需的试验方式，通过仿真控制计算机分配给各个分设备，并按时间节点控制和协调各设备动作。

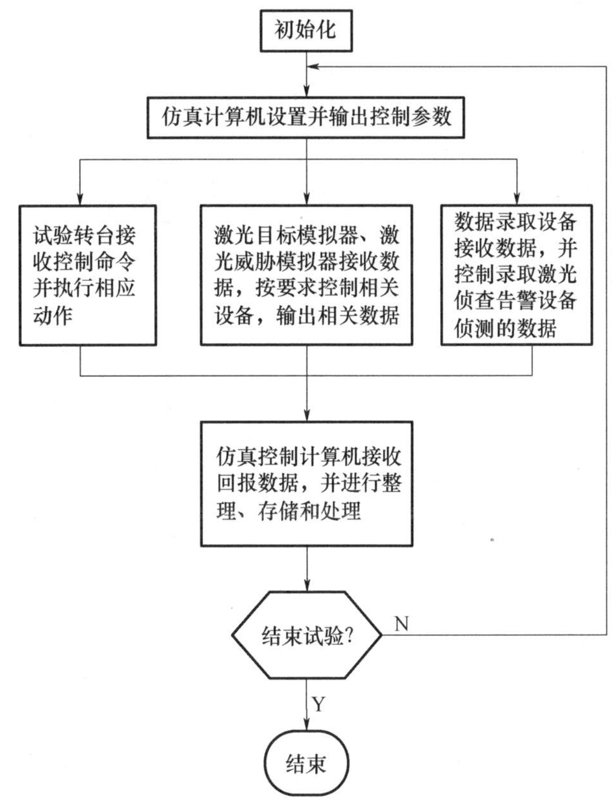

图3－75　激光侦察告警设备性能测试试验流程图

（2）能力试验。包括以下试验内容：多目标分选及识别能力；告警距离；探测概率。其试验特点是有应力条件，试验应当在不同应力条件下进行多次试验，结果分析以应力条件为前提进行。一般情况下可采取如图3－76所示的试验流程来进行试验，其中，态势文件的编辑依据上面给出的仿真试验系统，设计各种试验所需的试验态势，通过仿真控制计算机分配给各个分设备，并按时间节点控制和协调各设备动作。

3.8.3　激光告警设备的外场试验

外场试验系统就是在真实环境下，测量激光侦察告警设备的各项战技指标，并完成设备的作战效能评估。它的优点是真实、近似实战，是对仿真试验内容的补充和试验结果的必要检验，它主要完成激光侦察告警设备的动态试验，包括多目标分选和识别能力、告警距离和探测概率等。

1. 系统组成

外场试验不同于仿真试验，尽管试验项目和试验内容基本相同，但试验方法和试验环境完全不同，它将激光侦察告警设备安装在实际的平台上，模拟真实的战场环境，但相对于仿真试验来说，是一种真实的对抗环境。测试系统应包括：安装平台（如舰艇、飞机、重点保护目标等）、相关波段的激光器（3～4个）、激光制导导引头模拟器、GPS定位系统（或跟踪雷达）、时统通信设备等,它们根据不同的试验项目组成相应的试验组态。激光侦察告警设备外场测试组成如图3-77所示。

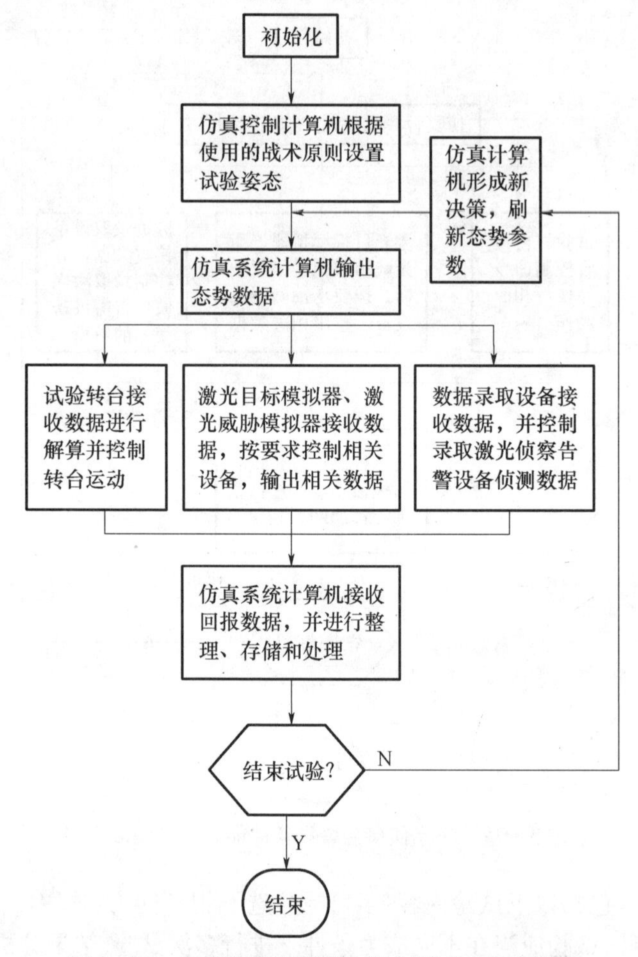

图3-76 激光侦察告警设备能力测试试验流程图

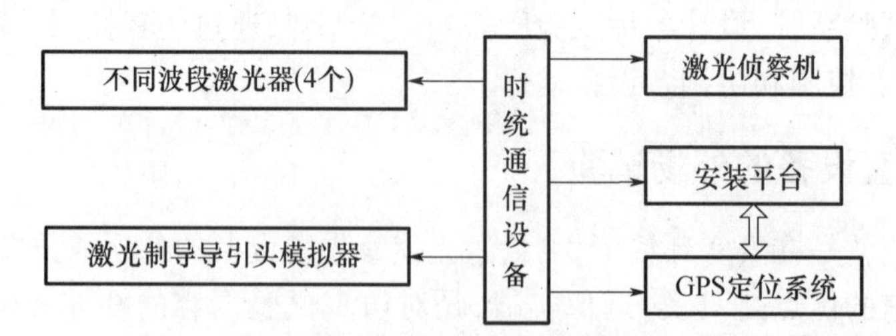

图3-77 激光侦察告警设备外场测试组成示意图

安装平台提供激光侦察告警设备所需的载体,激光器提供多目标的威胁信号,激光制导导引头模拟器模拟攻击的制导导弹(或炸弹),GPS定位系统(或跟踪雷达)提供载体的运动轨迹,时统通信设备协调各试验设备的动作和统一的时间间隔。当然,系统中还有相应的数据录取设备,它主要用于实时地记录各个设备的试验数据,如果外场试验条件允许,可通过有线、无线网络,实时地将这些数据输入试验指挥所的数据处理中心,进行相关处理。如果没有这样的条件,只能在试验结束后再进行处理。

2. 测试方法

试验方法要根据试验项目而定,不同的试验项目就要设计不同的试验态势,下面以舰载激光侦察告警设备的多目标处理能力试验为例来阐述试验方法。设计的试验态势如下:首先在舰的周围选择三个点布设激光器,它们之间保持一定的距离,可考虑两个点固定在岸上,另一个可安装在海中的固定塔上(或舰艇上),载有激光侦察告警设备的舰同时装配GPS定位系统(或岸上有跟踪雷达记录舰的运动轨迹),激光导引头模拟器与时统通信设备安装在试验控制中心站,这样就形成四个动静结合的激光信号源,它们之间有序的开关机就构成了所需要的试验环境,记录下开关机的时刻,同时记录下激光侦察告警设备的接收信号情况。由于试验是在同一时间标准控制下进行的,所以可事后采用数据比对的方法就可以得出激光侦察告警设备对多目标情况的处理能力。

参考文献

[1] 魏光辉,杨培根. 激光技术在兵器工业中的应用[M]. 北京:兵器工业出版社,1995.

[2] 中华人民共和国国家军用标准,GJB 5145—2002 脉冲激光测距仪最大测程模拟测试方法. 国防工业出版社,2002.

[3] 杨冶平. 光纤技术在激光测距机校准中的应用研究[D]. 西安应用光学研究所,2003.

[4] 杨冶平,杨照金,侯民,等. 脉冲激光测距机最大测程校准方法[J]. 应用光学,2003,24(3):26-28.

[5] 杨照金,杨冶平,南瑶,等. 激光测距机参数校准装置研究[J]. 应用光学,2007,28(专刊):122-125.

[6] 陈坤峰, 史学舜. 光电跟踪仪激光测距器性能检测方法研究[J]. 宇航计测技术,2008,28(3):45-47.

[7] 吴博海. 激光雷达测量仪精度校准方法的研究[J]. 工业计量,2010,20(3):1-3.

[8] 夏海云,孙东松,钟志庆,等. 应用于测风激光雷达的多普勒校准仪[J]. 中国激光,2006,33(10):1412-1416.

[9] 沈法华,顾江,董晶晶,等. 瑞利散射多普勒测风激光雷达的校准[J]. 强激光与粒子束,2008,20(6):881-884.

[10] 杨洋,王力,郝海燕,等. 多普勒测风激光雷达速度校准仪的关键技术研究[J]. 仪表技术与传感器,2010(8):93-95.

[11]王秀萍译自 SPIE. 941(1988). 激光导引头性能自动评估系统[J]. 航空兵器,1997(3):41-44.

[12] 邓方林,刘志国,王仕成. 激光导引头半实物仿真系统的设计与研制[J]. 系统仿真学报,2004,16(2):255-257.

[13] 沈永福,邓方林,柯熙政. 激光制导炸弹导引头半实物仿真系统方案设计[J]. 红外与激光工程,2002,31(2):166-169.

[14] 苏建刚,黄艳俊,刘上乾,等. 激光制导武器能量特性半实物仿真技术研究[J]. 光子学报,2007,36(9):1722-1725.

[15] 孟剑奇. 激光导引头探测灵敏阈外场测试方法研究[J]. 航空兵器,2000(5):14-18.

[16] 陆长捷,潘泉. 激光寻的制导导引头阈值精确标定系统研制[J]. 机械科学与技术,2007,26(4):532-536.

[17] 刘存成,吴越,韩刚,等. 微能量脉冲激光光源量值溯源与研制方案的思考[J]. 国防技术基础,2010(10):24-27.

[18] 刘立人,王利娟,栾竹,等. 卫星激光通信终端光跟踪检测的数理基础[J]. 光学学报,2006,26(9):1329-1334.

[19] 刘立人. 卫星激光通信Ⅰ链路和终端技术[J]. 中国激光,2007,34(1):3-20.

[20] 刘立人. 卫星激光通信Ⅱ地面检测和验证技术[J]. 中国激光,2007,34(2):147-155.

[21] 秦谊,王建民,王丽丽,等. 卫星激光通信跟瞄精度测试方法及其实验研究[J]. 光学技术,2007,33(4):557-563.

[22] 王雷,杨照金,黎高平,等. 绝对式高能量激光能量计温度特性研究[J]. 应用光学,2005,26(5):29-32.

[23] 王雷,黎高平,杨照金,等. 激光功率能量计量方法研究[J]. 应用光学,2006,27(特刊):41-46.

[24] 雷訇,李强,左铁钏. 大功率激光光束参数的测量方法[J]. 光电子·激光,2000,11(4):372-374.

[25] 陈绍武,王群书,赵宏,邵碧波,等. 一种大面积高能激光光束参数的在线测量方法[J]. 强激光与粒子束,2006,18(10):1589-1592.

[26] 王云萍,黄建余,乔广林. 高能激光光束质量的评价方法[J]. 光电子·激光,2012 (10):1029-1033.

[27] 王科伟,孙晓泉,马超杰. 高能激光武器系统申的光束质量评价及应用[J]. 激光与光电子学进展,2005,42(8):13-16.

[28] 高卫,王云萍,李斌. 强激光光束质量评价和测量方法研究[J]. 红外与激光工程,2003,32(1):61-64.

[29] 杜祥琬. 实际强激光远场靶面上光束质量的评价因素[J]. 中国激光,1997,A24(4):327-332.

[30] 关有光,傅淑珍,张凯,等. 强激光远场光斑光束质量的测试分析[J]. 强激光与粒子束,1999,11(增刊):40-43.
[31] 傅淑珍,关有光,高学燕,等. 32单元快响应强激光测试靶试验[J]. 强激光与粒子束,1999,11(增刊):49-53.
[32] 陈虹,王旭葆. 制造用高功率激光器光束质量的评价与测量[J]. 光学精密工程,2011,19(2):297-303.
[33] 赵岩,马洪远,南成根. 激光近炸引信技术[J]. 中国科技信息,2011(8):70-71.
[34] 黄代政,陈海清,杨国元,等. 激光引信中发射机光学组件的测试研究[J]. 激光与红外,2006,36(1):32-34.
[35] 谭佐军,陈海清,康竟然,等. 激光引信光学组件参数综合测试技术[J]. 激光与红外,2008,38(8):805-808.
[36] 陈守谦,张正辉,范志刚. 激光近炸引信测距能力的光学测试方法研究[J]. 红外与激光工程,2006,35(增刊):320-324.
[37] 张浩,贾晓东,于伟新,等. 激光近炸引信半实物仿真与性能验证系统[J]. 红外与激光工程,2008,37(6):1010-1015.
[38] 曾宪林,李翔. 机载激光目标指示器发展综述[J]. 激光与红外,2000,30(1):4-6.
[39] 李刚,汪岳峰,董伟,等. 激光照射指示器整机性能检测方法研究[J]. 红外与激光工程,2004,33(5):462-464,492.
[40] 曹海源,初华,张广远,等. 激光目标指示器综合检测诊断系统设计与实现[J]. 仪器仪表学报,2011,32(6):397-400.
[41] 郁正德. 激光侦察告警设备试验方法研究[J]. 航天电子对抗,2005(4):36-39.
[42] 王建军,张沛露,李岩,等. 激光告警内场仿真试验系统的设计[J]. 激光精密工程,2010,18(9):1936-1942.

第4章　可见光光电系统参数测量与校准

可见光光电系统是指在人眼可观测的(380～780)nm 光谱波段内,用于成像和观瞄的光电系统,比较典型的有可见光 CCD 摄像机、电视导引头等,还有机载、车载、舰载武器系统中的多种光电系统有机组合而成的武器光电系统等。近些年来,光电成像系统的发展极为迅速,已广泛应用于航空、船舶、光电火控、制导及红外夜视等军事领域,达到全天候观察和作战、目标捕获与自动跟踪的水平。对可见光成像系统的成像质量进行评价已经成为光学计量的一个重要领域。

4.1　可见光成像系统概述

可见光成像系统利用目标反射的可见光信息,对目标进行成像。成像器件主要为可见光摄像机,它不但具有体积小、重量轻、功耗小、寿命长、工作电压低和抗冲击等优点,而且在分辨力、动态范围、实时传输、信息处理等方面的优越性都十分突出。所以,目前在许多需要高速图像传输与处理的领域,可见光摄像机都得到非常广泛的应用。

可见光成像系统由于成像性能稳定,且具有较高的灵敏度和分辨力,因而在航空、航天、兵器、船舶等领域广泛使用。比较典型的应用范例是可见光电视搜索、跟踪、瞄准成像系统,一般是采用数字成像器件(CCD)将光学系统所成的像转化为数字信号,然后对数字信号进行放大和处理,最终将视频图像信号传输到显示器(LCD、CRT)上,进行图像显示。可见光光电系统成像原理如图 4－1 所示。

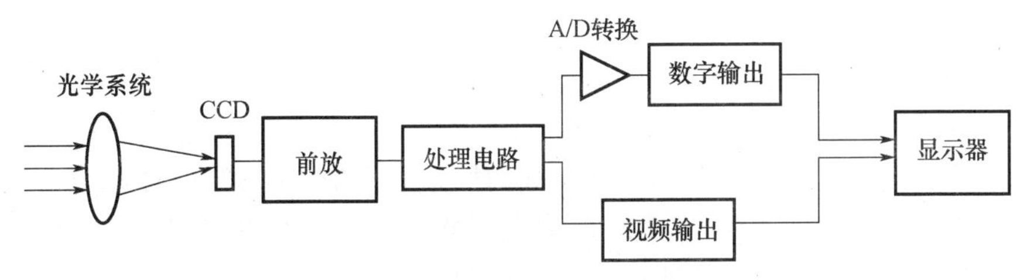

图 4－1　可见光光电系统成像原理

线阵 CCD 摄像机是另一类可见光成像系统,相对于面阵相机视觉系统而言,线阵 CCD 扫描视觉检测系统具有速度快、范围宽、精度高等优点,因而近些年得到广泛关注。

线阵 CCD 视觉检测系统由机械运动装置、光源、成像系统、图像采集及处理部分组成。以元件尺寸测量系统为例,线阵 CCD 扫描视觉检测系统结构示意图如图 4－2 所示。

电机带动传送带以一定的速度运动,待检元件在高频荧光灯的照射下,成像在线阵 CCD 的光敏面上。线阵 CCD 相机将得到的光信号转换成视频信号输出至图像采集卡,转换为数字信号后传送到计算机进行处理,从而得到元件的尺寸参数,并由此判断是否合格。传送带上装有光电开关,使得待检元件经过光电开关时才开始采集图像。同时为了控制图像数据的采集和元件的运动同步,在传送带的滚轴上装有一个编码器。滚轴每旋转一定的角度,编码器就输出一个脉冲。相应地,图像采集卡采集一帧线阵 CCD 数据。

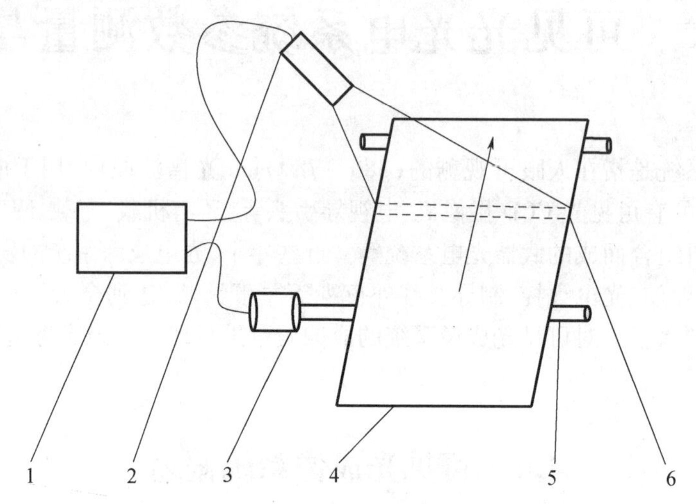

图 4-2 线阵 CCD 扫描视觉检测系统结构示意图
1—计算机;2—线阵 CCD;3—编码器;4—传送带;5—滚轴;6—扫描线。

4.2 CCD 摄像机的标定

CCD 摄像机是现代光电成像系统的核心,CCD 摄像机性能的好坏直接影响光电成像系统的成像质量。所以首先研究 CCD 摄像机的标定问题。

4.2.1 传统的摄像机标定方法

1. 摄像机标定的内涵

从定义上看,摄像机标定实质上是确定摄像机内外参数的一个过程,其中内部参数的标定是指确定摄像机固有的、与位置参数无关的内部几何与光学参数,包括主点坐标(图像中心坐标)、焦距、比例因子和镜头畸变等;而外部参数的标定是指确定摄像机坐标系相对于某一世界坐标系的三维位置和方向关系,可用 3×3 的旋转矩阵 $\boldsymbol{R}$ 和一个平移向量 $\boldsymbol{t}$ 来表示。

摄像机标定参数总是相对于某种几何成像模型而言,根据不同需要可建立不同的摄像机模型,一般将摄像机模型分为两大类:一类是在标定中不考虑各种镜头畸变的线性模型,如针孔模型和直接线性变换模型,主要应用于镜头视角不大或物体在光轴附近的情况,是其他模型和标定方法的基础;另一类是非线性模型,如扩展的针孔模型,考虑了线性与非线性畸变的修正问题以获得较高的精度,主要应用于广角镜头的场合。

目前,基于上述摄像机模型的摄像机标定已在许多研究领域得到广泛应用,满足了应用领域的精度、操作性和实时性等方面要求,从而促进了标定技术的研究和发展,使得摄像机标定领域学术思想活跃,出现了许多新技术、新方法。从广义上分,可将现有的摄像机标定技术分为两大类:基于标定物的摄像机标定法和摄像机自标定法[1-3]。

2. 基于标定物的摄像机标定方法

在标定过程中,基于标定物的摄像机标定方法都需要使用结构已知的标定参照物,通过建立标定参照物上三维坐标已知的点与其图像点的对应约束关系,利用一定的算法来确定摄像机模型的内外参数。根据标定参数的求解思想,大体上可分为三大类:线性变换法、非线性优化法和两步法。

1)线性变换法

线性变换法是在成像时不考虑任何的非线性补偿问题的情况下,建立一组基本的线性约束方程来表示摄像机坐标系与三维物体空间坐标系之间的线性变换关系,采用鲁棒的最小二乘法来求解线性方程,获得投影矩阵 $\boldsymbol{M}$,从而确定摄像机标定的内外参数。

线性变换法通过求解线性方程来获得标定参数,其算法简单,运行速度快,但需求解的未知参数多,计算量大,其标定结果的正确性对噪声很敏感,影响了标定精度。主要应用在镜头视角不大或物体在光轴附近的场合,直接线性转换是应用最为广泛的线性标定方法。

直接线性变换方法所使用的模型是:

$$u = \frac{x_w l_{00} + y_w l_{01} + z_w l_{02} + l_{03}}{x_w l_{20} + y_w l_{21} + z_w l_{22} + l_{23}} \tag{4-1}$$

$$v = \frac{x_w l_{10} + y_w l_{11} + z_w l_{12} + l_{13}}{x_w l_{20} + y_w l_{21} + z_w l_{22} + l_{23}} \tag{4-2}$$

式中:(x_w, y_w, z_w)为三维物体空间中控制点的坐标;(u,v)为图像上对应于三维控制点的图像点的坐标;l_{ij}为直接线性变换方法的待定参数。

不失一般性,我们可以令 $l_{23}=1$。如果知道 $N(N>5)$ 个标准参照物的控制点坐标(x_w, y_w, z_w)及其对应图像上的坐标(u,v),11 个参数就可以用线性最小二乘算法计算。

2)非线性优化法

摄像机的非线性标定是在考虑摄像机成像中存在非线性畸变的基础上,建立了标定点的空间三维坐标与图像点坐标的投影关系,采用迭代算法对非线性方程求解,从而获得被求解摄像机的内外参数和非线性畸变系数。这种标定方法主要用在摄像机广角镜头的场合,摄影测量学的大多数经典标定方法都属于这一类。

这类方法的优点是考虑了所有的摄像机非线性畸变,即可以选定任意的系统误差模型,因而如果提出的初始值估算模型比较好,而且能够很好地收敛时,就可以达到很高的精度;其缺点是需要的计算量非常大,而且由于采用迭代算法,稳定性差,需选择合适的初始值才可获得有意义的解。为了解决这类方法所存在的问题,采用了各种优化方法:传统优化方法、神经网络和遗传算法等,这些方法都极大地提高了标定精度。

当考虑非线性畸变时,直接线性变换方法中图像点与三维空间中控制点的对应关系则是:

$$u_i + \Delta u_i(u_i, v_i) = \tilde{u}_i = \frac{x_{wi} l_{00} + y_{wi} l_{01} + z_{wi} l_{02} + l_{03}}{x_{wi} l_{20} + y_{wi} l_{21} + z_{wi} l_{22} + l_{23}} \tag{4-3}$$

$$v_i + \Delta v_i(u_i, v_i) = \tilde{v}_i = \frac{x_{wi} l_{10} + y_{wi} l_{11} + z_{wi} l_{12} + l_{13}}{x_{wi} l_{20} + y_{wi} l_{21} + z_{wi} l_{22} + l_{23}} \tag{4-4}$$

在这里,(x_{wi}, y_{wi}, z_{wi}) 是标准参照物上控制点的坐标,且(u_i, v_i) 是标准参照物上控制点对应的实际图像坐标。这些图像点利用数字图像处理技术获得。$(\tilde{u}_i, \tilde{v}_i)$是校正后的图像点坐标。$\Delta u_i(u_i, v_i)$和 $\Delta v_i(u_i, v_i)$是在图像点(u_i, v_i)处的镜头畸变校正量。由此可以看出,在直接线性变换方法中,非线性畸变因素的引入是非常方便的。

3）两步法

两步法是介于传统线性法和非线性优化法之间的一种灵活标定方法。该法将上述两种方法相结合,先采用解析方法直接线性计算部分参数,然后以这些参数作为非线性优化的初值,考虑畸变因素,对其余参数进行迭代优化,故称为两步法。该方法一方面克服了传统线性模型的不足,考虑了镜头畸变,提高了标定精度,另一方面又通过解析法得到初值,从而减少了优化次数,提高了运算速度,有稳定的解。

在两步法中,CCD 阵列感光像元的横向间距和纵向间距被认为是已知量,其数值由靠摄像机厂家提供。所假设的摄像机内部和外部参数分别是：

(1）等效焦距 f;

(2）镜头畸变参数 k_1,k_2;

(3）非确定性标度因子 s_x,它是由摄像机横向扫描与采样定时误差引起的;

(4）图像中心或主点(C_x,C_y);

(5）三维空间坐标系与摄像机坐标系之间的旋转矩阵和平移向量 $\boldsymbol{t}$。

两步法基于以下几点观察,如图 4－3 所示。

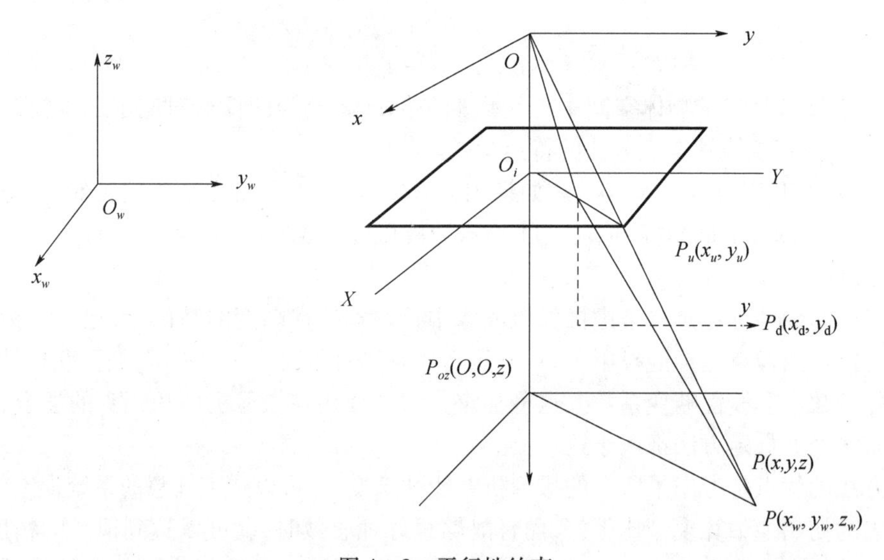

图 4－3 平行性约束

(1）假设摄像机镜头的畸变是径向的,无论畸变如何变化,从图像中心点 O_i 到图像点(x_d, y_d)的向量 $\boldsymbol{O_iP_d}$ 的方向保持不变,且与 $\boldsymbol{P_{oz}P}$ 平行。如图 4－3 所示,P_{oz}是光轴上的一点,其 Z 坐标与物点在摄像机坐标系下的坐标值相同。

(2）等效焦距 f 对 x_d 和 y_d 产生同样的影响,所以 f 的大小不影响向量 $\boldsymbol{O_iP_d}$ 的方向。

(3）当世界坐标系沿着 x 轴和 y 轴放置和平移,使得在每一点有 $\boldsymbol{O_iP_d}$ 平行于 $\boldsymbol{P_{oz}P}$,然后坐标系沿着 z 方向平移时,对 x_u 和 y_u 的影响相同,从而向量 $\boldsymbol{O_iP_d}$ 的方向保持不变。

(4）在每一点处向量 $\boldsymbol{O_iP_d}$ 与 $\boldsymbol{P_{oz}P}$ 的约束条件与径向畸变表达式的系数、等效焦距、三维空间平移向量 $\boldsymbol{t}$ 的 z 分量无关。这一约束条件对于确定三维空间的旋转矩阵 $\boldsymbol{R}$、从三维世界坐标系到摄像机坐标系平移向量的 x 和 y 分量、非确定性标度因子 s_x是充分的。

4）双平面定标方法

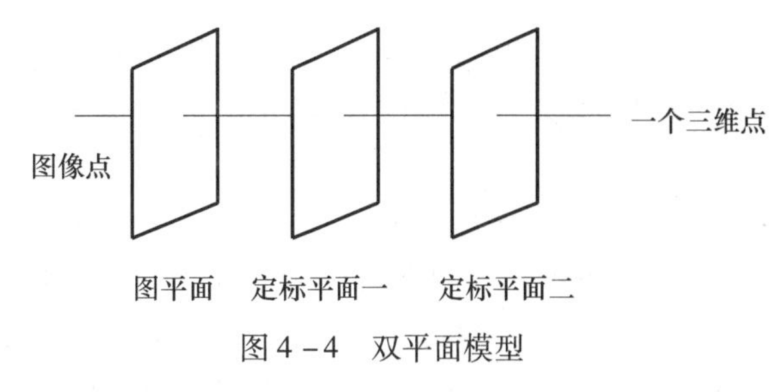

图4-4　双平面模型

在两步法的基础上，通过进一步研究，提出了双平面模型。双平面模型与针孔模型的基本区别在于，双平面模型不像针孔模型那样要求所有投射到像平面上的光线必须经过光心。给定成像平面上的任意一个图像点，便能够计算出两个定标平面上的相应点，从而确定了投射到成像平面上产生该图像点的光线。双平面模型如图4-4所示。

对每一个定标平面，利用一组定标点建立彼此独立的插值公式。虽然插值公式是可逆的，但其逆过程需要一个搜索算法，所以所建立的模型一般只用于从图像到定标平面的映射过程。在以上研究的基础上，提出了三种插值方法：线性插值、二次插值和线性样条插值。

线性近似时，定标平面上相应点坐标表示成图像点坐标的线性组合，计算公式为

$$\boldsymbol{p}_i = \boldsymbol{A}_i + \boldsymbol{L}, i = 1,2 \tag{4-5}$$

式中：$\boldsymbol{L} = (u, v, l)^{\mathrm{T}}$为图像点的齐次坐标；$\boldsymbol{p}_i = (x_i, y_i, z_i)^{\mathrm{T}}$为第$i$个定标平面上的相应点；$\boldsymbol{A}_i$为一个$3 \times 3$的回归参数矩阵。

要确定所有的参数值，对于每一个平面应该知道至少三点。当已知$N(N>3)$个定标点时，A_i可以利用最小二乘技术求解，求解公式为

$$\boldsymbol{A} = \boldsymbol{p} \times \boldsymbol{L}^{\mathrm{T}} \times (\boldsymbol{L} \times \boldsymbol{L}^{\mathrm{T}})^{-1} \tag{4-6}$$

3. 摄像机自标定法

摄像机的自标定方法克服了传统标定方法的不足，它不需要标定物，仅仅依靠多幅图像对应点之间的关系直接对摄像机进行标定。这种标定方法灵活性强，潜在应用范围广，主要应用在精度要求不高的场合，如通讯、虚拟现实技术等。其最大的不足在于算法鲁棒性和稳定性都差，需要估计大量参数。

1）基于基本矩阵和本质矩阵的标定方法

在双摄像机的立体视觉中，设空间任意点Q在两图像平面上的投影分别为q，q'，由光心C和Q形成的射线CQ表示对于左图像平面来说点Q的所有可能位置，它在右图像平面中的投影是极线l'，即对应于左图像平面投影点q的右图像平面点q'一定在右图像平面的极线l'上，这种几何关系即为极线几何约束。假设摄像机的成像模型为针孔模型，左摄像机坐标系为世界坐标系，由极线几何约束条件，可得两图像平面上对应点的关系表示如下：

$$\boldsymbol{q}^{\mathrm{T}}\boldsymbol{F}\boldsymbol{q}' = 0 \tag{4-7}$$

其中

$$\boldsymbol{F} = (\boldsymbol{A}^{-1})^{\mathrm{T}}\boldsymbol{s}(t)\boldsymbol{R}^{-1}(\boldsymbol{A}')^{-1} = (\boldsymbol{A}^{-1})^{\mathrm{T}}\boldsymbol{E}(\boldsymbol{A}')^{-1} \tag{4-8}$$

式中：q，q'分别为空间点在左、右图像平面上投影点q，q'的矢量坐标；$\boldsymbol{F}$为两个视图的基本矩阵，表示任意两个视图间的双线性关系，包含了摄像机的内部参数和外部参数；$\boldsymbol{A}$，$\boldsymbol{A}'$为标定矩阵；$\boldsymbol{s}(t)$为由平移向量t元素构成的反对称矩阵；$\boldsymbol{R}$为旋转矩阵；$\boldsymbol{E}$为两个视图的本质矩阵，表示两个摄像机坐标系之间相对运动位置关系，包含了摄像机的外部参数。

在标定中，如果已知两图像平面上的七个对应点对，即可通过一个非线性算法确定基本矩阵$\boldsymbol{F}$，但计算过程在数值上并不稳定。如果已知八个或八个以上非共面的对应点对，先对数值进行适当的规范化，再用简单且速度快的八点算法的线性方法获得超定的线性方程组，然后使

用最小二乘法求解出基本矩阵的估值,最后由奇异值分解(SVD)得到基本矩阵 $\boldsymbol{F}$,从而求出摄像机内部参数、本质矩阵 $\boldsymbol{E}$ 和摄像机外部参数。

2)基于 Kruppa 方程的自标定方法

O. D. Faugeras 等首次使用 Kruppa 方程来实现自标定,随后在摄像机自标定上得到进一步的研究。Kruppa 方程实质上表示了绝对二次曲线或绝对二次曲面在图像平面上成像满足极限约束条件,即假设绝对二次曲线 Ω 在两个图像平面上分别成像为 ω 和 ω',两个极面 Π_1,Π_2 与绝对二次曲线 Ω 相切,在两个图像平面上的极线也必须相应地相切于 ω 和 ω',这些约束用 Kruppa 方程表示如下:

$$[\boldsymbol{e}']_{\times}\boldsymbol{K}'[\boldsymbol{e}']_{\times} \propto \boldsymbol{FKF}^{\mathrm{T}} \tag{4-9}$$

式中:$\boldsymbol{e}'$为第二个图像平面上的极点的矢量坐标;$[\boldsymbol{e}']_{\times}$为与 $\boldsymbol{e}'$的矢量乘积相关的斜对称矩阵;$\boldsymbol{K}$,$\boldsymbol{K}'$为绝对二次曲线在两图像平面上投影图像的矩阵,$\boldsymbol{K}=\boldsymbol{AA}^{\mathrm{T}}$,$\boldsymbol{A}$ 为摄像机标定矩阵。

式(4-9)是 Kruppa 方程的一种表达,它将摄像机的内部参数(即绝对二次曲线的图像)与极线几何联系起来,提供了从极线几何约束求取摄像机内部参数的途径。根据 Kruppa 方程可以获得两个独立方程,而矩阵 $\boldsymbol{K}$ 含有五个未知参数,如果两个摄像机具有相同的内部参数(常量)$\boldsymbol{K}=\boldsymbol{K}'$,即可知至少需要三个基本矩阵(摄像机至少运动三次)就可以求解出 K,从而求解出摄像机的内部参数,至于摄像机的外部参数可以通过基本矩阵 $\boldsymbol{F}$ 获得本质矩阵 $\boldsymbol{E}$ 来求解。Kruppa 方程也可以用于摄像机的内部参数是可变的情况。

此外,还有一些特殊的自标定方法:基于几何学层级的自标定方法、纯旋转运动标定法、纯平移运动标定法和平面运动标定法。这些方法仅从图像对应点进行,不需要标定物,但需要控制摄像机做某些特殊运动,如围绕光心旋转或纯平移,利用这种运动的特殊性计算出摄像机的内部参数。

4.2.2 基于网格的 CCD 标定方法

1. 基于网格标定的基本思路

首先设计一个靶标,如图 4-5 所示。图 4-5 中,九条水平的平行线与九条垂直的平行线相交,把这些交点的坐标记为(X, Y),其所在平面称为 $X-Y$ 坐标系平面;这些点在 CCD 感光面成像的坐标记为(X_s, Y_s),其所在平面称为 X_s-Y_s 坐标系平面。图 4-6 为物体经过 CCD 后的成像示意图[4,5]。

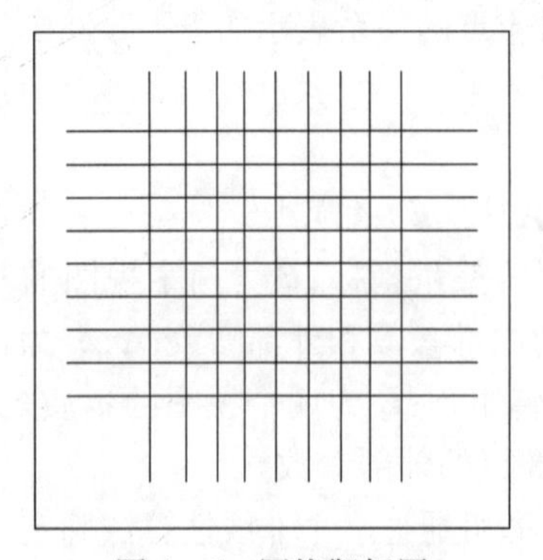

图 4-5 网格靶标图

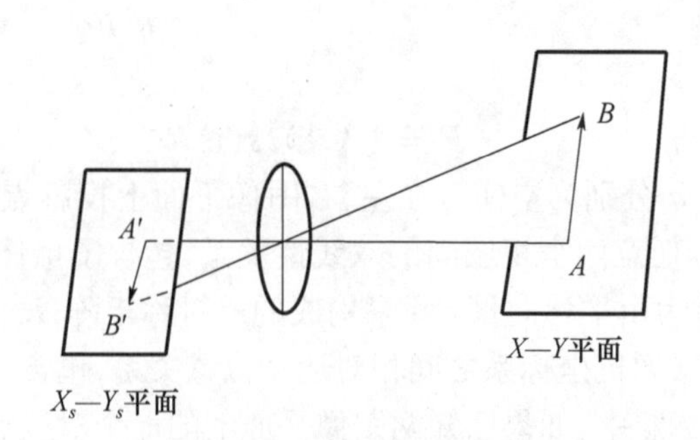

图 4-6 CCD 成像示意图

靶标由 $X-Y$ 平面到 X_s-Y_s 平面的转换经过CCD镜头和转换电路,由于CCD摄像机的转换频率和图像采集卡的采样频率不同等因素,所以 $X-Y$ 平面到 X_s-Y_s 平面存在某种几何变换关系。根据图4-6可知 AB 跟 $A'B'$ 存在几何比例关系,考虑到两个坐标系平面之间存在径向畸变和切向畸变,因此建立多项式模型进行畸变校正。

系统算法流程图如图4-7所示。

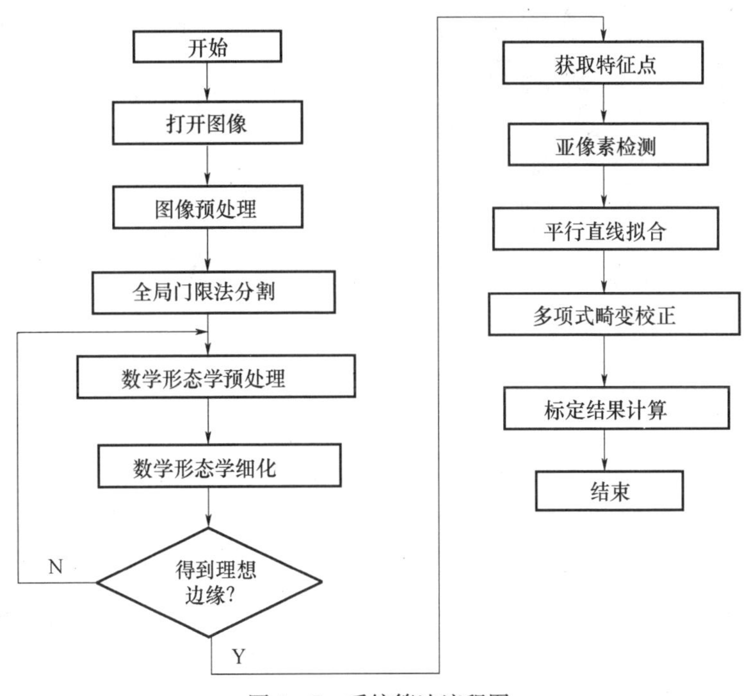

图4-7　系统算法流程图

2. 靶标设计

用于摄像机参数标定的靶标必须具有以下两个基本条件:

(1) 靶标特征点的相对位置关系已知;

(2) 图像特征点的坐标容易求取。

在实际标定过程中,常将标定靶标的特征点设计成圆孔中心、直线交点、方块顶点等易于加工和识别的对象。由于目前的机械、光学加工可以达到很高精度,因此在选取不同的靶标对象时,主要取决于是否能通过有效的特征提取算法精确获取特征点的图像坐标。同时还要综合考虑靶标的尺寸、摄像机焦距、成像物距和光照条件等诸多因素。

根据实际图像测量系统的视场大小,采用微电子掩膜板制作技术加工一个平面网格板玻璃靶标,靶标面上均匀分布着两组相互垂直的平行直线,其成像如图4-8所示。其中白色为透光线条,黑色部分不透光。靶标上共有9×9条透光直线,在水平和垂直方向上透光线条的宽度均为0.5mm,相邻两条透光平行线的同向边缘间距为2.5mm。网格板靶标采用网格线交点作为特征点,特征点的选择如图4-9所示。靶标网格线比一般靶标宽,目的是为了将透光线条两边分别作为边缘点进行计算,使靶标图像中存在更多边缘点,这样可使每个特征点有更多的边缘点参与拟合,以提高特征点提取的稳定性。

图 4－8　标定靶标成像

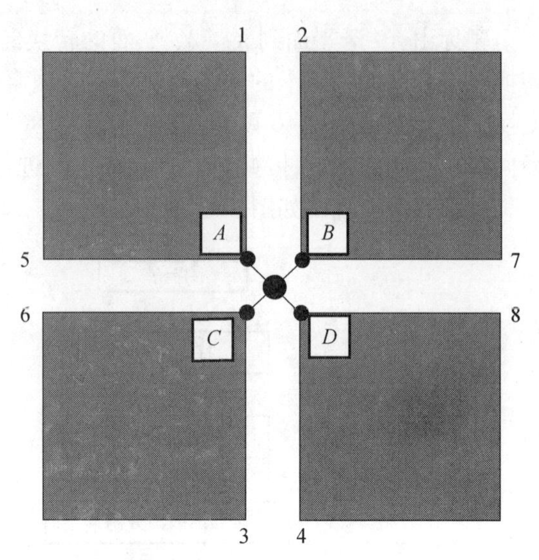

图 4－9　特征点的选择

3. 靶标特征点的提取

1）图像分块

靶标在放置时，使网格线与 CCD 的坐标基本平行，标定时采集的图像如图 4－8 所示。从图 4－9 可以看出，为了提取靶标特征点，首先要获得边缘点，然后进行直线拟合；再求直线交点，从而求出特征点。为了能有规则地获得边缘点并简化处理过程，对靶标图像进行了分块处理。以亮条中心的交点为分割点，可得到 9×9 个分割点，将图像分割成 10×10 个各自独立的小块。对每个小块进行边缘提取与轮廓跟踪，获得边缘点的像素点；然后利用灰度矩阵亚像素定位方法，对原图像进行边缘点的亚像素定位，以获得亚像素精度的边缘点。

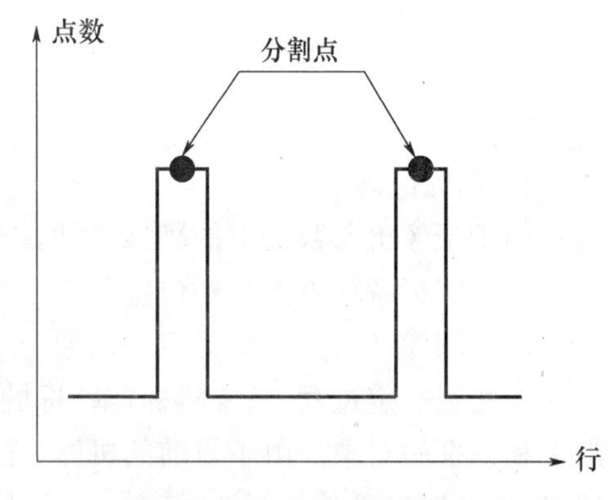

图 4－10　图像分块原理

图像分块方法如下：首先对靶标图像进行二值化处理，使图像上各点的像素值为 0 或 255。对图像进行行扫描，统计每行像素值为 255 的点的个数。因为网格板的直线与图像的轴线基本平行，所以网格板的每条横向透光线所在行的统计点数必然高于不透光的方块所在行的点数。以行为横坐标、每行统计的点数为纵坐标，可得到如图 4－10 所示的分布曲线。取图形中每个峰的中间点作为分割点，其所在的行数即为分割点的横坐标。同理，对图像进行列扫描，即可得到每个分割点所在的列数，并以此数值作为该点的纵坐标。这样就获得了分割点坐标，即实现了图像的分块处理。

2）直线拟合

获取了每段直线段的边缘点，即可拟合出该段直线的方程，再求相交直线的交点，进而得到特征点的位置。但采用这种方法时，如果某一段边缘存在较大误差，就会给该边缘直线段相关的特征点带来较大误差，从而对整个标定结果带来较大影响。为了减小这种影响，通常采用平行线拟合的方法，将彼此相互平行的直线一起参与最小二乘法拟合，得到各条直线的方程，然后再求交叉点的坐标。

由于摄像机镜头畸变等因素的影响,会使靶标中的直线在图像中成为曲线,所以当图像中存在畸变时,不能采用过长、过多的直线边缘进行拟合。有些文献在标定时既考虑了畸变影响,又采用较长的线段进行直线拟合,这是相互矛盾的。为此,选用了小范围的平行线拟合(见图4-9),将直线段1,2,3,4的边缘点一起进行平行线拟合,将直线5,6,7,8的边缘点一起进行平行线拟合。这样既增加了求取每个特征点时参与拟合的点数,又减小了因图像各个位置的畸变不同而带来的误差,提高了特征点提取的稳定性。

平行线拟合方法如下:设参与拟合的直线数为m,每条直线参与拟合的点数为$n_1,n_2,\cdots$每条直线的点集记为$P_j(j=1,2,\cdots,m)$。设平行线组方程为

$$\begin{cases} l_1: x\sin\theta - y\cos\theta + d_1 = 0 \\ l_2: x\sin\theta - y\cos\theta + d_2 = 0 \\ \vdots \\ l_m: x\sin\theta - y\cos\theta + d_m = 0 \end{cases} \tag{4-10}$$

利用最小二乘法构造如下目标函数:

$$W(\theta,d_1,d_2,\cdots,d_m) = \sum_{(x_i,y_i)\in P_1}(x_i\sin\theta - y_i\cos\theta + d_1)^2 + \sum_{(x_i,y_i)\in P_2}(x_i\sin\theta - y_i\cos\theta + d_2)^2 + \cdots + \sum_{(x_i,y_i)\in P_m}(x_i\sin\theta - y_i\cos\theta + d_m)^2 = \min \tag{4-11}$$

式中,(x_i, y_i)为拟合直线上点的坐标,令

$$\begin{cases} x_j = \dfrac{1}{n_j}\sum\limits_{(x_i,y_i)\in P_j} x_i \\ y_j = \dfrac{1}{n_j}\sum\limits_{(x_i,y_i)\in P_j} y_i \\ A_j = \left(\dfrac{1}{n_j}\sum\limits_{(x_i,y_i)\in P_j} {x_i}^2 - x_j^2\right) - \left(\dfrac{1}{n_j}\sum\limits_{(x_i,y_i)\in P_j} {y_i}^2 - y_j^2\right) \\ B_j = \dfrac{1}{n_j}\sum\limits_{(x_i,y_i)\in P_j} x_i y_i - x_j y_j \end{cases} \tag{4-12}$$

其中,$j=1,2,\cdots,m;i=1,2,\cdots,n_j$。

由式(4-11)可以证明,直线l_j必经过此点,令

$$A = \sum_{j=1}^{m} A_j, B = \sum_{j=1}^{m} B_j, (j = 1,2,\cdots,m) \tag{4-13}$$

则θ满足:

$$A\sin2\theta - 2B\cos2\theta = 0 \tag{4-14}$$

如果$B\neq0$,则有

$$\tan\theta = \frac{-A + \sqrt{A^2 + B^2}}{2B} \tag{4-15}$$

最后,利用$d_j = \cos\theta y_j - \sin\theta x_j$求出$d_j$,得出平行线组各条直线的方程。再求出相交直线的交点,进而得到特征点的位置。经实验验证,用平行线组最小二乘拟合法拟合直线,具有很

好的稳定性和较高的检测精度。

4. **基于靶标的摄像机位置调整**

在标定之前,需要对图像测量系统进行精密调整,保证摄像机 CCD 光轴与工作台平面相互垂直,否则测量图像会发生透视畸变而引起测量误差。透视畸变原理如图 4-11 所示。

采用一种基于靶标图像的快速调整方法,将网格靶标放在工作台上,可以很容易地调整靶标平面与工作台平行,通过采集靶标图像进行计算,即可判断摄像机光轴与靶标平面(即工作台平面)的位置关系,并可依此进行调整。该调整方法简单方便,无需其他高精度仪器即可完成。

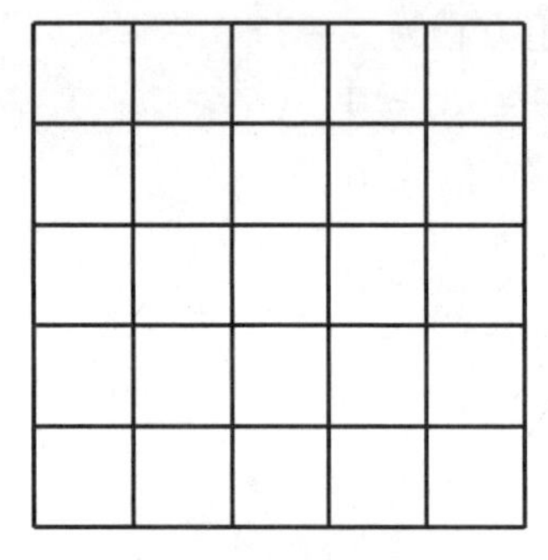

(a) 理想图像(物面与光轴垂直)

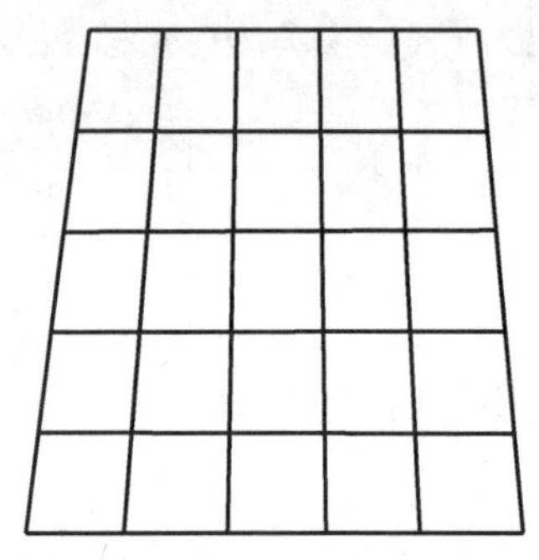

(b) 透视畸变(物面与光轴不垂直)

图 4-11 透视畸变原理

调整靶标时,应尽可能将靶标放在摄像机的视场中心,让光轴穿过靶标的中心区域。如图 4-12所示,在靶标平面内,在标定特征点阵上取一矩形 $ABCD$,其在像面上成像为 $A'B'C'D'$。由图 4-11 和图 4-12 可知,只有当 $A'B' = C'D'$, $A'D' = B'C'$时,矩形 $ABCD$ 所在的平面才垂直于光轴,即靶标平面垂直于光轴。为了提高调整的精度和稳定性,也可选择对多个矩形的边长进行判断。

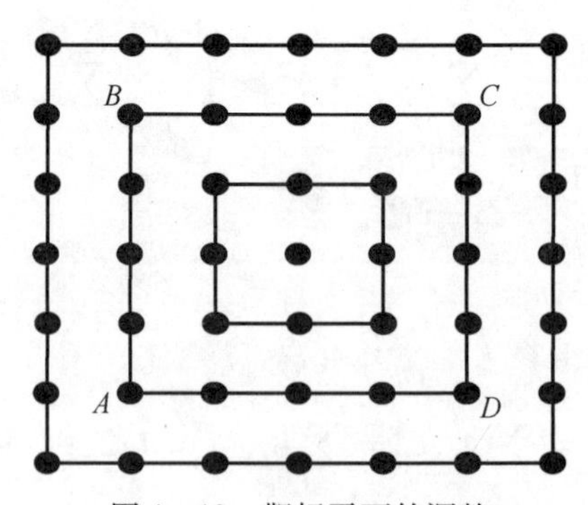

图 4-12 靶标平面的调整

5. **摄像机标定参数计算**

调整摄像机光轴与靶标平面垂直后,即可开始标定。由于靶标特征点的实际坐标已知,标定时采集一幅靶标图像,处理后得到靶标特征点在图像中的位置,根据靶标特征点在两个平面上的相对坐标计算出摄像机标定参数并进行畸变校正。

二维图像测量系统的标定通常采用两步法来进行:首先假定图像中心区域无畸变,利用中心区域的特征点,采用线性标定模型获得标定参数;然后再根据标定参数计算出各点的畸变值,带入畸变校正模型中,计算出畸变校正参数。

1）线性标定参数计算

图像点在计算机图像坐标系中的点坐标(X_f, Y_f)的单位是像素,靶标坐标系中的点(X_b, Y_b)的单位为毫米。考虑到靶标像平面与计算机坐标系之间的夹角为α,另外CCD摄像机阵列水平方向与垂直方向不一定垂直,存在一个θ角的轴偏变换,则靶标坐标与计算机像素坐标间的线性关系可表示为

$$\begin{cases} X_f = X_0 + a_1 X_b + a_2 Y_b \\ Y_f = Y_0 + b_1 X_b + b_2 Y_b \end{cases} \tag{4-16}$$

式中:$a_1 = \dfrac{\cos\alpha}{C_X}, a_2 = -\dfrac{\sin(\alpha+\theta)}{C_X}, b_1 = -\dfrac{\sin\alpha}{C_Y}, b_2 = \dfrac{\sin(\alpha+\theta)}{C_Y}$; X_0、Y_0为靶标坐标系相对于计算机图像坐标系的平移量。

在实际标定时,我们只需要求出$X_0, a_1, a_2, Y_0, b_1, b_2$,获得两坐标系的对应关系,而不需要求出$\alpha$与$\theta$。以中心区域的靶标特征点的坐标$(X_b, Y_b)$为自变量,对应的计算机像素坐标$(X_f, Y_f)$为因变量,得到方程组,利用最小二乘法,即可求出$X_0, a_1, a_2, Y_0, b_1, b_2$,令

$$\boldsymbol{E} = [X_0 \quad a_1 \quad a_2 \quad Y_0 \quad b_1 \quad b_2]^{\mathrm{T}} \tag{4-17}$$

$$\boldsymbol{A} = \begin{bmatrix} A_1 \\ A_2 \\ \cdots \\ A_n \end{bmatrix} \tag{4-18}$$

$$\boldsymbol{A}_i = \begin{bmatrix} 1 & X_b & Y_b & 0 & 0 & 0 \\ 0 & 0 & 0 & 1 & X_b & Y_b \end{bmatrix} \tag{4-19}$$

$$\boldsymbol{B} = \begin{bmatrix} B_1 \\ B_2 \\ \cdots \\ B_n \end{bmatrix} \tag{4-20}$$

$$\boldsymbol{B}_i = [X_f \quad Y_f]^{\mathrm{T}} \tag{4-21}$$

则有

$$\boldsymbol{E} = (\boldsymbol{A}^{\mathrm{T}}\boldsymbol{A})^{-1}\boldsymbol{A}^{\mathrm{T}}\boldsymbol{B} \tag{4-22}$$

式中:n为参与最小二乘的交叉点数。

2）畸变校正

根据求出的线性标定参数,可以计算出各标定特征点在图像中的理想像素坐标(X_f, Y_f),再根据图像得到实际像素坐标(X_d, Y_d),即可得出该点的畸变误差值,带入畸变校正模型,就可以计算出畸变校正参数。

若光学系统存在畸变,主要的畸变类型有三种:径向畸变、偏心畸变和薄棱镜畸变。径向畸变仅使像点产生径向位置偏差,而偏心畸变和薄棱镜畸变使像点既产生径向位置偏差,又产生切向位置偏差。设实际像点坐标为(X_d, Y_d),则实际像点与理想像点(X_f, Y_f)之间的畸变关系可表示为

$$\begin{cases} X_f = X_d + \delta_{xr} + \delta_{xd} + \delta_{xp} \\ Y_f = Y_d + \delta_{yr} + \delta_{yd} + \delta_{yp} \end{cases} \tag{4-23}$$

式中，$\delta_r,\delta_d,\delta_p$ 为径向畸变、偏心畸变和薄棱镜畸变的畸变误差值。

4.2.3 线阵 CCD 相机的标定

1. 数学模型

图4-13为一般线阵CCD的投影图，其中E点为投影中心点，OXY为物面，在其上建立如图所示的OXY三维世界坐标系，由于线阵CCD一般用于高速扫描系统中，这里建立的坐标轴OY与扫描方向同向；在CCD上建立像面坐标系$O_CX_CY_C$，其中原点O_C位于CCD的中心位置，O_CX_C沿CCD方向伸展，O_CY_C与世界坐标系OXY的面平行，其中α角是O_CX_C与OXY面的夹角，即与OX轴的夹角，而β角为O_CY_C与OY轴的夹角，即是与扫描方向的夹角；这两个角是线阵CCD重要的位姿角，会影响成像的精度，需要精确标定。投影中心点E与O_CX_C轴所组成的平面称为视平面，视平面与OXY平面相交于一直线，称为视线，如图4-13中的AB直线[6,7]。

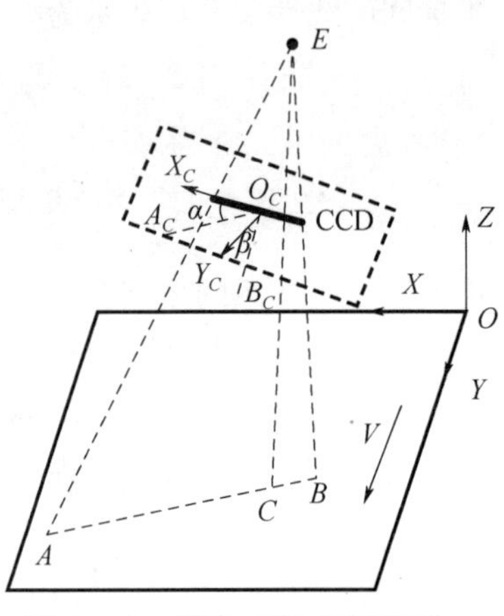

图4-13 线阵CCD实际模型

如图4-13所示坐标系，依据面阵CCD成像模型，可建立式(4-24)齐次映射关系，其中(X, Y, Z)为一物点坐标，而(u,v,z)为对应的像点坐标。

$$\begin{bmatrix} u \\ v \\ z \end{bmatrix} = \begin{bmatrix} m_{11} & m_{12} & m_{13} & m_{14} \\ m_{21} & m_{22} & m_{23} & m_{24} \\ m_{31} & m_{32} & m_{33} & m_{34} \end{bmatrix} \begin{bmatrix} X \\ Y \\ Z \\ 1 \end{bmatrix} \tag{4-24}$$

对于线阵CCD数学模型，可以借助于上述面阵模型分析的方法，因为线阵CCD可以看作是面阵CCD的一行像素被激活。展开式(4-24)可知，二维摄像机标定模型为

$$u = \frac{m_{11}X + m_{12}Y + m_{13}Z + m_{14}}{m_{31}X + m_{32}Y + m_{33}Z + m_{34}} \tag{4-25}$$

$$v = \frac{m_{21}X + m_{22}Y + m_{23}Z + m_{24}}{m_{31}X + m_{32}Y + m_{33}Z + m_{34}} \tag{4-26}$$

上式定义了世界坐标系的点投影到图像坐标系的过程。对于一维的线阵CCD摄像机，问题可以进一步简化，线阵CCD的图像横坐标u满足式(4-25)，而且，为了能够成像于线阵CCD，三维空间点被限制于视平面内，如图4-13所示，为不失一般性，视平面为

$$X = pY + qZ + r \tag{4-27}$$

将式(4-27)代入式(4-25)，并重新命名变量，因此得到：

$$u = \frac{n_1Y + n_2Z + n_3}{n_4Y + n_5Z + 1} \tag{4-28}$$

式(4-27)和式(4-28)定义了线阵CCD的视觉模型，模型与八个参数相关，即：n_1,n_2,n_3,n_4,n_5与p,q,r。标定的过程就是计算这些参数。则线阵CCD摄像机标定分为两步进行：

(1) 计算 n_1,n_2,n_3,n_4,n_5，利用至少五组对应点的数据(Y_i, Z_i, u_i)即可解出这五个参数，这归结为线性优化问题；

(2) 计算 p ,q,r,取视平面上的坐标点，计算出 p ,q,r。

由此看来，线阵 CCD 的标定与主动视觉结构传感器的标定过程类似，即首先标定出摄像机，而后标定光平面。所不同的是线阵 CCD 摄像机的两步标定相互独立，而主动视觉传感器并非如此。

2. 标定过程

图4-14 所示为线阵 CCD 标定结构示意图，靶标采用“平行线—斜线”靶标，三条平行直线 D_1,D_2,D_3，直线 D_4与其他三条成一定角度，这些直线在帧存中定义如下：原点定义不受限制，X 轴平行于 D_1，Y 轴垂直于 D_1，Z 轴垂直于 XY 平面。帧存中 $Z=0$，因此四条直线可以写成：

$Y=0(D_1)$；

$Y=\alpha(D_2)$；

$Y=\beta(D_3)$；

$Y=\gamma X+\delta(D_4)$。

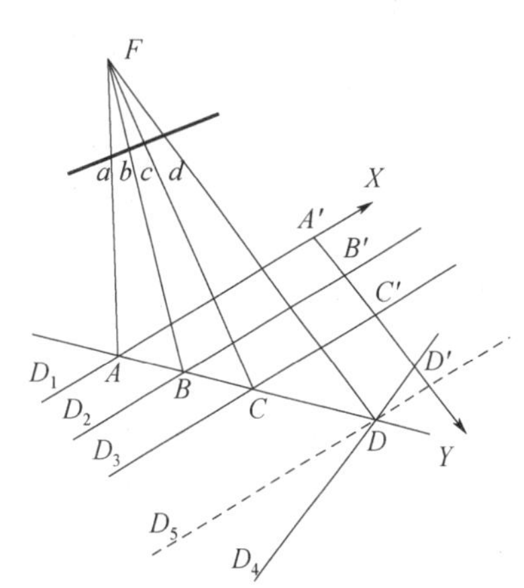

图4-14　线阵 CCD 标定结构示意图

其中，参数 $\alpha,\beta,\gamma,\delta$ 是固定的，它们决定了标定靶标的结构。标定过程如下：

1）计算 n_1,n_2,n_3,n_4,n_5

已知视平面与直线 D_1,D_2,D_3,D_4相交于 A,B,C,D 四点，投影到线阵 CCD 上相应四点 a，b,c ,d。A ,B,C,D 四点的精确位置未知，然而，由于标记靶标的特殊结构和标记帧的特殊选择，A,B,C 的 Y,Z 坐标已知，并且与视平面的位置和方向无关。因此，建立如下对应点组 $\{Y_A, Z_A, u_a\}$、$\{Y_B, Z_B, u_b\}$和$\{Y_C, Z_C, u_C\}$。在 Y 或 Z 方向以已知增量移动，根据新的位置坐标建立新的对应点组。将对应点组代入式(4-28)，对于每个点组，有等式(4-29)成立：

$$Y_i n_1 + Z_i n_2 + n_3 - u_i Y_i n_4 - u_i Z_i n_5 = u_i \tag{4-29}$$

当点组数大于5 时，可利用最小二乘法，解出 n_1,n_2,n_3,n_4,n_5的最优值。

2）计算 p ,q,r

由于视平面的位置无法精确确定，因此一般情况下，无法建立视平面上的点与投影点的对应点组。但由于标定靶标的结构特殊性，问题得以解决。定义共线点的交比为：根据交比不变性，有：$CR_{(A,B,C,D)}=CR_{(a,b,c,d)}$，$CR_{(A,B,C,D)}=(CA/CB)/(DA/DB)$。并作辅助线 D_5，则有

$$\frac{C'A'/C'B'}{D'A'/D'B'}=\frac{ca/cb}{da/db} \tag{4-30}$$

因此可知，如果线阵 CCD 摄像机同时对 A,B,C,D 四点成像，则交比可以通过计算 $CR_{(A,B,C,D)}$确定，进而确定 D'的位置，设 $y=\lambda$，则 D 点坐标由 D_4与 D_5交点确定，有

$$\begin{cases} Y=\gamma X+\delta \\ Y=\lambda \\ Z=0 \end{cases} \tag{4-31}$$

另外，由于 D 点一定在视平面上，而且它的位置可以通过图像获取并与摄像机参数无关。

通过在 Y 或 Z 方向以已知增量移动靶标,可以得到新位置靶标的坐标,取三个以上的对应点组,代入式(4-29),有下面等式成立:

$$pY_j + qZ_j + r = X_j \tag{4-32}$$

同样,由最小二乘法解出 p ,q,r。

至此,求出全部参数,对于线阵 CCD 扫描检测在工程上的应用,只要标定出所关心的摄像机几个关键参数即可。除了放大率和纵横比外,影响 CCD 成像误差的参数主要有 CCD 的共轭线与被测件运动方向的夹角 α、CCD 所在直线与被测件所在平面的夹角 β。

4.3 可见光成像系统的像质评价

4.3.1 可见光成像系统像质评价体系分析

可见光成像系统利用目标反射的可见光信息,对目标进行成像。成像器件主要为可见光摄像机,它不但具有体积小、重量轻、功耗小、寿命长、工作电压低和抗冲击等优点,而且在分辨力、动态范围、实时传输、易于信息处理等方面的优越性都十分突出。所以,可见光摄像机得到非常广泛的应用。

所谓成像性能,主要是像与物之间在不考虑放大倍率情况下的强度和色度的空间分布一致性。常用于成像性能评价的指标有几何像差、波像差、点列图、分辨力和光学传递函数(OTF)。其中,几何像差、波像差和点列图主要是在设计阶段用于评价系统的设计质量;分辨力则主要用于生产过程中检验产品的实际成像质量。

分辨力法可以用一个数值定量表示光学系统质量的好坏,测定分辨力也比较简单方便,因此在实际工作中得到普遍应用。但是分辨力的测定值随着测试条件和接收器的不同而有所不同,而且其大小所反映的仅仅是光学系统的分辨极限,与成像的清晰度之间并无必然的联系,有时会出现分辨力高而成像反而不清晰的情况。因此,它并不是一种十分完美的评价方法。

星点检验和点列图都是利用对像点形状、大小和能量分布来评定系统的成像性能。不同处在于:点列图用于设计阶段,它不考虑衍射,利用计算光线光路得到;而星点检验用在实际系统制造好以后的像质检验阶段,所得到的星点像既包含设计误差又包含制造、装调等误差,既包含几何像差又包含衍射效应,所包含内容比点列图丰富得多。星点检验虽然较全面地反映了成像质量,但由于这种观察提供了“太多”的质量信息而很难加以区分和定量处理。

近代光学理论的发展,证明了在线性空间不变的前提下光学系统可以被有效地看作一个空间频率的滤波器,而它的成像特性和成像性能评价则可以用物像之间的频谱之比来表示。光学系统的这个频率对比特性就是所谓的 *OTF*。它的幅值就是 *MTF*,它的相角被称为相位传递函数(*PTF*)。*PTF* 只是使像点相对理想位置有位移,并不能影响成像的清晰度,所以实际上主要是利用 *MTF* 来评价系统的成像性能。

可见光成像系统的成像性能只与灵敏度和分辨力有关。尽管用 *OTF* 评价像质已非常广泛,但是它只反映了成像系统对不同空间频率的分辨能力,没有考虑目标、背景的照度及其他各种噪声对成像系统的影响程度。而且由于 *OTF* 的测量依据严密的数学公式,所以它的测量只限于在实验室中。于是类比红外成像系统的最小可分辨温差(*MRTD*)这个指标,提出了最小可分辨对比度（*MRC*），它既反映了成像系统的空间分辨力，又反映出成像系统的探测灵敏度；而且，*MRC* 的数据处理简单，测量方便，不仅可在实验室完成，也可以在各试验现场进行。

因此在可见光成像系统的成像质量性能评价中，采用 *MRC* 这个参数，并结合常用的 *MTF* 指标，可以更方便、全面和快速地评价可见光成像系统在各种条件下的成像性能[8]。

4.3.2　建立在 *MRC* 和 *MTF* 基础上的成像质量测量系统

1. *MRC* 测量原理

测量 *MRC* 的原理是：将具有不同空间频率或不同尺寸的测试图案放置于背景中，改变测试图案的对比度，通过待测的可见光成像系统观察测试图案，当刚好能分辨出测试图案时，测试图案的对比度被称为成像系统在该空间频率或尺寸下的最小可分辨对比度。测试图案对比度定义为

$$C = \frac{L_t}{L_b} \tag{4-33}$$

式中：L_t，L_b为测试图案的目标亮度和背景亮度。

测量 *MRC* 的原理可用图4－15所示的框图表示。

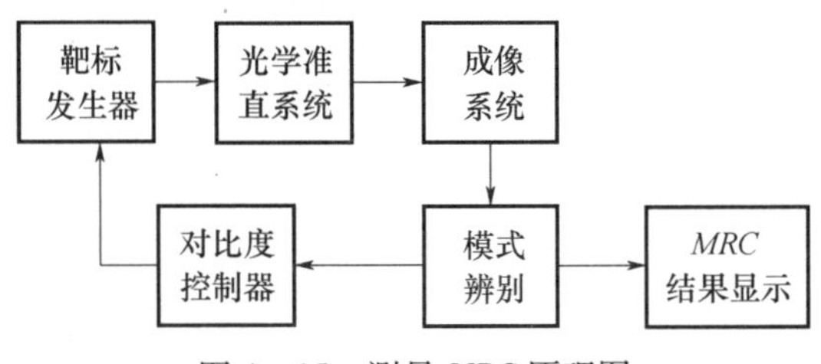

图4－15　测量 *MRC* 原理图

图4－15中，对比度控制器和靶标发生器配合提供测试 *MRC* 所必需的不同对比度、不同空间频率的测试图案。光学准直系统模拟测试图案位于无限远处，投射到成像系统上。

2. *MTF* 测量原理

在非相干照明条件下，如物点经光学系统成像的光强分布为 $h(u,v)$，则其归一化光强分布就称为点扩散函数（*PSF*），可写成：

$$PSF(u,v) = \frac{h(u,v)}{\int_{-\infty}^{\infty}\int_{-\infty}^{\infty} h(u,v)\,\mathrm{d}u\mathrm{d}v} \tag{4-34}$$

$PSF(u,v)$相同的区域就是光学系统的等晕区，即满足空间不变性条件的区域。

满足线性条件的光学系统，在等晕区中，式（4－34）可写为

$$i(u',v') = \int_{-\infty}^{\infty}\int_{-\infty}^{\infty} o(u,v)PSF(u'-u,v'-v)\,\mathrm{d}u\mathrm{d}v \tag{4-35}$$

上式表示像面的光强分布是物面的光强分布和点扩散函数的卷积。

根据傅里叶变换中的卷积定理，由式（4－35）可以得出

$$I(r,s) = O(r,s)OTF(r,s) \tag{4-36}$$

式中：$O(r,s)$和$I(r,s)$分别是物面光强分布$o(u,v)$和像面光强分布$i(u,v)$的傅里叶变换；r和s是频域中沿两个坐标轴方向的空间频率；$OTF(r,s)$是$PSF(u,v)$的二维傅里叶变换，即

$$OTF(r,s) = \int_{-\infty}^{\infty}\int_{-\infty}^{\infty} PSF(u,v)\exp[-2\pi j(ru - sv)]\,du\,dv \tag{4-37}$$

上式的幅值为光学系统的 $MTF(r,s)$。这就是点光源测量 *MTF* 的原理。

3. 测量装置

兼顾测量 *MRC* 和 *MTF* 的要求,设计由靶标照明及成像系统、靶标轮和电气测控系统组成的 *MRC* 和 *MTF* 测量装置,测量装置总体框图如图 4-16 所示。

1) 靶标照明及成像系统

由测量 *MRC* 的原理可知,测量 *MRC* 的一个关键是获取不同对比度的测试图案。理想积分球的工作原理表明,进入积分球的光经过吸收很小的内壁涂层的多次反射,最后可达到内壁上具有均匀分布的照度。此时的积分球就变成一个均匀明亮的发光球体,而且通过控制进入积分球的光能就可以调节这个发光球体的亮度。由此,可利用这样两个积分球即目标积分球和背景积分球对测试图案两面分别照明;为了减少环境的影响,更为了使测试图案两面的亮度易于准确地控制,两个积分球几乎重叠在一起,中间只要能插入测试靶标轮就可以,因此称之为重叠积分球法。重叠积分球法实现测试图案可调对比度的原理如图 4-16 所示。

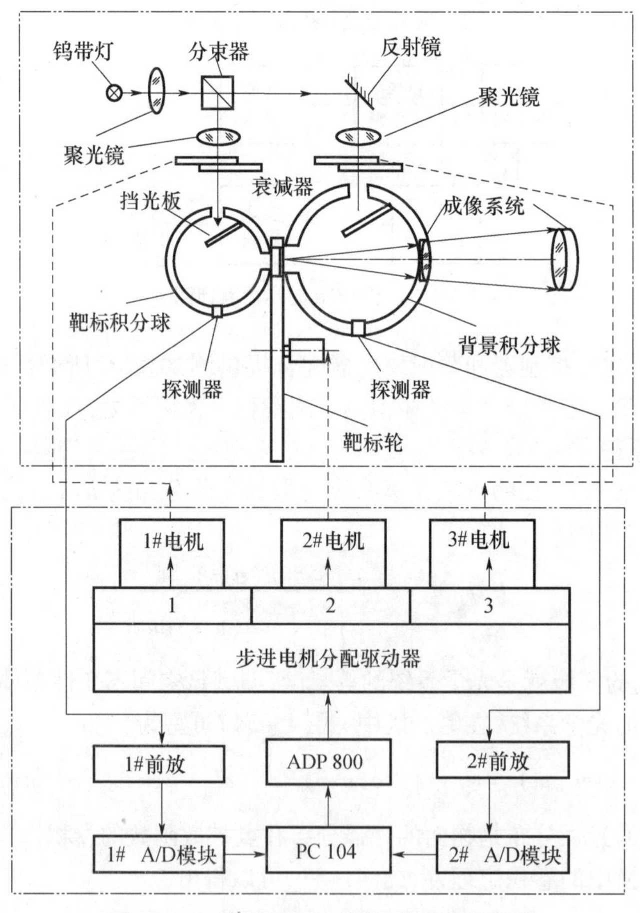

图 4-16 *MRC* 和 *MTF* 测量装置总体框图

光学系统采用单个光源由分光系统分光产生目标亮度和背景亮度,并投射到两个积分球之中。这样可以使目标和背景的光谱一致,并可减小光源引起的不确定度;靶标成像系统的作用是将靶标上的测试图案平行地投射到摄远物镜上,成像在摄远物镜的像方焦平面上,再经过一个目镜,并使摄远物镜的像方焦平面与目镜物方焦平面重合,就可以实现将靶标上的测试图案成像在无限远。

2）靶标轮

从 *MTF* 和 *MRC* 测量原理可知,*MTF* 和 *MRC* 的测量关键是靶标的选取。所以在整个装置中,靶标的作用很大。为了满足测量可见光成像系统的 *MTF* 和 *MRC* 这两个参数的需要,设计结构如图4－17所示的靶标轮。

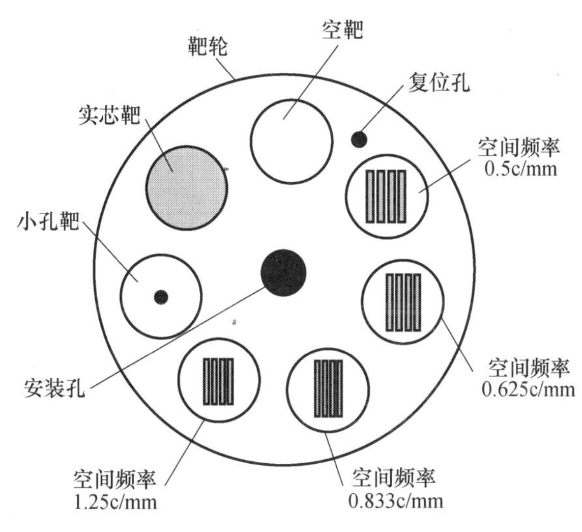

图4－17　靶标轮结构图

靶标轮安装在目标积分球和背景积分球中间。靶标轮为圆盘形状,外周做成齿轮结构,以便与外部的一个半径是其1/8的小齿轮啮合在一起,小齿轮由步进电动机带动。靶标轮上面装着七个不同的圆形靶,每个圆形靶与目标积分球右侧开孔和背景积分球左侧的开孔相同,通过适当的控制,这两个开孔与所需要的圆形靶相重合,以满足不同的测量需要。

七个圆形靶中,有四个不同空间频率的四条条形测试图案靶、一个小孔靶、一个实芯靶和一个空靶。

四条条形靶提供测量可见光成像系统 *MRC* 指标时所需要的测试图案。四条条形靶的空间频率分别为1.25c/mm,0.833c/mm,0.625c/mm和0.5c/mm。小孔就是当测量 *MTF* 时选用的测试靶。实芯靶用于标定背景亮度。标定时,将目标积分球的开口完全挡住,标准亮度计测试到的光只来自背景积分球。同样地,空靶用于标定目标亮度,标定时将背景积分球的光亮度调节到最小,标准亮度计测试到的光只来自目标积分球。

3）电气测控系统

电气测控系统完成积分球的亮度检测和调节功能,同时可实现对靶标轮的控制。目标积分球和背景积分球的亮度由安装在各自内部的光电探测器分别检测,目标积分球的亮度即为测试图案的目标亮度,背景积分球的亮度即为测试图案的背景亮度。亮度信号由作为光电探测器的硅光电二极管转换为电信号,经过前置放大电路放大之后由A/D模块转换为数字信号,送入计算机处理,并将处理后的目标亮度和背景亮度及对比度通过显示器加以显示。

在装置中,靶标轮上测试图案的对比度是可调的,这就需要调节进入目标积分球和背景积分球的光通量,为此在每个积分球的入口处各安放了一个衰减片,希望当衰减片转动时,能够改变进入各自积分球的光通量。靶标轮和衰减片由各自的步进电动机带动。

在测量时,当采用不同形式的测试图案或是让靶标轮按照不同的方式和速度转动时,则会对应于不同空间频率的测试图案情况,从而可以控制测试图案的空间频率可调,以满足大部分情况下的测试条件;当控制衰减片逆时针或顺时针转动时,就可以使目标或者背景亮度相应增大或减小。

4.3.3 斜缝法光电成像系统调制传递函数测量

由于 CCD 成像系统中,CCD 为离散光学元件,不严格具备空间不变性,尤其在高频时,采用普通光学传递函数的测量方法评价成像质量存在一定问题。为此,有人提出采用倾斜狭缝法的调制传递函数(MTF)测量方法,提高采样频率。狭缝方向与探测器空间倾斜示意图如图 4-18所示[9]。

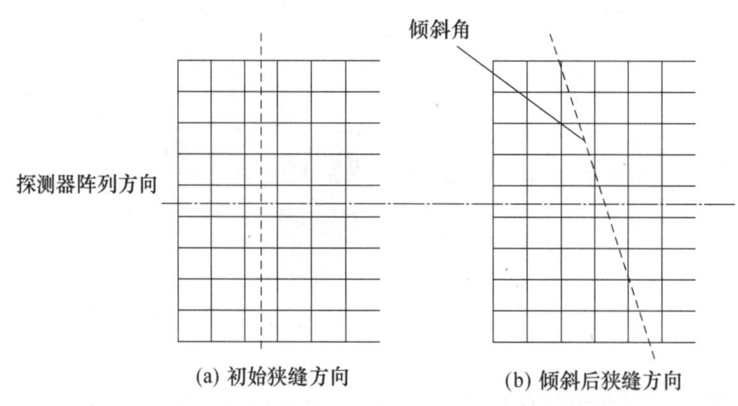

图 4-18 狭缝方向与探测器空间倾斜示意图

首先目标发生器给出狭缝测量目标,狭缝目标通过被测系统成像到 CCD 探测系统,目标像在 CCD 不同像元上的能量分布表现为线扩散函数,线扩散函数经过傅里叶变换计算得到光学传递函数。具体的数学公式如下:

$$OTF(u) = \int_{\infty}^{-\infty} LSF(x)\exp(-i2\pi ux)\mathrm{d}x = MTF(u)\exp[-iPTF(u)] \quad (4-38)$$

式中:$OTF(u)$为光学传递函数;$LSF(x)$为线扩散函数;$MTF(u)$为调制传递函数;$PTF(u)$为相位传递函数。

但是探测器采集图像的离散特性给测量带来了许多麻烦,在对傅里叶变换频谱进行测量时可能会出现相邻周期的高低频谱混叠现象。采用狭缝倾斜的方法可以提高采样频率,从而消除采样频率引起的频率混叠。倾斜狭缝法光电成像系统 *MTF* 测量原理如图 4-19所示。

在探测器上,不同的探测单元对应斜缝不同位置的采样数据。如图 4-19(b) 所示,对于斜缝边缘的每探测器行之间的位置偏差为

$$\Delta x' = \Delta y \times \tan\theta \quad (4-39)$$

式中:θ 为斜缝方向与探测器阵列方向的夹角;Δy 为探测器的行间距。

数据叠加和配准后,对图 4-19(c)边缘响应处理得到系统的线扩展函数。这里采样的奈

奎斯特分辨力为 $1/\Delta x'$，和原来的采样分辨力 $1/\Delta x$ 相比有效数据采集量得到了提高。根据奈奎斯特定律，在经过相同的空间分辨力要求下，采取基于斜缝匹配的测量方法可以对探测器和光学系统的分辨力等技术指标的要求适当降低，而主要关心探测器的其他技术参数，如均匀性、灵敏度、暗电流等。

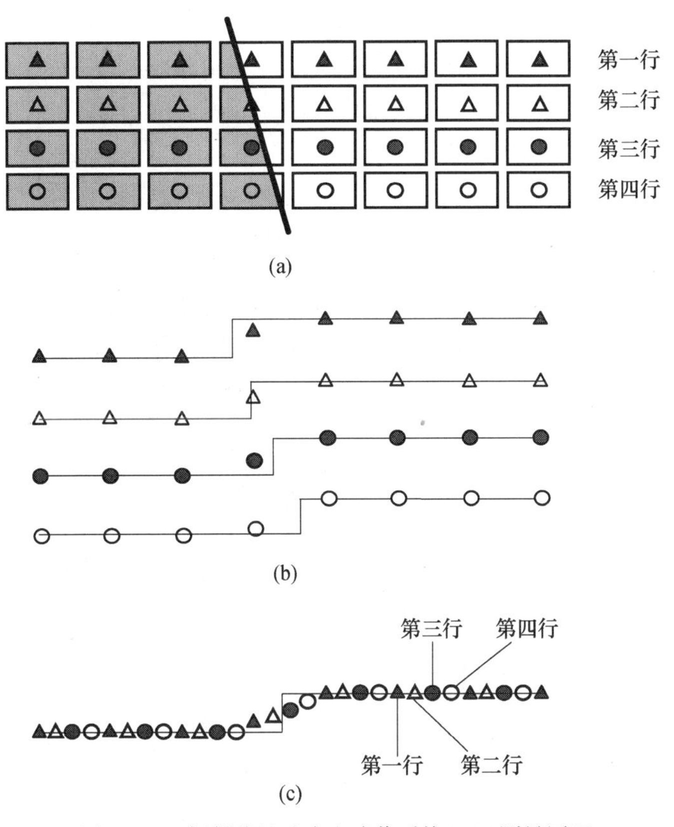

图 4-19 倾斜狭缝法光电成像系统 MTF 测量原理

图 4-19(a)、图 4-19(b) 绘出狭缝的一条边缘以及各位置对应的 CCD 像元对应的灰度值。将测量结果图 4-19(b) 进行数据叠加和匹配处理后，得到图 4-19 (c) 所示的灰度响应，对图 4-19(c) 边缘响应处理后就得到系统的线扩展函数，再进行傅里叶变化就得到系统的 *MTF* 值。

4.3.4 光电成像系统畸变测量

目前，搜索、跟踪类光学成像系统对畸变的要求非常高，要求达到微米量级。在光学设计中常用像高差 δy 相对于理想像高 y_i 的百分比 q' 表示相对畸变，即

$$q' = \frac{y_i' - y_i}{y_i} \times 100\% \tag{4-40}$$

式中：q' 为相对畸变；y'_i 为实际测量得到像高；y_i 为理论像高。

因此，光电成像系统的畸变精确测量主要取决于实际像高的精确获取。基于像高测量的高精度畸变测量系统如图 4-20 所示。

畸变测量装置主要由畸变测试靶标、平行光管、精密控制转台、图像/视频采集、处理系统及计算机组成。

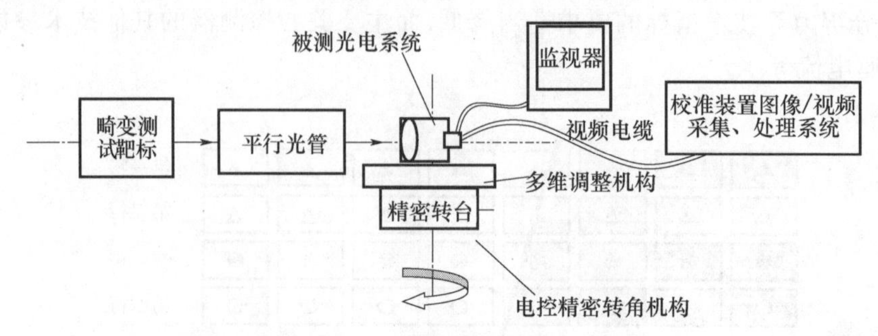

图4－20　高精度畸变测量系统示意图

畸变测试靶标提供分析被测光电系统成像质量的畸变测试目标，畸变测试靶标采用方格阵列形式，如图4－21所示，平行光管用于模拟无穷远目标；精密转台控制机构安装被测光电系统，并给定轴外视场；图像/视频采集、处理系统采集靶标图像，并进行图像处理、计算畸变值。

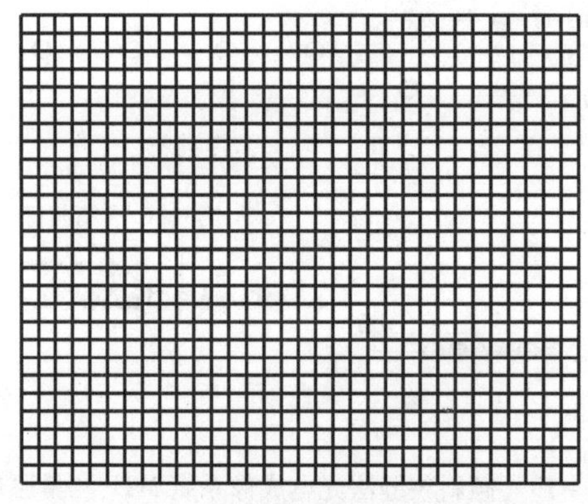

图4－21　畸变阵列测试靶

工作原理为：畸变靶标安装于光学准直系统焦面上，带有靶标信息的光束经被测光电系统成像在其系统的CCD像面上，图像信号由视频电缆输出到校准装置的图像/视频采集和处理系统中，该系统对靶标图像进行处理，计算像高和相对畸变，并绘制畸变曲线。

畸变测量步骤：

(1) 调整被测光电系统，使被测光电系统的图像中心与畸变靶标的中心对准并重合，将被测光电系统安装于多维调整台上实现此目标。

(2) 对畸变靶标图像坐标空间的几何变换，即计算理想像高。以近轴条件下的测量像高为基础，计算出轴外不同视场的像高。在中心对准(0视场)时，测量出畸变靶标中心的尺寸，连同靶标的实际间隔、平行光管焦距，运用放大倍率法计算该视场的焦距，记为中心视场焦距；然后，轴外各个视场的像高值都由焦距与视场角正切值的乘积计算得出。

(3) 运用最小二乘法和像高加权平均的方法计算靶标上方格阵列的质心，即测量实际像高。

(4) 用实际像高、理论像高和给定视场计算畸变，并绘制畸变校正曲线。

4.3.5　光电成像系统像面均匀性测量

1. 光学系统的像面照度

光学系统轴上像点的经典照度公式为[10]

$$E'_0 = \pi\tau B\left(\frac{n'}{n}\right)^2 \sin\theta \tag{4-41}$$

式中：τ 为光学系统的透过率；n,n'为物空间和像空间折射率；θ 为轴上视场成像光束的像方孔径角。

当物像空间介质相同时，$n = n'$，式(4－41)变为

$$E'_0 = \pi\tau B\sin\theta \tag{4-42}$$

利用几何光学进行推导，可以得到轴外角 ω 视场对应的像面照度按$\cos^4\omega$ 规律下降，即

$$E' = E'_0 \cos^4\omega \tag{4-43}$$

可见，在理论上像面照度是按视场角$\cos^4\omega$ 规律降低的。在像面上视场角为 $\omega = 20°$处，照度 $E' = 0.78E'_0$，在视场角 $\omega = 35°$处，照度 $E' = 0.45E'_0$。像面照度随视场角增加而显著下降。

当存在渐晕时，有

$$E' = K_a E'_0 \cos^4\omega \tag{4-44}$$

式中：K_a为轴外斜光束截面积与轴上光束截面积之比。

根据式(4－44)容易想到，如果 K_a具有随 ω 增大而增大的特性，即轴外斜光束截面积大于轴上，就将有可能实现像面照度的改善。

像面照度均匀性的测量，就是要测出光电成像系统对亮度均匀的发光面成像时，像面上各视场的照度 E'相对于中央照度 E'_0 的比值，即

$$k' = (E'/E'_0) \times 100\% \tag{4-45}$$

2. 像面照度均匀性测量问题的提出

光电观测设备一般以天空为背景观测远距离目标，从背景中对目标进行识别、提取，并对目标进行跟踪。因此，光电观测设备的光学系统像面照度不均匀度是光电测量设备光学系统设计的一个重要指标，影响光电测量设备对目标的发现和跟踪。长期以来对光电观测设备光学系统像面照度不均匀度的测量一直无测试设备，又无现成产品。以前关于光电观测设备的光学系统像面照度均匀性，只是作总体的评价，即在外场将光电观测设备对准晴朗天空，人眼观察电视靶面的照度均匀性，无量化指标。

随着光电观测设备性能的提高，对像面照度均匀性提出了新的更高的要求，这就要求研制高准确度的测量设备[11,12]。

3. 像面照度均匀性测量

像面照度均匀性测量现在大多采用直接测量法。直接测量方法中，用一个亮度均匀的漫射光源作为物平面，这种漫射光源可以是一块照亮的毛玻璃，或者是光从侧面照射的表面涂有白色漫反射层的平板。但是这两种方法都较难得到亮度均匀的表面，最好是采用积分球。图 4－22表示以积分球光源作为漫射光源的像面照度均匀性测量原理。

将被测光电系统安装于正对着积分球出口中央处，测出各个视场位置上的辐照度，计算其各视场辐照度与中心视场辐照度的比值即为像面照度均匀性。其光源发出的光，经过积分球多次反射，在出口处提供一个高均匀的照明面，同时，在后半积分球内表面以出口为中心，提供

一个 100 °张角的高均匀朗伯面,实现对大视场光学系统像面均匀性测试与校准。由图 4 - 22 可以看出,半径不等积分球及光源控制是测量装置的核心和关键。

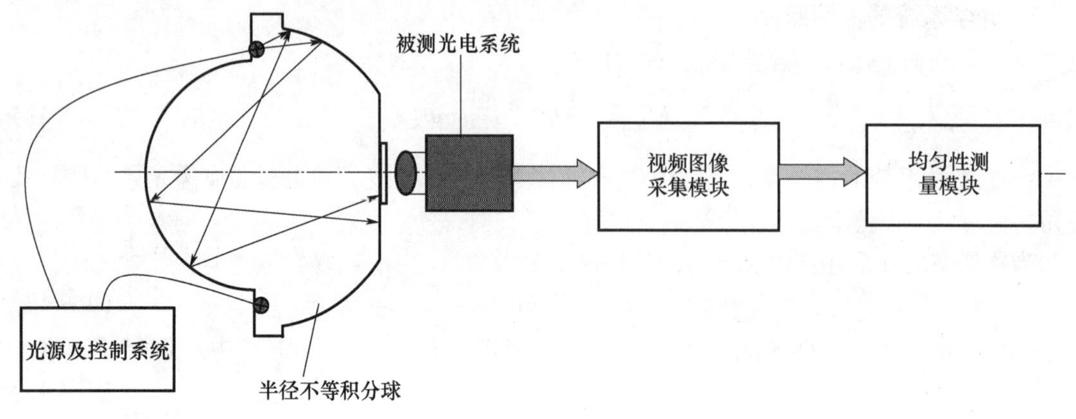

图 4 - 22 像面照度均匀性测量原理示意图

1）高均匀性积分球

像面均匀性测量中需要研制和提供积分球光源系统。采用双半不等半径的积分球制作技术,两个球的半径分别为 800mm、600mm,积分球出口尺寸 80mm;在后半积分球内表面以出口为中心,提供一个 100 °张角的高均匀朗伯面,提供大视场、亮度均匀的发光面(郎伯面)和照度均匀的照明面。其亮度均匀性 97%,出口处照度均匀性 97%。通过光阑减光、光纤导入和中性连续渐变减光等技术措施,实现色温恒定下照度的连续变化。

2）光源及控制电路

采用八路卤钨灯设计,用高性能的稳压、稳流控制电源来控制光源输出的稳定度,实现八个量级的高动态范围照度。同时,为了监测工作中积分球照度的漂移,在积分球上加光电探测器,探测器的输出用精密直流放大器进行放大,并通过电压表显示其输出,输出电路的稳定度可达到 0. 1%,将探测器的输出作为补偿输入到计算机中,并代入到后续的计算分析中,就可实现光源稳定性的控制与校准。

4. 4 可见光动态成像系统的像质评价

4. 3 节所说的成像系统像质评价主要是指在实验室对静态成像系统的像质评价。对于机载、星载光电成像系统,由于各种振动会引起成像质量变坏,这样静态成像质量就不能反映运动状态的成像质量,这就提出了动态成像质量的评价问题。

4. 4. 1 动态成像质量的基本概念

1. 光电成像系统的动像传递特性

任何一种光电成像系统,无论是线性等晕系统、扫描成像系统,还是凝视列阵系统,只要符合线性以及空间、时间域不变的条件,均可引入光学传递函数研究其成像特性。

光电成像系统一般含一个或多个时延元件。时延元件是指其时间响应特性对动像传递特性有显著影响的元件。荧光屏、光电导靶或 CCD 均属于时延元件。图像相对于光电成像系统的运动简称为像移或像动，像动一般是三维的[13]。

像动一般分为直接像动和间接像动两种情况：

（1）直接像动是指由于目标相对于系统的位移所引起的光学图像、电子图像或其他粒子图像沿时延元件表面的运动；

（2）间接像动是在目标相对于系统静止的情况下，上述图像沿时延元件表面的运动。无论是直接像动还是间接像动统称为像动。

2. 动像传递特性的基本数理模型

光电成像系统在空间域和时间域均满足线性和不变性条件，且其静像线扩展函数（*LSF*）或点扩展函数（*PSF*）可表示为可分离变量的函数，即可表示为时间响应函数与空域静像线扩展函数或点扩展函数的乘积。

根据傅里叶光学知识，调制传递函数可以有如下三种定义方式：调制传递函数是像对比度与物对比度的比值；调制传递函数是点扩展函数的二维傅里叶变换取模或者是线扩展函数的一维傅里叶变换再取模；调制传递函数是光瞳函数的自相关运算并取模。调制传递函数的三个概念之间并不是相互独立的，而是可以相互推导出来的。所以，根据不同概念所绘制的传递函数曲线都应该是相同的。

动像传递特性理论的基本数理模型可归纳为以下几点：

（1）在光电成像系统动像传递过程中，在像面即时延元件的表面上，沿 *X* 轴形成了一个静像 *LSF* 序列，它们的幅度受到时延特性和像动两方面的调制作用，这些受到调制的静像 *LSF* 幅度的包络称为理想动像 *LSF*。此系统的空域动像 *LSF* 就是其静像 *LSF* 与理想动像 *LSF* 作卷积积分形成的像。

（2）由上述过程所引起的“涂抹”效应即像质劣化可用空域理想动像光学传递函数（*OTF*）表示，它就是空域理想动像 *LSF* 的傅里叶变换。系统的空域动像 *OTF* 是其静像 *OTF* 与理想动像 *OTF*（静像为理想成像）的乘积。

（3）对于两维光电成像系统，若其静像 *PSF* 可表示成 *X*、*Y* 可分离变量的函数，则其空域动像 *OTF* 是沿 *X*、*Y* 两方向动像 *OTF* 的乘积。

总之，动像传递特性不仅与静像光电成像特性和时延特性有关，而且还与像动的规律（可用像动方程描述）有关。因此，要把光电成像系统与运动的目标或运动的信息载体组合成一个系统来分析研究。

由此可以看到，对动态成像系统进行像质评价时，在考虑是否满足线性和不变性条件外，还要考虑相对运动的规律，在模拟运动状态的情况下进行测量。

4.4.2　CCD 相机动态传递函数测量

1. 动态传递函数测试原理

CCD 相机整机系统包括光学系统、CCD 探测器、像移补偿单元、偏流控制以及图像处理系统等部分。通常采用对比度法进行调制传递函数（*MTF*）测量。*MTF* 的测量以矩形能量分布的高对比度黑白等间隔空间频率板作为目标，将其置于平行光管的焦面处，使之成为无穷远目标。目标经待测相机的光学系统将空间频率目标板成像在 CCD 接收器上。通过 CCD 器件、图像采集系统将黑白条纹像所对应的数字视频信息送入微机中，再通过数据处理系统进行数据分析、处理和计算。若空间频率目标板的黑白条纹像对应的灰度值分别用 I_{max}、I_{min} 表示，则

该目标像的调制度表示为

$$M = \frac{I_{\max} - I_{\min}}{I_{\max} + I_{\min}} \tag{4-46}$$

相机整机系统在该频率下的对比度传递函数(*CTF*)表示为

$$CTF = \frac{M(f)}{M(f_0)} \tag{4-47}$$

式中:f 为矩形目标板的空间频率。

CCD 相机系统进行传递函数测量时以 CCD 器件的奈奎斯特频率为目标板的空间频率,即 $f = f_N$,并以 $f_0 = f_N/128$ 作为传递函数的归一化零频。在实际测试时只完成对应 CCD 截止频率下的 *CTF* 测试。在矩形目标制作时,同时将 f_0 空间频率的条纹目标制作在一起,保证在同一状态下的测试精度。

根据式(4-47)得到的是整机系统的对比度传递函数 *CTF*,而传递函数的定义是以正弦分布的空间频率目标板为基础,由于正弦板制作困难,实际测量中大都采用方波目标板替代正弦目标板。其对 *MTF* 测量的影响属系统误差,在测量结果中予以修正。当测量空间频率为 f_N 时,忽略展开级数的高阶项,则 CCD 相机光电整机系统的传递函数表示为

$$MTF(f_N) = \frac{\pi}{4} \frac{M(f_N)}{M(f_N/128)} \tag{4-48}$$

依据上述 CCD 相机整机系统的传递函数测量原理,在实验室条件下,可以通过动态传递函数测试系统,依据奈奎斯特频率下图像接收器的最高传递函数,可以确定相机的最佳焦面位置,测试相机的动态成像质量。

动态传递函数测量系统主要由平行光管、动态目标模拟装置和主控计算机组成,而动态目标发生器是整个动态传递函数测试的核心设备[14,15]。图 4-23 为动态传递函数测试系统组成原理图。

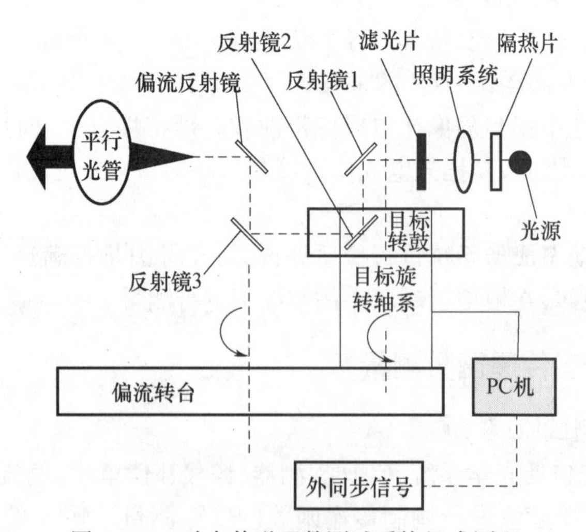

图 4-23 动态传递函数测试系统组成原理

2. 动态目标发生器

动态目标发生器由目标转鼓、滤光片、直流稳压源、照明光源、均匀散射板、聚光镜、目标轴系和偏流转台等部分组成,如图 4-23 所示。

目标转鼓上刻蚀特定空间频率f_N的黑白高对比度目标,通过目标旋转轴系的高速回转产生匀速运动目标,模拟相对于空间飞行器的地面像移。若偏流反射镜固定不动,目标转鼓等部件随着偏流转台旋转即可产生偏流目标,为CCD相机整机系统的动态传递函数测量提供偏航状态下的动态目标。

动态目标模拟装置位于平行光管焦面,经平行光管准直后,目标转鼓上的黑白条纹目标成为无穷远动态目标。当动态目标转鼓垂直于光轴以一定规律转动时,动态目标图形相对被测相机镜头即可模拟无穷远的动态目标。动态目标图形做成黑白等间距的矩形分布的条纹板图样,条纹方向与目标运动方向垂直。

根据CCD相机的技术参数控制动态目标发生器按一定的角速度旋转产生运动目标,同时产生外同步信号。CCD相机根据动态目标发生器产生的外同步信号,设置CCD相机的行转移周期和偏流角等技术参数,同时启动CCD相机进行摄像。通过对CCD相机所接收到的动态目标图像进行分析、处理、解算,就可获得该CCD相机对应截止频率下的动态传递函数*MTF*。

4.5　电视导引头性能测试

4.5.1　电视导引头概述

1. 电视导引头的工作原理

电视导引头制导是指在导弹顶部安装一个电视导引头,在导弹发射前和飞行过程中,导引头中的电视摄像机开机、搜索、跟踪、锁定目标,并连续不断地计算出目标与摄像机光轴之间的偏差,并随时将这一偏差值送到伺服系统中去。伺服系统调整摄像机,使其光轴对准目标。此时,摄像机的光轴与导弹的弹轴又出现了偏差,这两个轴之间的角度偏差会传送到导弹上的自动驾驶仪。自动驾驶仪根据此偏差值自动调整弹上的舵机,使导弹转向,直至弹轴与光轴重合。这样导弹就对准了目标,沿此方向飞行就能准确命中目标。

从功能上分,电视导引头可分为全自动电视导引头、人工装定电视导引头和捕控指令电视导引头[16]。

全自动电视导引头不需要人工参与,能对目标进行自动搜索、自动捕获和自动跟踪。当导弹飞到目标区域附近时,电视导引头自动开机并自动搜索目标,并可根据发射前装定好的目标信息自动捕获电视摄像机视场内的目标。目标被捕获后,导引头立即由搜索状态转入自动跟踪状态。由于这一系列工作都是自动进行的,所以安装有这种电视导引头的导弹也称为“发射后不用管的精确制导武器”。

典型的全自动电视导引头主要由电视摄像机、信号处理系统、目标图像跟踪系统、伺服系统、电源和机械构件几部分组成。

人工装定电视导引头是导弹在发射前,在发射平台上,导引头已开始工作,在人工参与下用波门将目标套住,然后发射导弹,导弹就自动跟踪和攻击被套住的目标。这种导弹射程不太远,导引头的作用距离就是导弹的最大射程。

捕控指令电视导引头较多用在机载导弹上,由飞机将导弹载到战区,然后由驾驶员将导弹发射出去。当导弹飞临目标区时,导引头开机搜索目标,同时弹上的图像传输机将图像信号传输给载机,驾驶员从监视器上观看图像,一旦发现图像中有目标,就向导弹发出停止搜索命令。

导引头停止搜索,但仍对准目标,驾驶员移动波门套住目标,同时发出捕获指令和跟踪指令,导引头根据此指令以及自身的能力锁住目标,进而引导导弹飞向目标并摧毁目标。

电视导引头一般由可变焦距光学系统、高分辨力 CCD 摄像机、稳定伺服平台、稳定伺服控制器、图像处理模块、接收控制模块、图像传输/指令接收接口模块、二次电源和舱体结构等部分组成,如图 4-24 所示。

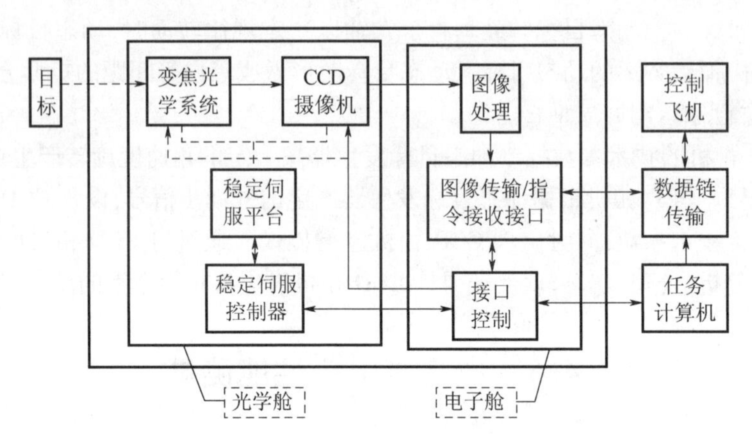

图 4-24 电视导引头基本组成框图

电视导引头完成获取目标图像、向传输系统提供模拟图像(或压缩数字图像)、锁定跟踪目标、向任务计算机(或制导计算机)输出目标角偏差信息(或目标角速度信息)等功能。

2. 电视导引头的性能要求

1) 捕获目标的最大距离

捕获目标的最大距离是电视导引头主要参数之一,它与弹的飞行性能、投弹高度和速度、目标的尺寸大小、目标和背景的对比度、照度、能见度、镜头焦距、CCD 器件大小等因素密切相关。

2) 跟踪目标的最小距离

跟踪目标的最小距离对制导炸弹命中精度有重要影响,对于采用形心跟踪算法的电视导引头,最小作用距离等于目标图像充满视场的距离,即盲区。对于采用相关算法的电视导引头,最小作用距离即为在一定距离时,充满视场的图像已无明显特征。

3) 跟踪精度

跟踪精度是电视导引头的一个综合指标,也是关键技术指标之一。它的大小可直接影响制导弹体的性能好坏。

4) 抗干扰能力

抗干扰能力有抗自然环境干扰能力和抗人为干扰能力。

5) 信号输出精度

信号输出精度是为了确保制导指令在形成与传输过程中,尽可能少地引入干扰,保证一定的纯洁性。

6) 平台隔离度

对采用比例制导的导引头而言,导引头系统平台需要有一定的隔离效果,隔离外界角运动对图像稳定的影响以及降低对视线角速度的耦合输出。

7）捕获概率

无论是人工锁定还是自寻的搜索锁定目标的电视导引头，对目标的捕获概率是一个重要指标，它表示电视跟踪器在对目标进行稳定跟踪前，能够识别被攻击目标并转入自动跟踪的能力。

8）记忆时间

由于云雾等因素的遮挡，已经捕获的目标从电视图像中短暂消失，此时要求电视跟踪器有一定的记忆跟踪能力。即目标出现短暂消失后又在电视图像中出现，要求电视跟踪器能从视频图像中分辨出被攻击的目标并实现对目标的稳定跟踪。记忆时间就是从目标消失瞬间到目标再次出现在视频图像中，电视跟踪器能再次自动识别出目标的时间。

4.5.2　电视成像导引头半实物仿真测试

成像导引头是成像制导导弹系统中最关键的组成部分，其性能直接关系到导弹武器系统的命中概率和作战效果，目前国内外都利用数学仿真或半实物仿真对其性能进行评估[17]。

1. 系统描述

成像导引头半实物仿真系统主要由三轴飞行转台、目标背景模拟系统、视频分析及记录系统、操控系统、总控与测评系统、实时数字接口、分布式通信系统几部分组成。将成像导引头接入这些设备组成的仿真回路中，就构成一个成像导引头在接近真实飞行环境下实施目标攻击的仿真飞行试验环境。成像电视导引头半实物仿真测试系统结构框图如图4－25所示。

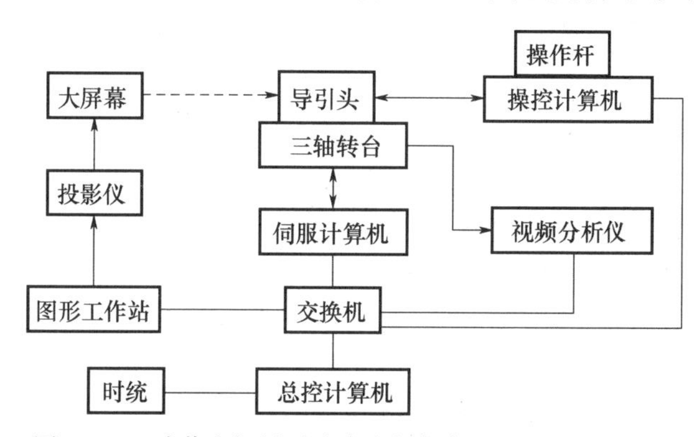

图4－25　成像电视导引头半实物仿真测试系统结构框图

其中，图像生成计算机、大屏幕显示设备、投影仪构成目标背景模拟系统，用于模拟产生导引头在性能测试时所需的不同场景和不同目标的图像。三轴转台模拟导弹在飞行中的偏航、俯仰和横滚三个自由度的运动。视频分析仪对原始的视频信号进行分析和记录，通过测量视频信号信噪比、目标大小等参数，给出目标特性基本信息，配合系统测试导引头的性能指标。

为使前述多机系统成为一个有机的整体，需要解决两个问题：一个是分系统之间的通信问题；另一个是分系统的同步问题。

将局域网技术用于系统仿真中，通过网络实现各分系统的资源共享、信息传递和系统协调管理。采用星型拓扑结构，选择10Mb/s或100Mb/s快速以太网交换机和100Mb/s的接口网卡。网络编程采用最常用的一种模型——客户机/服务器模型和基于TCP/IP通信协议的WinSock编程。以总控计算机作为服务器，其他分系统计算机为客户机。

网络传输延迟以及仿真分系统具有各自的时钟，造成分系统对时间理解的不一致。采用硬件同步方案解决时钟同步问题，利用GPS - B码时统和串口通信实现系统的同步。B码时统可以给设备提供RS - 232C接口的标准串行时间输出BCD码及各种频率脉冲信号。分系统计算机可以根据各自的仿真周期接收不同频率的脉冲信号和BCD码绝对时钟。在测试中，采用时戳机制，分系统在所有的状态信息中加入此信息发生的绝对时间，这样就可以精确获得系统中各信息发生的时间。

总控与测评系统负责各个分系统之间通信、协调以及半实物仿真实验的过程控制，同时对导引头进行性能分析与评估。总控与测评软件流程图如图4 - 26所示。

2. 系统测试

在系统仿真测试中，导引头安装在转台上，图形工作站生成静止或按一定规律运动的目标背景图像，通过投影仪投影到大屏幕上。同时，转台带动导引头按匀角速度、变角速度、低频小角度振动等方式运动。射手手动操作杆，通过操控计算机控制导引头锁定目标并跟踪目标，采集导引头的光弹轴夹角、脱靶量等输出信号，总控与测评系统根据接收的信息分析导引头的静态精度、动态响应速度、稳像能力等性能。

4.5.3 可见/红外成像精确制导系统仿真试验系统

针对可见/红外成像精确制导，有人提出一种基于半实物仿真原理，通过闭环和开环仿真方式，构建成一个TV/IR成像型精确制导系统仿真评估系统，对电视和红外导引头的图像处理算法、搜索算法、识别算法、跟踪算法进行验证评估，并完成对电视、红外成像导引头的抗干扰性能评估[18]。

1. 仿真评估系统构成

成像型精确制导信息处理系统需完成对视频图像的采集、图像预处理、图像分割、目标识别以及目标跟踪等处理工作，由于成像包含的信息量非常大，运算量也相应很大，因此对成像型精确制导系统的仿真评估系统软硬件提出了很高的要求，仿真评估系统框图如图4 - 27所示。

1）系统硬件组成

系统硬件由图形工作站、主控计算机、视频存储计算机和DSP高速图像处理系统、可控转台、CCD摄像头及光学投影仪等组成。

（1）HP图形工作站。

图形工作站用于生成实时动态的红外、电视虚拟战场环境图像信号，在考虑大气传输等对能量传输影响的情况下，实现对典型目标、典型背景、典型干扰的仿真模拟，或根据需要提供合适的外场实拍红外或电视录像，为成像型精确制导系统仿真评估提供图像源。

（2）DSP高速图像处理系统。

DSP高速图像处理系统由视频采集显示卡和高速图像处理板组成。视频采集显示卡主要负责红外/电视图像的采集和显示，DSP高速图像处理板对采集的红外/电视图像进行目标识别和跟踪算法处理后，输出目标的误差信息给主控计算机。

（3）可控转台。

具有六自由度的可控转台的作用是根据主控计算机发来的指令调整方位、俯仰角，使目标始终处于视场中相应的位置，转台控制器可通过计算机接口发送指令进行操作。

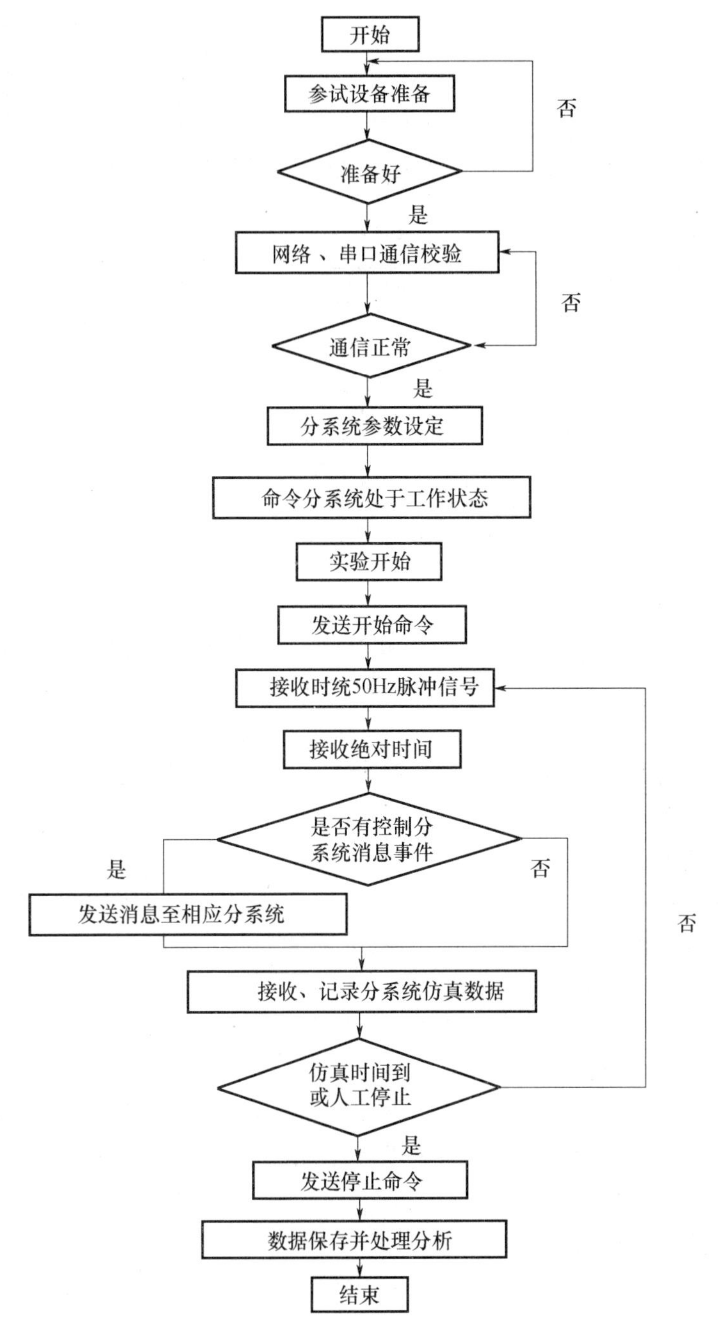

图4-26 总控与测评软件流程图

(4) 主控计算机。

主控计算机用于对成像型精确制导系统进行制导性能评估,通过视频卡采集并显示送来的红外/电视视频信号,通过RS422接口实时接收转台输出的目标方位、俯仰信息并将目标误差数据输送转台,通过IPC5313D接口实时接收DSP高速图像处理系统送来的误差信号,通过IPC5375D接口控制红外/电视信号切换,并通过RS232接口与存储计算机实时通信。

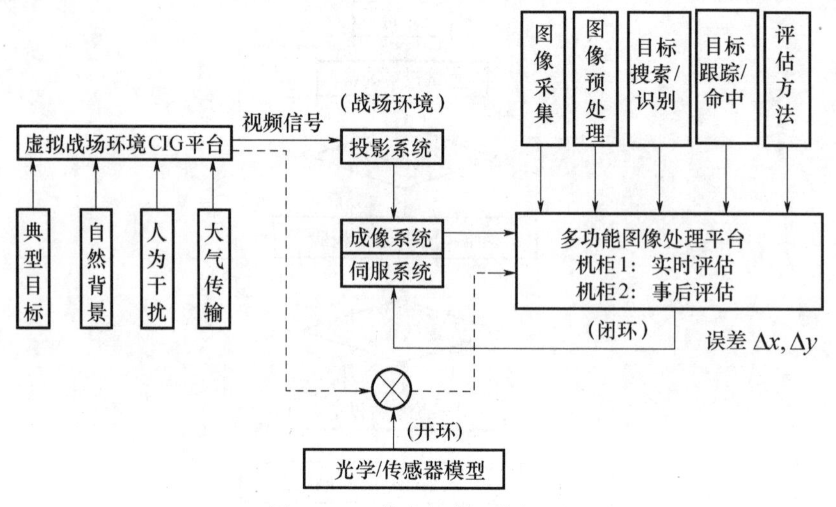

图 4-27 仿真评估系统框图

（5）存储计算机。

存储计算机通过 RS232 接口和主控计算机进行实时通信，通过视频卡实时采集、显示并存储红外和电视两路图像信号，并可重放所存储的视频图像，以便进行事后评估工作。

（6）CCD 摄像头。

CCD 摄像头的作用是通过镜头将物空间的实际景象转换成模拟电信号，送信号到图像采集卡并交计算机处理。

2）系统软件组成模块

系统软件主要由虚拟战场环境生成模块、监控软件模块、实时图像处理模块、计算机实时图像存储模块及评估模块几部分组成，软件系统各模块功能如下：

（1）虚拟战场环境生成模块。

虚拟战场环境生成模块提供整个成像型精确制导系统仿真评估的图像源，设计时需要考虑许多因素。根据典型目标的类型、参数、性能指标、运动状态，以及典型背景的类型、状态在不同的气候、地点、天气、时刻的特性，并考虑大气影响大小，以及导引头光学部分、探测器部分的影响，生成能反映目标、背景红外或可见光特性的战场环境。

（2）监控模块。

监控模块是控制系统运行的中心，具有通信功能、数据库存储功能以及精确定时功能，能通过 RS-422 和 RS-232 两种串行口分别与转台以及存储计算机通信，能在试验过程中将试验数据实时地存储起来，并能通过 I/O 板与 DSP 图像处理机通信。

（3）实时图像处理模块。

实时图像处理模块是成像型精确制导系统仿真评估的核心，包括目标识别和跟踪算法的设计，并通过硬件平台将算法实时实现。

基于红外/电视图像的低对比度和可能的各种噪声干扰，对数字化的图像进行预处理、图像分割、特征提取及目标识别。考虑到目标的各种可能情况，采用形心跟踪、相关跟踪、差分跟踪、峰值跟踪、预测跟踪等多种跟踪算法进行目标跟踪，以适应目标的大小和姿态变化，各种跟踪算法根据判别因子自动切换。基于提出的算法进行硬件定型并移植到硬件系统。

（4）评估模块。

评估模块的作用是对算法的有效性进行评估，评估时有三种评估方法：

① DSP高速图像处理系统对跟踪效果的判定。通过计算前后两帧的角偏差之差，如果在阈值之内，则跟踪有效，否则，跟踪无效。DSP高速图像处理系统将跟踪效果实时输出给主控计算机，将结果实时显示在屏幕上。

② 转台对跟踪效果的判定。转台可以输出一个字节，标识跟踪效果。

③ 人工观察跟踪波门，对制导性能进行判定。评估采用在线实时评估和离线事后评估两种评估方式对制导性能进行评估。

（5）计算机实时图像存储模块。

本模块的功能是将红外和电视两路视频信号通过视频接口实时存储到计算机。由于数据量非常大，主要采取三个措施达到图像的实时存储：

① 采用两块IDE硬盘、两个通道进行数据存储；

② 采用多线程技术保证两个通道均匀使用CPU；

③ 采用批处理方法，一次性将若干帧图像数据写入一个文件。

2. 系统工作原理

系统基于半实物仿真的景象投影和信号注入两种仿真评估方式，采用闭环仿真评估方式和开环仿真评估方式进行仿真评估。

1）闭环仿真评估

闭环仿真评估也就是景像投影半实物仿真评估方法，试验过程中，实际外场拍摄或计算机生成的场景图像信号通过投影仪形成虚拟战场环境，安装在转台上的电视导引头（CCD摄像头）获取虚拟战场环境，视频采集显示卡采集CCD摄像头传输过来的场景图像并交给DSP图像处理板进行处理。DSP高速图像处理板对采集的电视图像进行图像预处理、图像分割、特征提取、目标识别和跟踪算法处理后，模拟电视导引头的工作过程，并输出目标的位置误差给主控计算机。评估主控计算机实现接收时统信号、DSP处理过程信息及伺服跟踪目标的方位、俯仰数据，综合处理后通过转台控制实现导引头的搜索、跟踪，完成对导引头的性能评估。

主控计算机按时统标记实时记录输入的场景视频图像，叠加跟踪窗口后实时显示跟踪过程。对存储的目标/背景/干扰图像检索、记录，在事后评估时，作为信号源进行重复、可控评估。

2）开环仿真评估

开环仿真评估也就是信号注入式半实物仿真评估方法，试验过程中，实际外场拍摄或计算机生成的红外、电视场景图像信号不需要投影系统，而是直接由DSP高速图像处理板进行图像预处理、图像分割、特征提取、目标识别和跟踪算法处理后，模拟电视/红外成像系统制导头的工作过程，实现对导引头的搜索、跟踪算法的验证评估，以及实现对导引头的抗干扰性能评估。

4.5.4　基于光学传递函数的电视导引头动态跟踪特性测试

4.4节介绍了动态传递函数的基本概念。有人根据基于空域的匀速直线运动以及简谐振动的动像传递函数数学模型，依据几何光学理论，通过控制激光点光源的运动，实现动像的模拟。通过测量被测电视导引头在该运动激励下的静像、动像传递函数，与理论数学模型进行比较,实现了一种成本较低、系统紧凑、动态模拟、可方便调节的动态跟踪特性测试系统,用于对电视导引头进行像质评价[19,20]。

1. 动态跟踪特性测试系统

基于动态传递函数的动态跟踪特性测试系统如图4-28所示,沿光线传播方向依次放置的光学元件包括激光光源、大视场准直物镜、望远镜组、湍流模拟装置、待测光学系统。

激光光源相对于光学镜组等单元独立安装在气浮轨迹运动机构上,根据成像目标的运动特性制定轨迹模拟控制策略,驱动轨迹运动机构模拟目标运动,产生目标动像。当针孔静止或运动时,在像面上可以获得相应的静像或动像点扩展函数,经过数学分析与计算,可以获得光电探测系统静像或动像传递函数。图像传感器所采集到的图像是点光源(针孔)通过待测光学系统镜组后所形成的图像。由于待测光学系统采用CCD作为图像传感器件,因此成像模型还要考虑到CCD成像过程中时间的一重积分和面元上的二重积分。

从图4-28的测试系统可以看到,这种方法不仅适用于电视导引头,而且适用于红外导引头和红外跟踪系统,此时只要将激光光源换作红外光源即可。

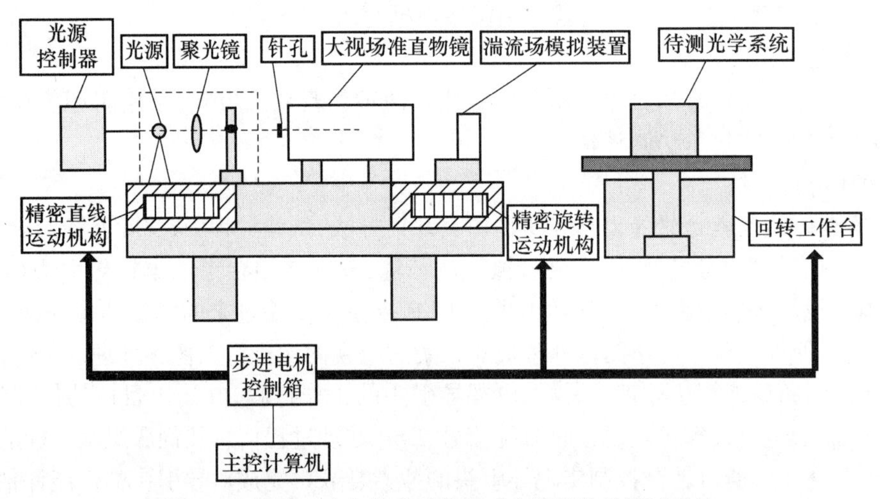

图4-28 基于动态传递函数的动态跟踪特性测试系统

2. 动态跟踪特性评估

1)静像调制传递函数测量

对静像传递函数的测量,应使轨迹运动机构静止不动。保持在成像过程中,点光源相对于CCD静止。

打开光源,针孔最终成像在待测光电系统的CCD上。CCD上接收到的是点光源的点扩展函数PSF,它是关于CCD的x轴与y轴的二维函数,因此写成$PSF(x,y)$。它经过CCD采样积分后,每一个像素的输出值为

$$PSF(\xi,\eta) = \int_{(\xi-1)a}^{\xi a}\int_{(\eta-1)b}^{\eta b} PSF(x,y)\,\mathrm{d}x\mathrm{d}y \tag{4-49}$$

式中:a为CCD在x方向上的像素宽度;b为CCD在y方向上的像素宽度;ξ表示x方向上的第ξ个像素;η为在y方向上的第η个像素。

对CCD采样数据进行离散傅里叶变换,得到静像的光学传递函数,取模后获得的就是静像调制传递函数。

$$MTF(f_x,f_y) = \left|\sum_{\xi=0}^{M-1}\sum_{\eta=0}^{N-1}P(\xi,\eta)W_M^{k_x\xi}W_N^{k_y\eta}\right| \tag{4-50}$$

式中:P 为像素的输出信号;$k_x = 0,1,2,\cdots,M-1$;$k_y = 0,1,2\cdots,N-1$;$W_M = e^{-j(2\pi/M)}$;$W_N = e^{-j(2\pi/N)}$;M 为 CCD 在 x 方向上共有 M 个像素;N 为 CCD 在 y 方向上共有 N 个像素。

2)动像调制传递函数测量

对动像传递函数的测量,应使轨迹运动机构承载光源、聚光镜、针孔在 CCD 曝光时间内一起做待考察的运动。

打开光源,运动的针孔最终成像在待测光电系统的探测器 CCD 上。CCD 上接收到的是点光源的点扩展函数 PSF,它不仅是关于 CCDx 轴与 y 轴的二维函数,而且还是关于速度 v 的函数,而速度又与时间 t 有关,因此运动的点扩展函数可以写成 $PSF(x,y,v(t))$。CCD 每一个像素的输出信号为

$$P'(\xi,\eta) = \int_{(\xi-1)a}^{\xi a}\int_{(\eta-1)b}^{\eta b}\int_0^T PSF(x,y,v(t))\,\mathrm{d}x\mathrm{d}y\mathrm{d}t \tag{4-51}$$

式中:T 为 CCD 的积分响应时间。

对 CCD 采样数据进行离散傅里叶变换,得到动像的光学传递函数,取模后获得的就是动像调制传递函数。

$$MTf'(f_x,f_y) = \left|\sum_{\xi=0}^{M-1}\sum_{\eta=0}^{N-1}P'(\xi,\eta)W_M^{k_x\xi}W_N^{k_y\eta}\right| \tag{4-52}$$

参考文献

[1] 陈爱华,高诚辉,何炳蔚. 计算机视觉中的摄像机标定方法[J]. 中国工程机械学报,2006,4(4):498-504.

[2] 邱茂林,马颂德,李毅. 计算机视觉中摄像机定标综述[J]. 自动化学报,2000,26(1):43-55.

[3] 曾令虎,刘鹏. 摄像机标定的研究[J]. 武汉工业学院学报,2011,30(3):47-53.

[4] 王培珍,蔡劭星,董恒志. 一种二维图像测量系统的标定新方法[J]. 计量与测试技术,2010,37(10):10-16.

[5] 刘力双,孙双花. 一种基于网格的图像测量系统高精度标定方法[J]. 工具技术,2008,42(10):140-144.

[6] 李俊伟,邓文怡,刘力双. 一种线阵 CCD 检测系统的调整和标定方法[J]. 现代电子技术,2009(11):141-144.

[7] 张洪涛,段发阶,丁克勤,等. 基于两步法线阵 CCD 标定技术研究[J]. 计量学报,2007,28(4):311-313.

[8] 李文娟,张元,于勇,等. 可见光成像系统成像性能检测研究[J]. 光电子 激光,2013,24(12):2360-2366.

[9] 李铁成,陶小平,冯华君,等. 基于倾斜刃边法的调制传递函数计算及图像复原[J]. 光学学报,2010,30(10):2891-2897.

[10] 钟兴,张元,金光. 大视场光学系统像面照度均匀性优化[J]. 光学学报,2012,32(3):0322004-1~032204-6.

[11] 张鑫,林家明,张哲,等. 大视场 CCD 成像系统像面均匀性测试技术研究[J]. 光学技术,2005,31(6):846-848,853.

[12] 王力,贺庚贤,沈湘衡. 基于面阵 CCD 的光电测量设备光学系统像面照度不均匀度测量系统[J]. 光电子技术,2008,28(3):212-215.

[13] 朱克正,赵宝升,邹远鑫,等. 光电成像系统动像光学传递函数[J]. 光子学报,2003,32(12):1456-1460.

[14] 何煦,陈琦. CCD 相机动态传递函数核心测试设备的设计[J]. 光学技术,2010,36(3):464-468.

[15] 于洵,宋无汗,王英,等. 一种光电系统动态调制传递函数测量方法的研究[J]. 应用光学,2013,34(6):928-932.

[16] 陈明能,钟时俊,何衡湘. 浅谈电视图像导引头的设计[J]. 产品开发与设计,2004(6):24-26,41.

[17] 李焱,肖颖杰,王越. 成像导引头半实物仿真测试系统设计与开发[J]. 仪器仪表学报,2005,26(8 增刊):693-694,697.

[18] 娄树理,周晓东. 成像型精确制导系统仿真技术研究[J]. 现代防御技术,2007,35(5):76-80.

[19] 田宇,赵博,汪浩. 基于光学传递函数的电视导引动态跟踪特性测试技术[J]. 战术导弹技术,2013,(2):99-103.

[20] 田宇,汪浩,赵博. 基于 OTF 的红外动态跟踪特性测试技术研究[J]. 计算机测量与控制,2013,(9):2352-2355.

第5章　综合光电系统参数测量与校准

上面几章我们按照光电武器系统的工作波长和传感器的工作类型进行划分,分别开展讨论。在现代光电武器系统中,有些同时涉及到可见光、红外和激光,性能上不仅涉及观察,而且涉及跟踪和瞄准,我们把这一类光电武器系统统称为综合光电系统,比较典型的有光电跟踪仪、光电稳瞄稳像系统、光学陀螺、光电对抗、光电干扰等。本章将对涉及多传感器、多工作波长和多功能光电武器系统的性能参数测试和校准开展研究和讨论。

5.1　光电跟踪仪性能测试与校准

5.1.1　光电跟踪仪概述

光电跟踪系统是集光、机、电、算技术于一体,由多个分系统组成的光电设备,它主要用于捕获、跟踪和瞄准目标。随着科学技术日新月异的迅速发展,战术使用要求范围的扩展和准确度的提高,现代光电跟踪系统变得越来越复杂。一般的光电跟踪系统由光电传感器、控制装置、计算机及通信系统等组成,它以高度集成和相互作用的方式运行,并要求达到更好的整体性能、更高的可靠性、更低的成本、更好的维护性、更低的功耗、更轻的重量和更长的期望寿命[1]。

光电跟踪仪一般包括三个光电传感器:可见光成像跟踪器、红外成像跟踪器和激光测距机。光电跟踪仪的三个光电传感器集成于指向器中。它利用多通道的光谱探测技术发现目标,利用成像跟踪并定位目标,利用激光测距机确定目标距离。

一个光电跟踪系统的综合性能往往是由几个主要性能参数决定的,而影响这些性能参数的又有很多因素,同一个因素对各个性能的影响程度又不尽相同。要评价一个系统的综合性能,或比较几个方案的优劣,可建立数学模型进行仿真分析。

一般的光电跟踪系统在振动时必须具有稳定的瞄准线,系统必须能够在特定的大气条件下敏感一定范围内的目标,当目标运动时必须能够以一定的精度跟踪目标。所规定的主要性能参数为:

(1) 瞄准线稳定度,用 P_1 表示;

(2) 探测距离,用 P_2 表示;

(3) 跟踪精度,用 P_3 表示。

系统的性能参数是系统因素的参数,这些因素是:

(1) 大气条件,用 F_1 表示;

(2) 振动量级,用 F_2 表示;

(3) 光电传感器灵敏度,用 F_3 表示;

(4) 光电传感器更新率,用 F_4 表示;

(5) 系统伺服带宽,用 F_5 表示。

系统性能参数和系统与环境因素之间的数学表达式为

$$\begin{bmatrix} P_1 \\ P_2 \\ P_3 \end{bmatrix} = \begin{bmatrix} N_{11} & \cdots & N_{15} \\ & \cdots & \\ N_{31} & \cdots & N_{35} \end{bmatrix} \cdot \begin{bmatrix} F_1 \\ F_2 \\ F_3 \\ F_4 \\ F_5 \end{bmatrix} \tag{5-1}$$

式中:$\boldsymbol{P}$ 为系统的目标矢量,也即系统的主要性能参数;$\boldsymbol{N}$ 为函数系数的矩阵;$\boldsymbol{F}$ 为系统与环境因素的矢量。

总的系统函数是所有系统目标的加权函数之和:

$$W = W_{P1} \times P_1 + W_{P2} \times P_2 + W_{P3} \times P_3 \tag{5-2}$$

式中:W_{Pi} 为与 P_i 对应的权重。

建立这样的数学模型对确定系统目标和系统参数之间的关系非常有用,它还提供了系统设计的"自优化"准则,以获得最佳设计的效果。

一种多光路共窗口光电跟踪仪的光路系统如图5-1所示。光路由共用窗口进入,其中中长波红外由窗口中间的锗玻璃(中间阴影处)吸收,经共用稳定反射镜、折反镜、共用透镜和红外反射镜反射后,被红外扫描及探测系统接收;可见光与激光进入窗口两侧,可见光分成两路,一路经共用稳定反射镜一次折反后直接由大视场电视 CCD 接收,另一路则经共用透镜、分光镜、反射镜后被小视场电视 CCD 接收;激光光束经共用透镜、分光镜、激光反射镜后由激光测

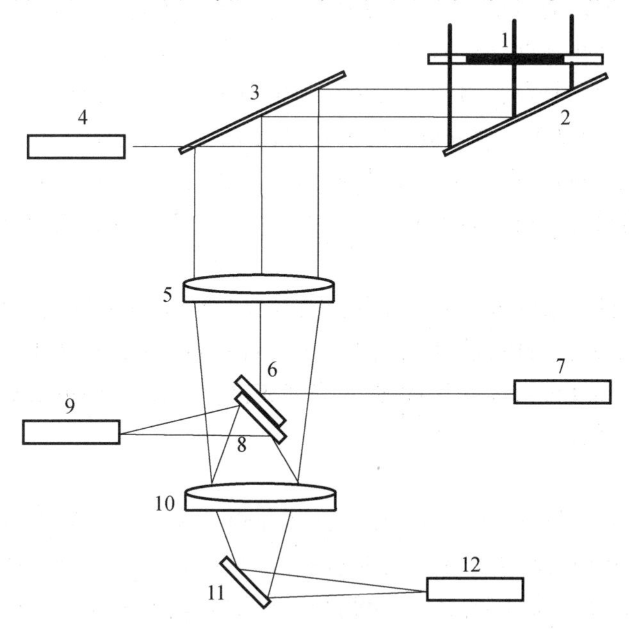

图5-1　多光路共窗口光电跟踪仪的光学系统图

1—共用窗口;2—共用稳定反射镜;3—折反镜;4—大视场电视 CCD;5—共用透镜;6—红外反射镜;7—红外扫描及探测器;8—激光反射镜;9—激光接收器;10—分光镜;11—反射镜;12—小视场电视 CCD。

距机的接收系统接收。其中,光学系统的关键部件为共用窗口(镶嵌锗单晶)、共用稳定反射镜(为减轻重量,便于稳定,采用蜂窝状结构)、分光镜(反射激光,透过可见光)。

5.1.2 光电跟踪仪性能测试

光电跟踪仪的作用是跟踪特定的目标,一般光电跟踪仪都包括红外成像传感器、电视成像传感器和激光测距系统。有关红外热像仪、电视成像系统和激光测距机的性能测试与校准在前面各章已经介绍,不再重复。所以这里主要介绍与跟踪参数有关的测试与校准问题。跟踪参数一般包括电视通道和红外通道的跟踪精度、跟踪速度、跟踪加速度等[2,3]。

1. 光电跟踪仪综合性能测试

光电跟踪仪综合测试系统主要用于模拟红外和可见光目标,对光电跟踪设备的电视通道和红外通道的跟踪精度、跟踪速度、跟踪加速度进行测试;对自动跟踪、记忆跟踪等功能和性能进行测试。该系统是一个闭环控制系统,其工作原理如图 5-2 所示。

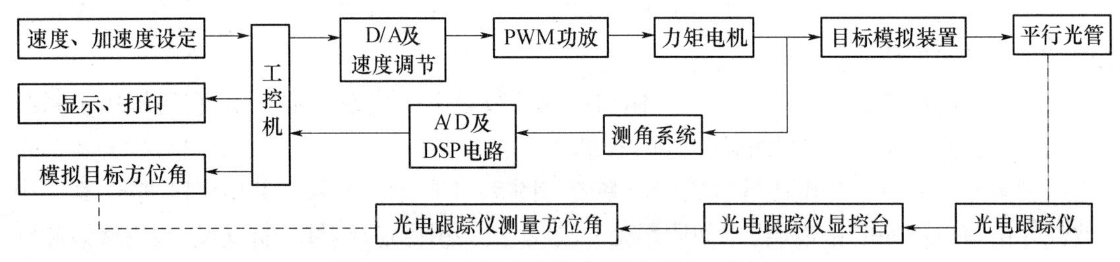

图 5-2 光电跟踪仪综合测试系统工作原理

人工设定目标运动角速度和角加速度作为给定信号,由双通道多极旋转变压器组成的测角系统测出直流力矩电机的转角,经模数转换后,将角度模拟量转换为数字量,DSP 以此角度值计算得到目标转动的角速度和角加速度作为反馈信号,并经计算输出直流力矩电机的角速度、角加速度的控制信号,控制信号经大规模集成电路 PWM 控制器产生高频脉宽可调脉冲电压加在可控硅器件上,通过改变脉冲信号的占空比改变加在力矩电机电枢两端的平均电压大小,从而达到改变力矩电机电枢电压调速目的。光电跟踪仪本身的测角系统所测目标的方位角与测试系统所测的目标方位角分别由人工读出,并进行求差,从而得出光电跟踪仪的方位跟踪精度。

系统由硬件和软件两大部分组成。硬件由目标模拟装置、测角系统、显控台和光电跟踪仪安装基座等组成,其中显控台由伺服控制系统、主控计算机、显示器、打印机和配电系统组成;软件由系统软件和应用软件组成,应用软件主要完成模拟目标的运动控制、角度测量数据的数据采集和数据处理等任务。

1) 目标模拟装置

目标模拟装置结构如图 5-3 所示。旋转支架的两个臂对称并与水平面平行,旋转轴垂直于水平面,支架两端分别安装可见光平行光管和红外点源目标,模拟无穷远可见光和红外目标,并由直流力矩电机带动支架旋转实现模拟目标的运动速度和加速度控制。被测试的光电跟踪仪安装在位于目标模拟装置正下方的基座上,并保证目标模拟装置转轴与光电跟踪仪的方位轴同轴。实际测试中可分别利用可见光和红外目标对光电跟踪仪电视通道和红外通道进行跟踪精度测试。

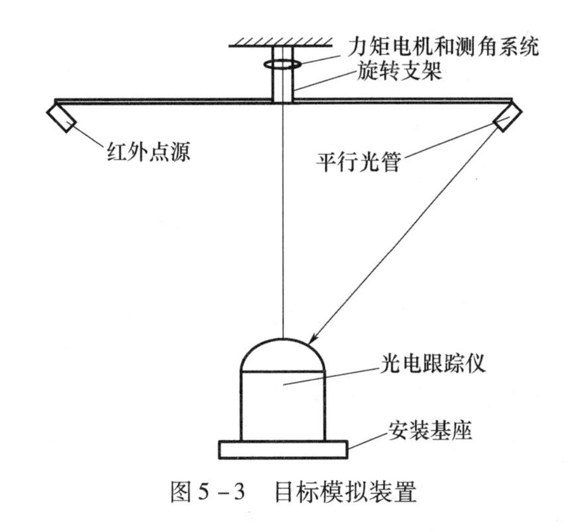

图 5－3　目标模拟装置

2）测角系统

测角系统原理如图 5－4 所示，中频激磁电源供给多极旋转变压器激磁电压以及 RDC 转换模块的参考信号。多极旋转变压器感应出轴角的正余弦粗/精通道信号，经工作方式选择开关分别送到粗 RDC 和精 RDC 并转换成粗/精通道数字量，这两组角度数字量经组合纠错后被锁存，形成高精度的组合码，送给显控台的中心控制模块，由中心控制模块选通接收。

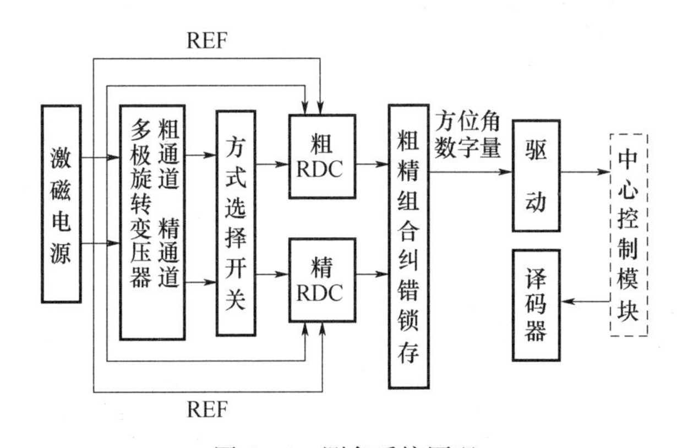

图 5－4　测角系统原理

3）显控台

显控台组成框图如图 5－5 所示。显控台通过电缆与目标模拟装置相连，其作用有三：

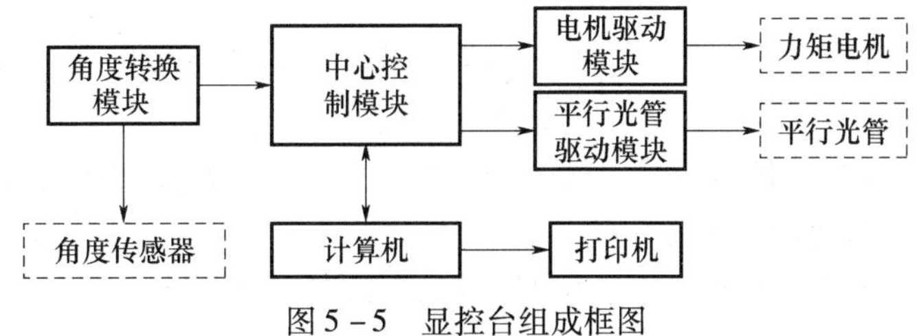

图 5－5　显控台组成框图

（1）通过旋转电机控制支架转动，并能动态调节转动的角速度和角加速度；

（2）通过角度传感器测量支架转过的角度；

（3）控制平行光管发光，模拟远处的可见光目标或者红外目标。

显控台由中心控制模块、电机驱动模块、角度转换模块、平行光管驱动模块、电源模块以及计算机六部分组成。

2. 基于激光模拟空间目标的光电跟踪仪性能测试

大多数模拟空间目标均采用平行光管，形成一个无穷远目标。也有人利用激光进行目标模拟。由于激光具有良好的单色光、很强的方向性，在其发散角很小的情况下，可用来替代平行光管发出的平行光，在光电跟踪测量设备的电视系统成像。利用激光光束形成模拟空间目标的检测系统如图5-6所示。

激光发射器安装在两轴转台上，转台两轴安装有提供角度输出基准的光电码盘，该转台可作方位和俯仰两维运动。转台的运动规律可通过计算机控制的转台伺服系统实现。当转台开始按编程规律运动时，激光器出射的激光光束打在幕墙上，形成一个按编程规律运动的模拟空间目标轨迹，光电跟踪测量设备的电视系统可跟踪此目标，完成捕获和跟踪性能检测，同时也可以根据激光发射轴线和被测设备视轴线以及它们之间的距离等关系，确定任意时刻激光模拟空间目标相对被测设备的空间位置信息，对被检测设备进行测量精度检测。

图5-7是幕墙、激光发射点和被测试设备之间的安装位置示意图。由于室内检验环境所限，幕墙与激光发射点和测试设备之间的直线距离 L 一般只有几米至十几米远，因此幕墙上形成的激光目标光斑相对于被检测设备也不是一个真正无穷远目标，而是一个有限距离目标，要在电视靶面上形成一个清晰目标，就要考虑激光发散角的大小。

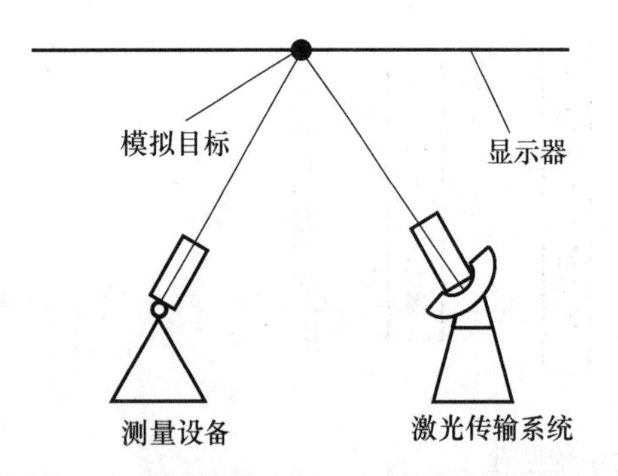

图5-6 激光模拟空间目标检测系统原理图

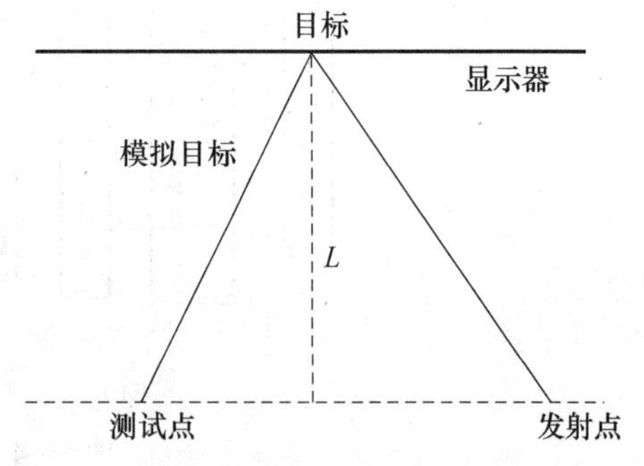

图5-7 幕墙、激光发射点和被测试设备之间的安装位置示意图

1）激光发散角的选择

电视处理器可靠提取目标，要求目标在CCD摄像机靶面上成像的最低条件应满足：

$$N_{\min} \geqslant [N_{\min}] \tag{5-3}$$

式中：$N_{\min}$ 为目标在CCD摄像机靶面上成像的最小几何尺寸所覆盖的像元数；$[N_{\min}]$ 为电视处理器要求的目标像覆盖的最少像元数。

一般电视处理器要求的目标像覆盖的最少像元数 $[N_{\min}]=4$。

目标像的最小几何尺寸为

$$D_{\min} = \Phi(f/L) \tag{5-4}$$

式中：Φ 为目标的直径；f 为电视焦距；L 为测量电视作用距离。

为使测量电视精度提高，取 $N_{\min}=4$。由于 CCD 摄像机靶面上单个像元的最小几何尺寸为 10μm，则 4 个像元的最小几何尺寸为 $D_{\min}=4\times10\mu m=40\mu m$。

由此可推导出此时幕墙上的光斑的尺寸。在测量距离取 $L=10m$，电视焦距取长焦状态 $f=200mm$ 时，则由式(5-4) 得到：

$$\Phi = D_{\min}(L/f) = 2mm \tag{5-5}$$

而激光发散角 θ 由下式给出：

$$\theta = \Phi/L \tag{5-6}$$

当测量距离取 $L=10m$ 时，由上式可知激光发散角 $\theta=0.2mrad$。同理可以推导出在短焦状态 $f=20mm$ 时的激光发散角 $\theta=2mrad$。

考虑到各种因素引起的目标弥散，实际激光发散角可以选择小于 2mrad，此时长焦下目标在 CCD 靶面上成像为小于 40 个像元，在这种条件下形成的激光光束的光斑大小满足电视系统成像要求，可以作为光电地面靶测量系统电视分系统进行调试和检测的目标。

2）空间指向检测

光电跟踪测量设备的空间指向精度是一个重要指标，也可利用激光模拟空间目标来检测，将激光器与被检设备分别固定在指定位置，假设其之间的距离为 Z，其几何关系如图 5-8 所示。

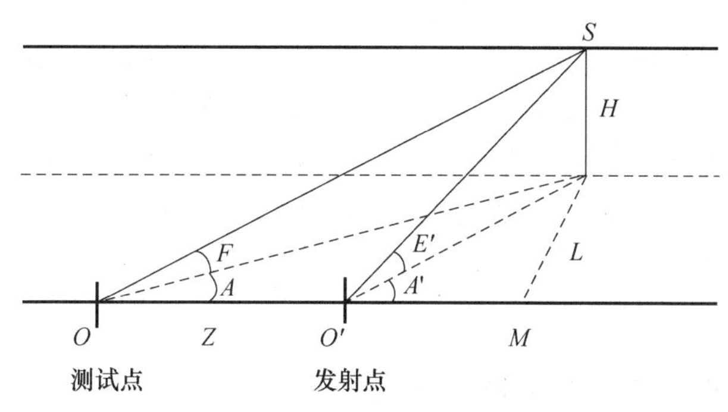

图 5-8　几何关系图

激光器在发射点发出一束光打在幕墙 S 点上，此时激光转台光电码盘输出有对应的方位和俯仰角度值，将该值作为空间任意点 S 的空间位置真值，同时使被检测设备电视系统捕获该点目标，得到该点的空间位置测量值，通过比对，从而实现对被检测设备的空间指向能力的考核。

以激光器所在的位置为圆心建立坐标系，由图 5-8 中的三角关系可知：

$$A' = \arctan\left(\frac{L}{M}\right) \tag{5-7}$$

$$E' = \arctan\left[\frac{H}{(M^2+L^2)^{1/2}}\right] \tag{5-8}$$

式中：L 为幕墙到激光的水平最短距离。

同理以被检测设备建立坐标系，可以得到以 O 点为圆心的方程：

$$A = \arctan\left(\frac{L}{M+Z}\right) \tag{5-9}$$

$$E = \arctan\left(\frac{H}{[(Z+M)^2+L^2]^{1/2}}\right) \tag{5-10}$$

通过上述关系式可以建立激光转台指向与被检设备指向之间的位置关系,完成静态指向精度的检测。

当通过计算机控制激光转台使激光光束在幕墙上做各种不同轨迹运动时,也可由以上关系式推导出运动方程式,引导被检测设备做相应的动态跟踪测量,从而完成对设备的动态性能检测。

5.2　多光谱多光轴系统光轴平行性校准

5.2.1　多光轴平行性校准的需求

在现代军用光电武器装备中,一般都包含有电视、红外成像、激光测距、制导、光电方位探测等多个光电传感器,能够完成对目标的搜索、瞄准和激光照射等功能,这些光学设备的光谱几乎覆盖了可见光到红外的全部波段。由于是集多种光学仪器于一体,必然产生诸多光学系统间的光轴平行性问题,目标信息的准确性很大程度上取决于光电系统中光轴的平行性。因此,对于高精度的武器系统搜索、观察和瞄准目标系统、精确打击系统,各光轴之间的平行性在保证武器系统的命中目标概率和命中目标精度方面均起着至关重要的作用。

光轴平行性是多光谱多光轴系统的一个重要参数,特别是对军用光学装备来说更为重要。对其进行精确测量是部队急待解决的问题。军用光电仪器是观察、识别、瞄准、测量、准确攻击敌方目标必不可少的重要手段,其性能的优劣直接影响着目标信息的获取。为了最大限度地发挥光学装备的效能,除对零部件的设计、加工及整机的装调采取一系列的工艺措施外,必须保证各系统光轴的平行性。

5.2.2　目前常用的光轴一致性测试方法

目前常用的光轴平行性测试方法主要有投影靶法、五棱镜法、小口径平行光管法、大口径平行光管法等[4-7]。

1. 投影靶法

投影靶法(图5-9)是利用一个放置在远处的靶板来接收从被测仪器出瞳射出的激光束,将各光轴投影到靶板上。图中 W_1 为光轴1和光轴2之间的间隔,W_2 为光轴1和光轴3之间的间隔。各光轴的相互间隔便是靶板上各光轴投影的间隔,沿着光路的方向看,各光轴与靶板上的投影点之间是镜像关系,通过比较间隔的差异来反映光轴平行与否。该方法测量系统结构简单,由激光器、被测系统、靶板和相应的导轨、基座组成。

其测试步骤是:

(1) 放置靶板。将靶板置于100m左右的地方,固定靶板的底座,调整其水平度,使气泡居中。

(2) 选择光轴平行性的基准进行测试。以调整光轴与俯仰轴垂直度的光轴为基准,将其他光轴投影点逐个与基准进行比较修正(由于激光束有一定的发散角,导致投影点的光斑不是很均匀,这就需要用红外观察镜或者CCD摄像机来观察靶面上的激光斑,画出整个光斑的边缘和能量集中区的边缘，确定各自的中心，求出均值作为激光斑的中心)。

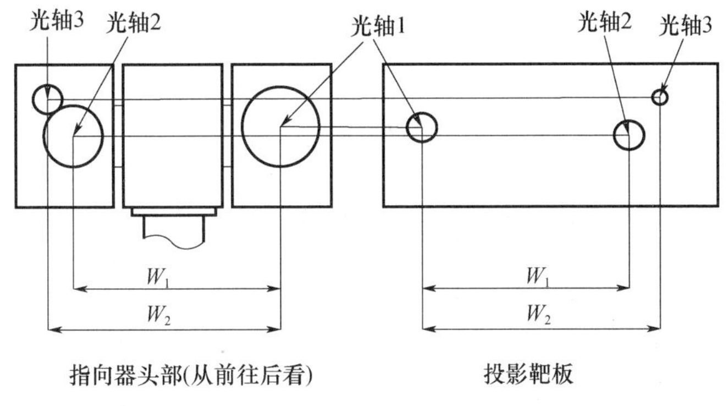

图5-9　投影靶法示意图

(3) 重复上述步骤，反复测量。光轴平行性调整达到指标要求后，须放置一段时间再测，发现平行性失调，需重复测量直到满足要求，光轴平行性调整才算结束。

这种方法的主要优点是造价低廉，使用方便，可在野外使用，主观误差小，精度可达到小于0.17mrad。主要缺点是只能在夜晚或阴天进行光轴调整。

2. 小口径平行光管法

所谓小口径平行光管法(图5-10)，就是在小口径平行光管的焦点处放置一点光源或者靶标，经小口径平行光管之后，变为平行光出射，由于口径小的缘故，平行光一般很难充满被测系统的各个子系统，因此需要借助于分光镜和反光镜、五棱镜、斜方棱镜等装置使平行光束分别进入各个子系统，然后分别观察点光源或者靶标的像是否落在各个子系统的中心，如果落在各个子系统的中心，说明被测系统的各个光轴是平行的，如果没有落在各个子系统的中心，说明不平行，需要调校，并给出各个光轴之间的偏差量。测量系统主要由光源、星点孔或者靶标、小口径平行光管、五棱镜或斜方棱镜和相应的导轨和基座构成。

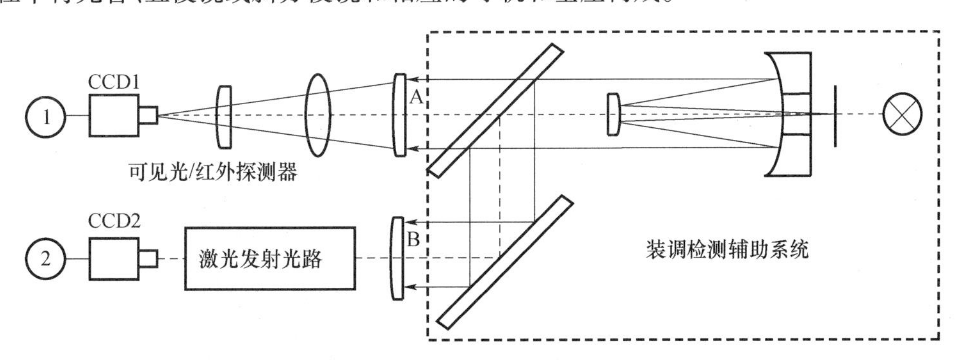

图5-10　基于CCD的折反式小口径平行光管法测量装置

3. 五棱镜法

五棱镜法，顾名思义，其关键的部件就是五棱镜，主要应用的就是五棱镜的入射光和出射光垂直的性质，其原理如图5-11所示。首先由激光器发出激光束，经斜方棱镜或者分光镜和反光镜依次进入被测系统的各个子系统中，各个子系统的出射光束进入放置在导轨上的五棱镜折转90°进入位于焦平面上的二维位置检测器件(PSD)，在PSD上的位置信息可以反映出各光轴的平行差。当PSD上光点偏移中心点时，说明光轴不平行，反之平行。五棱镜法装置主要由五棱镜、激光器、PSD、导轨等组成。

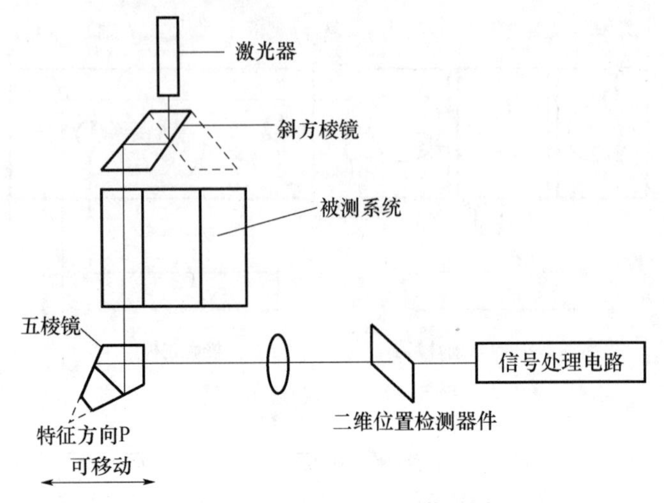

图 5-11　五棱镜法测量装置图

4. 大口径平行光管法

大口径平行光管法，主要是利用大口径平行光管来产生平行光束，由于口径大，因而不像小口径平行光管法那样还需要斜方棱镜等装置，就可以使平行光束充满整个被测系统的视场，其装置如图 5-12 所示。用光源照明处于平行光管焦面上的十字分划板，经由平行光管产生平行光束，进入被测系统，在被测系统的出瞳位置或者是显示器上观察十字分划的中心是否落在各个子系统的视场中心，如果在中心，说明各光轴相互平行，如没有落在中心，则说明不平行，并给出各个光轴的偏差量。大口径平行光管法装置主要由光源、十字分划板、大口径平行光管和各种基座组成。

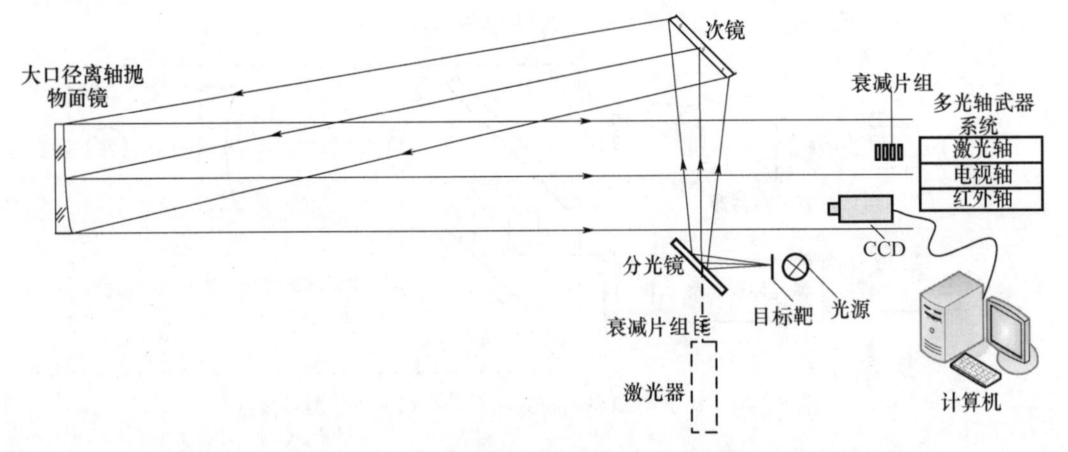

图 5-12　基于 CCD 的大口径离轴抛物面平行光管法光轴平行性校准装置

以上几种方法，各有优缺点。其中投影靶法结构简单，造价低廉，使用方便，可在野外使用，主误差小，但只能在夜晚或阴天进行光轴调整。小口径平行光管法优点是小口径平行光管制作较容易且轻便，缺点是误差环节较多，精度不太高。五棱镜法装置结构简单，最大的缺点是五棱镜在测试移动的过程中，其特征方向 P 的任何变化都会引起光轴偏差，产生测量附加误差,影响最终的测量精度。大口径平行光管法,优点是误差环节少,测量精度高,缺点是大口径平行光管不宜制作且笨重,不能在野外使用。从以上分析可知,要得到比较高的测试精度,作为校准装置必须采用大口径平行光管法。

5.2.3　基于大口径平行光管法校准

1. 基于大口径平行光管法校准方法的测量原理

上一节我们介绍了各种多光轴平行性校准方法,在以上各种方法中,基于大口径平行光管的方法测量准确度最高,可以作为准确度等级最高的计量标准。作为计量部门校准用的多光轴平行性校准方法,是在传统的大口径平行光管法测量光轴平行性方法的基础上,采用大口径非球面反射系统给出测量目标,结合现代光电转换技术、数字图像采集与处理技术和计算机应用技术,实现光轴平行性测量和数字处理,需要光、机、电、算、软件技术的支持[8]。

按图5-13安排光路,在被测系统前放置高精度平面镜,精确的确定大口径离轴抛物面镜的焦面,将目标靶和CCD分别固定在离轴抛物面镜的焦面和共轭焦面处,并记录此时CCD上目标靶共轭像的中心坐标(x_1,y_1),移开平面镜。

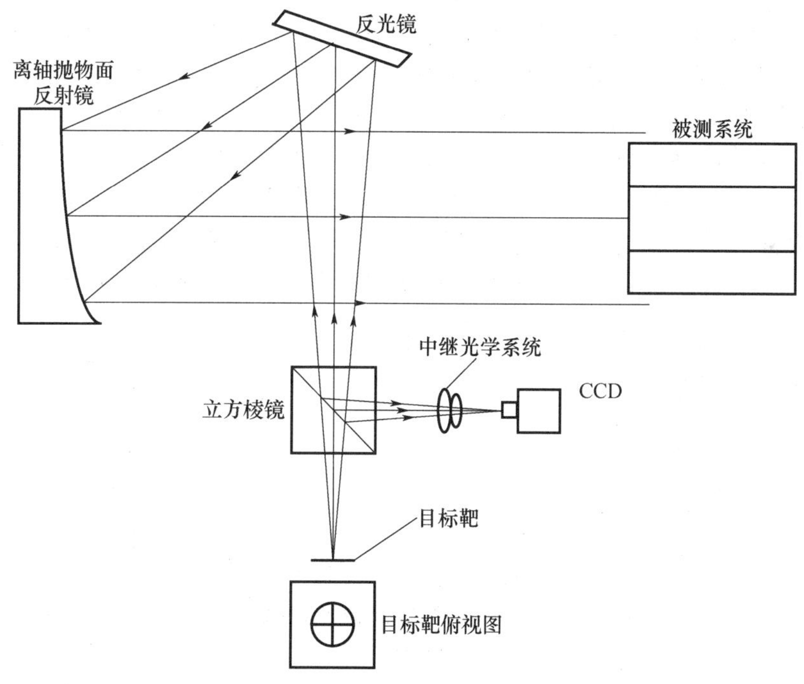

图5-13　多光轴校准装置测试原理图

将被测装置放置在大口径平行光管平行光束中,利用多维被测装置支承台将被测装置大致调水平,在被测装置可见系统的显示器上观察十字叉丝的中心是否和可见系统的十字重合,如没有重合,调节被测装置直至重合为止。由被测装置激光器发射激光光束,通过被测装置的激光通道汇聚在CCD上,用CCD测量系统测出激光光斑的中心位置(x_2,y_2),可见光轴与激光光轴的平行性偏差为

$$\omega = \arctan \sqrt{(x_2 - x_1)^2 + (y_2 - y_1)^2}/f \qquad (5-11)$$

式中:f为大口径离轴抛物面镜的焦距。

同样,关闭可见光源,加热目标靶,使其发出红外光,调节被测装置使得被测装置红外系统的中心和目标靶十字重合,由被测装置激光器发射激光光束,通过被测装置的激光通道汇聚在CCD上,用CCD测量系统测出激光光斑的中心位置(x_3,y_3),红外光轴与激光光轴的平行性偏差为

$$\omega = \arctan \sqrt{(x_3 - x_1)^2 + (y_3 - y_1)^2}/f \tag{5-12}$$

式中:f为大口径离轴抛物面镜的焦距。

当被测装置没有激光时,打开可见光源,调节被测装置,使目标靶的像中心落在可见系统的中心处,关闭可见光源,加热目标靶,打开红外通道,在红外系统的显示屏上读出十字叉丝偏离中心的值(x_4,y_4),由下式可以计算出红外光轴相对于可见光轴平行性偏差:

$$\omega = \arctan \sqrt{{x_4}^2 + {y_4}^2}/f' \tag{5-13}$$

式中:f'为被测装置红外系统物镜的焦距。

2. 大口径长焦距离轴抛物面镜焦面的确定

大口径离轴抛物面镜(准直系统)焦面位置的确定是多光轴平行性检测的关键,能否很好地确定焦面的位置,关系到光轴平行性测量的精度问题。对于平行光管,焦面位置的确定通常有以下几种方法:远物调校法、可调前置镜法、三管法和五棱镜法等。而以上几种方法定焦精度较低,不适合校准装置的要求。对于多光轴校准装置,由于目标靶不产生激光,因此将目标靶精确地固定在焦面处,也是一个难点。我们采用ZYGO干涉仪确定焦面位置,将目标靶和CCD精确地固定在离轴镜的焦面和共轭焦面处。具体操作过程如下:

首先按图5-14所示,在大口径离轴抛物面镜的焦点后放置ZYGO干涉仪,打开干涉仪,使其发出汇聚球面波,经高精度平面镜反射,在干涉仪的显示器上形成干涉条纹,通过对干涉条纹分析可以知道球面波交点是否和离轴抛物面镜的焦点重合,如果不重合,调节干涉仪的位

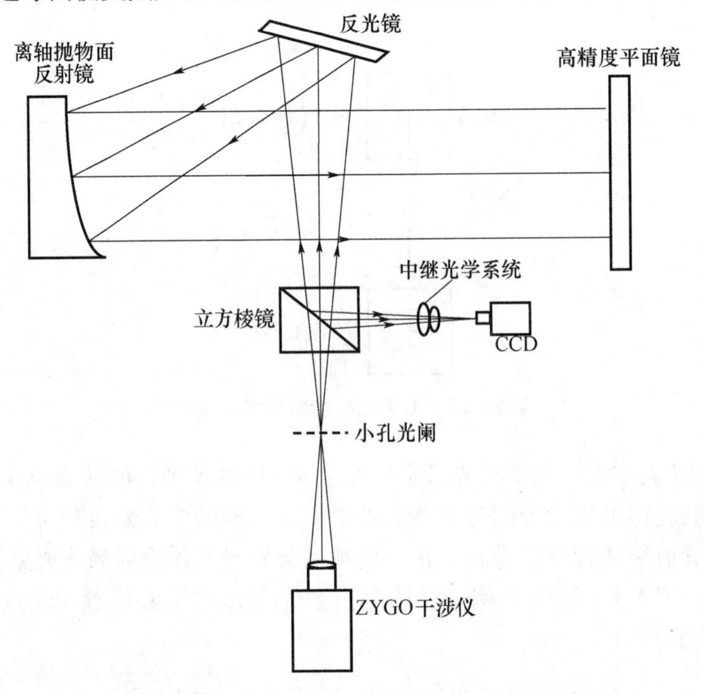

图5-14 大口径离轴抛物面镜定焦原理示意图

置和角度、高精度平面镜的角度,最终可以找到最佳离轴抛物面镜的焦点即焦面位置。将小孔光阑精确的放置于离轴抛物面镜的焦面位置,同时移动 CCD 的前后位置,借助于清晰度评价函数,当 CCD 上的小孔在其上所成的像最清晰的时候,即可认为 CCD 的位置就是小孔的共轭位置,固定 CCD。然后移开小孔光阑和 ZYGO 干涉仪,将目标靶放置在刚才小孔光阑所处位置附近,在目标靶后面放置一可见光源,此时在 CCD 上可以看到目标靶的像,当 CCD 上目标靶的像最清晰时,目标靶就精确地处在离轴抛物面镜的焦面上。

3. 激光光斑中心的定位

激光光斑中心的定位精度和准确度也关系到光轴平行性的精度,激光光斑中心的定位精度主要和光斑中心检测算法及 CCD 的像素大小有关,而 CCD 一旦选定之后,光斑中心的定位精度主要和光斑中心检测算法有关。目前常用的光斑中心算法主要有:重心法、Hough 变换、圆拟合算法及空间矩算法。

其中,Hough 变换法需要逐点投票、记录,所用时间较多,而且精度也不够高;圆拟合法虽然可以达到亚像素精度,但它抗干扰性能差,易受干扰点或噪声的影响。基于空间矩的亚像素算法运算精度高,在实际光线复杂变化的情况下这难以实现。而在本书中指需要确定中心,不需要确定半径,光斑形状比较规则,与圆形相似,易采用重心法对 CCD 图像进行处理。

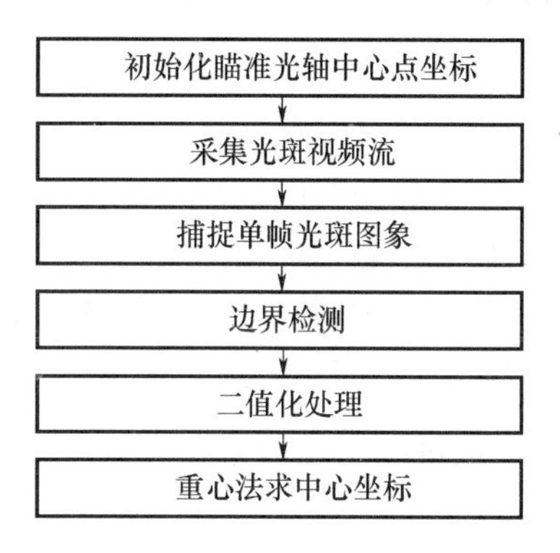

图 5-15 光斑图像软件处理流程图

光斑图像软件处理流程如图 5-15 所示。

4. 测量不确定度分析

由于多光轴平行性校准装置,采用了大口径离轴抛物面镜($f=5000$mm)、CCD、CCD 的承载机构、目标靶等关键部件,因此测量不确定度主要从以下几个方面考虑。在讨论测量不确定度时,下标 A 表示不确定的横向分量,下标 E 则表示纵向分量。

(1) 激光光斑中心定位误差引入测量不确定度分量 u_{1A},u_{1E}。

由于 CCD 测量的激光光斑中心的最大定位误差为 0.5 个像素,本文采用的是日本 JAI 公司的 CM-140MCL 摄像机,像素尺寸为 4.65μm×4.65μm,由经验知满足正态分布,取 $k=2$,计算可得 $u_{1A}=u_{1E}=[4.65\mu m/(2\times5000mm)]/2\approx0.05''$。

(2) 目标靶共轭像中心的定位误差引入的测量不确定度分量 u_{2A},u_{2E}。

由于 CCD 测量的激光光斑中心的定位误差为 0.5 个像素(约 4.65μm),由经验知满足正态分布,取 $k=2$,计算可得 $u_{1A}=u_{1E}=[4.65\mu m/(2\times5000mm)]/2\approx0.05''$。

(3) 准直器引入的测量不确定度分量 u_{3A},u_{3E}。

离轴抛物面反射镜口径:ϕ500mm,焦距:(5000±6)mm,离轴量:450mm。反射镜面形精度 PV 优于 $\lambda/6$,rms 优于 $\lambda/40$。假设满足均匀分布,取 $k=\sqrt{3}$,λ 取 1.064μm。由于离轴抛物面镜的焦面采用 ZYGO 干涉仪精密定焦,定焦精度很高,因此尽管准直器的焦距在加工时有一定误差,但只要目标靶严格地处在离轴镜的焦面上,经离轴镜准直之后,变为严格的平行光,焦距加工误差几乎不引入不确定度分量。准直器引入的不确定度主要和面形加工误差有关,则

$$u_{3A}=u_{3E}=(1.064\mu m/6)/(\sqrt{3}\times5000mm)=0.004''$$

(4) 承载 CCD 系统的二维位移调整机构引入的测量不确定度 u_{4A}, u_{4E}。

计算机控制的二维位移调整机构有很高的位移精度及优良的重复性,本文采用的是日本骏河精机的 XYZ 轴交叉滚针导轨 KS701 - 30,其在水平方向和垂直方向的定位精度可达 5μm,假设满足均匀分布,取 $k = \sqrt{3}$,则

$$u_{4A} = u_{4E} = (5\mu m/5000mm)/\sqrt{3} \approx 0.1''$$

(5) 承载被测系统的多维位移调整机构引入的测量不确定度 u_{5A}, u_{5E}。

多维调整机构的精度也是构成测量不确定度的因素之一,因为 XYZ 轴的调节只是让被测装置浸没在平行光束中,被测装置可见或者红外系统的中心和目标靶像中心的对准精度主要和多维调整机构的俯仰角和方位角的精度有关,已知多维调整机构的方位角和俯仰角的精度小于 2″,则 $u_{5A} = u_{5E} < 2''$。

(6) 目标靶十字分划线的线性度及装夹俯仰引入的测量不确定度 u_{6A}, u_{6E}。

十字分划线的线性度及装夹的俯仰度对测量结果的贡献很小,近似取为 $u_{6A} = u_{6E} = 0.1''$。

(7) 承载目标靶的二维位移调整机构引入的测量不确定度 u_{7A}, u_{7E}。

计算机控制的二维位移调整机构有很高的位移精度及优良的重复性,本文采用的是日本骏河精机的 XYZ 轴交叉滚针导轨 KS701 - 30,其在水平方向和垂直方向的定位精度可达 5μm,假设满足均匀分布,取 $k = \sqrt{3}$,则

$$u_{7A} = u_{7E} = (5\mu m/5000mm)/\sqrt{3} \approx 0.1''$$

(8) 合成标准不确定度的计算。

用以上分析的各项影响测量结果的分量作为标准不确定度分量的估算,各分量之间独立不相关,由此计算合成标准不确定度为

$$\begin{aligned} u_{cA} &= \sqrt{u_{1A}^2 + u_{2A}^2 + u_{3A}^2 + u_{4A}^2 + u_{5A}^2 + u_{6A}^2 + u_{7A}^2} \\ &= \sqrt{(0.05'')^2 + (0.05'')^2 + (0.004'')^2 + (0.1'')^2 + (2'')^2 + (0.1'')^2 + (0.1'')^2} \\ &= 2.008'' \end{aligned}$$

$$\begin{aligned} u_{cE} &= \sqrt{u_{1E}^2 + u_{2E}^2 + u_{3E}^2 + u_{4E}^2 + u_{5E}^2 + u_{6E}^2 + u_{7E}^2} \\ &= \sqrt{(0.05'')^2 + (0.05'')^2 + (0.004'')^2 + (0.1'')^2 + (2'')^2 + (0.1'')^2 + (0.1'')^2} \\ &= 2.008'' \end{aligned}$$

扩展标准不确定度的计算:

$U_A = ku_{cA} = 2 \times 2.008'' = 4.016''$(取 $k = 2$),为可靠,取 $U_A = 5''$

$U_E = ku_{cE} = 2 \times 2.008'' = 4.016''$(取 $k = 2$),为可靠,取 $U_E = 5''$

5.2.4 便携式多光轴平行性检校仪

目前,光轴平行性实验室检测设备已较为成熟,但现场测试设备针对性强,且受环境影响较大,难以适应现场高低温环境或振动等影响。因此,解决现场条件下的多光轴平行性测试问题已经成为当前国内外研究的关键技术[9,10]。

1. 便携式卡塞格林多光轴平行性检校仪

便携式卡塞格林系统多光轴平行性检校仪,可有效地解决现场条件下的多波段光电设备之间的光轴平行性测试问题,而且结构简单,操作方便,易于携带。

便携式多光轴平行性检校仪主要用于完成可见光、激光和红外三种设备之间光轴平行性的测试。如图5-16所示，以含有多波段光电设备的综合测试设备为例来说明光轴平行性测试原理。将检校仪架设在被校系统前方，以其中的可见光设备（或红外设备）作为瞄准基准，直接瞄准焦面上的十字目标（经光源照明），调整可见设备的十字丝中心和焦面的十字分划目标像重合，并以这一点作为基准和红外设备的十字中心像进行对比，即可得到可见与红外设备之间的光轴偏差量；同时，被校系统的发射激光会聚到位于焦平面的靶纸上形成一激光光斑，通过采集系统成像于CCD上，通过与数字图像接口相连的数据处理系统输出激光光斑中心位置。将此位置与基准进行比对即可得到激光设备与可见/红外设备之间的光轴平行性。

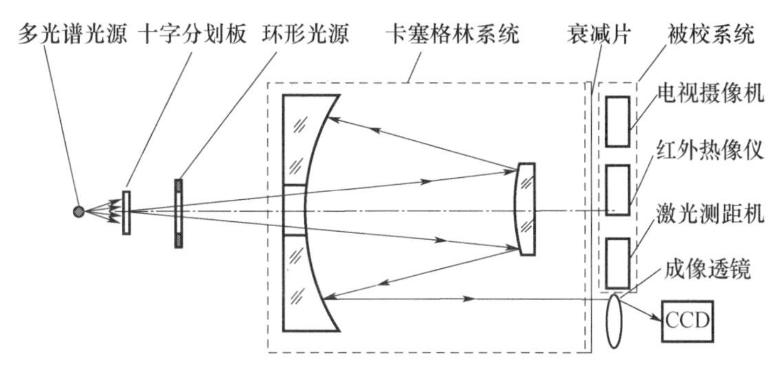

图5-16　便携式多光轴检校仪工作原理示意图

当可见和红外设备十字目标的偏差量为Δx_1、可见设备十字中心与激光光斑中心的偏差量为Δx_2、可见系统的焦距为f时，可见与红外设备光轴偏差量为$\Delta\theta_1=\Delta x_1/f$，可见与激光设备光轴平行性为$\Delta\theta_2=\Delta x_2/f$。

多光轴检测系统主要用来实现可见光与激光、可见光与红外、红外与激光之间的光轴平行性测试。本书所研制的检校仪主要由准直目标发生器、图像采集系统、数据处理系统组成，系统实物图如图5-17所示。

图5-17　便携式多光轴平行性检校仪

2. 外场多光轴平行性测试

西安工业大学高明等采用卡塞格林系统为共光路,以可见光为基准光轴,设计适用于外场多光轴平行性测试的光学系统,通过对大气光谱透过率分析及对像面照度探测距离计算表明,其在大气环境中的光学性能均满足要求,保证了外场可见光、激光与红外光轴的平行性误差的精确测量。

外场多光轴平行性测试光学系统原理图如图5-18所示。

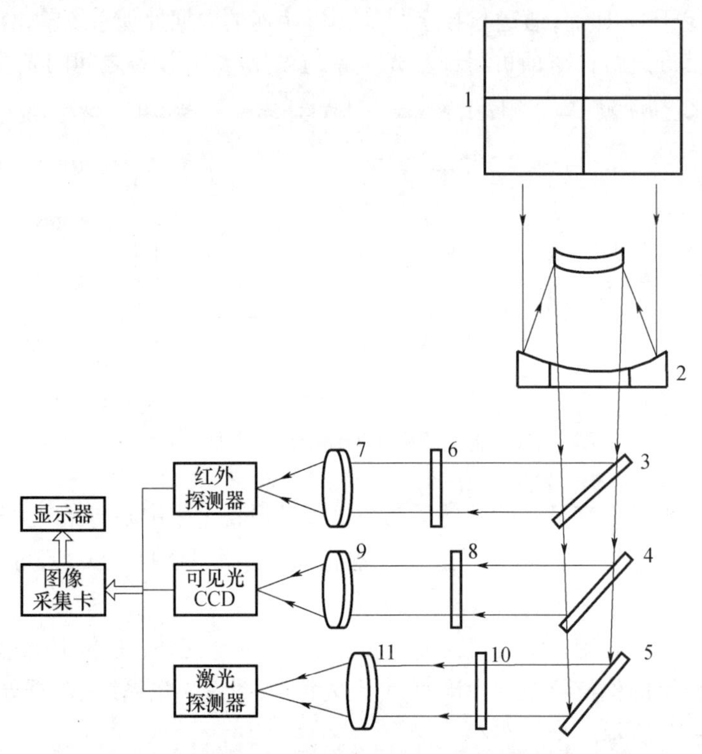

图5-18 外场多光轴平行性测试光学系统原理图

1—靶标;2—卡塞格林系统;3—长波分束镜;4—可见光激光分束镜;5—反射镜;6—红外窗口;
7—红外成像物镜;8—可见光窗口;9—可见光成像物镜;10—衰减片;11—激光成像物镜。

光学系统由卡塞格林系统、分束镜及成像物镜组成。外场条件下可见光、激光以及长波红外通过光学系统共光路窗口2,经分束镜后分别成像在各自的探测器上,并经图像采集卡可在显示器上观察。

系统的工作原理如下:首先,以可见光作为基准光轴。多光轴在经过测试系统测试时,应该选定一个测试基准。因为红外光线较弱,通常不作为参考基准,激光光斑受环境影响,具有不稳定性,所以采用可见光作为基准。靶标被卡塞格林系统接收,经长波分束镜,在可见光激光分束镜反射,经可见光窗口和可见光成像物镜,成像在CCD光敏面上,CCD将光信号转换成电信号以视频方式输出,在显示器上可清晰地看到靶标上的十字分划像。为便于准确的测量激光光轴、红外光轴与可见光轴的偏差,将CCD光敏面的中心通过设计的算法,在计算机系统中的显示器上直接生成一带有刻度的十字圆环标志,该标志与靶标在CCD上所成的十字分划像严格对中(即两分划标志重合),后续测量即以显示器上的十字圆环标志为刻度基准。

被测装置激光器发射的激光光束经靶标高反射率膜层反射后，光线经卡塞格林望远系统，透过长波分束镜和可见光激光分束镜后，经反射镜反射，透过滤光片和成像物镜，成像在激光探测器上。激光探测器将光信号转换成电信号以视频方式输出，显示器上可看到激光光斑。激光光斑与显示器生成带有刻度的十字圆环的偏差为可见光光轴与激光光轴的偏差。靶标十字分划臂上及缠绕的电热丝两端加电压后，电热丝发热。该热辐射源由卡塞格林望远系统接收，经长波分束镜后反射，透过红外窗口，红外成像物镜成像在红外探测器。红外探测器将光信号转换成电信号后，同样以视频方式输出，可在显示器上观察红外所成像与显示器上的十字圆环标志的偏差，经过计算可得到其与可见光轴以及激光光轴的平行性。

5.3　光电稳定系统性能测试与校准

5.3.1　光电稳定系统概述

现代武器的火控系统通常都装备有用于观察、跟踪和瞄准的光学仪器，为了使武器在行进过程中操作手观察、瞄准目标不受外界扰动的影响，以实现对目标的准确瞄准和跟踪，这些瞄准或跟踪的光学仪器通常是具有稳定瞄准线功能的稳像仪。

光电稳定包括瞄准线稳定、图像稳定、光学视轴稳定等[11]。光电稳定可以分为部件稳定与整体稳定。部件稳定是只对光学系统光路中某一光学元件，如反射镜、棱镜或光楔等进行稳定；整体稳定是指将光电传感器整机直接进行稳定。目前最为常见的是反射镜稳定（如车长镜、炮长镜等）和整体稳定（如直升机光电吊舱等）。

平台稳定按光轴的转动自由度来分，可分为单轴、两轴或三轴稳定；按照稳定平台万向架数量来分，可从两框架直至六框架稳定。在部分文献或资料上也常见两轴稳定、四轴稳定或六轴稳定等叫法，实际上，准确的称呼应为×轴×框架稳定，如两轴四框架稳定是指两个自由度的稳定轴和四个万向架。

按照稳定原理来分，可分为陀螺直接稳定、动力平台稳定、伺服平台稳定、组合稳定、捷联稳定、电子图像稳定等。其定义如下：

1）陀螺直接稳定

陀螺直接稳定是指利用陀螺高速旋转产生的陀螺反力矩抵抗外界干扰力矩，从而对与陀螺环架直接固联的光学元件等进行稳定。这种稳定方式常见于早期的光电稳定产品，并且以稳定光学部件等小型被稳定对象为主，如早期的导引头、车长镜、稳像望远镜及第一代直升机稳瞄具等。

2）动力平台稳定

动力平台稳定是早期只有框架陀螺而没有解析式陀螺（如挠性陀螺、液浮陀螺等）时，利用框架陀螺与平台伺服系统构建的陀螺稳定平台。它是在外干扰力矩作用初始瞬间，利用陀螺力矩抵抗干扰，随后在外力干扰继续作用下，利用平台上力矩电机产生的反力矩平衡干扰的一种陀螺稳定装置。陀螺在此起到两个作用，一是瞬时产生陀螺力矩，二是作为外力矩传感器。动力平台稳定目前已很少应用。

3）伺服平台稳定

伺服平台稳定相对动力平台稳定来说，其区别在于所使用的陀螺不再是框架陀螺，而是解析式陀螺,如挠性陀螺、液浮陀螺、光纤陀螺、激光陀螺等。这些陀螺在受到外力扰动时不再产生陀螺力矩(或产生的陀螺力矩可忽略不计,如挠性陀螺或液浮陀螺等),而是仅仅作为一角度传感器或角速率传感器。在其敏感到平台的扰动力矩后,通过平台控制回路控制平台上的力矩电机,产生反向控制力矩,克服平台受到的干扰。伺服平台稳定是目前应用最为广泛的稳定控制方法。

4）组合稳定

组合稳定方法见诸于资料报道大约在20世纪80年代初。组合的目的是为了实现高精度稳定(小于10urad)。由于光电稳定的负载重量跨度范围较大,小至几百克,大至几百千克,采用常规的伺服平台稳定方式对于几百千克重的负载(如激光炮)进行稳定,会受到机械谐振频率的限制,难以实现高精度稳定;另外也可能受到成本及部分器件技术水平的限制,平台稳定精度也难以达到。因此当一种稳定方式达不到目的时,往往采用组合稳定的方式来实现。组合稳定的方式有多种,如平台稳定与反射镜稳定组合、平台稳定与图像电子稳定组合等。需要说明的是,组合稳定不应是两套独立的稳定系统简单的拼凑,而是通过伺服控制回路形成一种复合控制技术。

5）捷联稳定

捷联的概念是来自于惯性导航系统。1956年美国开始有了捷联惯性导航的专利。20世纪60年代初捷联惯性导航系统首先在“阿波罗”登月舱中得到应用。“捷联”来自英文Strap-down,意为“捆绑”。所谓捷联惯性导航系统是将惯性敏感元件(如陀螺与加速度计)直接“捆绑”在载体上,而不是在稳定平台上,通过计算机实现所谓的“数学平台”,从而完成制导或导航任务。

捷联稳定的主要特征是将光电稳定平台上的陀螺从平台上去掉,利用载体上的惯性导航系统所提供的载体姿态角或角速率来控制光电跟踪框架,实现稳定。这种稳定控制方式,在某些文献中称为“间接稳定”,在某些文献中称为“半捷联稳定”。事实上,光电系统的捷联稳定,只适用于某些精度要求不高的场合。因为捷联惯性导航系统所提供的载体姿态参考角度精度很低,目前普遍在2mrad左右,另外惯性敏感器件和光电传感器未安装在同一位置,所感受的振动谱也会有所区别。

6）电子图像稳定

电子图像稳定的基本原理是根据图像序列的各种信息进行全局运动估计,取得运动矢量参数后对图像运动补偿,最终得到稳定的输出序列。

图像序列的帧间运动有全局运动和局部运动两种。全局运动是由于摄像机参数或位置变化引起的整个图像的变化;局部运动是由拍摄对象的运动而引起的局部图像的变化。电子稳像的功能就是在有局部运动的情况下准确估计全局运动矢量。对于图像的全局运动,其形式主要会表现为平移、旋转以及切变等,这三种运动造成的图像抖动,目前可以通过SIFI算子和Harr滤波,以及块最相关算法等实现图像稳定。

现代直升机稳瞄系统通常由以下主要部件组成(图5-19):

(1) 稳瞄转塔;

(2) 控制电子箱;

(3) 操控手柄;

(4) 综合显示器。

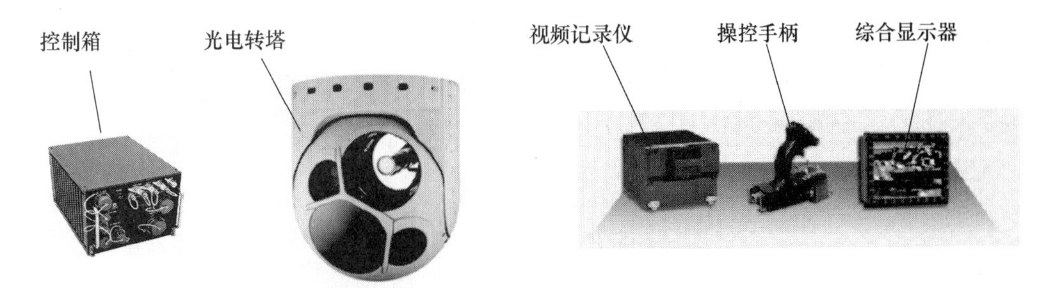

图5-19 典型的直升机稳瞄系统组成

5.3.2 稳像精度的主要测量方法

稳像精度的测量方法主要有人眼观察法、光学测量方法和电学测量方法等[12-14]。

1. 基于人眼观察的平行光管法

基于人眼观察的平行光管法稳定度测量的原理如图5-20所示。

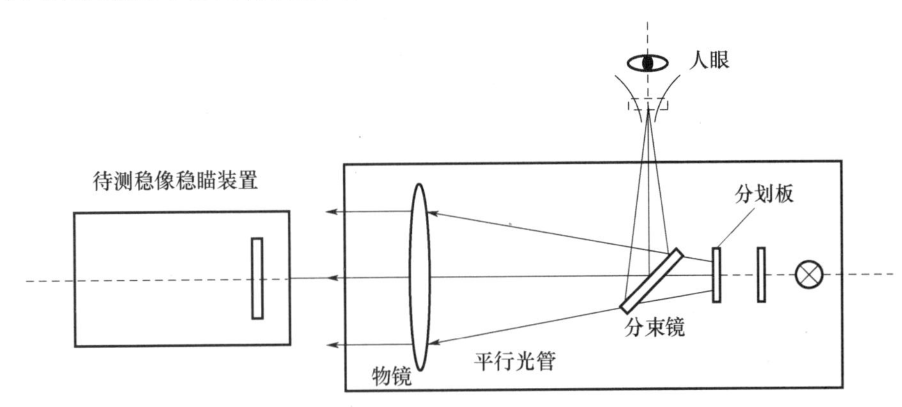

图5-20 平行光管法稳定度测量原理

分划板置于平行光管的焦平面上，平行光管发出的光照射到待测光电系统稳像稳瞄装置的反射镜上，经反射镜反射后通过平行光管的物镜聚焦照射到分束镜上，透过分束镜的光成像到分划板上，反射光由人眼观测。待测光电系统稳像稳瞄装置抖动导致其反射镜进行相应的运动，从而使分划板的像发生相应的抖动。假设平行光管的焦距为5m，通过放大后人眼能观测分划板抖动偏差为0.05mm，那么平行光管法测量的不确定度为0.01mrad。

2. 基于位置敏感探测器(PSD)的稳像精度的光学测量方法

基于位置敏感探测器(PSD)稳像精度光学测量系统如图5-21所示，测量系统由激光器、聚焦准直镜、半透半反镜、平面反射镜、滤光片、位置敏感探测器(PSD)等组成。

激光器发出的激光经聚焦准直后透过半透半反镜垂直入射到平面反射镜上，反射光线再被半透半反镜反射，通过滤光片之后入射至PSD探测器的光敏面上，由探测器对反射光信号进行检测。平面反射镜安装在稳定平台的稳定框架上，角振动系统带动被测光电装备一起振动，平面反射镜的空间方位角度的变化就反映了稳定平台的角位移变化。角振动系统未产生振动时，反射镜所反射的光线沿原路返回，经过半透半反镜之后入射至探测器的表面；当外部产生振动,反射镜的位置改变时,其反射光路发生偏移,不再与入射光路重合,入射至探测器表面的光斑位置也随之产生改变,最后由 PSD 探测器对光斑位置的变化量进行检测。

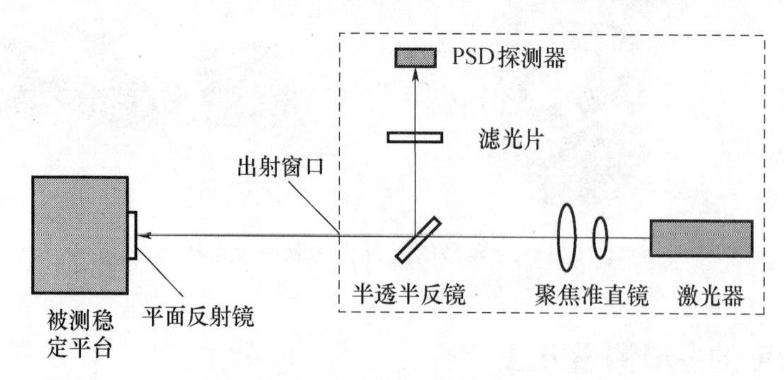

图 5-21 基于位置敏感探测器稳像精度光学测量系统

光路原理如图 5-22 所示。半透半反镜与平面反射镜之间的距离为 D,半透半反镜与 PSD 探测面之间的距离为 d,为便于说明,图中将半透半反镜的反射光线沿平面镜的反射光路方向展开,经稳定平台稳定后的反射镜角度改变为 α,由此引起的 PSD 光敏面上光斑的改变量为 Δ,由图中容易看出 $\Delta=(D+d)\tan2\alpha$,由于 α 很小,所以有:

$$\Delta = 2(D + d)\alpha \tag{5-14}$$

$$\alpha = \frac{\Delta}{2(D + d)} \tag{5-15}$$

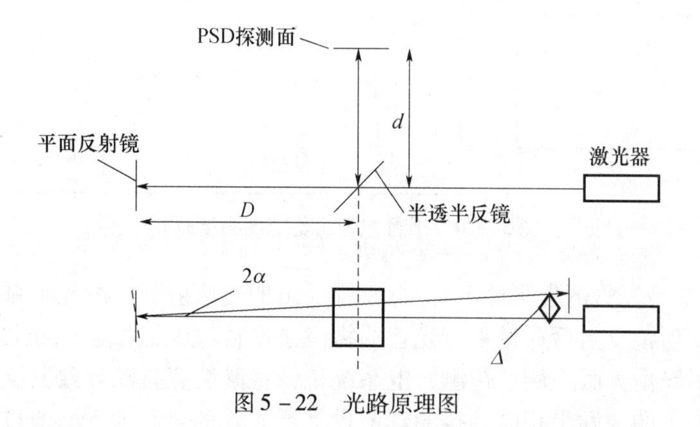

图 5-22 光路原理图

D、d 均是可以根据光路布置确定的常数,所以被测稳定平台的稳定精度 α 可以从 PSD 光敏面上的光斑偏移量 Δ 经计算得出。

被测稳定平台受角振动系统激励,为减少振动对光学测量系统的影响,D 越大越好,根据一般实验室情况,通常取 2m 以上。d 决定了测量装置的大小,越小越好,便于调整,一般取 0.5m。

PSD 是能够连续检测光点位置的非分割型器件,它探测光点位置的基本原理是基于横向光电效应。PSD 具有较高灵敏度、良好的瞬态响应特性以及紧凑的结构和简单的处理电路。此外,PSD 能连续检测光点的位置,没有死区,分辨力高,在航空对接、精密对中、振动测量等诸多领域得到了广泛应用。

3. 基于CCD的稳像精度的光学测量方法

基于CCD的稳像精度测试系统光学系统原理图如图5-23所示。刀口发出的光束自物镜4出射后,经过光学稳定跟踪仪器的物镜出射,进入CCD摄像机物镜并成像在其光敏面上。经后续计算机处理,在编好软件的基础上可以直接给出稳像精度W_{sy},W_{sz}。

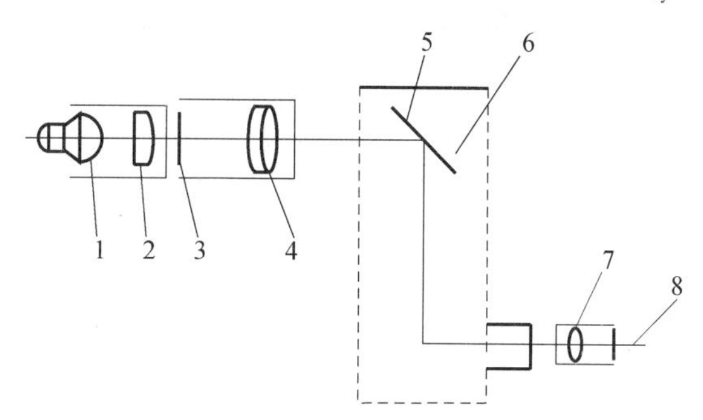

图5-23 基于CCD的稳像精度测试系统光学系统原理图
1—照明灯泡;2—聚光镜;3—刀口或其他形式的分划板;4—平行光管物镜;
5—上反射镜;6—光学稳定跟踪仪器;7—CCD摄像机物镜;8—摄像机光敏面。

对测量装置的基本要求为:

(1)被测光学惯性稳定跟踪仪器应该悬挂在具有三个转动自由度的三维角振台上。

(2)由于在测稳像精度期间目标像在像面上有些漂移,为了能更好地对准目标像,平行光管物镜的口径应该选得尽可能大一些。平行光管本身应该有高低和方位微调机构。

(3)三维角振台可采用三环式,可令外环绕立轴旋转构成一个自由度,中环和内环可做成万向架式。由于负载较大,故一般采用液压伺服系统。

(4)CCD摄像机可以购买成品。利用CCD摄像机进行快速实时动态测量。

(5)测控系统应根据需要设计。

4. 稳像精度的电学测量方法

电学测试法是通过模拟光电稳瞄系统的角运动对陀螺仪(影响光电稳定平台的主要因素)输出信号进行相应的数学运算来获得系统的稳定精度。在光电稳瞄平台上安装了由可见到红外波段的各类光电传感器,形成了种类繁多的光电稳瞄系统,与传统的相同波段或单一光路上的反射镜稳定方式相比,这种多传感器综合光电系统,从发展趋势来看,几乎毫不例外采用平台整体稳定方式。

光电稳瞄系统的稳定精度与系统的机电装置、工作环境和各个光电传感器之间复杂的非线性相互作用有关。众多的影响稳定精度的因素中,陀螺输出信号作为主要因素可以表征出稳定精度的量值。因此根据稳瞄系统的整体稳定原理,可以找到稳定精度测试解决方案。光电稳瞄系统采用平台整体稳定方式,当系统外部载体振动干扰带动平台负载运动时,外部位置稳定环的陀螺感应到载体平台的运动角速率,陀螺输出信号经校正、放大后被送至平台力矩电机,产生反向控制力矩使平台保持稳定,对陀螺输出信号经相应的数学运算处理就可得到系统的稳定精度,即为光电稳瞄系统实现稳瞄基本原理。光电稳瞄系统稳定精度检测原理框图如图5-24所示。

根据稳瞄系统的整体稳定检测框图可以看出,陀螺输出的信号可以表征出稳定精度的量值。因而欲达到高精度的稳瞄,可以通过提供系统中的必要装置,比如机电装置、各个传感器采集精度以及它们之间的非线性作用等。

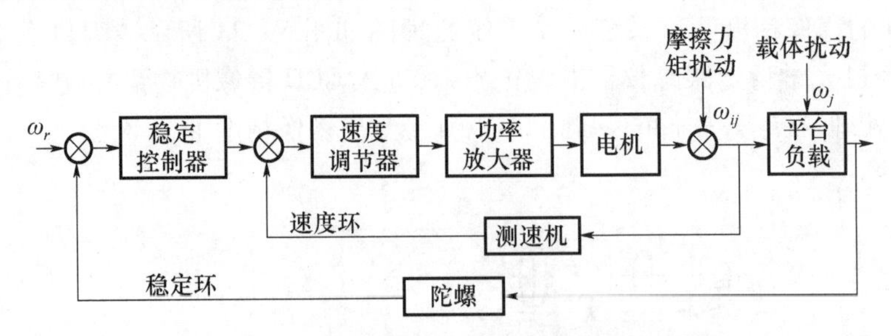

图 5－24　光电稳瞄系统稳定精度检测原理框图

5.3.3　稳像精度的高准确度测量与校准

1. 校准装置测量原理

采用高帧频高分辨力 CCD 探测法进行光电系统稳定度测量。高精度稳像跟踪光电系统稳定度测量校准装置由高精度稳像跟踪光电系统稳定度测量装置、振动摆动模拟系统组成。其原理框图如图 5－25 所示。振动模拟系统由振动摆动模拟台、被测量光电系统稳像稳瞄装置(标准光电系统稳像稳瞄装置)组成。稳像稳瞄光电系统安装在环境模拟台上。稳像稳瞄装置上装有两个用于测量稳定度的合作目标——反射镜。反射镜 1 用于稳像稳瞄校准装置，反射镜 2 用于被校准稳像稳瞄装置稳定度测试仪；参考反射镜用于消除环境抖动对测量结果

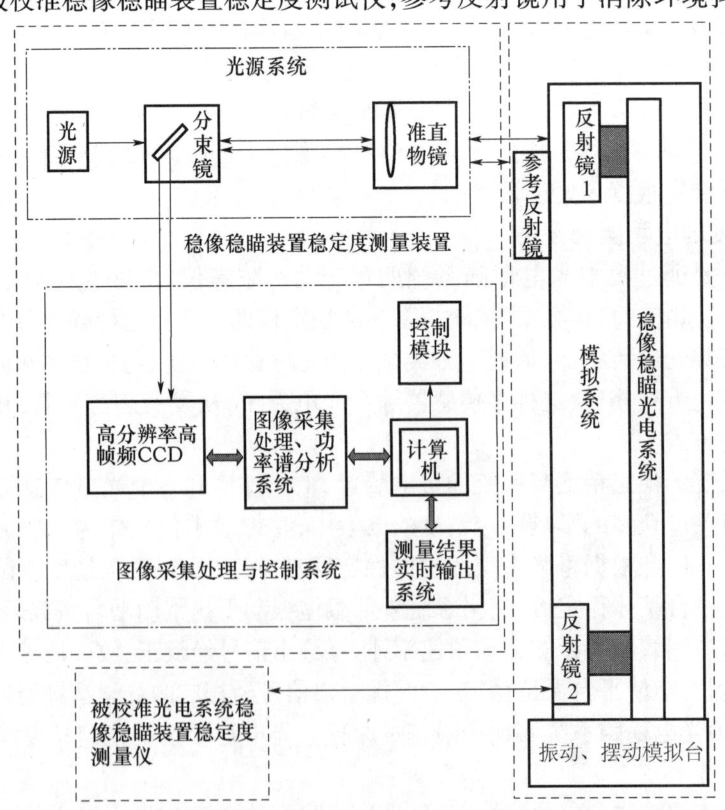

图 5－25　高精度稳像跟踪光电系统稳定度测量校准装置高帧频 CCD 探测法原理框图

的影响。模拟系统的作用是模拟机载、车载、舰载平台(即模拟不同振动摆动频率)条件下光电系统稳像稳瞄装置的稳定性能,以利于开展不同条件下稳像稳瞄装置稳定性的测量及稳像稳瞄装置稳定性测量仪器的校准。

2. 校准装置校准方法

首先开启振动、摆动环境模拟台,使稳像稳瞄系统处于运行状态,测控计算机通过图像采集卡同时采集CCD输出的视频图像,经过大规模逻辑门阵列处理出目标的坐标和运动轨迹,并计算出在此环境模拟条件下稳像稳瞄系统的稳定精度。

校准装置和被校准装置同时测量稳像稳瞄装置不同条件下的稳定度,就能实现对被校准稳像稳瞄装置的校准,修正系数为

$$C(V,A) = \frac{\theta_1(V,A)}{\theta_2(V,A)} \tag{5-16}$$

$\theta_1(v,A)$,$\theta_2(v,A)$为校准装置和被校准装置测量得到的不同频率v不同振幅A的稳定度,从而实现了高精度光电系统稳像稳瞄装置的测量及相关仪器的校准。

3. 稳定度校准装置的溯源

1)静态溯源方法

光电系统稳像稳瞄装置稳定度是角度量,因此静态测量不确定度可溯源相关角度标准,溯源途径如图5-26所示。

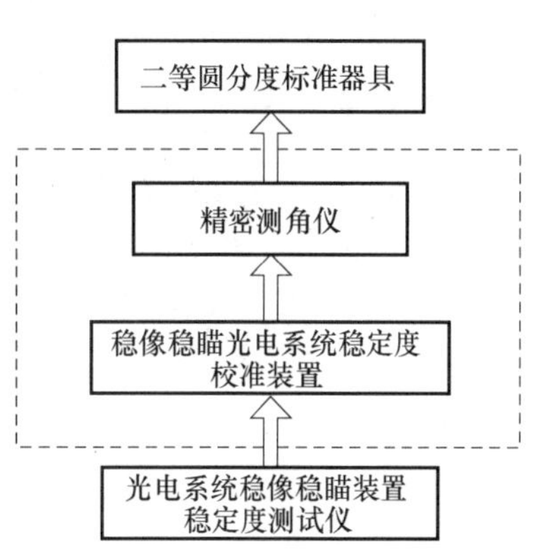

图5-26　光电系统稳像稳瞄装置稳定度溯源

二等圆分度标准器具的不确定度$U=0.2''$,用二等圆分度标准器具校准精密测角仪(或经纬仪校准架),精密测角仪的测量不确定度$U=0.35''$,在精密测角仪上放置平面反射镜,转动测角仪一个角度θ,反射光的角度变化量为2θ,用该标准器具校准测量装置($U=0.5''$,角度测量不确定度$U=1.0''$)。光电系统稳像稳瞄装置稳定度校准装置,可用于校准光电系统稳像稳瞄装置测试仪。光电系统稳像稳瞄装置稳定度静态校准如图5-27所示。

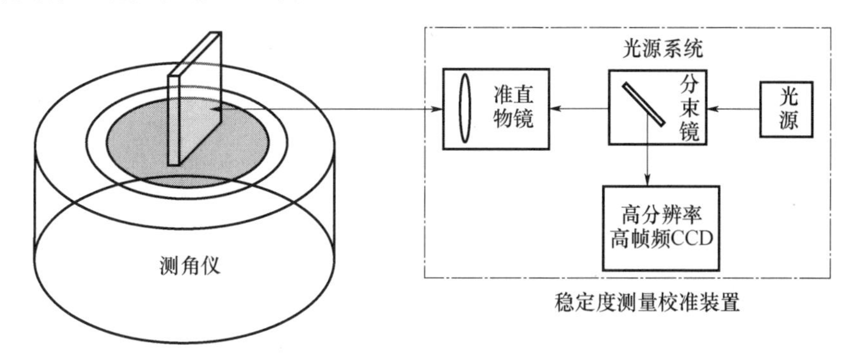

图5-27　光电系统稳像稳瞄装置稳定度静态校准装置原理图

在通过校准的测角仪上放置反射镜,当反射镜转动一定角度θ_0,光电系统稳像稳瞄装置稳定度测量装置测量转动的角度θ_1,由此得到光电系统稳像稳瞄装置稳定度测量装置的修正系数:

$$C = \frac{\theta_0}{\theta_1} \tag{5-17}$$

转动不同的角度,就能得到一系列的修正系数,进行稳定度测量时将修正系数代入计算,修正系数接近于1。

2）动态溯源方法

光电系统稳像稳瞄装置稳定度是一个动态角度量,国内目前尚没有动态角度标准,因此,无法直接向有关计量技术机构溯源。为解决动态溯源问题,采用高速精密转台,将高精度转台、压电陶瓷摆镜、稳像稳瞄装置按正弦规律振动,用光电系统稳像稳瞄稳定度校准装置对振动过程进行测量,如果测量得到振动曲线为正弦曲线,就能旁证光电系统稳像稳瞄装置稳定度动态测量精度。较高频率光电系统稳像稳瞄装置稳定度动态校准原理如图5-28所示。

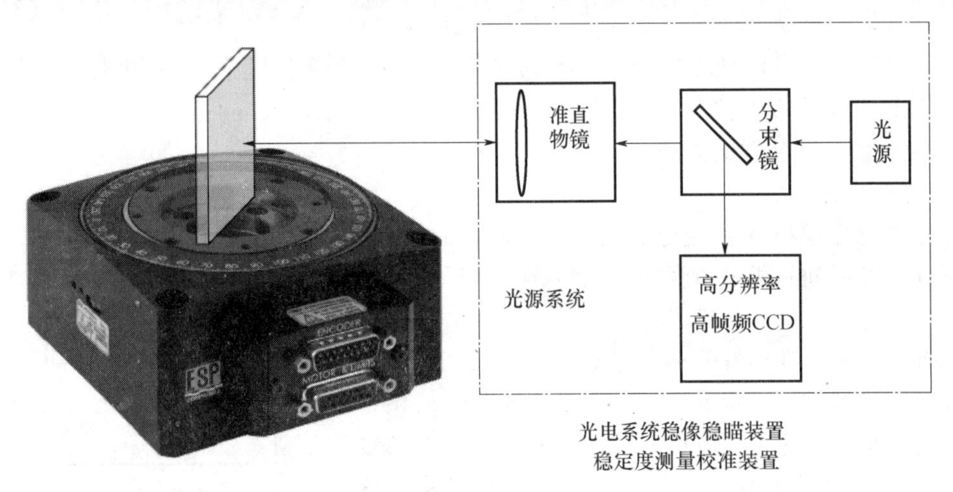

图5-28 较高频率光电系统稳像稳瞄装置稳定度动态校准装置原理图

5.4 光学陀螺性能测试

陀螺仪是具有陀螺特性,并且能用来测量载体相对于惯性空间角运动的仪表。在惯性导航和制导中,陀螺发挥着不可替代的作用。在各种陀螺中,以光学原理和理论为基础的陀螺称为光学陀螺。

光学陀螺一般是指激光陀螺仪和光纤陀螺仪。其理论基础不同于传统的高速旋转的典型陀螺仪。它的理论基础是基于爱因斯坦相对论,是建立在萨格奈克干涉原理的基础之上。光学陀螺解决了原来捷联系统中机械陀螺动态范围不够宽而影响其系统精度的问题[15]。

光学陀螺仪实际上是一种角速度传感器,输入为相对惯性空间的角速度大小,而输出为频率差或相位差。

5.4.1 光学陀螺概述

1. 激光陀螺(RLG)

激光陀螺仪的工作原理是基于1913年萨格奈克(Sagnac)阐述的萨格奈克效应,它是以双向行波激光器为核心的量子光学仪表,依靠环行波激光振荡器对惯性角速度进行感测。所谓萨格奈克效应是指在任意几何形状的闭合光路中,从某一观察点发出的一对光波沿相反方向运行一周后又回到该观察点时,这对光波的相位(或它们经历的光程)将由于该闭合环行光路相对于惯性空间的旋转而不同。其相位差(或光程差)的大小与闭合光路的转动速率成正比。

萨格奈克效应是相对惯性空间转动的闭环光路中所传播光的一种普遍的相关效应,即在同一闭合光路中从同一光源发出的两束特征相同的光,以相反的方向进行传播,最后汇合到同一探测点。若绕垂直于闭合光路所在平面的轴线,相对惯性空间存在着转动角速度,则正、反方向传播的光束走过的光程不同,就产生光程差,理论上可以证明,其光程差与旋转的角速度成正比。因而知道光程差及与之相应相位差的信息,即可测得相应的角速度。而由转动引起的时间差所导致相向传播两束光波之间的相位移即称为萨格奈克效应。

图5-29为萨格奈克效应原理图,其中光波的初始注入点为A,在此点光分成两束:一束按逆时针方向的实线路径传播;另一束按顺时针方向的虚线路径传播。经过时间τ后注入点移到A',在这一点相遇的两束光经过的光程是不同的。顺时针方向传播光经过的光程为

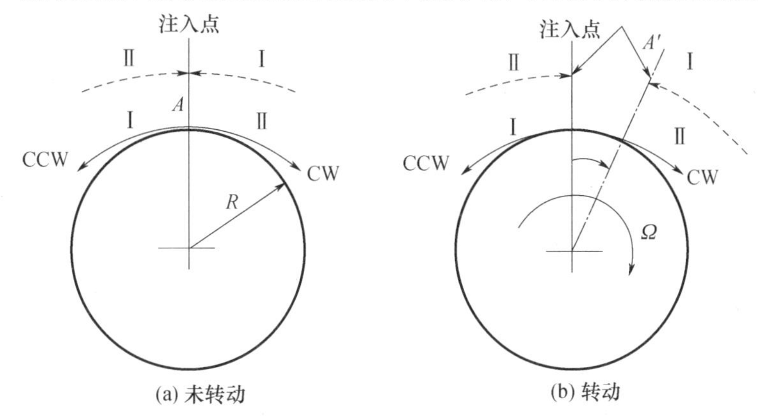

图5-29　萨格奈克效应原理图

$$L_{CW} = 2\pi R + R\Omega t_{CW} = C_{CW}t_{CW} \tag{5-18}$$

逆时针方向传播的光经过的光程为

$$L_{CCW} = 2\pi R - R\Omega t_{CCW} = C_{CCW}t_{CCW} \tag{5-19}$$

式中:R为光纤环的半径;Ω为光纤环的旋转速度;t_{CW}为顺时针方向传播光在光纤环中经过的时间;C_{CW}为顺时针方向传播光在光纤环中的传播速度;t_{CCW}为逆时针方向传播的光在光纤环中经过的时间;C_{CCW}为逆时针方向传播的光在光纤环中的传播速度。

由以上两式可得两光束在光纤环中传播的时间差τ为

$$\tau = t_{CW} - t_{CCW} = 2\pi R\left[\frac{1}{C_{CW} - R\Omega} - \frac{1}{C_{CCW} + R\Omega}\right] \tag{5-20}$$

根据相对论,转动速度相对于光速来说是可以忽略的,因此有

$$C_{CW} = C_{CCW} = c/n \tag{5-21}$$

式中:c为光在真空中的传播速度;n为介质的折射率。

由式(5-20)和式(5-21)得　$\tau = \dfrac{4\pi R^2}{c^2}\Omega$

τ对应的两束相反方向传播光的相移为

$$\Delta\Phi_{s1} = \frac{2\pi c_n \tau}{\lambda} = \frac{2\pi c\tau}{\lambda_0} = \frac{8\pi^2 R^2}{c\lambda_0}\Omega \tag{5-22}$$

式中：$\Delta\Phi_{s1}$ 为萨格奈克相移；λ_0 为光在真空中传播的波长；λ 为光在介质中传播的波长；c 为光在真空中传播的速度；c_n 为光在介质中传播的速度。

激光陀螺原理图如图 5－30 所示。它由低损耗环行激光腔、光探测器和信号处理系统构成。通常激光腔是用机械加工的方法在整块石英基体上加工成的三角形光波束，在其中填充激光物质并装上多层介质膜的高反射镜及激励电极。为使陀螺仪具有必要的刚度，用分子法把反射镜按一定角度固定在激光腔上。最后把激光腔抽成真空，再充以一定压力的工作气体。为得到短工作波长，大都采用 He－Ne 混合气体作为激光物质。在腔体上还装有一个阴极和两个阳极，把高频电压或直流高压加到阴极与阳极上，以激励激光。当激光增益超过损耗时，将产生激光谐振。在环行激光腔中，由于阴极与两个阳极形成三角形的结构，使之能产生沿相反方向传播的激光束。其中一束沿顺时针方向，另一束沿逆时针方向。它们的波长由振荡条件确定，当激光腔产生谐振时，激光腔的周长 L 应为谐振波长的整数倍。

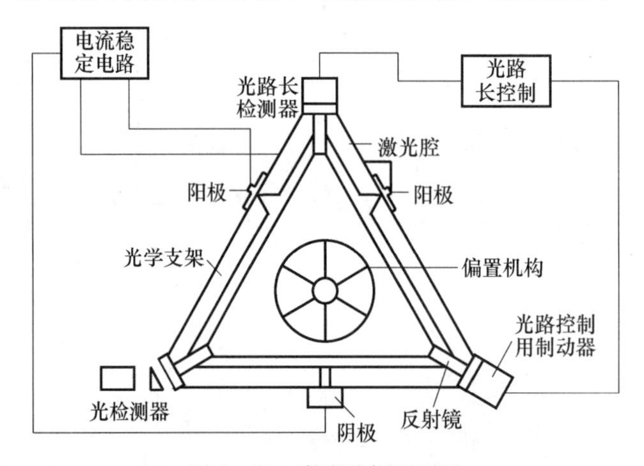

图 5－30　激光陀螺原理图

在以角速度 Ω 旋转着的环行激光谐振腔中，沿相反方向传播两束谐振激光束之间的相移与旋转角速度 Ω 成正比。因此，只要能测出反向行波的相移 $\Delta\Phi$ 就能确定 Ω。为此再用半反射镜 M 把反向行波引出腔外，通过合束棱镜产生合束干涉，然后投射到光电探测器，把含有 Ω 信息的光信号转换为电信号，最后经信号处理系统，便得到要测量的角速度 Ω。

2. 光纤陀螺

光纤陀螺是随着光纤技术迅速发展而出现的一种新型光纤角速度传感器。它具有精度高、动态范围大、无运动部件、启动快、重量轻、成本低、寿命长及抗冲击能力强等优点，对传统的机电陀螺无疑是一种很大的挑战，将成为航天、航空、航海等诸多领域中最具有发展前景的主流惯性仪表。

和激光陀螺一样，光纤陀螺也是利用光纤构成的萨格奈克干涉仪，用于敏感回转角速率的传感器，是一种典型的固态光电惯性器件。在这里，用光纤环代替了三角形激光腔。为了得到更大的灵敏度，实际应用中都是缠绕多圈光纤环以增强萨格奈克效应。由 N 圈光纤组成的环形光路，其产生的萨格奈克相移是单圈光纤光路产生萨格奈克相移的 N 倍。由 N 圈光纤环组成的环形光路产生萨格奈克相移 $\Delta\Phi_s$ 的表达式为

$$\Delta\Phi_s = N\Delta\Phi_{s1} = \frac{2\pi LD}{\lambda_0 c}\Omega \tag{5-23}$$

式中:L为光纤的总长度;D为线圈的平均直径。

光纤陀螺根据其光路调制及解调方式可以分为闭环光纤陀螺和开环光纤陀螺。开环光纤陀螺的器件主要包括光源、探测器、耦合器、偏振器、相位调制器和光纤环等,其光路结构如图5－31所示。

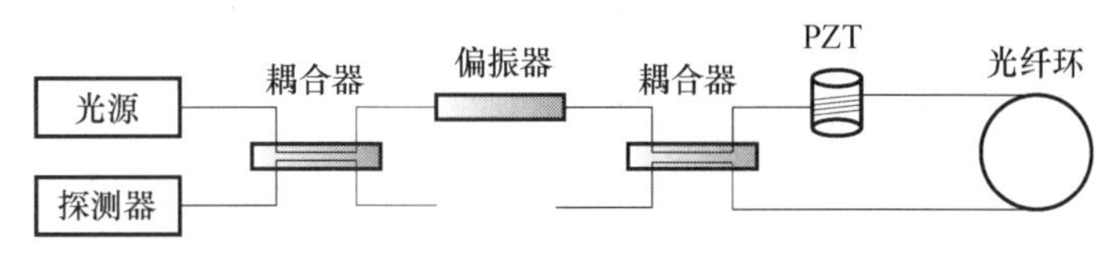

图5－31　开环光纤陀螺光路结构

闭环光纤陀螺的主要器件包括光源、探测器、集成光波导相位调制器、耦合器和光纤环等,其光路结构如图5－32所示。

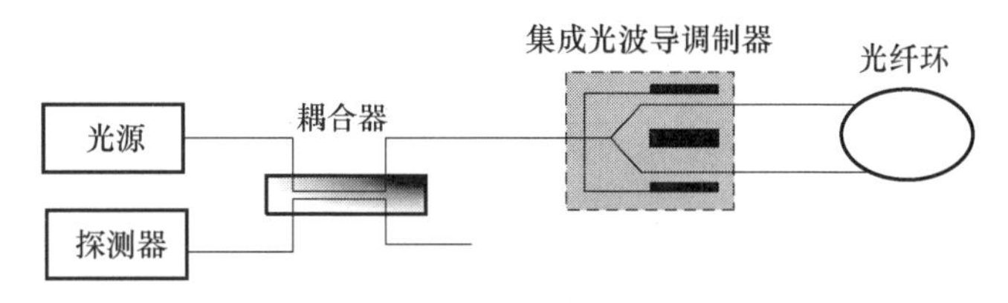

图5－32　闭环光纤陀螺光路结构

光纤陀螺仪的性能指标主要分为:静态条件下的零偏、零偏稳定性、零偏重复性;动态条件下的标度因数、标度因数非线性度、标度因数不对称度、标度因数的重复性等指标。另外,还要对其进行温度特性测试,即光纤陀螺的零偏温度灵敏度、标度因数温度灵敏度等指标。

3. 光学陀螺主要性能参数

对激光陀螺和光纤陀螺的性能测试,国家分别制定了国家军用标准GJB 2427激光陀螺仪测试方法和GJB 2426光纤陀螺仪测试方法。两个标准给出了光学陀螺主要性能参数的定义和测试方法。

1）标度因数系列测试

标度因数是指陀螺仪输出脉冲数与输入角速率的比值,与激光器的形状和尺寸有关。在同一角速度输入下,如果标度因数变化,将引起输出频差Δf的变化,从而导致陀螺仪的测量误差。

该系列主要包括标度因数K、标度因数非线性度K_m、标度因数重复性K_r、标度因数不对称度K_a以及标度因数温度灵敏度K_t等。

2）零偏系列测试

零偏是指在输入角速度为零时陀螺仪的频差输出。它是衡量陀螺仪精度的最重要指标,也决定了陀螺仪的最终精度与使用价值,同时也是众多误差项中最复杂、最难控制的。

该系列主要包括零偏B_0、零偏稳定性B_s、零偏重复性B_r、零偏温度灵敏度B_t等。

3）随机游走系数测试

随机游走(R_w)是系统重要的误差源,它使对准精度和导航精度受到破坏。漂移稳定性差是陀螺仪区别于挠性陀螺等其他机电陀螺最明显的特点之一。

适当延长系统精度对准时间可以减小 R_w 造成的对准误差,为了同时满足系统快速性和精度的要求,最根本的措施还是减小随机游走。

4)闭锁阈值测试

由于受我国高精度光学加工水平的限制,陀螺仪的关键部件谐振腔、反射镜的加工精度难以满足高精度陀螺的要求,造成陀螺仪锁区大且随温度明显变化的问题是我国该产业发展的瓶颈。采用各种偏频方法克服锁区、改善锁区特性对提高激光陀螺的性能,尤其是提高产品成活率有重要的意义。

5)最大输入角速度

陀螺仪正、反方向输入角速度的最大值,且在测角速率范围内陀螺仪的标度因数非线性度应满足规定要求。

6)分辨力((°)/h)

陀螺仪在规定的输入角速率下,能敏感最小输入角速率增量。由该角速率增量所产生至少等于按标度因数所期望的输入增量的50%。按拟合直线由转台输入角速率增量可以算出相应的陀螺仪输出增量 $\delta\hat{N}_j$,当满足下面的公式时,相应的输入角速率增量为待定分辨力:

$$\left|\frac{\delta\hat{N}_j-\delta N_j}{\delta\hat{N}_j}\right|\leqslant 5\%$$

式中:δN_j 为陀螺仪的输出增量。

5.4.2 激光陀螺性能测试

1. 激光陀螺的测试评估要求

对激光陀螺的性能测试,国家已经制定了国家军用标准 GJB 2427 激光陀螺仪测试方法。标准给出了主要性能参数的定义和测试方法[16-20]。

激光陀螺(RLG)的性能测试主要包括:

(1)标度因数系列测试;

(2)零偏系列测试;

(3)随机游走系数测试;

(4)闭锁阈值测试;

(5)最大输入角速度;

(6)分辨力((°)/h)。

通过对以上各技术参数的测定,可达到对陀螺仪定性和定量地分析、评价。

2. 激光陀螺测试系统

图5-33为激光陀螺性能测试评估系统结构框图。图中速率转台具有角速度或角度输出功能,周期脉冲发生器的精度优于2″。图5-34为测试台结构图。

测试台主要提供 RLG 工作所需电源,完成 RLG 的恒流源、腔长、抖动偏频、信号整形、信号隔离等电路的控制,并将 RLG 输出信号通过 RS 232 串口送出。抖动电路通过测量腔体抖动的角度,实现对抖动的控制。抖动电路原理如图5-35所示。

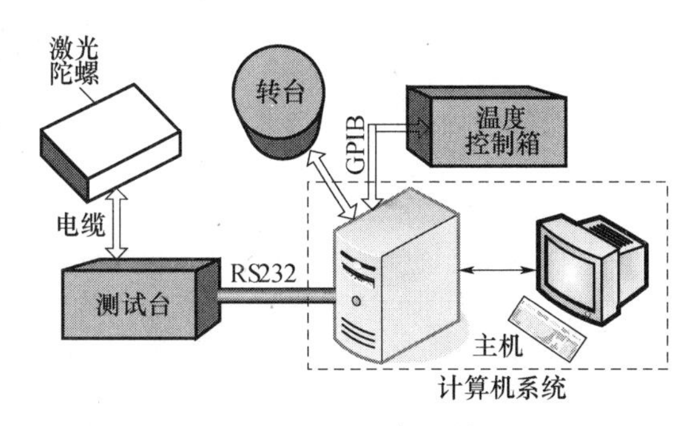

图5-33　激光陀螺性能测试评估系统结构框图

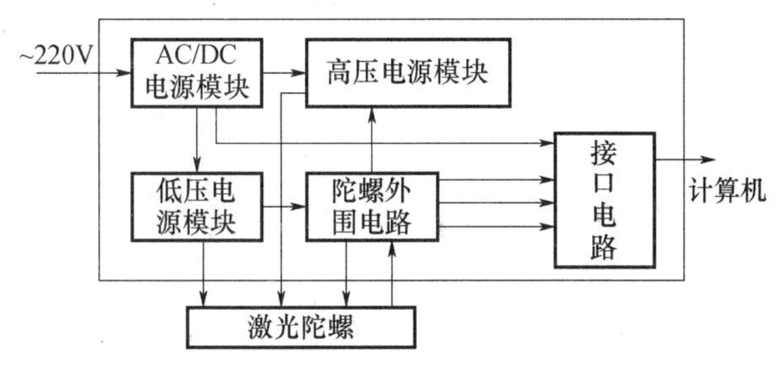

图5-34　测试台结构图

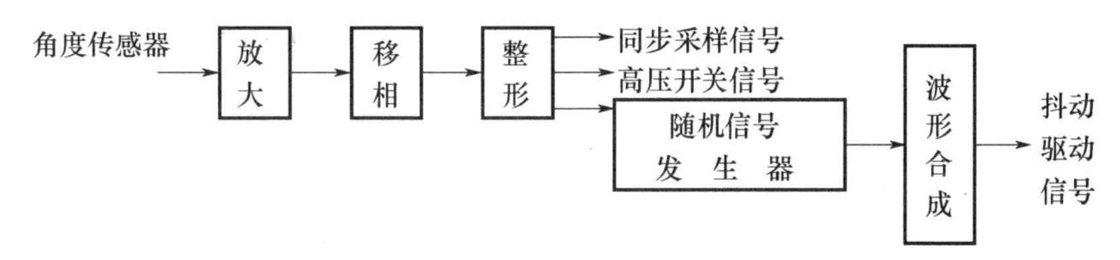

图5-35　抖动电路原理框图

恒流电路为激光器提供恒定电流,确保激光器稳定工作。恒流电路原理如图5-36所示。激光陀螺性能指标的好坏是由激光器电流的稳定性确定的,而激光陀螺中的激光器电流的稳定性要求很高,电流波动不得大于0.1μA,恒流电路专为激光陀螺中的激光器提供恒定电流,以稳定激光强度,并保持两束激光强度一致,消除因激光强度波动引入的测量误差。根据陀螺的不同,该电路将激光器电流稳定在(0.5~0.75)mA范围内。

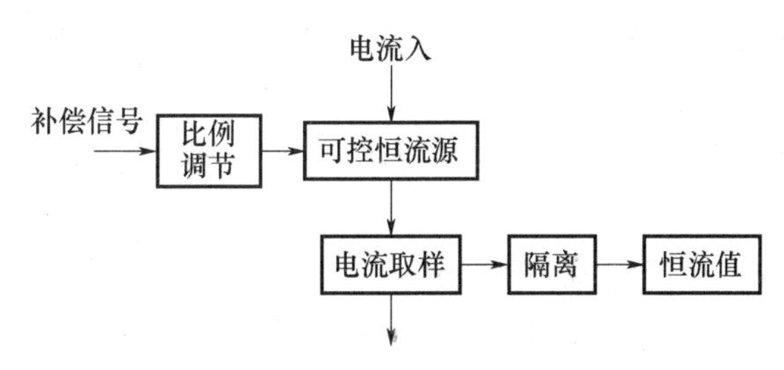

图5-36　恒流电路原理框图

自动周长控制电路的功能是保证激光器光路长度等于激光波长的整数倍,使输出光强最强。自动周长控制原理如图5-37所示。

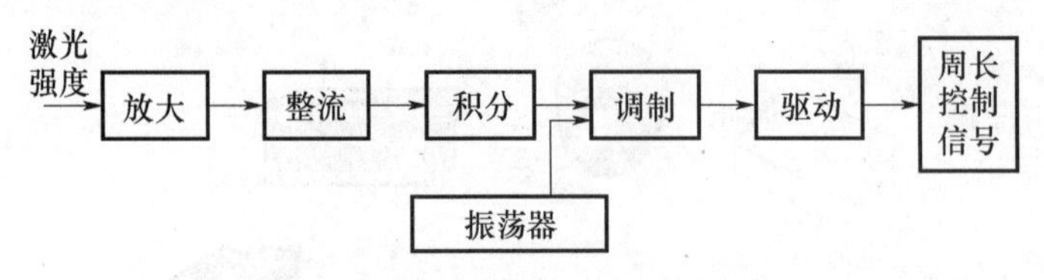

图 5-37 自动周长控制原理框图

计算机系统则完成激光陀螺的输出测量与记录及性能测试评估等。

3. 激光陀螺参数测试原理

原则上,激光陀螺各参数测试依照 GJB 2427—95 激光陀螺仪测试方法进行。

1) 标度因数测试

标度因数测试程序如下:激光陀螺仪安装在测试转台上,陀螺仪敏感轴平行地垂线,接通电源,预热一定时间即可采集陀螺仪输出数。

2) 零偏稳定性测试

激光陀螺仪的零偏是输入角速度为零时激光陀螺仪的频差输出。零偏本身是变化的,带有随机性质,所以通常称为"零点漂移"。零偏一般是用输出脉冲的平均值折算成输入角速度的大小来表示,其单位为(°)/h。

在常温下,将激光陀螺安装在测试转台上,调整转台使陀螺仪的敏感轴指东,理论上,此时陀螺仪的输出应为零,实际上,此时的输出正是零偏。陀螺启动后,以 1s 为采样周期,测试时间为 1h。利用式(5-24)计算零偏稳定性,最后计算零偏重复性。

$$B_s = \frac{1}{K}\left[\frac{1}{n-1}\left(\sum_{i=1}^{n} N_i - \frac{1}{n}\sum_{i=1}^{n} N_i\right)^2\right]^{1/2} \tag{5-24}$$

式中:K 为标度因数;N_i 为第 i 次采样的脉冲数;n 为采样点数。

3) 随机游走系数

对于机械抖动偏频的激光陀螺仪,随机游走系数是一个重要指标。利用式(5-25)直接计算出随机游走系数:

$$RWC = B_s \cdot \sqrt{\tau}/60 \tag{5-25}$$

式中:RWC 为随机游走系数((°)/$\sqrt{\mathrm{h}}$);B_s 为零偏稳定性((°)/h);τ 为采样时间间隔(s)。

5.4.3 光纤陀螺主要性能参数的测试

1. 光纤陀螺主要性能测试平台

由于光纤陀螺存在着较大的个体差异,因此在应用前需要对其进行大量性能测试和分析工作[21-24]。传统的测试方法采用手动测试方式,在测试陀螺的动态性能时需要反复多次对转台设置运行速率,带来了较大的不便。因此,有人研究利用 Lab-VIEW 软件构建了一套测试平台,可以方便地完成对光纤陀螺各项性能的测试并给出性能评价结果。该测试平台将测试方法和流程内嵌,通过对测试转台的实时控制,快速、便捷地完成光纤陀螺数据的采集、处理、分析和显示,从而大大简化光纤陀螺测试的操作过程,提高了测试效率。

测试平台的硬件设备主要有光纤陀螺、双轴转台、计算机、双路直流稳压电源和 USB 转 RS-232 连接电缆等。光纤陀螺置于转台上,电源线和陀螺输出串口线通过台面上的接口使用滑环分别连接至直流稳压电源和计算机,转台串行控制端口用 RS-232 连接线由转台控制柜连接到计算机，如图5－38所示。

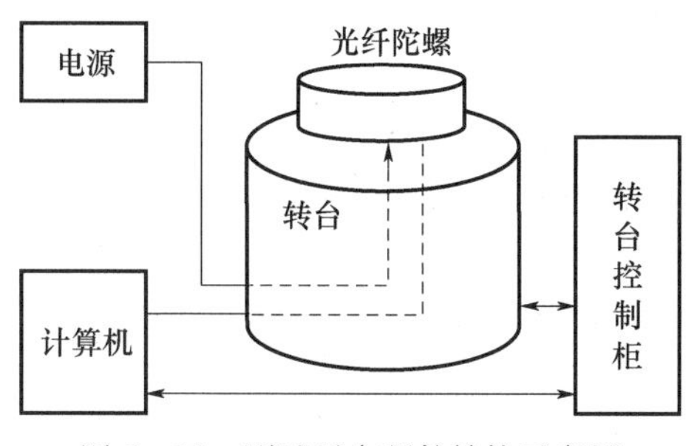

图5－38　测试平台硬件结构示意图

转台的两轴可分别工作在位置、速率和摇摆状态，可用RS－232串行口进行通信，接收计算机指令运行的同时，将转台位置信息发送到计算机。计算机一方面对光纤陀螺进行数据采集与处理，对光纤陀螺进行性能分析，另一方面对转台运行进行监控，获得转台运行状态及角度位置信息，对转台的启停、转速及位置进行控制。由于一般便携式计算机最多只有一个串口，所以通过USB转RS－232连接电缆进行扩展。

光纤陀螺测试分析平台功能如图5－39所示。测试前只需设置测试通信端口、采样时间、测试转速等的初始参数，即可按设定程序自动完成光纤陀螺性能测试。静态性能测试时，转台保持静止状态；动态性能测试时，程序控制转台按预先设定的角速率依次转动并采集陀螺输出。测试过程可通过监控界面实时显示，测试数据通过数据存储模块保存。再通过性能分析模块读取测试数据可得到光纤陀螺的各项性能指标。利用该平台对光纤陀螺进行测试与分析，整个过程都在同一集成环境内完成，方便、高效。

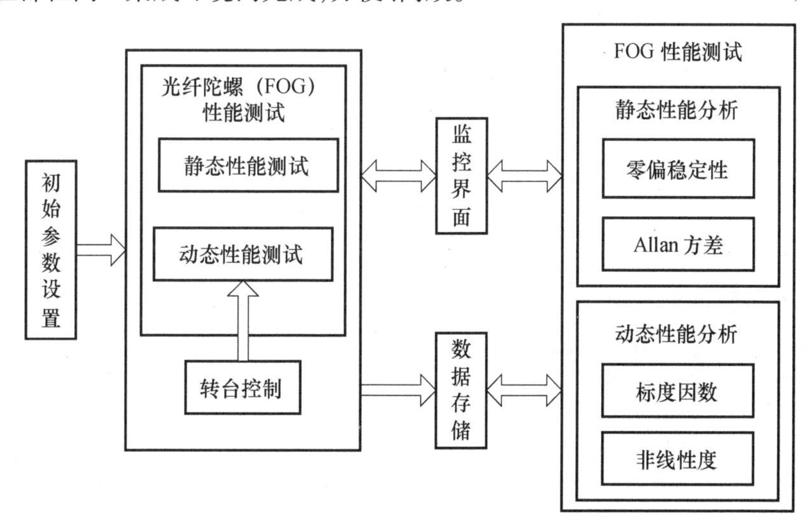

图5－39　光纤陀螺测试分析平台功能图

2. 光纤陀螺仪性能参数测量方法

1）标度因数测试

（1）将陀螺由安装夹具固定在速率转台上，并使转台轴平行于地垂线，输入基准轴平行于转台轴。

（2）将陀螺连接至输出测试设备，并设置测试设备以记录测试时间和陀螺输出。

（3）将转台初始位置归零，转台零位为：内框位置180.5725°，中框位置2.2944°，外框位置327.9249°。

（4）接通陀螺电源，开机预热后，采集陀螺数据半小时。

（5）将速率转台正转，记录陀螺输出，再将速率转台反转，记录陀螺输出；转台输入角速度按从小到大的顺序改变。

（6）测试结束时，采集陀螺数据半小时，将每一测试速率的输出求其平均值，并减去开机时陀螺输出的平均值，该差值即为陀螺输出值。

标度因数计算过程如下：

设 $\bar{F}$ 为第 j 个输入角速度时光纤陀螺仪输出的平均值，标度因数计算方法如下：

$$\bar{F}_j = \frac{1}{N}\sum_{p=1}^{N} F_{jp} \tag{5-26}$$

$$\bar{F}_r = \frac{1}{2}(\bar{F}_s + \bar{F}_e) \tag{5-27}$$

$$F_j = \bar{F}_j + \bar{F}_r \tag{5-28}$$

式中：N 为采样点数；$\bar{F}_s$ 为测试开始时，光纤陀螺仪输出平均值；$\bar{F}_e$ 为测试结束时，光纤陀螺仪输出的平均值；F_j 为第 j 个输入角速度 $\Omega_{i,j}$ 时光纤陀螺仪的输出值。

建立光纤陀螺仪输入输出关系的线性模型：

$$F_j = K \cdot \Omega_{i,j} + F_0 + \nu_j \tag{5-29}$$

用最小二乘法求 K, F_0。其中：F_0 为拟合零位；ν_j 为拟合误差；K 为标度因数。

$$K = \frac{\sum_{j=1}^{M} \Omega_{i,j} \cdot F_j - \frac{1}{M}\sum_{j=1}^{m} \Omega_{i,j} \cdot \sum_{j=1}^{M} F_j}{\sum_{j=1}^{M} \Omega^2{}_{i,j} - \frac{1}{M}\left(\sum_{j=1}^{m} \Omega_{i,j}\right)^2} \tag{5-30}$$

$$F_0 = \frac{1}{M}\sum_{j=1}^{M} F_j - \frac{K}{M}\sum_{j=1}^{m} \Omega_{i,j} \tag{5-31}$$

标度因数非线性度是指：在输入角速度范围内，光纤陀螺仪输出量相对于最小二乘法拟合直线的最大偏差与最大输出量之比。

用拟合直线表示光纤陀螺仪输入输出关系：

$$\hat{F}_j = K \cdot \Omega_{i,j} + F_0 \tag{5-32}$$

按上式计算光纤陀螺仪输出特性逐点非线性偏差：

$$\alpha_j = \frac{\hat{F}_j - F_j}{|F_m|} \tag{5-33}$$

标度因数非线性度表达如下：

$$K_n = \max|\alpha_j| \tag{5-34}$$

做出光纤陀螺仪输出非线性偏差曲线。式(5-33)和式(5-34)中：F_m 为光纤陀螺仪输出的单边幅值；α_j 为第 j 个输入角速度 $\Omega_{i,j}$ 时，输出值的非线性偏差，单位为百分数(%)；K_n 为标度因数非线性度。

分别求出正转、反转输入角速度范围内光纤陀螺仪标度因数及其平均值,按下式计算标度因数不对称性:

$$K_{\alpha} = \frac{|K_{(+)} - K_{(-)}|}{\bar{K}} \tag{5-35}$$

$$\bar{K} = \frac{|K_{(+)} + K_{(-)}|}{2} \tag{5-36}$$

式中:$K_{(-)}$ 为反转输入角速度范围内光纤陀螺仪标度因数;$K_{(+)}$ 为正转输入角速度范围内光纤陀螺仪标度因数;$\bar{K}$ 为标度因数平均值;K_{α} 为标度因数不对称度。

2)零偏测试

陀螺仪通过安装夹具固定在三轴转台上,使陀螺仪输入轴平行于转台轴,保持转台静止,接通光纤陀螺电源,预热半小时后,测试光纤陀螺的输出值。数据采集时间约 1h。

记录陀螺输出量 F_i,光纤陀螺的零偏为输出量的平均值:

$$B_0 = \frac{\bar{F}}{K} \tag{5-37}$$

式中:B_0 为零偏,单位是(°)/h 或(°)/s;$\bar{F}$ 为陀螺输出量的平均值;K 为标度因数。

3)零偏稳定度测试

当输入角速度为零时,衡量光纤陀螺仪输出量围绕其均值的离散程度。以规定时间内输出量的标准偏差相应的等效输入角速度表示,也可称为零漂。

根据测试数据可以得到零偏稳定度:

$$B_s = \frac{1}{K}\left[\frac{1}{(N-1)}\sum_{i=1}^{N}(F_i - \bar{F})^2\right]^{1/2} \tag{5-38}$$

式中:B_s 为零偏稳定度;K 为标度因数;N 为采样次数;F_i 为第 i 个输出量;$\bar{F}$ 为输出量的平均值。

5.4.4 光纤陀螺全方位性能自动评价系统

为了全面深入的评价光纤陀螺的性能,有人研制了光纤陀螺全方位自动评价系统,该系统除可以对国军标 GJB2426 规定的项目测试外,还可以模拟光纤陀螺实际工况下的温度变化、振动影响,从而对光纤陀螺抗温度变化、抗振动性能作出评价。

1. 系统硬件组成

光纤陀螺全方位性能自动评价系统构成原理图如图 5-40 所示。从功能上可分为两部分:第一部分为光纤陀螺总体性能数字化评价部分;第二部分为光学元件测试部分。

光纤陀螺总体性能数字化评价部分包括以下设备:

(1)计算机,负责光纤陀螺测试过程的监控,测试数据的接收、处理、滤波、运算和结果显示,自动完成对各测试项目的数据处理和状态转换的控制。

(2)采集卡,接收计算机的控制命令,完成光纤陀螺数据的采集、数据格式的编排以及向上位机传输。在做闭环检测时,计算机通过采集卡控制信号发生器来提供陀螺的反馈。

(3)锁相放大器,提供调制与解调功能;

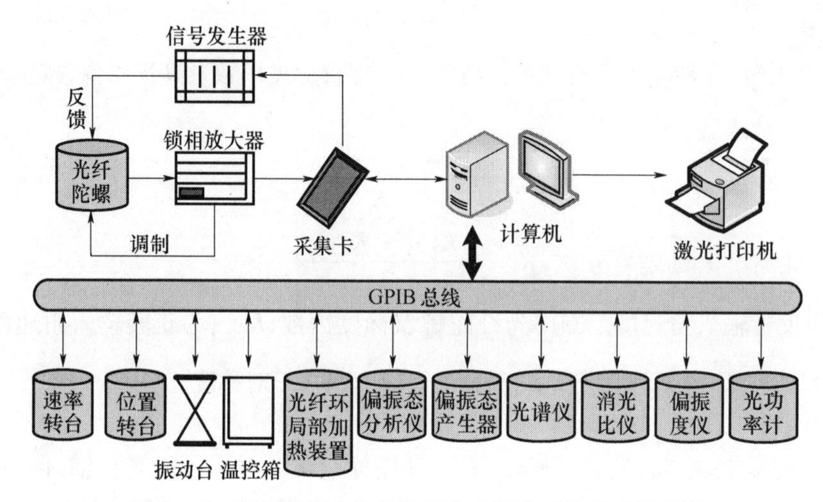

图5－40 光纤陀螺全方位性能自动评价系统构成原理图

(4) 信号发生器，提供反馈信号；

(5) 速率转台，为测试项目提供输入角速度；

(6) 位置转台，为测试项目提供角位置；

(7) 振动台，提供陀螺振动测试需要的振动实验环境；

(8) 温控箱，为陀螺测试提供－40～＋70℃的测试温度范围，温度变化规律可由计算机设定；

(9) 光纤环局部加热装置，提供光纤环内部或外部某个区域的温度梯度、温度变化范围和趋势可控；

(10) GPIB总线，计算机内置GPIB接口卡，使用IEEE482通信标准通过GPIB总线与各个测试设备进行数据通信。

光学元件测试系统主要由以下设备构成：偏振态分析仪、偏振态产生器、光谱仪、消光比仪、偏振度仪和光功率计。光学元件测试部分完成光纤陀螺内部各个光学元件的性能指标测试，光学元件测试周期长、数据繁多、重复性强，由计算机与光学测试仪器构成光学元件测试系统，大大改善了光学元件的筛选效果和光学元件的检验质量。

2. 软件及测量程序

根据光纤陀螺性能自动评价系统总体要求，软件系统涉及如下五个方面：

(1) 陀螺测试监控程序；

(2) 陀螺各项技术指标测试模块；

(3) 各光学元件测试程序；

(4) 通信接口程序；

(5) 通用数据处理、显示及打印程序。

光纤陀螺性能自动评价系统测试程序从功能上分为两个部分：第一部分为光纤陀螺总体性能测试；第二部分为陀螺各光学元件测试程序。这两个部分的程序中，针对各个不同的测试项目，分别对应了多个不同的测试子程序，而程序主框架中的监视、显示、数据接口、人机接口、通信接口、转台控制、温度控制、振动控制及数据保存等功能模块作为公共部分可被各个测试子程序调用，这样就大大缩短了程序开发周期，节约了系统资源。图5－41为光纤陀螺全方位性能自动评价系统程序框图。

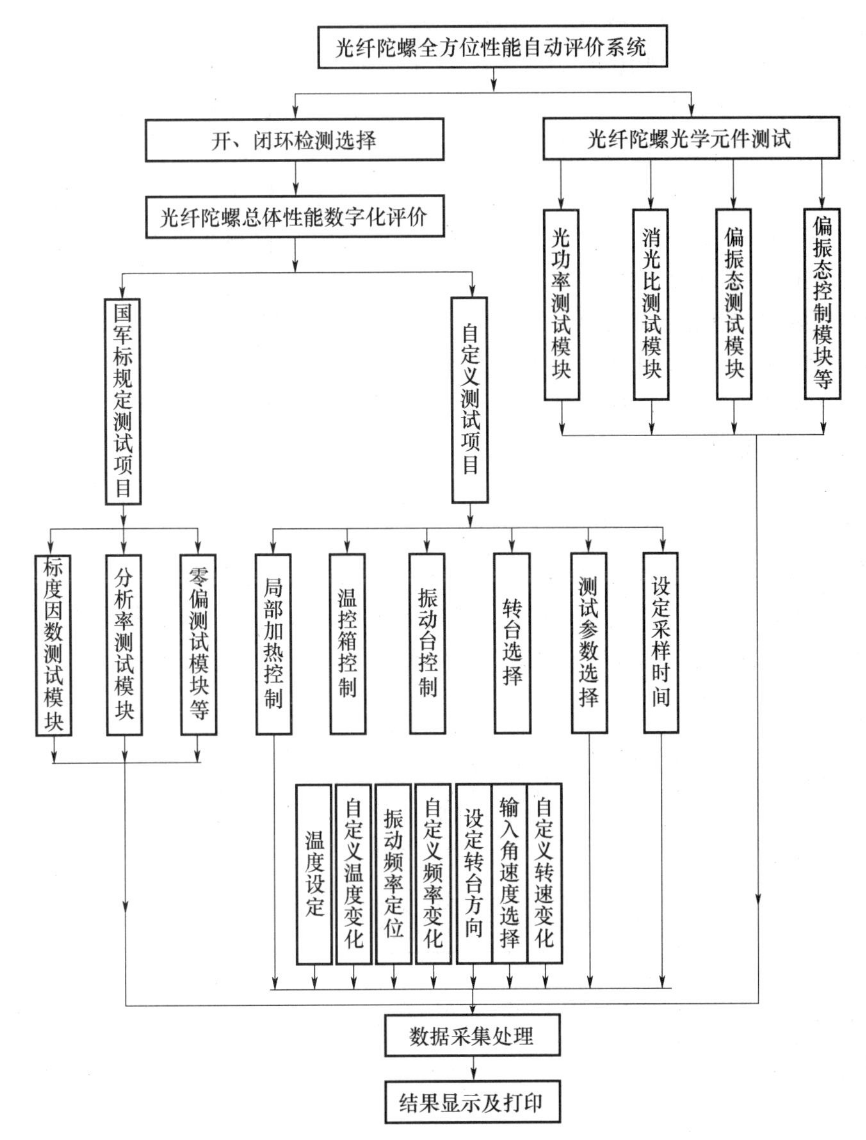

图5-41　光纤陀螺全方位性能自动评价系统程序框图

5.5　捷联惯性导航系统性能测试与校准

5.5.1　捷联惯性导航概述

1. 惯性导航(INS)技术

惯性导航系统简称惯导,是利用惯性敏感元件、基准方向及最初的位置信息来确定运动载体的方位、姿态和速度的自主式航位推算系统。导航的定义为:指挥目标从一个地方到达目的地的过程。导航的核心是通过测量技术决定运动物体随时间变化的位置、速度、姿态;导航状态是指一个运动的物体相对大地参考的位置、速度、姿态。

导航系统一般分为平台式惯性导航系统、捷联式惯性导航系统和组合式惯性导航系统。

平台式惯性导航系统将惯性测量元件安装在惯性平台上，惯性平台稳定在预定的坐标系内，为加速度计提供一个测量基准，并使惯性测量元件不受载体角运动的影响。导航计算机根据加速度计的输出和初始条件进行导航解算，得出载体的位置、速度等导航参数。

捷联式惯性导航系统将惯性测量元件直接固联在载体上，测量沿载体坐标系的角速度和角加速度，计算机则利用陀螺的输出进行坐标变换，求解载体的即时速度、位置等导航参数。

组合式惯性导航系统是一种以自主导航为核心的基于数据融合技术的多传感器组合信息系统，可根据实际需要进行传感器的组合选择。

2. 捷联式惯性导航系统的工作原理

不论是捷联惯性导航系统或者平台式惯性导航系统，在导航的基本原理上都是相同的。它们的区别仅是导航平台坐标的实现方式不同。捷联惯性导航系统的导航坐标实现是通过一个数学方程式来实现，即不是一个实实在在的看得见的平台，而平台式惯性导航系统是拥有一个实实在在的平台，这个平台实时地跟踪地理平面，即这样的一个平台始终与地理水平面平行，是看得见的。而捷联惯性导航系统，是通过一个虚拟的数学平台来模拟当地的地理水平面。但它们的导航原理是一致的，都是建立在牛顿力学的基础之上[11]。

捷联惯性导航系统的导航工作是通过解基本惯性导航方程来获取的，是将陀螺等器件捆绑于载体上的导航系统，其原理框图如图 5－42 所示。

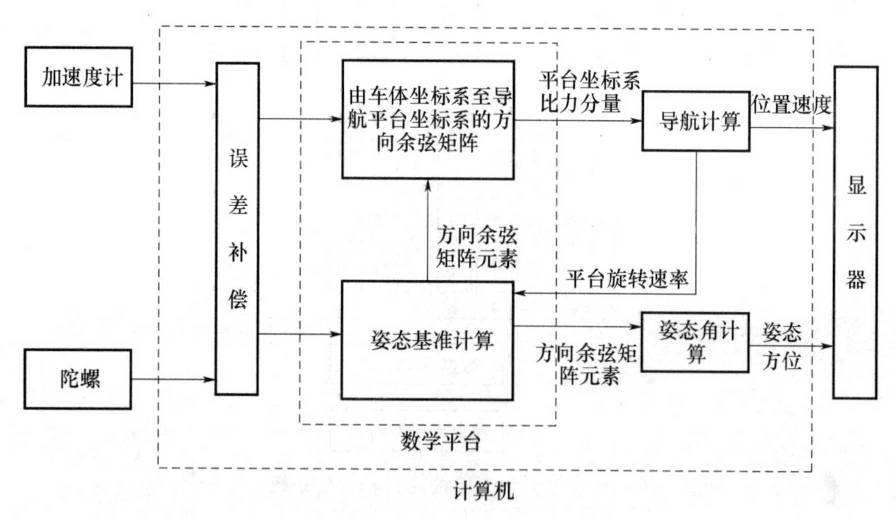

图 5－42　捷联惯性导航系统原理框图

惯性导航基本方程为

$$V_{en} = \boldsymbol{f} - (2\omega_{ie} + \omega_{en}) \times V_{en} + g \tag{5-39}$$

式中：V_{en}为载体平台相对地球的速度；$\boldsymbol{f}$为加速度计测量得到的比力向量；ω_{ie}为地球自转角速度；ω_{en}为载体平台相对地球的转动速度；g为重力加速度。

为消除有害加速度$(2\omega_{ie} + \omega_{en}) \times V_{en}$的影响，平台系统引入物理平台来跟踪地球自转，捷联惯性导航系统通过数学平台来跟踪地球的自转。

捷联惯性导航系统一般使用指北方位系统导航坐标系（图 5－43）作为导航系统，即导航坐标系 $ox_ny_nz_n$ 与地理坐标系 $ox_ty_tz_t$ 重合，选取东北天系统为地理坐标系统。

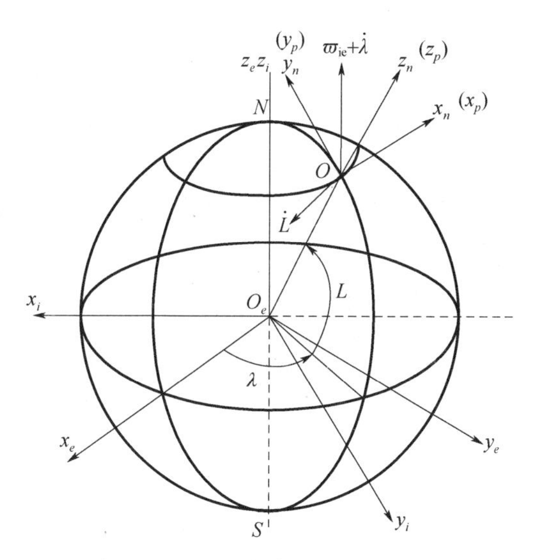

图5-43　指北方位系统导航坐标系

3. 捷联惯性导航系统的标定

捷联惯性导航系统的核心部件是加速度计和陀螺仪。加速度计敏感载体的加速度,陀螺仪敏感载体的姿态。因此,捷联惯性导航系统的精度在很大程度上取决于陀螺仪和加速度计的精度。

惯性测量组件(IMU)的输出误差是惯性导航系统导航误差的主要来源,因此在使用前必须对其进行建模和标定,并在使用时加以补偿以减小其对导航精度的影响。常用的标定方法主要有分立标定和系统级标定。

(1) 分立标定是指将陀螺仪和加速度计的输出误差分开进行标定,但是分开标定难以反映陀螺和加速度表真实的工作状态,其缺点明显,标定的极限精度取决于转台的位置以及速率精度。

(2) 系统级标定则是将陀螺仪和加速度计的输出误差进行组合标定,其得到的标定结果更能反映陀螺仪和加速度计的真实工作情况。

5.5.2　捷联惯性导航系统的分立标定

1. 激光捷联惯性导航系统的误差方程

在考虑激光捷联惯性导航系统的安装误差、标度因数误差、零偏误差的情况下,坐标系为东北天坐标系,激光陀螺的误差方程为

$$\begin{cases} \omega_{tx} = k_x\omega_x + E_{xz}\omega_y + E_{xy}\omega_z + \omega_{x0} \\ \omega_{ty} = k_y\omega_y + E_{yx}\omega_z + E_{yz}\omega_x + \omega_{y0} \\ \omega_{tz} = k_z\omega_x + E_{zy}\omega_x + E_{zx}\omega_y + \omega_{z0} \end{cases} \tag{5-40}$$

式中:设 i,j 为坐标轴 X,Y,Z 的统称;ω_{ti}为激光陀螺的输出角速度;ω_i 为激光陀螺的输入角速度;ω_{i0} 为激光陀螺的零偏;k_i 为激光陀螺的标度因数误差; E_{ij}为激光陀螺的安装误差。

加速度计的误差方程为

$$\begin{cases} a_{tx} = A_x a_x + A_{xz} a_y + A_{xy} a_z + a_{x0} \\ a_{ty} = A_y a_y + A_{yx} a_z + A_{yz} a_x + a_{y0} \\ a_{tz} = A_z a_z + A_{zy} a_x + A_{zx} a_y + a_{z0} \end{cases} \tag{5-41}$$

式中:设 i,j 为坐标轴 X,Y,Z 的统称; a_{ti}为加速度计的输出; a_i 为加速度计的输入; a_{i0} 为加速度计的零偏;A_i 为加速度计的标度因数误差; A_{ij}为加速度计的安装误差。

2. 标定方案

由于激光捷联惯性导航系统目前不水平指北,各种误差因数的存在,使捷联惯性组件为非正交坐标系,安装误差角都是比较小的角度,一般加速度计的安装误差角都控制在1′内,且都是在同一个数量级上。捷联惯性组件结构图如图5-44所示[25]。

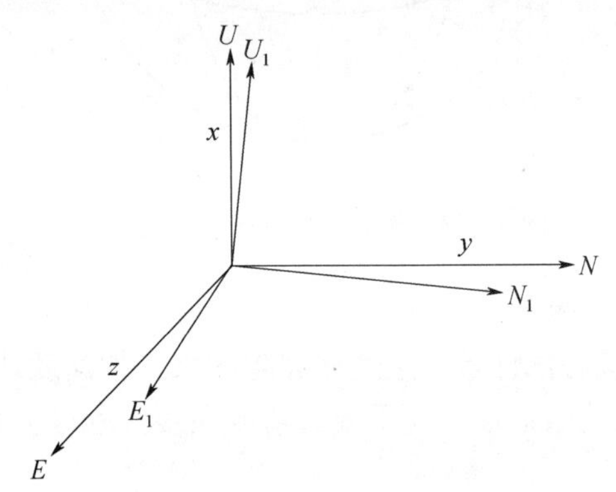

图5-44 捷联惯性组件结构图

ENU—导航坐标系,其中 E 为东向,N 为北向,U 为天向;

$E_1N_1U_1$—捷联惯性组合的实际位置,与导航系存在一定空间旋转角的正交坐标系,

即封装惯性组件的工件所在惯性系即为捷联惯性组件存在安装误差后所在坐标系。

将惯性测量组件(IMU)绕 E_1 轴转动,因为东向不敏感地球自转角速度,U_1 和 N_1 就可以利用多位置转动抵消掉由于不正交带来的误差。采用十位置标定方法,将IMU组件绕 E_1 轴依次转动90°,转动4次,然后将装载IMU组件的工装以 U_1N_1 面为轴翻转,得到下南西坐标系,继续绕 E_1 轴转动4次,每次转动90°,最后西北地和西南天。

下面给出误差系数标定位置顺序,如表5-1所列。表中位置都是以靠近导航坐标系的位置表示,实际位置与导航坐标系有一定偏转角。

表5-1 组件误差参数标定位置顺序

位置序号	位置	转动/(°)
1	天北西	90(绕+Z轴转动)
2	北地西	90(绕+Z轴转动)
3	地南西	90(绕+Z轴转动)
4	南天西	90(绕+Z轴转动)
从位置1绕+Y轴转动180°到位置5		
5	地北东	90(绕+Z轴转动)
6	北天东	90(绕+Z轴转动)
7	天南东	90(绕+Z轴转动)

（续）

位置序号	位置	转动/(°)
8	南地东	
从位置 1 绕 +Y 轴转动 90 °位置 9		
9	西北地	绕 +X 轴转动 180°
10	西南天	

3. 加速度计的标定

在上面八次转动过程中，由于加速度计只对天向分量敏感，将八次转动过程中天向加速度分量投影在各坐标轴上，设 U 轴在捷联组件实际位置坐标轴上投影分量与 U_1，N_1，E_1 的夹角分别为位置 1，2，3。则在位置 1 ~ 10，U_1 轴的加速度输出分别为式(5－42) ~ 式(5～51)：

$$a_{tx1}=A_x g\cos 1+A_{xz} g\cos 2+A_{xy} g\cos 3+a_{x0} \quad (5-42)$$
$$a_{tx2}=A_x g\cos 2-A_{xz} g\cos 1+A_{xy} g\cos 3+a_{x0} \quad (5-43)$$
$$a_{tx3}=-A_x g\cos 1-A_{xz} g\cos 2+A_{xy} g\cos 3+a_{x0} \quad (5-44)$$
$$a_{tx4}=-A_x g\cos 2+A_{xz} g\cos 1+A_{xy} g\cos 3+a_{x0} \quad (5-45)$$
$$a_{tx5}=-A_x g\cos 1+A_{xz} g\cos 2-A_{xy} g\cos 3+a_{x0} \quad (5-46)$$
$$a_{tx6}=A_x g\cos 2+A_{xz} g\cos 1-A_{xy} g\cos 3+a_{x0} \quad (5-47)$$
$$a_{tx7}=A_x g\cos 1-A_{xz} g\cos 2-A_{xy} g\cos 3+a_{x0} \quad (5-48)$$
$$a_{tx8}=-A_x g\cos 2-A_{xz} g\cos 1-A_{xy} g\cos 3+a_{x0} \quad (5-49)$$
$$a_{tx9}=A_x g\cos 3+A_{xz} g\cos 2-A_{xy} g\cos 1+a_{x0} \quad (5-50)$$
$$\mathrm{a}_{tx10}=A_x g\cos 3-A_{xz} g\cos 2+A_{xy} g\cos 1+a_{x0} \quad (5-51)$$

对 N_1，E_1 轴采用相同的办法，得到加速度输出，将上面的 10 个式子写成矩阵形式为

$$\begin{bmatrix} a_{tx1} & a_{ty1} & a_{tz1} \\ a_{tx2} & a_{ty2} & a_{tz2} \\ a_{tx3} & a_{ty3} & a_{tz3} \\ a_{tx4} & a_{ty4} & a_{tz4} \\ a_{tx5} & a_{ty5} & a_{tz5} \\ a_{tx6} & a_{ty6} & a_{tz6} \\ a_{tx7} & a_{ty7} & a_{tz7} \\ a_{tx8} & a_{ty8} & a_{tz8} \\ a_{tx9} & a_{tx9} & a_{ty9} \\ a_{ty10} & a_{tz10} & a_{tz10} \end{bmatrix} = \begin{bmatrix} \cos 1 & \cos 2 & \cos 3 & 1 \\ \cos 2 & -\cos 1 & \cos 3 & 1 \\ -\cos 1 & -\cos 2 & \cos 3 & 1 \\ -\cos 2 & \cos 1 & \cos 3 & 1 \\ -\cos 1 & \cos 2 & -\cos 3 & 1 \\ \cos 2 & \cos 1 & -\cos 3 & 1 \\ \cos 1 & -\cos 2 & -\cos 3 & 1 \\ -\cos 2 & -\cos 1 & -\cos 3 & 1 \\ \cos 3 & \cos 2 & -\cos 1 & 1 \\ \cos 3 & -\cos 2 & \cos 1 & 1 \end{bmatrix} \times \begin{bmatrix} A_x g & A_{yz} g & A_{zy} g \\ A_{xz} g & A_y g & A_{zx} g \\ A_{xy} g & A_{yx} g & A_z g \\ a_{x0} & a_{y0} & a_{z0} \end{bmatrix} \quad (5-52)$$

式中：g 为标定位置的重力加速度。

式(5－52)联立 $\cos^2 1+\cos^2 2+\cos^2 3=1$，先求解出 cos1 ，cos 2 和 cos3 ，式(5－52)记为 $\boldsymbol{Z}=\boldsymbol{HX}$，得最小二乘解 $\boldsymbol{X}=(\boldsymbol{H}^{\mathrm{T}}\boldsymbol{H})^{-1}\boldsymbol{H}^{\mathrm{T}}\boldsymbol{Z}$ ，从而得到加速度计的各项误差参数。

4. 激光陀螺零偏的标定

利用目前的方法对激光捷联惯组进行标定时，陀螺的零偏标定误差很大。大量的导航试验结果表明，陀螺常值漂移恰恰对系统导航定位精度影响较大，因此对陀螺常值漂移的标定十

分重要。而陀螺常值漂移问题也是激光陀螺精度最直接、最难控制的问题，种类也最多，必须对其单独处理。

由于东向不敏感地球自转角速度，所以东向不会有分量投影到组件坐标轴上，取上面前八次转动中的四次，分别为位置1,3,5,7。设天向对地球角速度敏感，投影在组件上分量分别为ω_{xxi}，ω_{xyi}和ω_{xzi}，北向对地球角速度敏感，投影在组件上分量分别为ω_{yxi}，ω_{yyi}和ω_{yzi}，其中，i为转动次数，则天向陀螺的误差方程分别为

$$\omega_{txi} = k_x(\omega_{xxi} + \omega_{yxi}) + E_{xz}(\omega_{yyi} + \omega_{xyi}) + E_{xy}(\omega_{xzi} + \omega_{yzi}) + \omega_{x0} \tag{5-53}$$

经过四次转动后，北向和天向的1,5位置和3,7位置分别重合，只是方向相反，东向的1,3位置和5,7位置分别重合，且1,5和3,7反向重合。天向和北向的分量投影如图5-45所示。设天向与U_1轴在位置1的夹角为α，则与位置3,5,7的夹角也为α；天向与N_1轴在位置1的夹角为β，则与位置3,5,7的夹角也为β；天向与E_1在位置1的夹角为γ，则与E_1轴在位置3,5,7的夹角也为γ；设北向与U_1轴在位置1的夹角为δ，则与位置3,5,7的夹角也为δ；北向与N_1轴位置1的夹角为ε，则与位置3,5,7的夹角也为ε；北向与E_1在位置1的夹角为θ，则与E_1轴在位置3,5,7的夹角也为θ。

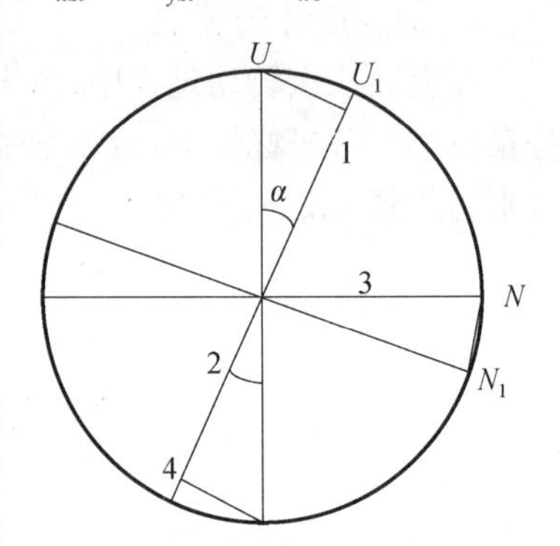

图5-45 天向和北向分量在组件上投影

将四个位置得到的投影分量代入陀螺天向误差方程得：

$$\begin{cases}
\omega_{tx1} = k_x(\omega_x\cos\alpha + \omega_y\sin\delta) + E_{xz}(\omega_y\cos\varepsilon + \omega_x\cos\beta) + E_{xy}(\omega_x\cos\gamma + \omega_y\sin\theta) + \omega_{x0} \\
\omega_{tx3} = k_x(-\omega_x\cos\alpha - \omega_y\sin\delta) + E_{xz}(-\omega_y\cos\varepsilon - \omega_x\cos\beta) + E_{xy}(\omega_x\cos\gamma + \omega_y\sin\theta) + \omega_{x0} \\
\omega_{tx5} = k_x(\omega_x\cos\alpha + \omega_y\sin\delta) + E_{xz}(\omega_y\cos\varepsilon + \omega_x\cos\beta) + E_{xy}(-\omega_x\cos\gamma - \omega_y\sin\theta) + \omega_{x0} \\
\omega_{tx7} = k_x(-\omega_x\cos\alpha - \omega_y\sin\delta) + E_{xz}(-\omega_y\cos\varepsilon - \omega_x\cos\beta) + E_{xy}(-\omega_x\cos\gamma - \omega_y\sin\theta) + \omega_{x0}
\end{cases} \tag{5-54}$$

上面四个式子相加得

$$\omega_{x0} = \frac{\omega_{tx1} + \omega_{tx3} + \omega_{tx5} + \omega_{tx7}}{4} \tag{5-55}$$

从而得到靠近天向轴的零偏，同理可得N_1向和E_1向的零偏。

5.5.3 捷联惯性导航系统的系统级标定

常见的系统级标定一般采用最小二乘法对待标定误差参数进行参数辨识，这种方法需要分别建立每个待估计误差参数与测量值之间确定的关系，然后在此基础上设计可使误差分离的多位置编排，但是误差参数需要苛刻的条件和复杂的位置编排，若条件不足就会使误差分离不充分，而且复杂的多位置编排不易于实际操作。

因此，有人研究了一种基于卡尔曼滤波的系统级标定，该方法建立在捷联惯导系统线性误差模型基础上，克服了最小二乘法的不足，但是由于捷联惯导系统的线性误差模型在大误差量下会偏离真实误差模型，因此该方法只适用于小误差量的标定。此外由于卡尔曼滤波无法得到不可观测误差状态的有效估计，因此在标定过程中必须保证待标定参数可观测性。在系统动态误差模型可观性分析的基础上，提出一种可使惯性器件12个误差参数完全可观测的标定

方案,该方案以 UDU^T 分解滤波算法为估计手段,以速度误差和位置误差为量测量,通过捷联惯导系统的旋转机动及多位置翻转,使惯性器件的 12 个误差参数完全可观测[26]。

1. 测量组件输出误差模型

在忽略陀螺和加速度计安装误差情况下,可以得到惯性测量组件输出误差模型为

$$\begin{cases}\delta f^b = \delta K_f \cdot f^b + \nabla^b \\ \delta\omega_{ib}^b = \delta K_g \cdot \omega_{ib}^b + \varepsilon^b\end{cases} \tag{5-56}$$

式中:$\delta\omega_{ib}^b$,δf^b 分别为陀螺和加速度表的输出误差;$\delta K_g = \mathrm{diag}(\delta K_{gx}\delta K_{gy}\delta K_{gz})$,$\delta K_f = \mathrm{diag}(\delta K_{fx}\delta K_{fy}\delta K_{fz})$ 分别为陀螺和加速度表的标度因数误差;$\boldsymbol{\varepsilon}^b = [\varepsilon_x^b\varepsilon_y^b\varepsilon_z^b]^T$,$\boldsymbol{\nabla}^b = [\nabla_x^b\nabla_y^b\nabla_z^b]^T$,分别为陀螺常值漂移和加速度表零偏;上标 b 为捷联惯导的机体坐标系。标定的目的就是估计出陀螺和加速度表如下 12 个误差参数:δK_{gx},δK_{gy},δK_{gz},ε_x^b,ε_y^b,ε_z^b,δK_{fx},δK_{fy},δK_{fz},∇_x^b,∇_y^b,∇_z^b。

2. 系统误差模型

选择东北天坐标系为导航坐标系(n 系),在以下内容中若无特别说明导航系均为东北天坐标系。由惯性导航系统的比力方程、位置微分方程以及姿态四元数微分方程可以很容易得到捷联惯性系统的速度误差传播方程、位置误差传播方程以及姿态误差传播方程,形式如下:

$$\begin{cases}\delta\dot{\boldsymbol{V}}^n = F_{vv}\cdot\delta V^n + F_{v\phi}\cdot\boldsymbol{\phi} + F_{vp}\cdot\delta P + F_{vk}\cdot\delta K_f + F_{v\nabla}\cdot\nabla^b \\ \phi' = F_{\phi v}\cdot\delta V^n + F_{\phi\phi}\cdot\boldsymbol{\phi} + F_{\phi p}\cdot\delta P + F_{\phi k}\cdot\delta K_g + F_{\phi\varepsilon}\cdot\varepsilon^b \\ \delta\dot{P} = F_{pv}\cdot\delta\boldsymbol{V}^n + F_{pp}\cdot\delta\boldsymbol{P}\end{cases} \tag{5-57}$$

式中:$\delta\boldsymbol{V}^n = [\delta V_E\delta V_N\delta V_U]^T$;$\boldsymbol{\phi} = [\phi_E\phi_N\phi_U]^T$;$\delta\boldsymbol{P} = [\delta L\delta\lambda\delta h]^T$;

$F_{vv} = [\boldsymbol{V}^n\times\boldsymbol{A}_{v1} - (2\boldsymbol{\omega}_{ie}^n + \boldsymbol{\omega}_{en}^n)\times]$;$F_{v\phi} = (f^n\times)$;$F_{vp} = \boldsymbol{V}^n\times(\boldsymbol{A}_{p1} + 2\boldsymbol{A}_{p2})$;$F_{v\nabla} = \boldsymbol{C}_b^n$;

$F_{vk} = \boldsymbol{C}_b^n\cdot F^b$;$F_{\phi v} = \boldsymbol{A}_{v1}$;$F_{\phi\phi} = [-(\boldsymbol{\omega}_{in}^n\times)]$;$F_{\phi p} = \boldsymbol{A}_{p1} + \boldsymbol{A}_{p2}$;$F_{\phi k} = [-\boldsymbol{C}_b^n\cdot W^b]$;

$F_{\phi\varepsilon} = -\boldsymbol{C}_b^n$。

其中:$\boldsymbol{\omega}_{ie}^n$,$\boldsymbol{\omega}_{en}^n$,$\boldsymbol{\omega}_{in}^n$,$\boldsymbol{\omega}_{ib}^n$ 分别为地球自转角速度矢量、导航系在地球系下的角速度矢量、导航系在惯性系下的角速度矢量、机体系在惯性系下的角速度矢量;$\boldsymbol{V}^n$ 为导航系下的地速矢量;f 为比力;$\boldsymbol{C}_b^n$ 为机体系到导航系的姿态矩阵;(· ×)表示向量 · 的叉乘矩阵。此外:

$$F^b = \mathrm{diag}(f_x^b, f_y^b, f_z^b), \qquad W^b = \mathrm{diag}(\omega_{ibx}^b, \omega_{iby}^b, \omega_{ibz}^b)$$

$$\boldsymbol{A}_{v1} = \begin{bmatrix} 0 & -\dfrac{1}{R_M+h} & 0 \\ \dfrac{1}{R_N+h} & 0 & 0 \\ \dfrac{\tan L}{R_N+h} & 0 & 0 \end{bmatrix}, \boldsymbol{A}_{p2} = \begin{bmatrix} 0 & 0 & 0 \\ -\omega_{ie}\cdot\sin(L) & 0 & 0 \\ \omega_{ie}\cdot\cos(L) & 0 & 0 \end{bmatrix}$$

$$\boldsymbol{A}_{p1} = \begin{bmatrix} 0 & 0 & \dfrac{V_N}{(R_M+h)^2} \\ 0 & 0 & -\dfrac{V_E}{(R_N+h)^2} \\ \dfrac{V_E}{(R_N+h)\cdot\cos^2(L)} & 0 & -\dfrac{V_E\cdot\tan(L)}{(R_N+h)^2} \end{bmatrix},$$

$$A_{pp}=\begin{bmatrix}0 & 0 & -\dfrac{V_N}{(R_M+h)^2}\\ \dfrac{V_E\cdot\sin(L)}{(R_N+h)\cdot\cos^2(L)} & 0 & -\dfrac{V_E}{(R_N+h)^2\cdot\cos(L)}\\ 0 & 0 & 0\end{bmatrix}$$

$$A_{pv}=\begin{bmatrix}0 & \dfrac{1}{R_M+h} & 0\\ \dfrac{1}{(R_N+h)\cdot\cos(L)} & 0 & 0\\ 0 & 0 & 0\end{bmatrix}$$

式中:L 为纬度; M_R为子午圈曲率半径; N_R为卯酉圈曲率半径; h 为海拔高度。

3. 滤波器设计

1)滤波器数学模型

标定时陀螺和加速度表误差可近似用随机常值描述,因此有:

$$\dot{\varepsilon}^b=0;\delta\dot{K}_g^{\ b}=0;\nabla^{\cdot b}=0;\delta\dot{K}_f^{\ b}=0$$

以系统的速度误差、位置误差、姿态误差以及惯性器件的12个误差参数为状态建立状态向量,一共21维,形式如下 :

$$\boldsymbol{X}=[(\delta\boldsymbol{V}^n)^{\mathrm{T}}\boldsymbol{\phi}^{\mathrm{T}}\delta\boldsymbol{P}^{\mathrm{T}}(\delta\boldsymbol{K}_f)^{\mathrm{T}}(\delta\boldsymbol{K}_g)^{\mathrm{T}}(\boldsymbol{\nabla}^b)^{\mathrm{T}}(\boldsymbol{\varepsilon}^b)^{\mathrm{T}}]^{\mathrm{T}}$$

以速度误差、位置误差为量测量,则滤波器的动力学模型为

$$\begin{cases}\dot{\boldsymbol{X}}=\boldsymbol{F}\cdot\boldsymbol{X}+\boldsymbol{G}\cdot\boldsymbol{W}\\ \boldsymbol{Z}=\boldsymbol{H}\cdot\boldsymbol{X}+\boldsymbol{V}\end{cases}\tag{5-58}$$

式中

$$\boldsymbol{F}=\begin{bmatrix}F_{vv} & F_{v\phi} & F_{vp} & F_{vk} & 0 & F_{vv} & 0\\ F_{v\phi} & F_{\phi\phi} & F_{\phi p} & 0 & F_{\phi k} & 0 & F_{\phi\varepsilon}\\ F_{pv} & 0 & F_{pp} & 0 & 0 & 0 & 0\\ 0&0&0&0&0&0&0\\ 0&0&0&0&0&0&0\\ 0&0&0&0&0&0&0\\ 0&0&0&0&0&0&0\end{bmatrix};$$

$$\boldsymbol{G}=\begin{bmatrix}F_{v\nabla} & 0\\ 0 & F_{\phi\varepsilon}\\ 0&0\\ 0&0\\ 0&0\\ 0&0\\ 0&0\end{bmatrix};\boldsymbol{H}=\begin{bmatrix}I&0&0&0&0&0&0\\0&0&I&0&0&0&0\end{bmatrix};$$

$\boldsymbol{W}=\begin{bmatrix}W_a\\W_g\end{bmatrix}$为系统噪声,其由加速度计和陀螺的白噪声部分组成;$\boldsymbol{V}=\begin{bmatrix}V_v\\V_p\end{bmatrix}$为量测噪声,由速度

噪声和位置噪声组成,两者均视为白噪声以简化滤波算法。

2) UDU^T分解滤波算法

UDU^T分解滤波算法是标准卡尔曼滤波算法的一种改良。在标准卡尔曼滤波算法中,如果前一时刻的估计均方误差阵为一病态阵或者出现轻微负定时当前时刻的一步预测均方误差阵将失去非负定性,由其算出的滤波增益阵就会出现严重偏差,最终导致巨大的估计误差。而在UDU^T分解滤波算法中均方误差阵 $\boldsymbol{P}$ 被分解为 UDU^T 的形式,在计算时不直接对 $\boldsymbol{P}$ 阵进行更新,而是对下三角矩阵 $\boldsymbol{U}$ 和对角阵 $\boldsymbol{D}$ 进行更新,从而保证均方误差阵 $\boldsymbol{P}$ 在整个滤波过程中始终保持非负定性。

4. 标定

要想提高误差状态的可观测性,首先必须了解各状态可观测情况,然后才能设计机动方案。因此对各误差状态作可观性分析便成为标定的基础性工作。采用解析法对模型式(5－58)在几种旋转运动下的可观测情况进行分析,分析结论如下:

(1) 惯导绕天向轴旋转:水平姿态误差可观,水平加速度表零偏可观;

(2) 惯导绕东向轴旋转:东向姿态误差和东向陀螺标度因数误差可观,北向天向的加速度表零偏和标度因数误差可观;

(3) 惯导绕北向轴旋转:北向姿态误差和北向陀螺标度因数误差可观,东向天向的加速度表零偏和标度因数误差可观;

(4) 惯导静止:在加速度表零偏以及陀螺和加速度表标度因数误差均已经可观的条件下,处于北向的陀螺的常值漂移可观。

以可观性分析性的结论为重要指导,通过进行大量仿真试验设计出一组标定方案,如表 5－2所列,现对方案作简要的可观性分析。

顺序 1:绕 $+OZ$ 轴旋转也即是绕天向轴旋转,根据可观测性结论可知,此时 ϕ_E,ϕ_N,∇_x^b,∇_y^b可观;

顺序 2:绕 $+OX_b$ 轴旋转也即是绕东向轴旋转,根据可观测性结论可知,此时 $\phi_E,\delta K_{gx}$,$\delta K_{fy},\delta K_{fz},\nabla_y^b,\nabla_z^b$可观,增加的可观测误差状态有 $\delta K_{gx},\delta K_{fy},\delta K_{fz},\nabla_z^b$;

顺序 3:绕 $+OY_b$ 轴旋转也即是绕北向轴旋转,根据可观测性结论可知,此时 $\phi_N,\delta K_{gy}$,$\delta K_{fx},\delta K_{fz},\nabla_x^b,\nabla_z^b$可观,增加的可观测误差状态有 $\delta K_{gy},\delta K_{fx}$;

顺序 4:绕 $+OZ_b$ 轴旋转也即是绕东向轴旋转,根据可观测性结论可知,此时 $\phi_E,\delta K_{gz}$,$\delta K_{fx},\delta K_{fy},\nabla_x^b,\nabla_y^b$可观,增加的可观测误差状态为 δK_{gz}。

到此误差状态 $\phi_E,\phi_N,\delta K_{gx},\delta K_{gy},\delta K_{gz},\delta K_{fx},\delta K_{fy},\delta K_{fz},\nabla_x^b,\nabla_y^b,\nabla_z^b$已全部可观,继续往下分析:

顺序 5:惯组处于地—北—东方位,处于北向的是 y 陀螺,因此 ε_y^b 将可观测。

需要注意到的是,由于陀螺常值漂移收敛速度慢,因此在每个方位停留的时间稍长,一般不少于 10min,停留的时间越长估计精度越高。

同理顺序 6、7,则分别使 $\varepsilon_z^b,\varepsilon_x^b$ 可观测。

到此,模型式(5－58)的 12 个误差参数已完全可观测,说明该方案理论上可以实现 12 个误差参数的完全估计,但注意到在顺序 7 以后仍追加了顺序 8 和顺序 9,其目的是使陀螺常值漂移和加速度表标度因数能够更充分的收敛,追加的次数越多其估计精度越高,但牺牲了标定时间,追加的原则是:

(1) 应分别使三个方向上的加速度表至少能各朝天向一次,这样使加速度表的标度因数误差得到激励,从而使其收敛更充分;

(2) 应分别使三个方向上的陀螺至少能各朝北向一次,使陀螺常值漂移可观测,从而使其收敛更充分。

表5-2 标定方案

顺序	惯组方位	运动形式
0	东—北—天	静止100s
1	东—北—天	绕 $+OZ_b$ 轴旋转 $\omega=0.02\pi/s$
2	东—北—天	绕 $+OX_b$ 轴旋转 $\omega=0.02\pi/s$
3	东—北—天	绕 $+OY_b$ 轴旋转 $\omega=0.02\pi/s$
4	地—北—东	绕 $+OZ_b$ 轴旋转 $\omega=0.02\pi/s$
5	地—北—东	静止10min
6	地—西—北	静止10min
7	北—西—天	静止10min
8	东—北—天	静止10min
9	东—天—南	静止10min

5.6 光电对抗系统性能测试

5.6.1 光电对抗技术概述

由于光电技术在战场上的特殊作用,为了抑制敌方以光电技术武装起来的武器装备的作战效果,提高战场生存能力,自从光电武器走向战场那时起,反光电技术,也就是光电对抗技术便孕育而生。

光电对抗也称光电子战,是作战双方在光频段(包括紫外、可见光、红外波段)进行的电磁斗争,是为削弱、破坏敌方光电设备的使用效能、保护己方光电设备正常发挥效能而采取的各种措施和行动的统称。具体而言,是指利用光电设备和器材对敌方光电武器进行侦察告警并实施干扰,使敌方的光电武器(主要是各类光电制导武器、光电侦测设备等)削弱、降低或丧失效能,或通过采取光电隐身、光电假目标、光电防护等反侦察、反干扰措施,避免己方武器装备或作战人员受到敌方光电武器装备的侦察和干扰,以有效地保护己方光电设备和人员,提高其生存能力和作战效能。

几十年来,光电侦测设备和光电制导武器的发展和广泛应用,大大刺激了光电对抗技术和武器装备的发展。目前,已经形成了较为完整的武器装备体系,并大量装备于各类装甲战车、飞机、舰船等作战平台及各种军事要地,其作战对象主要是来袭光电制导武器及敌方光电侦测设备,以保护作战平台自身以及导弹发射阵地、指挥控制中心、通信枢纽等重要目标和设施的安全。

目前,光电对抗技术主要分为以下几个类型:

(1) 按波段分类包括可见光对抗、红外对抗和激光对抗。可见光对抗是指为了隐蔽作战企图或行动,经常采用各种伪装手段、利用不良环境来隐匿自己,以干扰、阻止对方对己方进行目视侦察、瞄准,使对方难以获取正确的情报,造成其判断、指挥错误,降低其武器的效能。红外对抗是指随着红外制导导弹、红外夜视器材的使用发展起来的红外告警设备和红外对抗器材,以便及时发现来袭导弹和破坏红外制导导弹的跟踪效果,降低飞机在夜间和不利天候情况下的攻击能力。激光对抗是基于激光发射、激光探测和激光防护等技术的光电对抗手段,主要体现在激光侦察、激光有源干扰和激光防御三个方面。

(2) 按功能分类包括光电侦察技术、光电干扰技术、光电反侦察与反干扰技术三个方面。光电侦察是指利用光电技术手段和武器装备,对敌方光电武器装备辐射或反射的光波信号进行搜索、探测、截获、定位及识别,及时提供威胁信息情报或发出警告,以使被保护目标规避行动或采取相应的主动对抗措施。光电干扰是利用光电技术手段和武器装备,通过辐射、反射或吸收特定波段的光波能量,或通过改变目标的光学特性,干扰、破坏或消弱敌方光电武器装备的正常工作。光电反侦察与反干扰是指为防御敌方对己方光电武器装备的侦察,以及为消除敌方光电干扰的有害影响,以保障己方光电武器装备的正常工作所采取的对抗措施。

(3) 按平台分类包括车载光电对抗装备、机载光电对抗装备、舰载光电对抗装备和星载光电对抗装备。

经过几十年的发展,光电对抗装备已形成体系,日趋完善,是主要军事大国特别是美国投资最多、发展最快、技术不断创新、装备不断换代的高科技军事新亮点。光电对抗技术朝着多光谱、多功能、多层次、一体化、通用化、自动化的方向发展,已成为新一代综合电子战系统的重要组成部分。光电对抗整体装备力量的优势将为夺取战争的主动权提供强有力的保证,使现代战争作战模式发生巨大变革。

5.6.2　光电对抗效果试验方法

光电对抗效果试验方法包括两大类:实弹打靶试验方法和仿真试验方法。实弹打靶试验方法无疑是评估对抗效果最准确、最可信的方法。最理想的状态当然是投入战场使用,从战场上取回数据,给出对抗效果评估结果。但战场环境往往难于得到,因此,只能采用实弹打靶试验方法,它需要将被保护目标和对抗系统置于模拟战场环境,通过发射实弹进行试验,并根据试验数据,给出对抗效果评估结果。这种方法虽然真实,但费用昂贵,适用于装备定型试验。所谓仿真试验,就是对光电武器装备、光电对抗装备、被保护的目标、战场环境进行仿真模拟,逼真地再现战场上双方对抗的过程和结果。根据需要,仿真试验可以做多次,甚至可以做上千次、上万次,来检测与评估光电武器装备与光电对抗装备的对抗效果,作为改进光电武器装备及其对抗系统的依据。这里,我们主要论述仿真试验方法。仿真试验方法分为全实物仿真、半实物仿真和计算机仿真等几种类型[27-30]。

(1) 全实物仿真是指参加试验的装备(包括试验装备和被试装备)都是物理存在的、实际的装备,试验环境是模拟战场环境。全实物仿真分为动态测试和静态测试两种。动态测试法把导弹的飞行和目标的机动过程用某种经济可行的方法来代替,但仍然能体现出或基本体现出实弹攻击过程。可通过对导弹进行改装,除去战斗部,加装记录设备来获得大量的试验数据,可把它们作为科研过程中的一项试验,为设备研制提供参考。静态测试法把导弹和目标的机动过程忽略,只对导弹的寻的器进行测试,并依据评估准则给出对抗效果评估结果。

全实物仿真的突出特点是逼真,它是对光电对抗装备进行检测与评估试验最有效、往往也是最后的试验方式。全实物仿真试验通常在外场进行，其中静态测试也可在实验室内完成。外场试验一般由试验装备、被试装备、指挥控制与数据处理中心以及数据通信网络组成。参加试验的装备可以是某一种光电武器，被试的光电对抗装备可能是一个干扰装备，也可能是一个侦察告警和干扰的综合系统，被保卫的目标可能是一架飞机，也可能是一艘军舰等。为了评估光电对抗效果，必须建立数据采集与传输系统以及评估软件系统。在外场试验中，整个系统的指挥控制由指挥控制中心通过数据通信网络进行。

全实物仿真在使用中往往受到一定的限制，比如：①难以逼真地模拟战场上密集的电磁环境；②这种试验做一次不容易，既费时又花钱，不能作为经常性的试验手段；③外场试验受气象条件影响较大。

(2) 半实物仿真的被试装备是实际装备，部分试验装备、试验环境由模拟产生。半实物仿真的特点是参加试验的被检测装备是实际装备，而检测设备和检测环境大部分是用仿真技术模拟生成的。例如，对一个光电干扰装备干扰效果的检测与评估，用导引头模拟器来接收光电干扰装备的干扰信号，检测与评估干扰效果。

用半实物仿真方式检测与评估光电对抗的效果，需建立半实物的光电对抗效果评估系统，通常由光电对抗装备、光电制导武器导引头模拟器、被保卫目标、控制处理中心、各种仿真模拟数学模型、评估软件等组成。

半实物仿真试验可以作为外场试验的完善与补充，特别是光电对抗装备研制过程中的大量试验工作，都可利用半实物仿真完成，但其鉴定试验仍然需要以全实物仿真进行。由于半实物仿真仍旧需要制造若干样机硬件，故在场景生成、试验模式、评估手段等方面会存在一些缺点和不足。

(3) 计算机仿真的试验环境、参试装备的性能和工作机理都是由各种数学模型和数据表示，整个试验过程由计算机软件控制，并通过计算得到试验结果。计算机仿真包括：全过程仿真和寻的器仿真两种。全过程仿真是指在建立导弹、目标、干扰的数学模型的基础上，在计算机上对导弹的整个攻击过程(包括目标的机动过程)进行仿真，并根据各种状态下多次仿真的结果，按一定准则给出对抗效果评估结果。寻的器仿真是在寻的器的层次给出对抗效果评估结果。从理论上说，它就是对实物静态测试整个过程的仿真。

计算机仿真的核心是建立各种数学模型。对于光电制导武器，就要建立某种型号的光电制导武器的运动模型、控制模型、空气动力学模型；对光电对抗装备，就要建立相应的光电对抗装备的数学模型，包括侦察模型、干扰模型；对被保护目标，就要建立被保护目标红外辐射模型。如果是运动目标，还要建立被保护目标的运动模型；另外还要建立所处环境条件的数学模型，包括战场环境模型和气象环境模型。在进行系统对抗效果仿真时，根据作战假定，将这些模型集成在一起，组成双方的交战模型，输入作战双方的有关数据，按照预定的软件，运行仿真系统，得出光电对抗效果。

计算机仿真的突出优点为：①经济、安全可靠、试验周期短；②适合试验条件不确定时的性能评估。由于光电对抗装备试验中有较多不确定条件，试验过程和武器应用过程实际上存在许多随机性。对于某些光电对抗装备系统，直接试验几乎是不允许甚至是不可能的，在这种情况下仿真数据可以用来检验所选用的假设。因此，基于计算机仿真的光电对抗效果试验方法日益为人们所重视并获得应用。其主要难点是如何在全实物仿真、半实物仿真以及丰富的实验和作战经验的基础上，建立逼真的计算机仿真模型和仿真演示评估系统。

5.6.3　光电对抗效果评估准则

光电对抗效果的评估可以归结到干扰效果和侦察效果的评估上，故从干扰效果和侦察效果两个角度来讨论评估准则。

1. 干扰效果评估准则

干扰效果指的是在干扰作用下对被干扰对象产生的破坏、损伤效应，而不是干扰设备本身的性能指标之一。但应该说明，在未知干扰对象时，也可以单纯从干扰设备本身性能指标角度来衡量干扰效果好坏，例如，烟幕的质量消光系数，诱饵剂的辐射强度，激光抑制干扰信号的随机性等，这些性能参数越好，表明其干扰效果越好。我们重点讨论已知干扰对象时的干扰效果评估问题。基本思想是从被干扰对象的角度出发，以干扰前后被干扰对象与干扰效应相关的关键性能的变化为依据评估干扰效果。被干扰对象接受干扰后所产生的影响将主要表现在以下几个方面：

（1）被干扰对象因受到干扰使其系统的信息流发生恶化，例如：信噪比下降、虚假信号产生、信息中断等。

（2）被干扰对象技术指标的恶化，如跟踪精度、跟踪角速度、速度等指标下降。

（3）被干扰对象战术性能的恶化，如脱靶量增加、命中率降低等。

因此，干扰效果评估准则可以定义为在评估干扰效果时，所选择的评估指标和所确定的干扰效果等级划分。评估指标是指在评估中需要检测的被干扰对象与干扰效应有关的关键性能。干扰效果等级划分则是指根据上述评估指标量值大小对被干扰对象战术性能或总体功能的影响程度，确定出与干扰无效、有效或1级、2级、3级等量化等级对应的评估指标阈值。由此可见，干扰效果评估准则是进行干扰效果评估所必需的依据，在确定了干扰效果评估准则后，通过检测实施干扰后被干扰对象评估指标的量值并与阈值相比较，便可以确定干扰是否有效以及干扰效果的等级。

在评估准则中，关键是选取合适的评估指标，然后就可以通过试验方法进行干扰效果评估试验，根据评估指标阈值来确定干扰效果等级。常见的光电干扰效果评估指标包括：搜索参数类指标、制导精度类指标、跟踪精度类指标、图像特征类指标和压制系数指标。

1）搜索参数类指标

适用于从光电成像制导系统的搜索、截获性能角度评估干扰效果。如果光电成像系统在预定的区域中未能发现目标，即启动搜索功能，直到截获目标，从而转入对目标的跟踪。在这个阶段，干扰效果的评估应该以发现概率、截获概率、虚警概率、捕捉灵敏度以及跟踪目标和跟踪干扰的转换频率等指标来衡量。

2）制导精度类指标

适用于从光电成像制导系统的命中目标性能角度评估干扰效果。制导武器弹着点的脱靶量和制导精度是反映其战术性能的关键指标，对制导武器的干扰直接影响到其脱靶量和制导精度，所以评估指标可以选择为脱靶量或制导精度。通过检测制导武器受干扰后，其脱靶量或制导精度的变化情况来评估干扰效果。

3）跟踪精度类指标

适用于从光电成像制导或跟踪系统的跟踪性能角度评估干扰效果。导引头截获目标后转入对目标的自动跟踪状态，并连续测量目标的运动参数，控制导弹飞向目标。在跟踪阶段，对光电成像制导或跟踪系统的干扰效果主要表现在使系统跟踪误差增大，跟踪精度下降，导致目标跟踪不稳定或丢失目标等。这个阶段一般可以通过监测干扰前后以及干扰过程中导引头的导引信号，根据跟踪误差、跟踪精度和跟踪能力的变化情况来评估干扰效果。

从跟踪性能角度评估时，由于检测的是跟踪脱靶量（不同于制导武器最终在遭遇区弹着点的脱靶量），所以还应该考虑到一种有效干扰情况，即当干扰较强时，导引头的跟踪处理系统可能会提取不出有效的跟踪脱靶量，或者导引头受到干扰损伤时（如被激光致盲），完全不能输出跟踪脱靶量，显然这是一种比脱靶量超差更为严重的干扰效果。

4）图像特征类指标

光电成像装备的核心是目标探测、识别和跟踪，而探测、识别和跟踪的性能依赖于图像目标特征的强弱。当释放干扰时，图像目标的特征肯定会受到影响，所以，可以基于各种图像目标特征的变化来评估干扰效果。

① 图像对比度和相关度特征。通过干扰前后对比度和相关度特征的变化来评估干扰效果。

② 信噪比或作用距离特征。根据导引头的信噪比或作用距离进行评价，施放干扰后，导引头的信噪比越大，作用距离越近，则干扰效果越好。

5）压制系数指标

压制系数是干扰信号品质的功率特征，它表示被干扰设备产生指定的信息损失时，在其输入端的通频带内产生所需的最小干扰信号与有用信号的功率比。干扰信号使对方光电装备产生信息损失的表现是：对有用信号的遮蔽、使模拟产生误差、中断信息进入等。压制系数小，干扰效果好；压制系数大，干扰效果差。

2. 侦察效果评估准则

侦察效果评估和干扰效果评估的思路一样，主要是通过侦察设备的关键性能指标的变化来衡量。

侦察效果评估准则指的是在评估侦察效果时，所选择的评估指标和所确定的侦察效果等级划分。侦察效果等级划分是指根据评估指标量值大小对侦察设备战术性能或总体功能的影响程度，确定出与侦察效果等级对应的评估指标阈值。在确定了侦察效果评估准则后，通过检测实施干扰后侦察设备评估指标的量值并与阈值相比较，便可确定侦察效果的等级。

评估侦察效果可以有不同的指标，例如，目标鉴别等级（发现、识别和认清）、目标鉴别概率（目标鉴别总是存在一定的鉴别概率，如发现概率和识别概率等，鉴别达到某一等级，是在一定概率条件下的，在 Johnson 准则中，与鉴别等级相应的鉴别概率为 50%）、作用距离（在同一鉴别概率，对目标的鉴别等级达到相同鉴别等级时的作用距离来衡量侦察性能）等。

5.6.4 光电对抗效果评估方法

采用某种光电对抗效果试验方法，外加合适的光电对抗效果评估准则，就构成了完整的光电对抗效果评估方法，从而实现对特定光电武器装备及其对抗系统的对抗效果评估。在具体评估时，可能还需要处理如下情况：

1. 相同试验方法和多样本情况

光电干扰设备对光电武器装备的干扰，是一个高度动态的过程，在这一动态过程中，影响干扰效果的因素非常复杂，所以干扰效果有很大随机性。因此在实用中重要的不是某一次干扰效果如何,而是在一定的使用条件下有多大把握对特定目标实现有效干扰,即对干扰设备主要关心的是其干扰概率,通称干扰成功率。为此在评定光电干扰设备对光电武器装备的干扰效果时,必须考核干扰成功率。干扰成功率定义为

$$\eta = (n_e/n) \times 100\% \tag{5-59}$$

式中:n 为总干扰次数;n_e 为有效干扰次数。

干扰成功率越高,则说明光电干扰设备在规定使用条件下,对特定光电武器装备的干扰效果越好,也即干扰能力越强。在实际应用中,可以根据评估需要,依据干扰成功率的大小将干扰效果划分为若干等级。

在多样本情况下,也可以采用相空间统计法进行干扰效果评估。相空间统计法是一种多样本统计法,只要有足够数量的样本,就可得到置信度高的评估结果。

2. 相同试验方法和少量样本情况

由于通过实弹发射检验干扰效果只能进行少量次试验,因而试验数据少,一般不足以提供统计分析所需的试验数据量,不能统计得到干扰成功率或采用相空间统计法。这时可采用时间统计法。对同一型号同一批生产的导弹,其脱靶量分布可以认为是相同的。因此可以把导弹跟踪目标的过程看作是具有普遍性的平稳随机过程,可用时间统计代替空间统计,也就是通过延长导弹跟踪时间来代替多枚导弹的试验。

3. 多种试验方法情况

如前所述,试验方法有多种,包括实弹打靶试验、外场飞行试验、外场地面试验、半实物仿真试验和计算机仿真试验等。综合考虑各种试验方法的特点,从提高试验结果的置信度出发,并考虑到试验组织实施的可行性、经济性。可以认为,随着计算机技术的发展和仿真试验技术的逐步成熟,对制导武器的干扰和抗干扰试验应该以仿真试验为主,同时结合少量的外场实弹试验、模拟飞行试验和地面试验,通过对仿真和外场试验结果的综合比对分析,最终对干扰和抗干扰效果作出可靠评估。例如,可采用层次分析法,充分利用导引头研制过程中各阶段的实验数据,综合评估红外导引头抗干扰性能。

5.6.5 光电对抗仿真测试系统

1. 测试系统总体组成

光电对抗仿真测试系统的测试对象主要有以下七类:

(1) 基于红外成像制导技术的红外导引头(包括双色、双模导引头);

(2) 以闪光干扰和烟雾干扰为代表的红外干扰设备;

(3) 基于红外成像探测的导弹逼近告警设备以及各类光电火控系统中的红外预警设备;

(4) 激光制导设备(主要是半主动制导);

(5) 激光干扰设备(主要是诱骗、致盲、定向红外对抗);

(6) 激光侦察告警设备(包括舰载、机载、车载、陆基);

(7) 光电观瞄和侦察设备。

依据这七类测试对象,就要求我们在研制和设计光电对抗仿真测试系统时,至少要具备以下测试能力:检验评估红外成像制导设备在不同气候环境和不同对抗条件下的制导性能和抗干扰能力;检验评判红外干扰设备对特定类型红外导引头的干扰效果;检验鉴定红外预(告)警设备的战术、技术性能和对特定威胁源的预(告)警成功率;检验评估激光制导设备在不同

气候环境和不同对抗条件下的制导性能和抗干扰能力;检验评判激光干扰设备对激光导引头和光电观瞄侦察设备的干扰效果;检验鉴定激光侦察告警设备的战术、技术性能和对特定威胁源的侦察告警能力。

光电对抗仿真测试系统组成示意图如图5-46所示。采用HLA/RTI体系结构,连接分布在测试场各地的红外对抗仿真测试分系统、激光对抗仿真测试分系统、光电目标及环境模拟器、目标运动模拟器、实时监控分系统、光电环境和光电目标数据库、光电对抗仿真测试控制分系统、测试结果处理与评估分系统等。我们在这里重点介绍激光对抗仿真测试分系统和红外对抗仿真测试分系统的组成和功能。

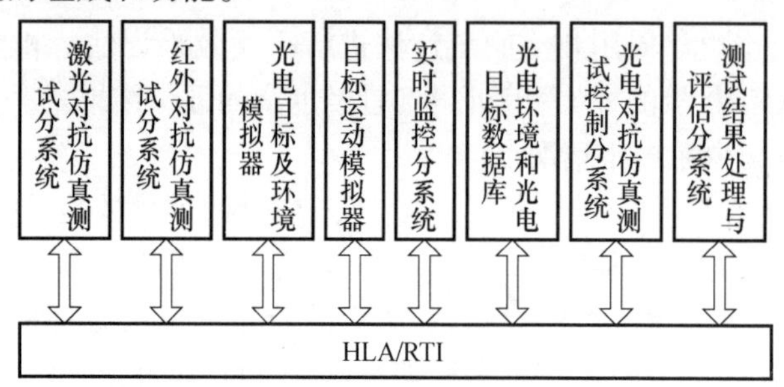

图5-46 光电对抗仿真测试系统组成示意图

2. 激光对抗仿真测试分系统

激光对抗仿真测试分系统主要完成激光对抗装备的仿真测试,其主要功能有:模拟生成典型工作波长的激光威胁信号(包括激光制导目标指示信号、激光雷达探测信号、激光干扰信号、激光测距信号等);模拟生成激光半主动导引头的目标回波信号;根据对抗距离、大气传输特性等要素对激光信号模拟器的输出功率进行调制;根据威胁源性质和作用距离对激光信号模拟器的束散角进行控制;模拟激光武器装载平台的运动特性;实现联机/脱机初始化设置、测试进程控制和设备状态显示等功能;具有测试数据录取处理、在线监测等辅助功能。围绕这些功能,激光对抗仿真测试分系统主要应包括以下几部分:显示与控制单元、激光威胁信号模拟器、光电背景信号模拟单元、弹道解算计算机、电动三轴转台、摇摆转台、数据录取单元、在线监测标校单元、测试现场监视单元等,其组成示意图如图5-47所示。图中的"激光侦察告警装备""激光诱骗干扰装备"和"激光半主动导引头"为测试对象。

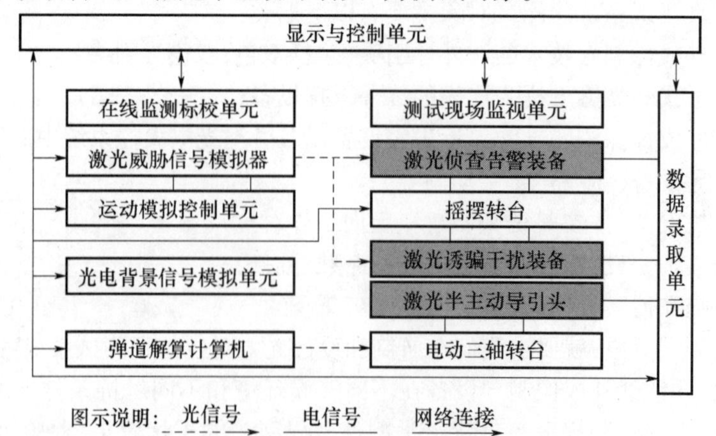

图5-47 激光对抗仿真测试分系统组成示意图

显示与控制单元是分系统的控制中心，主要由主控计算机、数据处理服务器、系统控制软件、数据处理软件、威胁源数据库和制导模型数据库等组成。通过网络实现对分系统内各单元的控制，并接收各单元回送的试验信息，完成试验态势设置、试验态势显示、试验进程控制、试验数据显示等功能。

激光威胁信号模拟器主要用于模拟近似实战条件下“假想敌”以我方作战平台为目标发射的激光信号，包括激光目标指示信号、激光驾束制导信号、激光测距信号、激光干扰信号等，为仿真测试提供真值条件。

测试现场监视单元由数字化视频存储器、监视器、摄像头等组成，用以对激光对抗仿真测试现场进行监视。光电背景信号模拟单元主要由各种背景光信号模拟器组成，用于模拟近似实战条件下的典型光电背景信号。数据录取单元用于实时录取被试装备的输出信号和数据。

弹道解算计算机主要由仿真工作站、一体化建模仿真软件、控制软件等组成。其功能主要是接收被试激光半主动导引头的输出信号，解算弹道方程等仿真模型，产生电动三轴转台及激光威胁信号模拟器的控制信息，并通过高速接口将所解算出来的目标在弹体坐标系中的位置参数实时传送给相关执行机构。

在线监测标校单元由各种相关硬件及软件组成。硬件以数字化仪器为主，主要完成激光信号频率、能量、编码、束散角、光斑形状等参数的测量，并发送到显示与控制单元。摇摆转台用于承载被试装备，用于模拟激光信号到达角的变化和威胁目标的运动特性。三轴转台用于承载激光导引头，其使命是模拟导弹运动姿态角变化。

激光威胁信号模拟是激光对抗仿真试验系统的核心，其模拟对象主要包括激光目标指示信号、激光雷达信号、激光测距信号、激光致盲信号以及激光干扰信号等。针对以上模拟的对象，其模拟信号应具有如下特征：激光信号编码特性、重频可变、脉宽可变、功率连续可调和发散角连续可调。只有满足这些条件才能实现所模拟的激光信号的多组态。

多组态激光威胁信号模拟原理图如图5－48所示。激光信号编码、波长及重频可变通过激光器组和编码器实现，通过脉宽控制器采用截波技术实现激光脉宽可变，目前该项技术在实际工程实践中只能在有限范围内实现，有待进一步改进。

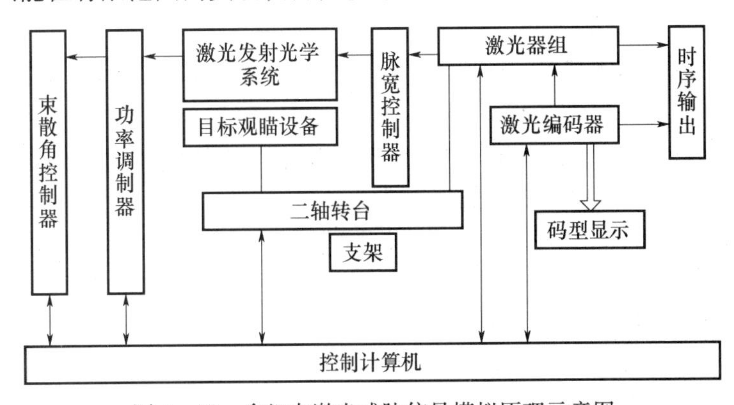

图5－48　多组态激光威胁信号模拟原理示意图

功率连续可调通过功率调制器实现，功率调制器主要包括固定衰减器、大步长变倍率衰减器、小步长变倍率衰减器和相应的驱动电机组成。

发散角连续可调由发散角控制器实现，发散角控制器主要由透镜组和驱动电机组成，控制部分随时接收功率的变化范围,根据信号的远场条件计算出输出信号光斑的大小,从而控制透镜组实现激光发散角的变化。其实现方法较多,一般由连续变焦光学系统和准直投射系统组成。

为了满足激光对抗仿真测试的瞄准、标定和过程显示等功能的要求,光束指示器应具有如下特征:输出光束为可见光、输出光束能量小、与激光模拟信号同轴。小能量的可见光激光器具体实现的技术比较成熟,可以使用半导体激光器。指示光束与激光模拟信号同轴的实现,要求使用透反镜或其他光学器件将指示光束耦合到激光信号光路中,并与激光信号同时输出。光束指示器实现原理如图 5 - 49 所示。

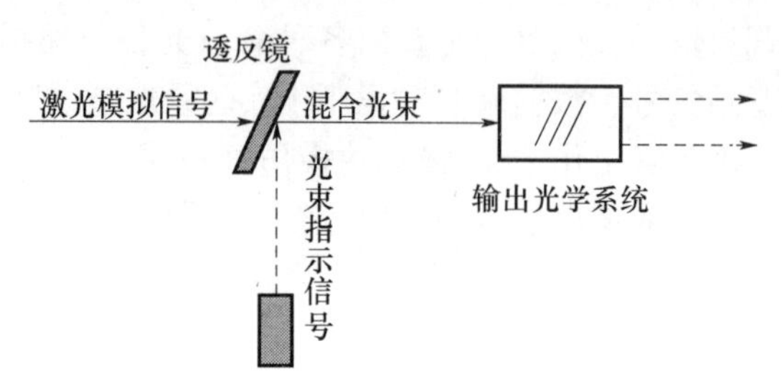

图 5 - 49 光束指示器实现原理框图

3. 红外对抗仿真测试分系统

红外对抗仿真测试系统作为内场仿真测量设备,主要功能是为红外成像导引头、红外告警设备提供不同天候、各种复杂对抗背景、接近实战条件下的红外辐射威胁信号环境,满足红外对抗装备的仿真测试,检验和鉴定其战术技术性能。综合考虑电子战仿真测试以及红外成像导引头和红外对抗设备鉴定测试的要求,其主要功能有:模拟生成测试所需的红外场景(包括红外背景、红外目标以及红外干扰信号);能够对模拟生成的红外场景进行大气透过率解算;具有红外场景合成功能;具有将计算机生成的红外场景转换成红外辐射图像的功能;具有红外辐射图像投影功能;依据目标的红外辐射特性,形成目标场景数据库;具有模拟被试品载体平台的动态特性的功能;具有在线光谱特性、成像质量监测功能;利用态势设置方式完成多种复杂对抗条件下的仿真测试;通过网络方式对测试过程实时控制以及测试数据的传输与共享等。

红外对抗仿真测试系统主要包括:主控计算机、红外场景和战场背景编辑单元、大气透过率和图像模糊度解算单元、红外场景合成单元、红外目标背景及干扰信号模型数据库单元、红外图像生成红外辐射信号单元、准直光学投射系统、运动控制模拟单元,其组成如图 5 - 50 所示。图中的红外成像导引头和红外告警设备为测试对象。

其中的主控计算机与激光对抗仿真测试系统共用一套硬件。红外场景和战场背景编辑单元、大气透过率和图像模糊度解算单元、红外场景合成单元、红外目标背景及干扰信号模型数据库单元主要依据 PC 平台,利用计算机图像生成技术模拟生成试验所需的动态红外场景;红外图像生成红外辐射信号单元是系统的关键技术之一,主要功能是将 CIG 模拟生成的动态红外场景投射为热辐射图像;准直光学投射系统对热辐射图像进行像差校准、准直,使近场条件下产生的热图像近似于远场条件下的图像传输特征;运动控制模拟单元包括三轴转台和两轴转台,三轴转台作为导引头和告警系统的安装平台,接收弹道仿真工作站的控制信号,实时模拟导弹的飞行姿态和装载平台的运动特性;两轴转台作为红外场景投射器的装载平台,接收弹道仿真工作站控制信息,模拟弹—目相对运动速度和方位。

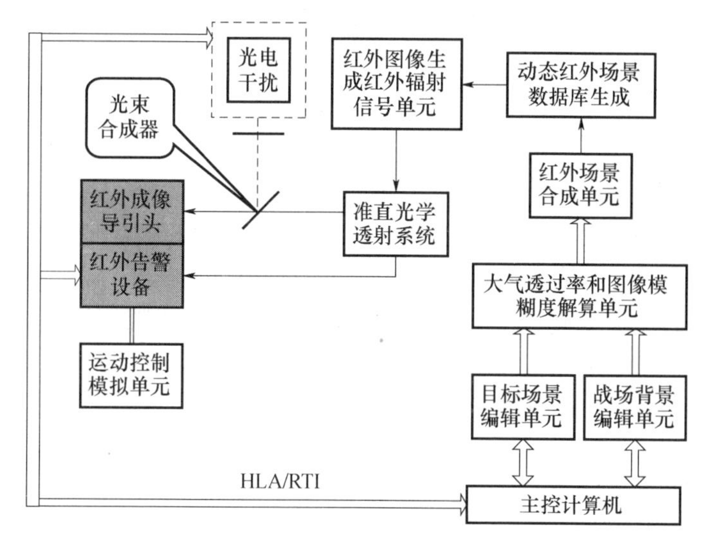

图5-50 红外对抗仿真测试系统组成框图

红外图像生成红外辐射信号技术是红外对抗仿真测试的核心技术,其主要功能是将系统所模拟的计算机图像数据转换为热辐射信号,复现目标/背景/干扰红外辐射能量的空间分布特性和光谱辐射特性。其性能优劣直接关系到红外场景的逼真度和仿真系统的可信度。因此,在器件的设计和选择中,需要提出特殊要求:高帧速、高空间分辨力、高温度分辨力以及大温度动态范围。目前,红外场景生成较为成熟的技术是热电阻阵列和激光二极管阵列(当然还有红外CRT、液晶光阀等技术),也是目前使用最广泛、技术最先进、前景最乐观的技术,广泛应用于美国陆海空试验基地;从发展趋势看,热电阻阵列是未来红外仿真发展的方向,是未来最理想的器件,其综合性能最接近于靶场需求和技术要求。

5.6.6 光电对抗效果评估准则的应用

1. 目视光学侦察对抗效果评估

1）目视光学侦察的侦察性能评估

目视光学侦察是人眼直接或借助于光电观瞄设备间接发现和识别目标的侦察手段,通过计算对目标的发现和识别概率,可以定量分析目视光学侦察效果。所以,目视光学侦察的效果评估可以采用发现概率和识别概率作为评估指标。

2）烟幕对目视光学侦察的反侦察效果评估

为了对抗目视光学侦察,通常采用烟幕遮蔽方式。基本原理是改变观察者与目标之间的光学传输性质,从而改变目标与背景亮度对比,继而影响侦察的发现和识别概率。所以,烟幕的反侦察效果评估可以采用目视光学侦察设备的发现概率和识别概率作为评估指标。

2. 红外系统对抗效果评估

1）红外系统的工作性能评估

工作在红外波段的光电设备或光电武器称为红外系统。目前红外系统在军事上广泛用于侦察与导弹制导,如红外夜视系统,红外点源寻的制导和亚成像、成像制导等。

红外系统的工作过程为目标辐射红外能量,经大气衰减后进入光学接收器,光学接收器汇聚由目标产生的部分辐射,并传送给将辐射转变成电信号的探测器,在辐射到达探测器之前,需通过光学调制器,在此对与目标方向有关的信息或有助于从不需要的背景细节中提取出目标的信息进行编码。从探测器来的电信号,经过放大处理,从而取出经过编码的目标信息。最后利用此信息去自动控制某些过程,或者把信息显示出来供观察人员判读。通常采用作用距离、探测概率、制导精度和跟踪精度等作为评估指标来衡量红外系统的工作性能。

2）对红外系统的干扰效果评估

对红外系统的干扰方法包括无源干扰和有源干扰两大类。无源干扰主要包括红外隐身和烟幕干扰。红外隐身是指采取一些措施,改变红外辐射源辐射的红外信号特征,如降低温度、减少辐射、限制辐射角、屏蔽辐射源、改变其热特性等。烟幕的干扰原理是利用红外通过微粒时产生的吸收和散射特性阻止红外探测器对目标红外辐射的探测。有源干扰主要包括红外干扰机和红外干扰弹。红外干扰机可发出经过调制的精确编码的红外脉冲串,使红外导引头产生干扰信号并与目标的红外辐射信号相叠加,致使制导系统内产生错误的制导信号,使导弹受欺骗而产生脱靶。红外干扰弹能够诱骗按比例导引规律跟踪的红外导引头,使导弹攻击时偏向红外诱饵,从而有效地保护目标本身。通常采用作用距离、探测概率、制导精度和跟踪精度等作为评估指标来衡量干扰效果,当然,通过其他过程类指标(如压制系数、图像特征等),也可以一定程度地评估干扰效果。

(1）红外隐身对红外系统的干扰效果评估。

红外隐身通过降低红外系统接收的信噪比,让信号淹没在噪声中,实现降低目标探测概率的目的。所以,采用探测概率作为评估指标来衡量红外隐身对红外系统的干扰效果。

(2）烟幕对红外系统的干扰效果评估。

烟幕能够有效地遮蔽目标与红外系统的光路,造成系统迷盲。所以,可分别采用探测概率和基于分形拟合误差的图像特征作为评估指标来衡量烟幕对探测系统和跟踪系统的干扰效果。

(3）有源干扰对红外系统的干扰效果评估。

通常以压制系数作为评估指标来衡量红外干扰机和红外干扰弹的欺骗干扰效果。

3. 激光系统对抗效果评估

1）激光系统的工作性能评估

通常采用作用距离和探测概率作为评估指标来衡量激光系统的工作性能。

2）强激光干扰对激光系统的干扰效果评估

强激光干扰是用高能激光直射敌方的激光接收系统,使其里面的光学系统或探测元件等过载饱和甚至烧毁,既使达不到烧毁的程度,也能淹没其接收的目标信号。通常采用探测概率作为评估指标来衡量强激光干扰的干扰效果。

5.7 光电系统抗干扰能力评估

5.7.1 光电干扰概述

光电干扰是电子干扰的重要组成部分,所针对的干扰对象是各类光电武器系统,包括光电成像系统、激光测距机、光电制导系统等。在2.4节我们介绍了红外烟幕干扰,在5.6节也提到了烟幕干扰和激光致盲干扰。事实上,烟幕干扰和激光致盲干扰只是光电干扰的一部分,光电干扰具有更为广泛的含义。总体上说,我们可把各种光电干扰技术归纳为红外干扰技术和激光干扰技术两大类[31,32]。

1. 红外干扰技术

红外干扰的方法主要有:红外烟幕干扰、红外干扰机、红外干扰弹、定向红外干扰等。

1) 红外烟幕干扰

红外烟幕干扰技术,就是通过在空中施放大量气溶胶微粒,以改变电磁波介质传输特性来实施对光电探测、观瞄、制导武器系统干扰的一种技术手段。有关红外烟幕干扰问题在2.4节已有详细介绍,这里不再重复。

2) 红外干扰机

红外干扰机是一种有源红外对抗装置,能发出经过调制精确编码的红外脉冲,使来袭导弹产生虚假跟踪信号,从而失控而脱靶。目前国外已装备部队的红外干扰机多采用0.4~14μm的非相干光源,可以遮蔽激光测距机/指示器和红外制导武器,主要有以下三种:

(1) 强光灯型,如铯灯、氙弧灯和蓝宝石灯等。

(2) 加热型,是由电加热或燃油加热红外辐射元件而产生所需的红外辐射。

(3) 燃油型,当目标受威胁时,由发动机喷出一团燃油,延时一段时间后发出与发动机类似的红外辐射。这种方法介于红外干扰机与红外诱饵之间,所以也有人称这种方法为红外诱饵。

红外干扰机由座舱控制单元、调制器、辐射器和电源组成。座舱控制单元主要用于控制和显示干扰机的工作状态;调制器用于产生干扰频率信号;辐射器主要由光源、光学系统、点燃电路等组成,用于产生较强的红外调制脉冲信号,干扰红外制导导弹的测向仪,从而使其脱靶。

3) 红外干扰弹

红外干扰弹是一种烟火剂类诱饵,其烟火剂多由镁粉、硝化棉、聚氟乙烯混合而成。红外干扰弹一般制成与箔条干扰弹相同的外形,与箔条干扰弹按预定比例混装,共用一部投放装置,根据干扰对象的不同发射不同的弹种。由于大多数红外制导导弹采用点源探测、质心跟踪的制导体制,当在其导引头视场内出现多个红外目标时,它将跟踪这些目标和等效辐射中心(质心)。

在使用中,当发现有导弹来袭时,即将红外干扰弹从载体(飞机、军舰)上投放到空中,其烟火剂经点燃后迅速燃烧,形成红外辐射假目标。由于红外诱饵与被保护目标同时处在来袭导弹的红外导引头视场内,且有效红外辐射强度比被保护目标的红外辐射强得多,等效辐射中心偏向诱饵,导弹的跟踪也偏向诱饵。随着诱饵与目标之间距离的逐渐增大,目标越来越处于导引头视场的边缘,直至脱离导引头视场,导弹则丢失目标转为只跟踪诱饵。在实战中,飞机(舰艇等)多按一定投放间隔大量投放诱饵弹,以确保自身的安全。

2. 激光干扰技术

激光干扰技术是指用于扰乱、欺骗、压制、削弱或破坏敌方激光及其他光电设备而采取的对抗措施,分为有源干扰和无源干扰两类,包括无源遮蔽干扰、角度欺骗干扰、高重复频率干扰和大功率激光压制干扰等。

1) 无源遮蔽干扰

无源干扰是指通过采用无源干扰材料或器材(烟幕、气球、伪装物等),改变激光传播特性或改变目标光学特性,降低被保护目标和背景的激光反射和辐射的差异来实现对激光威胁的干扰。其中,烟幕干扰是目前激光无源干扰装备的重要干扰手段之一,具有“隐真”和“示假”双重功能,能遮蔽目标、降低激光制导武器的命中概率。

2）角度欺骗干扰

角度欺骗干扰针对的主要干扰对象是激光制导武器,通过在被保护目标以外的方向上发射激光欺骗干扰信号,引诱激光制导武器跟踪攻击假目标,因此,该型装备必须具有信号相关识别能力和同步转发能力。

随着双色制导、复合制导等光电制导武器的出现和激光指示信号的频谱的拓宽,只具有单一激光波长对抗能力的激光欺骗干扰系统将难以适应战场的需要,多光谱综合干扰技术、探测告警干扰多功能综合一体化将是激光欺骗干扰技术的发展趋势。依靠光学技术、高性能探测器件、数据融合技术等的发展,将来袭激光信息识别处理、激光欺骗干扰光发射、漫反射假目标设置构成有机整体,从设备级对抗发展为系统和体系的对抗,以提高综合干扰效果。

3）高重复频率干扰

体积小重量轻的高重复频率半导体激光器和光纤激光器技术已经相当成熟。高重复频率干扰就是向导引头发射高重复频率激光束,将激光制导信号淹没在高频激光干扰信号中,从而使激光导引头因提取不出信息而使武器迷盲,或因提取错误信息而被诱骗,达到保护被攻击目标的目的。利用高重复频率激光作为激光导引头的干扰手段,其优点一是设备结构简单、体积小;二是无需激光侦察告警设备提供精确的激光制导信号;三是可以与红外告警设备配合使用,因而不失为一种好的干扰手段。高重复频率激光对激光导引头有诱骗和扰乱两种干扰效果。

干扰实验表明:激光的重复频率越高,干扰成功率越大;脉冲激光的峰值功率越大,干扰效果越明显;导引头编码体制不同则干扰效果也有差异。而且高重复频率激光的频率必须与能量搭配,仅提高频率而单脉冲能量在导引头灵敏阈值以下时,起不到良好的干扰作用。

4）压制干扰

压制性干扰是指通过发射大功率激光束或较高能量的非相干红外光束,去压制、致盲以至摧毁敌方光电设备、人员和精确制导武器传感器,如瞄准镜、微光夜视仪、红外热像仪、激光测距机及光电导引头等,使之无法正常工作甚至完全失去攻击能力。

5.7.2 红外、电视导引头抗干扰效果评估

红外、电视导引头抗干扰效果的评估有实时评估和事后评估[33,34]。

1. 实时评估方式

实时评估方式模拟实际的导引头工作过程,设计时充分考虑导弹的飞行规律和导引头的导引规律。

1）组成和工作原理

实时评估系统组成框图如图 5-51 所示。

由图 5-51 可以看出,实时评估时,系统由三部分组成:光电跟踪仪、DSP 系统、实时评估计算机。光电跟踪仪模拟导引头的探测器,设有红外和电视两路传感器,光电跟踪仪以与导引头相同的帧频工作。光电跟踪仪的伺服系统受光电跟踪仪计算机的指令控制,伺服传感器扫描探测目标。光电跟踪仪输出目标的方位角(A_T)和俯仰角(E_T),通过 RS422 串行通信接口

传送到实时评估计算机。同时,传感器还将探测到的包含目标、背景和干扰的红外/电视图像传送到 DSP 系统。

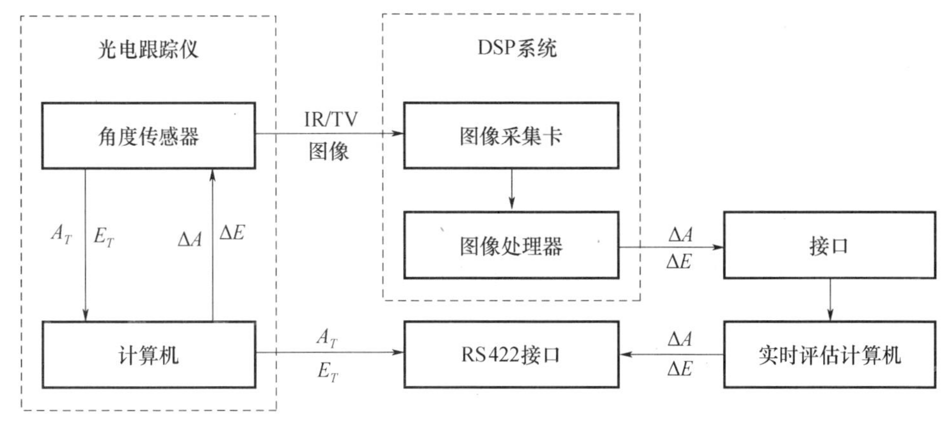

图5-51　实时评估系统组成框图

DSP 系统充当导引头的信号处理单元,存储了导引头的数据处理算法。DSP 系统由图像采集和图像处理两部分组成。在光电跟踪仪开始工作以后,实时接收 IR/TV 传感器输出的图像,模拟导引头信号处理过程,实时进行图像数据的预处理、分割、特征提取、目标分类、识别、目标自动跟踪,解算出目标相对于图像中心的方位角偏差 ΔA 和俯仰角偏差 ΔE,通过特定的接口传送给实时评估计算机。

评估计算机与光电跟踪仪之间通过 RS422 串行口进行通信,将 DSP 系统解算出的 ΔA 和 ΔE 实时输出给光电跟踪仪计算机,作为控制信号控制转台跟踪目标。

实时评估计算机是实时仿真中的管理者,除了与光电跟踪仪计算机和 DSP 系统进行实时通信外,还具有接受用户控制命令,数据的存储、处理和显示以及仿真结果的打印输出等功能。

2）评估原则

在目标施放干扰后,导引头算法的抗干扰能力可以有两种衡量方法。

(1) 干扰无效(跟踪有效):跟踪目标一直正常;干扰中目标虽丢失,但在一定时间过后,又恢复对目标的跟踪。

(2) 干扰有效(丢失目标):目标丢失或跟踪诱饵。

实时评估过程中,如果 DSP 判定已经跟踪目标,则传递一个“跟踪有效标志”给评估计算机,评估计算机生成一个跟踪波门到显示器上,将目标套住。但是 DSP 存在误跟踪的情况,所以判定的方法有以下两种:

(1) 由 DSP 自动进行判定,如果判定跟踪目标,则给出“跟踪有效标志”;如果目标超出瞬时视场时间大于记忆跟踪时间,判定为丢失目标,给出“干扰有效标志(“目标丢失标志”)。

(2) 由于 DSP 存在误跟踪的情况,这时由人工观察显示器上的跟踪波门,确定是否套住目标,人工给出“跟踪有效标志”或“目标丢失标志”。这也是最直观有效的方法。

2. 事后评估方式

设置事后评估的最大意义是为了改进导引头的算法。

1）组成和工作原理

事后评估的工作框图如图5-52所示。

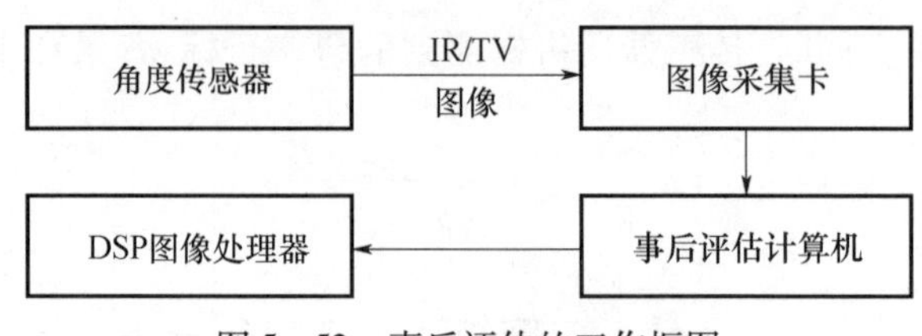

图 5－52　事后评估的工作框图

与实时评估不同的是，事后评估方式没有构成一个闭合回路。

事后评估由三部分组成：图像采集系统、事后处理计算机和 DSP 图像处理系统。

在实时评估的同时，事后评估的图像采集系统采集传感器送来的 IR/TV 视频信号，对采集的图像以文件的形式保存在事后评估计算机中。应该看到，采集的数据量是相当大的，另外，需要进行实时采集，所以要专门设置计算机对此进行存储。

试验结束后，将试验时记录的图像输出到 DSP 系统进行事后评估。当实时评估中丢失目标时，表明导引头的算法不够好，这时需要改进导引头算法，改变 DSP 中的图像处理算法，重放录取的图像进行可控的评估。

2）评估原则

事后评估是典型的开环注入法，只能通过观察跟踪波门来人工判定抗干扰效果。事后评估中重放的图像是原导引头所录取的在跟踪目标过程中获得的图像，一旦目标丢失后离开了瞬时视场，图像中没有目标将失去应用价值。按照实时评估的结果，事后评估中所采用的视频图像有两种来源。

（1）实时评估中，原导引头算法具有抗干扰能力时录取的图像。在考核新算法时，观察新算法的跟踪波门：

· 算法有效——新算法产生的波门一直套住目标；

· 算法无效——新算法产生的波门套不住目标。

（2）实时评估中，原导引头算法没有抗干扰能力时录取的图像。在考核新算法时，因为导引头已被干扰，丢失目标后，目标离开了视场，其后的图像中没有目标，失去应用价值。可用的图像只能是出现干扰后到目标未离开瞬时视场前的一段，重放这段可用图像时，观察新算法的跟踪波门：

· 算法有效——新算法产生的波门一直套住目标；

· 算法无效——新算法产生的波门套不住目标。

5.7.3　光电成像系统抗干扰效果评估

为了研究方便，这里我们把光电成像系统按照使用目的和方式的不同分为两类：一类是为武器系统或其载体的操作人员观察、瞄准目标用的电视、热像仪等设备，称其为Ⅰ类光电成像系统；另一类是为自动侦察系统或火控系统自动搜索、捕获、跟踪目标用的电视、热像仪等光电传感器及其自动跟踪平台，称其为Ⅱ类光电成像系统。这两类光电成像系统因使用目的和使用方式不同，所以对干扰效果的评估准则不同，以下将分别予以介绍[35]。

1. 对Ⅰ类成像系统干扰效果的评估准则

针对光电成像系统的光电干扰主要是激光致盲干扰和烟幕干扰。如上所述，Ⅰ类光电成像系统仅用于为操作人员提供图像，由操作人员通过观察图像判断确定目标大概位置。此类设备多为静态使用,所以可以通过静态干扰试验检验干扰效果。由于干扰机制不同,对激光致盲干扰和烟幕干扰的干扰效果评估准则有所不同,下面分别分析。

1）激光致盲干扰

激光致盲干扰是通过激光能量对光电成像系统的探测器件、光学元件等部件的损伤使其成像功能暂时或永久失效而达到干扰目的,为此可以根据对成像功能的损伤、破坏程度来评估干扰效果。

按照对成像功能的损伤、破坏程度不同,我们可以将激光对Ⅰ类成像系统的干扰效果由弱到强划分为以下四个等级:

(1) 无探测像元饱和,为 0 级干扰,即干扰无效;

(2) 有少量像元饱和,表现为图像上出现亮点或小面积亮斑,为 1 级干扰;

(3) 大量像元饱和,表现为图像上出现大面积亮斑,停止干扰后一段时间内暂时失效(即致盲),之后成像性能可以恢复或部分恢复,为 2 级干扰;

(4) 因探测器件、光学元件等部件的损伤导致成像功能永久失效,表现为图像突然消失,停止干扰后不可恢复,为 3 级干扰。

按照上述标准划分干扰等级符合激光致盲干扰的战术使用特点,而且干扰等级界限分明,易于实际操作,排除了主观因素,客观性较强,具有较强实用性。

2）烟幕干扰

烟幕干扰是通过施放气溶胶微粒掩盖被保护目标,使对方操作人员通过光电成像系统看不清目标以达到干扰目的。因此,与激光致盲干扰不同,烟幕干扰不对光电成像系统造成损伤破坏,只会通过干扰目标成像影响到对目标的识别。所以,应该以实施干扰后对目标识别的影响程度来评估烟幕对Ⅰ类光电成像系统的干扰效果。为此,可以简单地按照图像质量能否影响目标识别将烟幕对Ⅰ类光电成像系统的干扰效果由弱到强划分为以下三个等级:

(1) 图像无明显变化,为 0 级干扰,即干扰无效;

(2) 图像对比度(或信噪比)下降,但在规定试验条件下仍然能够识别规定目标,为 1 级干扰;

(3) 在规定试验条件下不能识别规定目标,为 2 级干扰。

与激光致盲干扰效果相比,烟幕干扰是非破坏性的,其干扰程度要轻得多,从图像上看不同干扰效果的差别往往也不显著,单纯依靠目视图像质量有时很难精确判断干扰效果。对同一幅图像,不同的操作人员可能会有不同的判断结果,存在一定的主观性。因此,在利用上述标准判定干扰效果时,容易引入主观因素。为提高评估的客观性,在必要时需要采用某种定量指标以评定烟幕对Ⅰ类成像系统的干扰效果。

借鉴数字图像处理中用于图像匹配的方法,可以利用Ⅰ类光电成像系统在实施干扰前后图像之间的相似度作为烟幕干扰效果的评估指标。相似度反映两幅图像之间的相似或相关程度,一般可以用相关函数等指标表征。

根据相关函数的定义,实施干扰前后图像之间的归一化相关函数可以表示为

$$C = \frac{\sum_{i=1}^{m}\sum_{j=1}^{n} f_{ij}g_{ij}}{\sqrt{\left(\sum_{i=1}^{m}\sum_{j=1}^{n} f^{2}_{ij}\right)\left(\sum_{i=1}^{m}\sum_{j=1}^{n} g^{2}_{ij}\right)}} \tag{5-60}$$

式中：f_{ij}，g_{ij}分别为干扰实施前后图像第 i 行第 j 列的像素灰度值；m，n 分别为图像像素的行数和列数。

根据 Cauchy - Schwarz 不等式，在任何情况下，均有 $0 \leqslant C \leqslant 1$。当两幅图像完全相同时，$C=1$为最大值，这时图像最相似或称相关性最高。当由于干扰使得图像灰度发生变化时必有 $C<1$，而且变化越大，则 C 值越小，相似性或相关性越低。当 $C=0$ 时相似性最低或称完全不相关。可见，相关函数 C 值的大小反映图像之间的相似性或相关性。

当实施干扰前后两幅图像之间的相关函数 C 值低到一定程度时，就会影响到操作员对目标的识别。为此，可按照相关函数 C 值的大小将烟幕对Ⅰ类光电成像系统的干扰效果由弱到强划分为以下三个等级：

（1）当 $C=1$ 时，干扰为 0 级，即干扰无效；

（2）当 $C_0 < C < 1$ 时，为 1 级干扰；

（3）当 $0 \leqslant C \leqslant C_0$ 时，为 2 级干扰。

这里 C_0 是判定是否影响目标识别的相关函数阈值。显然，C_0 因不同光电成像系统及其使用要求等因素而异，需要事先对配试光电成像系统进行测定。为了排除主观因素，要求 C_0 必须在规定的标准环境、测试条件下针对规定目标测定。

相似度是一种定量评估指标，而且阈值 C_0 是在规定的标准环境和测试条件下针对规定目标测定的，因此上述烟幕干扰效果评估准则客观性较强。

2. 对Ⅱ类成像系统干扰效果的评估准则

如前所述，Ⅱ类光电成像系统用于自动跟踪目标，多为动态使用。由于自动跟踪系统在动态条件下的跟踪性能与静态条件下的跟踪性能有很大不同，所以对Ⅱ类成像系统的干扰试验应在动态条件下进行。

Ⅱ类成像系统一般用于为武器系统提供指向目标精确方位的基准轴（即跟踪瞄准轴），该基准轴指向目标的精确程度决定着武器系统打击目标的精确程度。衡量Ⅱ类光电成像系统目标指向精确程度的基本指标是跟踪精度，它也是最能反映该类设备总体性能的关键指标。为此，在评估光电干扰对此类成像系统的干扰效果时，重点应考核对跟踪精度的影响。

跟踪精度通常可以用跟踪误差的标准差 σ 表征。在未实施干扰的正常情况下，由于动态条件下导致跟踪误差的因素很多，同时又没有一个起决定性作用的因素，在这种情况下，按照概率论的中心极限定理，跟踪误差应服从正态分布。既然跟踪误差服从正态分布，根据测量误差理论，跟踪误差即跟踪脱靶量小于 σ 的概率将为 68.27%，小于 2σ 和 3σ 的概率则分别为 95.45% 和 99.73%。也就是说，在未实施干扰的正常情况下，跟踪误差仅有 0.27% 的概率大于 3σ。为此，我们可以 3σ 为界限来判定实施干扰时跟踪误差是否超出正常跟踪精度允许范围。

设未实施光电干扰时光电成像系统的跟踪精度为 σ_0，有干扰时成像系统输出的跟踪误差大小为 θ，则可以按照以下标准判定干扰是否有效：

（1）当 $\theta \leqslant 3\sigma_0$ 时，本次干扰无效；

（2）当 $\theta > 3\sigma_0$ 或不能输出有效跟踪误差时，本次干扰有效。

为考核干扰成功率，需要进行多次干扰试验，依据上述标准判定各次干扰是否有效，然后统计出干扰成功率。在实际应用中，还可以根据评估需要，依据干扰成功率的大小，将干扰效果划分为若干等级。

5.7.4　激光角度欺骗干扰效果评估

1. 激光角度欺骗干扰系统的功能组成与工作原理

激光角度欺骗干扰系统如图5－53所示。它主要由激光告警器、信号识别与控制器、激光角度欺骗干扰装备和漫反射假目标组成。为实现有效干扰，干扰信号和指示信号在波长、脉宽、码型、重复频率和能量等级等方面应基本保持一致，并在时序上保持同步。同时应调整激光欺骗干扰装备的输出功率和漫反射目标的反射率，使到达敌方导引头的激光欺骗干扰信号高于导引头的阈值功率，这样敌方导引头会认同该信号为制导信号，并据此设定波门选通时间和波门宽度，从而只对欺骗干扰信号进行处理，将激光制导武器引向假目标。激光角度欺骗干扰原理示意图如图5－54所示。

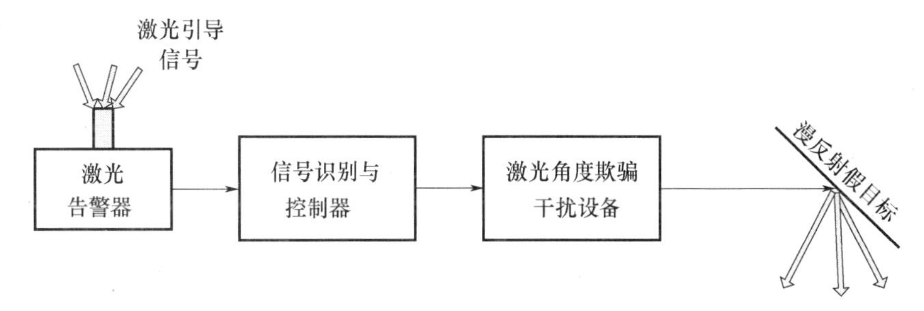

图5－53　激光角度欺骗干扰系统组成框图

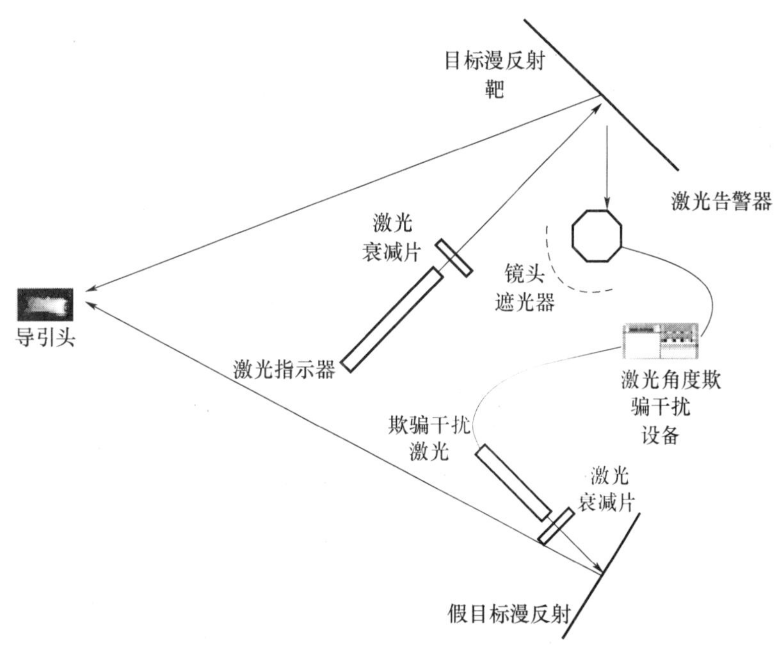

图5－54　激光角度欺骗干扰原理示意图

2. 激光角度欺骗干扰效果评估准则

激光角度欺骗干扰是对抗激光半主动制导武器的一种有效手段，但在执行过程中干扰是否有效、如何全面合理地评价激光干扰装备的战术技术指标和评估干扰效果，对于干扰装备对抗激光制导武器的能力具有重要影响。对于欺骗干扰装备的最大工作距离的分析，可采用激光有源欺骗最大干扰距离的地面消光试验法，通过在两个不同距离的试验结果推导出激光有源干扰装备在特定大气条件下的最大干扰距离理论计算公式；干扰效果应根据战术技术准则规定的干扰距离、干扰等级等指标进行评定，如外场实装试验时，对激光制导武器干扰等级的评定由下式确定：

$$L \geqslant r + A \tag{5-61}$$

$$A < L < r + A \tag{5-62}$$

$$L \leqslant A \tag{5-63}$$

式中：L 为激光制导武器的落点与目标之间的距离；r 为制导武器的毁伤半径；A 为制导误差。

干扰效果满足式(5-61)，干扰成功；满足式(5-62)则干扰有效；满足式(5-63)的干扰无效。依据试验条件不同分别以实施干扰后导引头脱靶量是否超出无干扰时导引头跟踪精度的三倍，或导引头在靶平面上的跟踪脱靶距离是否超出应用该种导引头的制导武器的杀伤半径来判定干扰是否有效，但由于不能模拟弹的真实运动过程和规律，干扰效果的评估缺乏可信性。

3. 激光角度欺骗干扰设备干扰效果测试方法

激光角度欺骗干扰设备对激光制导武器的干扰实际上是对激光制导武器导引头的干扰，因此，对其干扰效果的测试，一般可采用实弹打靶法、飞行模拟测试法、地面动态模拟测试法及全过程仿真法和半实物仿真法等[36]。

1）实弹打靶法

采用发射(或空投）激光制导炸弹、导弹或炮弹，激光角度欺骗干扰设备对其实施干扰，通过记录激光制导武器的弹着点来对干扰效果进行评估。该方法能够全面、准确地考核出干扰设备在近实战状态中对激光制导武器的干扰效果，作战过程逼真，可信度高，但实施难度大、测试消耗多。

假定无干扰时弹的单发命中率为 P_0，因干扰手段的介入，原本无法命中目标反而被命中的概率设为 P_F，本应命中目标而无法命中的概率即干扰成功率为 P_V，则干扰介入后，弹的单发命中概率 P_J 满足：

$$P_J = P_0(1 - P_V) + P_F(1 - P_0) \tag{5-64}$$

所以，干扰成功率为

$$P_V = 1 - \frac{P_J}{P_0} + \frac{P_F}{P_0}(1 - P_0) \tag{5-65}$$

一般情况下，P_F 很小，所以干扰成功率 P_V 可近似的表达成：

$$P_V = 1 - \frac{P_J}{P_0} \tag{5-66}$$

其中：P_J 和 P_0 可以用多样本测试测得。

在采用相空间统计法时，应注意有干扰和无干扰时的测试一定要在相同的测试条件下进行，还要采用相同命中目标的判断准则。

2）飞行模拟测试法

飞行模拟测试法是将激光导引头或导引头模拟器安装在飞行平台上，激光目标指示器置于地面，飞行平台模拟激光制导武器的攻击姿态由远及近飞行，激光角度欺骗干扰设备实施干扰,由激光导引头或导引头模拟器的数据录取设备记录在受到干扰前后输出信号的变化情况,以此来对干扰效果进行评估。该方法能够较为客观的反映出激光制导武器在搜索和跟踪过程中受到干扰的情况,但是由于飞行平台的飞行姿态与导弹的飞行姿态有一定的差异,干扰效果的评估置信度较实弹打靶法要小。

3）地面动态模拟测试法

在不具备前两种测试方法的条件下,可采用该方法。该方法是把弹和目标的机动过程忽略。将激光导引头(或模拟器)、激光目标指示器均放置于地面,指示器和导引头正常工作,激光角度欺骗干扰设备实施干扰,由激光导引头(或模拟器)数据录取设备记录在受到干扰前后输出信号的变化情况。

激光角度欺骗干扰效果测试原理框图如图 5－55 所示。激光角度欺骗干扰设备置于被保护目标 A_3点旁的 A_1 点,假目标置于 A_2 点,激光目标指示器和激光导引头(或模拟器)分别置于 B_1 点和 B_2 点。布设时应注意 A_1、B_1 间的距离不能太近也不能太远(太近告警设备可能被损伤,太远导引头可能接收不到指示信号),假目标布设时应考虑导引头的接收视场,要保证干扰信号和指示信号能同时进入导引头的接收视场内。

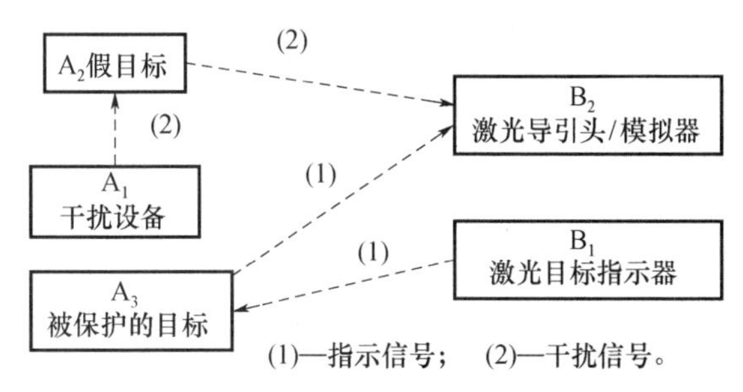

图 5－55　激光角度欺骗干扰效果测试原理框图

激光导引头(或模拟器)正常工作,角度欺骗干扰设备实施干扰,数据录取设备记录在受到干扰前后输出信号的变化情况。逐渐向远离干扰设备的方向移动假目标(假目标在干扰信号方向上水平移动,确保干扰机始终照射假目标),导引头(或模拟器)二维转台在角度误差信号的控制下偏转,最终随着真、假目标间夹角逐渐增大,干扰信号和指示信号将有一个脱离导引头视场,记录此时导引头的跟踪情况。

对于飞行模拟测试法和地面动态模拟测试法,由于无法直接得到弹着点,即无法直接取得弹的脱靶量,故只能以激光导引头(或模拟器)在干扰前后的输出信号变化情况来进行评估。

在飞行模拟测试和地面动态模拟测试时,当导引头(或模拟器)未受到干扰时,导引头跟踪目标,其输出信号基本上是稳定的,当受到干扰后,导引头的输出信号将发生变化。输出信号变化主要有两种情况:

(1)导引头先跟踪真目标,在实施干扰后,导引头转向跟踪假目标。

(2)导引头受到干扰后不能稳定地跟踪某一个目标。这种情况对采用较高重频干扰时比较常见。

在干扰效果评估时,若激光导引头在干扰实施后始终跟踪假目标,或者始终处于搜索状态,或者激光导引头最初在交替跟踪真、假目标,随着激光制导武器不断逼近攻击目标,真目标脱离导引头视场而跟踪假目标,则判断该次干扰有效。统计整个测试过程中干扰有效的次数,其与总测试次数之比值即为干扰有效率。通过该方法也可对干扰效果进行评估。

4）全过程仿真法

全过程仿真法是指在建立弹、目标、干扰的数学模型的基础上，在计算机上对弹的整个攻击过程（包括目标的机动过程）进行仿真，并根据各种状态下多次仿真结果，按一定的评估准则，评价干扰效果。作为计算机仿真，有许多优点，数学模型的建立是至关重要的。

5）半实物仿真试验

在具备一定实物（或模拟实物，如激光导引头或导引头模拟器）的条件下，可用实物代替全过程仿真中的某些计算机仿真环节，其余环节仍用计算机仿真，以软硬结合的方法来实现对干扰效果的评估，这就是半实物仿真。在上面介绍的各种方法中，半实物仿真是最为实际和有效的一种方法。

建立内场半实物仿真试验系统，以评价激光角度欺骗干扰装备对激光制导武器的干扰效果，弥补外场试验的不足，以较小的代价为试验和装备研制积累数据，并在靶场用少量的实弹干扰试验进行干扰效果演示验证。

根据制导武器运动控制模型是否加入仿真回路分为开环和闭环半实物仿真两种形式。激光角度欺骗干扰装备对抗闭环半实物仿真系统框图如图5－56所示，由激光目标/背景信号模拟器、仿真转台、激光导引头、实时仿真计算机、实时通信网络、被试装备组成。由试验任务需求建立各部分仿真模型，并连接仿真设备和导引头实物，在一定的战情条件下开始仿真，采用一定的干扰效果评估准则，能够通过仿真得到有无角度欺骗干扰两种情况下激光制导武器运动弹道及落点分布数据，以此为依据评估激光干扰效果，能够全面评估激光干扰装备对激光制导武器的干扰效果。

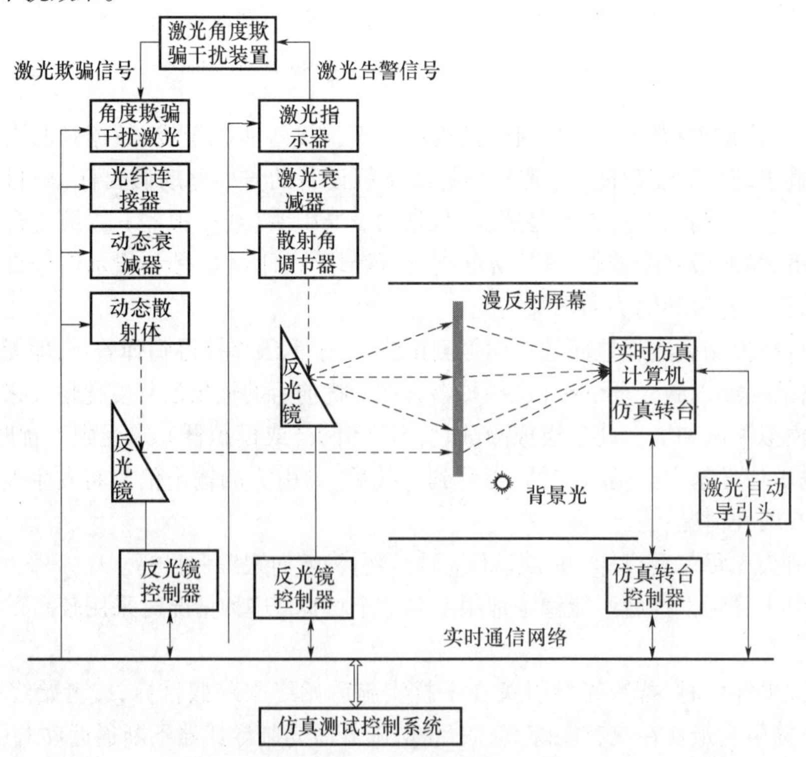

图5－56 激光角度欺骗干扰装备对抗闭环半实物仿真系统框图

半实物仿真中要注意如下几个问题：

(1) 激光目标/干扰仿真运动的物理实现，即由导引头跟踪目标的运动学理论，设计目标/干扰模拟方案，根据模拟、实战环境下导引头处时域、空域和能量域相一致的原则，模拟实战环境中导引头接受激光能量随弹目相对距离的变化。导引头感受到的激光光斑大小变化和弹目视线角随弹目相对运动的变化，以完成符合精度指标的模拟运动。

(2) 高仿真精度是半实物仿真置信度的保障，需要进行仿真模型的验证和仿真精度分析，建立合理的误差模型是精度分析和分配的根本。

(3) 干扰装备与各仿真设备的半实物仿真整体布局和精确标定。另外，在实验室内由仿真计算机程序解算各种模型时，坐标系的选取和坐标变换也很重要，实验室坐标系和导弹实际制导飞行情况下的坐标系应建立怎样的对应关系等都是需要考虑的因素。

5.7.5　激光测距机干扰效果评估

1. 对激光测距机的干扰机理分析

针对激光测距机的光电干扰主要是激光距离欺骗干扰和激光致盲干扰两种[37,38]。它们对激光测距机的干扰目的和干扰程度有所不同。

激光距离欺骗干扰是一种欺骗式的干扰方式，有两种干扰方法：一种方法是，在干扰系统捕获到对方的激光测距信号后，经过极短的时间延迟，将激光测距信号沿原光路反射回去，或者沿原光路发射一个与测距信号特征相同但经过延迟的激光干扰信号，导致测得的距离大于真实距离，从而使对方判断失误；另一种方法是，通过向对方测距机发射高重频激光脉冲，使干扰激光脉冲能够在激光测距回波信号之前进入测距机接收系统，导致测距机的计数器提前关门，从而使得测得的距离小于真实距离。可见，激光距离欺骗干扰的目的是增大测距误差，干扰程度较轻。

激光致盲干扰则是一种压制式的干扰方式，所用干扰激光强度一般要比欺骗式干扰激光高得多，利用这样的高功率激光束对被干扰对象进行照射，通过激光与材料之间的光学、热学和力学等效应，导致被干扰对象的某些敏感部件，如光电传感器等性能下降、暂时或永久失效。可见，致盲激光的干扰效果往往是破坏性的，干扰程度较之欺骗干扰更重。对激光测距机的致盲干扰，轻则会使测距精度降低，重则会使测距机的探测器件或其他部件暂时失效或永久损伤，从而导致测距机无法处理输出有效测距数据或完全不能测距。致盲激光通过对探测器件或其他部件的损伤导致测距机不能测距是很容易理解的，在此不再赘述，这里主要对致盲激光对测距精度的干扰机理进行分析。

激光脉冲测距是通过分别利用激光主波取样脉冲和回波脉冲触发计数门控开关电路的开与关以控制计数器计数开始和停止，从而测量出激光传播时间和相应传播距离。在正常测距条件下，始终存在因激光脉冲变化引起计数门控开关触发点时间变化带来的测距误差，这也是激光测距机的主要测距误差来源之一。

当利用外来干扰激光对测距机进行干扰时，对于测距机本身的主波取样激光脉冲信号和回波激光脉冲信号而言，干扰激光相当于噪声信号，经测距机激光接收系统接收、光电转换和放大后，不仅导致输出噪声增大而信噪比下降，还可能使激光脉冲形状发生变化。噪声增大到一定程度时将有可能导致两种后果：一种是使激光接收系统的放大器产生外激振荡导致测距机工作不稳定；另一种是使计数门控开关电路误触发，两种后果的最终表现就是测距机不能输出有效测距数据,误测距、虚警或不能测距。因干扰激光使得激光脉冲形状发生变化则直接导致测距误差增大,这就是激光干扰会导致测距机测距精度下降的主要根源。

综上所述,由于激光距离欺骗干扰和激光致盲干扰对激光测距机的干扰目的、干扰机理和干扰程度的差别,相应的干扰效果评估准则也必然有所不同,下面分别予以分析研究。

2. 激光距离欺骗干扰效果的评估准则

测距误差和测距精度是反映激光测距机战术性能的关键指标,根据上述干扰机理的分析可见,对测距机的干扰直接影响到其测距误差和测距精度,所以对激光测距机干扰效果的评估指标可以选择为测距误差或测距精度,通过检测测距机受干扰后测距误差或测距精度的变化情况来评估干扰效果。

对于激光距离欺骗干扰,其干扰效果主要是使激光测距机的测距误差增大,因此对其干扰效果的评估可以实施干扰后测距误差是否超出无干扰时测距机的正常测距精度的允许范围为依据。首先考察测距机的正常测距精度。设目标距离真值为 d_0,经系统误差修正后的距离测量值为 $d_i(i=1,\cdots,n)$, n 为重复测距次数,于是第 i 次测量的测距误差为 $\Delta d_i = d_i - d_0$,利用贝塞尔公式,可得测距误差的标准差:

$$\sigma = \sqrt{\frac{1}{n-1}\sum_{i=1}^{n}(d_i - d_0)^2} \tag{5-67}$$

在系统误差已消除或修正的情况下,即可利用式(5-67)计算测距精度。

测距误差来源于测距机内部和外界的各种随机干扰,在正常情况下(即未实施干扰时),测距误差产生的特征是,误差来源很多,同时又没有一个起决定性作用的因素,在这种情况下,按照概率论的中心极限定理,测距误差应服从正态分布。这一点已被试验结果所证实。

既然测距误差服从正态分布,根据测量误差理论,在正常情况下,测距误差在 $\pm\sigma$ 范围内的概率应为68.27%,落在 $\pm2\sigma$ 和 $\pm3\sigma$ 范围内的概率则分别为95.45%和99.73%。

如前所述,对测距机实施激光距离欺骗干扰时,其干扰效果是使测距误差增大,那么应该以何为标准判定测距误差是否超出正常测距精度允许范围,即干扰是否有效呢?设测距机的正常测距精度为 σ_0,假如以 σ_0 为界限判定干扰效果,即当实施干扰后测距误差超出 σ_0,则认为干扰有效,否则无效。

然而,如上所述即使在没有干扰的正常情况下,测距误差也有31.73%的概率超出 $\pm\sigma_0$,即误判概率可达31.73%,可见以 σ_0 为判定标准则干扰效果的误判概率太高,显然是很不合适的。假如以 $2\sigma_0$ 为界限判定干扰效果,因为在正常情况下,测距误差仍有4.55%的概率超出 $\pm2\sigma_0$,所以误判概率也近5%,这对于准确、可靠评价干扰装备的干扰能力而言,也显得过高。而如果以 $3\sigma_0$ 为界限判定干扰效果,因为在正常情况下,测距误差仅有0.27%的概率超出 $\pm3\sigma_0$,所以误判概率只有不到1%,可见采用 $3\sigma_0$ 为界限判定干扰效果是非常可靠的。

为此,建议以 $3\sigma_0$ 为界限判定实施干扰时测距误差是否超出正常测距精度的允许范围,即当 $|\Delta d| \leqslant 3\sigma_0$ 时,本次干扰无效;当 $|\Delta d| > 3\sigma_0$ 时,本次干扰有效。其中 Δd 为有干扰时的测距误差。

由于在实际使用中,干扰效果往往具有很大随机性,在相同条件下,每次试验结果各不相同,有时有效,有时无效,所以通常还需要考核干扰成功率,即有效干扰次数占总干扰次数的百分比。为考核干扰成功率,需要进行多次干扰试验,依据上述标准判定各次干扰是否有效,然后统计出干扰成功率。在实际应用中,还可以根据评估需要,依据干扰成功率的大小,将干扰效果划分为若干等级。

3. 激光测距机激光致盲干扰效果评估

激光测距机也是激光致盲干扰的主要干扰对象之一。对激光测距机实施激光致盲干扰,轻则会使测距精度降低,重则会使测距机的探测器件或其他部件暂时失效或永久损伤,从而导致其无法处理输出有效地测距数据或完全不能测距。为此,可以根据对测距精度、测距能力的影响程度评估致盲激光对激光测距机的干扰效果。

如果致盲干扰导致测距精度降低,则可以仿照激光距离欺骗干扰效果的评估准则定量评估干扰效果。如果致盲干扰导致功能部件损伤,则只能根据对测距机测距能力的影响定性评估干扰效果。为此,可以根据对测距精度、测距能力的影响程度评估致盲激光对测距机的干扰效果。

设未实施干扰时测距机的测距精度为σ_0,δ_d为有干扰时的测距误差,我们认为,根据对测距精度、测距能力的影响程度可以将致盲激光对测距机的干扰效果划分为以下几个等级:

(1) 当$\delta_d \leqslant 3\sigma_0$时,为0级干扰,即本次干扰无效。

(2) 当$\delta_d > 3\sigma_0$时,为1级干扰。

(3) 由于探测器件饱和、暂时失效或其他部件受损等原因,导致测距机无法处理输出有效测距数据,但停止干扰一段时间后测距机性能可以恢复或部分恢复,此为2级干扰。

(4) 由于探测器件或其他部件永久损伤等原因,导致测距机不能测距,停止干扰后性能不能恢复,此为3级干扰。

设某脉冲激光测距机的测距精度为1m,按照正态分布律,在正常情况下,测距误差应在±3m范围内。如果实施干扰后,测距误差未超出±3m,则可判定干扰无效,否则干扰有效且为1级干扰,进一步,如果测距机不能输出有效测距数据,则为2级以上干扰。

为考核干扰成功率,需要进行多次干扰试验,依据上述标准判定各次干扰的等级,如果干扰等级达到1级或1级以上,则判定干扰有效,最后统计出干扰成功率。

5.7.6　激光跟踪测量雷达干扰效果评估

1. 对激光跟踪测量雷达的干扰机理分析

激光跟踪测量雷达配用于各种重型武器或其火控系统,其基本功能是动态目标的定位和跟踪,即实时测量目标相对于激光雷达的角位置和距离,并根据测角信息自动跟踪目标。

由于激光跟踪测量雷达一般同时具有测距和测角跟踪功能,相应地,激光跟踪测量雷达系统组成中同时包含有测距和测角两个探测分系统,对任何一个探测分系统的有效干扰都会影响到激光跟踪测量雷达的总体性能。因此,可以通过对其中任何一个探测分系统的干扰实现对激光跟踪测量雷达的干扰。

激光跟踪测量雷达中的激光测距系统与一般的激光测距机工作原理相同,组成结构类似。所以对一般激光测距机的干扰手段,同样适用于干扰激光跟踪测量雷达中的测距系统,干扰机理和效果也相同,这里不再重复。

作为一种激光测角跟踪系统,激光跟踪测量雷达的测角跟踪系统从工作原理到组成结构与激光寻的制导武器的激光导引头非常相似,所以,采用与对抗激光导引头类似的干扰手段,如激光角度欺骗干扰、激光致盲干扰、烟幕干扰、激光隐身等,应该也可以实现对激光跟踪测量雷达测角跟踪系统的有效干扰。

激光角度欺骗干扰系统通过向漫反射假目标发射激光干扰信号,可在激光跟踪测量雷达的跟踪测量视场内形成类似于真目标的激光欺骗干扰信号,同时结合隐身真目标,可以诱骗激光跟踪测量雷达转而跟踪假目标。致盲激光通过对测角跟踪探测系统的干扰、饱和或损伤,有可能导致测角跟踪系统的跟踪误差增大、跟踪不稳定而丢失目标或丧失跟踪功能等效果。烟幕通过对激光跟踪测量雷达的发射激光信号和目标反射的回波信号的衰减,可能使测角跟踪探测系统探测不到回波信号,也就无从跟踪目标。激光隐身通过减小被保护目标的激光雷达截面,可减小反射的激光回波信号,从而降低激光跟踪测量雷达对目标的探测概率。

2. 激光跟踪测量雷达干扰效果评估准则

对激光跟踪测量雷达的干扰分为对激光测距系统的干扰和对测角跟踪系统的干扰。对测距系统干扰效果的评估,可以完全参照上述对激光测距机干扰效果的评估准则,依据干扰对测距准确度、准测率或测距功能的影响程度进行评估。这里仅讨论对测角跟踪系统干扰效果的评估方法[39]。

目标自动跟踪功能是激光跟踪测量雷达最重要的功能,对测角跟踪系统的基本要求是具有足够的跟踪准确度,能稳定跟踪目标,在跟踪过程中抖动小,不丢失目标。根据上述对激光跟踪测量雷达干扰机理的分析,对测角跟踪系统的干扰可能造成的后果是,使系统对目标的跟踪误差增大、跟踪不稳定、丢失目标或丧失跟踪功能等。为此,可依据干扰对跟踪准确度、跟踪功能的影响程度,来评估对测角跟踪系统的干扰效果。

激光跟踪测量雷达的跟踪误差指的是激光雷达的跟踪轴(即接收光轴)偏离目标的角度差,跟踪准确度一般可用跟踪误差的标准差(或均方差)表征。

设激光跟踪测量雷达的正常跟踪准确度为 σ_0(标准差),实施干扰后系统输出的跟踪误差大小为 θ,一般情况下,可认为激光跟踪测量雷达的跟踪误差服从正态分布,这时可以按照以下标准判定单次干扰效果:

(1) 当 $\theta \leqslant 3\sigma_0$ 时,干扰无效;

(2) 当 $\theta > 3\sigma_0$,或不能输出跟踪误差,或丢失目标,或丧失跟踪功能时,干扰有效。

由于干扰试验结果的随机性,一般也需要通过多次重复试验考核干扰成功率,依据干扰成功率的大小评估干扰设备对测角跟踪系统的干扰能力。

5.8 闪光爆炸光辐射参数测量与校准

5.8.1 闪光爆炸光辐射概述

闪光爆炸光辐射是指闪光灯发光和爆炸源爆炸时所发射的光辐射。这种辐射源的发光特性随时间变化而变化,一般有上升和下降两个阶段,光强时间曲线为钟形。对这一类光辐射我们统称为瞬态光辐射。闪光光辐射源包括各种闪光灯,脉冲光源,航空、航海中防撞指示灯,警车、救护车上开路指示灯等。爆炸光辐射包括火炸药爆炸光辐射、核爆炸光辐射等。对闪光光源的研究主要是为了不同的应用而研究各种光辐射源。对爆炸光辐射的研究主要是通过研究光辐射来研究爆炸的动力学过程、研究爆炸物的化学成分和燃烧特性。

随着现代科学的发展,人们对瞬态光辐射源研究和应用的光谱范围,已由可见光区扩展到紫外和红外区;应用方式亦由直接的光强应用型扩展到作为物质研究的表征参数来应用,即将所辐射的瞬态光作为物质内在可进行测量操作的表征参数来认识物质内部构造或其变化特征。

将瞬态光作为表征物质内在构造和变化的参数应用,在现代科学研究中已经很普遍了,如枪炮膛内气体温度及有关烧蚀效应的研究,都必须要知道膛口火焰温度的时间分布特性。这一难以近身、又无法直接测得的数据,当前最精确、可靠的手段就是通过测量膛口瞬态随时间变化的数据来计算膛口火焰温度随时间变化的特征。又如,火炸药在极短的时间内能完成大量的功,表征其组成和变化特性的瞬态爆轰温度参数,亦是通过测量瞬态爆炸的闪光光谱参数计算出的。爆炸效应机理的研究手段亦类同。物质结构的光谱分析方法更是这方面应用的典型。

5.8.2　瞬态光及其评价参数

瞬态闪光的应用已如此广泛,现代科学又带动其向纵深发展,这就要求其测量手段也必须跟上实际应用需要[41]。

原则上,常规光辐射参数及其测量过程同样适用于瞬态光辐射源。但由于瞬态光辐射源特性随时间变化,评价参数和测量方法具有特殊性,所以国内外对瞬态光辐射源参数计量测试非常重视,已建立了评价体系和测量仪器。

实际应用的瞬态辐射特性表征参数有闪光光度参数、闪光光谱参数和闪光光色参数。

1. 闪光光度参数

(1) 闪光光强、峰值光强、有效光强;

(2) 闪光光强随时间的变化曲线;

(3) 闪光照度、峰值照度、瞬时照度。

2. 闪光光谱参数

(1) 闪光光谱相对能量分布曲线;

(2) 闪光光谱的峰值坐标及相对强度。

3. 闪光光色参数

闪光光色参数表示形式类同于稳态光源色素参数,有色坐标、主波长、色温、色纯度、显色指数等。

5.8.3　闪光光谱测量

传统的光谱测试仪器,由于采用机械式的波长扫描技术,无法满足瞬态光瞬间采集光谱。对其光谱进行研究的要求,如火炸药的爆炸闪光光谱,导弹尾部火焰的瞬时光谱,脉冲氙灯的闪光光谱,以及各种脉冲激光器的光谱都无法用传统的光谱仪进行测试。

我国对瞬态光谱测试的研究是从20世纪80年代后期开始的,随着阵列元件硅靶摄像管及CCD器件研制和应用技术的进一步发展,使瞬态光的空间分布及光谱测量技术得到迅速发展,各种测量瞬态光源光谱特性的仪器也相继问世。近几年,由于真空紫外用于光栅刻线技术的提高以及电子技术的发展为高分辨力瞬态光谱测试仪器的研制扫除了障碍,得到了突飞猛进的发展。

瞬态光谱测量系统又叫作瞬态分光辐射仪,其原理框图如图5-57所示,其光路如图5-58所示。采用光电手段,通过一次闪光获得光源辐射光谱。具体工作原理是:被测光源通过分光后,在 CCD 表面成像,进行光电转换,然后经放大器放大,被放大的模拟信号再经过控制系统进行 A/D 转换和数据采集,最后由计算机进行数据处理,通过监测系统输出测试结果(包括相对光谱功率曲线、色坐标、主波长、色温、色纯度、显色指数等)[40-43]。

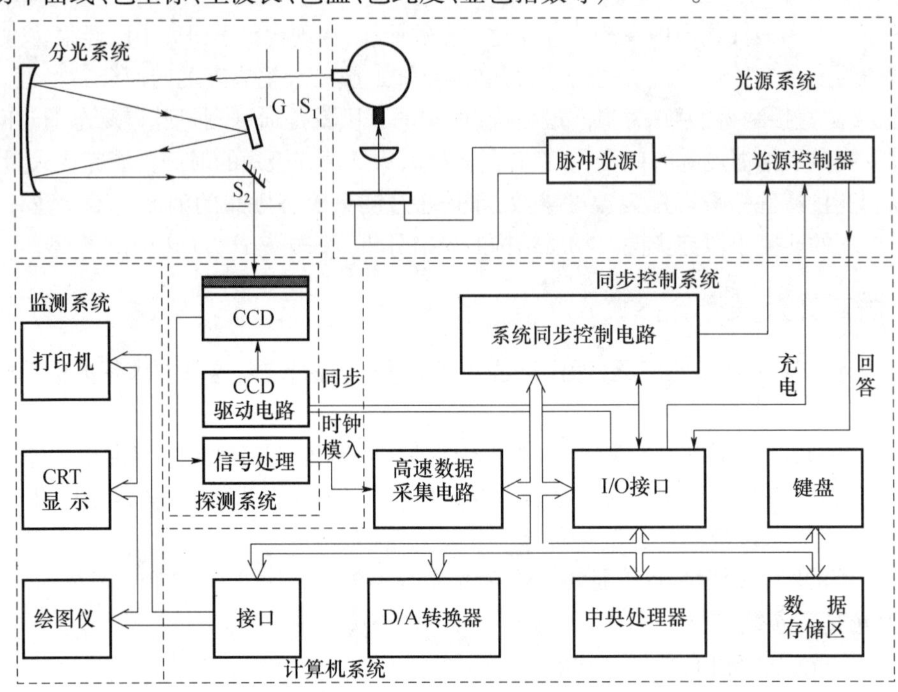

图 5-57 瞬态光谱测量系统原理框图

测量装置由如下部分构成:

1. 闪光光路系统

闪光光路为一专用闪耀光栅摄谱仪。其作用是将从入射狭缝射入的复色光色散成所需的光谱带,再聚焦到出射狭缝外成像于探测器的光敏面上。

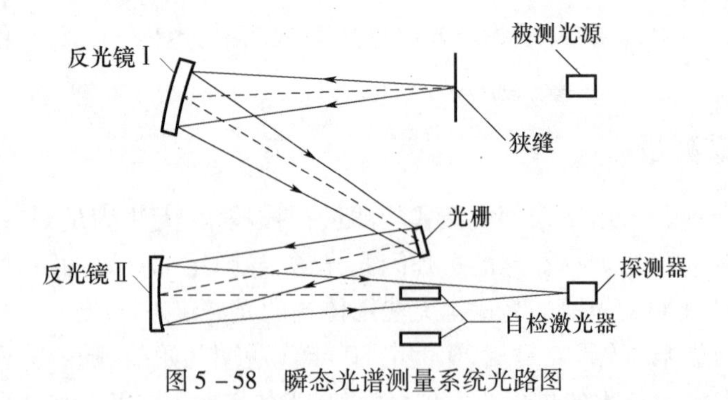

图 5-58 瞬态光谱测量系统光路图

2. 探测系统

根据所测波长范围的不同,选用光谱响应不同的 CCD 作为阵列探测器件,同闪光光路配合使用。探测器件由列阵光电转换器件(CCD)、驱动电路和处理电路三部分组成。其功能是将在光谱面上并行排列的光谱带转换成为与光谱分布强弱成正比的串行光电信号输出。

3. 计算机系统

计算机系统与探测系统之间所用的模数转换电路须采用程控手段，以便控制进入转换器前放大电路的放大量，确保模数转换电路在高精确度的中心数字区进行运转，使强光谱区大电荷数据不会溢出，弱光谱区小电荷数据采取多次曝光的办法能够采到，从而得到高精度相对光谱功率分布的测量结果。以硬、软件手段保证闪光这一高速测量过程的全自动化操作，用程控手段保证探测器驱动电路、处理电路、模数转换电路以及光电转换器件的电器元器件在其性能最佳的高精度区进行运转，确保测量数据的精度，计算机应具备不低于五套测量数据的容量；计算机除承担测量中的全部数据采集处理外，还应配有所测结果曲线和有关数据显示、输出的外部设备。

4. 外光路系统

在实际测量中，有时瞬态光源在室外，有时光源发散无法有效地直接进入测量仪器，这就要求用特定的外光路把光导入测量仪器。一般可选用如下外光路部件：

1）积分球导光光路

采用积分球导光的外光路如图5－59所示。用以消除偏振光和入射方向偏离光轴光的影响。

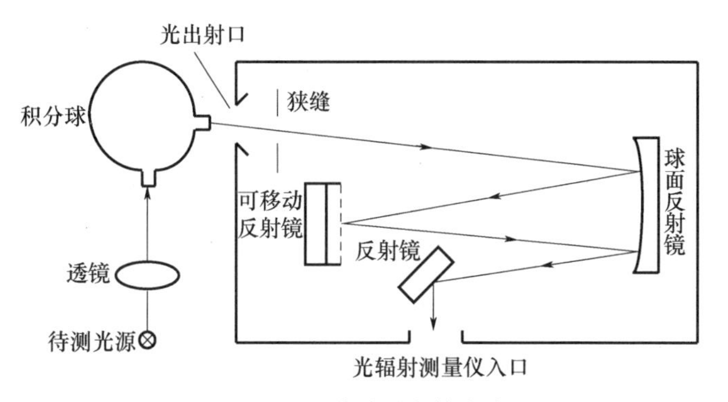

图5－59　积分球导光外光路图

2）光纤导光光路

当光源在室外无法直接进入仪器时，采用光纤导光，其原理如图5－60所示。在测量如火炸药等难以近身的光源光谱特性时采用这种导光方式。

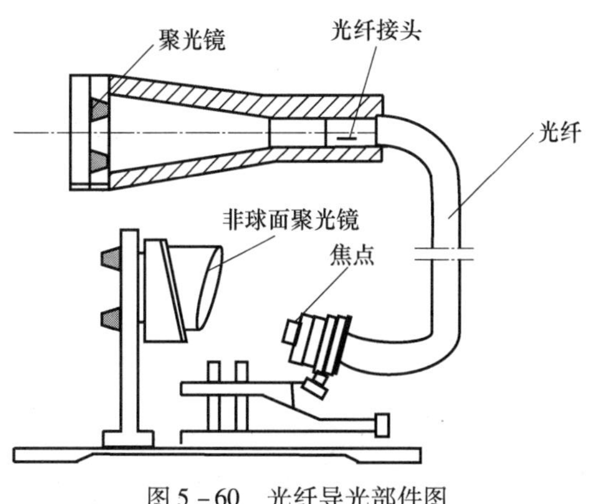

图5－60　光纤导光部件图

3）椭球聚光光路

在测量弱光光谱特性时，采用椭球聚光光路，其原理如图 5－61 所示。如小型爆炸样品，样品置于后焦点 F_1 处，前焦点 F_2 处位于入射狭缝口，特点是最大限度利用弱点光源的光能。

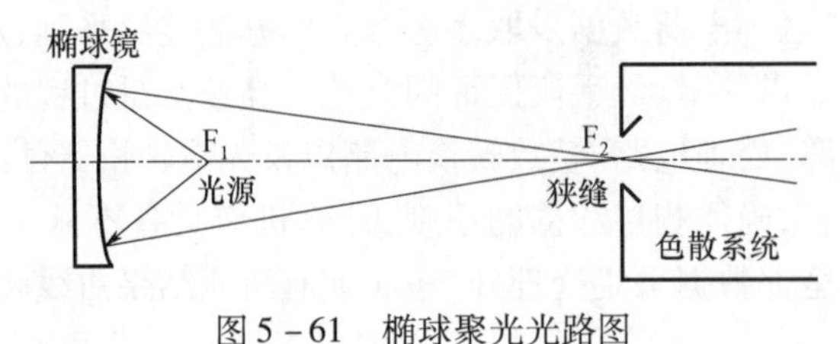

图 5－61 椭球聚光光路图

5.8.4 闪光有效光强测量

1. 闪光有效光强定义

由于闪光光源的发光强度是随时间变化的，所以，在闪光光源的测试中，除了要求给出其瞬时光强随时间的分布曲线，同时，还规定了用闪光有效光强来衡量闪光的强弱。

闪光光源的有效光强定义为：同时观察闪光和稳定光，并调节稳定光的强度，使闪光和稳定光看上去一样亮，这时稳定光源的发光强度就是闪光光源的有效光强，目前普遍采用的有效光强经验计算公式为

$$I_e = \frac{\int_1^2 I(t)\,\mathrm{d}t}{0.21 + (t_2 - t_1)} \tag{5-68}$$

式中：$I(t)$ 为随时间变化的闪光发光强度；$t_2 - t_1$ 为闪光光源持续的时间（$t_2 - t_1$ 定义为两个 1/4 峰值之间的时间长度）。

如图 5－62 所示，根据经验，t_2，t_1 一般选取两个 1/4 峰值对应的时间值。

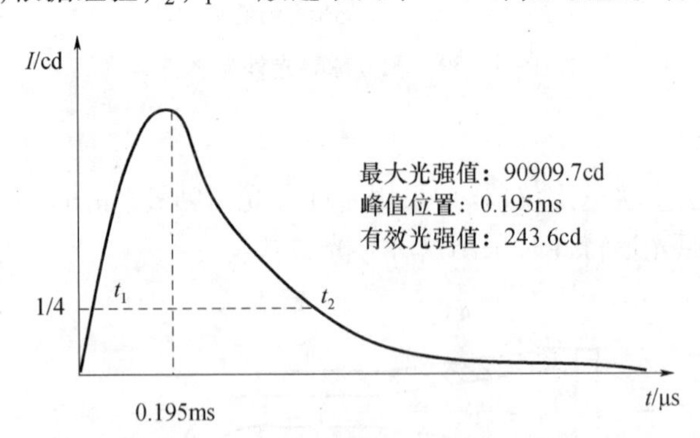

图 5－62 闪光光源光强随时间的变化曲线

2. 闪光有效光强测量装置

闪光有效光强测定仪原理图如图 5－63 所示，主要由一组带有 $V(\lambda)$ 修正滤光片的标准探测器、精密前置放大器、高速数据采集电路、同步控制电路及计算机等组成[44,45]。

图 5－63 中 C 为余弦校正器，F 为 $V(\lambda)$ 滤光片，D 为光辐射探测器，它们组成了光电光度接收器。当 D 接收到通过 C 和 F 的光辐射时，产生的光电信号首先经过 I/V 转换，然后经放大电路放大，被放大的模拟信号经高速 A/D 转换为数字信号，并输入专用计算机。经专用

计算机进行数据处理，最后用数码管显示闪光灯的有效光强。计算机打印机打印出闪光灯的瞬时光强随时间的变化曲线、有效光强、闪光持续时间等。

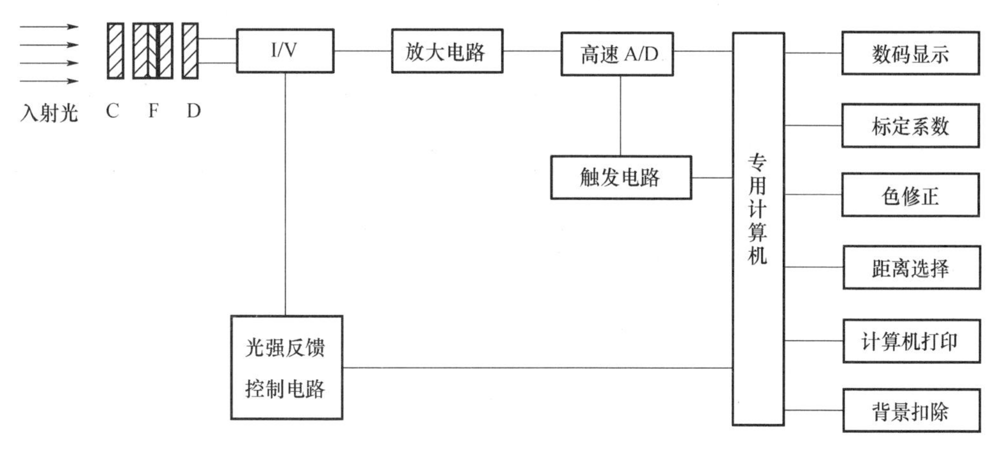

图 5－63　闪光有效光强测定仪原理图

在引入照度 E 和 $V(\lambda)$ 修正后，有效光强的计算公式修正为

$$I_e = \frac{k\int_{t_1}^{t_2} I(t)\,\mathrm{d}t}{\left(\frac{1449.3}{E}\right)^{0.81} + (t_2 - t_1)} \tag{5-69}$$

式中：E 为两个 1/3 峰值之间的平均照度；k 为色修正系数；

$$k = \frac{\int E_{t\lambda} \cdot V_\lambda \mathrm{d}\lambda \cdot \int E_{s\lambda} \cdot S_\lambda \mathrm{d}\lambda}{\int E_{s\lambda} \cdot V_\lambda \mathrm{d}\lambda \cdot \int E_{t\lambda} \cdot S_\lambda \mathrm{d}\lambda} \tag{5-70}$$

式中：$E_{t\lambda}$ 为被测灯的相对光谱功率分布；$E_{s\lambda}$ 为标准灯的相对光谱功率分布；V_λ 为光谱光视效率；S_λ 为带有滤光器的接收器的相对光谱灵敏度。

3. 测量装置的定标

闪光灯照射光电接收器后，输出信号经 I/V 转换、放大、A/D 切换，并经打印机记录下来。但记录下来的电压信号究竟代表多大的光强却无法确定。所以，要用光强标准灯对测量系统进行定标，建立一个电压与光强的对应关系，从而可以准确测量闪光灯瞬时光强。测量装置定标如图 5－64 所示。

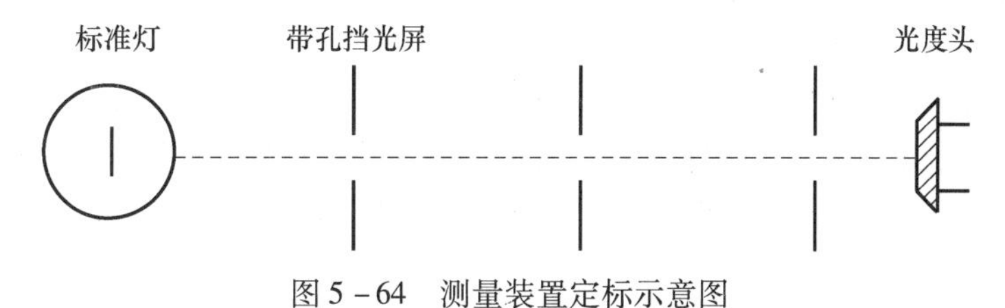

图 5－64　测量装置定标示意图

定标过程在光度实验室进行。采用色温为 2856K 的一级光强标准灯进行定标。在光度测量装置上，首先调整标准灯灯丝平面和接收器的测试面，使其垂直于光轴线，它们的中心点处于测量轴线上。

在接收器与标准灯之间放置一些带孔挡光屏,防止杂散光进入接收器。固定接收器位置,改变标准灯到接收器之间的距离,在接收器测试面上产生不同的光照度值。

此照度值用距离平方反比定律进行计算:

$$E_s = \frac{I_s}{L_s^2} \tag{5-71}$$

式中:E_s 为标准灯在测试面上产生的照度值(lx);I_s 为标准灯发光强度(cd);L_s 为标准灯灯丝平面到测试面的距离(m)。

若仪器电压为 V_s,则 $R = \frac{V_s}{E_s}$就是仪器的响应度,它表示测试面上照度为 1lx 时所产生的电压值。

同理,在测量闪光灯时,有

$$E_f = \frac{I_f}{L_f^2} \tag{5-72}$$

式中:E_f 为闪光灯在测试面上产生的瞬时照度值(lx);I_f 为闪光灯瞬时光强;L_f 为闪光灯到测试面的距离(m)。

若此时电压为 V,则有

$$E_f = \frac{V_f}{R} \tag{5-73}$$

将式(5-73)带入式(5-72)得

$$I_f = \frac{V_f \cdot L_f^2}{R} \tag{5-74}$$

由式(5-74)可知,只要知道闪光灯与测试面之间的距离,就可以计算出闪光灯的瞬时光强。

5.8.5 瞬态光谱测量在烟火药剂燃烧性能测量中的应用

1. 测量原理及方法

由于烟火剂燃烧时具有发光、焰色、声响、烟雾、气动和热效应现象,因此在军事、民用和文化娱乐等各个领域均有广泛应用。为提高产品质量并进行优化设计,首先必须对烟火剂的燃烧参数进行测量。

烟火剂燃烧的各种效应可通过测量主要参数,如燃烧时间(燃速)、相对辐射功率分布、光强、色度和温度等进行分析和研究。这些参数反应出烟火剂制品的主要性能,也是评定烟火剂制品质量优劣的行之有效的手段。目前国内还是按传统的测量方法,一个试样只测量一种参数,但采用瞬态分光辐射仪测量可同时得到几个主要参数,这样既可很好地反映各参数间的关系,又可节省试样和缩短测量周期,并为分析烟火剂的相关特性及其燃烧理论研究奠定了基础[46,47]。

烟火剂燃烧测量时采用光纤导入方式,可把分光辐射仪放在室内,光纤头放在燃烧现场。烟火剂(制品)发光参数是在测得相对光谱功率分布的基础上,根据三基色原理及"CIE 国际照明委员会标准色度观察者光谱三刺激值"计算出被测光源的颜色三刺激值。从而求出色坐标,得到色度参数。色坐标计算公式为

$$x = \frac{X}{X+Y+Z};y = \frac{Y}{X+Y+Z};z = \frac{Z}{X+Y+Z}$$

$$X = K\int_{\lambda}\varphi(\lambda)\bar{x}(\lambda)\mathrm{d}\lambda;Y = K\int_{\lambda}\varphi(\lambda)\bar{y}(\lambda)\mathrm{d}\lambda;Z = K\int_{\lambda}\varphi(\lambda)\bar{z}(\lambda)\mathrm{d}\lambda$$

式中：X,Y,Z 为被测光源的颜色三刺激值，即用光电探测器测定的三刺激值；$\varphi(\lambda)$为颜色刺激函数（颜色刺激的光谱功率分布）；$\bar{x}(\lambda)$，$\bar{y}(\lambda)$，$\bar{z}(\lambda)$为 CIE 标准观察者光谱三刺激值（颜色匹配函数）；K 为调整系数。

因为 $\bar{y}(\lambda)$刺激值恰好与视觉光谱一致，因此在测量色度同时将 Y 值经光照度标定后，设定测试距离参数。根据平方反比定律 $I = ER^2$，计算出光强。式中：I 为烟光剂燃烧时的光强·(cd)；E 为接收器表面照度(lx)；R 为接收器的表面与光源间距离(m)。

光源的色温测量是基于黑体辐射定律，当黑体连续加热，温度不断升高时，其光色按红→黄→白→蓝的顺序变化，各色度点的色坐标在 CIE 色度图上形成一个弧形轨迹，称为黑体轨迹。将被测光源的色坐标与黑体轨迹比较，恰好落在黑体轨迹上，则该色度点对应的黑体温度就是被测光源的色温；若落在黑体轨迹延伸出的等温线上，就可得到被测光源的相关色温。

2. 试验程序

1）试样准备

取烟火药剂 4g 散装入 $\phi = 10\text{mm} \times 50\text{mm}$ 牛皮纸管内，底部插入 $\phi = 2\text{mm} \times 150\text{mm}$ 安全引火线，用作点燃烟火药。

将装药纸管安装于燃烧箱中，燃烧箱内设有排气风机，用作燃烧后排除废气。

2）测试仪器准备

将瞬态分光辐射仪的外光路探头对准被测试样，测量好试样与探测器距离。按辐射仪的操作程序，使仪器处于正常工作状态后，进行引导测量操作，显示屏出现主菜单，根据测量要求选择菜单项目并输入参数，此时仪器处于测量等待状态。

3）试验

点燃引火线，引火线点燃烟火药试样，烟火药发光被仪器探头接收，辐射仪将接收的光信号进行转换、储存、计算，最后打印输出测量曲线和试验结果。一种试样重复五次，取其平均值。

5.8.6　瞬态光辐射参数校准

瞬态光辐射参数校准一方面是对光源光谱辐亮度校准，另一方面是对光谱测量仪器校准。瞬态光谱辐射标准装置工作原理框图如图 5-65 所示。

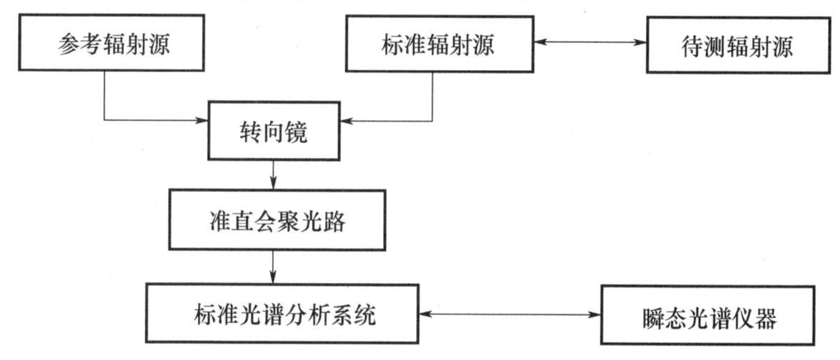

图 5-65　瞬态光谱辐射量标准装置工作原理框图

瞬态光谱辐射标准装置原理如图 5-66 所示，主要由两大部分组成：

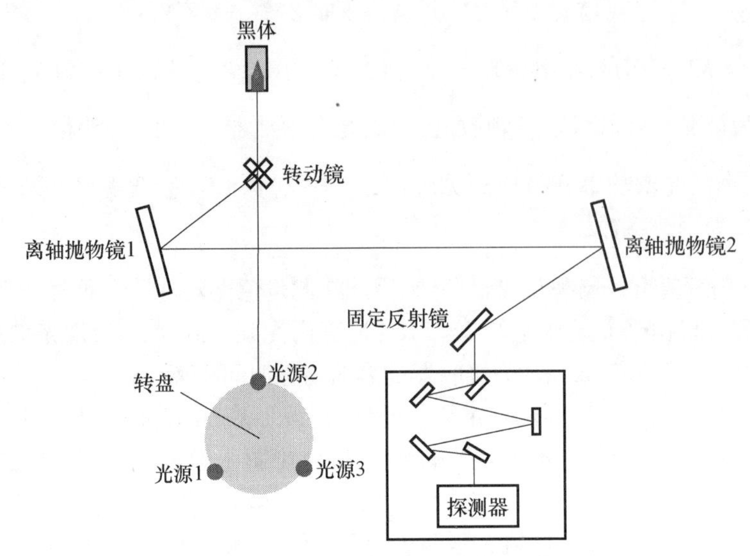

图 5-66 瞬态光谱辐射标准装置原理图

1. 标准辐射源系统

标准辐射源系统由标准辐射源、参考辐射源、准直光路、会聚光路构成。此系统可提供绝对能谱辐射源，还可将参考辐射源和待测辐射源准直会聚，实现对待测辐射源和瞬态分光辐射仪的校准。标准辐射源为 1800～3200K 标准高温辐射黑体，用于对参考辐射源实施标定。参考辐射源包括色温为 2856K 的钨带灯和紫外氘灯，用于对待测辐射源、瞬态光谱仪器进行标定。

2. 标准光谱分析系统

标准光谱分析系统由三个专用摄谱仪和光电高速采集系统构成，分别工作在紫外、可见和近红外波段。此系统可将瞬态或稳态辐射源色散为紫外、可见、近红外三个波段。三个摄谱仪分别用相对应的线阵探测器按光谱进行全波段接收，然后采用高速数据采集系统将光谱数据采集存储。

其校准过程如下：

首先利用高温黑体对参考辐射源钨带灯和紫外氘灯标定，经过标定的参考辐射源再对标准光谱分析系统进行标定。

5.8.7 核爆炸光辐射测量

1. 核爆炸光辐射特点

核爆炸光辐射产生于爆炸早期。核爆炸时，首先出现强烈的闪光，形成核爆炸的第一个信号，并形成高温高压的火球，随着火球的膨胀和向外扩展，不断向外发射紫外、可见光和红外波段组成的辐射能流，并在核爆火球发展的三个阶段（辐射扩张、冲击波扩张和复燃冷却）产生两个特有的光辐射脉冲波形。核爆炸光辐射双峰脉冲波形如图 5-67 所示。

从图 5-67 中可以看出，不同当量的核武器爆炸产生的第一个光辐射脉冲在时间上具有相似性，其辐照度也在同一量级；经过短暂的停顿后，包含主要辐射能量的第二个光辐射脉冲产生，虽然不同当量的光辐射辐照度变化不大，但不同当量的核爆炸第二峰持续时间有很大差异，当量越大，持续时间越长，威力也越大。核爆炸光辐射经过大气介质传输后到达作用点实施破坏或者被探测器测量，通过分析得出核爆炸的相关参数。

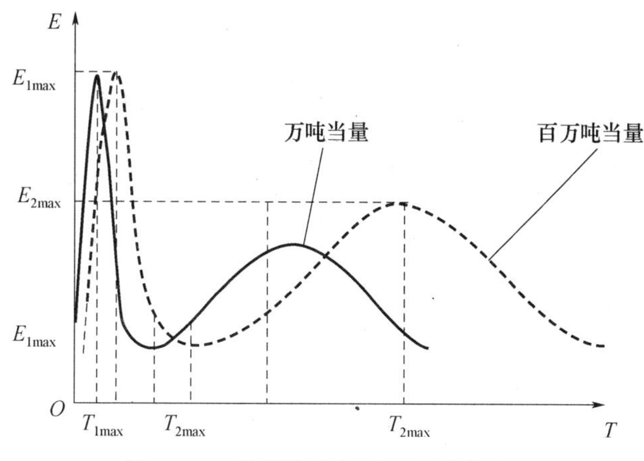

图5－67　核爆炸光辐射双峰脉冲波形

2. 核爆炸参数测量原理

1）距离测量

由核爆炸光辐射的特点可知，在爆炸开始后很短时间内会产生第一个很亮的光脉冲并同时激发地震波，如图5－67所示，利用高速成像CMOS相机对爆炸过程进行成像并处理，得到起爆后第一亮度最大时刻的时间，由于传播距离只有几百千米，光的传播时间可以忽略不计，所以第一亮度最大光辐射到达时间即可作为地震波激发的起始时间，同时利用辅助的地震波传感器接收核爆炸激发的地震波信号到达时间，则这两个时间差乘以地震波的速度即可得到爆炸点到探测点的距离。

2）当量测量

当量是重要的核爆炸参数，用来估算爆炸带来的受损情况和放射性沾染情况。传统的测量方法一般采用光电二极管测量波长λ、带宽$\Delta\lambda$的光辐射，得到第一峰后的最小亮度达到时间，然后用半经验公式$Q=BT_r^n$测量出爆炸当量，由于测量方法单一，测量精度不高。采用高速CMOS图像传感器采集核爆炸各个阶段的火球照片，通过数字图像处理并结合成像系统参数可得到从爆炸开始点到亮度第一峰最大时间、亮度第一谷最小时间及此刻的火球半径参数，经过这些参数和当量的系列关联公式可计算出至少三个参考当量值，综合处理后即可得到核爆炸的当量。由于测量点多，综合后的当量测量精度大大高于传统方法。

3）俯仰角测量

高速CMOS图像传感器可以采集到爆炸各个阶段的火球形状，由于在亮度最大时图片对比度大大降低，不利于提取火球中心，所以选择亮度最小时刻的火球照片进行处理，提取到火球的中心，配合光学成像系统的放大倍数、CMOS的像元尺寸和已测量出的距离，即可得到俯仰角的值。在实际测量中可以选择最小亮度时刻前后的几张图片进行处理，得到多个测量值，最后再综合得到俯仰角的值。

3. 采用高速CMOS的核爆炸光辐射探测系统

核爆炸光辐射通过大气介质的传输后达到探测系统，其系统示意图如图5－68所示。由于无法对实际核爆进行探测，在实验中采用核爆炸模拟器进行核爆炸光辐射模拟。光辐射经过大气介质传输后达到光学接收系统并成像在CMOS光敏面上，最后以数字图像的形式采集并存储，通过处理系统处理后得到各个参数；同时接收相关的辅助参数，配合图像处理结果完成相关参数测量[48,49]。

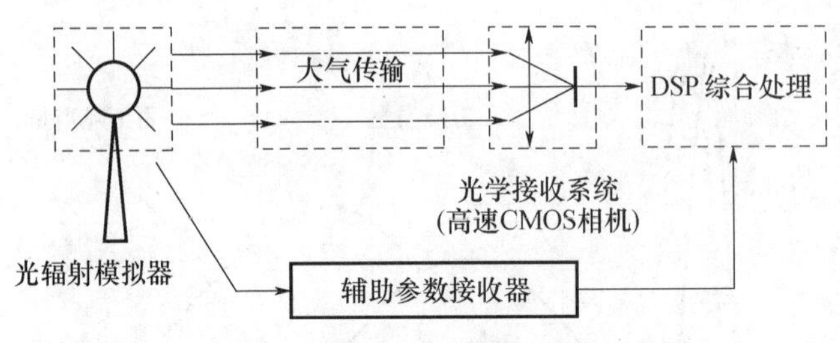

图5-68 核爆炸光辐射探测系统示意图

以高速CMOS图像传感器为主要传感器，以高速DSP处理系统为数字图像处理中心进行系统结构设计，其系统框图如图5-69所示。

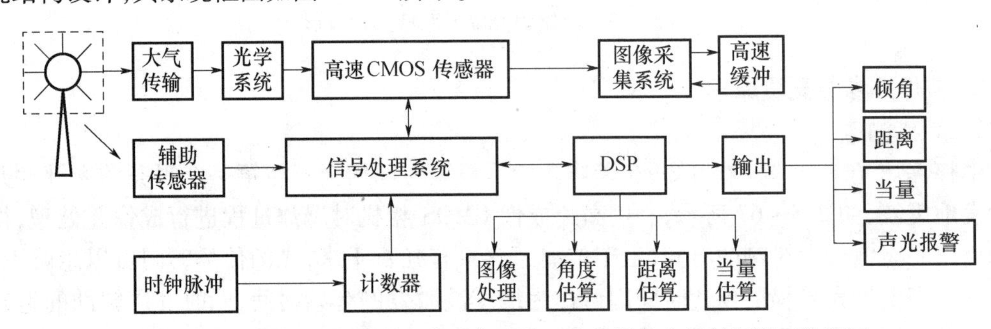

图5-69 基于高速CMOS图像采集和处理的核爆炸光辐射探测系统框图

高速CMOS是系统的核心部件，直接制约着系统的性能好坏。从参数测量的原理可知，要想成功的采集到爆炸各个阶段的图片，在光辐射第一峰至少采集到一帧图像，而从起爆到光辐射第一峰的时间大约为5ms，所以图像采集频率不能低于5ms/帧。为了保证系统性能，在800×600分辨力下每毫秒采集一帧图像，即每秒采集1000帧图像。

DSP处理系统主要完成对采集的图像进行处理和计算，由于实时采集的数据量很大，对每一帧图片都做全部的实时处理计算很难实现也是不必要的，因为在参数测量中只需要对几个关键帧进行具体计算，所以在实际处理中先通过比较简单的数字图像处理找出各个阶段的关键帧，然后再对关键帧进行具体的计算，这样可大大减少计算量和DSP系统的负荷。DSP处理流程如图5-70所示。

4. 采用光电二极管基于双峰特征的爆炸当量测量

核爆炸时产生的光辐射信号，经基本不失真的光电变换后得到图5-71的时域电压信号（简称光电信号）。其中：T_1是第一光峰时间；T_2是第二光峰时间；T_3是总发光时间；T_r是最小照度时间；$0 \sim T_r$是第一发光区（第一光峰）；$T_r \sim T_3$是第二发光区（第二光峰）[48]。

光电信号波形与光电传感器件（光电二极管）的接收波长λ和带宽$\Delta\lambda$、爆炸当量、测量距离、爆炸高度均有关。在红外（或近红外）波段，爆炸当量Q(kT)，T_r(ms)和接收波长λ之间有半经验公式：

$$Q = BT_r^n \tag{5-75}$$

在 λ 和 $\Delta\lambda$ 确定后，B，n 为常量。因此，只要能可靠、准确地测量最小照度时间 T_r，由式(5－75)可计算爆炸当量 Q。

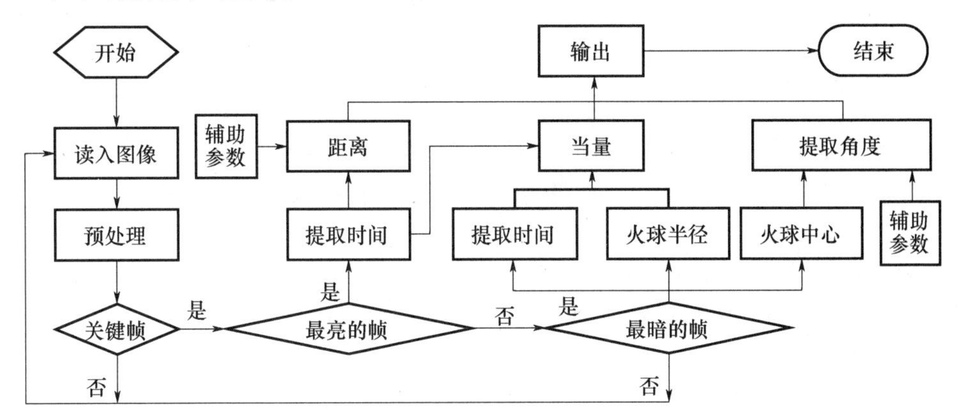

图5－70　DSP处理流程

T_r测量原理如图5－72所示。根据光电信号 $V(t)$在 T_r处的变化率为零的特征，采用RC微分、倒相放大电路得 $-\mathrm{d}V(t)/\mathrm{d}t$ 波形(图5－73)。注意到$V(t)$在 T_r前、后的变化率(绝对值)近似相等的特点，由两个施密特电路实现正、负电平 V_r'，V_r''对应的时间 T_r'和 T_r''的检测，则 $T_r\approx(T_r'+T_r'')/2$。简称该测量方法为微分平均取谷法。

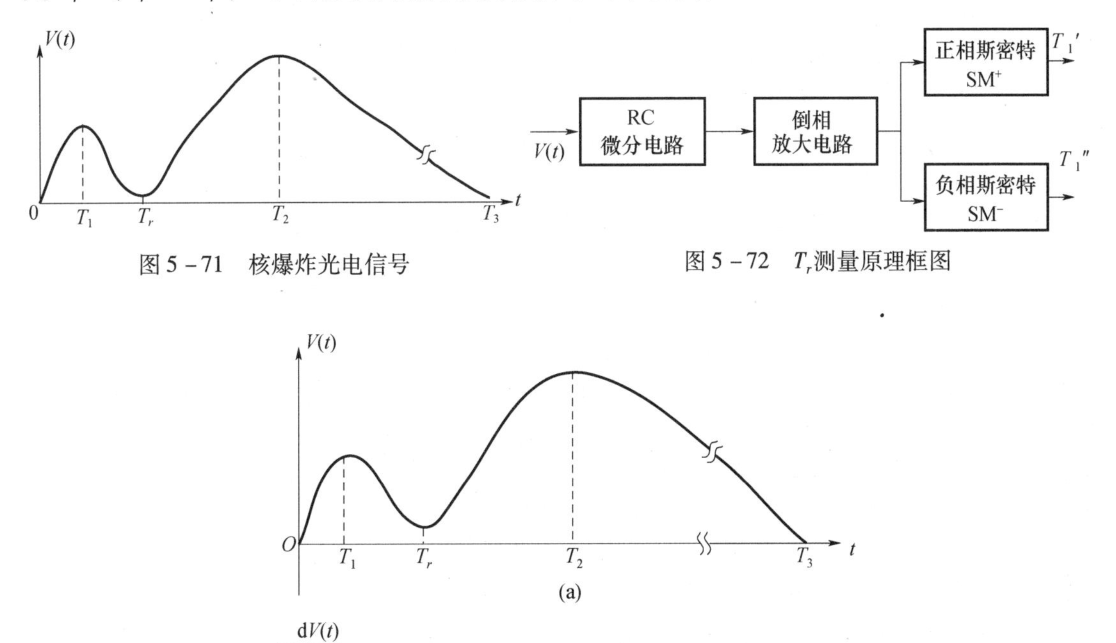

图5－71　核爆炸光电信号

图5－72　T_r测量原理框图

图5－73　T_r检测结果

5.9 光电显示器性能参数测试

5.9.1 光电显示器概述

光电显示器是彩色电视、计算机和军用光电系统的核心部件之一,针对彩色显示器光度、色度特性计量已成为光学计量一个重要的方面。新型光电显示器包括液晶显示、等离子显示和背投显示等。

传统的CRT技术,即阴极射线管,主要由电子枪、偏转线圈、荫罩、荧光粉层和玻璃外壳五部分组成。其工作原理是当显像管内部的电子枪阴极发出的电子束,经强度控制、聚焦和加速后变成细小的电子流,再经过偏转线圈的作用向从左到右、从上到下扫描,穿越荫罩的小孔或栅栏,轰击到荧光屏上的荧光粉,此时荧光粉被激活,就发出光线来。R 、G、B 三色荧光点被按不同比例强度的电子流激发,产生各种色彩。由于 CRT 技术成熟,仍将是数字电视接收设备的主流产品之一。

数字电视液晶显示器简称LCD。目前,TFT—LCD型液晶屏是最好的LCD彩色显示设备,它主要由荧光管、导光板、偏光板、滤光板、玻璃基板、配向膜、液晶材料、薄模式晶体管等构成。液晶显示器必须有背光源,经过一个偏光板然后再经过液晶。这时液晶分子的排列方式就会改变穿透液晶的光线偏振角度,然后这些光线还必须经过前方的彩色的滤光膜与另一块偏光板。因此我们只要改变刺激液晶的电压值就可以控制最后出现的光线强度与色彩。

等离子体显示器简称PDP, 是一种利用气体放电的显示技术,其工作原理与日光灯很相似。等离子显示屏是由前后两片玻璃面板组成。前面板是由玻璃基层、透明电极、辅助电极、诱电体层和氧化镁保护层构成,并且在电极上覆盖透明介电层及防止离子撞击介电层的 Mgo 层;后板玻璃上有Data。电极、介电层及长条状的隔壁,并且在中间隔壁内侧依序涂布红色、绿色、蓝色的荧光体,在组合之后分别注入氮、氖等气体即构成等离子面板。

背投影电视机是现代电视技术、光学技术和新材料技术结合的产物,它采用高能量、高发光效率的微电子束投射管作为光源,三基色光束受到色度和亮度信号的调制,经一系列的聚焦、放大等光学处理后,再经一次(或两次)反射直接混合投射在由数十万只至数百万只光学透镜制成的荧光屏上成像,从而完全摆脱了笨重而昂贵的显像管,既能把屏幕做大使像素提高,又没有传统显像管中荫罩对色纯度的影响,成本低廉而清晰度高。背投影电视根据其采用的投影机种类,可以分为 CRT、LCD、DLP 、LCOS(反射液晶)等类型。

5.9.2 光电显示器光色技术参数

光电显示器与光色计量直接相关的参数有:

1. 亮度

亮度是指发光物体表面发光强度的物理量,用L表示,单位为坎德拉每平方米。亮度是衡量显示器发光强弱的重要指标。由于显示器屏幕在最大亮度最大对比度时,大多数的情形下不太稳定,那么比较亮度对比度就没有意义。因此,我们在实际测量时,使用的是“有用平均亮度”, 即当显示器加入全白场信号,对比度、亮度调整到正常位置时,屏幕中心部位呈现的亮度值。

2. 对比度

对比度定义为最大亮度值与最小亮度值的比值。根据人眼的视觉特性,只要重现图像与原景象对人眼主观感觉具有相同的对比度和亮度层次,就能给人以真实的感觉。因此,对于彩色显示器而言,对比度越高,色彩越鲜艳,调整效果也会更细致,更富立体感。实际测量时,当电视被加入黑白窗口信号时,可在50%的灰色背景上屏幕中心产生一个白色的矩形窗口和四个黑色矩形窗口,此时对比度、亮度调整到正常位置时,分别测量白色矩形窗口中心点亮度和四个黑色矩形窗口中心点的亮度。然后根据式(5-76)计算对比度C:

$$C = L_{白} / L_{黑} \tag{5-76}$$

式中:$L_{黑}$为四个黑色矩形窗口中心点的亮度平均值。

3. 亮度不均匀性

亮度不均匀性是用于表征显示器件在屏幕上不同位置所显示亮度的差异性指标。测量时,全白场信号加到显示器,对比度和亮度控制器分别调整到正常位置。然后用亮度计测量屏幕中九棋盘格各区域中心点亮度,即$P_0 \sim P_8$各个点上的亮度值,分别记为$L_0 \sim L_8$。于是,各点的亮度不均匀性便可通过式(5-77)计算:

$$P_i = \left(\frac{L_0 - L_i}{L_0}\right) \times 100\% \tag{5-77}$$

式中:i为(0~8)点中的任意一个点数。比值越大则说明亮度越不均匀。

4. 色度不均匀性

色度不均匀性是表征重现规定亮度的全白图像时,屏幕上不同位置上显示色度差异的参数。在测量时,对比度和亮度控制器分别调整到正常位置,测试信号为全白场信号,然后用色度计测量屏幕中九棋盘格各区域中心点色坐标(u', v'),表示为$(u'_0, v'_)\sim(u'_8, u'_8)$。则各点的色度差表示为:$\Delta u' = u'_i - u'_0$,$\Delta v' = v'_i - v'_0$。

于是,色度不均匀性为

$$\Delta u'v' = \sqrt{\Delta u'^2 + \Delta v'^2} \tag{5-78}$$

式中:$\Delta u'$和$\Delta v'$为屏幕中心P_0与边缘P_i之差,1~8点中的任意一个点数。

5. 色域覆盖率

色域覆盖率是用来表征均匀色度空间坐标中基色(r、g、b)所对三角形的面积的度量。当分别将全红场、绿场和蓝场信号加到显示器后,用色度计依次测量P_0点的均匀色度座标(u'_r, v'_r),(u'_g, v'_g)和(u'_b, v'_b)。然后按空间(u', v')计算色域的面积A(RGB三角形),除以0.1952,乘以100%得到色域覆盖率的百分数G_P:

$$G_P = (A/0.1952) \times 100\% \tag{5-79}$$

6. 清晰度

清晰度表示沿水平和垂直方向人眼所能分辨的最大线数。显示器的清晰度主要由两个方面决定:分辨力和带宽。分辨力是指屏幕上分辨图像细节的能力,分辨力越高,屏幕上能显示的像素越多,图像也越细腻。分辨力以乘法的形式表示,如640×480,其中640表示屏幕上水平方向显示的像素点个数,480表示垂直方向显示的像素点个数。

带宽是指显示设备的视频带宽,它等于分辨力×场频×系数。实际测试时,所有的信号源都是数字产生的,它们具有潜在的像素格式和分辨力,甚至当它们按照模拟信号送出时也是一样。

5.9.3　彩色显示器颜色特性测试

对数字显示器光色参数的测量是建立在光度学和色度学基础上。是以光谱三刺激值数据为基础,根据加混色定律在实验基础上获得的。

在实际测量中,所有的光度和色度测量都可以利用一台以光谱亮度为基础的遥测光度计/色度计,其测量原理如图 5-74 所示[51]。

测量装置主要包括的探测器有:

(1) 基于光电倍增管的光谱探测器;

(2) 基于 RGB 滤光片和光电二极管的直读式光源色探测器;

(3) 基于面阵 CCD 的图像采集探测器;

(4) 基于线阵 CCD 的图像采集探测器。

该仪器克服了滤光片仪器所固有的光谱匹配误差,采用分光辐射度学的方法,可测量自发光体及物体色亮度、光谱能量分布、色温、色坐标等参数。

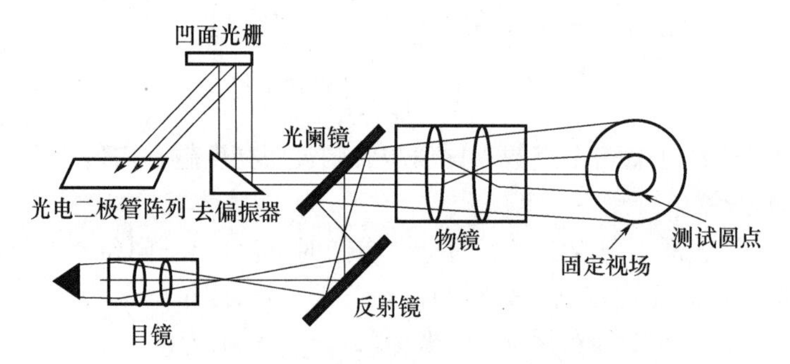

图 5-74　彩色显示器光度/色度参数测量原理图

实际测量中,所有的显示器均被并排放置,以便在一间黑暗的实验室里能同时进行比较。同时观察便于看出这些显示器之间存在的细微差别。对于每种显示器件,我们均测量、分析和比较其有用平均亮度、对比度、亮度不均匀性、色度不均匀性、色域覆盖率以及白平衡、清晰度等主要技术参数。另外,在测量过程中,光学测试仪器设备的光轴还应与被测区域正交垂直,测试距离为显示器屏幕高度的 3~4 倍,如图 5-75 所示。

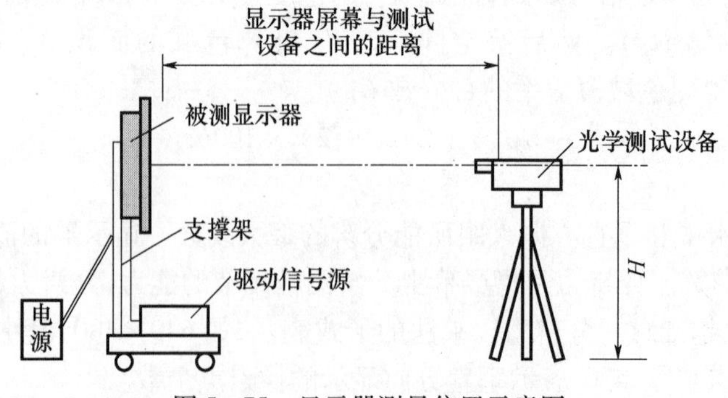

图 5-75　显示器测量位置示意图

参考文献

[1] 张静,刘敬海．多光路共窗口的现代光电跟踪系统[J]．光学技术,2001,27(4):350－351.

[2] 许新光, 陈维义,李日忠,等．光电跟踪仪综合测试系统[J]．舰船电子工程,2007,27(1):175－176.

[3] 张波,姬琪,沈湘衡．检测光电跟踪测量设备的激光模拟空间目标[J]．光电子．激光,2003,14(3):324－326.

[4] 凌军,刘秉琦,赵熙林．几种光轴平行性测试方法的比较与探讨[J]．应用光学,2003,24(1):43－44.

[5] 白素平,苏丽梅,等．多管火箭炮平行性测量系统设计[J]．长春理工大学学报[J].2005,28(1):27－28.

[6] 叶露,沈湘衡,刘则询．强激光与红外光学系统光轴平行性检测方法的讨论[J]．应用光学．2007,28(6):760－761.

[7] 富容国,常本康,等．激光指示器光轴调较技术[J]．光学技术.2007,33(2):239－240.

[8] 马世帮,杨红,杨照金,等．光电系统多光轴平行性校准方法的研究[J]．应用光学,2011,32(5):917－921.

[9] 李雅灿,邱丽荣,张鹏嵩,等．便携式多光轴平行性检校系统的研制[J]．中国激光,2012,39(10):1008002－1～1008002－5.

[10] 高明,冯小利,赵文才．外场多光轴平行性测试的光学系统设计[J]．光学技术,2011,37(1):114－119.

[11] 王小鹏．军用光电技术与系统概论[M]．北京:国防工业出版社,2011.

[12] 段志姣, 王宇．机载光电系统稳定精度测试方法研究[J]．光学与光电技术,2008,6(3):53－56.

[13] 谷素梅．大型光学惯性稳定跟踪仪器稳像精度测试系统原理方案探讨[J]．应用光学,1998,19(6):5－8.

[14] 宋晓茹,雷志勇,薛永刚．基于 RS－ LSSVM 的光电稳瞄系统稳定精度检测方法[J]．红外与激光工程,2013,42(增刊):154－160.

[15] 岳明桥 ,王天泉．激光陀螺仪的分析及发展方向[J]．飞航导弹,2005,(12):46－48.

[16] 郭创,樊蓉,郭明威．激光陀螺性能测试评估系统设计与开发[J]．压电与声光,2007,29(4):468－470.

[17] 田海峰,李路且．激光陀螺谐振腔损耗与相位差测量[J]．红外与激光工程,2008,37(增刊):180－182.

[18] 激光陀螺仪测试方法中华人民共和国国家军用标准[S]．GJB 2427—95,1995.

[19] 张树侠,危志英．光学陀螺仪测试、标定方法探讨与实现[C]．光电惯性技术论文集,2002(深圳):119－125.

[20] 邢艳丽,危志英,张树侠．激光陀螺仪的测试实验研究[J]．鱼雷技术,2002,10(2):40－42.

[21] 李茂春,姚晓天,江俊峰,等．光纤陀螺全方位性能自动评价系统[J]．红外与激光工程,2006,35(增刊):238－242.

[22] 光纤陀螺仪测试方法．中华人民共和国国家军用标准[S]. GJB 2426—95,1995.

[23] 衣昌明,庞湘萍,杨东升．光纤陀螺仪性能测试[C]．惯性技术发展动态发展方向研讨会论文集,2010:149－154.

[24] 凌冬,刘建业,赖际舟．基于 LabVIEW 的光纤陀螺测试分析平台实现研究[J]．测控技术,2008,27(5):48－51.

[25] 徐兵华,杨孟兴．激光陀螺捷联惯性导航系统的误差系数标定研究[J]．导弹与航天运 载技术,2008(4):22－25.

[26] 陈远才,万彦辉,谢波,等．激光捷联惯导系统的一种系统级标定研究[J]．导弹与航天运 载技术,2012(6):38－42.

[27] 刘松涛,王赫男．光电对抗效果评估方法研究[J]．光电技术应用,2012,27(6):1－7.

[28] 张继勇,董印权．光电对抗仿真测试系统综述[J]．系统仿真学报,2006,18(增刊2):985－988.

[29] 张继勇．光电对抗装备仿真测试系统[J]．激光与红外工程,2010,39(6):1124－1128.

[30] 余宁,李俊山,王新增,等．光电对抗仿真评估系统研究[J]．四川兵工学报,2011,32(5):5－8.

[31] 张娜,徐锌,任宁,等．红外干扰技术的发展趋势[J]．红外与激光工程,2006,35(增刊):152－158.

[32] 李慧 ,李岩, 刘冰锋,等．激光干扰技术现状与发展及关键技术分析[J]．激光与光电子学进展,2011,48,081407.

[33] 高卫．对光电成像系统干扰效果的评估方法[J]．光电工程,2006,33(2):5－8.

[34] 王学伟．光电干扰效果评估系统[J]．红外与激光工程,2007,36(增刊):441－443.

[35] 王学伟,熊璋,沈同圣,等．光电成像导引头抗干扰性能评估方法[J]．光电工程,2003,30(1):56－58.

[36] 杨宝庆,陈勇．激光角度欺骗干扰效果评估方法研究[J]．光电技术应用,2005,20(4):63－66.

[37] 高卫．激光致盲干扰效果评估方法研究[J]．光学技术,2006,32(3):468－471.

[38] 高卫．对激光测距机干扰效果的评估方法研究[J]．兵工学报,2005,26(6):751－753.

[39] 高卫．激光雷达干扰效果评估方法研究[J]．光子学报,2007,36(8):1400－1404.

[40] 李硕中,贾福熙,梁培．瞬态光的光电摄谱测量[J]．计量学报,1993,14(4):293－296.

[41] 吴宝宁,刘建平,贾福熙,等．瞬态光源辐射特性研究[J]．照明工程学报,1999,10(2):5－10.

[42] 吴宝宁,刘建平,侯西旗,等.200～1100nm 瞬态光谱测定仪的研究[J]．应用光学,1998,19(6):20－23.

[43] 吴宝宁,刘建平,李宇鹏,等. 一种火炸药瞬态光谱测试的精确定位[J]. 应用光学,2001,22(1):39-42.
[44] 刘西社,刘建平,赵宝珍,等. 闪光有效光强测定仪研究[J]. 应用光学,1995,16(6):17-20.
[45] 占春连,刘建平,陈超,等. 闪光有效光强的测试方法研究[J]. 中国测试技术,2008,34(5):16-18.
[46] 杨利, 杨硕, 许又文,等. 瞬态光谱测试仪在烟火方面的应用[J]. 应用光学,1999,20(4):46-48.
[47] 柳继昌,席兰霞,瞬态分光辐射仪在烟火药剂燃烧性能参数测量中的应用[J]. 1996,4(2):91-95.
[48] 吴健辉,杨坤涛,张南洋生. 核爆炸光辐射探测系统分析[J]. 光电工程,2008,35(9):45-49.
[49] 吴健辉,杨坤涛,张南洋生. 核爆炸光辐射探测中的大气传输性能研究[J]. 应用光学,2008,29(5):815-820.
[50] 王德生,刁永锋,吴晓红. 大气层核爆炸当量的智能测量研究 [J]. 四川大学学报:自然科学版,1999,36(1):93-98.
[51] 徐英莹,陈赤,王捷,等. 数字电视的光色计量及其装置[J]. 应用光学,2007,28(2):226-230.

第6章 空间光学计量测试

空间光学仪器和设备在空间探测遥感中发挥着重要作用,随着我国探月工程、对地观测和载人航天计划的实施,在我国掀起了新的空间技术热,与此相关的空间光学仪器与设备受到了重视,一大批新型光学仪器与设备投入使用,对这些新的空间光学仪器设备的性能评价和校准已经受到许多从事空间光学仪器研究与计量测试工作者的关注,这将成为光学计量一个新的分支。本章主要介绍空间光学仪器设备相关的计量测试问题。

6.1 空间光学概述

空间光学是在高层大气和大气外层空间,利用光学仪器和设备对空间和地球进行观测与研究的一个应用学科分支。

对地球观测,主要是利用光学仪器通过可见光和红外大气窗口探测并记录云层、大气、陆地和海洋的一些物理特征,从而研究它们的状况和变化规律。在民用上解决资源勘查、气象、地理、测绘、地质的科学问题。在军事上为侦察、空间防御等服务[1,2]。

对空间观测和研究,主要是利用不同波段及不同类型的光学仪器和设备,接收来自天体的可见光、红外线、紫外线和软 X 射线,探测空间天体的存在,测定它们的位置,研究它们的结构,探索它们的运动和演化规律。例如,对太阳的观测主要是研究太阳的结构、动力学过程、化学成分及太阳活动的长期变化和快速变化;对太阳系内的行星、彗星以及对银河系的恒星等天体的紫外线谱、反照率和散射的观测,确定它们的大气组成,从而建立其大气模型。

为了实现在高层大气和大气外层空间对地观测和对空观测,各个国家针对不同的目的,研制了大量的空间光学设备,概括起来,这些仪器设备有:成像光谱仪、航天相机、星敏感器等。为了实现对这些光学仪器设备进行定标、校准和检测,也出现了太阳模拟器、地球模拟器和星模拟器等。

6.2 成像光谱仪的光辐射特性校准

6.2.1 成像光谱仪概述

成像光谱仪就是在特定光谱域以高光谱分辨力同时获得连续的地物光谱图像[3]。摄影光学仪器获得物体的影像信息,光谱仪获得物质的连续光谱信息,这两类光学仪器已有数百年的发展史,并且由于不断融入新的科技成果,不论从设计还是制作方面都达到了很高的水平。但在20世纪50年代前,它们基本上是属于独立发展的。一种可以同时获得影像信息与像元光谱信息的光学仪器——成像光谱仪,于20世纪后叶被科学家提出。最早进入工程应用的是色散型的成像光谱仪。由于计算机技术的飞速发展,干涉型光谱仪也获得了飞速的发展。

目前,很多成像光谱仪采用的是色散技术,即用棱镜或衍射光栅沿焦平面阵列的一维方向分散景物光谱,而在与其正交的另一维方向上对景物空间采样,移动反射镜或平台,然后形成二维图像。随着计算机技术的发展,干涉型成像光谱仪得到很大的发展,已有许多类型的干涉型成像光谱仪。

根据探测频带数量和光谱分辨力,光谱成像可大致分为三类:

(1) 多光谱:光谱分辨力为 $\Delta\lambda/\lambda = 0.1$,一般为 10 ~ 50 个波段,每个波段的宽度约为 0.05 ~ 0.1μm。

(2) 超光谱:光谱分辨力为 $\Delta\lambda/\lambda = 0.01$,一般为 50 ~ 100 个波段,每个波段的宽度约为 0.01μm。超光谱的最佳用途是在自然背景中识别人工目标。

(3) 极光谱:光谱分辨力为 $\Delta\lambda/\lambda = 0.001$,一般有 100 ~ 1000 个波段。目前极光谱成像技术测量光谱的范围为中远红外。它主要用于分析类似气体的物质,特别适合用来探测分析烟缕的成分或空气中是否存在神经性毒剂等。

直观的,可将光谱成像系统的待测物体看作一个三维信息空间内的目标,如图 6-1(a)所示,其中二维(x,y)表征物体的空间位置,另一维是波长(λ),表征光谱信息,即可将被测物体表示为函数 $I(x,y,\lambda)$。

这样的三维分布可看作由一系列 λ 为常数的二维单色像 $I(x,y)$ 构成,如图 6-1(b)所示。为了获得二维单色像,简单的办法是在望远物镜焦平面前插入滤光片,只让特定波段内的光通过,就能得到此波段的二维单色像。通过切换滤光片得到一系列单色像,也可以用液晶、声光或法布里-珀罗等可调滤光器进行滤光。这种方法的优点是结构简单,具有较高的光能利用率。

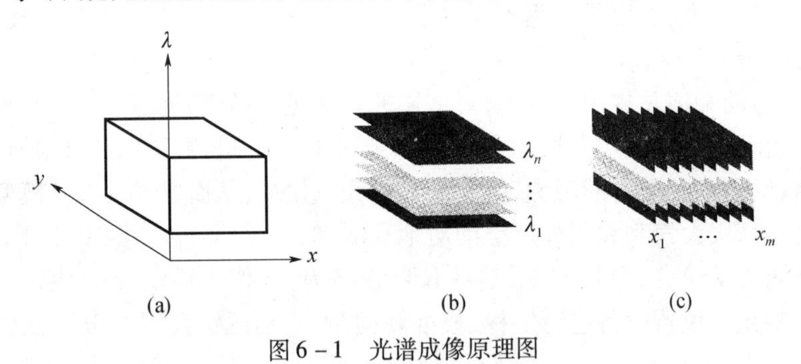

图 6-1 光谱成像原理图

使用切换滤光片、可调滤光器的缺点是难以在同一时刻摄取所有波段的图像,解决办法之一是采用多组望远物镜加滤光片。另一个更有效、常用的办法是采用二向色性滤光片,这是一种兼有分束和滤光作用的器件,可将入射光分成两束,一束透射,另一束反射,且这两束光具有互补的光谱成分。该方法的缺点是像的单色性(即光谱分辨力)受限于滤光器带宽。一般来讲,随着视场增大和光能透过率要求的提高,光谱带宽变宽,可达到的光谱分辨力较低。常用于波段数要求不多的多光谱成像系统中,如气象、资源卫星上。

带有入射狭缝、以棱镜或光栅为分光元件的光谱仪已发展了多年,在科研、生产、医疗等领域得到了广泛应用。其原理如图 6-2 所示,前置望远物镜将地物成像在入射狭缝处,通过成像光谱仪的光学系统后,在谱面处得到狭缝上各点的光谱信息,若让前置光学系统形成的物像扫描通过入射狭缝,则能获得被测目标的二维光谱信息。虽然形式上与传统摄谱仪相似,但传统摄谱仪只要求在垂直于入射狭缝方向上形成按波长分开的光谱线，而对于成像光谱仪，还要求在狭缝取向方向上也形成各点的像。

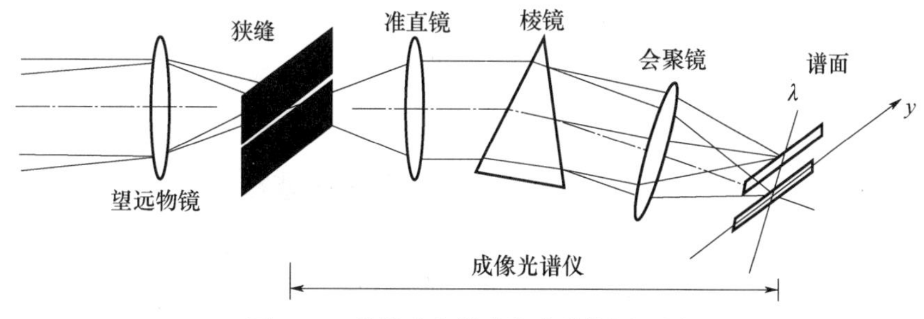

图6-2 狭缝式色散成像光谱仪原理图

除用棱镜或光栅分光外，也可用干涉仪分光，其原理如图6-3所示。狭缝上一点经准直透镜后，以平行光束进入干涉分束装置，分成错开的两波面相干光束，经柱面镜后，汇聚成平行于柱面镜母线（x 轴）的焦线，即 y 方向上成像。与此同时，两柱面波干涉，形成光强沿 x 轴变化的干涉图样。用线阵探测器记录干涉图，并对其作傅里叶变换，即可得到狭缝上该点的光谱分布。采用二维阵列探测器检测，得到狭缝上各点的光谱分布，进一步让望远物镜所成的像扫过狭缝，则可获得地面目标上每一点的光谱信息，实现地物的光谱成像。

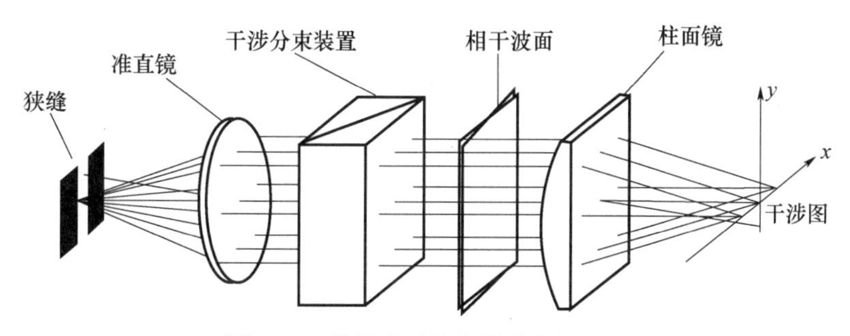

图6-3 狭缝式干涉光谱成像原理图

在某一瞬时，推扫式成像系统只对地面窄带内的物体成像，所以，便于与狭缝式成像光谱仪相配使用。从原理上讲，用棱镜、光栅或干涉仪分光时，其光谱分辨力足以实现超光谱成像。然而，由于受探测器灵敏度及分光的影响，用于航天遥感时，难以充分利用这些高光谱分辨力的优点，一般用于中等光谱分辨力的光谱成像。目前在一些实用或试验的高光谱分辨力航天遥感用成像光谱仪中，多采用棱镜作为分光元件。

从光学系统的角度看，提高光能效率的办法是采用无入射狭缝的光谱成像技术。传统傅里叶光谱仪无需入射狭缝，其光能利用率比狭缝式光谱仪约高200倍，对其改进，便可望实现超光谱成像。其光学原理如图6-4(a)所示，与传统傅里叶光谱仪基本相同，主要区别在于：传统傅里叶光谱仪使用单元探测器，这里采用二维阵列探测器。在图6-4(a)中，望远物镜将目标成像在准直镜的前焦面上，经过准直、分束和聚焦后，在二维阵列探测器CCD处形成两个互相干涉的重合像，干涉光强由干涉仪两臂的光程差决定，每个CCD像元测得一个物点的干涉光强，通过图中所示扫描反射镜2，得到此物点的时间调制干涉图，作傅里叶变换后，则得到该物点的光谱分布，对所有CCD像元作同样的处理，便得到光谱图像。实质上，对应每个像元都等同于一台傅里叶光谱仪,因此,亦称之为阵列傅里叶光谱仪。这种方法相当于以二维网格方式提取三维信息,如图 6-4(b)所示,栅格点对应于 CCD 像元。

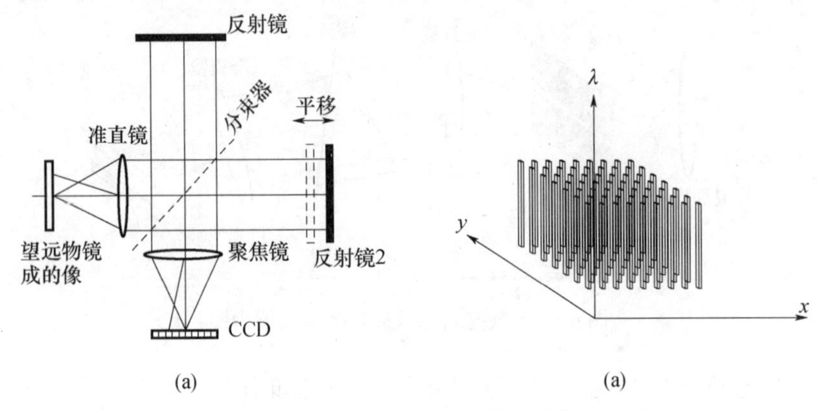

图 6-4 无狭缝像面傅里叶成像光谱仪原理图

与前面介绍的狭缝式干涉成像光谱仪相比,这里两个相干波前互相平行,通过反射镜 2 引入光程变化,检测时间调制干涉光强,而在狭缝式干涉成像光谱仪系统中,通过两波面的相互倾斜或错开引入光程差,检测空间调制干涉图样。

傅里叶成像光谱技术适用于凝视成像系统,具有传统傅里叶光谱仪的高通量及高信噪比的优点,有利于实现超光谱成像。缺点是需要快速扫描机构,且准确度难以保证。

层析光谱成像技术是一种新的具有应用潜力的无狭缝成像光谱技术,其原理如图 6-5 所示。借鉴影像医学中的计算机层析技术,首先将三维信息空间投影成二维分布,并检测这些投影,如图 6-5(a)所示,然后用计算机层析算法恢复得出原来的三维分布,实现光谱成像,其光学系统如图 6-5(b)所示。望远物镜将目标成像在视场光阑处,视场光阑可以是任意形状,目的仅仅是限制视场。经准直镜和成像镜头后,再次成像在探测器所在的平面处,在准直镜和成像镜头间放置色散元件,它具有两个方向的衍射功能,分别对应于图 6-5(a)中不同方向上的投影,考虑到各级衍射间的能量均匀性,可选用专门设计的二元衍射光学元件。该技术的显著特点是无运动部件,可用于快速变化目标的光谱成像,例如探测飞行中的弹道导弹。

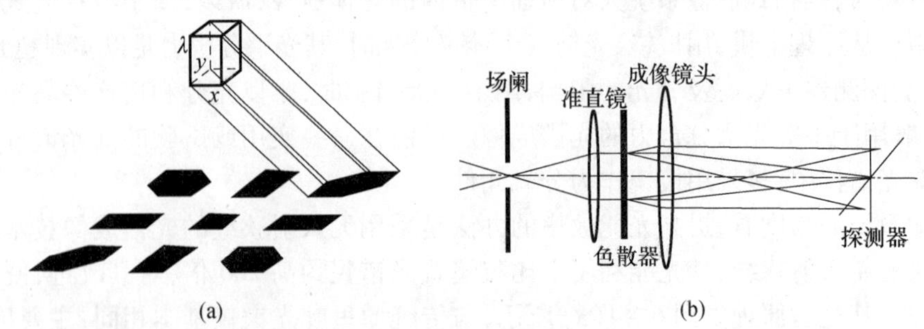

图 6-5 层析光谱成像原理图

6.2.2 成像光谱仪数据的信息结构

成像光谱仪获取的光谱图像数据是地面二维(2D)空间和一维(1D)光谱构成的三维(3D)图像立方体,光谱图像立方体如图 6-6 所示。

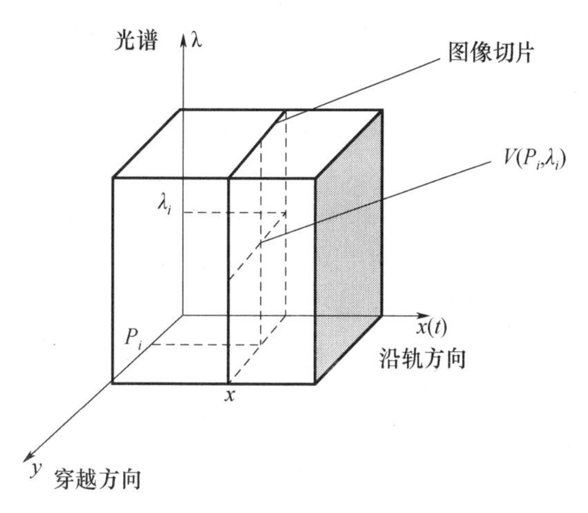

图6-6　光谱图像立方体

成像光谱仪焦平面器件采集的一帧光谱图像数据(图6-6中图像切片)$V(P_j,\lambda_i)$为一组$m\times n$行列式矩阵:

$$[V(P_j,\lambda_i)]=\begin{bmatrix} V(P_1,\lambda_1) & \cdots & V(P_1,\lambda_i) & \cdots & V(P_1,\lambda_m) \\ V(P_2,\lambda_1) & \cdots & V(P_2,\lambda_i) & \cdots & V(P_2,\lambda_m) \\ \cdots & \cdots & \cdots & \cdots & \cdots \\ V(P_j,\lambda_1) & \cdots & V(P_j,\lambda_i) & \cdots & V(P_j,\lambda_m) \\ \cdots & \cdots & \cdots & \cdots & \cdots \\ V(P_n,\lambda_1) & \cdots & V(P_n,\lambda_i) & \cdots & V(P_n,\lambda_m) \end{bmatrix} \tag{6-1}$$

成像光谱仪对地观测物理过程如图6-7所示。

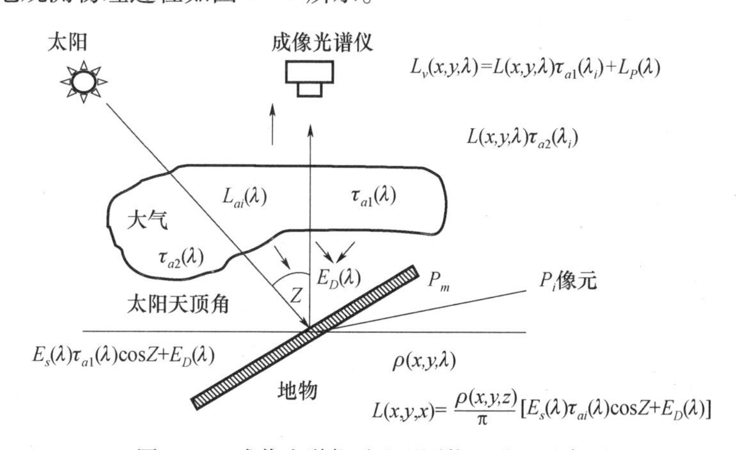

图6-7　成像光谱仪对地观测物理过程示意图

根据遥感对地观测信噪比(SNR)方程,有

$$SNR=\frac{V(p_j,\lambda_i)}{N_s}=\left\{\frac{k_n(\alpha)\cos^n(\alpha)\pi A_d^{\frac{1}{2}}t_m^{\frac{1}{2}}}{4FN^2}\tau_0(\lambda)\left[L(x,y,\lambda_i)\tau_{\alpha 2}(\lambda_i)+\right.\right.$$

$$\left.\left.L_p(\lambda_i)\right]+E_f(\lambda_i)\right\}D(\lambda)\Delta\lambda_i \tag{6-2}$$

式中：$FN=f/D$ 为光学系统焦比；f 为焦距；D 为光学孔径；A_d 为探测器像元面积；$K_n(\alpha)$ 为渐晕系数，它同视场角 α 和 FN 有关，焦平面器件的不同像元 P_j 对应不同的视场角 α；$\cos^n\alpha$ 为 $m=2.5\sim4$ 像面照度随视场角 α 的 $\cos^4\alpha$ 变化的更一般的表达式；$\tau_0(\lambda)$ 为光学系统效率（透过率）；$\tau_{\alpha1}(\lambda)$ 为太阳－地物光程大气透过率；$\tau_{\alpha2}(\lambda)$ 为地物－遥感器光程大气透过率；$E_s(\lambda)$ 为大气层外太阳光的光谱辐照度（常数）；$E_D(\lambda)$ 为半球天空亮度在地面形成的辐照度；Z 为太阳天顶角；$\rho(x,Y,\lambda)$ 为地物反射率；N_s 为噪声信号；$E_f(\lambda)$ 为仪器内部的杂散光在探测器像元上的辐照度。

杂散光具有光谱分布，因此在探测器上照射产生的光电信号应该是对波长的积分 $N_s\int E_f(\lambda)D^*(\lambda)\mathrm{d}\lambda$；$L_p(\lambda)$ 为大气散射程辐射度；t_{in} 为探测器积分时间；$D^*(\lambda)$ 为探测器光谱探测率；$\Delta\lambda_i$ 为各光谱通道的光谱带宽。

成像光谱仪光瞳前的视辐亮度 $L_v(z,y,\lambda)$ 为

$$\begin{aligned}L_v(z,y,\lambda_i) &= L(z,y,\lambda_i)\tau_{\alpha2}(\lambda_i)+L_p(\lambda_i)\\&=\rho(x,y,\lambda)/\pi[E_s(\lambda)\tau_{\alpha1}(\lambda)\cos Z+E_D(\lambda)]\tau_{\alpha2}(\lambda)+L_p(\lambda)\end{aligned} \tag{6-3}$$

因此成像光谱仪原始数据可表示为

$$\begin{aligned}V(P_j,\lambda) = {}& k_n(\alpha)\mathrm{con}^n(\alpha)(\pi A_d{}^{1/2}t_m{}^{1/2}/4FN^2)\tau_0(\lambda_i)D^*(\lambda)\Delta\lambda N_sL_v(P_j,\lambda_i)+\\&N_s\int E_f(\lambda)D^*(\lambda)\mathrm{d}\lambda\end{aligned} \tag{6-4}$$

由式(6－4)可以看到，成像光谱仪得到的原始数据为电信号，它与地物光谱辐亮度有关。成像光谱仪探测的目的就是要获取地物光谱辐亮度的信息分布，而从原始数据获取地物光谱辐亮度的过程称为辐射定标。

由此可以看到，辐射定标的目的是从遥感观测的成像光谱仪数据 $V(P_j,\lambda)$ 获取地物光谱 $\rho(x,y,\lambda)$ 或 $L(z,y,\lambda)$ 的信息。

把 式(6－4)简写为

$$V(P_j,\lambda_i) = C(j,i)L_v(P_j,\lambda_i)+A(j,i) \tag{6-5}$$

式中：$C(j,\lambda_i)$ 为辐射定标系数；$A(j,i)$ 为仪器内部与杂散光有关的项，同 $V(P_j,\lambda_i)$ 相比较一般很小。

辐射定标只能标定成像光谱仪光瞳前的视辐射亮度 $L_v(P_j,\lambda_i)$。辐射定标就是用已知的标准辐亮度作为遥感器光瞳前视辐亮度 $L_v(P_j,\lambda_i)$，采集信号数据 $V(P_j,\lambda_i)$，确定定标系数 $C(j,i)$ 和 $A(j,i)$（为了讨论简便以后忽略 $A(j,i)$ 项）。

定标系数 $C(j,i)$ 是仪器参数的函数，其中 $\tau(\lambda_i)$ 和 $D^*(\lambda)$、N_s 等项还同工作环境有关。因此，不仅在实验室用辐亮度标准光源进行辐射定标，还要用遥感器上设置的星上定标光源，在对运行状态的遥感器进行定标。

从辐射定标后的遥感数据可获得遥感器光瞳前的视辐射亮度 $L_v(P_j,\lambda_i)$，但还不能直接得到地物的光谱辐亮度 $L(x,y,\lambda)$ 或光谱反射率 $\rho(x,y,\lambda)$。若想从 $L_v(P_j,\lambda_i)$ 反演地物的光谱特征 $L(z,y,\lambda)$ 或 $\rho(x,y,\lambda)$，则需要与大气传输特性有关的 $\tau_{\alpha1}(\lambda)$、$\tau_{\alpha2}(\lambda)$、$L_p(\lambda)$、$E_D(\lambda)$、Z 等参数，或地面同步观测的有关光谱数据。

6.2.3 成像光谱仪的辐射定标

1. 成像光谱仪辐射定标的测量链

成像光谱仪工作状态接收的是目标较大的漫射光辐射，所以成像光谱仪的辐射定标使用积分球光源，积分球光源的辐亮度要经过辐亮度标准光源定标；然后用积分球辐亮度定标星上

定标光源的有效辐亮度；再用星上定标装置的有效辐亮度定标遥感观测数据。这样就形成了一个复杂的测量链[4-6]。

图6-8表示了成像光谱仪辐射定标过程的全部测量链。

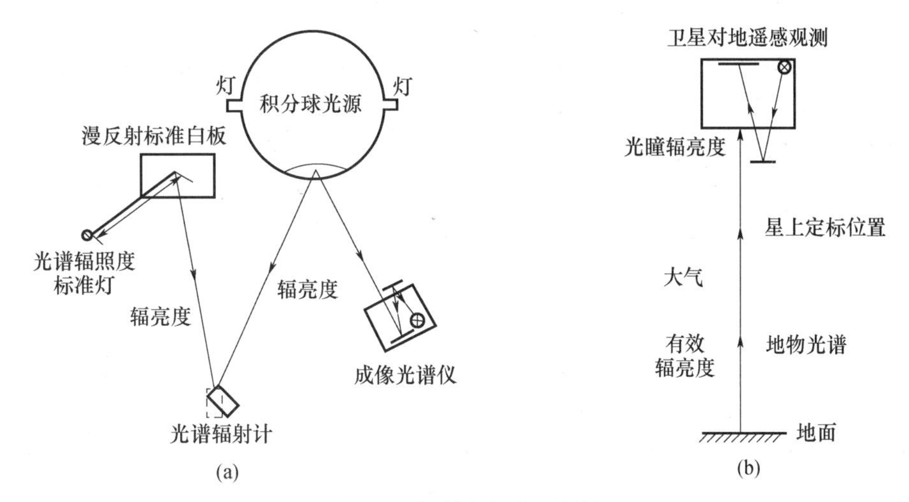

图6-8　辐射定标的测量链

2. 辐射定标中的辐射标准

成像光谱仪定标中的标准器有两个，一个是光谱辐亮度标准灯，一个是漫反射标准白板。光谱辐亮度标准灯由光谱辐亮度标准装置校准，漫反射标准白板由光谱漫反射标准装置校准。

由图6-8(a)可以看到，用光谱辐照度灯在一定距离照射到标准白板的照度为$E_s(\lambda)$，白板的反射比为$\rho_s(\lambda)$，那么标准白板的辐亮度为

$$L_s(\lambda) = \rho_s(\lambda)E_s(\lambda)/\pi \qquad (6-6)$$

3. 积分球光源——光谱辐亮度工作标准

积分球光源是在一个一定直径的积分球内放置一组卤钨灯，大积分球的内表面涂上高反射率的漫反射材料，用卤钨灯照明积分球内表面，积分球上开窗口作为大面积辐亮度标准光源。用光谱辐射亮度计测量标准白板和积分球光源的辐亮度时光谱辐射亮度计的信号输出分别为$I_s(\lambda)$和$I_{os}(\lambda)$：

$$I_s(\lambda) = k(\lambda)L_s(\lambda) \qquad (6-7)$$

$$I_{os}(\lambda) = k(\lambda)l_{os}(\lambda) \qquad (6-8)$$

从式(6-7)和式(6-8)即可得到积分球面光源的光谱辐亮度：

$$L_{os}(\lambda) = [I_{os}(\lambda)/I_s(\lambda)]L_s(\lambda) \qquad (6-9)$$

把式(6-6)代入式(6-9)，就完成了用光谱辐亮度标准对积分球面光源的光谱辐亮度$L_{os}(\lambda)$的标定。

4. 成像光谱仪实验室辐射定标

上面我们完成了对积分球光源的标定，通过把积分球光源和遥感器星上定标光源的比较测试，就实现了对星上定标光源的标定。

在实验室用成像光谱仪对积分球光源和遥感器的星上定标光源照明获得的遥感器信号输出分别为

$$V_s(P_j,\lambda_i) = C_s(j,i)L_{os}(\lambda) \qquad (6-10)$$

$$V_{if}(P_j,\lambda_i) = C_s(j,i)L_e(\lambda) \tag{6-11}$$

式中：$L_e(P_j,\lambda_i)$为用星上定标光源照明的等效辐亮度，那么

$$\begin{aligned} L_e(P_j,\lambda_i) &= V_{if}(P_j,\lambda_i)L_{os}(\lambda)/V_s(P_j,\lambda_i) \\ &= [V_{if}(P_j,\lambda_i)/V_s(P_j,\lambda_i)][I_{os}(\lambda_i)/I_s(\lambda_i)]\rho_s(\lambda_i)E_s(\lambda_i)/\pi \end{aligned} \tag{6-12}$$

这样就完成了对$L_e(P_j,\lambda_i)$的标定。地面定标完成后，要把数据存储在遥感器上带到星上去进行对遥感器观测地面目标的辐射定标。

5. 星上对地观测数据的定标

在星上成像光谱仪对地观测获取了对某一地域场景的超光谱图像数据（信号输出）：

$$V(P_j,\lambda_i) = C(j,i)L(P_j,\lambda_i) \tag{6-13}$$

然后，在星上定标系统的有效辐亮度$L_e(P_j,\lambda_i)$照明下获取遥感器的信号输出：

$$V_e(P_j,\lambda_i) = C(j,i)L_e(P_j,\lambda_i) \tag{6-14}$$

那么

$$L(P_j,\lambda_i) = [V(P_j,\lambda_i)/V_e(P_j,\lambda_i)]L_e(P_j,\lambda_i) \tag{6-15}$$

由于$L_e(P_j,\lambda_i)$如式(6-12)所示，所以遥感观测的视辐亮度$L(P_j,\lambda_i)$也被定标了，即

$$\begin{aligned} L(P_j,\lambda_i) = &[V(P_j,\lambda_i)/V_e(P_j,\lambda_i)][V_{if}(P_j,\lambda_i)/V_s(P_j,\lambda_i)] \\ &[I_{os}(\lambda_i)/I_s(\lambda_i)]\rho_s(\lambda_i)E_s(\lambda_i)/\pi \end{aligned} \tag{6-16}$$

6.2.4　成像光谱仪的光谱定标

光谱定标就是确定成像光谱仪各个通道的光谱响应函数，也即确定探测器各个像元对于不同波长光的响应，进而得到通道的中心波长和通光谱带的宽度。通光谱带的宽度一般用半宽高表示，半宽高指的是通道响应曲线中，对应最大输出响应的一半的两个波长之间的宽度。光谱定标系统的一般结构框图如图6-9所示。

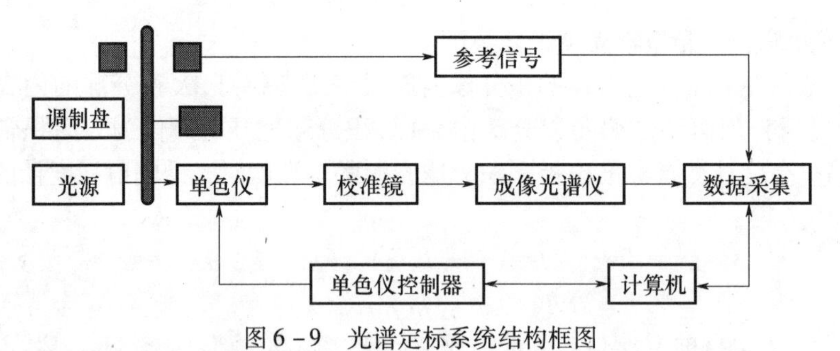

图6-9　光谱定标系统结构框图

光源发出的光会聚后经过调制盘入射到单色仪的输入狭缝，从单色仪输出狭缝出来的单色光经平行光管扩束后被反射并充满成像光谱仪的孔径，探测器作出响应，前置放大器出来的信号进入锁相放大器模块，经过模数转换之后进入计算机。通过计算机控制单色仪在相应波长范围内以一定步长扫描，并采集探测器各个通道的响应，就可以得到通道的离散光谱响应，做进一步的数据处理，便可精确的得到各个通道的响应峰值波长和半高宽。

定标步骤为：

（1）单色仪的定标。单色仪为成像光谱仪提供标准的单色光，而单色仪本身是否标准非常关键。单色仪一般用具有特征波长的标准光源进行标定，在可见光波段，一般用汞灯、氦氖

激光器等标定。在红外波段采用氦氖激光器632.8nm波长的二级、三级光谱进行标定。

（2）光源光谱分布的测量。光源的光谱分布要预先测量，可采用分光辐射仪或其他光谱仪测量。在已知光源光谱分布和单色仪实现标定后，两者结合起来就提供了波长标准光源。

（3）对于选定的成像光谱仪通道，单色仪输出一定范围的单色光，依次记录通道的响应。

（4）将测得的光谱曲线与光源的分布曲线相比较就完成成像光谱仪光谱的标定。

（5）将测得的光谱响应拟合成高斯响应曲线。

（6）推测未检测通道的光谱响应。

6.2.5　干涉型成像光谱仪的定标

由于干涉型成像光谱仪特殊的工作方式，它的定标与色散型成像光谱仪不同，色散型成像光谱仪探测器接收到的是目标直接的光谱信息，定标方法相对比较简单；而干涉型成像光谱仪探测器接收到的是目标光谱的傅里叶变换信息。两者定标目的以及定标的内容相同，但方法差异较大，所以有必要专门介绍它的定标方法[7,8]。

1. 光谱定标

光谱定标就是确定干涉图零光程差的位置、频率以及最大光程差，从而确定各谱段的中心波长和光谱分辨力。它对保证仪器的光谱分辨力十分重要，同时还是干涉仪的工作状态是否正常的最主要的判据。

首先来看干涉图频率与谱线中心位置关系。对波数为σ_1的单色光来说，其干涉图为

$$I(x) = B(\sigma_1)\cos(2\pi\sigma_1 x) \tag{6-17}$$

显然，$I(x)$的频率反映了波数位置σ_1。

另一方面，干涉图最大光程差与光谱分辨力的关系为

$$\delta\sigma = (1/2)L \tag{6-18}$$

式中：$\delta\sigma$为波数分辨间隔；L为最大光程差。

波数分辨间隔与波长分辨力之间的关系为

$$\delta\sigma = \delta\lambda\sigma/\lambda \tag{6-19}$$

因此，测得干涉图最大光程差，就可以确定光谱分辨力。

2. 辐射定标

已知光谱强度分布$B(\sigma)$的定标光源进入成像光谱仪，得到面阵CCD像元(i,j)的干涉强度分布为

$$I(x) = \int_{\sigma_1}^{\sigma_2} R(i,j,\sigma)B(\sigma)\cos(2\pi\sigma x)\mathrm{d}\sigma + I_0(i,j) \tag{6-20}$$

式中：$I(x)$为干涉光强分布，x代表光程差；$R(i,j,\sigma)$为像元(i,j)的光谱辐射响应；σ为波数；$I_0(i,j)$为像元(i,j)的零输入响应。

理论上，上述干涉强度分布经过滤波、零输入响应修正、相位修正、逆傅里叶变换后，得到复原光谱强度分布$B'(\sigma)$：

$$B'(\sigma) = IFT[I(x)] \tag{6-21}$$

式中：$B'(\sigma)=R(i,j,\sigma)B(\sigma)$。显然，如果精确测量得到$R(i,j,\sigma)$，就可以得到目标的真实光谱强度分布：

$$B(\sigma) = B'(\sigma)/R(i,j,\sigma) \tag{6-22}$$

提供光谱辐射度修正数据,完成光谱辐射度的定标。

从理论上分析,如果需要精确的获得修正数据,我们需要标定每个像元点在不同光谱通道的辐射响应,但在实际工程应用中,我们可以假定每个像元的光谱辐射响应是一致的,这样就可大大简化定标过程。

3. 定标装置

下面介绍一种星上定标系统。定标系统由柯拉照明系统、积分球系统和准直镜组成。准直镜焦距和相对孔径与成像光谱仪前置镜相同。光源为带有冷光聚光器的卤钨灯,与聚光镜构成柯拉照明系统,均匀入射积分球,积分球出口处放置带有吸收峰的钕镨玻璃。准直镜与超光谱成像仪的前置镜一起将积分球出射的光会聚在超光谱成像仪光学系统的狭缝上,然后通过干涉仪、傅里叶透镜、柱面镜在探测器上成像。积分球出射的光经过钕镨玻璃后,其光谱曲线上会有几个吸收峰。这样,整个定标系统产生的定标光源就成为带有特征谱线的宽谱光源。宽谱光源将可以用作辐射度定标,光源的特征谱线通过光谱复原进行光谱特性分析,可以确定光谱线位置的变化情况,达到星上相对定标的目的。

星上定标光学系统示意图如图 6-10 所示。定标系统出射光的谱线特性是在地面事先采用标准仪器测定的,定标光源的光辐射被仪器接收,经过数据传输系统传送到地面后,经地面信息处理系统反演,获得复原光谱曲线,将它与已知数据比对,就可以获得相应的修正系数,即实现星上定标。

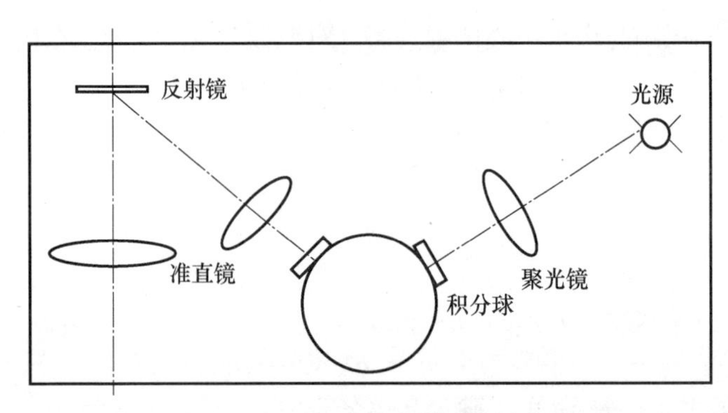

图 6-10 星上定标光学系统示意图

为了减小定标系统的体积,可以缩短柯拉照明系统的焦距和孔径,这样做可能被定标成为部分视场定标。但如果要进行光谱定标,则准直镜的孔径和焦距必须与超光谱成像仪相同。若希望实现全视场、全孔径定标,该定标系统的焦距、孔径、视场等需要和超光谱成像仪相匹配。

6.3 航天相机主要参数测量

6.3.1 航天相机概述

航天相机是装在航天器上对地球、天体和各种宇宙现象摄影的精密光学仪器。狭义上指对地球摄影的相机。1960 年不载人的“水星”号飞船用航天相机摄取了大量地球彩色照片。此后,多种类型的航天相机相继用于人造卫星和载人飞船。航天相机与普通相机及航空相机的主要差别是:能承受发射和返回过程的冲击、振动和过载;具有较长的焦距和较高的分辨力;能适应空间的恶劣环境。

航天相机有多种分类方式,分别为:按成像方式;按影像获取方式;按用途等。下面予以简要介绍。

1. 按成像方式分类

航天相机按成像方式分为画幅式、全景式和航线式。

1) 画幅式航天相机

画幅式航天相机摄影时光轴指向不变,利用启闭快门将镜头视场内的地物影像聚焦在感光胶片上。画幅相机摄得的照片的几何关系较为严格,常用于目标定位和建立地形控制网。

2) 全景式航天相机

全景式航天相机摄影时只应用镜头视场中心具有较高分辨力的部分,在垂直于飞行方向(轨道)上扫描,实现宽摄影覆盖要求,但因摄得的照片存在全景畸变,故常用于侦察、发现和识别目标,并可为地形测绘完成大比例尺地图平面测量和高程测量。

3) 航线式航天相机

航线式航天相机的光轴指向不变,胶片以掠过焦面的地物影像速度向前运行,通过相机焦面处的一个狭缝实现连续曝光,从而获得与狭缝宽度相对应的地面窄条覆盖的照片。属航线式相机的线阵相机,近年来获得了很大发展。通常航天摄影采用多台不同功能的相机组成的相机系统,例如由画幅式航天相机进行地物影像定位,用全景式航天相机进行地物影像识别。

2. 按影像获取方式分类

按影像获取方式分为返回型和传输型航天相机。

1) 返回型航天相机

早期的光学遥感相机上采用胶卷记录图像,通过回收卫星和后处理获得地物图片,称为返回型相机。

2) 传输型航天相机

传输型航天相机是在CCD器件得到普遍应用后发展起来的新型航天相机,它是以编码信号方式直接将图像数据传送到地面,可实时的对地和对空观测。

3. 按用途分类

按用途可分为侦察相机和测绘相机。

1) 侦察航天相机

侦察航天相机主要用于军事目的,用于情报搜集、军事目标监测、精确测图和目标指示等。在现代多次局部战争中,侦察航天相机发挥着重要作用。

侦察航天相机的特点是要求目标的分辨力高,而对几何质量的要求是次要的。侦察航天相机可分为普查和详查两类,有胶片返回型和CCD传输型之分。

2) 测绘航天相机

测绘航天相机军民皆用,但主要是民用,用于采矿、城市规划、土地利用、资源管理、农业调查、环境监测、新闻报道、地理信息和气象信息服务等。测绘航天相机同侦察相机一样可分为胶片型和传输型两类。测绘航天相机的特点与侦查相机正好相反,对几何质量的要求是主要的,而对目标分辨力的要求是次要的。

4. 按摄影谱段分类

按摄影谱段分为可见光、红外、紫外和多谱段航天相机等。

最早的航天相机工作在可见光波段，以胶片返回型为主。随着红外和紫外探测技术的发展，出现了工作于红外波段和紫外波段的航天相机，这就大大拓宽了航天相机的应用范围和工作时段。可见光航天相机只能在有日光照射和目标本身能够反射可见光的情况下工作。红外相机可在没有日光照射，但目标能够辐射红外线的情况下工作。在月球上温度很低，在月球背面没有太阳光照射，可见光相机和红外相机均不能有效工作，采用紫外相机就可以解决问题。因此，在现代条件下，可根据工作环境选择航天相机的工作波段。

6.3.2 航天相机的工作原理

1. 全色航天相机的工作原理

全色（或黑白）航天相机的光学原理如图6－11所示。航天相机的焦距远小于卫星轨道高度，一般认为相机离地面目标物体无穷远，因而可认为是一种望远成像系统。地面物点发出的光以平行光形式进入望远相机物镜，经会聚后在焦平面上形成目标的像，形成的光学像可用多种探测器接收和记录，包括胶片感光、CCD探测器等。

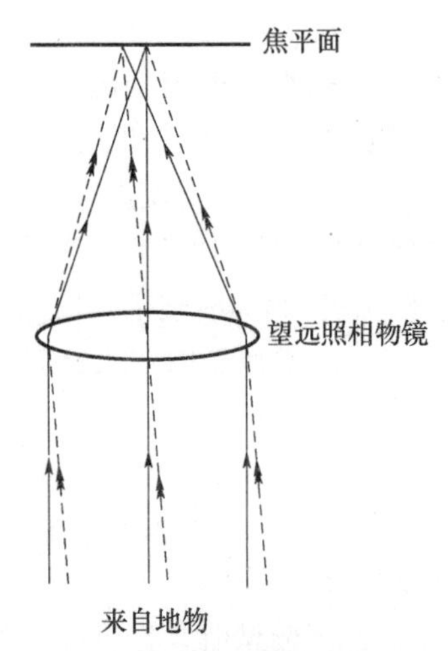

图6－11 全色航天相机的光学原理图

航天相机通常使用可见光和短波红外光，其波长在0.4～2.5μm之间，有的相机还包括紫外波段，波长在0.2～2.5μm之间，实际所用波段主要受选用光学材料的限制，同时根据使用环境选择工作波段。

全色相机在每个像元的成像过程中，利用了多个波段内的光能量，较适用于中、高空间分辨要求的普查和详细光学遥感，也常用作光谱成像仪等航天遥感用光学仪器的前置光学系统。

太空飞行中，相机与被摄地面目标之间有相对运动，为了获得地球表面的图像，有多种成像方式，常用的方式有凝视和扫描两类。凝视方式类似于人们日常使用的照相机，始终对着地面某一地区成像，曝光一次就能获得完整的目标图像。这种成像方式能提供地面目标的实时场景，但为得到大视场的图像，需采用大尺寸的二维探测器。扫描方式有多种形式，我们将在下面介绍。

2. 扫描式航天相机的工作原理

扫描方式有全景式、刷扫式及推扫式。全景式扫描每次曝光得到目标局部的二维图像，随着相机与地面间的相对运动，在感光快门控制下，获取多幅局部图像，经拼接处理后，得到完整图像。目前使用最多的是刷扫和推扫，两者都是线视场扫描方式。

1）刷扫式航天相机

刷扫式航天相机成像原理如图6－12所示，美国的陆地卫星系列就采用这种方式。在某一时刻，望远物镜将地面上平行于飞行方向的窄带区域成像在探测器上，分列的多个探测器排列在望远物镜的像面上，将光信号转换为电信号，扫描反射镜与地面和望远镜头光轴成45°角，在垂直于飞行方向上来回摆动，摆幅决定地面扫描宽度，即地面覆盖宽度。随着卫星飞行及地球自转，得到地面的图像。

2）推扫式航天相机

推扫式航天相机通常与阵列探测器（如电荷耦合器件CCD）相配使用，其成像原理如图6－13所示。法国空间中心设计制造的地球观测实验卫星系列就使用这种方式。线阵CCD探测器置于望远物镜焦平面上，在某一时刻，地面上垂直于飞行方向的窄条视场成像在线阵CCD探测器上，随着卫星的推进，从而获得地面目标的图像。

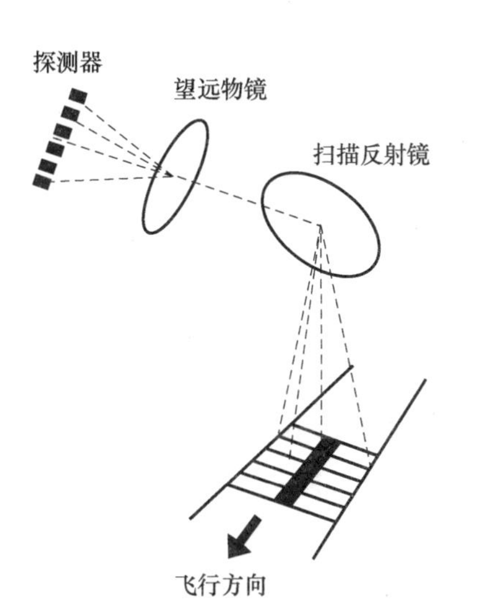

图6－12　刷扫式航天相机成像原理

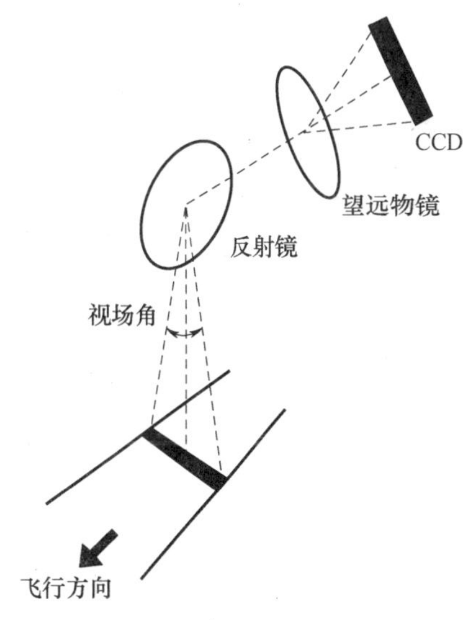

图6－13　推扫式航天相机成像原理

推扫和刷扫航天相机都只需要光学镜头在线视场内具有好的成像质量和一维探测器。光学系统和探测器的结构比较简单，特别是推扫方式成像不需要机械扫描，而是借助平台的飞行和地球的自转来实现扫描，用一维线阵探测器就能得到物体的二维空间信息，在这种方式下，若采用二维探测器将易于实现高分辨力的光谱成像。

3. CCD立体相机的工作原理

CCD立体相机是航天相机的一种，它把几组线阵CCD相机以一定形式组合而成，可得到目标的三维立体图像。在我国探月一期工程中，CCD立体相机直接用于重构月貌三维立体图像。探月的第一项任务是绘制立体的月球地图。嫦娥1号卫星搭载一台CCD立体相机和一个激光高度计，两者结合绘制完整细致的立体月球地图。CCD立体相机（见图6－14）同时对卫星飞行的前方、下方和后方进行拍照，形成三维影像。卫星进入环月轨道后，激光高度计首先向月面发射激光束，并立刻用望远镜把反射回来的光束变成电信号；接收信号的电路盒将迅速进行计算，得出该探测点的月球海拔高度。激光高度计完成绕月旅行，月面每个探测点（包括南北极的黑暗深坑）的海拔高度就一清二楚了。这些数值与CCD立体相机拍摄的高精度图像相叠加，就是一幅完整而精确的月球立体地形图。

立体相机采用三线阵CCD推扫原理，三线阵CCD相机的光电扫描成像部分是由光学系统焦面上的三个线阵CCD传感器组成的。这三个CCD阵列（A，B，C）相互平行排列并与航天飞行器飞行方向垂直。当航天器飞行时，每个CCD阵列以一个同步的周期N连续扫描目标表面并产生三条相互重叠的航带图像As，Bs，Cs。垂直对地面成像的称为正视传感器，向前倾斜成像的称为前视传感器，而后向倾斜成像的称为后视传感器。如图6－14所示，B为正视传感器，A 为前视传感器，C 为后视传感器。推扫所获得的航带图像 As，Bs，Cs 的视角也各不相同，从而可以构成立体影像。

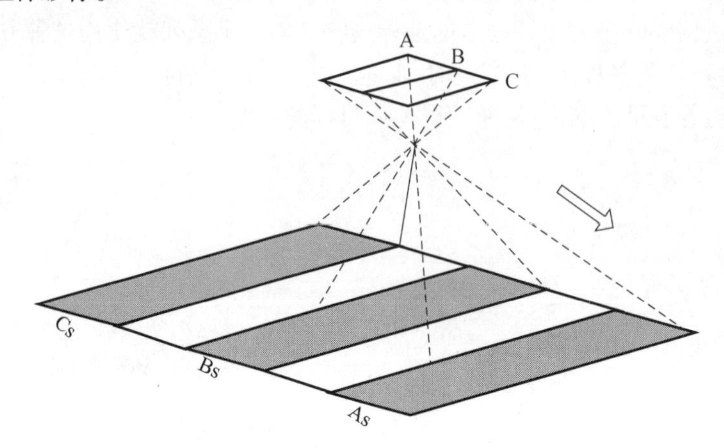

图 6－14　三线阵立体相机工作原理

三线阵 CCD 立体相机主要由窗口、光学镜头、光机结构、CCD 焦平面组件、视频处理器、高速 A/D 转换器、实时数据压缩单元、图像存储器和相机控制器构成。

三线阵 CCD 相机的立体测绘相机摄影测量原理如图 6－15 所示。如果知道每一个扫描时刻 N 时三线阵 CCD 摄影测量相机所摄数字影像的六个外方位元素（$X_N, Y_N, Z_N, \phi_N, \omega_N, K_N$），即摄影中心在地面或地心坐标系中的位置和姿态角，同时知道三线阵 CCD 相机的内方位元素，即相机的主距 f、主点位置（x_0, y_0）和交会角 α，那么地面上任一物点 $P_i(X_i, Y_i, Z_i)$ 在三个不同时刻 N_A、N_B、N_C 时在三条 CCD 线阵 A、B、C 上的像点坐标（x_A, y_A）、（x_B, y_B）和（x_C, y_C）就可以完全确定了。反之，如果能够求出对应 P_i 点的像点坐标（x_A, y_A）、（x_B, y_B）和（x_C, y_C），则可以计算出 P_i 点的地面坐标（X_i, Y_i, Z_i），这就是三线阵 CCD 相机进行立体测绘的基本原理。

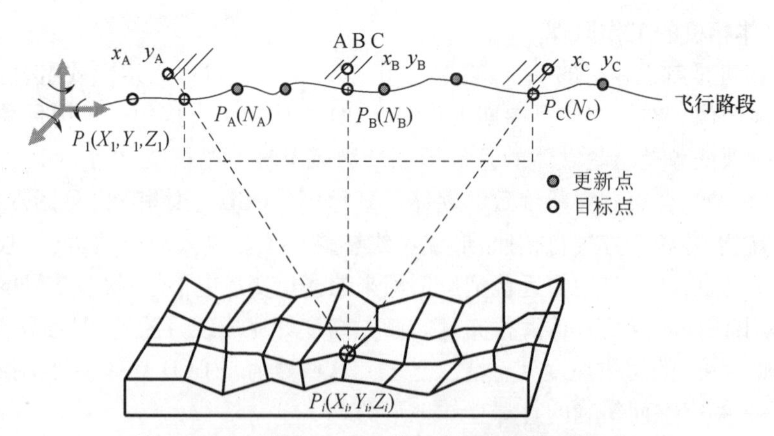

图 6－15　三线阵 CCD 立体测绘相机摄影测量原理

由以上描述可以看出，为了完成立体测绘，必须满足以下三个条件：

（1）确定对应地物点 P_i 在三条 CCD 线阵上的像点坐标（x_A, y_A）、（x_B, y_B）和（x_C, y_C）；

（2）已知三线阵 CCD 相机的内方位元素（f, α, x_0, y_0）；

(3) 已知三线阵 CCD 摄影测量相机所摄数字影像在每一时刻 N 的六个外方位元素(X_N, Y_N, Z_N, ϕ_N, ω_N, K_N)。

对于某一地物点 P_i 的像点(x_A, y_A)、(x_B, y_B)和(x_C, y_C)称为同名点,它们的确定是采用图像相关算法或人机交互量测方法完成的。

三线阵 CCD 相机的内方位元素(f, α, x_0, y_0)由实验室精确检定或通过在轨动态检定来确定。而某一时刻 N 的外方位元素则是由轨道测量和姿态测量以及根据星相机提供的星影像坐标推算的三线阵 CCD 摄影测量相机的姿态角。

6.3.3 航天相机评价参数

前面介绍了航天相机的类型、工作原理和光学系统。下面介绍航天相机性能评价和主要参数测试问题[9-12]。

和一般光电整机系统一样,对航天相机的性能评价和参数测量分为对光学系统参数、探测器参数的测量和对整机性能的评价。

对光学系统一般测量镜头和光学系统的基本参数,主要有焦距、相对孔径、视场、透过率、杂光系数、像面照度分布、分辨力。

对整机性能的评价,不同的相机要求是不同的,主要包括视场角、成像幅宽、地面分辨力、辐射定标精度等。

针对各种用途的航天相机国家已经制定了相关标准。

1. 星载 CCD 相机评价参数

星载 CCD 相机通用规范给出了星载 CCD 相机光电性能参数及其参数测量方法。CCD 立体相机目前还没有国家标准和国家军用标准,由于立体相机是由线阵相机组合而成,所以可从线阵相机参数考虑立体相机评价参数。

星载 CCD 相机主要评价参数有:

(1) 谱段范围;

(2) 物镜焦距;

(3) 相对孔径;

(4) 视场角;

(5) 地表成像幅宽;

(6) 畸变;

(7) 调制传递函数;

(8) 信噪比;

(9) 可控增益;

(10) 采样频率;

(11) 辐射定标精度;

(12) 调焦;

(13) 辐射度分辨力;

以上参数有些是直接测定得到,有些是通过间接测定计算得到。

2. 星载摄影相机评价参数

摄影相机主要评价参数分为如下几类:

1）光学特性参数

摄影相机的光学特性参数有焦距、视场、相对孔径等，表征相机的主要光学特性。

2）光度参数

摄影相机的光度参数有物镜透过率、杂光系数、像面照度的分布等，表征相机的光度学特性。

3）分辨力

测试相机与摄影胶片综合摄影性能，表征相机分辨目标细节的能力。

4）内方位元素和畸变

测试相机的像主点、畸变对称点、自准直主点及畸变，表征相机内部几何精度和完成目标定位及测图能力。

其中1）和2）两项主要是针对光学系统；3），4）是针对航天相机整机。

由于航天相机光学系统参数的测量方法和一般光学系统没有本质上的差别，测量原理和方法在其他书籍中有详细介绍，这里主要介绍航天相机整机特性的测量问题。

6.3.4 航天相机整机特性参数测试

航天相机有各种类型，不同类型的相机有不同的要求，参数测量方法也会有不同，由于目前大多数相机属于CCD相机，所以主要针对CCD相机讨论。下面介绍的测试方法有些是通用的，有些是有侧重，可根据自己的实际情况有所选择。

1. 谱段范围的测试

谱段范围的测试一般采用图6－16所示测试框图。

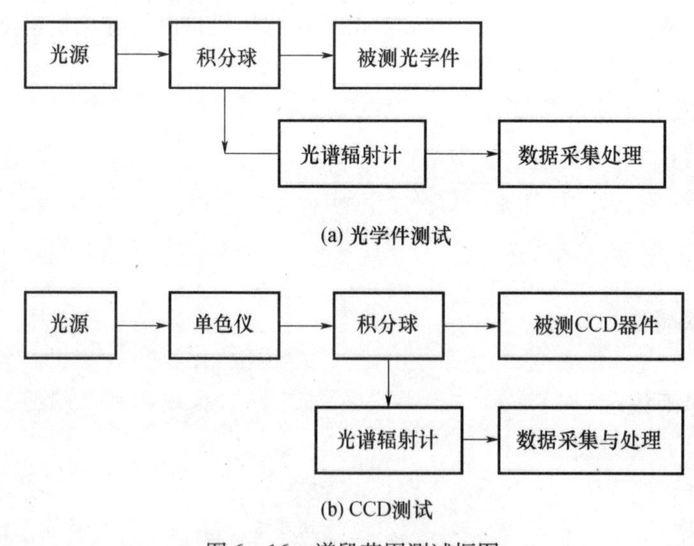

(a) 光学件测试

(b) CCD测试

图6－16 谱段范围测试框图

测试步骤如下：

（1）按图6－16连接测试设备；

（2）设置谱段范围、扫描速度和采样间隔；

（3）分别测出光学镜头、拼接分光棱镜以及探测器的光谱响应曲线；

（4）按相机各分段的光谱测量值逐点相乘的方法，求出并绘制系统的光谱响应曲线；

（5）由光谱响应曲线确定谱段范围。

2. 焦距(f')调焦范围的测试

焦距与调焦范围一般采用图 6－17 所示测试框图。

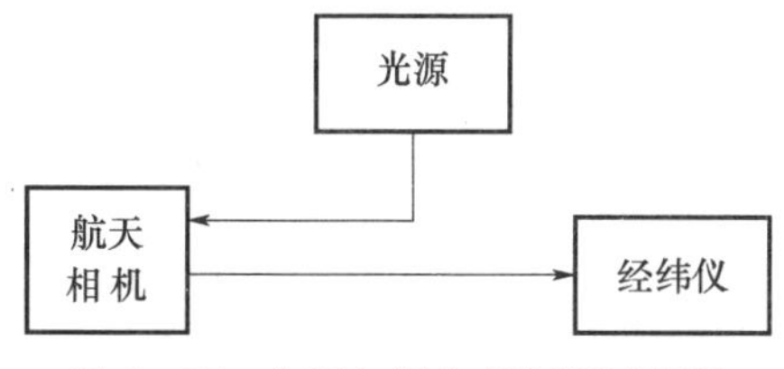

图 6－17　焦距与调焦范围测试框图

测试步骤如下：

（1）将相机焦面调节到对无穷远点成像位置；

（2）按图 6－17 连接测试设备；

（3）用经纬仪分别扫描 CCD 线阵两端单元，并测出旋转角度 α_1 和 α_2。

光学系统视场角按式(6－23)计算：

$$2\omega = | \alpha_1 - \alpha_2 | \tag{6-23}$$

式中：2ω 为光学系统视场(°)；α 为经纬仪测出的旋转角(°)。

焦距按式(6－24)计算：

$$f' = 0.5 \times 10^{-6} n \cdot d/\tan\omega \tag{6-24}$$

式中：f'为焦距(m)；n 为行方向上 CCD 线阵总单元数；d 为 CCD 单元尺寸(μm)。

将焦面分别向离镜头和朝镜头方向移动，测出最大移动距离，从而确定调焦范围。

3. 瞬时视场角与视场角的核算

瞬时视场角定义为

$$IFOV = \arctan(10^{-6} \cdot J \cdot d/f') \tag{6-25}$$

视场角定义为

$$FOV = 2\arctan(0.5 \cdot 10^{-6} \cdot N \cdot d/f') \tag{6-26}$$

上两式中：$IFOV$ 为瞬时视场角(°)；FOV 为视场角(°)；d 为像元尺寸(μm)；J 为一个像元包含的单元个数；N 为单元总数；f'为测得物镜的焦距(m)。

将 CCD 器件的像元尺寸、一个像元包含的单元个数、拼接后的单元总数和前面测得物镜的焦距，代入式(6－25)和式(6－26)分别计算瞬时视场角($IFOV$)和视场角(FOV)。

4. 幅宽的计算

成像幅宽定义为

$$L = 2R_e\{\pi/2 - FOV \cdot \pi/360 - \arccos[(R_e + H) \cdot R_e^{-1} \cdot \sin(FOV \cdot \pi/360)]\} \tag{6-27}$$

式中：L 为成像幅宽(m)；R_e 为地球半径(m)；H 为轨道高度(m)。

将地球半径、轨道高度规定值和上面求得的视场角值，根据式(6－27)计算幅宽。

5. 采样频率(f_s)与积分时间(T_i)的测试

采样频率定义为

$$f_s = 10^{-3} n (1 - \eta)^{-1} / T_0 \tag{6-28}$$

式中：f_s 为视频信号采样频率（MHz）；T_0 为行扫描周期，数值上等于积分时间（ms）；n 为扫描周期内传送的总像元数；η 为回扫时间比率。

积分时间定义为

$$T_i = \Delta L / V_g \tag{6-29}$$

$$V_g = [(2\pi R_e/T)^2 + (2\pi \cdot 86400^{-1} \cdot R_e \cos\Phi)^2 - 2(2\pi R_e)^2 \cdot 86400^{-1} \cdot T^{-1}; \cos\Phi \cdot \cos I]^{-2}$$

式中：T_i 为积分时间（ms）；V_g 为卫星运行时星下点相对于地面的移动速度，即星下点速度（km/s）；Φ 为设计参考纬度（°）；T 为卫星轨道周期（s）；I 为卫星轨道倾角（°）。

采样频率测试框图如图 6－18 所示。

时钟 → 被测件 → 频率计

图 6－18　采样频率测试框图

测试步骤如下：

（1）按图 6－19 连接设备；

（2）测出视频采样频率（f_s）；

（3）测出行扫描周期（T_0），数值上即为所求的积分时间（T_i）。

6. 配准与拼接精度的测试

对 CCD 焦面组件按图 6－19 所示的测试框图。

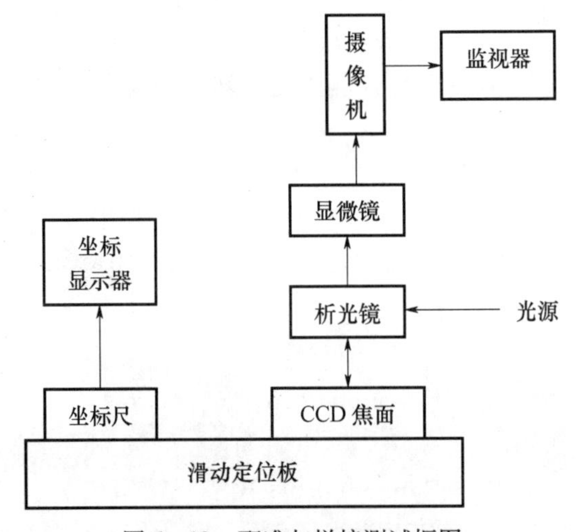

图 6－19　配准与拼接测试框图

利用图 6－19 所示测试系统，通过显微镜或摄像机的监视器可观察到 CCD 器件的放大像，再通过坐标测量，可测出焦平面的配准和拼接精度。

7. 调制传递函数（*MTF*）的测试

MTF 的测试一般采用图 6－20 所示框图。

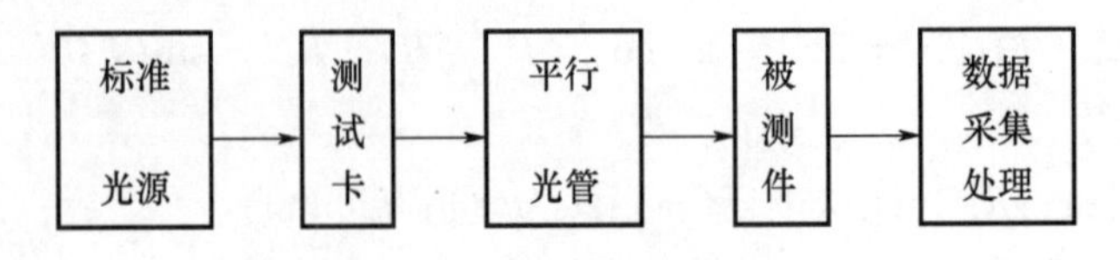

图 6－20　*MTF* 测试框图

测试步骤如下：

（1）按图 6－20 连接测试设备；

（2）调节光轴、光瞳、焦面到最佳位置；

（3）调节光源使CCD器件工作在线性区；

（4）调节测试卡的相对位移，使CCD器件的输出信号最大；

（5）读出测试卡透光条带对应的最大输出信号幅度和不透光条带对应的最小输出信号幅度。

调制度 $M(\gamma)$：空间频率 γ 的调制度 $M(\gamma)$ 按式(6－30)计算：

$$M(\gamma) = (U_W - U_D)/(U_W + U_D) \quad (6-30)$$

式中：$M(\gamma)$ 为对应于空间频率 γ 的调制度；γ 为空间频率（lp/mm）；U_W 为透光条带对应的最大输出信号电压（V）；U_D 为不透光条带对应的最小输出信号电压（V）。

数据处理：MTF 按式(6－31)计算：

$$MTF = kM(\gamma)/M_i(\gamma) \quad (6-31)$$

式中：$M_i(\gamma)$ 为对应于空间频率（γ）的输入信号调制度，由测试卡和平行光管的输出调制度确定；k 为方波测试卡的波形修正系数。

8. 信噪比（*SNR*）的测试

信噪比（*SNR*）的测试框图如同图6－20所示。

测试步骤如下：

（1）按图6－20连接测试设备；

（2）将被测CCD光学系统窗口盖上，测出均方根噪声电压（U_n）；

（3）打开窗口，按设计规定的入瞳最大输入辐亮度测出最大输出电压（U_m）。

信噪比按式(6－32)近似估算：

$$SNR = 20\lg(U_m/U_n) \quad (6-32)$$

式中：SNR 为信噪比（dB）；U_m 为最大输出电压（V）；U_n 为均方根噪声电压（V）。

9. 辐射度定标的测试

辐射定标测试框图如图6－21所示。

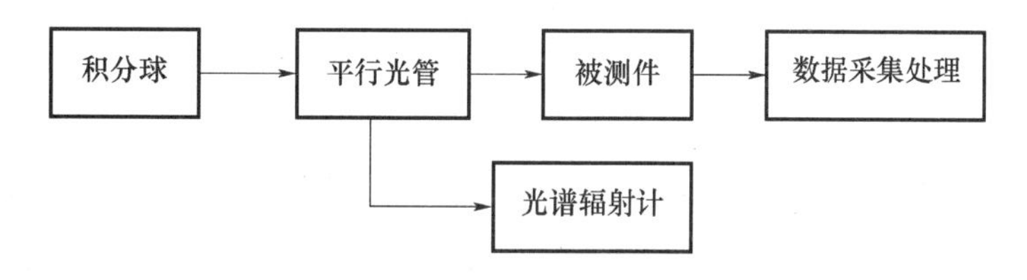

图6－21 辐射定标测试框图

测试步骤如下：

（1）按图6－21连接测试设备；

（2）用光谱辐射计测出相机入瞳光谱辐亮度 $L(\lambda)$（W/（m^2. sr. μm））；

（3）测出每个像元的输出响应；

（4）改变积分球辐亮度，使其在5%～95%或具体规定的亮度范围内变化，重复（3）条，求出每个像元的输出响应与相机入瞳辐亮度的函数关系曲线；

（5）按式(6－33)确定相对定标系数；

（6）根据相机的光电特性与入瞳光谱辐亮度 $L(\lambda)$，按式(6－34)确定绝对定标系数（A）。

相对定标系数按式(6－33)计算：

$$g_{jm}^{k} = \frac{A_{jm}^{k}}{\frac{1}{N}\sum_{j=1}^{N} A_{jm}^{k}} \tag{6-33}$$

其中：

$$A_{jm}^{k} = (X_{bjm}^{k} - C_{jm}^{k})/E_{j}^{k}$$

$$E_{j}^{k} = 10^{3}(\pi/4) \cdot (D/f')^{2}\int L_{kj}(\lambda) \cdot \tau_{k}(\lambda)\,\mathrm{d}\lambda$$

以上式中：g_{jm}^{k}为 k 谱段第 j 个像元 m 亮度级时的相对定标系数；E_{j}^{k} 为 k 谱段第 j 个像元的辐照度（$\mathrm{mW/mm^2}$）；X_{bjm}^{k}为 k 谱段第 j 个像元 m 亮度级时的未纠正的信号输出值（mV）；C_{jm}^{k}为 k 谱段第 j 个像元 m 亮度级时的暗信号（mV）；N 为包含的像元个数；$L_{kj}(\lambda)$为对应于 k 谱段第 j 个像元的光谱辐亮度；$\tau_{k}(\lambda)$为 k 谱段总光谱透过率；D/f'为相对孔径。

绝对定标系数（A）按式（6－34）计算：

$$\begin{cases} A_{k} = X_{k}/L_{ek} \\ L_{ek} = \int L_{k}(\lambda) \times R_{k}(\lambda)\,\mathrm{d}\lambda / \int R_{k}(\lambda)\,\mathrm{d}\lambda \end{cases} \tag{6-34}$$

式中：A_{k}为 k 谱段绝对定标系数（（V/W）/（$\mathrm{m^2.\,sr.\,\mu m}$））；$X_{k}$为 k 谱段纠正后的信号输出值（V）；L_{ek}为 k 谱段等效光谱辐亮度（W/（$\mathrm{m^2.\,sr.\,\mu m}$））；$L_{k}(\lambda)$为 k 谱段的光谱辐亮度（W/（$\mathrm{m^2.\,sr.\,\mu m}$））；$R_{k}(\lambda)$为 k 谱段总光谱响应度。

10. 噪声等效反射率差（$NE\Delta\rho$）的测试

$NE\Delta\rho$ 测试框图如图 6－22 所示。

测试步骤如下：

（1）按图 6－22 连接测试设备；

（2）在与规定的入瞳辐亮度相匹配的光源照射条件下，分别测出两块已知反射率（ρ_1）和（ρ_2）的标准反射板相应的信号输出电压（U_1）和（U_2）；

（3）测出被测件的均方根噪声电压（U_n）。

$NE\Delta\rho$ 按式（6－35）近似计算：

$$NE\Delta\rho = \frac{\rho_1 - \rho_2}{(U_1 - U_2)/U_n} \tag{6-35}$$

11. 偏振度的测试

偏振度测试框图如图 6－23 所示。

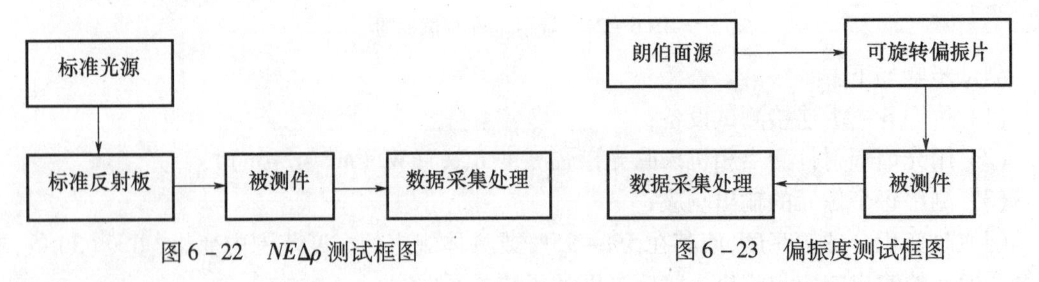

图 6－22　$NE\Delta\rho$ 测试框图　　图 6－23　偏振度测试框图

测试步骤如下：

（1）按图 6－23 连接测试设备；

（2）调节偏振片中心与测试设备光轴，使它们重合；

(3) 绕光轴旋转线偏振片,分别测出被测件最大输出电压(U_1)和最小输出电压(U_2)。

偏振度按式(6-36)计算:

$$P=(U_1-U_2)/(U_1+U_2) \tag{6-36}$$

式中:P 为偏振度。

12. 可控增益测试

可控增益测试框图如图6-24所示。

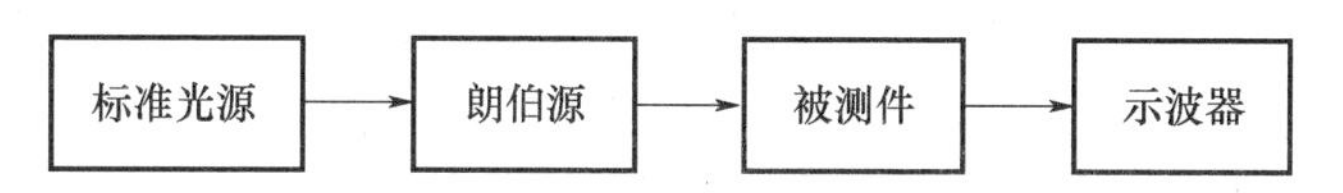

图6-24　可控增益测试框图

测试步骤如下:

(1) 按图6-24连接测试设备;

(2) 将可控增益置于最高挡;

(3) 调节光源亮度使CCD相机的输出达到低于饱和输出的线形区;

(4) 用示波器测出视频输出电压 U_0;

(5) 保持光源状态不变,改变增益挡,并分别测出各增益挡所对应的视频输出电压(U_i),$i=1,2,\cdots$。

分别求出的 U_i/U_0的比值,($i=1,2,\cdots$)即为各增益挡的相对增益。

13. 分辨力测试

分辨力测试的目的是在实验室里,测试航天相机的目视分辨力和摄影分辨力。

测试设备同光学系统参数测试。三线靶标如图6-25所示。

靶标的形状和尺寸:采用三线靶标如下图,由两组按大小排列的相互垂直的一系列图案组成。每组靶标由在黑背景上的三条白线相间排列,线长为2.5/x,间隔为0.5/x。这里的 x 为每毫米的线对数(lp/mm)。相邻组靶标尺寸通常按 $2^{1/3}$,$2^{1/4}$,$2^{1/6}$公比数增加。

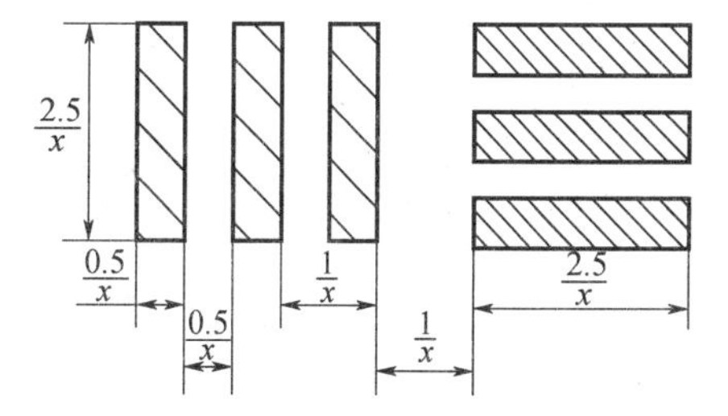

图6-25　三线靶标示意图

靶标对比度:

分辨力共有以下高、中、低的三种对比度(图6-25):

高对比为1000:1,其明、暗线条的光学密度差大于2;

中对比为6.3:1,其明、暗线条的光学密度差等于0.8±0.05;

低对比为1.6:1,其明、暗线条的光学密度差等于0.2±0.05。

目视分辨力测试装置如图6-26所示。

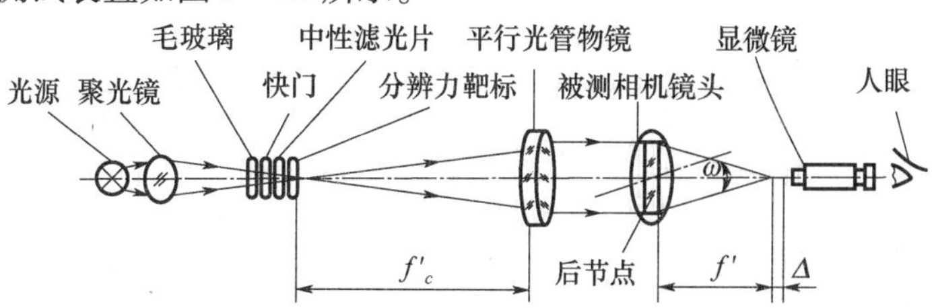

图6-26　目视分辨力测试装置原理图

测试步骤及程序如下。

1）轴上目视分辨力的测试

相机目视分辨力测试的步骤如下：

(1) 将图6-26中分辨力靶标放在校正好的平行光管7的焦面上；

(2) 将待测试的相机放在平行光管前面；

(3) 打开快门使光源照亮分辨力靶标6,用中性滤光片5调节光源的亮度；

(4) 调整镜头或平行光管的位置,使两者的光轴重合；

(5) 把被测相机的光阑调整到最大孔径；

(6) 至少有两名专业的测试人员用显微镜测出靶标互相垂直的两个方向线条并刚能分辨的组数,查表得出对应的线条数,求出目视分辨力：

$$R_1 = R_n \times (f'_0/f') \tag{6-37}$$

式中：R_1 为被测相机的目视分辨力(lp/mm)；R_n 为靶标上刚能分辨的线条数(lp/mm)；f'_0 为平行光管的焦距(mm)；f'为镜头的焦距(mm)。

2）轴外目视分辨力的测试

(1) 相机或平行光管绕通过被测相机的入瞳中心,垂直光轴的轴线转动,显微镜沿平行光管光轴移动 ΔL,观察到清晰靶标影像。分别测出不同视场角(ω)的目视分辨力；

(2) 在半视场角内至少提供五个分辨力测试值,对视场角小于10°的相机,可测试视场中心0.5和0.8视场的分辨力值。

3）静态摄影分辨力

实验室条件的测试：把实验装置中的显微镜取掉,在平行光管前面放置被测相机,相机不开动,进行静态摄影分辨力测试,其步骤如下：

(1) 按1)条(1)~(5)的步骤调试相机和测试仪器；

(2) 在相机焦面上装上试验规定使用的胶片,并使之展平；

(3) 按动快门,对安置在平行光管检定焦面上的分辨力靶标进行摄影；

(4) 按规定冲洗规范进行胶片冲洗,调节快门的速度或改变中性滤光片的透过率,找出最佳曝光条件,然后至少五次对靶标进行摄影；

(5) 至少有两名参试人员,用显微镜观测所拍摄的分辨力靶标影像,各自判读分辨力组数,并计算出径向和切向分辨力值,再分别求出相对应的平均值；

(6) 转动相机或平行光管测试出轴外规定视场角的静态分辨力,其步骤按(1)~(5)的规定。

低压容器内的测试：将被测相机放置在低压容器内,模拟相机实际工作时的压力和温度,按实验室条件的测试规定测试相机在实际使用环境条件下的静态分辨力。

4）动态摄影分辨力

动态摄影分辨力测试步骤如下：

(1) 首先从实验装置中取掉快门和分辨力靶标,装上动态分辨力装置,使靶标安放在平行光管规定的位置,然后检查相机和平行光管的光轴是否重合；

(2) 相机的供片盒安装上规定使用的胶片；

(3) 设置速高比值,开动动态分辨力装置；

(4) 相机开动,测试各项参数,应符合设计要求；

（5）按规定的曝光时间和靶标对比，对运动的靶标进行动态照相。调节中性滤光片的透过率，并按规定规范冲洗胶片，首先找出最佳曝光条件，然后至少拍摄五张动态靶标的照片；

（6）按本方法实验室条件的测试的规定对靶标影像判读。

5）数据处理

侦察相机摄影分辨力按式（6－38）计算：

$$R = \sum_{i=1}^{n} \frac{\sqrt{R_{ri} \times R_{ti}}}{n} \tag{6-38}$$

式中：R 为摄影分辨力（LP/mm）；R_{ri} 为第 i 张片的径向摄影分辨力（LP/mm）；R_{ti} 为第 i 张片的切向摄影分辨力（LP/mm）；i 为判读照片的序数，其值为 $1 \sim n$，且 $n \geqslant 5$。

测量相机摄影分辨力按式（6－39）计算：

$$AWAR = \sum_{j=1}^{n} \frac{A_j}{A} \sqrt{R_{rj} \times R_{tj}} \tag{6-39}$$

式中：$AWAR$ 为面积加权平均分辨力（LP/mm）；A 为被测定的像幅总面积（mm^2）；A_j 为第 j 环带的面积（mm^2）；n 为环带数，$n \geqslant 5$。

14. 内方位元素和畸变测试

测试目的：在实验室条件下规定星载摄影相机（一般指星载测量相机）的内部参数，即：检定相机的主距、像主点坐标和自准直主点坐标，以及畸变值。

1）测试设备

（1）精密光学测角仪，测角精度 ±1.5（″）。

（2）大于 20 倍的显微镜两台。

（3）6 倍放大镜四个。

（4）格网板用石英玻璃制成，两表面的平行度允差 5″，刻线形式如图 6－27 所示。

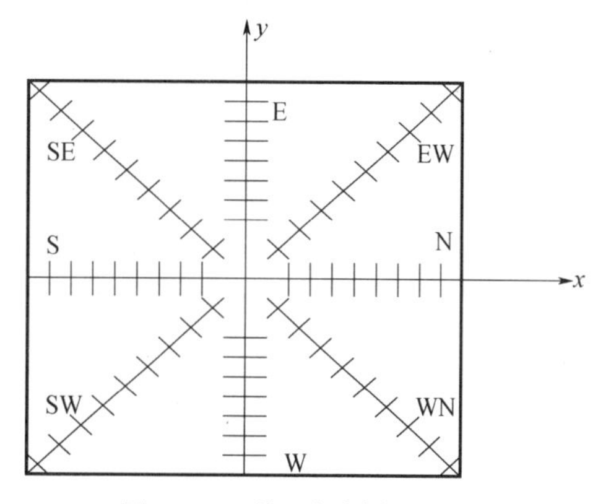

图 6－27　格网板刻线形式

刻线间距一般为 10mm，边缘适当加密。刻线间距的实际测量精度允差为 ±1μm。格网板的刻线宽度应满足：在观察望远镜的视场里，格网板刻线的像宽度 H 与观察望远镜的十字双刻线宽 H' 相匹配，H' 为 H 的 1.6～1.7 倍。格网板刻线宽度与望远镜十字线宽度关系如图 6－28 所示。格网板与望远镜对线方式如图 6－29 所示。

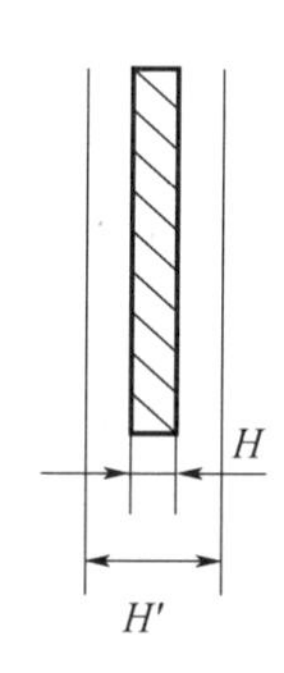

图 6－28　格网板刻线宽度与望远镜十字线宽度关系

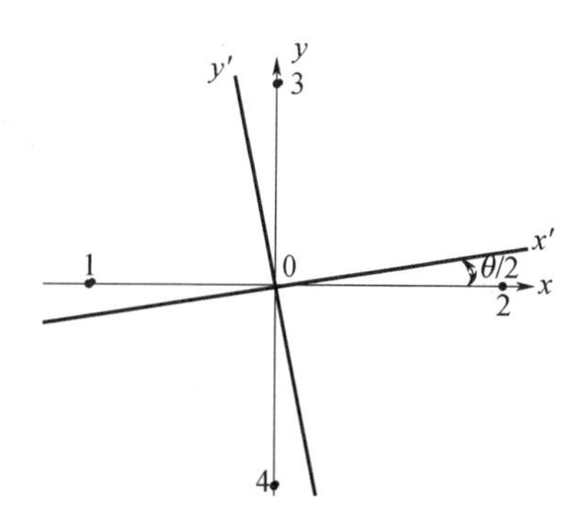

图 6－29　格网板对线方式

2）测试方法允差

（1）检定主距：±10μm；

（2）像主点坐标：±10μm；

（3）自准直主点坐标：±10μm；

（4）畸变：≤5μm。

3）测试程序

（1）测试前准备：测试前将被测相机连同支架及测试仪器置于实验室内进行温度平衡，时间不少于24h。将被测相机光阑口径开至最大。将被测相机装上星载照相用滤光片。

（2）将观察望远镜在高低、左右位置进行调整，使其视轴与相机安装架上的滚筒中心线重合，允差±3mm。

（3）调整观察望远镜视轴与光学测角仪转轴的共面性，允差±20μm。

（4）调整观察望远镜视轴与光学测角仪的垂直性，允差±10″。

（5）调整准直望远镜，使其十字丝与观察望远镜的十字线重合。

（6）将装好格网板的被测相机安装在光学测角仪的相机支架上。

4）测试步骤

利用测角法进行角度测试，测试装置布局见图6－30。

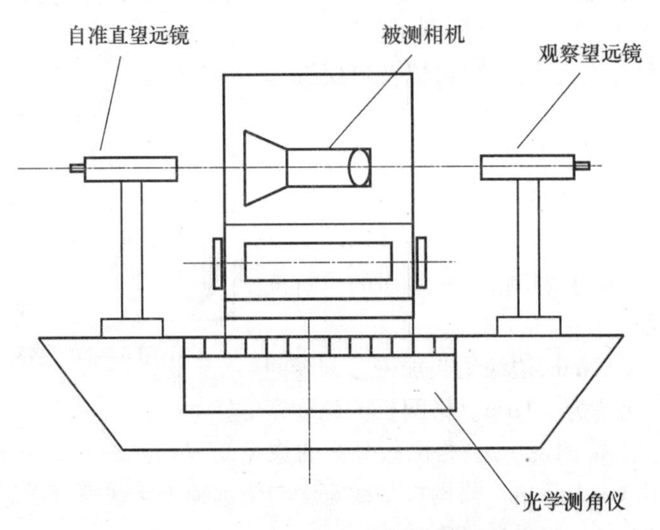

图6－30 内方位元素和畸变测试装置示意图

（1）调整相机入射光瞳中心位置与光学测角仪的转轴重合，允差为±2mm。

（2）调整格网板中心点与自准直望远镜主点接近，使两点距离不大于30μm。

（3）绕被测相机光轴转动相机，使格网板待测方向的刻线处于水平位置。

（4）观察望远镜横扫整个被测相机视场，调节视度使整个视场内格网线的影像清晰，调整好后在测试中不准再动。

（5）绕光学测角仪转轴转动相机，使网格板无刻线面垂直于观察望远镜的平行光束得到自准直主点望远镜的像，记下度盘读数，即为自准直望远镜主点的角度坐标。

（6）观察望远镜依次瞄准网格板的每一条刻线，读出对应的角度值记入表格。

（7）测试时观察望远镜瞄准刻线的顺序，可以从左端到右端，再从右端回到左端，亦可从中心到右端,再从右端到左端,最后返回中心。即每一个测点重复一次作为一个测回。

5）数据处理

（1）计算原理。内方位元素和畸变的计算原理如图6－31所示。

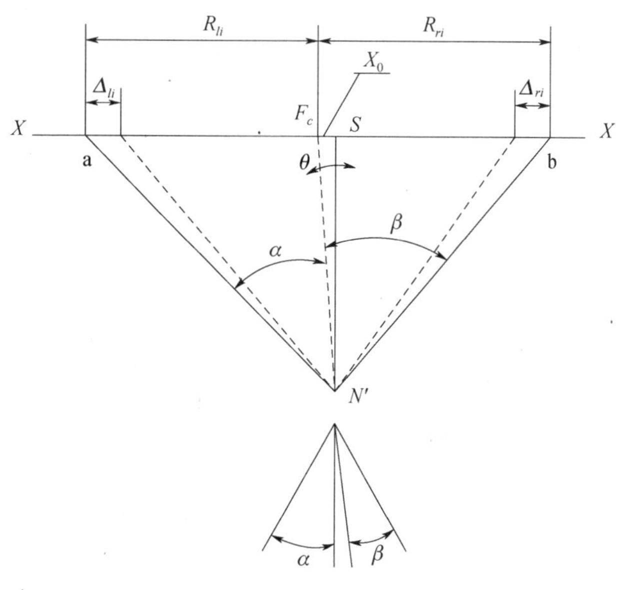

图6－31　内方位元素和畸变的计算原理图

F_c—格网板中心；S—像主点；X_0—S点偏离F_c之距离；α、β—入射角；

θ—s与F_c点间夹角；R_{li}、R_{ri}—格网间距；Δ_{li}、Δ_{ri}—径向畸变。

（2）计算公式。内方位元素计算公式见式(6－40)～式(6－46)。

（3）绘制曲线。按计算的数据绘制四条畸变曲线。

6）内方位元素和畸变计算原理和计算公式

由图6－31得

$$\begin{cases}\theta_{xi} = \arctan(\operatorname{ctan}\beta_{xi} - \operatorname{ctan}\alpha_{xi})/2 \\ \theta_{yi} = \arctan(\operatorname{ctan}\beta_{yi} - \operatorname{ctan}\alpha_{yi})/2\end{cases} \tag{6－40}$$

$$\begin{cases}\bar{\theta}_x = \sum(\theta_{xi} \times \sin^4\alpha_{xi}) / \sum \sin^4\alpha_{xi} \\ \bar{\theta}_y = \sum(\theta_{yi} \times \sin^4\alpha_{yi}) / \sum \sin^4\alpha_{yi}\end{cases} \tag{6－41}$$

$$\begin{cases}f'_{kx} = \sum(Rl_{xi} - Rr_{xi}) / [\sum \tan(\beta_{xi} - \bar{\theta}_{xi}) + \sum \tan(\alpha_{xi} - \bar{\theta}_{xi})] \\ f'_{ky} = \sum(Rl_{yi} - Rr_{yi}) / [\sum \tan(\beta_{yi} - \bar{\theta}_{yi}) + \sum \tan(\alpha_{yi} - \bar{\theta}_{yi})\end{cases} \tag{6－42}$$

主距:

$$f'_k = (f'_{kx} + f'_{ky})/2 \tag{6－43}$$

主点坐标:

$$\begin{cases}x_0 = f'_k \times \tan\bar{\theta}_x \\ y_0 = f'_k \times \tan\bar{\theta}_y\end{cases} \tag{6－44}$$

径向畸变：

$$\begin{cases}\Delta l_i = Rl_{xi} + x_0 - f'_k \times \tan(\beta_{xi} - \bar{\theta}_{xi}) \\ \Delta r_i = Rl_{xi} - x_0 - f'_k \times \tan(\beta_{xi} - \bar{\theta}_{xi})\end{cases} \tag{6-45}$$

$$\begin{cases}\Delta l_i = Rl_{yi} + y_0 - f'_k \times \tan(\beta_{yi} - \bar{\theta}_{yi}) \\ \Delta r_i = Rl_{yi} - x_0 - f'_k \times \tan(\beta_{yi} - \bar{\theta}_{yi})\end{cases} \tag{6-46}$$

上述公式是 $\sum \Delta_i = 0$ 为条件推导。

6.3.5 航天相机成像质量评价

1. 航天相机成像的物理过程

图 6-32 表示了航天相机的成像过程。太阳光以电磁波的形式传播，通过地球大气层时受到散射和吸收，我们把向下散射的光称为“天空光”，把向上散射的光称为“霾光”。因此，地面目标是由太阳的直射光和散射的天空光共同照亮的。从地面目标反射的光再透过大气层时，部分被吸收和散射，部分通过大气层到达卫星窗口进到相机镜头成像，而这时由大气向上散射的霾光进入相机产生杂散光，这样，相机所观察到的地物光谱辐射亮度 $L(x,y,\theta,\lambda)$ 为

$$L(x,y,\theta,\lambda) = \frac{1}{\pi}[E_0(\theta,\lambda) \cdot \rho(x,y,\lambda) \cdot \tau_\alpha(\lambda) * h_\alpha(x,y,\lambda)] + N(\theta,\lambda) \tag{6-47}$$

式中：θ 为太阳高度角；λ 为光波长；$E_0(\theta,\lambda)$ 为直射光和天空光合成的地面照度；$\rho(x,y,\lambda)$ 为物体的光谱反射率；$\tau_\alpha(\lambda)$ 为反射光在大气中的透过率；$N(\theta,\lambda)$ 为相机接收的霾光辐射通量，它将产生杂散光；$h_\alpha(x,y,\lambda)$ 为大气散射引起的点扩散函数；* 为卷积符号。

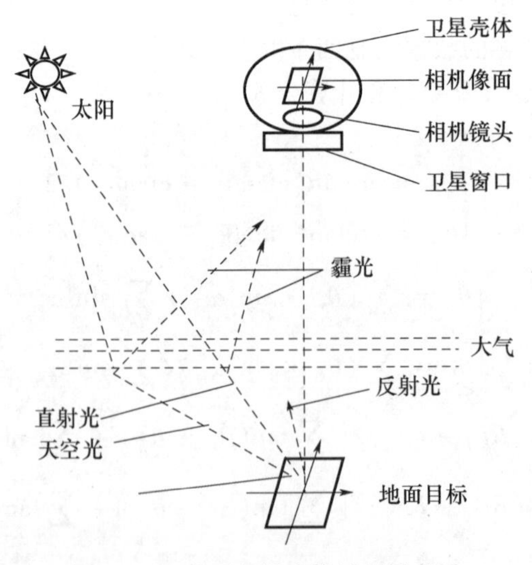

图 6-32 航天相机成像过程示意图

例如，阳光明亮的野外地物照度 $E_0 = 110000\text{lx}$，设地物反射率 $\rho = 0.3$，则物体的亮度 $L = \frac{\rho}{\pi}E_0 = 10509\text{cd/m}^2$。设大气衰减系数为 β，它的定义为 $L_d = L_0 e^{-\beta d}$，L_0 为进入大气层的物体亮度，L_d 为透过厚度 d 的大气层后的物体亮度。β 有近似公式 $\beta = 3.91/v$，其中 v 为大气的能

见度，例如大气能见度为100km时，$\beta=3.91/100=0.0391\text{km}^{-1}$。因为大气层7.6km以上散射吸收很少，故按大气层厚度$d=7.6\text{km}$计算，则大气透过率：

$$\tau_\alpha=\frac{L_d}{L_0}=\mathrm{e}^{-\beta d}=\mathrm{e}^{-0.0391\times7.6}=0.743$$

$$L_d=L_0\tau_\alpha=7808\text{cd/m}^2$$

h_α为大气散射引起的点扩散函数，它的傅里叶变换为大气散射引起的调制传递函数，记为MTF_α，用下面公式计算：

$$MTF_\alpha=\frac{L_0}{L_0+L^*\mathrm{e}^{\beta d}}\tag{6-48}$$

式中：L_0为物体亮度；L^*为霾光亮度，例如晴天$L^*=2500\text{cd/m}^2$。

把前面的物体亮度$L_0=10509\text{cd/m}^2$，$\beta=0.039l\text{km}^{-1}$，$d=7.6\text{km}$代入式(6-48)得

$$MTF_\alpha=\frac{10509}{10509+2500\mathrm{e}^{0.0391\times7.5}}=0.757$$

大气散射引起的调制传递函数MTF_α与物体亮度、霾光亮度、大气衰减系数及大气厚度有关，它与空间频率无关。

经大气层后的地物光谱辐射亮度分布$L_d(x,y,\lambda)$被相机镜头成像，在镜头像面上形成的照度分布E为

$$E(x,y,\theta,\lambda)=\pi L_d(x,y,\theta,\lambda)\tau(\lambda)\left(\frac{D}{2f}\right)^2*h_l(x,y,\lambda)+n(\theta,\lambda)\tag{6-49}$$

式中：$\tau(\lambda)$为镜头光学系统的透过率（包括窗口）；D为镜头口径；f为镜头焦距；h_l为镜头光学系统的点扩散函数（包括窗口）；$n(\theta,\lambda)$为杂散光。

例如，$L_d=7808\text{cd/m}^2$，$\tau=0.3$，$D/f=1/6$，则$E=51\text{lx}$。如果取曝光时间$t=1/500\text{s}$，则曝光量$H=Et=0.1\text{lxs}$，可满足一般胶片的正常曝光量要求。

设摄影时使用的胶片的光谱灵敏度为$s(\lambda)$，胶片的点扩散函数为h_f，则胶片对曝光的响应特性H为

$$H(x,y,\theta,\lambda)=E(x,y,\theta,\lambda)s(\lambda)t*h_f(x,y,\lambda)$$

如果多光谱照片以特定波长$\lambda_s=\lambda_1\sim\lambda_2$范围记录时，胶片响应$H_s$为

$$H_s(x,y,\theta,\lambda)=t\int_{\lambda_1}^{\lambda_2}[E(x,y,\theta,\lambda)s(\lambda)*h_f(x,y,\lambda_s)\mathrm{d}\lambda$$

显影后胶片上的图像密度D_t为

$$D_t(x,y,\theta)=r(\lambda_s)\cdot\lg H_s(x,y,\theta,\lambda_s)+\lg H_0\tag{6-50}$$

式中，$r(\lambda_s)$为胶片的特性曲线的斜率，即r值。

以上是胶片型航天相机成像的物理过程。如果航天相机采用光电探测器作为接收元件，则式中$s(\lambda)$为光电探测器的光谱灵敏度；h_f为光电探测器的点扩散函数；t为受光积分时间；r为光电探测器的辐射响应特性曲线的斜率。当采用实时传输时，接收信号后的电子学处理、图像压缩和传输过程中都会产生像的模糊，故h_f还要加上这些因素产生的点扩散。

2. 航天相机光学系统的基本要求

1）航天侦察相机

航天侦察相机可分为普查和详查相机，普查相机的地面分辨力为3～5m，详查相机的地面

分辨力为 0.5 ~ 2m。这些相机又分为胶片型和 CCD 实时传输型两种。胶片型相机的摄影分辨力用摄影胶片上 1mm 内能分辨的黑白相间线对数表示，记作 lp/mm，而一个线对相应的地面尺寸称为摄影地面分辨力。CCD 实时传输型相机常用像元分辨力或瞬时视场角来评定分辨力，而接收器上的一个像元对应的地面尺寸称为像元地面分辨力。因此，一般情况下，摄影地面分辨力 1m 的胶片型相机和像元地面分辨力 0.5m 的 CCD 实时传输型相机具有相同的地面分辨能力。

卫星侦察相机的焦距 f 和卫星高度 h，相机摄影分辨力 N 和摄影地面分辨力 R 有如下关系：

$$f = \frac{h}{RN} \tag{6-51}$$

例如：$h = 300\text{km}, R = 1\text{m}, N = 100\text{lp/mm}$，则 $f = 3\text{m}$。如果在相同条件下采用像元尺寸为 $10\mu\text{m}$ 的 CCD 相机达到同样的地面分辨力，则相机焦距 $f = 6\text{m}$ 才行。

光学系统的口径 D 由如下两个条件决定。

（1）要满足理想光学系统的角分辨力的要求。根据光的衍射理论，使用波长为 λ，口径为 D 的光学系统的理想角分辨力 α 为

$$\alpha = \frac{\lambda}{D} \tag{6-52}$$

例如，$\lambda = 0.5\mu\text{m}, D = 500\text{mm}$，则 $\alpha = 1\mu\text{rad} = 0.2''$。分辨力 α 和摄影地面分辨力 R 之间的关系是：

$$R = \alpha \cdot h \tag{6-53}$$

例如，$\alpha = 1\mu\text{rad}, h = 300\text{km}$，则 $R = 0.3\text{m}$。因此，在 $h = 300\text{km}$ 高度想得到摄影地面分辨力 $R = 0.3\text{m}$，光学系统的口径 D 必须大于 500mm，否则式（6-51）中焦距 f 多长，摄影分辨力 N 多高都没有用。

（2）要满足像面照度的要求。如式（6-49）所示，像面照度 E 与相对孔径 $(D/f)^2$ 成正比。所以根据接收器的灵敏度适当选择口径 D 满足光能量的要求。

总之，为提高分辨力，航天相机的口径越做越大，如美国 KH-12 侦察相机已采用口径 $D = 3.8\text{m}$，达到地面分辨力 0.1m。

光学系统的视场角 2ω 决定地面覆盖面积，详查相机的视场角 2ω 达几度，地面覆盖十几公里，普查相机则视场还要大。视场大时由于像面照度 E 按视场角 ω 的 $\cos^4\omega$ 成比例地下降，再加上轴外渐晕，很难达到像面照度均匀性。另一方面由于航天相机的像移补偿要求，对镜头畸变要求很严（如 0.1% 以下），故视场角大时畸变校正也比较难，因此，航天侦察相机的视场角都不能太大。

2）航天测绘相机

航天测绘相机比航天侦察相机要求的地面分辨力低，故焦距较短，如 $f = 300 \sim 400\text{mm}$，但视场角要求大，如 $2\omega = 60° \sim 70°$。而且要求对相机的内方位元素，即对主距、主点位置和畸变（或交会角）严格地进行标定。同时，对相机的外方位元素，即对摄影中心在地面或地心坐标系中的位置和姿态角要求严格测定。

3. 航天相机成像质量评价

从航天相机成像的物理过程可知，影响成像质量的主要因素有大气散射引起的点扩散函

数 h_α，光学系统的点扩散函数 h_t，照相胶片的点扩散函数 h_f（或光电探测及信号处理的点扩散函数）。从航天相机实验室检测角度考虑，主要是光学系统的影响，所以本节我们只讨论光学系统的点扩散函数 h_t，记为 $h_t = PSF(x,y)$。从成像质量评价角度考虑，目前普遍采用光学传递函数评价，也有采用星点检验、目视分辨力检验、波像差检验、杂光检验和照相分辨力检验等方法评价。但它们之间是相互关联的，最终都能和传递函数联系起来。

1）星点检验与光学传递函数

星点像的光强分布就等于点扩散函数 $PSF(x,y)$，光学传递函数是点扩散函数的傅里叶变换，即光学传递函数 $OTF(N_x,N_y)$ 为

$$\begin{aligned} OTF(N_x,N_y) &= \iint PSF(x,y)\exp[-2\pi i(xN_x + yN_y)]\mathrm{d}x\mathrm{d}y \\ &= MTF(N_x,N_y)\exp[iPTF(N_xN_y)] \end{aligned} \tag{6-54}$$

式中：N_x，N_y 为空间频率，表示每毫米线对数（lp/mm）；MTF 为调制传递函数；PTF 为相位传递函数。

根据傅里叶变换的性质，有

$$PSF(x,y) = \iint OTF(N_x + N_y)\exp[2\pi i(xN_x + yN_y)]\mathrm{d}N_x\mathrm{d}N_y \tag{6-55}$$

当取 $x = y = 0$ 时，有

$$PSF(0,0) = \iint OTF(N_x + N_y)\mathrm{d}N_x\mathrm{d}N_y \tag{6-56}$$

$PSF(0,0)$ 表示点扩散函数中心点亮度，它等于光学传递函数对所有空间频率所作的积分值，即光学传递函数曲线下的面积。图 6-33 为总扩散函数和调制传递函数。

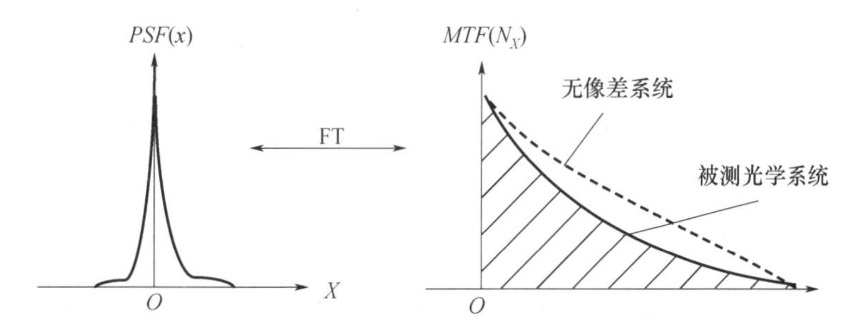

图 6-33　点扩散函数和调制传递函数

当 PTF 很小时（航天相机满足此条件），$OTF \cong MTF$，故调制传递函数 MTF 曲线下的面积等于点扩散函数中心点亮度。定义实际光学系统和无像差的光学系统的中心点亮度的比值作为中心点亮度比 S，这时 $S > 0.8$ 作为理想光学系统的评价指标（Strehl 判据）。

2）目视分辨力检验与光学传递函数

根据瑞利判据，光学系统对两个相近的点物体的分辨距离 δ 为

$$\delta = \frac{0.61\lambda}{N.A.} \tag{6-57}$$

式中：$N.A.$ 为像方数值孔径。

如果分辨力线对数 N_r 取为

$$N_r = \frac{1}{\delta} = \frac{N.A.}{0.61\lambda} = \frac{D}{1.22\lambda f} = \frac{1}{1.22\lambda F^{\#}} \tag{6-58}$$

当 $\lambda = 0.555\mu m$ 时，$N_r = \frac{1480}{F^{\#}}$ lp/mm，$F^{\#} = f/D$ 为相对孔径。例如，$F^{\#} = 5.5$，则 $N_r =$ 270lp/mm。

实际测量情况下，若光学系统较理想的话，目视分辨力比这个估算值高。

图6-34表示目视分辨力与 MTF 之间的关系，图中 N_c 表示截止空间频率，$N_c = \frac{1}{\lambda F^{\#}}$，而 N_r 是 $MTF = 0.03$ 对应的空间频率，无像差系统 $N_r = \frac{1}{1.12\lambda F^{\#}}$。另一方面，考虑到光学传递函数是对正弦波光栅而言的调制对比度，而用来目视分辨力测试的分辨力板是矩形波光栅，故根据方波和正弦波的关系可知，方波的调制对比度要比正弦波的调制对比度高（$4/\pi$）倍。因此，目视分辨力应为

$$\frac{1}{1.12\lambda F^{\#}} < N_r < \frac{1}{\lambda F^{\#}} \tag{6-59}$$

航天相机光学系统的目视分辨力标准 N_r 为

$$N_r = \frac{1600}{F^{\#}} \tag{6-60}$$

例如，$F^{\#} = 5.5$，$N_r = 290$lp/mm。

3）波像差检验与光学传递函数

图6-35表示成像光学系统的一般示意图。图中 O 表示物点，它发出球面波，在光学系统的入瞳处形成的波面形状是发散的球面波，经光学系统在出瞳处形成会聚于像点 P 的球面波，如果光学系统有像差，则出瞳处的波面不是理想的球面波，而是带有波像差的会聚波面。

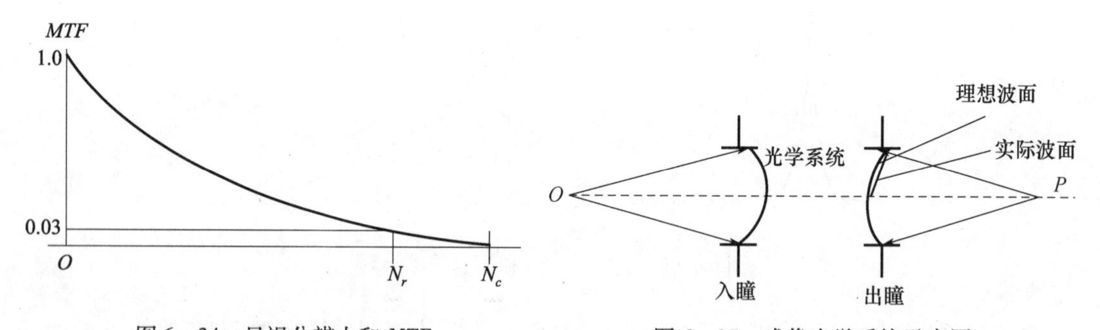

图6-34 目视分辨力和 MTF　　图6-35 成像光学系统示意图

根据 Huygens-Fresnel 原理，像点 P 处的光振幅 ψ_p 为

$$\psi_p = \text{常数} \iint_{\text{光瞳}} \frac{\exp(ikl)}{l} ds \tag{6-61}$$

式中：$k = 2\pi/\lambda$；λ 为使用的光波波长；l 为从出瞳处波面到像面的距离；ds 为出瞳处积分面元。

如果用 $l = l_c + w$ 表示，l_c 为常数（等于参考波面半径），w 为波像差，则

$$\psi_p = \text{常数} \iint_{\text{光瞳}} \exp(ikw) ds \tag{6-62}$$

P 点的光强 I_p 为

$$I_p = \psi_p * \psi_p^* = |\psi_p|^2 \tag{6-63}$$

中心点亮度比 S 表示有像差时和无像差时 P 点的光强比，故

$$S = \frac{|\psi_p(w \neq 0)|^2}{|\psi_p(w = 0)|^2} = \frac{1}{\pi^2}\left|\int_0^1\int_0^{2\pi}\exp(ikw)r\mathrm{d}r\mathrm{d}\phi\right|^2 \tag{6-64}$$

式中，出瞳半径归一化为 1，$\mathrm{d}s = r\mathrm{d}r\mathrm{d}\phi$。

当 W 很小时，指数展开并略去其高次项得

$$S = \frac{1}{\pi^2}\left|\int_0^1\int_0^{2\pi}\left(1 + ikw - \frac{k^2}{2}w^2\right)r\mathrm{d}r\mathrm{d}\varphi\right|^2 = \left|1 + ik\bar{w} - \frac{k^2}{2}(\bar{w^2})\right|^2 \tag{6-65}$$

式中：$\bar{w}$，$\bar{w^2}$ 分别为波像差的平均值和平方平均值。

即

$$\bar{w} = \frac{1}{\pi}\int_0^1\int_0^{2\pi}wr\mathrm{d}r\mathrm{d}\phi \tag{6-66}$$

$$\bar{w^2} = \frac{1}{\pi}\int_0^1\int_0^{2\pi}w^2r\mathrm{d}r\mathrm{d}\phi \tag{6-67}$$

参考波面半径 l_c 选得适当使 $\bar{w}=0$，则 S 只与 $\bar{w^2}$ 有关，即中心点亮度比 S 只与波像差的平方平均值有关。这时

$$S = 1 - k^2\bar{w^2} \tag{6-68}$$

当 $S=0.8$ 时，$k^2\bar{w^2}=1-0.8=0.2$，故

$$\bar{w^2} = \frac{0.2}{k^2} = \frac{0.2}{(2\pi/\lambda)^2} = \frac{\lambda^2}{200} \tag{6-69}$$

而波像差的均方根值（RMS 值）

$$\sigma = \sqrt{\bar{w^2}} = 0.07\lambda \tag{6-70}$$

因此，中心点亮度比 $S \geqslant 0.8$ 时，光学系统的均方根波像差 $\sigma \leqslant 0.07\lambda$。这是对理想光学系统的波像差容限。

为了达到整个光学系统的均方根波像差 $\sigma \leqslant 0.07\lambda$，对二反射镜组成的 R－C 系统，其主镜和次镜的面形误差的均方根值都要小于 $\frac{\lambda}{40}$ RMS 值，对三反射镜组成的光学系统，其每一块反射镜的面形误差均方根值都要小于 $\frac{\lambda}{50}$ RMS 值。

从式(6－62)可推导出光学系统的波像差决定光学系统的光瞳函数，而知道光瞳函数则可利用二次傅里叶变换法或自相关法求得光学传递函数。因此，光学系统的波像差是反映光学系统成像质量的基本参数。

波像差的测定是利用自准干涉法进行的，这时需要有一块比光学系统口径 D 大的标准平面反射镜，对大口径高质量航天相机镜头来说，这块反射镜的质量限制波像差的测定精度。由于波像差的自准干涉检验灵敏度很高，因此在光学系统的装调过程中使用自准干涉法是非常有效的。

4）杂光检验和光学传递函数

在前面我们已说明航天相机的成像过程，其中霾光是形成航天相机杂散光的主要来源，另

外，地面的视场外的反射光也可进入相机产生杂散光，降低光学系统的光学传递函数，如图6－36所示。航天相机的杂光系数应控制在5%以内。

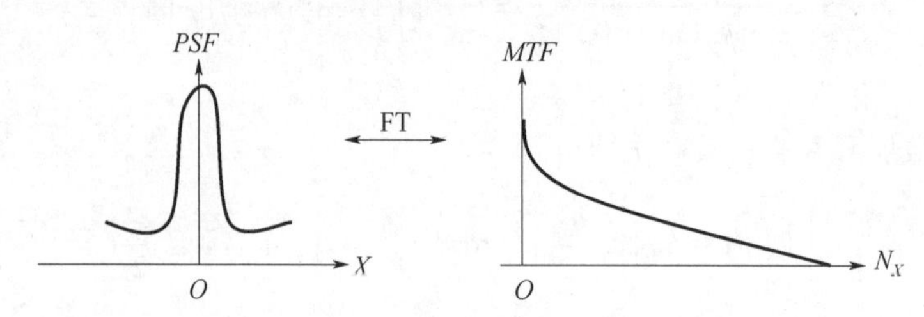

图6－36 有杂散光点扩散函数和MTF

5）照相分辨力检验与光学传递函数

照相分辨力检验是航天相机总体检验的最重要的项目。因为照相分辨力反映了航天相机包括光学系统、机械与电控系统在内的综合性能，如包括调焦精度、稳像精度、像面展平、曝光量控制、像移补偿、温控及底片处理等，故照相分辨力检验是接近实际使用情况的检验。另一方面，检验设备比较简单，容易统一标准，有利于检验结果的复现，以便得到大家的公认。本节主要讨论照相分辨力和光学传递函数的关系。

在前面我们已讨论过大气散射引入的调制传递函数，在好的阳光和能见度条件下，大气的$MTF_\alpha=0.757$。它与空间频率无关。

如果地面目标的对比度，即反差C定义为目标的最大光强和最低光强之比：

$$C=\frac{I_{\max}}{I_{\min}} \tag{6-71}$$

则目标的调制度为

$$M_0=\frac{I_{\max}-I_{\min}}{I_{\max}+I_{\min}}=\frac{C-1}{C+1};C=\frac{1+M_0}{1-M_0} \tag{6-72}$$

例如，地面目标为高对比，$C=1000:1$，则$M_0=0.998$，这时目标经过大气到达相机时的调制对比度$M_d=M_0\cdot MTF_\alpha=0.998\times0.757=0.755$。又如，如果当目标为$C=6:1$的低对比时，$M_0=0.717$，$M_d=0.54$。

图6－37表示了照像分辨力和目标调制度M_d，光学系统的调制传递函数MTF_l曲线和胶片的调制度阈值（即该调制度下能分辨的线对数lp/mm）曲线的关系。

图中，曲线A表示相机光学系统的调制传递函数曲线，它代表$M_d=1.0$时像的调制度，曲线B表示当$M_d=0.54$时，像的调制度M_l，曲线C表示EK3400胶片的调制度阈值曲线。图6－37中，曲线A、B与曲线C的交点所对应的空间频率就是照相分辨力，即该镜头对目标调制度$M_d=1.0$的目标照相时照相分辨力为115lp/mm，而对$M_d=0.54$的目标照相时照相分辨力为91lp/mm。可见这时低对比照相分辨力约为高对比照相分辨力的80%。

从式（6－72）可知，$M_d=0.54$时，有

$$C=\frac{1+M_d}{1-M_d}=\frac{1+0.54}{1-0.54}=3.35:1$$

从而我们可以在实验室里直接利用$C=3.35:1$的分辨力目标进行照相分辨力检验，就相当于卫星上对地面目标对比$C=6:1$的目标的照相分辨力，这时大气的调制传递函数取了$MTF_\alpha=0.757$。总之，我们可以用不同的对比度的分辨力测试目标板模拟各种不同的实际拍

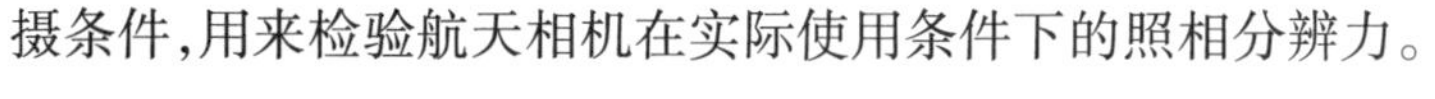
摄条件,用来检验航天相机在实际使用条件下的照相分辨力。

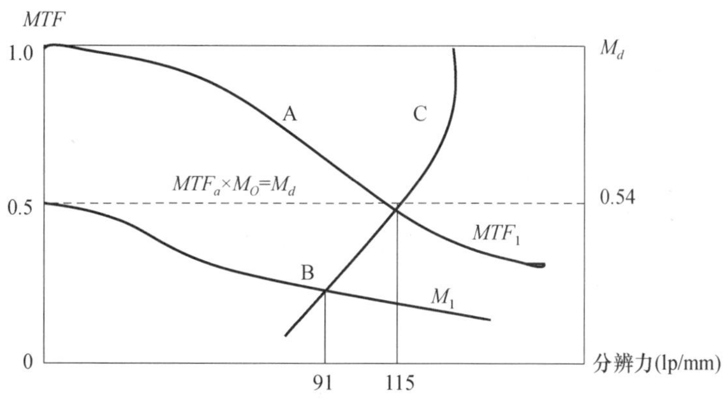

图6-37　照相分辨力和 *MTF* 关系

在一般情况下,航天相机的照相分辨力对应光学系统的 *MTF* 归一化频率0.3~0.5。例如,光学系统 *MTF* 截止空间频率为300lp/mm时,照相分辨力为90~150 lp/mm,因此,这个频率可反映该光学系统的整个光学传递函数情况。

如图6-38所示,曲线A和B分别是两个不同成像质量的光学系统的 *MTF* 曲线,在前面我们说明了中心点亮度比等于光学系统的 *MTF* 曲线下的面积比,它代表成像质量优劣;而归一化频率0.3~0.5的 *MTF* 值大小大体上反映 *MTF* 曲线下的面积,因此,这个频率的 *MTF* 反映该光学系统的整个成像质量。从这个意义上讲照相分辨力的检验与 *MTF* 检验密切相关。

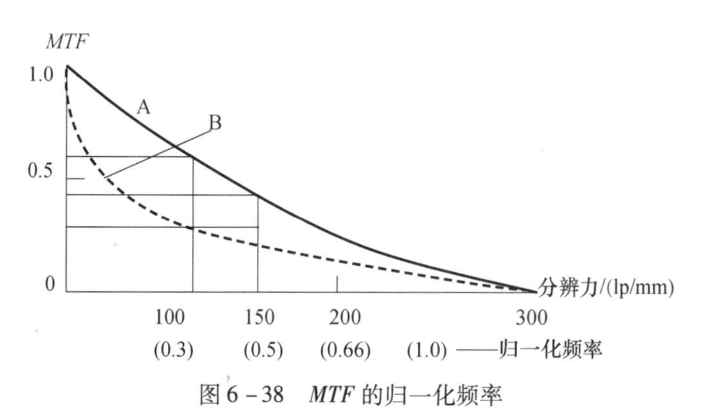

图6-38　*MTF* 的归一化频率

航天相机照相分辨力 N 的估算方法为

$$\frac{1}{N}=\frac{1}{N_r}+\frac{1}{N_f} \tag{6-73}$$

式中:N_r 为目视分辨力;N_f 为胶片的分辨力。

例如,$N_r=290$lp/mm ,$N_f=400$lp/mm ,则 $N=168$lp/mm。

对航天相机来讲,实际拍摄时目标相对相机始终移动,所以除了拍摄静态照相分辨力外还必须拍摄动态照相分辨力。为此,分辨力板要模拟实际飞行速度移动,同时航天相机要开动像移补偿机构,动态进行摄影曝光,确定动态照相分辨力是否达到所要求的指标。一般估计,实验室动态照相分辨力是静态照相分辨力的80%。

6.3.6　CCD 立体相机定标

1. 辐射定标原理、方法及设备

1）相对定标

当 CCD 被一个完全均匀的光场照明时，每个 CCD 像元的输出理论上应该完全相同。但事实上它们的输出会有差异，特别是 CCD 像元中的瞎像元，对光没有光电转换功能，此外还有若干响应偏高或偏低的像元（即热像元或冷像元）。

相对定标的原理是：建立一个发光均匀的面光源作为 CCD 相机的目标，检查并记录每个像元的输出，均值归化为 1，把冷、热像元的输出按均值归化。譬如说有四个像元，如图 6－39 所示，在相同的照度、曝光时间等条件下，它们的输出分别为 495mV、480mV、465mV、450mV，经相对定标后，它们的修正因子分别为 0.97，1，1.03，1.07。国内称为相对定标，国外称为平场改正。

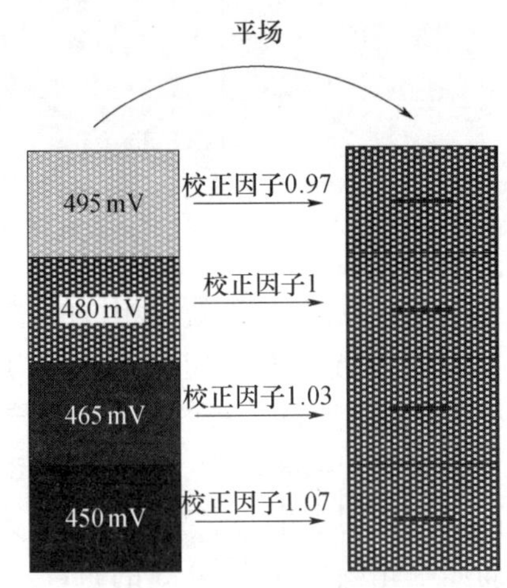

图 6－39　相对定标示意图

相对定标所采用的方法是：利用多波段标准辐亮度计检测积分球出射口横截面的均匀性，再用这台标定过的积分球对 CCD 相机响应均匀性进行检测，同时以光谱辐射度计监控积分球在不同辐亮度输出时的光谱一致性[13]。

2）绝对定标

绝对定标是对相对定标后的 CCD 像元在 500～750nm 间光谱响应的电路输出 V(mV) 与目标同谱段的辐亮度间建立定量的关系，即获得

$$V(mV) = f(L, \Delta t, k) \tag{6-74}$$

式中：L 为目标辐亮度（$\mathrm{W/m^2 \cdot str}$）；Δt 为曝光时间；k 为电路增益。

绝对定标所采用的方法是用一台经过计量标定的光谱辐射计对同一目标源进行测量，与 CCD 立体相机进行对照，测量时两者测量的光谱范围及曝光时间应保持相同，根据光谱辐射计的输出给 CCD 立体相机的纵坐标（横坐标为波长或波段）赋值，得到绝对定标系数，即以 CCD 输出电压 V(mV) 除以输入辐亮度 L（$\mathrm{W/m^2 \cdot str}$），$k = V/L$。

3）主要定标设备

主要定标设备见表 6－1。

表 6－1　主要定标设备

序号	设备名称	用　途
1	光谱辐射计	通过对积分球和太阳模拟器的标定，实施绝对定标
2	大积分球系统	提供均匀面光源。通过光谱辐射计对它的标定，实施对 CCD 立体相机的绝对定标
3	多波段标准辐亮度计	用于对太阳模拟器及积分球辐亮度均匀性监测并进行绝对定标复核验证
4	光谱辐照度标准灯	实施对光谱辐射计标定
5	漫反射参考标准板	与标准灯一起实施对光谱辐亮度计标定
6	辐照度探测器	裸片像元响应均匀性检测时，检测辐照度均匀性
7	单色仪	用作单色光源

2. CCD 定标实验步骤

1）CCD 裸片检测

CCD 裸片检测包括暗电流检测和像元响应均匀性检测两项。

CCD 裸片暗电流检测在暗室内进行。焦平面组件安放在黑色防静电箱内，打开电源使焦平面组件处于正常工作状态，检测暗电流 N 次以上，得到 N 张暗电流输出表格。

CCD 裸片像元响应均匀性检测在暗室进行，并应在工作台上的黑箱内进行，以防止杂散光干扰检测，装置原理如图 6－40 所示。

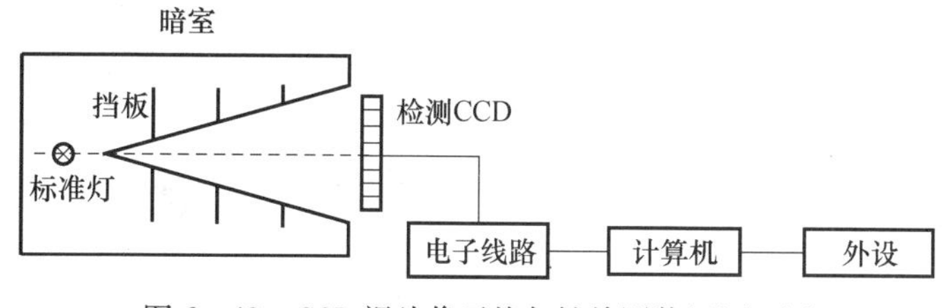

图 6－40　CCD 裸片像元均匀性检测装置原理图

2）CCD 立体相机整机相对定标

用黑绒布遮挡周边杂散光源，装置原理如图 6－41 所示。

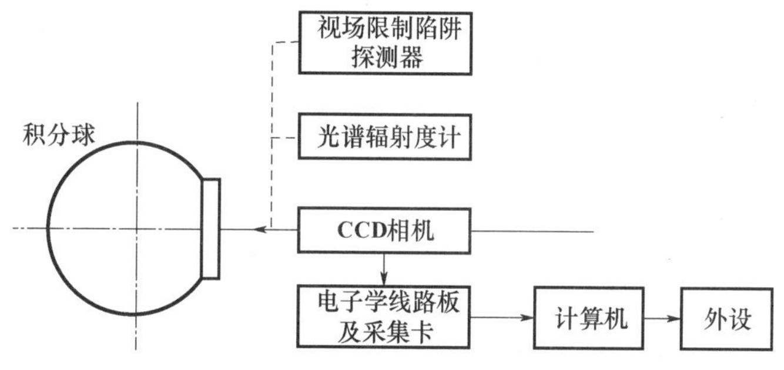

图 6－41　CCD 立体相机整机相对定标装置原理图

实验步骤：

（1）积分球输出辐亮度模拟实际使用光谱范围的辐亮度。

（2）检测积分球出射面的均匀性。

（3）以标准辐亮度计的输出变化作为输入相机能量变化的依据，对整机响应的线性性进行检测，同时以光谱辐射计监控积分球在不同辐亮度输出时的光谱一致性。

3）CCD 立体相机绝对定标

用黑绒布遮挡周边杂散光，装置原理如图 6－42 所示。

实验步骤：

（1）调节目标辐亮度值至希望值。

（2）记录光谱辐射计在实际使用光谱范围的辐亮度值及 CCD 相机的输出。

（3）对不同辐亮度值、不同曝光时间及不同增益，核对 CCD 立体相机整机的线性度。

（4）以中心视场为基准，做绝对定标。

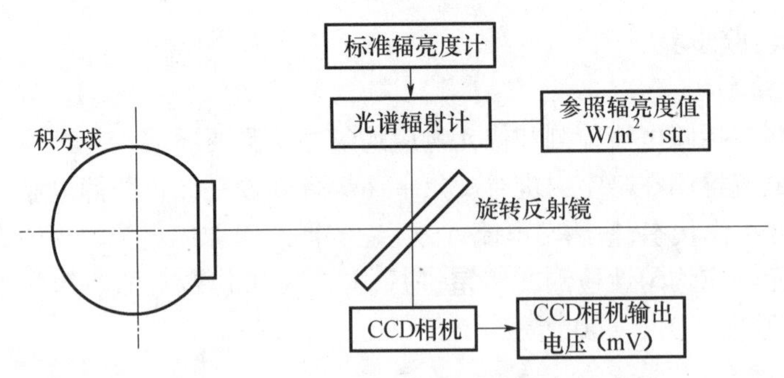

图6－42　CCD立体相机绝对定标装置原理图

6.4　太阳模拟器及其性能参数测量

6.4.1　太阳模拟器概述

太阳模拟器最早用于太阳集热器、太阳能电池的性能测试，现在广泛应用于航天技术中卫星空间环境模拟。其定义为：模拟太阳辐射的一种人工辐射源。它有一组电光源和配套设备组成的发光装置，能在一定的受光面积上产生平行、均匀、稳定的辐射，且其辐射强度和光谱分布接近规定的大气质量下的太阳辐射值。

大型太阳模拟器是航天技术中卫星空间环境模拟的主要组成部分，用来完成卫星的热平衡试验，检验卫星的热设计。中小型太阳模拟器用于卫星姿态控制的太阳敏感器地面模拟试验与标定，用于遥感器太阳辐照响应的地面定标。在太阳光伏科学与工程中，太阳模拟器用于太阳能电池的检测与标定[14－19]。

1. 太阳模拟器的技术指标

太阳模拟器设计一般考虑如下技术指标：

1）太阳光谱总辐射

太阳光谱总辐射分为AMO标准太阳光谱总辐射和AM1.5标准太阳光谱总辐射。AMO是日地平均距离处地球大气层外的太阳光谱总辐射。此时的太阳总辐射量称之为一个太阳常数，其定义为在此处垂直于太阳辐射光的单位面积上，单位时间内接收的太阳辐射量，其值为$(135 \pm 2.1)\mathrm{mW/cm^2}$。AM1.5是地面不同接收条件下的太阳辐照度，分为法向直接日照辐照度和半球向日辐照度。

2）太阳光准直角

在日地平均距离处，太阳的日轮视角为32′。

3）辐照不均匀度

通常分为面辐照不均匀度和空间辐照不均匀度，按下式计算为

$$\Delta E/\bar{E} = \pm(E_{\max} - E_{\min})/(E_{\max} + E_{\min}) \times 100\% \qquad (6-75)$$

式中：$\Delta E/\bar{E}$为辐照不均匀度；$E_{\max}$为辐照面上（或体积内）的辐照度最大值；$E_{\min}$为辐照面上（或体积内）的辐照度最小值；$\bar{E}$为平均辐照度。

4）辐照不稳定度

辐照度不稳定度表征辐照度随时间的变化，由下式决定：

$$(\Delta E/\ \bar{E})_T = \pm \frac{E_{\max} - E_{\min}}{(E_{\max} + E_{\min})T} \times 100\% \tag{6-76}$$

式中：$(\Delta E/\ \bar{E})_T$为时间 T 内的辐照度不稳定度。

实际上的太阳辐射在数日内是稳定的，年变化量为±3.4%。

2. 太阳模拟器的工作原理与组成

太阳模拟器作为实验室内模拟太阳辐照特性的装置，要求其辐射光束输出特性应具有真实的太阳辐射强度、太阳光准直角、光谱分布、辐射稳定性、均匀性和足够大的光束口径。由于技术水平和太阳模拟器造价的限制，要研制完全逼真的太阳模拟器很困难，对航天器姿态仿真用太阳模拟器而言，还必须严格模拟太阳光的准直角、太阳圆盘的辐照均匀性和稳定性，对其他要求可以适当放宽。这类太阳模拟器称为精确准直型太阳模拟器。

图6－43为卫星仿真用太阳模拟器的光路图。

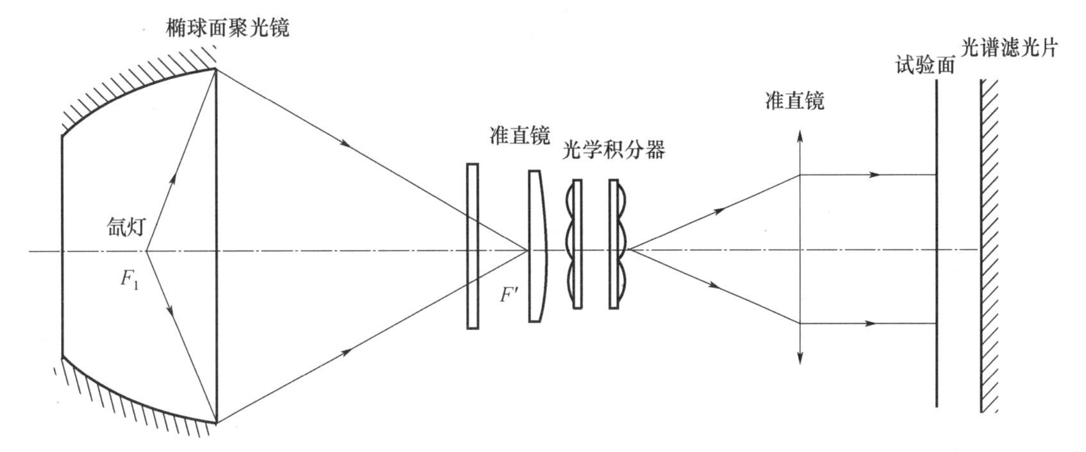

图6－43　卫星仿真用太阳模拟器的光路图

由图6－43可见，太阳模拟器的光学系统通常由光源、聚光系统、光学积分器、准直系统、太阳光谱辐照度分布匹配滤光片组成。

（1）光源：一般采用轴对称的短弧氙灯作为模拟器的理想光源。

（2）聚光系统：太阳模拟器是强聚光系统，考虑到所采用氙灯的发光特性，通常太阳模拟器的聚光系统采用包容角很大的反射式聚光系统。

（3）光学积分器：与一般照明系统不同，太阳模拟器的光学系统无法采用被照面和聚光系统出瞳重合或共轭的均匀照明形式。太阳模拟器多采用氙灯作为光源，氙灯和椭球聚光镜组成聚光系统。由于氙灯电极遮拦，不同方向上的亮度分布不一致，在光路的任意位置，都找不到较均匀的辐照面。为保证太阳模拟器辐照面均匀，通常在系统中采用一种组合光学元件——光学积分器。

（4）准直系统：由积分器形成的均匀辐照面经准直透镜投影成像在要求的位置上。朝准直透镜看去，辐照光束来自位于准直透镜焦面上的光学积分器投影镜组，如同来自于无穷远处的太阳。

（5）太阳光谱辐照度匹配滤光片：滤光片使输出光束的光谱辐照分布与 AMO 或 AM1.5

标准太阳光谱分布在规定的准确度范围内。

KM6 载人空间环境模拟试验设备是载人空间工程所需的关键地面环境模拟设备，KM6 太阳模拟器是该设备的一个分系统。

KM6 太阳模拟器主要技术指标为：

辐照试验体积：ϕ5m×4m；

光线入射方向：水平方向；

辐照度：(500~1760)W/m^2；

辐照不均匀度：辐照试验面内≤±5%；

辐照试验体积内≤±6%；

辐照不稳定度：≤±1%/h；

离轴角：29°；

准直角：±2°。

采用计算机数据采集、管理，实时显示太阳模拟器辐照不稳定度和氙灯电学参数。

KM6 太阳模拟器的结构由灯室（包括支架、聚光系统、水冷挡板）、平面反射镜组件、光学积分器、真空密封窗口和准直镜组成。聚光系统由 19 个氙灯单元组成，每个氙灯单元用 25kW 水冷短弧氙灯做光源，每个光源配备一个由水冷却的椭球聚光镜和调节机构。19 个氙灯单元将 19 支氙灯发出的光汇集到光学积分器上。光学积分器使辐照变得均匀，并通过真空密封窗口将光辐射到准直镜，由准直镜反射形成平行光束。其中，准直镜放置在辅助真空容器里；其余组件都放置在真空容器外。真空密封窗口担负着真空密封和将光引入真空容器的作用。

为获得稳定的辐照，氙灯电源采用大功率程控电源，单台 30kW 功率。程控电源采用恒流工作模式，可以根据计算机的命令，自动控制输出电流的强度和稳定性。

KM6 太阳模拟器除了在大气环境下检测性能之外，试验期间还需在参考平面上应用探测器来监测辐照值。图 6-44 为 KM6 太阳模拟器示意图。

6.4.2 太阳模拟器光学参数测量

太阳模拟器主要光学参数有辐照不均匀度、辐照不稳定度、均匀辐照面积和均匀辐照体积、辐照度、光谱辐照度、光束准直角和吸收红外辐射热流密度[20]。

在测量中用到的几个参数定义如下：

(1) 参考辐照面。在设计时确定的太阳模拟器辐照不均匀度满足设计指标的平面。

(2) 均匀辐照面。在参考辐照面附近，通过测量确定的辐照不均匀度满足设计指标的平面。

(3) 均匀辐照体。均匀辐照面前后，某一距离的两平面之间所包含的辐照不均匀度满足设计指标的空间。

1. 辐照不稳定度测量方法

辐照不稳定度测量装置由光电探测器、记录仪或存储示波器组成，如图 6-45 所示。测量步骤如下：

(1) 启动太阳模拟器，将辐照度调至额定值，运行 0.5h 后开始测量。

(2) 用光屏挡住入射光，记录无光照时探测器的输出 E_{01}，记录 30s。

(3) 去掉光屏，记录光照时探测器的输出 E_t，连续记录 1h，得到 $E-t$ 曲线。

（4）用光屏挡住入射光，记录无光照时探测器的输出 E_{02}，记录30s。

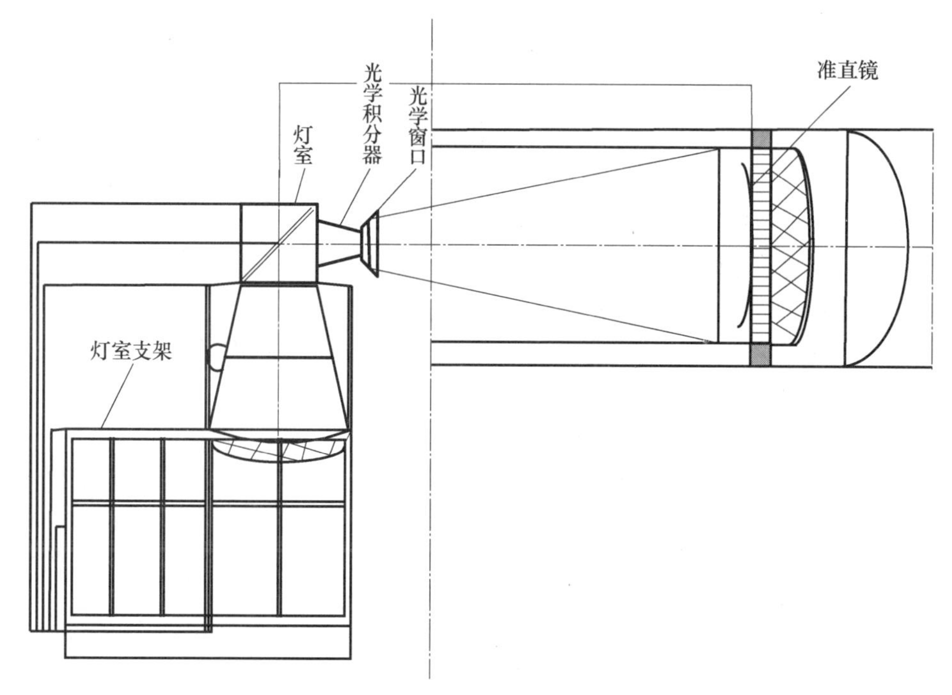

图6-44　KM6太阳模拟器示意图

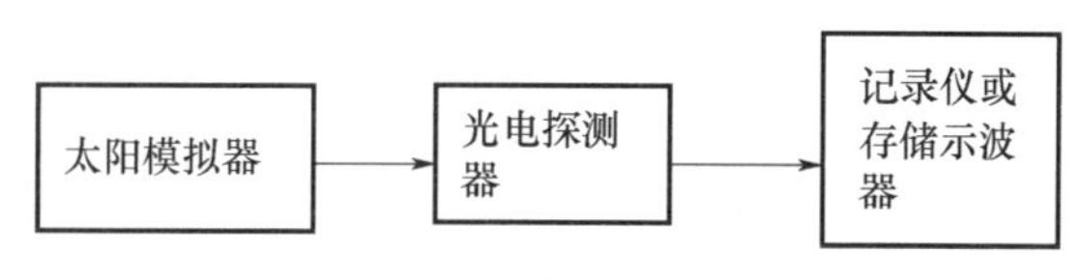

图6-45　辐照不稳定度测量装置

数据处理如下：

计算无光照时的相对辐照度 E_0：

$$E_0 = (E_{01} + E_{02})/2 \tag{6-77}$$

计算出辐照度最大值 E_{max} 和最小值 E_{min}：

$$E_{max} = E'_{max} - E_0 \tag{6-78}$$

$$E_{min} = E'_{min} - E_0 \tag{6-79}$$

式中：E'_{max}，E'_{min} 为在 $E-t$ 曲线上记录的相对辐照度最大值、最小值；E_{max}，E_{min} 为1h内相对辐照度最大值、最小值。

辐照度不稳定度为

$$(\Delta E/E)|_{t=1h} = \pm(E_{max} - E_{min})/(E_{max} + E_{min}) \times 100\%/T \tag{6-80}$$

2. 辐照不均匀度测量方法

辐照不均匀度测量装置由光电探测器扫描机构和记录仪组成，如图6-46所示。要求扫描机构的响应非线性误差不大于0.5%；温度引起不稳定误差不大于0.5(%)/℃。参考辐照面为圆形时，选择极坐标扫描测量；参考辐照面为矩形时，选择直角扫描测量。

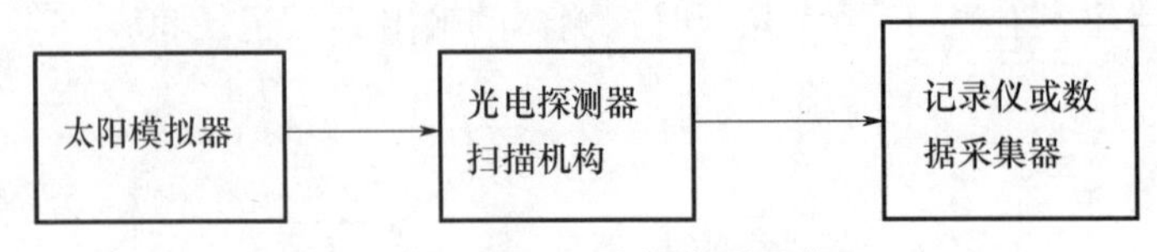

图 6-46　辐照不均匀度测量装置

测量步骤如下：

(1) 启动太阳模拟器，将辐照度调至额定值，运行 0.5h 后开始测量。

(2) 将光屏垂直于太阳模拟器主光轴放置在参考辐照面上，并沿光轴方向前后移动，确定出均匀辐照面位置。

(3) 在均匀辐照面内，光电探测器扫描机构按选定方式顺序扫描，每扫描一次记录一条辐照度分布曲线，共记录 n 条曲线。

数据处理方法如下：

(1) 在记录的每条辐照度分布曲线上，选出辐照度最大值和最小值，记为 E_{max} 和 E_{min}。

(2) 在均匀辐照面内记录的 n 条辐照度分布曲线的 n 个 E_{max} 中，选出最大值，作为该平面内的辐照度最大值，记为 E_{pmax}。同理选出均匀辐照面内的辐照度最小值，记为 E_{pmin}。

按照下式计算辐照面不均匀度：

$$(\Delta E/E)_p = \pm(E_{pmax} - E_{pmin})/(E_{pmax} + E_{pmin}) \times 100\% \tag{6-81}$$

3. 均匀辐照面积和均匀辐照体积测量方法

用钢板尺或钢卷尺测量均匀辐照面积和体积。

4. 辐照度测量方法

用绝对辐射计测量太阳模拟器的输出辐照度。

5. 光谱辐照度测量方法

光谱辐照度测量装置如图 6-47 所示。

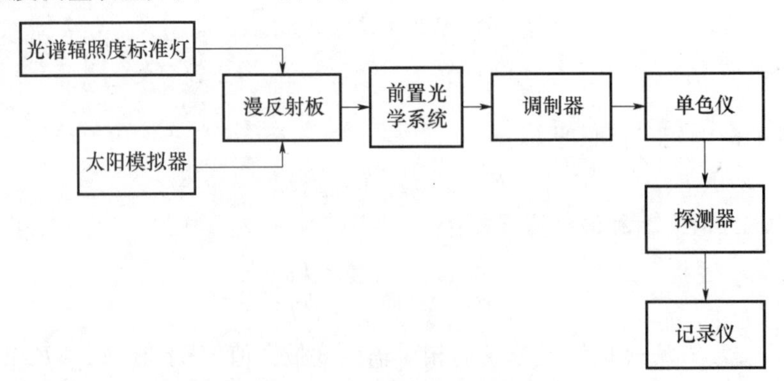

图 6-47　光谱辐照度测量装置

测量装置主要由光谱辐照度标准灯、漫反射板(或积分球)、前置光学系统、调制器、单色仪、探测器和记录仪组成。光谱辐照度标准灯为一级标准灯。在 300~800nm 谱域内一般采用光电倍增管或硅光电二极管探测器。在 800~2500nm 谱域内一般采用硫化铅探测器。

6. 光束准直角测量方法

采用准直角仪测量。准直角仪根据小孔成像原理设计，由孔径光阑、漫透射光屏和光筒组成。孔径光阑和漫透射光屏分别安放在光筒两端,孔径光阑入射光孔和光屏中心位于光筒中心线上。在漫透射光屏上有一组同心圆刻度,同心圆代表的准直角为

$$\theta = \pm\arctan(0.5D/H) \tag{6-82}$$

式中:D 为同心圆直径(m);H 为孔径光栏到漫透射光屏的距离(m)。

7. 吸收红外辐射热流密度测量方法

吸收红外辐射热流密度测量装置由红外辐射热流计和数据采集系统组成,如图 6-48 所示。

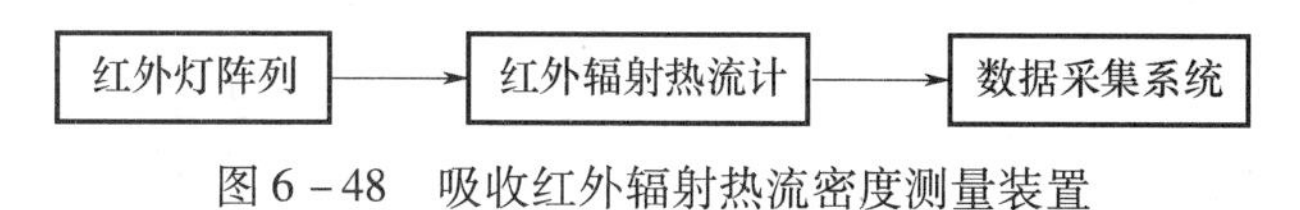

图 6-48　吸收红外辐射热流密度测量装置

将安装在底板上的热流计置于低温热沉真空室内。当底板温度保持不变、贴在敏感片背面的加热器通电加热时,敏感片有如下热平衡方程:

$$Q = F_1 \mathrm{d}T/\mathrm{d}\tau + F_2(T - T_b) + F_3(T^4 - T_b^4) + \sigma\varepsilon T^4 \tag{6-83}$$

$$Q = I^2R/A + \sigma\varepsilon T_W^4 \tag{6-84}$$

式中:Q 为敏感片吸收的热流密度($\mathrm{W/m^2}$);$\mathrm{d}T/\mathrm{d}\tau$ 为敏感片温度随时间的变化率(K/s);T 为敏感片温度(K);T_b 为热流计热屏温度(K);F_1 为通过检测得到的常数($\mathrm{W\cdot s/(m^2K)}$);F_2 为通过检测得到的常数($\mathrm{W/(m^2K)}$);F_3 为通过检测得到的常数($\mathrm{W/(m^2K^4)}$);ε 为敏感片外表面半球发射率;σ 为斯藩-玻尔兹曼常数,$5.67\times10^{-8}\mathrm{W/(m^2K^4)}$;$I$ 为敏感片加热器电流值(A);R 为敏感片加热器电阻值(Ω);A 为敏感片外表面面积($\mathrm{m^2}$);T_W 为热沉温度(K)。

敏感片参数 R、A 和 ε 在检测前测出,I、$\mathrm{d}T/\mathrm{d}\tau$、$T$、$T_b$、$T_W$ 在检测中测出。检测时,改变敏感器加热器电流 I,根据测量数据和式(6-83)、式(6-84),用最小二乘法求出常数 F_1、F_2 和 F_3。

6.5　地球模拟器及其性能参数校准

6.5.1　地球模拟器的原理与构成

地球模拟器的设计就是用与地球红外光谱辐射特性相同的黑体光源来模拟真实地球所形成的空间辐射环境,并能实现地球弦宽(张角)的变化。针对卫星轨道高度的不同,所采用的地球模拟器的形式也不同。下面按照高轨道和低轨道两种形式来讨论[21,22]。

1. 高轨道地球模拟器

在高轨道情况,卫星距离地球为无穷远,基本设计思路是将黑体光源放在准直透镜的焦面附近,利用准直透镜将黑体光源发出的红外辐射等效成无穷远地球发出的红外辐射。图 6-49 为高轨道红外地球模拟器的结构图。

高轨道红外地球模拟器主要由如下几部分组成:

1）锗准直透镜

同步卫星距地球高度 36000km,地球离地球敏感器可视为无穷远,红外地球敏感器在进行地面测试时,要模拟同步轨道上观测地球的工作状态,所以由地球模拟器辐射的光应以平行光入射到地球敏感器上,为此,将地球光阑置于准直物镜的前焦面附近,从而实现模拟无穷远处

的地球辐射，地球敏感器的工作波段为 14 ~ 16.25μm 的红外光，所以选用锗材料制作准直透镜比较合适。

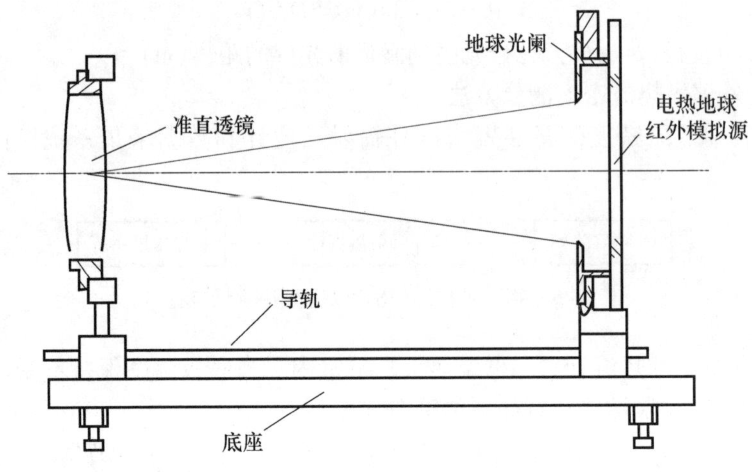

图 6 - 49 高轨道红外地球模拟器的结构图

2）液氮制冷式地球光阑

液氮制冷式地球光阑是一种平板式液氮制冷式光阑，其内圆边界即是地球红外弦宽。地球光阑板的后侧面上焊上冷却液氮管，冷却液氮采用恒温控制，由液氮循环装置供给，使液氮温度保持 -40℃以下，模拟空间冷背景。

3）电热地球红外模拟源

电热地球红外模拟源由铝板制成，它的前表面为均热板，表面做黑色处理，可去掉锗准直系统的杂散光，并可减少红外光反射；其加热方法为背部电热膜加热，外包绝缘层隔热，温度在 40 ~ 90℃范围连续可调。电热地球红外模拟源位于液氮冷却光阑后面，两者组合起来实现模拟地球与太空的辐射亮度差。

4）底座及地面支座

光源、光阑、准直透镜等放置在底座上，底座上有一个导轨，可以调整光源和准直镜之间的相对位置。

2. 低轨道地球模拟器

在低轨道情况，卫星轨道距离地球几百到 1000km 之间，距离短，直接用黑体红外辐射源模拟地球即可取得良好效果。具体结构如图 6 - 50 所示，液氮制冷式地球光阑即是地球红外弦宽。

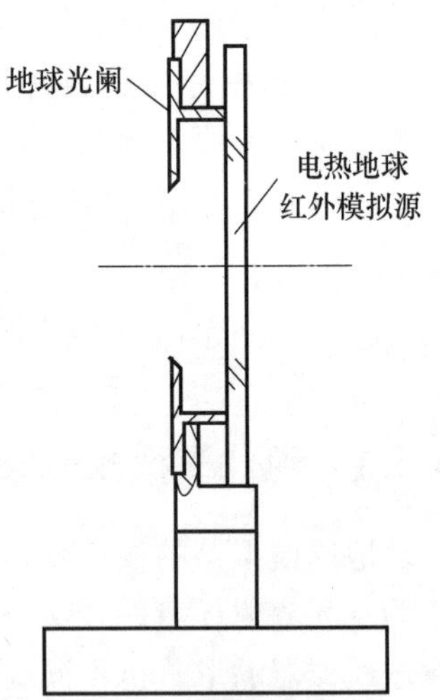

图 6 - 50 低轨道红外地球模拟器的结构图

6.5.2 地球模拟器校准

地球模拟器是用来校准星载光学仪器和地球敏感器，因此，地球模拟器辐射的光谱范围、辐射强度、辐射准直性等方面都必须尽可能的接近于真实的地球特性。原则上说，太阳模拟器涉及的参数对地球模拟器同样适用。主要参数为辐照不均匀度、辐照不稳定度、均匀辐照面积和均匀辐照体积、辐照度、光谱辐照度、光束准直角和吸收红外辐射热流密度。采用红外光谱辐射计对地球模拟器参数进行测量,而所用辐射计通过光谱辐射计校准装置进行校准。在红外光谱辐射计选定以后,用光谱辐射计代替前面的探测系统,采用和太阳模拟器参数测量同样过程,可以测量地球模拟器的主要性能,具体过程不再重复。

事实上,高轨道红外地球模拟器原理上是一个红外目标模拟器,所以我们可以按照第2章介绍的红外目标模拟器的校准原理校准其辐射量值。低轨道红外地球模拟器原理上是一个面源黑体,我们可以按照面源黑体的校准原理校准。

6.6　星模拟器及其性能参数校准

6.6.1　星模拟器概述

星模拟器是星敏感器的主要地面标定设备之一,在实验室里建立星敏感器地面标定和系统联调所用的模拟星辐射源是星模拟器的主要任务。同模拟其他天体一样,人们总是希望能在实验室内有一台真实反映天体辐射特性的装置。然而,星模拟器不同于太阳、地球等模拟装置。主要表现在它要模拟的宇宙空间各种恒星数量极多,而恒星对地球的辐射张角极小,尤其是恒星辐射的光谱型种类繁多,且辐射到地面的能量又很弱。同时,模拟这种辐射源时,还要考虑到其他天体辐射的背景干扰。

此外,星敏感器以恒星像的能量质心为理想基准来实现姿态定位,这就对星模拟器的光学系统设计提出了更苛刻的条件。这种光学系统不仅是望远系统,而且还应该是有一定视场要求的、高质量的像差校正系统[23-26]。

6.6.2　恒星辐射模型

1. 恒星的距离和方位

由于恒星距地球很远,所以用恒星对地球的辐射张角来表征其距离特性。但该张角与星模拟器光学系统、星敏感器光学系统所产生的衍射极限角相比仍然要小很多,如所有恒星中对地球的辐射张角最大为0.047″,而口径为10mm的光学系统其衍射极限角也要大于2″,所以模拟真实的恒星辐射张角没有意义。

恒星方位是星敏感器定标的依据,天文工作者已提供了足够的使用精度。

在实验室里,星模拟器主要是利用高质量的平行光管以及设置在其焦平面上的中心星点孔径大小和星点图形在其焦平面上的位置分布来近似模拟恒星的遥远距离和方位。

2. 恒星光谱型

在宇宙空间,众多恒星辐射的光谱分布都不相同,一般按其对应的黑体辐射温度分类,如表6-2所列。表中,色温(T_C)是在一定波段内其连续谱形状与恒星相同的绝对黑体的温度。有效温度(T_e)是与恒星具有同样总辐射流F和同样半径的绝对黑体温度,通常用如下公式求出:

$$\lg T_e = \lg T_{\Theta} - 0.1\Delta M_v + 0.1\Delta(B \cdot C) - 0.51\lg(\theta/\theta_{\Theta}) \tag{6-85}$$

式中:T_{Θ}为太阳有效温度;θ_{Θ}为太阳角直径;ΔM_v为恒星与太阳的绝对目视星等之差;$\Delta(B \cdot C)$为上述二者的热修正差。

表6-2 恒星光谱型及其相应的色温分类

光谱型分类号	相应色温及色温范围/(10^3K)	人眼感受颜色	代表星
O(O_0-O_9)	30(45~25)	蓝	猎户 λ
B(B_0-B_9)	20(25~12)	蓝 白	猎户 ε
A(A_0-A_9)	11(11.5~7.7)	白	天琴 α
F(F_0-F_9)	7.5(7.6~6.1)	黄 白	英仙 α
G(G_0-G_9)	5.6(6~5)	黄	太阳双子 Σ
R(R_0-R_9)	4(4.9~3.7)	橙 红	金牛 α
M(M_0-M_9)	3(3.6~2.6)	红	天蝎 α

严格地说,表中的色温应该用有效温度,但考虑到我们使用的频带范围(0.4 ~1.1μm),用色温表示更接近该区域的普朗克分布函数。而目前市场上供应的人造光源都是用色温来表示其光谱分布特性,所以我们在模拟恒星的光谱型中也采用色温表示。表6-3给出了恒星按光谱型的分布情况。从该表中可看出,A、G、K三种光谱型的恒星占80%,在模拟星光谱时,首先应建立A_0型光谱,其次建立K_0、G_0型光谱。

表6-3 恒星按光谱型的分布

恒星光谱	B	A	F	G	K	M	其余
恒星数目/(%)	3	27	10	16	36	6	1

3. 恒星的星等

选择恒星作为天体定向基准时,最主要的参数是恒星在天球中的位置和能见亮度。表示天体相对亮度的数值定义为星等。星等值不仅表示光学敏感器能从该星取得的辐射能量大小,有时还可用于判断该敏感器姿态是否正确。

1) 星等类别

从一个天体接收到的能量是在一个有限频带内测量的,不同测量频带规定了相应的星等类别。任一类别星等的一个星等差所对应的光通量或辐射度之比为$10^{0.4}$,两个星等差为$(10^{0.4})^2$,N个星等差是$(10^{0.4})^N$。

(1) 视星等m_V。这是用人眼作为探测器,在中心波长为0.55μm处,在可见光频带范围内建立的星等标准。规定零视星等照度$E_0=2.65\times10^{-6}\text{lm/m}^2$(大气消光后)。求任一视星等的照度公式为$E_m=10^{-\frac{m_V-13.89}{2.5}}$,式中,$m_V$为视星等值。人眼在无月无云的黑夜情况下,仅能见到6等星,如果把一颗星亮度与相邻的星比较,人眼可分辨出大约0.2星等差。

(2) UBV星等系(m_U,m_B,m_V)。这是用光电光度计建立的星等系,比传统采用的目视星等法更精确。它能给出黄星等即目视星等(m_V)、兰星等(m_B)和紫外星等(m_U),其采用的测试中心波长分别为0.555μm、0.435μm、0.35μm。该系统的绝对零星等是通过绝对零点常数q_λ建立的,而q_λ值则是中心波长的函数。已知$q_{0.555}=-38.52$、$q_{0.435}=-37.86$、$q_{0.35}=-38.40$,则UBV星等系的绝对零星等辐射度分别为

$$E_{V0}=3.9\times10^{-16}\text{W/cm}^2\cdot\text{A}^\circ \tag{6-86}$$

$$E_{B0}=7.18\times10^{-16}\text{W/cm}^2\cdot\text{A}^\circ \tag{6-87}$$

$$E_{U0}=4.36\times10^{-16}\text{W/cm}^2\cdot\text{A}^\circ \tag{6-88}$$

（3）辐射星等（M_R）。这是采用对光谱无选择的接收器件（如温差电偶、测辐射热计等）探测星的热辐射能量所确立的星等系。

（4）热星等（m_r）。它是对辐射星等考虑大气消光和仪器消光影响，并对这些影响进行修正后确定的。它代表到达地球的恒星全频带辐射热的量度。热星等是一个很值得重视的星等，因为它与仪器探测器件的光谱响应率无关，这样无论用什么探测元件，光谱响应的差异都能规一化到热星等这一度量标准。

热星等的零点辐照度定义为

$$E_{r0} = 2.52 \times 10^{-12} \tag{6-89}$$

（5）绝对星等。对上述各类星等进行恒星距离修正，即设想把所有恒星都移到某一标准距离进行比较后确定的星等。因此又出现了绝对视星等、绝对照相星等、绝对热星等等。

2）星等与辐射能量

已知某恒星的热星等之后，可计算其辐射强度为

$$E_r = 2.52 \times 10^{-12} \cdot 10^{-0.4m_r} \tag{6-90}$$

式中：E_r为恒星全频带的辐射强度；m_r为该恒星的热星等值。

已知恒星的热星等以及该恒星的有效温度和探测器件的光谱响应分布，建立该恒星在探测器可敏感频谱段内的辐射能量：

$$E = 5.18 \times 10^{-16} T_e \times 10^{-0.4m_r} \int_0^{\infty} \frac{H_\lambda}{H_{\lambda\max}} \sigma(\lambda) \mathrm{d}\lambda \tag{6-91}$$

式中：E 为相对某种探测器件的星辐射强度（$\mathrm{w/cm^2}$）；T_e 为星的有效温度（K）；m_r为热星等；$\frac{H_\lambda}{H_{\lambda\max}}$为恒星的相对光谱分布；$\sigma(\lambda)$为探测器的光谱响应。

E 值是进行光学敏感器光学系统设计的重要参数，也是验收星模拟器辐射性能的依据。

4. 星辐射的背景干扰

星敏感器除接收来自确定方位的恒星辐射外，还会接收到其他辐射源的散射干扰，如银河系、月球、行星、太阳、地球的辉光干扰等。

因此，星模拟器的背景模拟很重要，常用的模拟方法是将辐射强度可调的大面积平行光束引入星模拟器的主光路中，有时也可独立制作一套背景模拟器与星模拟器配合使用。

6.6.3 星模拟器的组成及工作原理

标准星光模拟器由卤钨灯、滤光片、可变光阑、积分球、星点板、平行光管、光谱辐射计及定标软件构成，如图6－51所示。

卤钨灯的特点是光谱连续且色温较高，经稳压稳流源供电后工作稳定性可以达到0.5%。滤光片用来修正卤钨灯的光谱曲线，模拟大气外太阳光谱曲线，使输出光的光谱与实际工作状态最为接近。

可变光阑调节光源进入积分球的光通量大小，连续调光动态范围比较大，这样使得积分球出口处的光辐射亮度满足所要模拟星等照度的要求。通过可变光阑的调节，达到对星等的划分。

光进入积分球后经过漫反射，将光源输出光辐射均匀照明星点板，积分球出口处的光辐射面均匀性达到99%，角均匀性（±30°内）为98%，形成均匀点光源。同时整个球体内部的亮

度均匀,从而通过光谱辐射计测量星点处的辐射亮度,可以解决星等标定问题。

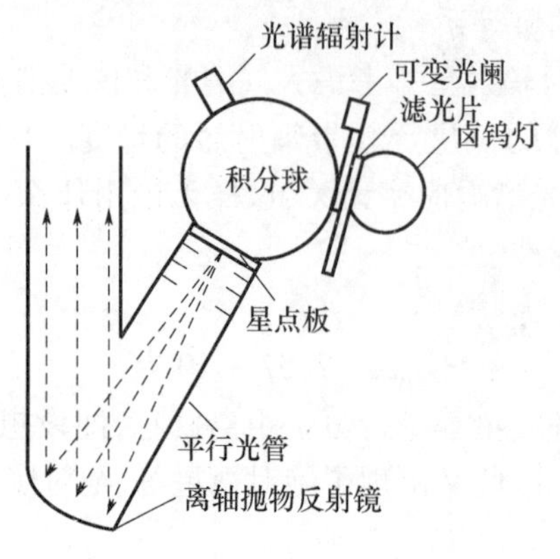

图 6-51 恒星模拟器系统组成

积分球输出的均匀光经过星点板,产生均匀点光源,再配合平行光管,形成无穷远平行光,以模拟出无穷远处星点。

光谱辐射计主要对积分球出口处辐射亮度进行测量,并对光谱分布及色温进行监视,以提供对光源系统不稳定性的反馈。

标定软件配合光谱辐射计完成对星模拟器的定标任务。通过软件可以方便地记录、保存、调用数据。

6.6.4 星模拟器的标定与性能检测

星模拟器主要用于星敏感器的校准,星模拟器的性能指标主要有两个方面:一个方面是模拟星等的标定,即光度和光辐射特性的标定;另一个方面是输出平行光的精度检测。下面我们按照两个方面进行分析[27]。

1. 星等标定

目前,国内无星光测量标准,这就给系统的最后标定带来很大的困难,目前有两种间接比较的方法可以用于系统目标与背景目标等的确定。

1) 采用已知星等对比方法

CCD 相机是目前天文观测中的主要仪器,已经取代了传统底片,可以获得良好的图像和可靠的天体亮度。选择一台高分辨力、高量子效应且动态范围为 14 位的 CCD 相机,进行天文观测。将 CCD 相机加上一个视场角很小的望远镜,在晴朗无月光的晚上,地点一定要远离城市,最好在深山区的山峰上,无任何杂散光的干扰,对已知的恒星进行拍照。这些恒星的星等是国际公认并有数据可查,通过照相便可得出该恒星在相机上的信号值,将所有有关数据全部记录下来,如曝光时间、光阑的大小、响应曲线等。用同一相机在同等条件下在暗室中对该系统模拟的目标星照相,调节衰减装置的衰减量,当相机上响应信号与某个恒星的记录信号完全相同时,就可认为这时模拟的星等与已知的恒星的星等完全一致。

2) 采用微光照度计测量、数学推算的方法

用一台已标定好的微光照度计直接对着平行光管的出射口,这时可以测出平行光管出光口的照度,能够判断出此时的照度对应的星等。该方法主要依据所使用的衰减装置的衰减量值不受光强度的变化而变化,另外认为平行光管出光口发射的光是平行光,只有在这两个基本

条件保证的基础上,才能通过测试与计算,推导出星等的亮度。

2. 输出平行光的准确度检测

1) 五棱镜法检测

对单星平行性的检测多采用五棱镜法,用五棱镜调校单星模拟器的装置如图6-52所示,将五棱镜固定于单星模拟器物镜前的平移台上,平移台运动方向与单星模拟器光轴垂直。用自准直仪观察经五棱镜射出的单星模拟器分划像,使之和自准直仪的分划线对准。

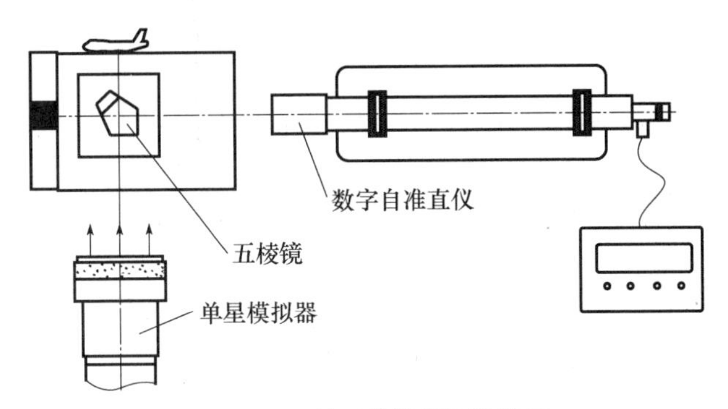

图6-52 单星模拟器调校装置

如图6-52所示,沿垂直于单星模拟器光轴方向移动五棱镜,由于理想五棱镜的出射光线严格垂直入射光线,即将光线折转90°,若单星模拟器发出平行光(见图6-53(b1),(b2)),在棱镜移动过程中,单星模拟器的分划像相对于自准直仪分划线不会产生横向移动。否则(见图6-53(a1),(a2),(c1),(c2))五棱镜从单星模拟器孔径一侧移到另一侧,自准直仪相当于对物距一定、距离光轴不同的物点分别成像,像将会有横向移动,单星模拟器需要进行调校。

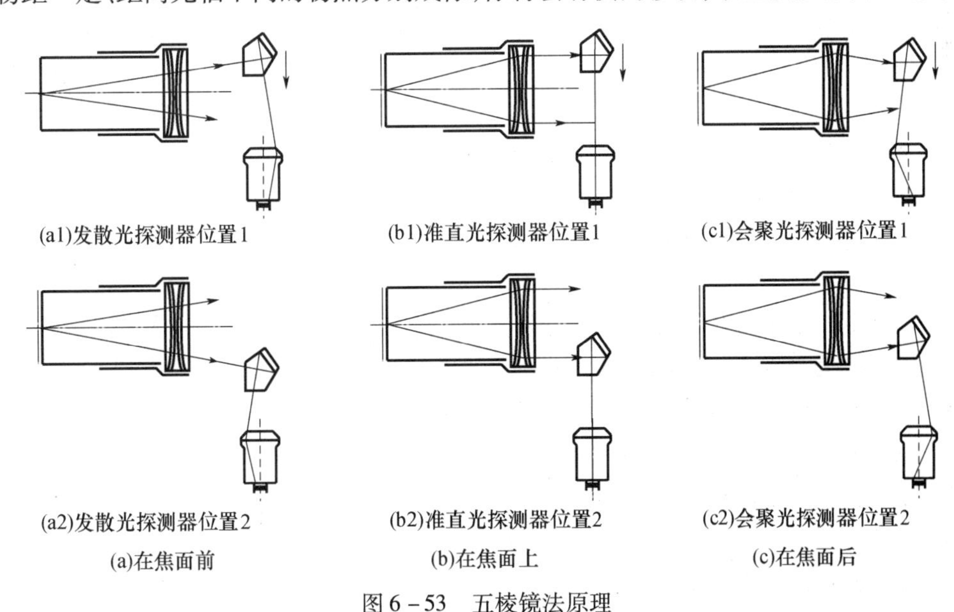

图6-53 五棱镜法原理

2) 自准直法检测

自准直法检测星光出射精度检测装置主要由自准直平面反射镜、分光棱镜、分划板、读数显微镜以及三维调整机构组成,如图6-54所示。

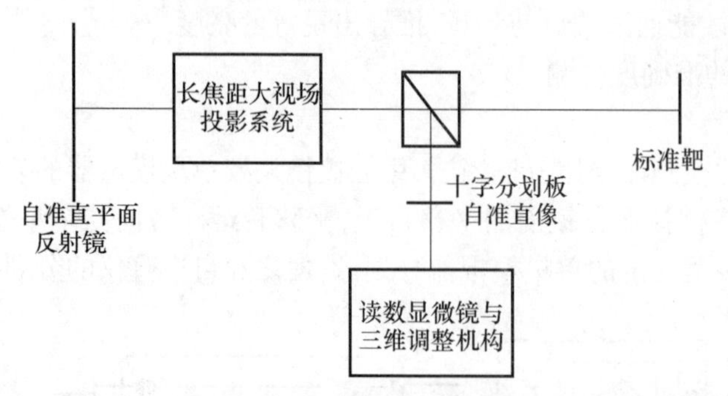

图 6-54 自准直法检测星光出射精度检测装置与原理

以一块特制的标准靶标为基准来标定星光的出射精度,将标准靶标位置调整到长焦距大视场投影光学系统焦平面上,其后用光源照明,标准靶标中的图案经长焦距大视场投影光学系统、自准直平面反射镜、分光棱镜返回后在十字分划板上形成标准靶标的自准直像,通过读数显微镜(用于瞄准)及三维调整机构(用于测量位移)测量出标准靶标图案自准直像各像点的位置,并与标准靶标上已知图案位置相比较,利用这种自准直检测的方法可将检测精度提高一倍。

6.7 星敏感器及其校准

6.7.1 卫星的姿态敏感器概述

卫星在对地球或其他星体观测过程中,要求对卫星的姿态进行控制。卫星姿态控制系统的作用,是把卫星的方位(一般用滚动、俯仰和偏航三个姿态角分量来描述)控制到规定方向,以满足有关系统对卫星的姿态要求[28]。

姿态控制系统主要由姿态测量敏感器、控制装置和执行机构三大部分构成。研究姿态控制技术,实际上就是研究姿态精度控制技术,其中主要的研究内容是姿态测量敏感器的精度和姿态确定算法,因为这是决定测量系统精度的主要因素。姿态测量敏感器按其基准方位,可分为六大类:

(1) 以地球为基准方位,有地球敏感器(红外地平仪)等;

(2) 以天体为基准方位,有太阳敏感器、星敏感器等;

(3) 以惯性空间为基准方位,有陀螺仪等惯性器件;

(4) 以地面站为基准方位,有射频敏感器;

(5) 以地貌为基准方位,有陆标敏感器等;

(6) 以地球磁场为基准方位,有磁强计等。

地球敏感器使用红外光辐射探测元件对地球扫描,当敏感器“视线”扫过地平面时,感受到红外辐射急剧变化,从而测得姿态角。

太阳敏感器利用太阳光线通过一条狭缝投射到太阳电池码盘上,不同的入射角产生不同的数码信号,从而获得姿态信息。

星敏感器利用阵列探测器(CCD 器件)获取星空图像,由卫星上的计算机进行星图识别和计算,可以确定三轴姿态。

6.7.2　太阳敏感器

太阳敏感器是在航天领域应用最广泛的一类敏感器,所有的卫星上都配备有太阳敏感器。太阳敏感器通过测量太阳相对卫星本体坐标系的位置来确定卫星的姿态。选择太阳作为参考目标是因为太阳视在圆盘的角半径几乎和航天器轨道无关并且很小,因此,对大多数应用而言,可以把太阳近似看作点光源。这样就简化了敏感器设计和姿态确定算法。并且,太阳的高亮度、高信噪比使得检测比较容易实现。

太阳敏感器除了能够为卫星提供姿态信息以外,还可以用来保护灵敏度很高的仪器,如星敏感器等。

太阳敏感器的构成主要包括三个方面:光学头部、传感器部分和信号处理部分。太阳敏感器按照其工作的方式可以分成"0－1"式、模拟式和数字式几种[29－31]。

1. "0－1"式太阳敏感器

"0－1"式太阳敏感器又称为太阳发现探测器,即只要有太阳就能产生输出信号,可以用来保护仪器,使航天器或实验仪器定位。它的结构也比较简单,敏感器上面开一个狭缝,底面贴光电池或其他光电探测器,当卫星搜索太阳时,一旦太阳进入该探测器视场内,则光电池就产生一个阶跃响应,说明发现了太阳。持续的阶跃信号指示太阳位于敏感器视场内。

一般来说,卫星的粗定姿是由"0－1"式的太阳敏感器来完成的,主要用来捕获太阳,判断太阳是否出现在视场中。"0－1"式的太阳敏感器要能够全天球覆盖,且所有敏感器同时工作。这种敏感器虽然实现起来比较简单,但是比较容易受到外来光源的干扰。例如,地球反射的太阳光信号、太阳帆板反射的太阳光等都容易对这种敏感器形成干扰。因此,一般要设置一个滤波器,敏感器的滤波器能够滤掉偶尔出现的电脉冲。

2. 模拟式太阳敏感器

模拟式太阳敏感器又称为余弦检测器,常使用光电池作为其传感器件,它的输出信号强度与太阳光的入射角度有关,其关系式为

$$I(\theta) = I_0\cos\theta \tag{6-92}$$

式中:θ 为太阳光束与光电池法线方向的夹角;I_0 为光电池的短路电流。

模拟式太阳敏感器几乎全部都是全天球工作的,其视场一般在20°~30°,精度在1°左右,它判断出现太阳信号的阈值以不高于太阳信号的80%(一般为50%)为门限。其说明图如图6－55所示。

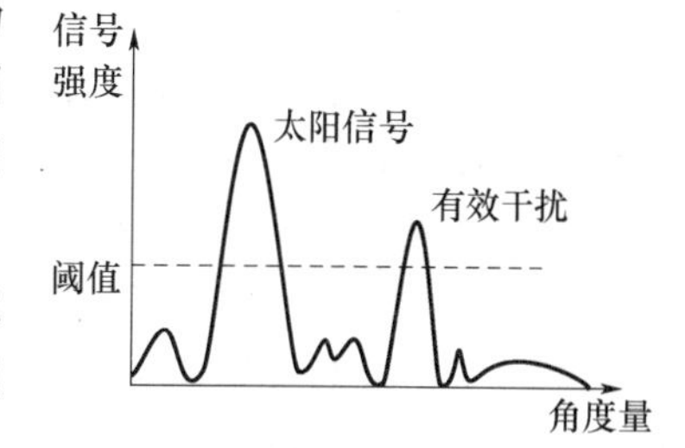

图6－55　模拟式太阳敏感器判断太阳出现的信号阈值说明图

这样的精度可以满足通信卫星的指标要求,但对于对地观测的卫星来说,精度太低,因此,目前的通信卫星主要依赖这种模拟式的太阳敏感器。

3. 数字式太阳敏感器

模拟式太阳敏感器的实现原理简单,但是其精度却难以满足卫星姿态控制系统日益提高的要求,并且,模拟式太阳敏感器容易受到地球反射光等其他光源的干扰,使其对姿态测量的结果产生误差,因此,数字式太阳敏感器得到了很大的发展。并且,数字式太阳敏感器能够满足越来越高的重量轻、功耗

低、精度高、模块化等要求。

数字式太阳敏感器是通过计算太阳光线在探测器上相对中心位置的偏差来计算太阳光角度的敏感器，主要有 CCD 和 APS 两种，其中 CCD 太阳敏感器包括线阵 CCD 数字式太阳敏感器和面阵 CCD 式太阳敏感器，而 APS 数字式太阳敏感器则以面阵为主。目前应用 CCD 的数字式太阳敏感器产品较多。

数字式的太阳敏感器的视场一般在 ±60°左右，其精度能够达到≤0.05°。其原理多是采用太阳光通过狭缝照射在 CCD 探测器上，通过计算太阳成像偏离 CCD 中心的位置来计算太阳光的夹角。其工作波段多采用 400～1100nm 的可见光和近红外波段。

虽然数字式太阳敏感器的视场很大，但真正用到的只是其中的一小段，在实际工作中它只对靠近光轴的主要区域重点探测，远离光轴的两侧只在较少时候进行探测；另外，为了避免被太阳能电池帆板等反射的太阳光干扰，太阳敏感器对偶然出现的较强信号也会将其滤除；数字式太阳敏感器一般在 CCD 的前面加滤光片，用来衰减太阳光强，使其不至于工作在饱和状态。

图 6－56 为线阵 CCD 太阳敏感器原理图。N_0 为太阳入射光线垂直入射 CCD 表面时，太阳光斑中心 O 所对应的像元序列号，以其为基准原点，N_1 为太阳通过光学头部斜入射时，太阳光斑中心 O'所对应的像元序列号，此时估算太阳光线入射角 α 为

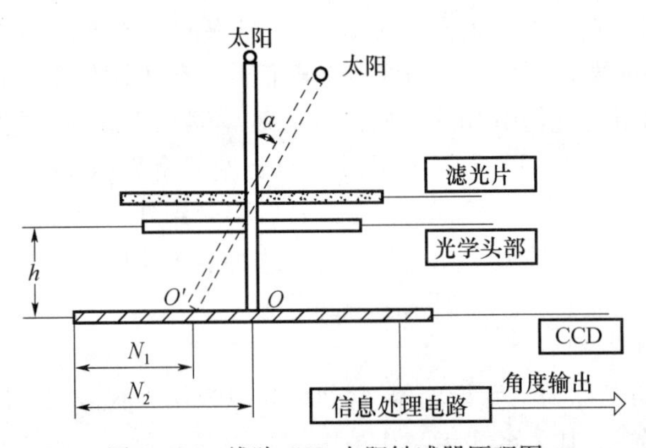

图 6－56　线阵 CCD 太阳敏感器原理图

$$\alpha = \arctan[K(N_0 - N_1)/h] \tag{6-93}$$

式中：K 为尺度转换系数，也即像元间隔距离；h 为光学头部与 CCD 探测器的距离。

从式(6－93)可以看到，太阳入射角的计算与太阳光斑位置的确定密切相关。目前经常使用的光斑位置测量法为“质心”法，它是基于平面几何中求实体重心的原理来实现的。它将太阳成像区域作为实体，像素作为最小计量单位，各像素上的电压输出值作为权重。图 6－57 为线阵 CCD 光斑位置测量示意图。

假设太阳光斑在数字式太阳敏感器的线阵探测器上成像位置在 N_1 处，探测器共有 M 个像素，并且第 i 个像素的输出电压为 $I(x_i)$，则信息处理电路的计算所得的光斑位置为

$$N_{id} = \sum_{i=1}^{M} I(x_i)x_i / \sum_{i=1}^{M} I(x_i) \tag{6-94}$$

数字式太阳敏感器一般由一块表面镀膜，中间刻有一条狭缝的棱镜，一块滤光片和一个线阵 CCD 探测器组成。两个相互垂直的狭缝结构组成双轴数字式太阳敏感器。图 6－58 为线阵 CCD 太阳敏感器的外观图。

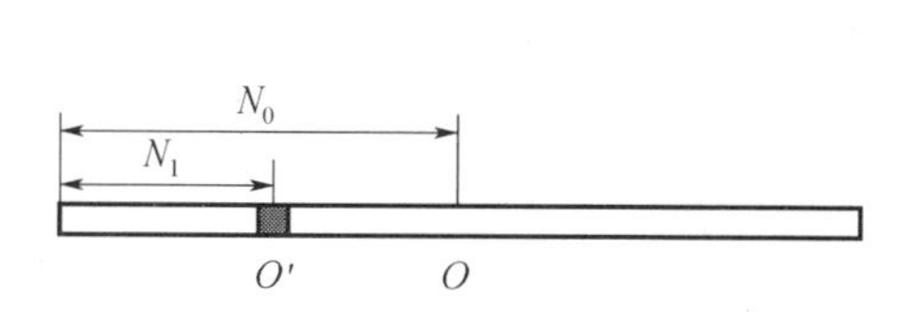

图6-57　线阵CCD光斑位置测量示意图

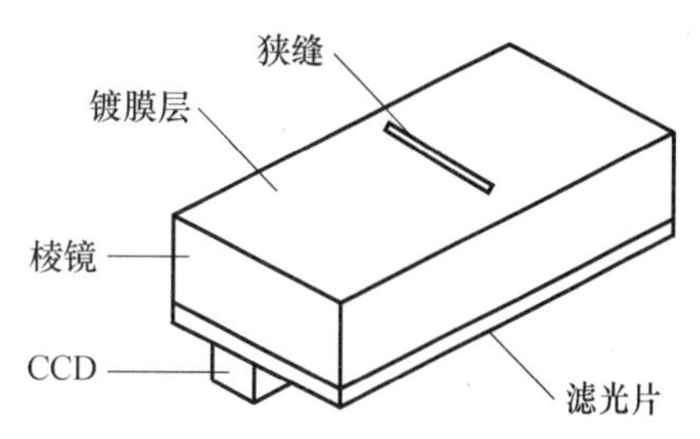

图6-58　线阵CCD太阳敏感器的外观图

6.7.3　地球敏感器

地球敏感器一般通过测量卫星相对地球的位置来确定飞行姿态，大多利用14～16μm波段的二氧化碳的吸收带来测量地球大气辐射圈所形成的地平圆来克服季节变化、地球表面以及地表辐射差异对地平圆的影响[32]。

地球敏感器分为地球反照敏感器和红外地球敏感器两类。前者在航天器控制系统中用得很少，而后者得到广泛应用。

地球反照敏感器是对地球反射的太阳光敏感，并借此获得航天器相对于地球的姿态信息的光学敏感器。其工作波段为可见光或近红外波段。地球反照敏感器的主要优点是简单，但因反照表现的地球形状随时间变化（与月球的圆、缺变化相似），因此其性能的提高受到限制。

红外地球敏感器是对地球的红外辐射敏感，并借此获取航天器相对于地球的姿态信息的光学敏感器，常称红外地平仪。它广泛采用二氧化碳吸收带14～16μm作为工作波段，可以较为稳定地确定地球轮廓和辐射强度。红外地球敏感器由光学系统、探测器和处理电路组成。可分为地平穿越式和辐射平衡式两种基本类型。

1. 地平穿越式红外地平仪

地平穿越式红外地平仪简称穿越式红外地平仪，它的视场对地球作扫描运动。当视场扫过地平时，感受到的红外辐射功率发生急剧变化，发生变化时的扫描角（运动部分绕扫描轴的转角）是姿态的函数。

在自旋稳定卫星上安装一种借助于星体自旋对地球进行扫描的穿越式红外地平仪。它输出两个电信号，分别对应于敏感轴进入和离开地球的扫描角。二者之差是姿态的函数。

装在三轴稳定卫星上的穿越式红外地平仪靠自己的扫描机构对地球进行扫描，常称为圆锥扫描地平仪。它有一个可逆计数器，计数累积值正比于敏感轴、扫描轴和当地垂线三者共面的扫描角。

2. 辐射平衡式红外地平仪

辐射平衡式红外地平仪对地球边缘某些区域的辐射敏感并加以比较，以获取姿态信息。它没有活动部件，因此常称为静态地平仪。有一种最简单的静态地平仪，能同时感受地球边缘四个区域的红外辐射。当卫星的姿态变化时，各探测器感测地球的面积随之变化，从而电信号也发生相应的变化。将这些电信号加以处理，即可得到与偏差角（敏感轴与当地垂线的夹角）的两个分量分别成函数关系的两个输出。

3. 红外地球敏感器工作原理

红外地球敏感器主要由光学头部、传感器以及信号处理部分构成，有些还包括机械扫描部件。因此,可以按照是否含有机械扫描部件将红外地球敏感器分成动态和静态两类。

图6-59为自旋卫星红外地平仪的工作原理示意图。

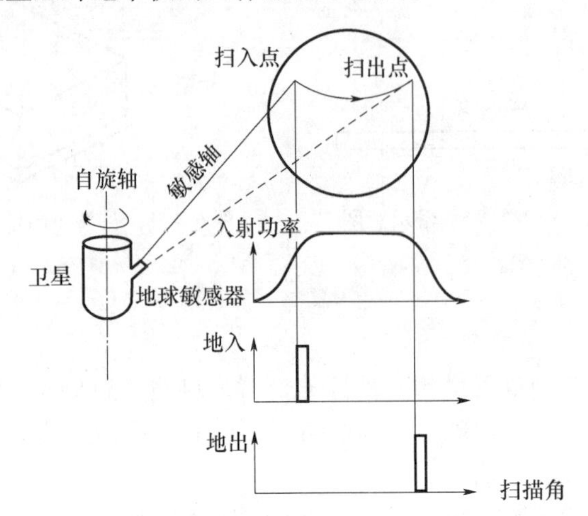

图6-59 自旋卫星红外地平仪的工作原理示意图

6.7.4 星敏感器

对恒星辐射敏感,并借此获取航天器相对于惯性空间的姿态信息的光学敏感器,简称星敏感器,适用于航天器的轨道控制和高精度的姿态控制。星敏感器分为星扫描器(又称星图仪)和星跟踪器两类。

1. 星扫描器

它的视场对天空作扫描运动,先后感受多个恒星的星光,从而得到不同恒星的扫描角(敏感器的运动部分绕扫描轴的转角)。这些扫描角是姿态的函数。

2. 星跟踪器

在一段时间内持续地跟踪某个或某些恒星。早期的星跟踪器具有装在框架上的光学系统,通过光学系统的运动对恒星进行跟踪。其后出现了以析像管等器件为探测器的星跟踪器和以阵列式器件为探测器的凝视型星跟踪器,它们的视场较大,能同时跟踪多个恒星,并能分辨出它们在视场中的方位。由于恒星的角直径极小,恒星敏感器有可能达到极高的测角精度(已达1角秒数量级)。恒星的数目极多,如果不能正确地识别已探测到的恒星(认出它们的名字),恒星敏感器便无法工作。恒星识别的方法是将测得的恒星方位和星光强度同星表中的数据进行比较。因此,为得到航天器的姿态信息,星敏感器的数据处理要由计算机完成。

随着航天事业的发展,星敏感器在空间飞行器姿态确定方面的应用已得到世界各国的关注。美国、俄罗斯、日本等国都已积极开展该领域的专门研究。目前我国也有多家单位在对星敏感器进行开发研究。

6.7.5 红外地球敏感器的检测

红外地球敏感器是用敏感地球红外辐射的方法测量卫星的姿态,所以对地球敏感器的检测主要是以地球模拟器为目标,检测其敏感程度。下面针对不同工作方式的地球敏感器介绍检测方法[33]。

在正式介绍检测方法前，首先介绍和检测有关的名词术语。

（1）信号极性：姿态角符号和地球敏感器输出姿态信号符号间的关系。

（2）对准：地球敏感器机械接口的安装定位面和基准镜面相对几何位置的精确性。

（3）极度系数：地球敏感器姿态测量输出特性曲线在线性范围内的斜率。

（4）地入：地球敏感器光轴从太空扫入地球。

（5）地出：地球敏感器光轴从地球扫入太空。

1. 自旋扫描式地球敏感器

（1）将地球敏感器安装于转台上，与单元检测仪连接。接通电源，启动自旋扫描专用地球模拟器至预定恒定恒温状态。启动转台以正旋转方向额定转速对地球模拟器进行扫描。用示波器测量地入、地中和地出脉冲电特性。

（2）将地球敏感器设置为零姿态，用单元检测仪测量输出弦宽数值。根据测量坐标系的规定设置一正姿态角，再次测量输出弦宽数值。比较两次测量的输出弦宽数值的大小，根据规定判定信号极性。

（3）调整地球模拟器，根据其对地球敏感器红外光学系统入瞳中心的张角来模拟轨道高度。设置不同姿态角及自旋转速，用单元检测仪测量地球弦宽。确定地球弦宽与姿态角及自旋转速的关系。同时，用单元检测仪测量地中相移与姿态角及自旋转速的关系。

（4）调整地球模拟器，模拟轨道高度，改变姿态角，用单元检测仪测量地球弦宽，确定可测量的最大弦宽和最小弦宽。

（5）使地球模拟器模拟地球红外辐射的纬度分布。设置姿态角，根据规定使地球敏感器光轴沿不同纬度扫描。对地球弦宽输出进行处理，确定纬度效应对测量精度的影响。

2. 圆锥扫描式地球敏感器

（1）将地球敏感器安装于转台上，与单元检测仪连接，接通电源。用频率计或存储示波器测量基准信号周期，确定圆锥扫描频率及其稳定度。

（2）启动圆锥扫描专用地球模拟器至预定恒定恒温状态。根据测量坐标系的规定设置一正姿态角，用单元检测仪测量姿态输出。姿态输出为正（负）值时，信号为正（负）极性。

（3）将地球敏感器设置为零姿态角，调节地球模拟器恒温在预定温度，用单元检测仪和数据处理装置对输出姿态数据进行检测和处理，记录姿态角测量零位误差。

（4）从零姿态开始，按规定的角度间隔设置姿态角，用单元检测仪和数据处理装置对输出姿态数据进行检测和处理，确定线性范围、标度系数和最大测量范围。

（5）调整地球模拟器，模拟轨道高度，改变姿态角，用单元检测仪测量地球弦宽，确定可测量的最大弦宽和最小弦宽。

（6）按照（4）的方法，确定姿态遥测输出线性范围、标度系数和最大测量范围。

3. 摆动扫描式地球敏感器

（1）将地球敏感器安装于转台上，与单元检测仪连接，接通电源。用频率计或存储示波器测量基准信号周期，确定摆动扫描频率及其稳定度。

（2）启动摆动扫描专用地球模拟器至预定恒定恒温状态。按2中（2）的方法确定信号极性。

（3）按2中（3）的方法确定姿态角测量零位误差。

（4）按2中（4）的方法确定俯仰和滚动姿态测量输出特性。

（5）按2中（5）的方法确定俯仰和滚动姿态遥测输出特性。

(6) 使地球敏感器工作在捕获模式下,从零姿态开始沿俯仰轴向正负两方向改变姿态角,测量地球信号消失时对应的角度值,然后调整转台,使地球敏感器绕偏航轴转 22.5 °。重复上述过程测量八次,根据所得数据画出捕获范围。

(7) 将地球敏感器从零姿态开始逐次设置滚动(俯仰)姿态角并保持不变,按 2 中(4)的方法确定俯仰和滚动姿态测量输出特性。确定交叉耦合对姿态测量精度的影响。

4. 辐射平衡式地球敏感器

(1) 将地球敏感器安装于转台上,与单元检测仪连接,接通电源。启动辐射平衡专用地球模拟器至预定恒定恒温状态。根据测量坐标系的规定设置一正姿态角,用单元检测仪测量姿态输出。姿态输出为正值时,信号为正极性。

(2) 按 2 中(3)的方法确定姿态角零位误差。

(3) 按 2 中(4)的方法确定俯仰和滚动姿态测量输出特性。

(4) 按 2 中(5)的方法确定俯仰和滚动姿态遥测输出特性。

(5) 按 3 中(7)的方法确定交叉耦合对姿态测量精度的影响。

(6) 用地球模拟器模拟地球红外辐射的纬度、季节效应。按 2 中(3)的方法测量零位误差。按 2 中(4)的方法确定俯仰和滚动姿态测量输出特性。从而确定纬度、季节效应对姿态测量误差的影响。用地球模拟器模拟地球红外辐射的局部短期变化,用上述方法确定局部短期变化对姿态测量精度的影响。

(7) 将地球敏感器姿态角设置为 0 °,利用局部环境温控的方法,使地球敏感器壳体温度以 1℃/min 的速率由 0℃上升到 40℃,由单元检测仪测量姿态输出的变化确定温度变化对姿态测量误差的影响。

6.7.6 星敏感器天文定标

星敏感器本质上是一架安装在卫星上的望远镜,作为一类姿态传感器,它的有效输入信号是被它扫描到视场中成像在光敏面上的恒星星像,包括每颗恒星的星像位置(x_i,y_i)和星像亮度幅值 I_i,它的输出数据通常用实时描述该传感器空间姿态的四元素来表示。在星敏感器从输入到输出过程中,首先需要将每次在 t 时刻观测到的一组恒星集合(a_i,β_i,$M_{\upsilon i}$)转换为一组与之对应的恒星星像的集合(x_i,y_i,I_i),并且通过对星敏感器硬件系统的精确标定,确定上述输入量与输出量间的函数关系,用星敏感器的位置传递函数和亮度传递函数来分别描述二者间的关系;然后以 t 时刻观测到的星像数据(x_i,y_i,I_i,t)和位置传递函数为依据(输入量),求出此时刻该仪器飞行过程中在空间的实时姿态四元素(输出量)。所以,星敏感器必须获得一个经标定精确确定的位置传递函数,由它完成从星像坐标到对应恒星像点坐标的映射关系,有了这个关系就可最终求出光轴在绝对空间的指向或星敏感器在天球坐标系中的姿态四元素。

下面我们介绍一种利用天顶观测来进行星敏感器标定的新方法[34,35]。

利用天顶观测进行星敏感器标定的方法就是将地球当作一个均匀转动的转台,由一个较精确的时钟代替刻度盘,相对地球静止的星敏感器对天顶邻域进行观测,把星点作为目标,让星点匀速地扫过 CCD 视场。分别记录它们每个时刻在 CCD 本体坐标系中的位置(x_i,y_i)以及其在天球惯性坐标系中的坐标(a_i,β_i),用多项式拟合星点坐标和对应的像点坐标,得到标定系数。这种标定方法的优点是观测天顶邻域很容易修正大气折射的影响,另外,利用了一个优于 0.1″的十分精确的天球惯性坐标系统。恒星的视角径几乎为 0(<0.01″),且其平行光覆盖

整个地球。这是在地面上人工条件下很难得到的。

为讨论方便,本文暂且不考虑对星光亮度的标定和如何提取星象亮度中心的一些细节,但是提取一组精确的星像中心是高精度标定的前提。

星敏感器在进行标定前要计算天顶的天球赤道坐标(a_z,δ_z),可根据式(6-95)与式(6-96)得到地方平时 m 与地方恒星时 S:

$$m = T_N - (N^h - \lambda) \tag{6-95}$$

$$S = S_0 + m + (m - \lambda)\mu \tag{6-96}$$

式中:T_N 为区时;N^h为时区的顺序号;S_0 为世界时 0^h的格林尼治的恒星时;$\mu = 0.0027379$,则观测时刻天顶的天球赤道坐标 $a_z = S$,$\delta_z = \delta$。

以(a_z,δ_z)为初始指向对观测的星空进行人工识别,并由这些星的位置推导出天顶(a_z,δ_z)在本体坐标的位置(X_z,Y_z)。将不同时刻拍摄的恒星坐标归算到观测起始时刻的位置:

$$a_{ji} = a_j + (T_i - T)\omega$$

$$\delta_{ji} = \delta_j$$

式中:(a_j,δ_j)为第 j 颗恒星的天球赤道坐标;T 为观测起始时间;T_i 为第 i 次观测时间;(a_{ji},δ_{ji})为 T_i 时观测的第 j 颗恒星归算到观测起始时刻的天球赤道坐标;ω 为地球自转角速度。

将(a_z,δ_z)分别绕与赤道面的垂线(Z 轴)以及与过春分点的赤经圈的垂线(Y 轴)旋转到天球坐标(0,0)处(图6-60),其他位置的坐标也要经过相同的旋转。设旋转前后星像的矢量坐标分别为

$$\begin{cases} \nu = \begin{bmatrix} \cos\alpha_{ji}\cos\delta_{ji} \\ \sin\alpha_{ji}\cos\delta_{ji} \\ \sin\delta_{ji} \end{bmatrix} \\ \omega = \begin{bmatrix} \cos\alpha_{ji}'\cos\delta_{ji}' \\ \sin\alpha_{ji}'\cos\delta_{ji}' \\ \sin\delta_{ji}' \end{bmatrix} \end{cases} \tag{6-97}$$

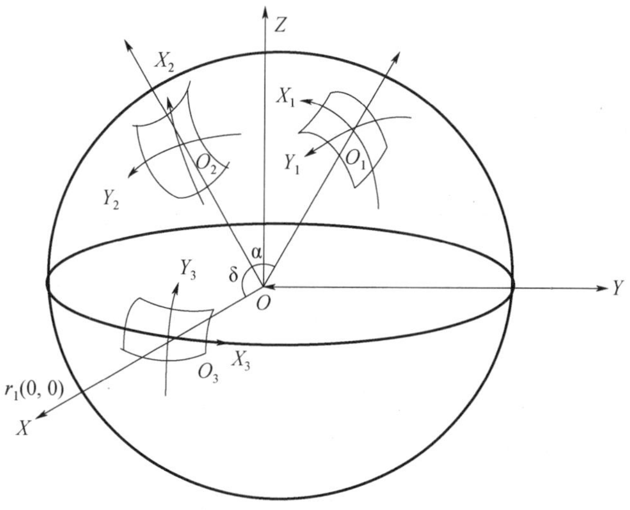

图6-60　天球示意图

那么，(a_z,δ_z)经过两次旋转到天球坐标(0,0)处满足关系式：

$$\omega = R_y(\alpha_z) \times R_z(-\delta_z) \times \nu \tag{6-98}$$

式中：$R_z(\theta)$，$R_y(\theta)$分别为Z轴与Y轴的旋转矩。

$$\begin{bmatrix} \cos\alpha_{ji}'\cos\delta_{ji}' \\ \sin\alpha_{ji}'\cos\delta_{ji}' \\ \sin\delta_{ji}' \end{bmatrix} = \begin{bmatrix} \cos(-\delta_z) & 0 & -\sin(-\delta_z) \\ 0 & 1 & 0 \\ \sin(-\delta_z) & 0 & \cos(-\delta_z) \end{bmatrix} \times \begin{bmatrix} \cos\alpha_z & \sin\alpha_z & 0 \\ -\sin\alpha_z & \cos\alpha_z & 0 \\ 0 & 0 & 1 \end{bmatrix} \times \begin{bmatrix} \cos\alpha_{ji}\cos\delta_{ji} \\ \sin\alpha_{ji}\cos\delta_{ji} \\ \sin\delta_{ji} \end{bmatrix} \tag{6-99}$$

式中：$(a_{ji}'s,\delta_{ji}')$为第j颗恒星归算到观测起始时刻的天球赤道坐标旋转后的结果。

最后用两个曲面方程拟合星点在 CCD 平面坐标(x_{ji},y_{ji})影射到天球坐标(a_{ji}',δ_{ji}')之间的关系：

$$a_{ji}' = a_0 + a_1x_{ji} + a_2y_{ji} + a_3x_{ji}^2 + a_4x_{ji}y_{ji} + a_5y_{ji}^2 + a_6x^3x_{ji} + a_7x^2y_{ji} + a_8x_{ji}y_{ji}^2 + a_9y_{ji}^3$$

$$\delta_{ji}' = b_0 + b_1x_{ji} + b^2y_{ji} + b_3x_{ji}^2 + b_4x_{ji}y_{ji} + b_5y_{ji}^2 + b_6x_{ji}^3 + b_7x_{ji}^2y_{ji} + b_8x_{ji}y_{ji}^2 + b_9y_{ji}^3$$

即可求出标定系数。其中参数$a_0 \sim a_9$，$b_0 \sim b_9$可由最小二乘法求得，它反映了从精确目标到观测结果的位置传递函数。

6.7.7 太阳敏感器性能检测

太阳敏感器性能检测一般采取两种方式：一种为室内检测，测量装置为太阳模拟器加精密两维转台；另一种为室外利用太阳辐射能量检测。

实验室标定试验中主要通过模拟测试信号源完成对样机电路功能的测试。整机联试按照地面试验要求，利用精度 3″的高精度两维转台和大口径、高准直的太阳模拟光源来进行室内标定试验。试验中利用地面测试程序在计算机上进行数据采集和精度标定。分析试验数据，综合一次性测量误差和不一致性测量误差，对测量结果作出判断。

外场太阳标定试验中主要由于空间太阳能量和地面模拟光源能量差异较大，为了保证空间应用的一致性和可靠性，需要确定 CCD 信号放大器和光电池电压放大器的合适倍数，以调整探测器的动态范围。

6.8 真空紫外和极紫外光学系统性能测试

6.8.1 真空紫外和极紫外光学系统概述

紫外辐射的波长范围是 10 ~ 400nm，通常将其分为三部分，即近紫外：250 ~ 400nm；远紫外：200 ~ 250nm 和真空紫外：10 ~ 200nm。在真空紫外中，又把波长范围在 10 ~ 121nm 的紫外光称为极紫外光（EUV）。

随着探月工程、深空探测和对地观测技术的发展，国内外开发了许多真空紫外和极紫外光学系统和设备。下面我们介绍几种有代表性的紫外光学系统[36]。

1. 月基对地观测极紫外（EUV）相机

嫦娥二期工程任务目标中，地月空间环境探测是非常重要的一个科学目标。月基对地观测 EUV 相机将对地球周围等离子体层产生的30.4nm 辐射进行全方位、长期的观测研究，这对于地球天气和空间天气研究具有非常重要的意义。图6－61 为月基对地观测极紫外(EUV)相机的光学系统图。

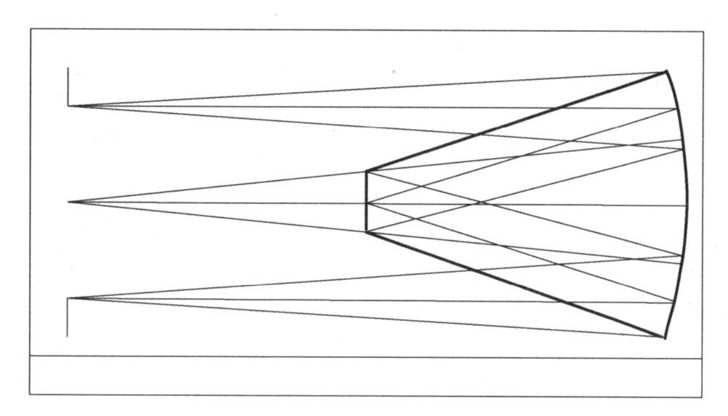

图6－61　EUV 相机光学系统图

2. 极紫外望远镜

极紫外望远镜是在空间观测太阳结构和活动的天文仪器，主要用于观测和研究日冕、太阳风和磁通量等太阳物理现象。目前，在轨飞行的多颗卫星都搭载极紫外太阳望远镜，如美国的 TRACE 卫星、欧空局的 SOHO 卫星及日本的 SOLAR－B 等卫星。我国研制了使用正入射多层膜成像系统的极紫外太阳望远镜，该望远镜由四个多层膜正入射望远镜组成，安装在同一个真空室内，可以对四个不同的工作波长同时成像，望远镜角分辨力为 0.5″，比目前正在空间飞行的 TRACE 的角分辨力高一倍。该望远镜用准卡塞格林型望远镜结构，结构如图6－62 所示。

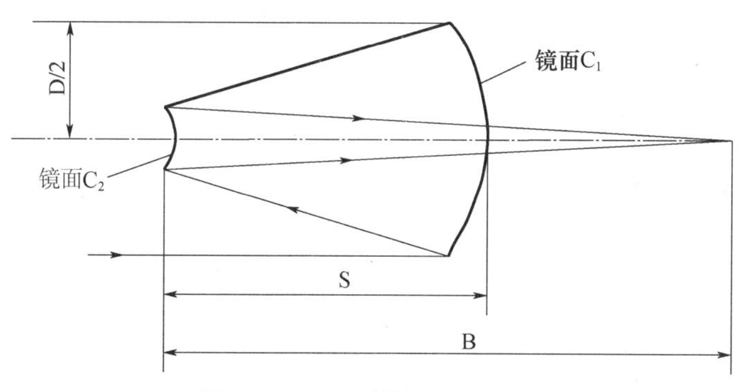

图6－62　双反射镜系统望远镜

3. 紫外极光成像仪

1986 年瑞典发射的 Viking 极轨卫星上搭载了紫外极光成像仪(UAI)(图6－63)。它由两个相机组成，可分别对 134～180nm 和 123.5～160nm 波段进行成像，前者采用 BaF_2 滤光片和 CsI 阴极材料微通道板(MCP)，后者采用 CaF_2 滤光片和 KBr 阴极材料微通道板。光学系统采用了逆卡塞格林望远镜系统，探测器选用的是曲面 MCP＋光纤＋CCD，仪器视场 20°×25°，空间分辨力 20～30km，每 20s 得到一幅全球极光全貌图。它的最大特点是仪器结构紧凑，并实现了对极光形态的可视化探测，特别适合于在高轨道卫星上探测极光。在随后的 20 多年时间内，UAI 及相应的改进型远紫外极光成像仪在各种高度、大椭圆轨道卫星上为研究太阳－磁层相互关系提供了丰富的极光探测数据。

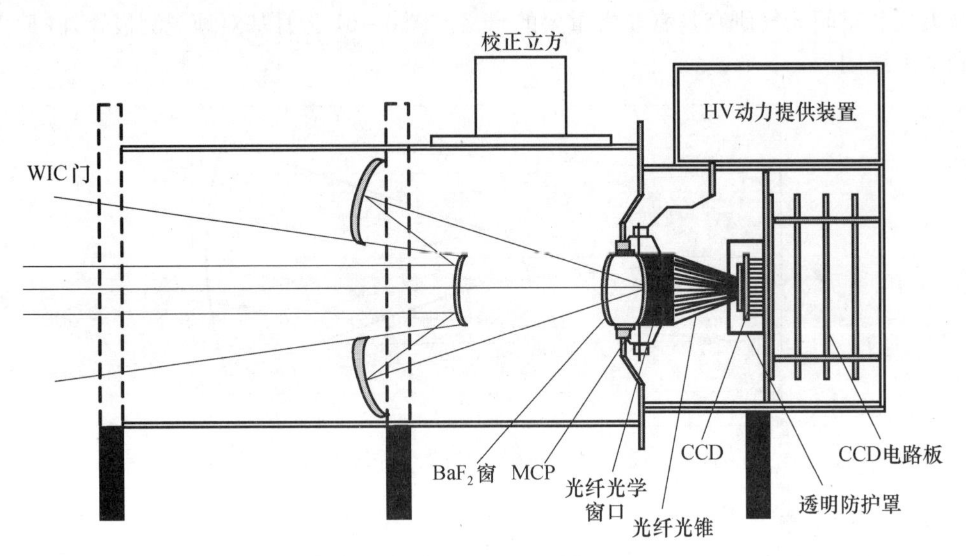

图 6-63 远紫外极光成像仪原理图

6.8.2 极紫外太阳望远镜成像质量检测

由于极紫外波段光线既不能在空气中传播,也不能在其他物质中传播,所以检测 EUV 望远镜工作波长成像质量采用了透射“网栅”测分辨力的方法。其工作原理是:在极紫外平行光管的焦点处放置一块有确定空间频率和线宽的透射网栅作为成像目标,由极紫外光束照明该网栅,透射光经平行光管后成为平行光束,平行光束照射并充满待测 EUV 望远镜入瞳,再经 EUV 望远镜成像,根据所得透射网栅像即可判断待测望远镜分辨力[37-39]。由下面简单的关系式即可求出待测望远镜的分辨力:

$$\sigma = \frac{f'}{f_{tube}'} \cdot \sigma_0 \tag{6-100}$$

式中:f',f_{tube}'分别为待测望远镜和平行光管的焦距;σ,σ_0 分别为望远镜焦面上可分辨最小间距和平行光管焦面上网栅线宽。

EUV 波段平行光管采用倒置 Newton 式结构,该结构简单、遮拦比小,其具体技术指标如下:工作波段为 17~31nm;准直度为 2″;焦距为 3 750mm;真空度优于 5×10^{-4}Pa。

EUV 光管和待测望远镜采用端对端的连接方式,即将望远镜的入瞳端和平行光管的出瞳端采用波纹管连接起来。设计时考虑平行光管的出瞳要大于待测望远镜的入瞳,同时考虑中心遮拦,使平行光管的出射光照亮待测望远镜的整个入瞳。极紫外太阳望远镜成像质量检测系统测试 EUV 太阳望远镜测试系统框图如图 6-64,检测装置光路图如图 6-65 所示[37]。

用于望远镜工作波长检测的实验室光源主要有两种:空心阴极光源(HC) 和激光等离子体光源(LPS)。空心阴极光源光子辐射通量一般在 1% 带宽内可以达到 10^7~10^8 光子束/秒,激光等离子体光源光子通量在 2% 带宽内可达到 10^{14} 光子束/脉冲。

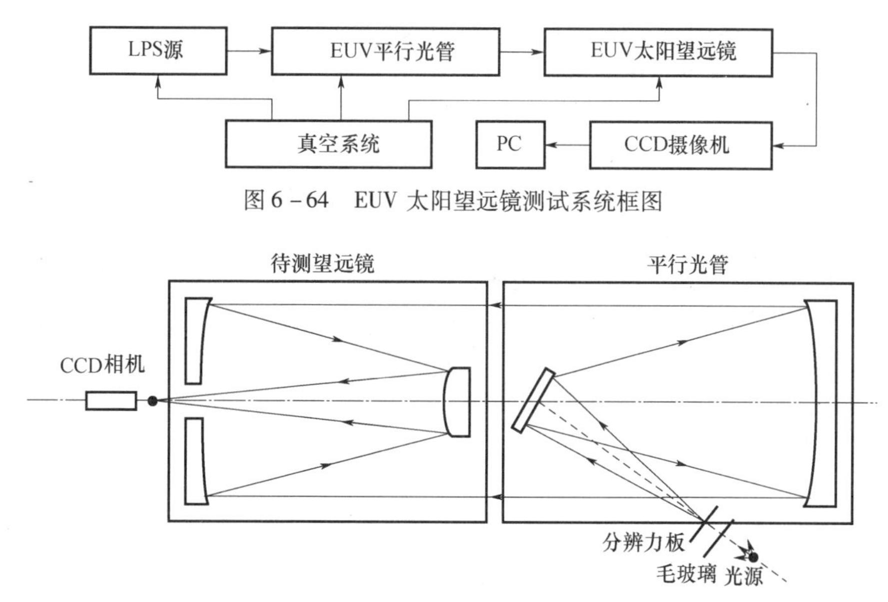

图6-65　检测装置光路图

6.8.3　EUV 波段 CCD 相机空间分辨力测试

由于 EUV 光辐射波长极短，经过透射网栅的衍射效应可以忽略，所以采用 EUV 波段平行光照射透射网栅，利用待测 CCD 相机对网栅成像来判读该相机的空间分辨力[40,41]。该方法简单、直观，实验中只需要平行性较好的 EUV 光源和不同间距的网栅。15～30nm 波段光源最好的选择是同步辐射光源。因为同步辐射光源连续可调，且在水平方向平行性很好，发散性接近激光。图6-66 为利用同步辐射光源设计的 CCD 相机空间分辨力测试方案原理图，同步辐射光束线水平方向发散度为0.6mrad，所以测试时，网栅需尽可能靠近待测 CCD 相机。图6-67 为透射网栅示意图。

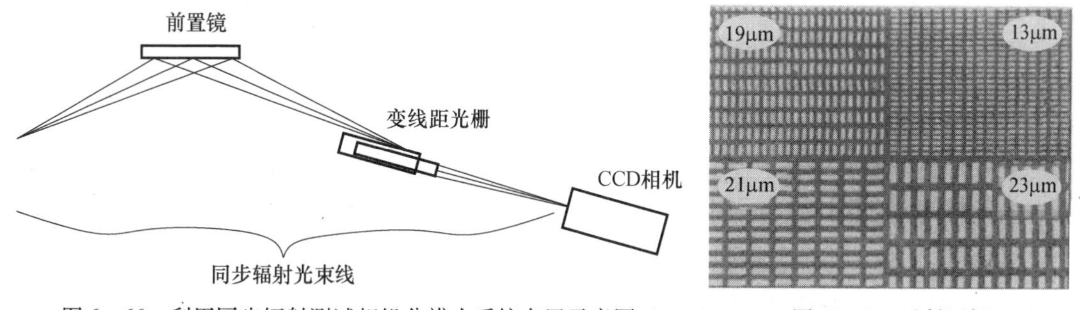

图6-66　利用同步辐射测试相机分辨力系统布置示意图

图6-67　透射网栅

6.9　太阳的辐射及其测量

地球表面的太阳辐射是地球主要的能量来源，它决定了全世界的气候状况，也使人类有可能利用其中的一小部分能量来制造可控的热能和电能。在地球表面进行太阳辐射测量，对于研究太阳辐射对地球生物的影响和合理有效利用太阳能具有十分重要的意义,因此日益受到人们的重视。对太阳辐射的精确测量不仅是气象部门的重要任务,也是深空探测、载人航天工程的重要任务[42-46]。

6.9.1 太阳辐射

1. 太阳辐射概述

太阳光以电磁波辐射方式到达地球表面,其波长范围为 0.3 ~ 1.4μm,通常被称为短波辐射,含紫外、可见和红外三大光谱区,如图 6-68 所示。太阳辐射通过大气时会遇到各种粒子和气体,辐射线将被吸收与散射。地球上某一点接收的太阳能量,一部分来自直接辐射,另一部分则是散射辐射,二者之和称为太阳总辐射。

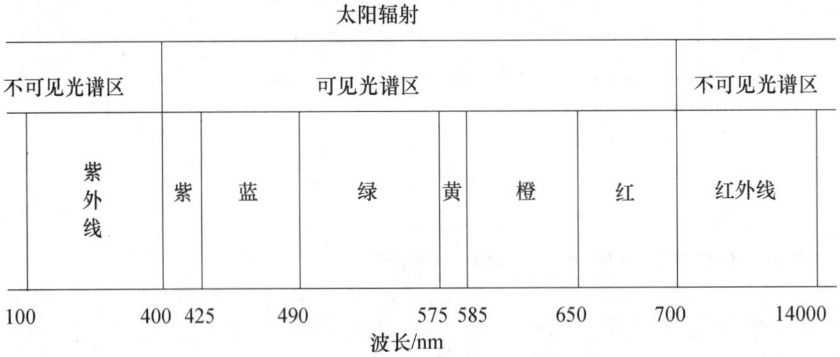

太阳辐射

不可见光谱区	可见光谱区						不可见光谱区
紫外线	紫	蓝	绿	黄	橙	红	红外线
100–400	400–425	425–490	490–575	575–585	585–650	650–700	700–14000

波长/nm

图 6-68 太阳辐射的光谱区域

一般可以认为太阳是绝对温度为5900K 的黑体,其一定光谱范围的辐射出射度 $M_{es}(\lambda)$ 可根据普朗克公式计算:

$$M_{es}(\lambda) = \frac{2\pi hc^2}{\lambda^5}\left[\frac{1}{\exp(hc/\lambda kT - 1)}\right] \tag{6-101}$$

式中:h 为普朗克常数;c 为真空中的光速;k 为玻尔兹曼常数;T 为太阳的黑体温度。

太阳对目标的单色辐照度 $E_{es}(\lambda)$ 为

$$E_{es}(\lambda) = \frac{M_{es}(\lambda) \cdot A_s}{4\pi \cdot R_{se}^2} \tag{6-102}$$

式中:A_s 为太阳表面积,可根据太阳的半径 $r_s = 6.69 \times 10^8$ m 计算得到;R_{se} 为日地平均距离,$R_{se} = 1.496 \times 10^{11}$ m。

通常用太阳常数表示太阳辐射的强度,其定义为:单位时间单位面积进入地球大气层太阳辐射的总功率为太阳常数,其值为(1367 ±7) W · m^{-2}。

2. 太阳辐射的分类

1) 直射

由日面直接发射出来,并能使地面上的物体产生阴影的一种辐射。由于在地面上观察的日面只能形成一个约 32′的视角,日面周围也非常光亮的部分称作华盖,在日射测量学中称其为环日辐射。

与直射束相垂直的接收平面所测量到的直射,称为法向直射。与直射呈某种角度的接收平面上的直射,需通过法向直射换算。

2)散射

太阳发出的辐射束经过大气层时,由于受到大气及其中各种粒子成分介质分散成多方向的空间分布而形成的辐射。这种辐射遇到介质时还可再次被散射,即多次散射。

3)反射

太阳辐射通过大气遇到另一介质界面而返回原介质中的现象。

4)总辐射

水平面上从其上半球空间接收到的全部太阳辐射,其成分包括直射和散射。

5)半球向辐射

任意朝向的平面从其上半球空间接收到的全部太阳辐射,其成分包括直射、散射和反射。

太阳辐射的主要物理量如下:

辐射强度:实际观测的物理量主要是辐射强度 E,指单位时间内通过单位面积上的辐射能量(单位为 W/m^2)。在无云的中午,在太阳光与地球表面相垂直的方向上,当空气中的含水量接近 1cm、臭氧含量接近 2mm、空气混浊系数为 0.05 悬浮微粒时,从太阳和天空辐射到地球表面的总辐射强度可达到 $1.12kW/m^2$;当太阳光对地面的入射角大于 60°时,对于无工业污染的城市,此值具有一定的代表性。

直接太阳辐射光谱分布:直接太阳辐射光谱分布包含了太阳本身的光谱和通过大气层引入的吸收和散射光谱成分。

6.9.2 太阳辐射测量仪器

测量太阳总辐射和分光辐射的仪器叫太阳辐射计。它的基本原理是将接收到的太阳辐射能以最小的损失转变成其他形式的能量,如热能和电能,以便进行测量。用于总辐射强度测量的有太阳热量计和日射强度计两类。太阳热量计测量垂直入射的太阳辐射能。使用最广泛的是埃斯特罗姆电补偿热量计。它用两块吸收率 98% 的锰铜窄片作接收器。一片被太阳曝晒,另一片屏蔽,并通电加热。每片上都安置热电偶,当二者温差为零时,屏蔽片加热电流的功率便是单位时间接收的太阳辐射量。日射强度计测量半个天球内,包括直射和散射,并用半球形玻璃壳保护,防止外界干扰。用于分光辐射测量的有滤光片辐射计和光谱辐射计。前者是在辐射接收器前安置滤光片,用于宽波段测量;后者是一台单色仪,测量宽约 5nm 的波段。

1. 太阳辐照绝对辐射计(SIARs)

绝对辐射计可不依赖于任何辐射标准而直接确定辐射度。它是热电型探测器,通常采用腔型黑体接收器。在接收辐射的器件上设置了电加热丝,并使接收器上辐射照射下和电加热下的热效应情况等效,用电功率再现的方法自定标辐射度。绝对辐射计的辐射度溯源于国际单位制(SI)七个基本单位的电流基准,它已广泛应用于各种光辐射的绝对测量。

2. 太阳辐射测量系统

高精度太阳辐射测量系统是国家气象计量中心在现行辐射测量传感器的基础上,利用全自动太阳跟踪装置,提高太阳辐射测量的准确性。该系统由各种辐射传感器、全自动太阳跟踪器、辐射数据采集器、自动跟踪控制与辐射数据处理系统等部分组成。系统组成如图 6-69 所示。

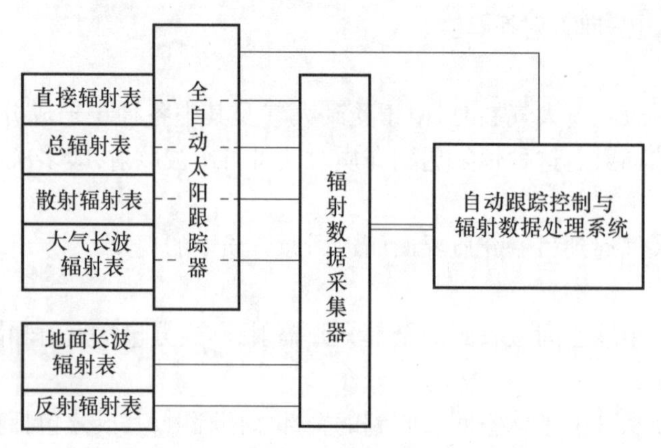

图6－69 高精度太阳辐射测量系统组成

1）辐射传感器

系统中辐射传感器分别用于测量太阳直接辐射、总辐射、散射辐射、反射辐射、大气长波辐射、地面长波辐射和净全辐射，基本的辐射传感器分别为总辐射表、直接辐射表、长波辐射表。各辐射传感器对应的测量项目如表6－4所列。

表6－4 辐射传感器对应的测量项目

传感器	测量项目	附加条件	备注
直接辐射表	直接辐射	对准太阳，直接测量	测量短波辐射
总辐射表	总辐射	水平安装，直接测量	
	散射辐射	水平安装，遮光测量	
	反射辐射	感应面朝下安装，直接测量	
长波辐射表	大气长波辐射	水平安装，遮光测量	测量长波辐射
	地面长波辐射	感应面朝下安装，直接测量	
长短波辐射表组合	净全辐射	由总辐射、反射辐射、大气长波辐射和地面长波辐射计算得到	测量长、短波辐射

直接辐射表用于测量直接辐射，总辐射表测量总辐射、散射辐射和反射辐射，长波辐射表测量大气长波辐射和地面长波辐射，而净全辐射则是由总辐射、反射辐射、大气长波辐射和地面长波辐射四个量计算得到。

2）全自动太阳跟踪与控制器

全自动太阳跟踪系统是以计算机控制的光、机、电一体化跟踪系统，由时角轴（方位）和赤纬轴（仰角）两个相互垂直轴的正交运动合成了跟踪太阳的运动轨迹，具有日历跟踪方式和传感器跟踪方式两种可自行平滑切换的工作模式。在日出前6min，系统按照日历跟踪方式运行到适当位置，若太阳光线足够强，系统自动切换到光电传感器跟踪方式，实现更高精度的太阳位置跟踪，当太阳光线弱时，则根据太阳运行轨迹时间函数确定太阳的位置（日历跟踪）。日落6min后，系统返回到初始位置，避免了跟踪误差的累积和控制电缆的缠绕，系统运行中不需要任何人工干预。硬件电路系统由计算机和工业数据采集与控制板卡构成。全自动太阳跟踪器跟踪精度达到了0.14(°)/24h，具备全自动、全天候、高精度的突出优点。

太阳跟踪器机械部分的动力由两个步进电机提供，基本结构为两对蜗轮蜗杆，附加两对带型齿轮，用以实现水平和垂直两个方向的旋转运动，其结构简单，运动平稳，具有自锁功能，能按需要停止在任意位置。水平转动范围0°~360°，垂直转动范围-10°~+100°，总载荷大于20kg。根据不同需求，可加载总辐射表、直接辐射表、散射辐射表、大气长波辐射表等不同的传感器，并配有自动遮光装置，实现全天侯、全自动观测。

3）辐射数据采集器

系统中的辐射数据采集器主要由CAWS800采集器、电源系统、传感器接入单元等组成。分辨力为1μV，满量程20mV时测量准确度为0.15%（相当于30μV）。辐射数据采集器还具有多种数据计算处理功能。

6.9.3　我国太阳辐射量值传递

为了保证世界范围内太阳辐射测量的可比性，世界气象组织在瑞士的达沃斯气象物理观象台设立了世界辐射中心，定期举行国际直接辐射表的比对，对每个区域设立的区域辐射中心，进行辐射量值的传递。我国的太阳辐射测量标准由国家气象计量站负责保存和维护，以世界辐射基准（WRR）作为最高标准开展量值传递。图6-70为传递框图。

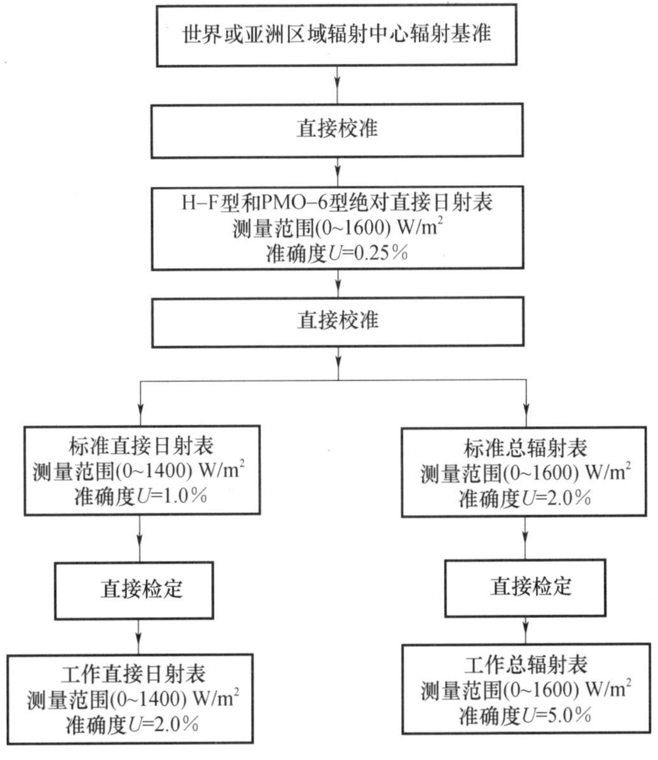

图6-70　我国太阳辐射量值传递框图

6.10　太阳能电池光电性能计量测试

太阳能是人类取之不尽、用之不竭的能源。随着近年来气候变暖、能源紧缺、环境污染等问题的加重，以及对石油、煤炭、天然气等化石能源逐渐耗尽的担心，光伏能源的重要性和战略性进一步凸显，人们对可再生能源的需求日益紧迫。除此之外，在宇宙飞船和卫星上，太阳能电池也是维持航天器正常工作的主要能源。对太阳能电池光电性能的精确测量，是光学计量一个重要的方面[47-51]。

6.10.1　太阳能电池概述

1. 太阳能电池的工作原理

太阳能发电方式一般分为两类，即光热电转换方式和光电直接转换方式。

1）光热电转换方式

利用太阳辐射产生的热能发电，一般是由太阳能集热器将所吸收的热能转换成工质（蒸汽）的势能和动能，再驱动汽轮机发电。前一个过程是光热转换过程；后一个过程是热电转换过程，与普通的火力发电一样。太阳能热发电的缺点是效率很低而成本很高，其投资估计至少要比普通火电站高5～10倍。一座1000MW的太阳能热电站需要投资20～25亿美元，平均每千瓦的投资为2000～2 500美元。因此，目前只能小规模地应用于特殊的场合，而大规模利用在经济上很不合算，还不能与普通的火电站或核电站相竞争。

2）光电直接转换方式

光电直接转换方式是利用光电效应，将太阳辐射能直接转换成电能，光电转换的基本装置就是太阳能电池。太阳能电池是一种由于光生伏特效应而将太阳光能直接转化为电能的器件，太阳能电池工作原理如图6－71所示。

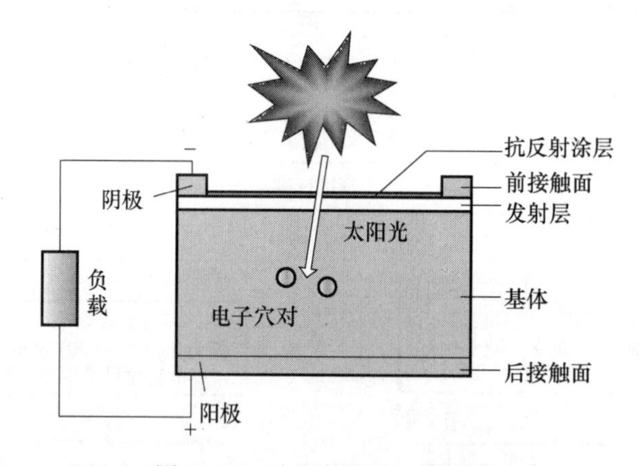

图6－71　太阳能电池工作原理

当许多个电池串联或并联起来，就可以成为较大输出功率的太阳能电池方阵。太阳能电池具有永久性、清洁性和灵活性三大优点。太阳能电池寿命长，只要太阳存在，太阳能电池就可以一次投资而长期使用；与火力发电、核能发电相比，太阳能电池不会引起环境污染；太阳能电池可以大中小并举，大到百万千瓦的中型电站，小到只供一户用的太阳能电池组，这是其他电源无法比拟的。

2. 太阳能电池的性能参数

1）开路电压

开路电压 U_{OC}，即将太阳能电池置于100 mW/cm^{2}的光源照射下，在两端开路时，太阳能电池的输出电压值。可用高内阻的直流毫伏计测量电池的开路电压。

2）短路电流

短路电流 I_{SC}，就是将太阳能电池置于标准光源的照射下，在输出端短路时，流过太阳能电池两端的电流。测量短路电流的方法，是用内阻小于 1Ω 的电流表接在太阳能电池的两端。

3）最大输出功率

太阳能电池的工作电压和电流是随负载电阻而变化的，将不同阻值所对应的工作电压和电流值做成曲线就得到太阳能电池的伏安特性曲线。如果选择的负载电阻值能使输出电压和电流的乘积最大，即可获得最大输出功率，用符号 P_m 表示。此时的工作电压和工作电流称为最佳工作电压和最佳工作电流，分别用符号 U_m 和 I_m 表示：

$$P_m = U_m I_m \tag{6-103}$$

4）填充因子

太阳能电池的另一个重要参数是填充因子 FF，它是最大输出功率与开路电压和短路电流乘积之比：

$$FF = \frac{P_m}{U_{OC}I_{SC}} = \frac{U_m \cdot I_m}{U_{OC}I_{SC}} \tag{6-104}$$

FF 是衡量太阳能电池输出特性的重要指标，是代表太阳能电池在带最佳负载时，能输出的最大功率的特性，其值越大表示太阳能电池的输出功率越大。

5）转换效率

太阳能电池的转换效率指在外部回路上连接最佳负载电阻时的最大能量转换效率，等于太阳能电池的输出功率与入射到太阳能电池表面的能量之比：

$$\eta = \frac{P_m}{P_{\text{in}}} \cdot \frac{FF \cdot U_{OC} \cdot I_{SC}}{P_{\text{in}}} \tag{6-105}$$

地面用太阳能电池的测试标准为：大气质量为 AM1.5 时的光谱分布，入射的太阳辐照度为 1000W/m^2，温度为25℃。在此条件下太阳能电池的输出功率定义为太阳能电池的峰瓦数，用符号表示为 W_P。

太阳能电池的光电转换效率是衡量电池质量和技术水平的重要参数，它与电池的结构、结特性、材料性质、工作温度、放射性粒子辐射损伤和环境变化等有关。其中与制造电池半导体材料禁带宽度的关系最为直接。

6.10.2　太阳能电池性能检测

太阳能电池产品生产线的一个环节——太阳能电池性能检测是非常重要的，它将影响太阳能电池产品的质量。太阳能电池性能检测仪器有四个功能部分：高压脉冲电源、模拟太阳光平行光源、电子负载和工控计算机。其中高压脉冲电源为氙灯管提供脉冲能量，一般情况下充电电压为550V，灯管释放的光能经过铝箔、毛玻璃的漫反射处理后，基本上转化为 1000W/m^2 的模拟太阳光，即用于检测太阳能电池的大面积平行光源，该光源配备一个标准太阳能电池片，作为参考电池，输出的电压值代表检测时的光强；电子负载主要由两个大功率功放器件组成，用于将来自太阳能电池的电流电压信号稳定输出，再将电流、电压以及参考电池电压、温度的模拟量输出到工控计算机的高速数据采集卡，数据采集卡将以每秒1M 个样本的速率将模拟量转换为数字量，经过转换后得到的数据，就可以作为原材料处理获得太阳能电池的各个物理参数了。太阳能电池检测仪工作原理图如图6-72 所示。

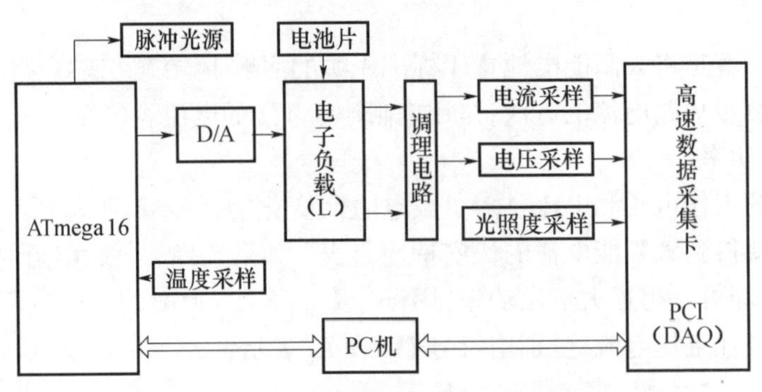

图 6-72 太阳能电池检测仪工作原理图

通过上面的介绍可以知道,太阳能电池的输出特性主要是电学特性,包括输出电流、电压和电功率,但这些电学特性是在一定的光照条件下测量得到的,所以从光学计量角度讲,就要求有一个标准的光源,对光照量值进行精确的测量和标定。这里所说的光源就是太阳模拟器,有关太阳模拟器的内容我们在 6.4 节已经介绍,这里不再重复。对太阳模拟器进行校准,对太阳模拟器输出功率进行精确测量是太阳能电池性能测量的前提。

太阳能基本特性测量实验如下:

(1) 将太阳能电池放在暗箱中,按实验电路图接线(图 6-73(a)),测量在不受光照情况下,太阳能电池在正向偏压下的 $I-U$ 特性。

(2) 将太阳能电池作为一电源连入电路(图 6-73(b)),置于恒定光强照射下,按电路图接线,测量在不同负载电阻时流过太阳能电池的电流 I 和输出电压 U,计算其在不同负载电阻下的输出功率 P, 由此确定最大输出功率 P_m 时的负载电阻 R_m;从 $I-U$ 图上得到 $U=0$ 时的短路电流 I_{SC}和 $I=0$ 时的开路电压 U_{OC},计算填充因子 FF。

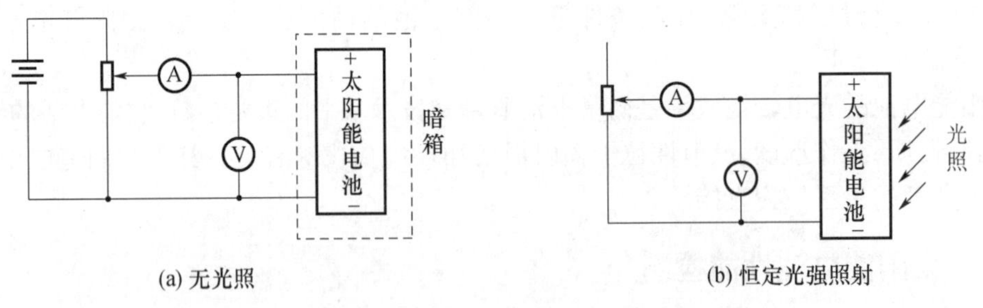

图 6-73 全暗及光照时太阳能基本特性测量实验电路图

(3) 取定 J_0作为"标准"的入射光照强度,通过改变光源到太阳能电池的距离来改变照射到太阳能电池的光照强度 J, 得到 I_{SC} ,U_{OC}与相对光照强度 J/J_0 的关系,找出 I_{SC} ,U_{OC}与 J/J_0 的近似函数关系。

(4) 在光源出射口安放一块隔离红外辐射的隔热玻璃,只使短波长通过,以防止红外波长对实验的影响。然后在太阳能电池前安放不同截止波长的滤色片(该滤色片存在截止波长,小于此波长的光波不能通过), 在光强为 J_0 下测量光电流和截止波长的关系。然后改变 J, 测量几组不同光强下光电流和截止波长的关系。由光电流 I_{SC}和截止波长 λ_c的关系,外推至 $I_{SC}=0$ 时,得截止波长 λ_{cc},即可由光子能量与波长关系($E=hc/\lambda$)得到制作太阳能电池的半导体材料的禁带宽度。测量不同半导体材料制作的太阳能电池的数据,比较不同半导体材料的禁带宽度。

6.10.3　太阳能电池的光谱响应测量

太阳能电池的光谱响应 $R(\lambda)$ 是指在某一特定波长 λ 处，太阳能电池输出的短路电流 $I(\lambda)$ 与入射到太阳能电池上的辐射功率 $\Phi(\lambda)$ 的比值：

$$R(\lambda) = I(\lambda)/\Phi(\lambda) \tag{6-106}$$

为确定入射到探测器上的光谱辐射功率 $\Phi(\lambda)$，通常使用经过光谱标定的标准探测器对光源在某一特定波长 λ 处的辐射功率进行测量。如果光探测器在某一特定波长 λ 处的绝对光谱响应是 $R'(\lambda)$，探测器在某光源特定波长 λ 处的输出电流为 $I'(\lambda)$，则该光源在特定波长 λ 处输出的辐射功率 $\Phi(\lambda)$ 就是：

$$\Phi(\lambda) = I'(\lambda)/R'(\lambda) \tag{6-107}$$

如果在相同条件下测量太阳能电池，则太阳能电池的绝对光谱响应可以表达为

$$R(\lambda) = R'(\lambda)[I(\lambda)/I'(\lambda)] \tag{6-108}$$

通过上述比对法就可以进行绝对光谱响应的测试，在得到绝对光谱响应曲线后，将曲线上的点都除以该曲线的最大值，就得到对应的光谱响应曲线。

太阳能电池光谱响应度测量装置原理如图 6－74 所示。

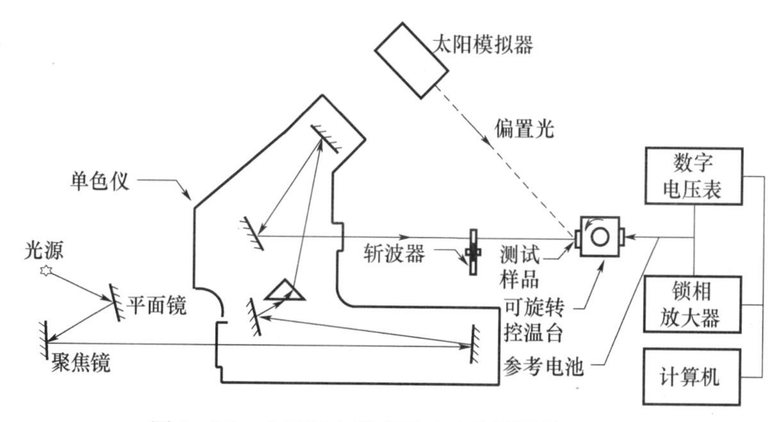

图 6－74　太阳能电池光谱响应度测量装置原理

参 考 文 献

[1] 胡浩．中国探月[M]．北京：科学出版社，2007.

[2] 梁燕熙．光学计量技术在月球探测工程中的作用[J]．应用光学，2006，27(1)：1－4.

[3] 薛鸣球，沈为民，潘君骅．航天遥感用光学系统[M]．现代光学与光子学的进展－庆祝王大珩院士从事科研活动六十五周年专辑，天津：天津科技出版社，2003，243－265.

[4] 李幼平，禹秉熙，王玉鹏，等．成像光谱仪辐射定标影响量的测量链与不确定度[J]．光学精密工程，2006，14(5)：822－828.

[5] 李家仓．遥感仪器的实验室定标：概述与探讨[J]．红外，2003(7)：17－22.

[6] 于清波，王立平．比值法光学遥感器机上辐射定标的研究[J]．长春光学精密机械学院学报，1999，22(2)：21－25.

[7] 黄芠，相里斌，袁艳，等．干涉型超光谱成像仪星上定标方法研究[J]．遥感技术与应用，2004，19(3)：214－216.

[8] 计忠瑛，相里斌，王忠厚，等．干涉型超光谱成像仪的星上定标技术研究[J]．2004，19(4)：280－283.

[9] 陈荣利，樊学武，李英才．基于信息理论的航天相机性能评价研究[J]．光学技术，2004，30(4)：434－436.

[10] 韩昌元. 航天相机成像质量评价[J]. 光机电信息,2000,17(6):1-9.
[11] 中华人民共和国国家军用标准:GJB 2705—1996 星载 CCD 相机通用规范.
[12] 周富强. CCD 摄像机快速标定技术[J]. 光学精密工程,2000,8(1):96-100.
[13] 王珏,李春来,赵葆常. 绕月探测工程 CCD 立体相机的实验室辐射定标[J]. 天文研究与技术,2007,4(1):31-35.
[14] 吕文华,莫月琴,杨云. 太阳模拟器在辐射仪器检测中的应用[J]. 应用气象学报,2001,12(2):196-202.
[15] 中华人民共和国国家标准:GB/T 12637—90. 太阳模拟器通用规范.
[16] 李刚,周彦平. 卫星仿真测试用太阳模拟器和地球模拟器设计[J]. 红外技术,2007,29(5):283-287.
[17] 刘洪波. 太阳模拟技术[J]. 光学精密工程,2001,9(2):177-181.
[18] 庞贺伟,黄本诚,臧友竹,等. KM6 太阳模拟器设计概述[J]. 航天器环境工程,2006,23(3):125-133.
[19] 黄本诚,庞贺伟,臧友竹,等. KM6 太阳模拟器的研制方案与进展[J]. 航天器环境工程,2003,20(1):1-3.
[20] 中华人民共和国国家军用标准:GJB 3489—1998 太阳模拟器光学参数测量方法.
[21] 王凌云,高玉军,张国玉,等. 圆锥扫描式红外地球模拟器研究[J]. 光学技术,2007,33(5):666-668.
[22] 张国语,张帆,徐熙平,等. 小型准直式红外地球模拟器研究[J]. 仪器仪表学报,2007,28(3):345-349.
[23] 郭玉蛟. 星模拟器概述[J]. 控制工程,1986(5):42-49.
[24] 刘亚平,李娟,张宏. 星模拟器的设计与标定[J]. 红外与激光工程,2006,35(增刊):331-334.
[25] 冯广军,马臻,李英才. 一种高星等标准星光模拟器的设计与性能分析[J]. 应用光学,2010,31(1):39-42.
[26] 孙高飞,张国玉,姜会林,等. 甚高精度星模拟器设计[J]. 光学精密工程,2011,19(8):1730-1735.
[27] 闫亚东,董晓娜,何俊华,等. 单星模拟器的调校准确度分析[J]. 光子学报,2007,36(9):1742-1746.
[28] 施少范. 国外对地观测卫星高精度姿态控制系统研究[J]. 上海航天,2000(6):49-53.
[29] 饶鹏,孙胜利,陈桂林. 高精度 CCD 太阳敏感器的研制[J]. 红外技术,2007,29(8):474-479.
[30] 饶鹏,孙胜利. 航天 CCD 太阳敏感器的发展与应用[J]. 航天控制,2003,21(4):7-10.
[31] 席红霞,大视场、高精度数字式太阳敏感器[J]. 红外,2003(1):25-29.
[32] 中华人民共和国国家军用标准:GJB 3290—1998 红外地球敏感器通用规范.
[33] 张辉,田宏,袁家虎,等. 星敏感器参数标定及误差补偿[J]. 光电工程,2005,32(9):1-4.
[34] 李春艳,李怀锋,孙才红. 高精度星敏感器天文标定方法及观测分析[J]. 光学精密工程,2006,14(4):558-563.
[35] 李春艳,谢华,李怀锋,等. 高精度星敏感器星点光斑质心算法[J]. 光电工程,2006,33(2):41-44.
[36] 陈波,尼启良,曹继红,等. 空间软 X 射线/极紫外波段正入射望远镜研究[J]. 光学精密工程,2003,11(4):315-319.
[37] 薛玲玲,陈波,尼启良,等. 17.1nm 波段光电成像系统分辨力的实验研究[J]. 光学精密工程,2005,12(5):225-230.
[38] 薛玲玲,陈波. 19.5nm 波段光电成像系统分辨力的实验研究[J]. 光电子·激光,2003,14(1):17-19.
[39] 薛玲玲,陈波,石晓光,等. 30.4nm 光电成像系统分辨力的初步实验研究[J]. 量子电子学报,2003,20(4):501-504.
[40] 薛玲玲,陈波,李玉民. EUV 波段电光成像系统分辨力的实验研究[J]. 光谱学与光谱分析,2004,24(5):529-531.
[41] 巩岩,送谦,叶彬洵. EUV 波段 CCD 相机及其空间分辨力测试[J]. 光学精密工程,2005,13(增刊):56-59.
[42] 禹秉熙,方伟,姚海顺,等. 神舟 3 号飞船上太阳辐射测量[J]. 空间科学学报,2004,24(2):119-123.
[43] 方伟,禹秉熙,王玉鹏,等. 太阳辐照绝对辐射计及其在航天器上的太阳辐照度测量[J]. 中国光学与应用光学,2009,2(1):23-28.
[44] 谢伟. 太阳辐射计技术分析[J]. 红外,2003(3):9-15.
[45] 詹杰,谭锟,邵石生,等. 便携式自动太阳辐射计[J]. 量子电子学报,2001,18(6):551-555.
[46] 徐宁,余世杰,杜少武. 新型便携式太阳总辐射仪的研制[J]. 太阳能学报,2000,21(1):117-120.
[47] 许伟民,何湘鄂,赵红兵,等. 太阳能电池的原理及种类[J]. 发电设备,2011,25(2):137-140.
[48] 袁镇,贺立龙. 太阳能电池的基本特性[J]. 现代电子技术,2007(16):163-165.
[49] 熊利民,孙皓. 太阳能电池及太阳模拟器光源的计量技术研究[J]. 中国计量,2010(7):70-72.
[50] 茅倾青,潘立栋,陈骏逸,等. 太阳能电池基本特性测定实验[J]. 物理实验,2004,24(11):6-8,11.

第7章 靶场光学测量设备及其校准

靶场光学测量设备主要指在常规靶场进行打靶试验中用于弹道测量和目标观测的光学仪器,包括光幕靶、天幕靶、CCD立靶、光电经纬仪、弹道相机等。随着新型光电武器系统的发展,对靶场测量设备提出了新的更高的要求,新的测量设备不断涌现。本章主要针对目前普遍采用的靶场测量设备展开研究和讨论。

7.1 光幕靶及其校准

7.1.1 光幕靶的工作原理及组成

1. 光幕靶及其应用

在武器装备的研制和生产中,弹丸飞行速度和射频是需要经常测试的关键参数。光幕靶作为常规靶场测试上述参数的校验仪器,已逐步替代线圈靶成为骨干仪器。

光幕靶是一种以光电转换技术为特征的探测飞行弹丸到达空间指定位置时刻的仪器,两台光幕靶与一台测时仪配合,用来测试弹丸的飞行速度,多台光幕靶组成光幕阵列与多路数据采集仪配合用来测试射击密集度[1-5]。光幕靶由于采用光电转换原理,属于非接触测量,测量精度优于其他原理的测量仪器。所以,经过20多年的发展,光幕靶已逐步替代钢板靶、网靶以及线圈靶实现弹丸速度的测量。

目前,在枪、炮、弹和发射药的生产验收试验中,光幕靶用来测试弹丸初速和密集度,在防弹和航空材料研制中用来测试模拟飞行物的速度,检验材料的撞击强度,其应用领域涉及兵器生产、公安防弹、航空材料、解放军和武警等。

2. 光幕靶的工作原理

光幕靶顾名思义,是由光形成一个幕布。光幕的一端为线阵光源,一端为线阵光电探测器。静止状态时,光源接收到的信号保持不变。当有弹丸穿过光幕时,会使线阵探测器中的某一些接收到的信号发生变化,由此可以判断在某一时间有弹丸穿过光幕。图7-1为LED光源配接PIN型光敏二极管阵列的探测光幕示意图。

3. 光幕靶的构成

常规的光幕靶构成的测速系统由两台光幕靶和一台测时仪组成,也可以不用测时仪直接采用数据采集系统。测速系统中的核心部件是光幕靶。两台光幕靶前后相距一定距离放置在预定弹道上,光幕靶的探测面与弹道垂直。当弹丸飞过光幕靶的探测面时,弹丸遮住一部分到达接收器件的光线,从而引起接收器件光电流的变化,光幕靶中的光电转换电路放大和处理该微弱变化的信号,最终输出一个电压脉冲信号,该信号的前沿代表弹丸某位置到达或触及光幕的时刻,测时仪记录弹丸飞过两台光幕靶的时间。构成光幕的主体是发射装置(也叫光源)和接收装置。发射装置的功能是形成朝一个方向发光的线光源,接收装置接收线光源的光能量,在发射装置与接收装置间形成厚度均匀的光幕。发射装置与接收装置用连接杆固定在一起,形成一个整体。光幕靶结构示意图如图 7-2 所示。

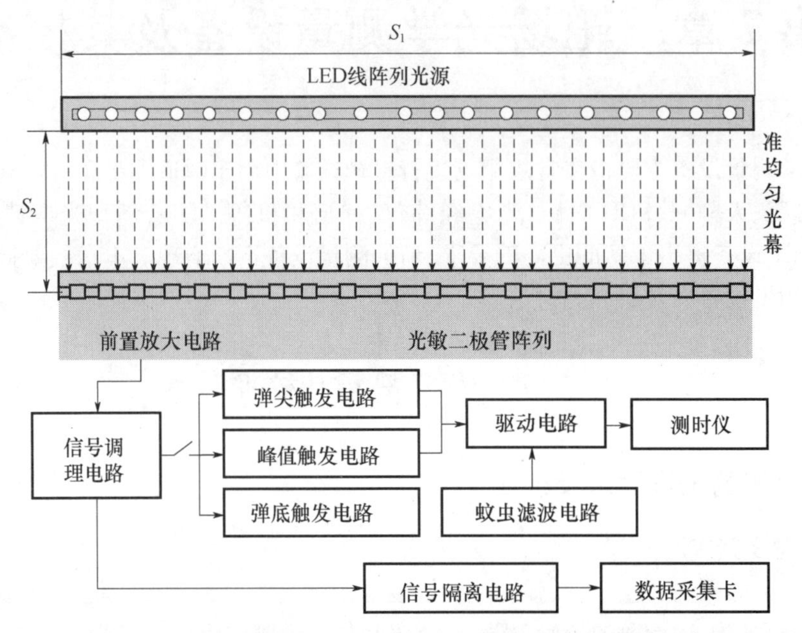

图 7-1 LED 光源配接 PIN 型光敏二极管阵列的探测光幕示意图

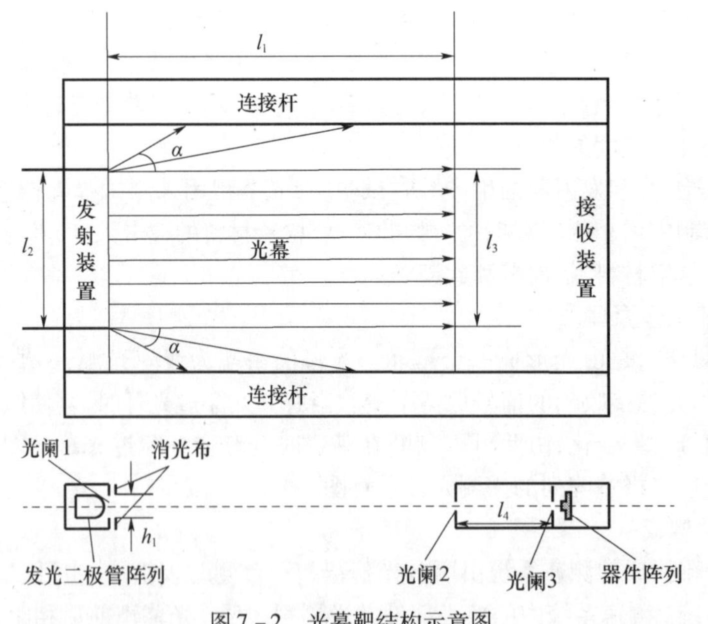

图 7-2 光幕靶结构示意图

图 7-2 中,发射装置中发光器件阵列有效发光长度为 l_2,接收装置中接收器件阵列有效敏感面的长度为 l_3,发射装置与接收装置之间的距离为 l_1。图中箭头方向为光源的照射方向,上下两个连接杆既起到连接发射装置和接收装置的作用,还起到限制光幕和阻挡杂散光的作

用,在连接杆靠近光幕的表面贴有消光布。发射装置上设计了一个矩形光阑1,在接收装置有矩形光阑2和光阑3。光阑1、光阑2和光阑3矩形光孔径的有效宽度分别为 h_1,h_2 和 h_3,长度分别为 l_2 或 l_3,三个参数的确定要依据 l_1、要求的灵敏度和最终形成的幕厚参数而定。一般选择 h_1 与发光二极管的直径相同,或者比其小一点。

图7-3是形成的光幕实际形状在平行光幕方向的视图,垂直光幕方向的视图在图7-1中标出。接收装置的两个光阑形成的接收视场为四边形 *ABCD*,由发射装置与接收装置共同形成的光幕为四边形 *EFCD*。在没有炮口火光和曳光的情况下,四边形光幕 *EFCD* 起作用,但在炮口火光和弹尾曳光的情况下,四边形光幕 *ABCD* 起作用,因为进入该视场的光都可以传播到探测光电器件阵列上,引起相应的光电反应。

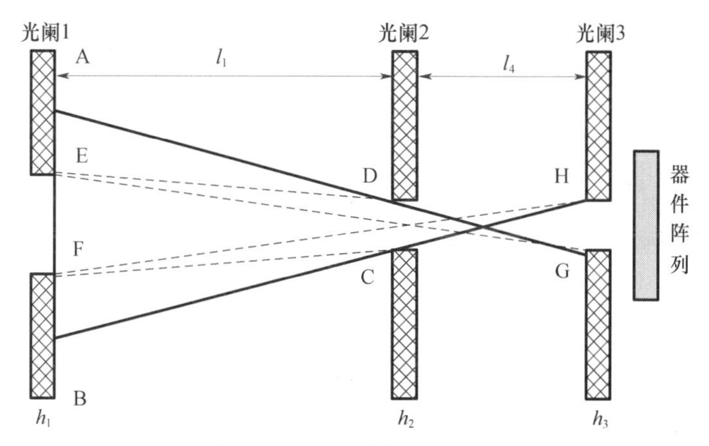

图7-3　光幕实际形状示意图

靶架采用铝型材,按分立靶架和一体化靶架设计,如图7-4所示。靶架的作用主要是用来固定光幕靶,使两个靶面相互平行且与弹道垂直,并在两靶间形成一定的靶距,因此靶架除了有较好的外观外,应具有足够的强度、刚度和调节功能。图7-4(a)为一体化靶架,其特点是两个光幕靶和靶架结合为一体,在最初的装配时就保证了两靶的相互平行,且靶距固定,因此使用起来非常方便,靶架上装有脚轮,使其移动更为容易。图7-4(b)为分立靶架,它的特点是体积小,移动灵活,靶距可根据测试需要随意变更,但在靶距确定后,需要调节靶面与弹道垂直和两靶平行。

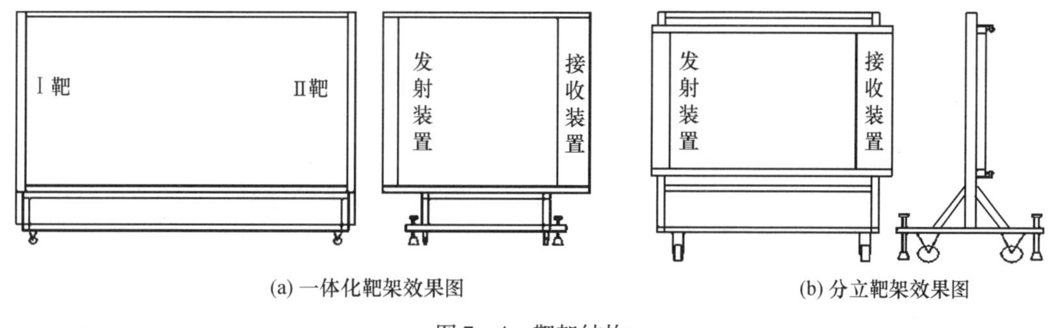

(a) 一体化靶架效果图　(b) 分立靶架效果图

图7-4　靶架结构

光幕靶根据所用光源的不同分为可见光光幕靶、红外光幕靶和激光光幕靶。图7-5为一种激光光幕靶的原理。

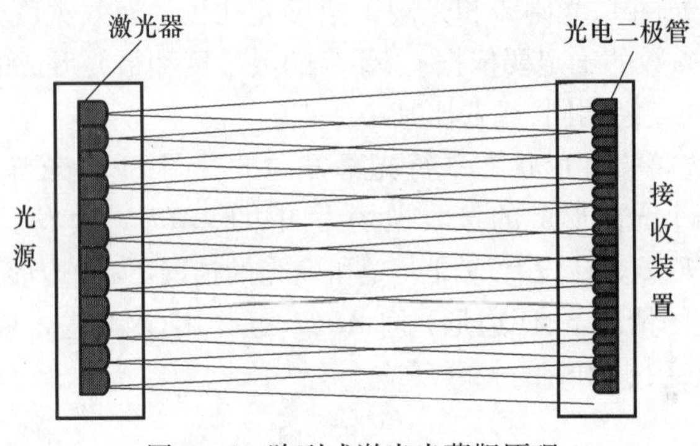

图 7-5 阵列式激光光幕靶原理

7.1.2 光幕靶的测速原理

光幕靶测速时采用双区截装置定距测时原理,测速系统组成如图 7-6 所示。光幕靶测速系统由起始靶、截止靶、电源箱、数据采集卡、计算机、处理软件等组成。依据两台光幕靶输出的弹形信号求出弹丸飞过两台光幕靶的时间 t,两台光幕靶之间的距离为 S,计算出弹丸飞过预定点的速度:

$$v = S/t \tag{7-1}$$

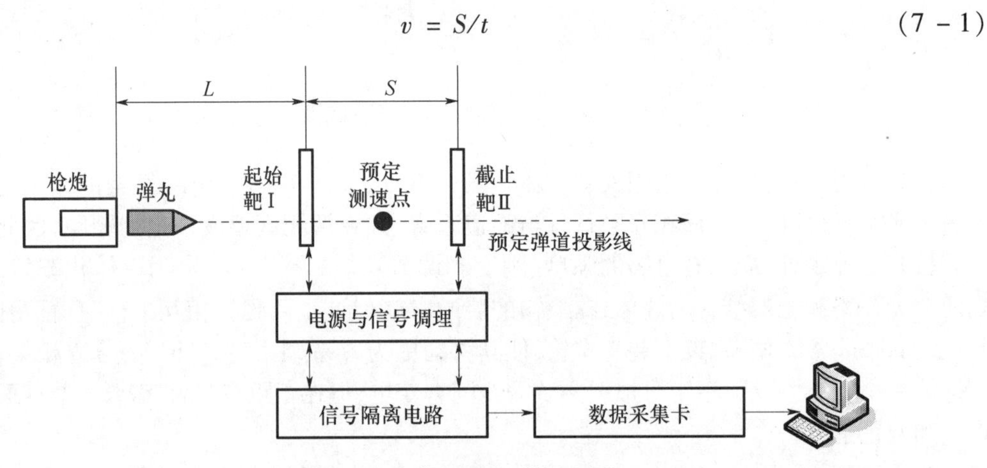

图 7-6 光幕靶测速系统组成

根据对弹形信号的处理方式将光幕靶测速系统的工作模式分为两种:

(1) 数据采集模式;

(2) 脉冲计数式测时仪模式。

对需要分析弹丸过靶特性,采用数据采集方式,调理后的弹丸信号经信号隔离电路送给数据采集卡,通过软件使用相关算法或曳光弹专用算法实现速度测量、数据分析、数据修正等功能。

图 7-6 中,起始靶和截止靶完全相同,现有的探测光幕构建方式主要为激光光源或 LED 光源配接光敏器件。

7.1.3　光幕靶的性能测试与校准

1. 影响光幕靶测量精度的因素分析

通过对式(7－1) 求微分,得到误差公式

$$\frac{\mathrm{d}v}{v}=\frac{\mathrm{d}S}{S}+\frac{\mathrm{d}t}{t} \tag{7-2}$$

式中:v 为弹丸飞行速度(m/s);S 为两光幕间的靶距(mm);t 为弹丸飞行时间(ms)。

测速误差由测时和测距两部分误差组成,下面分别讨论。

1) 测时误差

测时误差来源于:控制仪的晶振频率、起始靶和停止靶灵敏度不一致,各种噪声、干扰引起的误差。以某红外光幕靶为例,测速系统采用频率为 20MHz 的晶振,每次计时带来 50ns 的误差;光幕靶灵敏度不同主要是因光电管灵敏度的差异和电器元件参数不一致,对所选光敏二极管严格挑选,使其灵敏度尽可能保持一致,其他电器元件也通过筛选和调试使其参数接近,故而,保证两光幕灵敏度不一致造成的测时误差为 50ns,因此测时总误差:$\mathrm{d}t=50+50+50=150\mathrm{ns}$。

2) 测距误差

测距误差主要有以下四个方面:

(1) 弹道不垂直光幕,引起靶距误差 ΔS_1;

(2) 光幕 1、2 不平行,引起靶距误差 ΔS_2;

(3) 靶距测量误差 ΔS_3;

(4) 光幕厚度及光能量不均匀,引起误差 ΔS_4。

通过上面的分析我们可以看到,影响光幕靶测量精度的主要因素为测时误差和测距误差。时间测量可溯源于时间标准,ns 量级的时间溯源不存在技术问题。测距误差归因到几何长度的测量和光能量的测量。长度测量采用钢卷尺,可溯源于几何量标准,技术上不存在问题。光能量以及能量均匀性测量需要采用一定的光学测量方法。

2. 光幕靶靶面光能测试

通过上面的分析我们知道,靶面光能分布不均匀性是影响光幕靶测速精度的一个重要因素,为此,需要对光幕靶靶面光能分布进行精确测量。

光幕靶靶面光能测试系统分为机械结构部分、控制和数据采集电路部分、计算机数据处理软件三个部分,如图 7－7 所示。

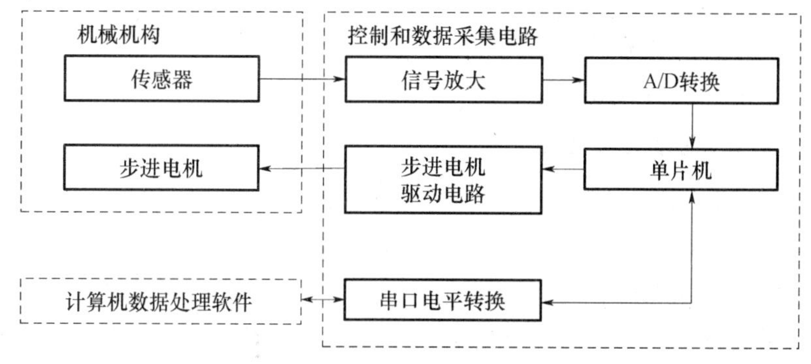

图 7－7　光幕靶靶面光能测试系统框图

光幕靶靶面光能测试系统的基本原理:由单片机控制步进电机驱动垂直丝杠运转,从而带动光电探头在有效光幕面内垂直方向做步进运动;面向光幕靶发光源的光电探头逐点采集所在位置的光能量并转变成模拟电信号;经过放大后,A/D 转换器把模拟量转换成数字量,再由单片机将数字量通过串口传送给计算机,最后由计算机数据处理软件生成光幕面内光能分布曲线。

7.2 天幕靶及其校准

7.2.1 天幕靶的工作原理

天幕靶是一种野外用外弹道参数光电测试仪器,其功能是探测飞行弹箭到达空间某预定位置的时刻。在常规靶场试验中,单台天幕靶可以作为其他外弹道测试仪器的同步触发装置,两台天幕靶与一台测时仪配合,能测试弹丸的飞行速度,多台天幕靶组成光幕阵列与多路数据采集仪配合实现射击密集度测试。由于采用光电转换原理,天幕靶属于非接触测量,测量结果不受弹丸材质的影响,测量精度优于其他原理的同类仪器。加之轻便、可靠性好,越来越受到使用者的欢迎,目前,已在枪、炮、弹和发射药的生产验收试验中广泛使用,其应用领域涉及致命与非致命兵器的研制和生产、防弹器材和航空材料研制等。天幕靶因其非接触测量方式和很强的微弱信号探测能力,其应用已由外弹道初始段参数测试向终点弹道参数测试领域伸展,具有很强的终点弹道、远程弹道以及毁伤效果评估应用潜力[6-11]。

常规的天幕靶由光学系统、光电探测器、信号处理电路和支撑结构组成。光学系统与光电探测器以及信号处理电路组成光电系统,完成光电转换。天幕靶的工作原理如图 7-8 所示。

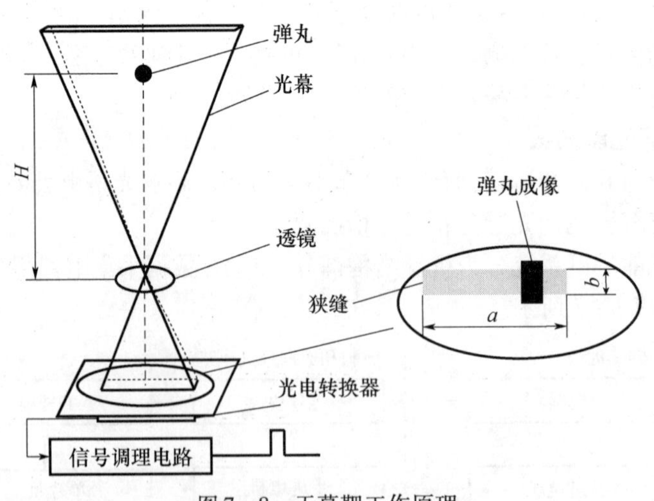

图 7-8 天幕靶工作原理

由于狭缝光阑的作用,成像镜头的视场为有一定厚度的扇形,通常称之为天幕,扇形的半径是天幕靶在最大探测灵敏度下的探测距离。图 7-9 是典型的天幕靶光路形成图。弹丸穿进天幕,遮住天幕投射到狭缝中的部分光能,使光电转换器件的光电流发生变化,该变化信号经处理放大电路整形后输出一个代表弹丸过幕时刻的脉冲信号。天幕靶是典型的光微弱信号探测装置,其主要技术指标是探测灵敏度。

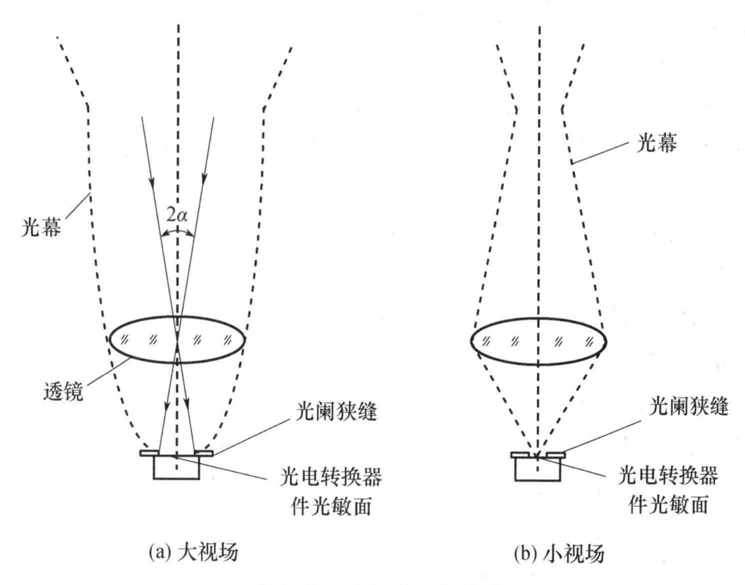

图7－9　天幕靶光路形成

由于一般用于探测高速飞行的弹丸，天幕靶的灵敏度常用探测距离来描述，以能探测的倍弹径数来衡量。对于平头弹而言，当弹丸长度不小于天幕厚度时，灵敏度的表达式为

$$\varphi = \frac{f}{a\delta} \tag{7-3}$$

式中：φ 为倍弹径数；f 为透镜焦距；a 为狭缝光阑的长度；δ 为能探测到的最小光通量的相对变化量。此时探测距离仅与天幕靶性能参数有关。当天幕足够厚，弹丸淹没在天幕中时，其表达式为

$$\varphi = \sqrt{\frac{f^2 l}{ab\delta d}} \tag{7-4}$$

式中：d 为弹丸的直径；b 为天幕靶狭缝宽度。

此时，探测距离还与被测弹丸的参数有关。天幕靶的设计主要是围绕 f，a 以及 δ 的优化展开，最终提高其探测弱信号的能力。

7.2.2　弹丸速度及射击密集度测量

1. 弹丸速度测量

天幕靶测速系统由两台天幕靶和一台测时仪组成，其工作原理是当有弹丸穿过第一台天幕靶时，天幕靶输出的脉冲信号触发计数器开始计数；当弹丸穿过第二台天幕靶时，其输出的脉冲信号停止计数，然后记录或存储测出的弹丸飞过两靶之间的时间间隔 t，而两个天幕靶之间的距离 s 是提前测量好的，于是就可以计算出弹丸在这两点之间飞行的速度 $v = s/t$。

2. 射击密集度测试技术

1）四光幕立靶

用四台天幕靶产生四个光幕面，将其以特定的角度分别放置在六面体的两个面和两个对角面上。当弹丸穿过光幕，天幕靶输出对应弹丸穿过每一光幕时刻的弹形信号，用测时仪记录弹丸穿过四个光幕的时刻，依据四个时刻值和四个光幕的机构参数计算出弹丸穿过光幕的位

置坐标。采用该原理研制的设备已用在近炸引信作用距离的测试上。

2）多光幕天幕立靶

在四光幕立靶测量系统中增加两个光幕，构成六光幕测试系统，能够解决弹丸斜入射时四光幕立靶测不准弹丸着靶位置的不足，并且能够实现坐标、飞行速度以及飞行方向三种参数的同时测量。西安工业大学在单镜头单光幕天幕靶设计的基础上，采用敏感面较大的真空光电管、多狭缝光阑板以及标准光学照相镜头作为基本部件，不改变传统天幕靶外形，将狭缝光阑板设计成“N”字和“三”字形，在单个光学镜头中构造出了“N”字形和“三”字形光幕，设计了一种新型光电探测器。采用两个相同的光电探测器（天幕靶）构成六光幕阵列，配合数据采集仪和计算机，不同阵型的六个光幕之间的夹角和距离参数不同。当弹丸穿过六光幕阵列时，光电探测器给出弹丸穿过的时刻信息，数据采集仪记录弹丸穿过各光幕的时间，依据时间序列和阵列几何结构参数就可以计算出弹丸的着靶坐标、速度以及飞行方位角和俯仰角。

下面介绍一台基于天幕靶和数据采集仪的测速系统，该系统可以测试高射频武器连发状态下每一发弹丸的速度。

系统由两台天幕靶、一台数据采集与处理系统、电源以及主控计算机组成，系统原理如图7－10所示。数据采集仪记录天幕靶输出的高射频连发弹丸模拟信号，计算机软件对采集到的弹丸信号进行分析和处理，去除弹尾激波等干扰信号，得到每发弹丸穿过两个天幕靶所经历的时间 $t_1, t_2, t_3, \cdots, t_n$，得到每一发弹丸的速度 $v_1 = s/t_1$，$v_2 = s/t_2$，$v_3 = s/t_3, \cdots, v_n = s/t_n$，以及枪弹射击频率。处理完毕，将有关处理结果传给主控计算机，由计算机显示输出，同时由主控计算机控制整个系统的工作进程。

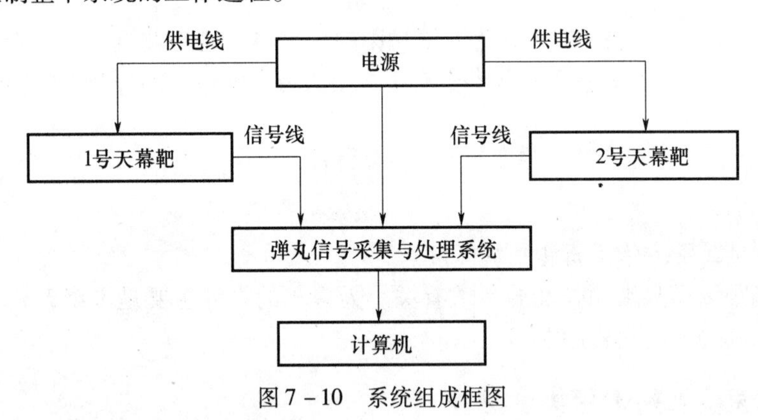

图7－10 系统组成框图

7.2.3 天幕靶的性能测试与校准

1. 天幕靶灵敏度标定

1）天幕靶灵敏度分析

天幕靶灵敏度是指能探测的最小光通量相对变化量。假设某天幕靶能探测的最小光通量的相对变化量为 δ，则 δ 可表示为

$$\delta = \frac{\Delta\Phi_{\min}}{\Phi} \tag{7-5}$$

式中：Φ 为到达光电探测器件敏感面的总光通量；$\Delta\Phi_{\min}$ 为能探测的光通量最小变化量。

为研究方便，假设天幕靶光学镜头各处光能量衰减一致，天空亮度恒定，测试的弹丸长度足够长,从光幕的任何位置穿过,其长度均大于光幕的厚度。则最小光通量的变化量可以用弹丸穿过处的遮光面积来表示。弹丸穿过光幕示意图如图7-11所示。

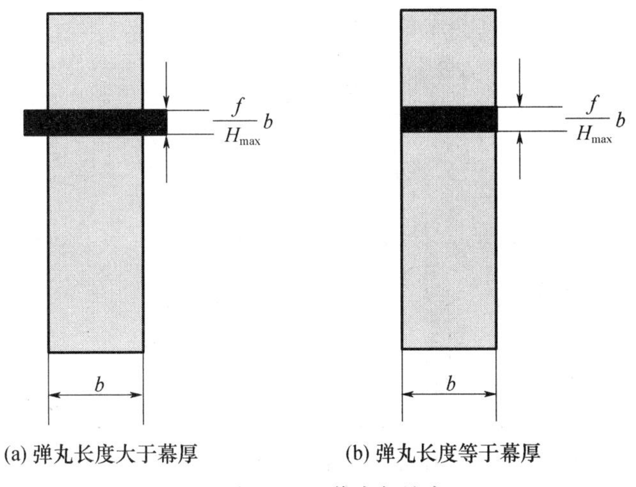

(a) 弹丸长度大于幕厚　(b) 弹丸长度等于幕厚

图7-11　像宽与缝宽

光电管接收的光通量等于狭缝的面积乘以进入狭缝的光的照度,对于光学镜头物镜像面上的照度,由光度学公式有

$$E_0' = \frac{\pi}{4}\tau L_v\left(\frac{D}{f}\right)^2 \tag{7-6}$$

式中:f为光学镜头的焦距;D为通光孔径;L_v为光亮度;τ为透射比。

$$\Phi = abE_0' \tag{7-7}$$

式中:Φ为通过狭缝的总光通量;a为狭缝的长度;b为狭缝的宽度。

假设直径为d,长度为l的弹丸,从距离镜头H处的光轴穿过天幕靶的光幕面,该位置的光幕厚度为b,假设H_{max}为天幕靶探测该弹丸的极限距离,弹丸穿过光幕成像如图7-11所示,图中弹丸长度$l \geqslant b$,此时,弹丸遮挡的光通量$\Delta\Phi_{min}$,是该天幕靶能探测的最小光通量,按式(7-8)计算:

$$\Delta\Phi = \frac{\mathrm{d}f}{H_{max}}bE_0' \tag{7-8}$$

由式(7-5)、式(7-7)和式(7-8)解得

$$H_{max} = \frac{f}{a\delta}d \tag{7-9}$$

式中:f, a和δ为常数。

从式(7-9)可以看出,当天空亮度一定时,在$l \geqslant b$的条件下,天幕靶的极限探测距离H_{max}由弹丸的直径d决定。令$\varphi = \frac{f}{a\delta}$,则

$$\varphi = \frac{H_{max}}{d} \tag{7-10}$$

式中:φ为倍弹径数,是探测极限距离与弹丸弹径的比值,用来描述天幕靶灵敏度大小。当$l \geqslant b$时,φ与被测弹丸的参数无关,天幕靶的灵敏度可以用φ唯一表达。已知天幕靶的倍弹径数,

乘以弹径就是天幕靶探测该弹丸的极限距离。

当在 H_{max} 处，$l<b$ 时，弹丸通过光学镜头的成像如图 7-12 所示，弹丸遮挡的光通量计算式为

$$\Delta\Phi_{max} = \frac{f}{H_{max}}d\frac{f}{H_{max}}lE_0' \quad (7-11)$$

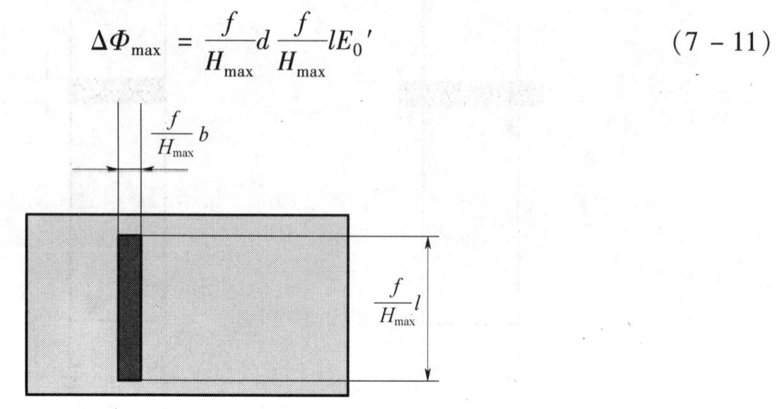

图 7-12　弹丸长度小于幕厚的弹丸穿过光幕成像

由式(7-5)、式(7-7)和式(7-11)解得

$$H_{max} = \sqrt{\frac{f^2dl}{ab\delta}} \quad (7-12)$$

此时倍弹径数有

$$\varphi = \sqrt{\frac{f^2l}{ab\delta d}} \quad (7-13)$$

由式(7-13)可看出，φ 与被测弹丸的参数有关，用倍弹径数不能准确描述天幕靶的灵敏度。

2）灵敏度小口径弹标定方法

实际中，对于弹径较大的弹丸天幕靶极限探测距离高达十几米甚至几十米，用实际弹丸验证灵敏度的试验，操作难度较大，还存在安全隐患。因此，提出一种用小口径弹丸标定天幕靶的灵敏度。

假定对给定的天幕靶，在天空亮度一定的情况下，天幕靶的灵敏度是一个定值。用气枪弹垂直射击天幕靶光幕，使弹丸垂直飞过天幕靶的光幕，用示波器观察天幕靶的弹形信号，逐步抬高弹道高度，当在高度 H 处多次射击均可以检测到有效信号，而高于 H 存在 50% 的漏测或者一半结果数据无效，定义此时的弹道高度就是气枪弹能够探测的极限高度 H_{max}。

天幕靶的标称倍弹径数 φ_0 为

$$\varphi_0 = \frac{H_0}{d_0} \quad (7-14)$$

式中：H_0 为天幕靶的标称探测极限距离；d_0 为在 H_0 处弹长 l_0 正好等于 H_0 处光幕厚度的弹丸的弹径，$k_0=l_0/d_0$，即用弹长为 l_0、弹径为 d_0 的弹丸标定灵敏度，极限探测距离为 H_0。则天幕靶的灵敏度可以用唯一一组参数(φ_0, k_0)表示。

由以上的分析可以得出：对于弹长与弹径比值相等的弹丸，其极限探测距离之比等于弹径比。用确定弹长与弹径的弹丸，按上述标定方法测出的极限距离 H_{max}，根据天幕靶灵敏度不变的原理，可以直接换算到灵敏度表示式(φ_0, k_0)。

假设给定气枪弹弹径为 d_q、弹长为 l_q，对给定的天幕靶进行灵敏度标定试验，得到极限探测距离 $H_{q\max}$，按下述两种情况换算得到灵敏度表示式。

（1）$d_0 < H_{q\max}$处的光幕厚度。

假设用弹径为 d_0，弹长为 l_0 的弹丸，天幕靶极限探测距离也是 $H_{q\max}$，$l_0 = B$，有 $l_0 = \frac{H_{q\max}}{f} b$，由式(7－8) 和式(7－12)解得

$$d_0 = \frac{f d_q l_q}{H_{\max} b} \tag{7-15}$$

$$\varphi_0 = \frac{H^2{}_{\max} b}{f d_q l_q} \tag{7-16}$$

$$k_0 = \frac{l_0}{d_0} = \frac{H^2{}_{\max} b^2}{f d_q l_q} \tag{7-17}$$

（2）$l_q \geqslant H_{q\max}$处的光幕厚度。

假设用弹径为 d_0，弹长为 l_0 的弹丸，天幕靶极限探测距离也是 $H_{q\max}$，$l_0 = B$，有 $l_0 = \frac{H_{q\max}}{f} b$，$d_0 = d_q$，则

$$\varphi_0 = \frac{H_{\max}}{d_q} \tag{7-18}$$

$$k_0 = \frac{l_0}{d_0} = \frac{H_{\max} b}{f d_q} \tag{7-19}$$

实际使用天幕靶，测试一确定弹长 l_c与弹径 d_c的弹丸，令 $k_c = l_c / d_c$，根据天幕靶的灵敏度参数(φ_0，k_0)，按下述两种情况测算天幕靶的极限探测距离：

$$H_{c\max} = \begin{cases} \varphi_0 d_c, k_c \geqslant k_0 \\ \varphi_0 \dfrac{l_c}{d_c k_0} d_c, k_c < k_0 \end{cases} \tag{7-20}$$

2. 天幕靶测速系统的标定

图 7－13 为标定天幕靶测速系统的工作原理。两个天幕靶固定摆放距离为 S，其上方各自摆放两组发光光源。

（1）光源通电后呈点亮状态，模拟天空背景，并在规定的时间灭。

（2）设定时间间隔 t 为 20ms，两组光源各自开始灭的时刻分别为 t_1、t_2，则有：

$$t = t_2 - t_1 = 20\text{ms} \tag{7-21}$$

（3）每个光源灭的时间可调，即

$$t_{灭} = 20 \sim 500\mu\text{s} \tag{7-22}$$

（4）默认测试，系统默认时候，每个光源灭时间为 500μs，其他条件不变。

（5）如果是自定义测试，自定义时，可以输入每个光源灭的时间为 20～500μs 的范围。每组六个光源按照先后顺序依次由亮变暗，模拟子弹飞越天幕靶光幕的轨迹，并精确控制其飞行时间。

天幕靶物镜下的狭缝使光学系统的视场变成具有一定厚度的扇形靶，我们称之为天幕，单镜头天幕靶的视场角为 24°。光阑下是光敏元件，天幕相当于一个虚设的靶面。当光源由亮

到灭时,就相当于飞行弹丸穿过此天幕,遮住了进入狭缝的部分光线,而产生遮光作用,这样就使到达光敏元件的光通量发生变化,在电路中会产生一个正比于该光通量变化的电信号。该信号是由模拟装置产生,与真实弹丸进入天幕靶视场的时间严格一致,信号特性相近。此信号经过处理电路放大整形,最后输出一个脉冲信号,由测时仪记录两个天幕靶输出的两个脉冲信号的时间间隔 t'。该时间量与事先装定的两个模拟弹丸信号的时间间隔进行比较,即 $\Delta t = t' - t$(t'是实际测出的时间),Δt 即为天幕靶存在的误差。通过计算、比较和分析,最终可实现整个测速系统的标定。

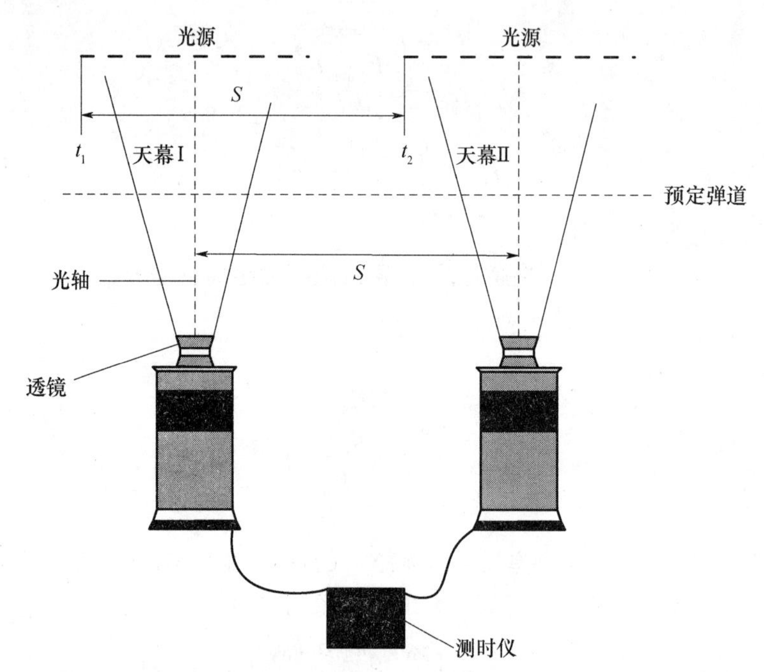

图 7-13　标定天幕靶测速系统的工作原理

7.3　CCD 立靶及其校准

立靶坐标测量是指测量弹着点与瞄准点在高低和水平上的偏差量,该参数主要用于评价武器的散布特性。在轻武器的生产和研制中,发射弹丸的立靶密集度是衡量枪炮和弹药性能的重要参数,在产品检验中必须测量。以线阵 CCD 相机为基础的立靶密集度测量技术,由于理论测量精度高,能够获得弹丸穿幕影像,利于事后分析,因而受到广泛关注[12-15]。

7.3.1　单线阵 CCD 相机立靶

1. 测量原理及系统组成

图 7-14 为单线阵 CCD 立靶测量系统原理,系统包括一台线阵 CCD 相机、两个扇形一字线半导体激光器及投影板、支撑架、箱体。两个激光器和 CCD 相机被安装在箱体上,激光器位于 CCD 相机的两侧,并相对于 CCD 相机镜头主光轴左右对称,箱体对 CCD 相机和激光器起到支撑和保护的作用,箱体被固定在支撑架底部中央,安装 CCD 相机和激光器时,使得 CCD 相

机的探测视场和两个扇形一字线激光器的光幕在空间重合，扇形激光器发出的光线投射在投影板上，投影板被装在支撑架的上方。

图 7－15 为弹丸着靶坐标计算方法示意图。以 CCD 相机镜头的主点 O 为原点建立坐标系 XOY，投影板和 CCD 相机主点 O 的距离为 H，激光器发光点 A 和 B 在 X 轴上并以原点对称，设弹丸从 E 点穿过探测靶面，在投影板上的投影点分别为 D 和 C，设 A，B，C,D，E 点的坐标分别为$(X_A,O)(X_B,O)(X_C,H)(X_D,H)(X_E,Y_E)$。根据镜头成像原理，投影点 C 和 D 通过镜头会在 CCD 探测器件上成像，根据成像点的位置、镜头焦距和距离 H 便可以确定 C,D 两点的横坐标 X_C 和 X_D，又因为 A,B 点的坐标$(X_A, 0)$，$(X_B, 0)$分别为两个激光器的发光点，为已知值。

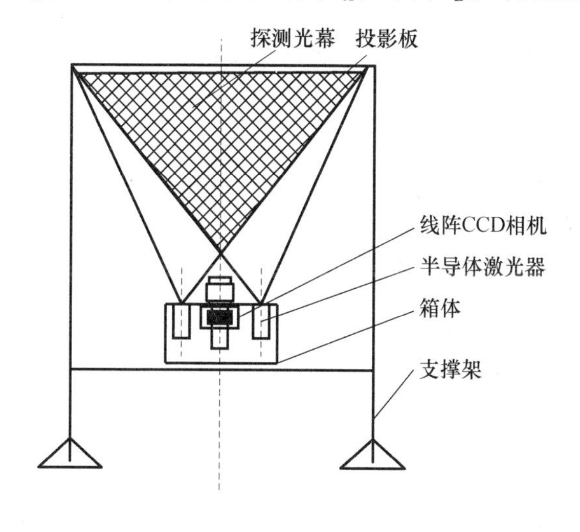

图 7－14　单线阵 CCD 立靶测量系统原理

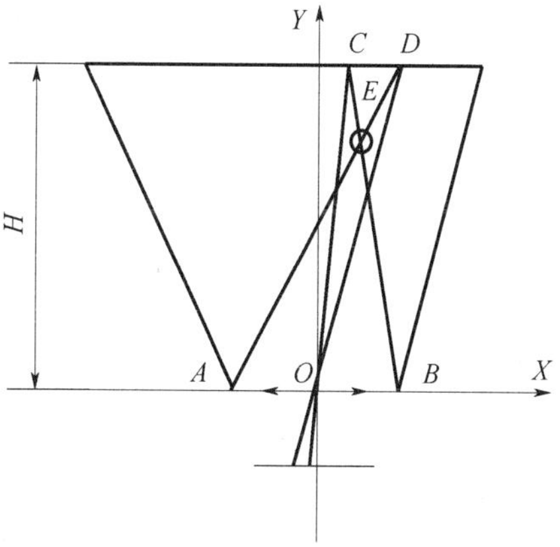

图 7－15　弹丸着靶坐标计算方法示意图

直线 AD 的平面方程为

$$\frac{y-0}{H-0}=\frac{x-X_A}{X_D-X_A} \tag{7-23}$$

简化为

$$\frac{y}{H}=\frac{x-X_A}{X_D-X_A} \tag{7-24}$$

直线 BC 的平面方程精简化为

$$\frac{y}{H}=\frac{x-X_B}{X_C-X_B} \tag{7-25}$$

两个方程联立求解便可得到直线 AD 和直线 BC 的交点的坐标，该坐标值即为弹着点 E 的坐标值，求解结果为

$$x=\frac{X_BX_D-X_AX_C}{X_D-X_A-X_C+X_B} \tag{7-26}$$

$$y=\frac{X_B-X_A}{X_D-X_A-X_C+X_B}\cdot H \tag{7-27}$$

2. 测量误差分析

从 x 坐标测量公式可以看出坐标 x 是自变量 X_A，X_B,X_C，X_D 的函数，因此分别对这些自

变量求导,得到误差传递系数,即

$$\frac{\partial x}{\partial X_A}=\frac{(X_D-X_C)(X_B-X_C)}{(X_D+X_B-X_A-X_C)^2} \tag{7-28}$$

$$\frac{\partial x}{\partial X_B}=\frac{(X_D-X_C)(X_D-X_A)}{(X_D+X_B-X_A-X_C)^2} \tag{7-29}$$

$$\frac{\partial x}{\partial X_C}=\frac{(X_B-X_A)(X_D-X_A)}{(X_D+X_B-X_A-X_C)^2} \tag{7-30}$$

$$\frac{\partial x}{\partial X_D}=\frac{(X_B-X_A)(X_B-X_C)}{(X_D+X_B-X_A-X_C)^2} \tag{7-31}$$

同理,坐标 y 是自变量 X_A, X_B, X_C, X_D, H 的函数,因此分别对这些自变量求导,得到误差传递系数,即

$$\frac{\partial y}{\partial X_A}=\frac{X_C-X_D}{(X_D+X_B-X_A-X_C)^2}\cdot H \tag{7-32}$$

$$\frac{\partial y}{\partial X_B}=\frac{X_D-X_C}{(X_D+X_B-X_A-X_C)^2}\cdot H \tag{7-33}$$

$$\frac{\partial y}{\partial X_C}=\frac{X_B-X_A}{(X_D+X_B-X_A-X_C)^2}\cdot H \tag{7-34}$$

$$\frac{\partial y}{\partial X_D}=\frac{X_A-X_B}{(X_D+X_B-X_A-X_C)^2}\cdot H \tag{7-35}$$

$$\frac{\partial y}{\partial H}=\frac{X_B-X_A}{X_D+X_B-X_A-X_C} \tag{7-36}$$

根据误差传递理论,可得坐标 x 的测量误差 σ_x 为

$$\sigma_x{}^2=\left(\left|\frac{\partial x}{\partial X_A}\right|\right)^2\cdot(\Delta X_A)^2+\left(\left|\frac{\partial x}{\partial X_B}\right|\right)^2\cdot(\Delta X_B)^2+\left(\left|\frac{\partial x}{\partial X_C}\right|\right)^2\cdot(\Delta X_C)^2+\left(\left|\frac{\partial x}{\partial X_D}\right|\right)^2\cdot(\Delta X_D)^2 \tag{7-37}$$

$$\sigma_y{}^2=\left(\left|\frac{\partial y}{\partial X_A}\right|\right)^2\cdot(\Delta X_A)^2+\left(\left|\frac{\partial y}{\partial X_B}\right|\right)^2\cdot(\Delta X_B)^2+\left(\left|\frac{\partial y}{\partial X_C}\right|\right)^2\cdot(\Delta X_C)^2+\left(\left|\frac{\partial y}{\partial X_D}\right|\right)^2\cdot(\Delta X_D)^2+\left(\left|\frac{\partial y}{\partial X_H}\right|\right)^2\cdot(\Delta X_H)^2 \tag{7-38}$$

7.3.2 双 CCD 交汇立靶

1. 测量原理

双 CCD 交汇立靶坐标测试方法是一种不干扰弹丸飞行状态的测试方法,该方法通过两台正交放置的 CCD 图像采集系统采集弹丸穿幕图像,通过对两台 CCD 图像的联立分析,获得弹丸立靶坐标。在传统的立靶坐标测试模型中,要求两个 CCD 相机的间距 S 已知,或者高差已知,这样测试结果不仅依赖于两个相机的自身参数,而且也与它们的相对位置有关。

有人提出了一种新的计算模型,将两个 CCD 相机的光学主点统一在测试坐标下。测试原理如图 7-16 所示,两组高速线阵 CCD 相机与水平方向夹角分别为 θ_1 和 θ_2,像距分别为 L_1 和 L_2,正交放置,重合视场包含一矩形测试范围,两相机相对主光轴交点位置 O 清晰成像,物距

分别为 L_1 和 L_2。弹丸飞过光幕位置 A 的空间坐标为 (x,y)，成像在各个相机的 z_1 和 z_2 像元位置处，两个相机的光学镜头的主点分别为 $O_1(x_{01},y_{01})$ 和 $O_2(x_{02},y_{02})$。这样，A 即为两条直线 A_{O_1} 和 A_{O_2} 的交点，这两条直线是两个 CCD 相机的光学镜头主点与弹丸穿幕位置的连线。

如果获得了这两条直线方程，即可计算出弹丸的穿幕坐标。要想获得这个直线方程，必须知道直线上两个点的位置或一个点的位置和直线斜率。从图 7－16 可以看出，光学镜头的主点是直线上的一点，可以通过系统标定获得，接下来的问题是得到直线的斜率。从图 7－16 可知，两条直线与水平线的夹角分别为 $\alpha_1+\theta_1$ 和 $\alpha_2+\theta_2$。

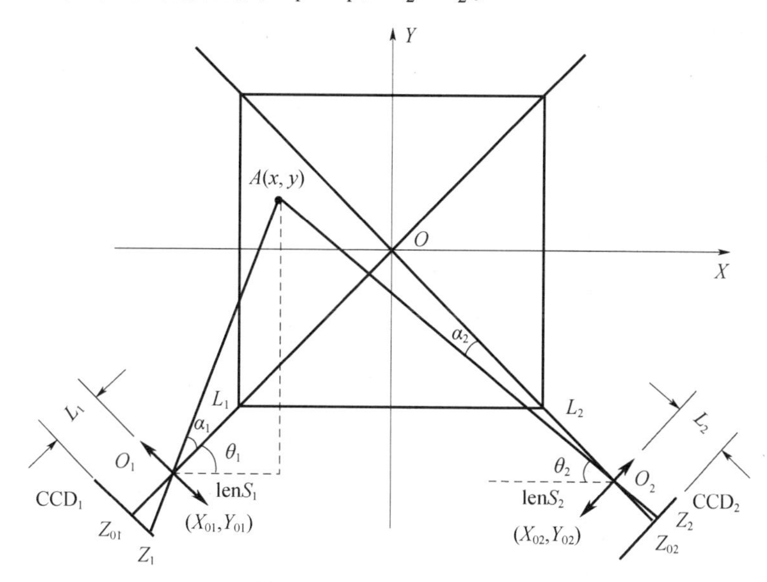

图 7－16 测试原理示意图

从图 7－16 中可以得到

$$\tan(\alpha_1)=\frac{(z_1-z_{01})c_1}{L_1} \tag{7-39}$$

$$\tan(\alpha_2)=\frac{(z_2-z_{02})c_2}{L_2} \tag{7-40}$$

式中：c_1,c_2 分别为 CCD_1 和 CCD_2 的像元间隔；z_{01},z_{02} 分别为主光轴对应的 CCD_1 和 CCD_2 的像元位置。这样，两条直线的水平夹角分别为

$$\arctan\left[\frac{(z_1-z_{01})c_1}{L_1}\right]+\theta_1 \tag{7-41}$$

$$\arctan\left[\frac{(z_2-z_{02})c_2}{L_2}\right]+\theta_2 \tag{7-42}$$

令 c_1/L_1 和 c_2/L_2 分别为相机常数 m_1 和 m_2。这样，两条直线方程即为

$$(y-y_{01})=(x-x_{01})\tan[\arctan(z_1-z_{01})m_1+\theta_1] \tag{7-43}$$

$$(y-y_{02})=(x-x_{02})\tan[\arctan(z_2-z_{02})m_2+\theta_2] \tag{7-44}$$

通过对式(7－43)和式(7－44)联立求解，即可获得弹丸穿幕坐标 (x,y)。从式(7－43)和式(7－44)可以看出，两个式子中没有相机的相对位置变量，也就是说，两个相机不用再严格的调整水平，或精确的测试两个相机高差，在满足测试范围要求的共面视场的条件下，两个

相机的单个调整只影响本身的参数。

2. 装置的组成

测试系统由两大模块组成:中央控制站和测量站。中央控制站为一台计算机和一台打印机,完成实验任务的基本参数的输入、试验流程的控制、测量结果报表和测量结果的管理。测量站由以下组成:线阵 CCD 图像采集系统两套,光源一套,触发装置一套,控制装置一台和靶架主体。系统组成和信号流程控制如图 7-17 所示。该方法的工作原理如图 7-16 所示,两台 CCD 相机正交共面布站,形成一公共光幕区,这就是弹丸立靶测试的有效靶面。该靶面垂直于弹道放置,当有弹丸飞临时,首先穿过平行放置于该靶面前方的触发光幕靶,由于弹丸的穿过会改变光幕靶接收器的信号强度,探测到这种改变后,光幕靶立即输出触发信号启动 CCD 采集图像,计算机对这两幅图像进行分析,获得弹丸在各个 CCD 上的成像质心,结合测试系统参数,即可计算出弹丸的立靶坐标。

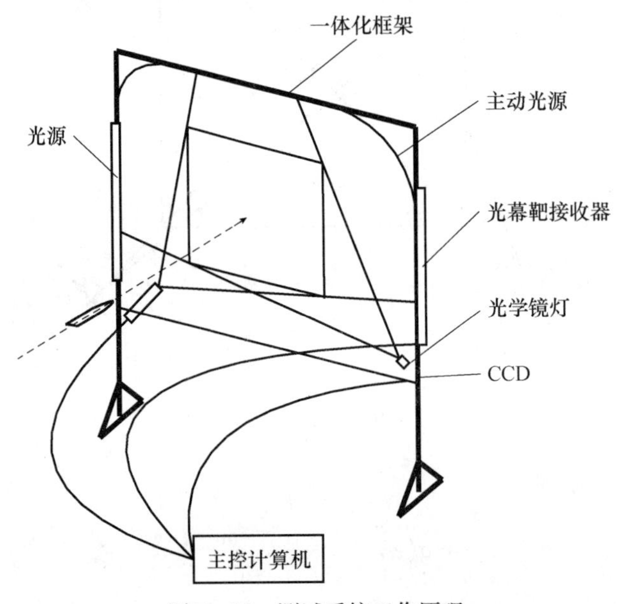

图 7-17　测试系统工作原理

7.3.3　双 CCD 交汇立靶弹丸攻角测量

1. 测量原理

弹丸攻角是指弹丸速度方向与弹丸几何轴线方向的夹角。利用 CCD 立靶测量弹丸攻角的原理如图 7-18 所示。根据坐标测量的工作原理,当 CCD 以一定的帧频工作,弹丸穿越靶面时,系统就会拍摄下弹丸穿越靶面时的若干幅图像,就相当于对弹丸进行分割成像。这样我们就可以根据弹丸不同部位的过靶坐标对弹丸攻角进行测量。

弹丸以零攻角过靶时,如图 7-18(a)所示,即使弹丸轴线方向不与 CCD 相机扫描行方向正交(弹丸存在一定的射角),弹丸运动方向和其几何轴线仍然重合,弹头和弹尾是在同一点穿过靶面,所以弹丸分行成像在 CCD 的相同像元位置上,系统测量的坐标位置上为同一点。当弹丸以一定攻角过靶时,弹丸通过靶面时的情形如图 7-18(b)所示,弹丸速度方向与轴线方向有一定的角度,弹丸的不同部位就会以不同的着靶点穿越靶面,则在 CCD 像面上成像到不同的像元位置上，系统测量的坐标位置上为不同的点。根据弹丸头部与尾部的坐标、弹长等，我们就可以测量出弹丸的攻角大小。

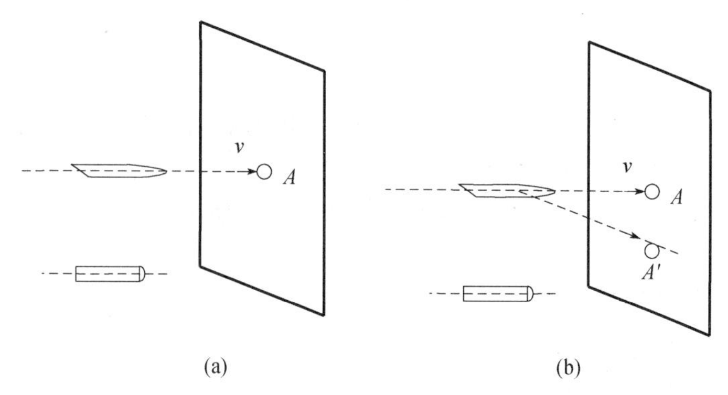

图 7 - 18　利用 CCD 立靶测量弹丸攻角的原理

如果弹头与弹尾着靶点分别为 $A(x_1,y_1)$ 和 $A'(x_2,y_2)$，那么就有

$$AA' = \sqrt{(x_1 - x_2)^2 + (y_1 - y_2)^2} \tag{7-45}$$

当弹丸的长度为 l 时，攻角的计算公式即为

$$\theta = \arcsin(AA'/l) \tag{7-46}$$

2. 弹丸攻角测量误差分析

通过分析计算攻角的理论公式，可以得出测量攻角的误差主要来自弹长误差和弹头、弹尾过靶点坐标测量的误差。

1）弹长误差

CCD 相机以一定的扫描频率进行拍摄，因此不能保证当弹头着靶时刚好开始记录，也不能保证相机扫描到的最后一行正好对应弹丸的弹尾，所以行数就存在着误差，称为行数误差。行数误差大小为

$$E = \frac{\sqrt{2}}{m} \tag{7-47}$$

式中：m 为 CCD 可扫描到目标的总行数。

当相机的扫描频率为 f 时，弹长为 l、飞行速度为 v 的弹丸过靶时相机扫描到的行数 m 为

$$m = \frac{l}{v} \cdot f \tag{7-48}$$

由 CCD 的行数误差引起的弹长误差 Δl 为

$$\Delta l = l \cdot E \tag{7-49}$$

2）弹头与弹尾着靶点距离误差

弹丸过靶时，弹头与弹尾着靶点 A 和 A' 的距离误差主要由 A 和 A' 两点的坐标测量误差而引起。根据误差独立原则，按照式(7 - 45)，可以得出 AA' 的测量误差为

$$\sigma_{AA'} = \sqrt{\frac{(x_1 - x_2)^2 \cdot \sigma_{x1}^2 + (x_1 - x_2)^2 \cdot \sigma_{x2}^2 + (y_1 - y_2)^2 \cdot \sigma_{y1}^2 + (y_1 - y_2)^2 \cdot \sigma_{y2}^2}{(x_1 - x_2)^2 + (y_1 - y_2)^2}} \tag{7-50}$$

根据工程实践经验，为了简化分析计算，我们取 $\sigma_{x1} = \sigma_{x2} = \sigma_{y1} = \sigma_{y2} = \sigma_{\max}$，则有

$$\sigma_{AA'} = \sqrt{2}\sigma_{\max} \tag{7-51}$$

3）弹丸攻角的测量误差

$$\Delta\theta = \sqrt{\frac{\sigma_{AA'}{}^{2} + (AA' \cdot \Delta l/l)^{2}}{l^{2} - AA'^{2}}} \tag{7-52}$$

从式(7－52)中可以看出,影响攻角测量精度的因数有:目标长度、坐标测量误差、攻角大小及 CCD 相机的工作帧频。被测目标确定后,提高系统的坐标测量精度和相机的帧频可以提高系统的攻角测量精度;攻角的大小会影响系统的绝对测量精度。

7.3.4 CCD 立靶的标定

通过上面的介绍知道,CCD 立靶的核心是 CCD 相机,对 CCD 立靶的标定首先是对 CCD 相机的标定。有关线阵 CCD 相机的标定我们在第 4 章已经介绍,这里不再重复。对 CCD 双交汇测量系统可采用固定标杆的方式标定。

在两个相机的视场范围(靶面)内,在已知坐标的位置垂直于靶面放置多个标杆或一个标杆多次使用,采集两相机图像并处理,得到标杆在线阵图像中成像的两个中心位置。用标杆的坐标及其成像位置的对应关系进行比较,估算出偏移量。这样,使得设备布置时无需进行大量的测量工作,大大减少了人为因素引起的误差及测量误差,又降低了工作量,提高了工作效率。

7.4 光电经纬仪及其校准

7.4.1 经纬仪概述

经纬仪顾名思义,是用来测量大地经度和纬度的仪器。经纬仪一般分为光学经纬仪和电子经纬仪,光学经纬仪是采用光学度盘,借助光学放大和光学测微器读数的一种经纬仪;电子经纬仪的轴系、望远镜、制动、微动构件和光学经纬仪类似,它与光学经纬仪的根本区别在于,用微处理机控制的电子测角系统代替光学读数系统,能自动显示测量数据。

光学经纬仪的主要功能是测量纵、横轴线,垂直度以及水平角度和竖直角度的控制测量等。光学经纬仪主要应用于机电工程建筑物建立平面控制网的测量以及厂房柱安装铅垂度的控制测量,用于测量纵向、横向中心线,建立安装测量控制网并在安装全过程进行测量控制。

按物理特性划分,光学经纬仪经历了机械型、光学机械型和集光、机、电及微电子技术于一体的智能型三个发展阶段,各阶段的标志性产品分别为游标经纬仪、光学经纬仪和光电经纬仪,目前主要使用的是光学经纬仪和光电经纬仪。

一般把普通光学机械性经纬仪称作光学经纬仪。而把通过对光学经纬仪进行电气化改造,使之在捕捉目标图像的同时,能够实时记录精确的测角信息,并能通过事后目标图像的判读处理,得出目标精确的中轴偏移量,叠加得出更为精确测角值的经纬仪称作光电经纬仪。

光学经纬仪的基本构造主要由照准部、垂直轴系统和基座组成。光学经纬仪的原理及结构如图 7－19 所示。

7.4.2 光学经纬仪的检定

由于光学经纬仪是一种应用非常广泛的测量仪器,量大面广,对其进行精确的检定和校准事关重大。从溯源量值讲，经纬仪主要测量角值，因而溯源于长度基准。本节我们从对经纬仪的检定要求出发，介绍量值检定方法和国家计量检定规程的主要内容。

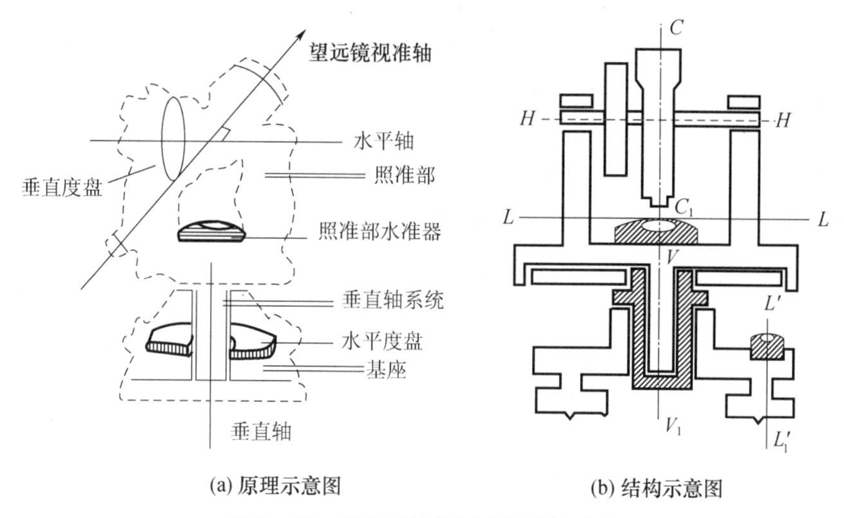

(a) 原理示意图　　(b) 结构示意图

图7-19　光学经纬仪原理及结构示意

1. 光学经纬仪的检定要求

光学经纬仪的计量检定工作由三部分组成：仪器完好性检查（光学性能、机械功能）；部件相关性检测（三轴正交状态、三心一致性等）；角值计量溯源性检定（水平角、竖直角、“零”角值）[16]。对于第一项是判定仪器能否应用的依据，对于第二项是判定该仪器是否需要调试，对于第三项是判定仪器准确度是否与标称准确度相符，提供合格或降等级使用的依据。总之，一台经过计量检定合格的经纬仪需满足以下三条：

（1）符合法定单位量值定义，并且能够实施量值溯源到基本量：长度“米”。

（2）用仪器测量水平角时不应当有竖直角变化，测量竖直角时不应有水平角变化，是两个相互独立量。

（3）符合仪器标称的测角准确度。

2. 光学经纬仪测量角值与量值溯源

经纬仪的突出功能是测量特定条件下的角值。所谓特定条件是：测量大地水准面上的水平角，重垂面上的俯仰角，标定一条空间直线“零”角值。以上角值是由下列独立量组成：

（1）“零”角值，指仅应用望远镜视准轴，由调焦方法设立一条直线。

（2）“微小”角值，指只应用经纬仪测微器范围的角值。

（3）“大”角值，指应用经纬仪度盘角值测量，对水平角0~360°，对竖直角俯仰90°。

上列三部分角值既能够在应用范围内独立的应用，由三者组合起来，又可提供任意角值。因此，用经纬仪测量角值只要保持各部分角值的准确度，即可保证组合角值的准确度。保证准确度是要通过计量手段用一标准量与它进行比较求出差值才能判断它的误差。

我们知道，平面角值单位的定义是：弧长与对应半径长度的比值称之为弧度（rad），因此角值量的计量源是长度“ 米”。鉴于上述的三部分角值实现溯源方法不同，因此须建立三套标准装置分别进行检定。

（1）对零角值量溯源，应用理论直线进行校验，偏离量用测微平行光管测量，测微平行光管是用直线长度替代微小弧长与对应半径比,直接用长度量溯源。

(2) 对微小角值的量值溯源,可由全圆分度法得到度盘分度值,若取用布局于全圆(均布)的若干分度值的平均值,可视为标准微小角,用它实现对测微器的微小角量值溯源。

(3) 对大角量值溯源,由于弧长不易用一般的方法测量,但是全圆角与半径之间存在理论关系式:全圆弧长等于 $2\pi R$。因此,根据平面角单位定义,全圆角为 $2\pi R/R=2\pi$,这里虽然没有直接用长度量,却与"米"长度建立了联系。间接的实现量值溯源关系,利用等角分度方法可获取标准角值。

光学经纬仪角值的量值溯源如图 7-20 所示。

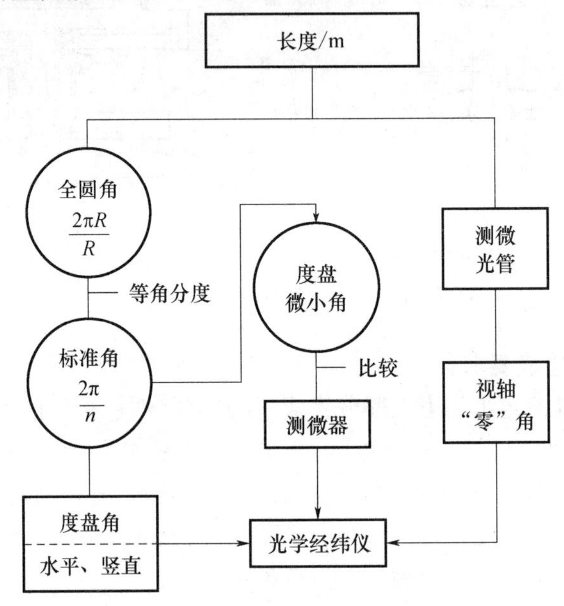

图 7-20　光学经纬仪角值的量值溯源

3. 光学经纬仪的检定装置及检定方法

1) 视轴"零"角值检定

光学经纬仪望远镜是用内调焦原理,实现对远近不同的目标进行观测,当调焦镜在光轴上有离轴横向位移时,由图 7-21 可导出视轴延伸方向的变化。

由图导出:

$$\tan E=\frac{r-s-f_1}{f_1\cdot r}\cdot b \qquad (7-53)$$

式中:E 为视准轴偏离光轴的方向角;r 为调焦镜的像距;s 为物镜与调焦镜间距;f_1 为物镜焦距;b 为调焦镜偏离光轴距离。

由式(7-53)可看出,必须把调焦镜很精确地放置在光轴上,使 $b\to0$ 才能满足 $E\to0$,而且还看出,当观测远近不同距离时,因 r 值不同,即使相同的偏离量 b,引起的 E 角也随之变化。

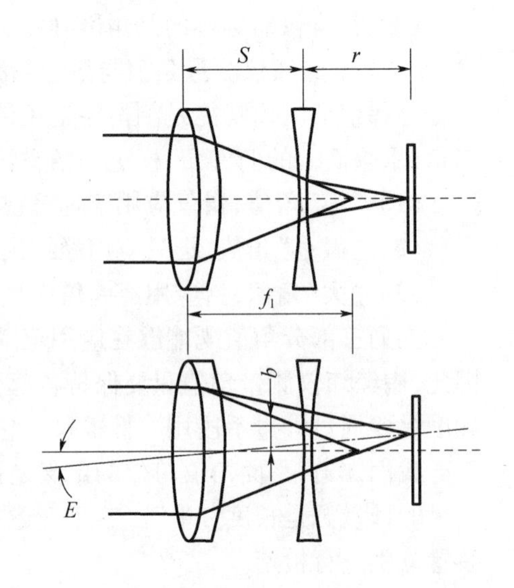

图 7-21　经纬仪视轴方向变化示意图

因此，经纬仪必须保持光学系统同轴性才能保持偏离角（E）在远近全量程中均小于仪器的标称误差，该仪器才能保证测角准确度，该测量过程称为“零”角值溯源检定。

用视轴检定装置可建立一条理想直线，用经纬仪望远镜视准轴与它比较，偏离量用测微平行光管测量。如图7－22所示，利用镜像对称原理，建立理想直线，把图中反射镜3上的“＋”字标志转换到可移动及转动的转换镜上，被测经纬仪望远镜的视准轴仪依调焦变化距离，转换镜变化角用测微平行光管测量，在x（水平方向）及y（竖直方向）的两个位置读数。

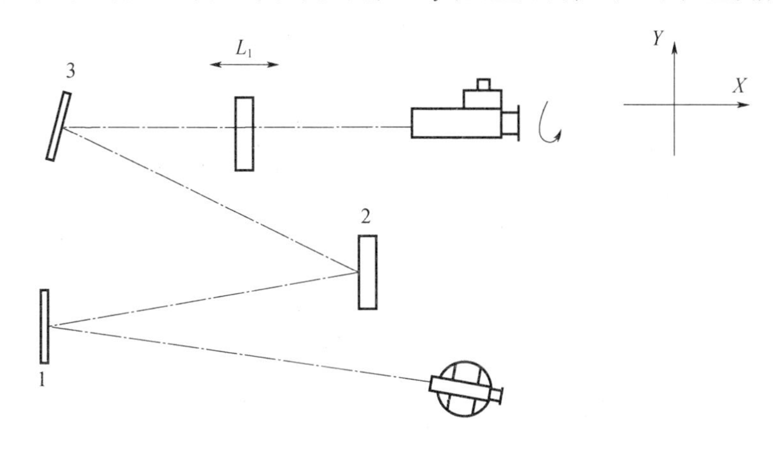

图7－22　视轴检定装置原理图

因望远镜调焦偏离“零”角值量：

$$\begin{cases} \theta_{l1} = \sqrt{x_1^2 + y_1^2} \\ \theta_{l2} = \sqrt{x_2^2 + y_2^2} \\ \cdots \\ \theta_{ln} = \sqrt{x_n^2 + y_n^2} \end{cases} \tag{7-54}$$

式中：θ_{li}为视轴在L_i距离时偏离直线角值；x_i，y_i为水平及竖直位置偏离角（$i=1,2,\cdots,n$）。

由测定结果计算视准轴偏离直线的标准差为

$$\sigma_\theta = \sqrt{\frac{\sum_{i=1}^{n}\theta_{li}^2}{n}} \tag{7-55}$$

2）大角值检定

这里“大角值”是指水平度盘或竖直度盘上的角值。

（1）水平度盘角值。

为了建立量值溯源关系，对水平度盘的角值用全圆（2π）等角分度原理建立常角$A=2\pi/n$（$n=2,3,4,\cdots$，被360°除尽的整数）进行如下测量：

$$\phi_i - A = d_i \tag{7-56}$$

式中：ϕ_i为分度角；A为常角；d_i为常角与分度角的差值。

因分度角之和为

$$\sum_{i=1}^{n}\phi_i = 2\pi \tag{7-57}$$

所以得常角为

$$A = \frac{2\pi - \sum_{i=1}^{n} d_i}{n} \tag{7-58}$$

这样就可以用经纬仪的度盘各个位置与常角比较了。列出误差方程式：

$$\begin{cases} \varphi_1 - A = V_1 \\ \varphi_2 - A = V_2 \\ \cdots \\ \varphi_n - A = V_n \end{cases} \tag{7-59}$$

式中：φ_n 为度盘各个位置的角值；V_i 为残差（$i=1,2,\cdots,n$）。

得大角值的标准差为

$$\sigma_\varphi = \sqrt{\frac{\sum_{i=1}^{n} V_i^2}{n}} \tag{7-60}$$

这种方法的实质是利用度盘的全圆角（2π）进行等角分度求出常角，再用常角作标准，检测经纬仪的度盘位置。实现被测量与标准量比较，求出差值。鉴于度盘是多值角度器无法进行修正，因此把它视为残差处理，用 σ_φ 作为评定水平角值误差。

检定装置原理如图 7-23 所示。建立标准常角有两层含义：其一，它是由全圆角（2π）等分原理获得，有常数的准确性；其二，建立的常角装置不在检定过程中变化，应具有不变的意义。

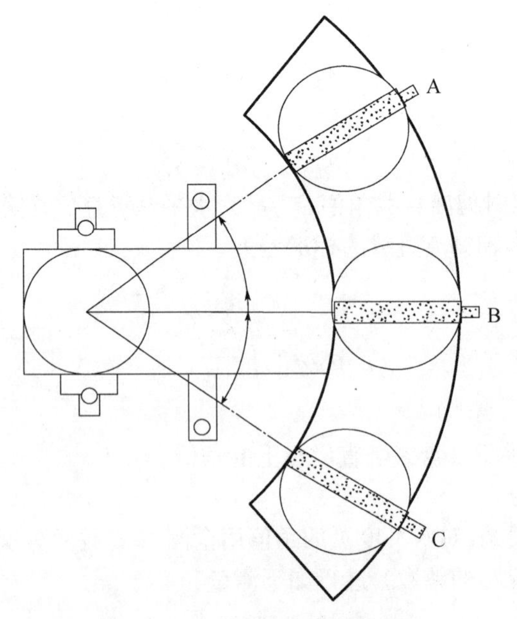

图 7-23　大角值检定装置原理

检定装置是由四个平行光管作观测靶镜，三个靶镜安置在一个水平圆弧钢板上，光管的视轴组成对称的 30°水平角，另一光管与中间光管在竖直面内组成 30°的平仰角（供校验经纬仪的平、竖轴正交性应用），几个光管视轴交点位于经纬仪横轴与望远镜视轴的交点。

检测经纬仪是用以上的光管作观测靶,进行如下程序的 12 个测回测量,包括度盘全圆周测量。

每一测回的程序:

① 经纬仪望远镜瞄准 A 光管,经纬仪置 0°位置,起始读数,此时 $N=0$。

② 转动经纬仪望远镜瞄准 B 光管,读数。

③ 转动经纬仪望远镜瞄准 C 光管,读数。

④ 同方向转动经纬仪,重复瞄准 A 光管,读数记于 A′ 栏(为归零读数)。

⑤ 倒置经纬仪望远镜,瞄视 A 光管,读数。

⑥ 同②~④ 读数。

(2) 竖直度盘角值。

因经纬仪的竖直度盘与水平转轴一体转动,不能像水平角方法测量。但是,竖直度盘角有一个特殊功能就是竖盘有一个气泡或吊丝连接指示,形成一个"天然"的指示标志,如图 7-24 所示。因此,只要用一个水平光管作观测标志,等效于组成一个 9°的常角(一个标志方向在检测仪的靶镜视轴上,另一个方向是由气泡指示的天顶方向)。

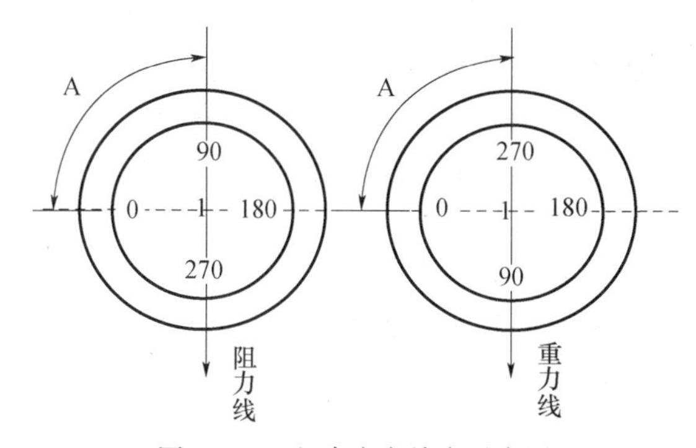

图 7-24　竖直度盘检定示意图

这里实际上是常角为 $2\pi/4=90°$。对竖直角进行全圆四等分角的量值溯源检定,也是符合角值单位法定溯源原理的。那么只要进行正镜及倒镜测量(等效于正镜时测量一个水平标志,又同时测量了一个竖直的标志),倒镜时也如此。这样实现量值溯源,又称之竖盘指标差检定。

一个测回的检测程序:

① 经纬仪观测前述装置的 B 管,并把竖盘气泡置平,读取竖盘数值。

② 倒置经纬仪望远镜观测 B 管,并把气泡置平,读取竖盘数值。

③ 重复②进行再读数。

④ 再倒转望远镜重复①读数。

因为竖盘指标差可以用调整竖盘气泡方法补正,(也可以用正倒镜取平均值消除) 因此用几次测量指标差的重复性作为竖盘测角标准差:

$$\sigma_I = \sqrt{\frac{\sum_{i=1}^{n} V_i^2}{n-1}} \tag{7-61}$$

式中：V_i为各次测量指标差与平均值的差；n 为测量次数，通常测量四次。

3）测微器检定

经纬仪测微器是小角值测量装置，由于设置它的目的是细分度盘的，若度盘经过上述量值溯源检定，就可以取用均匀分布在圆周上的刻度间距的平均值作为标准角，对测微器检测。鉴于经纬仪结构已设定可以利用透镜组合调焦方法实现格值（示值）调整，把测微器的全量程与度盘的一个间格符合起来，实现量值溯源检定，不需要再设立专用检测装置。

4. 光学经纬仪检定规程

上面我们介绍了光学经纬仪的检定要求、量值溯源和角值测量原理。由于光学经纬仪是一种普遍使用的测量仪器，也属于量大面广的光学仪器，因而国家制定了中华人民共和国国家计量检定规程 JJG 414—2011《光学经纬仪》，下面我们简要介绍规程中主要的检定方法[17]。

1）水准器轴与竖轴的垂直度检定

将被检经纬仪安装在检定台上并整平，旋转照准部使其管状水准器与任意两脚螺旋连线平行，调整脚螺旋使水准气泡精确居中，旋转照准部 180°，观测气泡位置，取气泡位置偏移量的一半为垂直度偏差。

2）照准部旋转正确性检定

精确整平经纬仪，使竖轴铅垂，读取照准部上的管状水准器水准气泡两端读数；顺时针方向转动照准部，每隔 90°读取水准气泡一次，顺时针方向进行两周检定；逆时针方向旋转照准部，每隔 90°读取水准气泡一次，共进行两周。取每一周中对径位置读数的平均值，取四周检定中最大与最小之差即为照准部旋转的正确性。

3）望远镜十字分划板竖丝的铅垂性检定

精确整平经纬仪，用望远镜十字分划板竖丝照准水平位置某一目标点，纵向微动望远镜，观察目标与竖丝的水平方向偏差。

4）视准轴与横轴的垂直度检定

在室内布置两台视轴在同一水平线上，左右各放一台平行光管，其中一台须装有格值不大于 30″/格的分划板。视准轴与横轴的垂直度检定装置如图 7－25 所示。

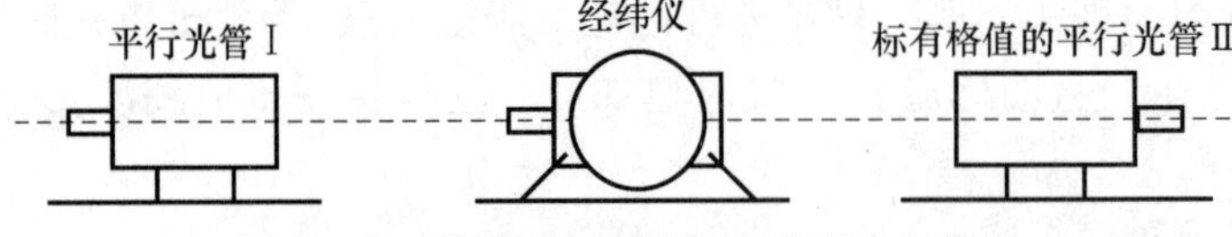

图 7－25　视准轴与横轴的垂直度检定装置

精确整平经纬仪，以正镜位置瞄准平行光管Ⅰ上的十字线中心，固定照准部，纵转望远镜 180°。在平行光管Ⅱ的分划板横丝上，读取经纬仪竖丝所在位置的格数为 b_1。旋转照准部 180°，以倒镜位置重复上述检定并读取格数为 b_2。视准轴与横轴的垂直度 C 按式（7－62）计算：

$$c = \frac{1}{4}(b_2 - b_1)t \tag{7-62}$$

式中：t 为平行光管Ⅱ十字分划板横丝格值（″）。

视轴与横轴的垂直度也可以用多齿分度台和平行光管Ⅱ组成的装置检定，检定方法如下：

精确整平经纬仪，以正镜位置瞄准平行光管的十字线中心，固定照准部，旋转多齿分度台

180°,纵转望远镜 180°,在平行光管的分划板横丝上读取经纬仪竖丝所在位置的格数为 b_1。旋转照准部 180°,以倒镜位置重复上述检定并读取格数为 b_2。视准轴与横轴的垂直度 C 按式(7 -62)计算。

5）横轴与竖轴的垂直度检定

横轴与竖轴的垂直度用高低点进行检定,将平行光管按图 7 -26 布置,平行光管Ⅰ和平行光管Ⅱ大致处于同一铅垂直面内。平行光管Ⅱ须装有格值不大于30″的分划板。高、低两光管对于水平方向的夹角大致为 25°,两夹角对称度为 25′。

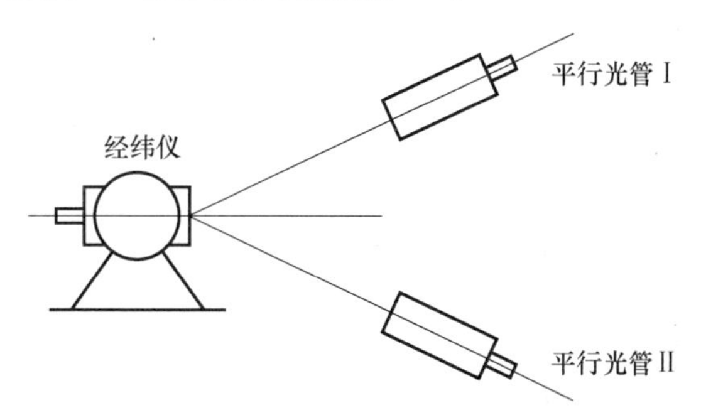

图 7 -26　横轴与竖轴的垂直度检定装置

将经纬仪安装在检定台上,精确整平。以正镜位置瞄准平行光管Ⅰ的十字线分划板中心,向下旋转望远镜,在平行光管Ⅱ的横丝上读取望远镜十字线竖丝所在位置的格值数 A(以实际刻划为准);以倒镜位置重复上述操作并读取格值数 B。此为一测回。

横轴与竖轴的垂直度按下式计算:

$$i = \frac{(A - B)t}{4}\cot\beta \tag{7-63}$$

式中:t 为平行光管Ⅱ十字分划板横丝格值(″);β 为平行光管Ⅰ(或Ⅱ)与水平方向的夹角。

6）竖盘指标差检定

将经纬仪安置在检定台上,并精确整平,以正镜位置用望远镜分划板十字分划板横丝瞄准水平位置平行光管十字线分划中心,读取竖直度盘读数,取两次读数的平均值 L;望远镜翻转 180°,旋转照准部,以倒镜位置重复上述检定,取两次读数的平均值 R。

竖盘指标差 I 按下式计算:

$$I = \frac{(L + R) - 360°}{2} \tag{7-64}$$

或

$$I = (L + R) - 180° \tag{7-65}$$

7）望远镜调焦运行误差检定

将经纬仪安置在检定台上,照准管内安置不少于五块分划板准线仪(或准线光管),各分划板十字丝中心就严格在一条直线上(或有微小误差但有修正值),如图 7 -27 所示。

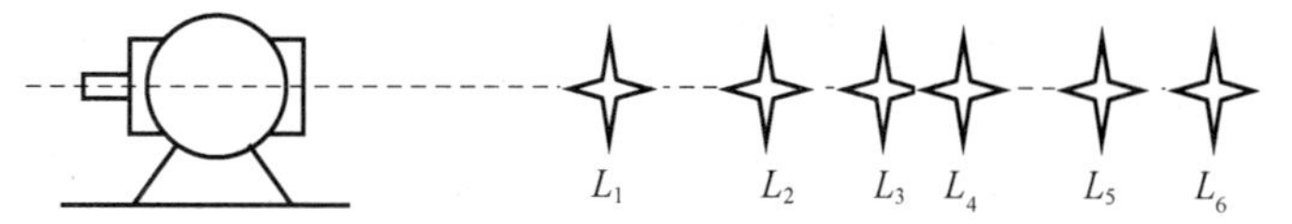

图 7 -27　分划板位置

调节经纬仪照准部和准线仪微调螺丝，使经纬仪与准线仪无穷远，和最短视距十字丝中心重合。

以正镜位置从最短视距到无穷远对各目标逐个瞄准，并读出水平角读数，再从无穷远到最短视距进行上述检定作为返测，取各点往返测读数的平均值为 L_i。以望远镜倒镜位置重复上述检定，读数的平均值为 R_i。

视轴各点的照准差按下式求得：

$$C_i = \frac{L_i - R_i \pm 180°}{2} \tag{7-66}$$

望远镜调焦运行误差按式(7-67)计算：

$$\Delta C_i = C_\infty - C_i \tag{7-67}$$

取 ΔC_i 绝对值最大值为检定结果。

当准线仪（或准线光管）中各目标分划板严格准直（准线误差≤2″）后，可通过直接比对检定调焦运动误差。

8）对中器对中误差检定

光学对中器安置在基座上的经纬仪：将经纬仪安置在光学对中器检验上，转动检验台，观测距经纬仪0.6m和1.5m处分划板上的最大变化量；

光学对中器安置在照准部上的经纬仪：将经纬仪安置在光学对中器检验或三脚架上，转动照准部，观测距经纬仪0.6m和1.5m处分划板上的最大变化量。

取上述检定所得的最大变化量的一半为检定结果。

9）竖盘指标自动补偿误差检定

将经纬仪安置在带微倾的工作台上，使经纬仪望远镜与平行光管物镜相对排列，其视轴大致水平并基本重合，整平经纬仪。

以平行光管分划板十字丝为目标，调整微倾装置，使仪器先后处于五个状态（经纬仪竖轴位于铅垂、前倾、后倾、左倾、左倾2′的整置状态为：$i=1,2,3,4,5$）。读取天顶距 Z。

以竖轴五个状态的天顶距读数平均值为基准，按下式计算天顶距变化量：

$$\Delta Z_i = Z_i - \frac{1}{5}\sum_{i=1}^{5} Z_i \tag{7-68}$$

式中：ΔZ_i 为第 i 状态的天顶距变化量。

取 ΔZ_i 的绝对值最大值为检定结果。

10）一测回水平方向标准偏差检定

一测回水平方向标准偏差用多目标的平行光管法或多齿分度台与平行光管组成的装置进行检定。

（1）多目标的平行光管法。

沿经纬仪水平方向的圆周上，安置4~6个平行光管作为照准目标，用全圆方向观测法进行检定。平行光管的布局应呈随机状态，夹角的角值为度、分、秒值分布。

为确保检定结果准确度，对半测回归零差、一测回两倍照准差互差及测回差作出限差规定，见表7-1。

半测回归零差超限时，应重测该测回；一测回二倍照准差互差和各测回方向值互差超限时，应重测超限方向（带上零方向）或重测一测回；一测回重测方向数超过该测回全部方向数的1/3时,应重测该测回;如果检定过程中重测方向数超过全部方向数的1/3时,应重测全部测回。

表7-1 测回数及限查

经纬仪等级	DJ_{07}	DJ_1	DJ_2	DJ_6	DJ_{30}
测回数	12	9	6	4	4
半测回归零差/(″)	2	3	4	12	—
一测回二倍照准差互差/(″)	5	6	8	30	90
各测回方向值互差/(″)	4	6	6	18	—

用多目标法检定一测回水平方向标准偏差方法如下:

将经纬仪安置在检定台上,精确调平,整置水平度盘于受检位置。照准部顺时针方向旋转一周后,以正镜位置照准目标1,测微器两次读数,并取平均值 L_{i1}。依次照准目标2,3,…,n。分别读数,并取平均值 L_{ij}。最后照准起始目标1,回零读数仅用来检定该观测结果,不参加一测回水平方向标准差的计算。

将经纬仪望远镜翻转180°,以逆时针方向旋转,分别照准目标 n,…,3,2,1,分别读数,取平均值 R_{ij}。

上述操作为一个测回,变换水平度盘起始位置(根据测回数 m,将度盘读数改变180°/m),重复上述测回的观测,依次求出各测回的观测结果。

首先,计算各测回观测中各目标正镜、倒镜读数平均值:

$$X_{ij} = \frac{1}{2}(L_{ij} + R_{ij} \pm 180°) \quad (i = 1,2,\cdots,m;j = 1,2,\cdots,n) \tag{7-69}$$

各目标相对于目标1的方向值:

$$x'_{ij} = x_{ij} - x'_{i1} \tag{7-70}$$

各目标方向值相对于 m 测回平均值的偏差:

$$v_{ij} = x'_{ij} - \frac{1}{m}\sum_{j=1}^{m} x'_{ij} \tag{7-71}$$

按下式求得一测回水平方向标准偏差:

$$s_H = \sqrt{\frac{\sum_{i=1}^{m}\sum_{j=1}^{n} v_{ij}^2 - \sum_{i=1}^{m}\left(\sum_{j=1}^{n} v_{ij}\right)^2/n}{(m-1)(n-1)}} \tag{7-72}$$

式中:m 为测回数;n 为照准目标数。

(2)多齿分度台法。

一测回水平方向标准偏差用多齿分度台(3′)1或552齿与平行光管组成的装置检定,检定装置如图7-28所示。

测回数及各测回受检点数如表7-2所列。

检定时,将被检经纬仪安置在多齿分度台上,精细调平并使经纬仪回转轴与多齿分度台回转中心同轴,随机旋转啮合多齿分度台,经纬仪水准气泡不能偏移一格。

往测多齿分度台逆时针旋转,返测时多齿分度台顺时针旋转。往返测为一个测回。其检定方法如下:

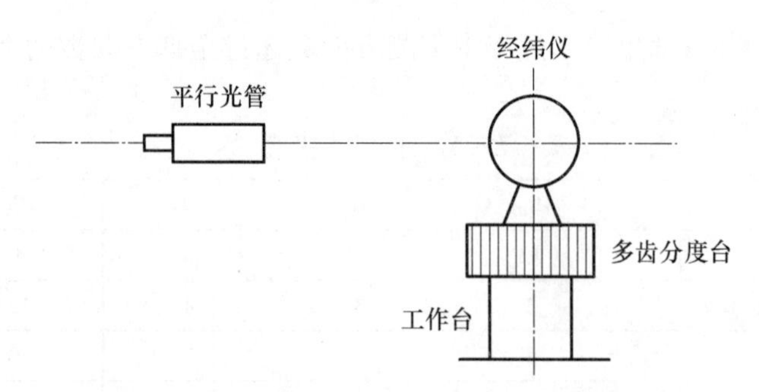

图 7-28 多齿分度台法检定一测回水平方向标准偏差

表 7-2 测回数及各测回受检点数

经纬仪等级	DJ_{07}, DJ_1	DJ_2	DJ_6, DJ_{30}
测回数	2	1	1
受检点数	23	23	15

多齿分度台置于零位，转动照准部照准平行光管目标，转动度盘变换钮置水平度盘于 0°，顺时针方向旋转照准部一周，望远镜照准平行光管目标，正镜读数。多齿分度台按预先布点逆时针方向旋转至第 2 检定位置，经纬仪照准部以顺时针方向旋转并照准平行光管目标，正镜读数。然后以同样的方法检定 3，4，…，n 位置，最后回到零位。回零读数不参与计算，回零差超过表 7-1 规定时需重测量该测回。

望远镜翻转 180°，逆时针方向旋转照准部照准目标，倒镜读数，多齿分度台顺时针方向转动第 2 检定位置，经纬仪照准部以逆时针方向旋转照准部照准目标，进行第 2 位置检定。以同样方法检定 3，4，…，n 位置，最后回到零位。

首先，计算各方向正镜、倒镜读数平均值：

$$X_{ij} = \frac{1}{2}(L_{ij} + R_{ij} \pm 180°) \quad (i = 1,2,\cdots,m; j = 1,2,\cdots,n) \tag{7-73}$$

各方向零起分度误差：

$$v_{ij} = X_{ij} + X_{i1} - \alpha_i \tag{7-74}$$

式中：X_{ij} 为经纬仪各方向读数；X_{i1} 为经纬仪零方向读数；α_i 为多齿分度台标准角值。

各方向值残差：

$$\delta_{ij} = v_{ij} - \frac{1}{n}\sum_{j=1}^{n} v_{ij} \quad (i = 1,2; j = 1,2,\cdots,n) \tag{7-75}$$

按下式求得一测回水平方向标准偏差：

$$s_H = \sqrt{\frac{\sum_{i=1}^{m}\sum_{j=1}^{n}\delta_{ij}^2}{m(n-1)}} \tag{7-76}$$

式中：m 为测回数；n 为受检点数。

取零起分度误差 v_{ij} 中最大值和最小值之差为该测回水平方向最大分度间隔误差：

$$\Delta_i = v_{max} - v_{min} \tag{7-77}$$

取各测回水平方向最大分度间隔误差最大值为最后检定结果。

用多齿分度台法检定一测回水平方向标准偏差时,应给出水平方向最大分度间隔误差。水平方向最大分度间隔误差只给实测数据,不作判定合格与否依据。

11）一测回竖直角测角标准偏差检定

一测回竖直角测角标准偏差用多目标竖直角检定装置检定,检定装置如图7－29所示。该装置在±30°范围内不少于五个目标,每个目标的方向值就为非整度数。

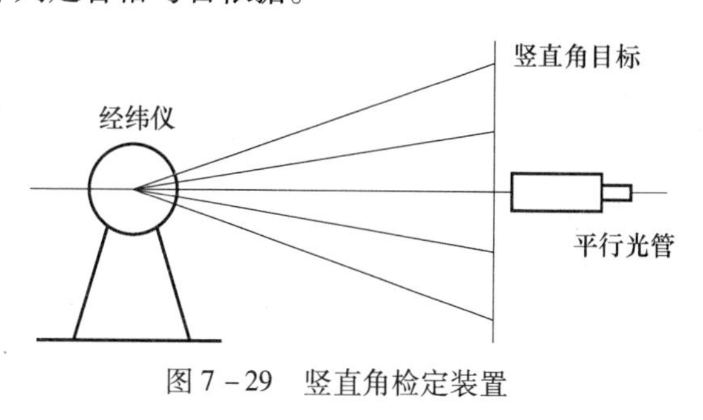

图7－29　竖直角检定装置

检定时,将被检经纬仪安置在多齿分度台上,精细调平并使经纬仪回转轴与多齿分度台回转中心同轴,依次对各目标进行正镜和倒镜观测,得天顶距观测值 L_{ij} 和 R_{ij},至少进行四测回。

竖盘指标差 I_{ij} 按下式计算：

$$I_{ij} = \frac{(L + R) - 360^\circ}{2} \tag{7－78}$$

或

$$I_{ij} = (L + R) - 180^\circ \tag{7－79}$$

在一测回观测过程中,竖盘指标差的变化的限差如表7－3所列。

表7－3　竖盘指标差的变化

经纬仪等级	DJ_{07}	DJ_1	DJ_2	DJ_6	DJ_{30}
标差要求/(″)	8	10	12	15	30

竖直角 α_{ij} 按下式求得：

$$\alpha_{ij} = \frac{1}{2}(R_{ij} - L_{ij} - 180^\circ) \tag{7－80}$$

或

$$\alpha_{ij} = L_{ij} - R_{ij} \tag{7－81}$$

各目标竖直角平均值：

$$\bar{\alpha}_i = \frac{1}{m}\sum_{i=1}^{m}\alpha_{ij} \tag{7－82}$$

各目标残差：

$$v_{ij} = \alpha_{ij} - \bar{\alpha}_i \tag{7－83}$$

按下式求得一测回竖直角测角标准偏差：

$$s_V = \sqrt{\frac{\sum_{i=1}^{m}\sum_{j=1}^{n}\delta_{ij}^2}{n(m-1)}} \tag{7－84}$$

式中：m 为测回数；n 为受检点数。

一测回竖直角测角标准偏差也可用竖直角标准装置检定,具体方法如下：

一测回竖直角测角标准偏差可以用具有标准角度的竖直角标准装置检定,检定装置如

图7－30所示。该装置在±30°范围内不少于五个目标，每个目标的方向值就为非整度数。各目标与水平方向目标的夹角构成标准夹角Φ。

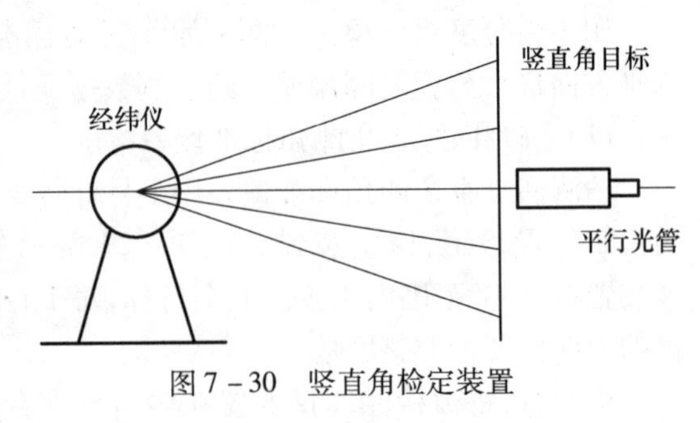

图7－30 竖直角检定装置

检定时，将被检经纬仪安置在多齿分度台上，依次对各目标进行正镜和倒镜观测，得天顶距观测值L_{ij}和R_{ij}。

竖直角α_{ij}按式（7－80）、式（7－81）求得，即

$$\alpha_{ij}=\frac{1}{2}(R_{ij}-L_{ij}-180°)$$

或

$$\alpha_{ij}=L_{ij}-R_{ij}$$

按下式求得各目标竖直角与夹角的偏差值：

$$d_{ij}=\alpha_{ij}-\phi_j \tag{7-85}$$

式中：α_{ij}为各测回目标竖直角度；ϕ_j为各目标与水平方向目标夹角标准值。

按下式求得各测回水平目标的竖直角平均值：

$$\bar{\alpha}_{i0}=\frac{1}{n}\sum_{j=1}^{n}d_{ij} \tag{7-86}$$

计算各点竖直角观测值的残差：

$$v_{ij}=\alpha_{ij}-(\phi_j+\bar{\alpha}_{i0})=d_{ij}-\bar{\alpha}_{i0} \tag{7-87}$$

按下式求得一测回竖直角测角标准偏差：

$$s_V=\sqrt{\frac{\sum_{i=1}^{m}\sum_{j=1}^{n}v_{ij}^2}{m(n-1)}} \tag{7-88}$$

式中：m为测回数；n为受检点数。

采用卧轴多齿分度台和单个平行光管组成的竖直角标准装置：在－30°～＋30°的竖直角范围内，也可选择多齿分度台上不少于11个位置进行至少一个测回竖直角测量。

7.4.3 光电经纬仪的室内校准

光电经纬仪是采用电视测量技术，具有自动跟踪和实时测量功能的光电测量设备，主要用于飞机、轮船、星体等特种试验场空间目标运动轨迹的测量。动态测角精度是指光电经纬仪在规定的角速度和角加速度运动状态下，实时测量的目标空间指向值与真值之差，是衡量光电经纬仪最重要的技术指标之一。

长期以来，光电经纬仪的动态测角精度一直在外场，通过实测某一飞行目标并与其他高精度设备比对的方法进行验证。由于外场试验受气候、费用、时间等条件的限制，无法经常进行，因此，研究室内测量方法和测量设备是非常必要和急需的[18－21]。

为了实现对光电经纬仪动态测角精度的测量，必须具有室内仿真目标测量装置，该装置应同时具备两个条件：一是具有室内仿真目标，其运动规律能够代表实际飞行目标的特性；二是

在仿真目标运动过程中，其实时空间指向位置准确可知。为此，需要旋转靶标，旋转靶标即可以产生供光电经纬仪跟踪的仿真目标，又可以测量出目标实时空间指向值，是测量光电经纬仪动态测角精度必不可少的测量设备。

1. 光电经纬仪室内静态检测

光电经纬仪的静态测角精度是利用检测架来检测的，如图7－31所示。在检测架上的不同位置安装平行光管，首先用T4经纬仪标定出这些平行光管的空间角位置，然后用被检测的光电经纬仪去瞄准这些光管，解算出各光管间的夹角角度差，其差值反映了被检测光电经纬仪的静态测角精度。

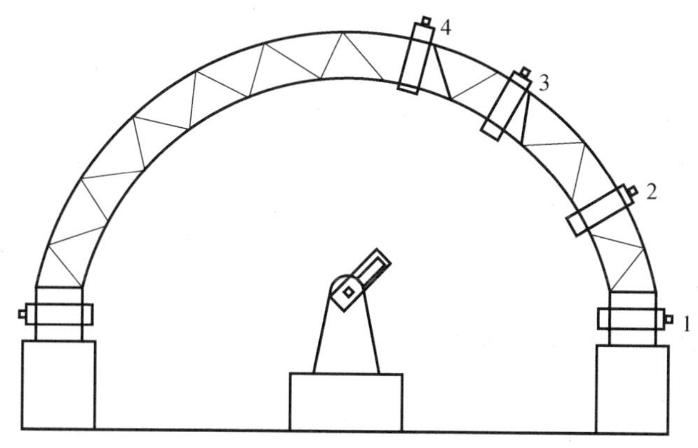

图7－31　光电经纬仪静态测角精度检测架的结构示意图

图中1，2，3，4为固定角度的平行光管，被检经纬仪位于检测架的旋转中心。根据检测角度的细分要求，可以布置不同数量和不同间距的平行光管。

2. 光电经纬仪室内动态检测系统

图7－32为动态精度靶标检测设备示意图。检测系统的核心是旋转靶标。旋转靶标主要由支撑架、旋转轴系、平行光管、反射镜、电气控制柜等部分组成。

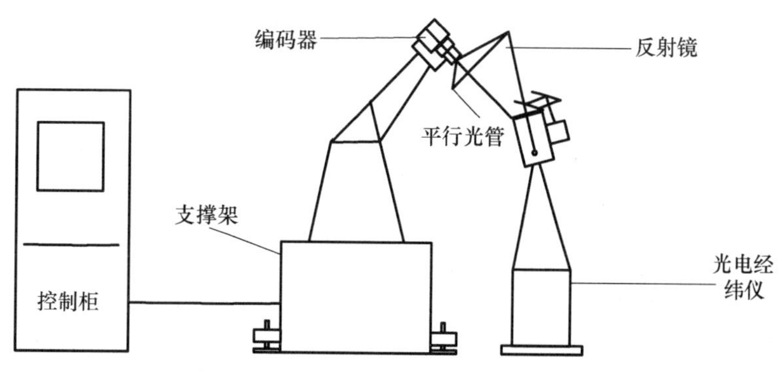

图7－32　动态精度靶标检测设备示意图

支撑架的主要作用是稳定支撑旋转目标，为了便于移动，支撑架底部设计有万向移动鼓轮和三点式落地支撑地角。旋转轴系主要由精密转轴、直流伺服电机、导电环和23位绝对式编码器组成，旋转轴的作用是带动平行光管和反射镜转动，产生以一定角速度和角加速度运动的目标，并通过同轴安装的编码器，准确地得到靶标目标的空间角度位置。平行光管的焦距为

1m,口径为100mm,目标形式为星点。平行光管出射的光经反射镜反射后,在空间形成一光锥形目标,提供给光电经纬仪。

电气控制柜中有主控计算机、时统终端、编码器数据采集电路、串行通信电路、伺服控制电路、电源等相关硬件。光电经纬仪和靶标由各自的时统终端通过 GPS 授时功能对时。靶标编码器的采样频率可以根据测量需要,设定为与光电经纬仪的工作频率相同,有400Hz、200Hz、100Hz、50Hz 供选择。实际测量时,主控计算机在时统终端同步信号的控制下,实时同步采集并记录绝对时和编码器值,同时光电经纬仪自动跟踪靶标目标并同步采集绝对时、目标的方位角、俯仰角和脱靶量等测量数据。事后,按已建立的动态测角误差计算公式完成光电经纬仪的动态测角精度计算。

图7-33为动态精度靶标和检测设备空间位置示意图。以动态精度靶标底座中心为坐标原点,水平面为 x 和 y 轴,天顶方向为 z 轴建立空间坐标系。图中 M 点为被测设备的回转中心,OA 和 AB 分别为动态精度靶标垂直段高度和倾斜段长度,BC 为编码器中心到动态精度靶标旋转轴心的距离,CD 为动态精度靶标旋转轴心到反射镜的长度。以动态精度靶标底座中心和一底脚方向为 Ox 轴,动态精度靶标旋转臂在水平面上的投影为 OM',用测角仪测出的夹角为45°。

图7-34为动态精度靶标与被测设备位置关系示意图。以动态精度靶标底座中心为坐标原点,动态精度靶标旋转臂投影水平面方向为 x 轴,天顶方向为 y 轴建立坐标系。图中 M 点为被测设备的回转中心,OA 和 AB 分别为动态精度靶标垂直段高度和倾斜段长度,BC 为编码器中心到动态精度靶标旋转轴心的距离,CD 为动态精度靶标旋转轴心到反射镜的长度。

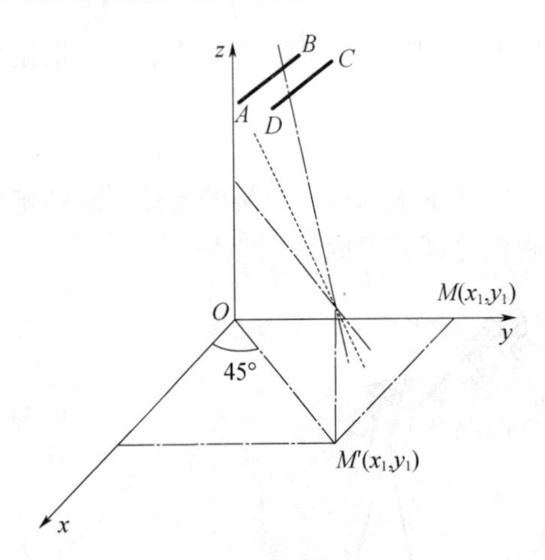

图7-33 动态精度靶标与被测设备空间的位置示意图

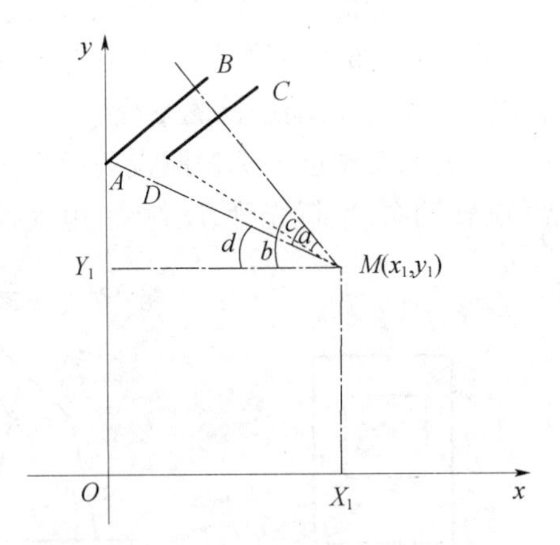

图7-34 动态精度靶标与被测设备平面的位置示意图

3. 动态检测系统工作原理

用时统终端提供的时间基准信号与被检测装备建立同步关系,并把该信号作为控制计算机的中断请求信号和采样信号,使控制计算机产生中断;计算机通过并行接口读取靶标编码器输出的角度数据,与通过键盘输入的事先规定的编程运动规律数据进行位置计算,输出位置偏差;同时通过编码器数据解算出靶标运动的速度,与位置偏差一起构成速度回路的输入,计算和校正该回路的输出;输出信号经离散化处理,由控制计算机产生调宽信号,送入功率模块,推动电机转动，实现对动态精度靶标运动的精密控制；同时，电控系统也接收被检测装备的实际测量信息，通过计算机处理并显示跟踪误差和测角精度。

作为高精度测量靶标，其运动规律有匀速方式和变速方式。因此，动态精度靶标的控制系统应满足定点时静态误差小，匀速工作时速度稳定性好，变速工作时跟踪精度高的要求。由此可见，该系统既有随动系统的特点，又有恒值系统的特点。考虑到系统稳定性和控制精度的要求，将动态精度靶标的控制系统设计成 I 型系统，由于动态精度靶标输入信号的运动规律已知，输入信号的各阶导数可以实时计算出来；又由于动态精度靶标系统的稳态精度和响应速度要求很高，因此，选用了复合控制（速度和位置双闭环控制 + 速度前馈控制）以提高系统的精度。

4. 动态检测原理

动态精度靶标的主要功能是在程序控制下实现目标的运动，并提供精确的空间角位置信息。它包括稳定的支撑结构、高精度的轴系结构、精密的角度输出元件和可以生成无穷远空中目标的光学系统以及控制模拟目标运动的电子学系统。

动态精度靶标与光电经纬仪的空间运动关系如图 7 - 35 所示。图中 S 是可编程动态靶标上模拟目标的光点，S 以空间某一特定位置 O 为圆心，以直线 OR 为旋转轴线，在与 OR 相垂直的平面上旋转。S 点的出射光形成以 O 点为顶点的光锥，O 点也是光电经纬仪水平轴、垂直轴和视轴的三轴交点，光电经纬仪对 S 点进行跟踪；a 为 S 点出射光与旋转轴 OR 的夹角，即光锥的半锥角，也是光电经纬仪视轴与可编程动态靶标旋转轴的夹角；b 为旋转轴线 OR 与水平面的倾角；A 为光电经纬仪方位角；E 为光电经纬仪俯仰角。

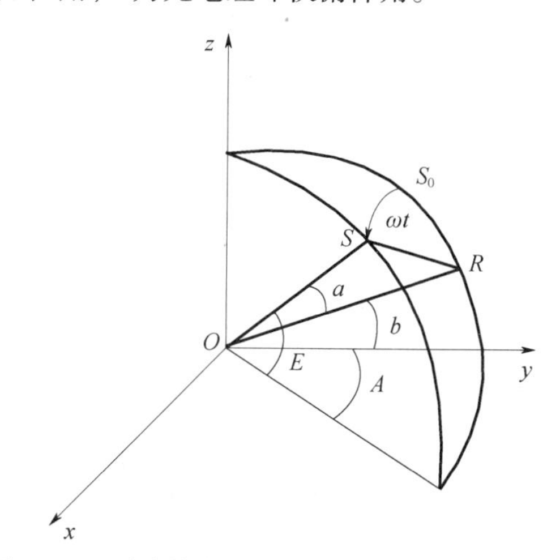

图 7 - 35　动态精度靶标与光电经纬仪空间运动关系

以 S_0 作为可编程动态靶标旋转零点，光学目标从 S_0 运动到 S 点时，相对于旋转轴线的转角为 θ，$\theta=\omega t$，ω 是匀速运动的角速度，t 为目标运动所用的时间。

根据球面三角定理，光电经纬仪的方位角 A 、俯仰角 E 都将随 θ 角的变化按下式改变：

$$\sin E = \cos a \sin b + \sin a \cos b \cos\theta \tag{7-89}$$

$$\sin A = \frac{\sin a \sin\theta}{\cos E} \tag{7-90}$$

由此可得方位角 A 、俯仰角 E 为

$$E = \arcsin(\cos a\sin b + \sin a\cos b\cos\theta) \tag{7-91}$$

$$A = \arcsin\left(\frac{\sin a\sin\theta}{\cos E}\right) \tag{7-92}$$

由动态精度靶标与光电经纬仪空间运动关系可知,动态精度靶标的半锥角 a 和倾角 b 受到旋转臂的长度、动态精度靶标与光电经纬仪之间的安装距离、光电经纬仪俯仰方向存在限位等因素的影响,通过分析计算可以得出光电经纬仪唯一的空间位置。

5. 光电经纬仪室内动态检测系统的使用

在检测时,动态精度靶标位置固定后,调整光电经纬仪的位置,使光电经纬仪的回转中心务必安置在动态精度靶标旋转形成的圆锥锥点上,这样就能保证动态精度靶标旋转到任何位置,光电经纬仪都能看到清晰的图像。

7.4.4 光电经纬仪的星体标校技术

光电经纬仪的星体标校是利用恒星在天球上的准确视位置标定光电经纬仪的指向精度。其方法主要采用两种方式:时角法和弧长法。时角法是采用恒星视位置的计算公式,通过光电经纬仪瞄准并测量,然后与理论计算的真值进行比对,从而求出光电经纬仪的指向误差。弧长法则是利用天球中北极星与任一颗恒星弧长不变的原理而发展起来的新型技术[22]。

1. 时角法

时角法是根据恒星视位置的计算公式,利用被标校仪器瞄准某一颗特定恒星,测出其在地平坐标系中的方位角 A_C 和高低角 E_C,然后与恒星在被标校仪器处的理论方位角 A_L 和高低角 E_L 相比较,求出误差。

$$\begin{cases}\Delta A = A_C - A_L \\ \Delta E = E_C - E_L\end{cases} \tag{7-93}$$

使用时角法的前提条件是:

(1) 必须提供非常准确的时间(误差小于 1ms);

(2) 测站的准确地理坐标。

因此,时角法只能应用到具备满足上述两项条件的用户或固定站,而对机动站应用起来受到一定的限制。

2. 弧长法

根据天文学的理论,所有恒星都分布在以地球质心为中心的天球上。地球自转的轴线延长线基本上与北极星(指在天球坐标上)重合。因此,可以假定北极星是处在地球的回转轴线上。基于这一基本假设使采用星体弧长法标定光电经纬仪指向精度成为可能。从天文学的角度上讲,恒星的视位置一般用赤经、赤纬来表示。星体弧长法的基本原理就是根据北极星与任意一颗恒星之间的弧长作为理论真值,然后利用被标校光电经纬仪先后瞄准北极星和某颗恒星,并测出在地平坐标中的高低角和方位角,代入弧长公式从而求出光电经纬仪的指向精度。

1) 基本原理

下面将基本原理介绍如下:

如图 7-36 所示天球坐标系,其中弧长 BC 表示在 $\Delta t = t_1 - t_2$ 时间内北极星旋转的弧长。根据弧长公式:

$$\cos d = \sin\varphi_1 \sin\varphi_2 + \cos\varphi_1 \cos\varphi_2 \cos(\lambda_1 - \lambda_2) \tag{7-94}$$

式中:φ_1,φ_2 为星体的赤纬;λ_1,λ_2 为星体的赤经;d 为两颗恒星间的弧长。

由于地球旋转,造成了天球上恒星相对于地球坐标的角位置移动。一般来说,在地球赤道处恒星最大角位移为15″/ s,因此利用时角法标定光电经纬仪其时间精度要求较高。那么为什么利用星体弧长法对时间要求相当低呢? 根据式(7-93)进行分析。

设 t_1 时刻,北极星在 B 点,另一颗恒星在 B'点,t_2 时刻,北极星旋转到 C 点,另一颗恒星旋转到 C'点。由于光电经纬仪不可能在相当短的时间内测出北极星和另一颗恒星的方位角及高低角,因此,势必产生误差,从理论上讲,应测出弧长 $\vec{B}\,\vec{B}'$, 而实际上测出的弧长为 $\vec{B}\,\vec{C}'$。

其误差为

$$\Delta\vec{B}\,\vec{C}' = \vec{B}\,\vec{B}' - \vec{B}\,\vec{C}' \tag{7-95}$$

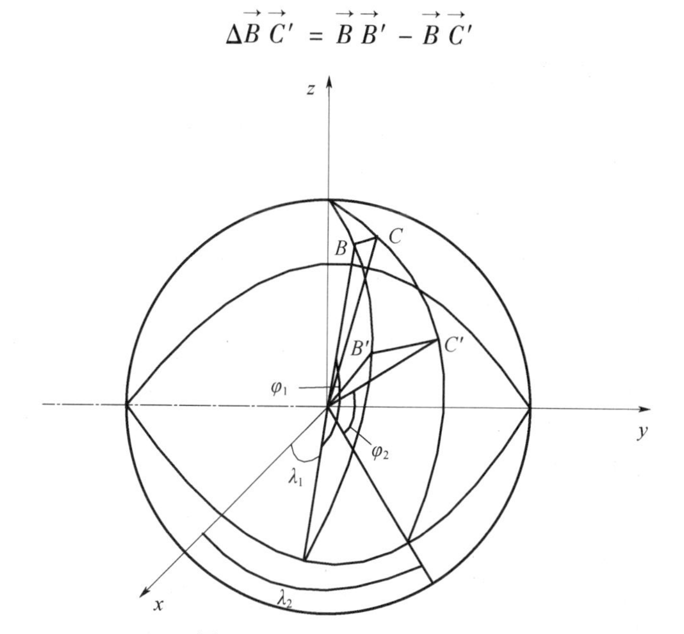

图7-36　天球坐标系示意图

目前光电经纬仪的指向误差一般为5″左右。根据检验误差的1/ 3 准则或1/ 10 准则,$\Delta BB'$应控制在0.50~1。由式(7-94),式(7-95) 求出 BB',BC',最后得到

$$\Delta BC = BB' - BC' = \cos(\varphi_1 - \varphi_2)[1 - \cos(\lambda_1 - \lambda_2)] \tag{7-96}$$

式中:φ_1 为北极星的赤纬;φ_2 为另一颗恒星赤纬;$(\lambda_1 - \lambda_2)$为两颗星的赤经差,相当于地平坐标系的时间差;ΔBC 为两颗恒星间的弧长差。

2) 测量方法

星体弧长法标定光电经纬仪的指向精度是依据星体弧长公式(7-94)。它首先利用被检光电经纬仪测出北极星的方位角和高低角,然后再瞄准另一颗恒星,并测出其方位角和高低角,代入式(7-94)求出弧长。之后再将北极星的赤经、赤纬,及另一颗恒星的赤经、赤纬,代入式(7-94)求出理论弧长。两条弧长之差即为光电经纬仪的指向误差。

(1) 理论弧长。

根据前面的讨论,所有恒星都分布在天球上,其视位置一般用赤经、赤纬来表示。如果需要知道某年、月、日的某一颗恒星在天球上的视位置,可通过每年的《中国天文年历》中查出;

也可通过专门计算程序求出某日某时的视位置。再代入式(7－97)求出理论弧长。

$$\cos d = \sin\delta_1 \sin\delta_2 + \cos\delta_1 \cos\delta_2 \cos\alpha_1 - \alpha_2 \tag{7-97}$$

式中:d 为两颗恒星间的理论弧长;δ_1 为北极星的赤纬;δ_2 为另一颗恒星赤纬;α_1 为北极星的赤经;α_2 为另一颗恒星的赤经。

(2) 测出的实际弧长。

一般而言,光电经纬仪都安置在地平坐标系中。由于地球的自转,造成了天球上的恒星相对于地平坐标系其高低角和方位角随地球经、纬度和时间都发生变化。因此采用恒星时角法标定光电经纬仪精度必须已知测站的经、纬度和测星的准确时间,否则,将引起较大的误差。而星体弧长法则克服了上述缺陷。它只要求测北极星与另一颗恒星相对时间满足式(7－96)即可。

7.4.5 光电经纬仪外场测角精度校准

外场光电经纬仪的动态测角精度的校准通常采用星体弧长法和星体角度法,选择性使用GPS 授时。星体弧长法简便,可以连续实施,时间短,但系统误差难以完全消除,因此其精度较低;而星体角度法的实质是先求出星体的理论位置,再将光电经纬仪的实测值与其比较,求出光电经纬仪的测角精度。星体角度法虽然精度高,但需要选星、编制星表、计算恒星的分布与理论位置等,过程复杂。

静态测角误差作为光电经纬仪的系统误差,为外场测角精度提供了修正依据。有人提出了一种采用方位标校准光电经纬仪静态测角精度、校飞校准经纬仪动态测角精度的方法,并给出了测量计算过程及不确定度评定[23]。

1. 外场静态测角精度的校准

放置在野外站点的光电经纬仪,没有平行光管等静态目标供使用,通常使用方位标进行校准。方位标是架设在野外站点周围的定向设备,主要为测站光测设备提供定向基准,同时还可获取设备的某些系统误差,如定向差、照准差、零位差等,来修正测量结果。以大地测量结果方位标的方位角 A、高低角 E 的数据为真值,使用光电经纬仪进行测量,从而校准经纬仪的静态测角精度。

静态测角结果的合成不确定度主要由以下三项合成:一是方位标大地测量结果的不确定度;二是经纬仪的测量不确定度;三是重复测量的不确定度。

2. 外场动态测角精度的校准

飞机校飞试验的校准方法是比较法的一种,通常在校飞飞机上安装 GPS 装置,并按预定航线飞行,在时间系统统一同步信号下进行测量。通过 GPS 的测量数据反算站点的方位角和高低角,作为约定真值,同光电经纬仪的测量数据进行统计计算比较。

7.5 弹道相机及其校准

7.5.1 弹道相机工作原理

弹道相机主要用于常规兵器和尖端武器的弹道测试和测量,是尖端靶场和常规靶场的重要光测设备之一。它能按预先编拟的拍摄程序,将炮弹、火箭、导弹、人造卫星等空中飞行目标以及星体背景拍摄下来。早期的弹道相机是用胶片感光，其工作基本原理是将被摄运动目标的一系列点像和天空基准恒星像点同时记录于大尺寸的感光底板上，用座标量测仪测量底版上的星像和计算机处理所得到弹道数据。

随着CCD成像技术和计算机技术的发展，现在的弹道相机多采用CCD成像技术和计算机技术实现实时自动成像。为了扩大视场，还采用两个或多个CCD拼接来实现大视场测量。图7－37为一种典型光学系统。系统是一种用特殊光学结构设计的弹道相机，整个光学系统是由单心球透镜和中继物镜构成的二次成像系统，入瞳由距第一个光学镜头表面200mm处的九个ϕ30mm的入瞳构成，而且像面是由九块面阵CCD在球面上拼接组成，将全视场景物分别成像在九块CCD上，构成宽视场弹道相机。CCD拼接示意图如图7－38所示。

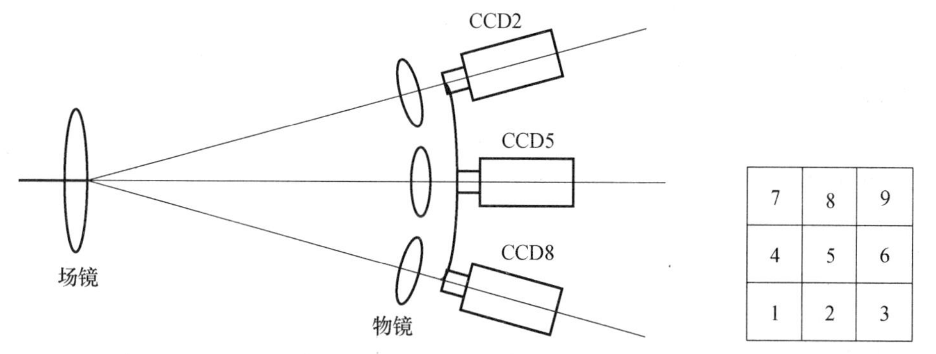

图7－37　CCD成像弹导相机光学系统示意图

图7－38　CCD拼接示意图

7.5.2　弹道相机的性能测试与校准

1. 九面阵拼接相机的标定

1）标定系统组成

九面阵拼接相机的标定基于九面阵CCD拼接，引入径向畸变相机数学模型，采用九平行光管标定系统完成弹道相机的标定[24]。

相机标校仪原理图如图7－39所示。整个系统由九个平行光管、高精度分划板、LED照明组件、控制接口、高稳定平台、标定计算机、标定软件、稳定支架和调整机构组成。

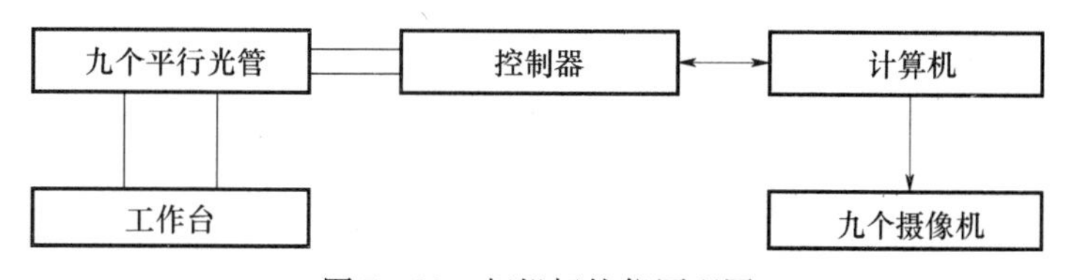

图7－39　相机标校仪原理图

九个平行光管的出瞳与相机的九个入瞳重合。每个平行光管的分划板上用光刻的方法制作25个十字丝目标，使25个目标经过平行光管后成像在各自对应的CCD像面上，并充满每个子视场。为了保证每个十字丝照明的稳定性，及九个平行光管的机械稳定性不受热影响，采用高亮度发光二极管照明，每个十字丝的照明开关分别由计算机控制。对于十字丝目标，经纬仪可以得到高精度的标定结果，做到测量基准的可靠传递。通过精确标定每个平行光管的25

个目标的角量后,该标定设备就可以作为测量基准来标定弹道相机。

2)标定方法

标定时,相机放置于地基环上,标定系统和 T4 经纬仪放置在地基板上。地基环和地基板都安置在同一个稳定平台上,以保证标定时的测量精度。首先,调整弹道相机和标定系统成水平状态,使标定系统的平行光管光轴与弹道相机的光轴相平行。然后,调整标校系统的高度,使标校系统平行光管的光轴与弹道相机的光轴重合。

用 T4 测量以中间平行光管中心十字丝为基准的各平行光管上十字丝的方位、高低角,记录这些数据作为空间物点相对相机的高低角、方位角真值。

弹道相机对着标定系统打正、倒镜,使中间平行光管中心十字丝的像面坐标在正、倒镜时重合,确定相机的像面中心点。调整相机使中间平行光管中心十字丝成像在像面中心点上。保持相机和标定设备相对静止,用相机测量各十字丝的像点坐标。这些坐标就是包含了畸变和测量误差的测量值。并重复测量多次记录数据。

经以上步骤,得到相机像面上九块 CCD 各十字丝的角度真值和像点坐标的测量值,作为相机标定的各种测量数据。

3)相机数学模型

由于该弹道相机光学系统将全视场景物分成九个相对独立的测量子视场,共同组成一宽视场弹道测量设备。这样,在建立相机的数学模型时,应将九个 CCD 相机分别作为独立的成像单元,建立各自的包含物像映射关系和光学畸变的单元相机数学模型,即给出目标点在物空间坐标系和像空间坐标系之间的对应关系,建立整个相机的数学模型。

如图 7-40 所示,设(X,Y,Z)是三维坐标系中物点 P 的三维坐标,(x,y)是同一点 P 在像空间坐标系中的坐标。将像空间坐标系定义为坐标原点取摄影中心 s ,坐标 z 轴为摄影方向的反方向与 Os 重合,通过点 s 作平行于像面上 x 轴和 y 轴的轴线作为像空间坐标系的 x 轴和 y 轴。物空间坐标系 X 、Y 轴形成水平面,Z 轴垂直向上。其中,ω 为高低角,α 为方位角。

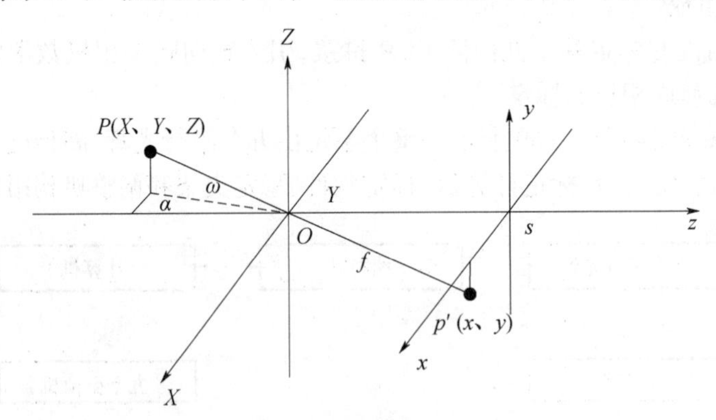

图 7-40 物像投影坐标关系

根据中心摄影原理推导出中心摄影构像方程为

$$\begin{cases} x - x_0 = -f\dfrac{a_1\lambda + b_1\mu + c_1\gamma}{a_3\lambda + b_3\mu + c_3\gamma} \\ y - y_0 = -f\dfrac{a_2\lambda + b_2\mu + c_2\gamma}{a_3\lambda + b_3\mu + c_3\gamma} \end{cases} \tag{7-98}$$

式中：x,y 为十字丝中心像点坐标测量值；a_1,a_2,a_3，b_1,b_2,b_3，c_1,c_2,c_3为物空间坐标轴和像空间坐标轴间的夹角余弦；f 为镜头焦距；x_0、y_0 为像主点坐标；r 为像点相对于像主点的径向距离：

$$r = [(x - x_0)^2 + (y - y_0)^2]^{1/2} \tag{7-99}$$

λ，μ，γ 为目标视线方向余弦：

$$\begin{cases} \lambda = \sin\alpha\cos\omega \\ \mu = \cos\alpha\cos\omega \\ \gamma = \sin\omega \end{cases} \tag{7-100}$$

式中：f，x_0，y_0 为相机内方位元素。

由于实际相机存在设计、装调引起的畸变，因此在相机模型中必须考虑畸变模型。相机系统的镜头畸变主要有径向畸变和切向畸变两种，但在物像投影中，切向畸变引起的误差很小，一般只考虑径向畸变。相机整体模型如下：

$$\begin{cases} x = x_0 - f\dfrac{a_1\lambda + b_1\mu + c_1\gamma}{a_3\lambda + b_3\mu + c_3\gamma} + k_1xr^2 + k_2xr^4 + k_3xr^6 \\ y = y_0 - f\dfrac{a_2\lambda + b_2\mu + c_2\gamma}{a_3\lambda + b_3\mu + c_3\gamma} + k_1xr^2 + k_2xr^4 + k_3xr^6 \end{cases} \tag{7-101}$$

式中：k_1,k_2,k_3为畸变系数。

经以上分析，得到了成像空间的几何模型，使物点和像点有了明确的对应关系，相机标定就是要通过测量相机的内方位元素计算畸变系数，修正相机数学模型。

4）标定数据解算

在摄影方程中，每个十字丝目标的位置由两个方程解算，25 个目标共有 50 个方程。T4 测量的十字丝的空间方位、高低角代入式（7－100），解出目标视线方向余弦 λ,μ,γ。相机和标定仪器对正后，$a_1,a_2,a_3,b_1,b_2,b_3,c_1,c_2,c_3$已知，则模型变为线性系统。把已知参数和得到的测量数据代入式（7－101）中，采用最小二乘多元回归解算出每块 CCD 各未知参数 f,x_0,y_0，k_1,k_2,k_3，完成整个相机的参数标定。

2. 二面阵拼接相机的标定

1）基本测量原理

由两片 CCD 图像传感器拼接的相机，各坐标系之间的关系如图 7－41 所示[25,26]。包括大地坐标系（XYZ），相机坐标系（xyz），像面坐标系（$x_1O_1y_1$）和像面坐标系（$x_2O_2y_2$）。{x^c，y^c，z^c} 是相机主点在大地坐标系中的坐标值。{ x^t，y^t，z^t} 是物点 t 在大地坐标系中的坐标值。{ x^p，y^p，z^p} 是像点 p 在大地坐标系中的坐标值。p 在像面坐标系（x_1Oy_1）中的坐标值是（xOy）。相机主点在像面坐标系（x_1Oy_1）中的坐标值是（x_1y_1）。

在理想状态下，不考虑光学畸变影响时，根据摄影测量投影方程的基本表达式（7－102），通过测量各个物点和像点与相机主点在大地坐标系下的坐标可以标定出相机的内方位元素。其中{ A，B，C，A'，B'，C'，D，E，F} 是相机坐标系在大地坐标系下的方向余弦。由于 CCD 拼接相机给出的编码器角度值不是大地坐标系下的坐标值，该方法不适合 CCD 拼接相机内方位元素的标定。

$$\begin{cases} x + x^p = f \cdot \left[\dfrac{A(x - x^c) + B(y - y^c) + C(z - z^c)}{D(x - x^c) + E(y - y^c) + F(z - z^c)} \right] \\ y + y^p = f \cdot \left[\dfrac{A'(x - x^c) + B'(y - y^c) + C'(z - z^c)}{D(x - x^c) + E(y - y^c) + F(z - z^c)} \right] \end{cases} \tag{7-102}$$

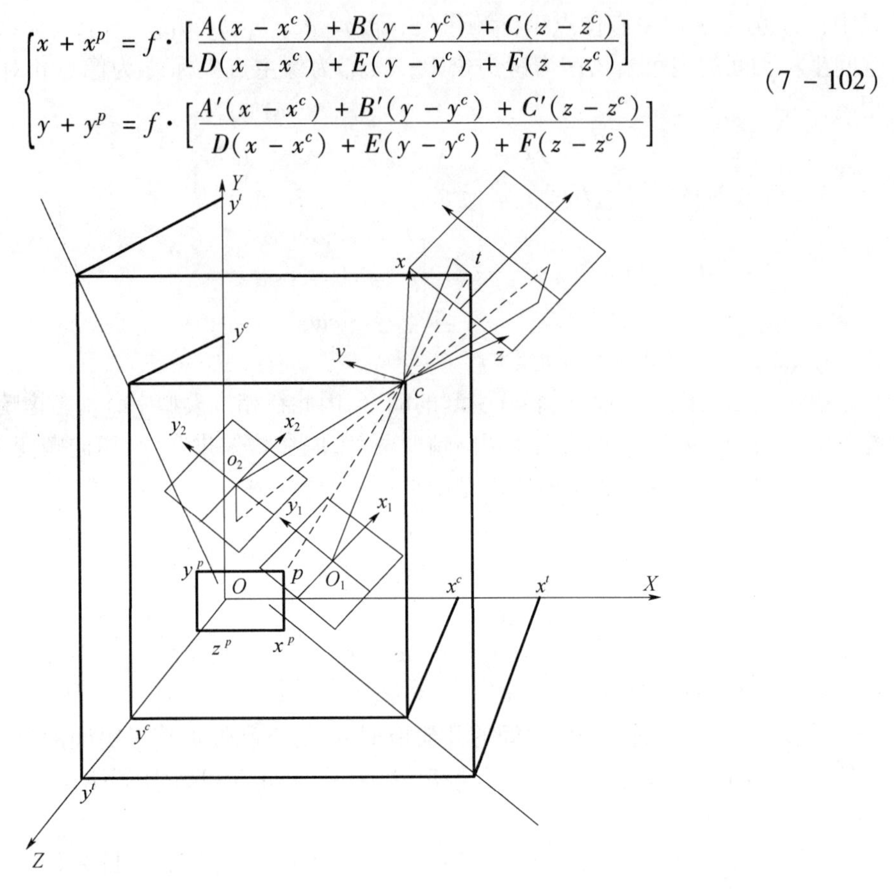

图7－41 各坐标系之间的关系

2）CCD 拼接相机数学模型

针对 CCD 拼接相机只给出编码器角度值的特点，以一片 CCD 图像传感器分析只给出编码器角度值的光电测量设备的内方位元素标定方法。各坐标系与编码器角度之间的关系如图7－42所示，从图中可以看到方位角 A 是 CCD 拼接相机视轴与大地坐标系 X 轴方向之间的夹角，高低角 E 是 CCD 拼接相机视轴与大地坐标系 Y 轴方向之间的夹角。ΔA 是像点与物点连线和相机视轴在水平方向投影的夹角，ΔE 是像点与物点连线和相机视轴在垂直方向投影的夹角。根据测量投影方程(7－102) 转换像面坐标系($x_1O_1y_1$) 与大地坐标系之间($O-XYZ$)，以及 CCD 拼接相机的编码器角度值的关系，并推导出按编码器角度值进行标定的式(7－103)。

$$\begin{cases} \Delta x = \tan(\Delta A) f_1 + x_1 \\ \Delta y = \tan(\Delta E) f_1 + y_1 \end{cases} \tag{7-103}$$

式(7－103) 是理想状态下的标定方法，没有考虑像面坐标系在水平方向与垂直方向的投影关系，为提高 CCD 拼接相机的测量精度，这里考虑到像面坐标系在大地坐标系下投影的影响。将图7－42 所示的 CCD 拼接相机模型的像面坐标系在大地坐标系的水平方向与垂直方向上分别投影，如图7－43、图7－44 所示。根据图7－43、图7－44 所示的像面坐标系在大地坐标系上水平方向与垂直方向的投影关系，由式(7－103) 推导出考虑到像面坐标系在大地坐标系下的标定式(7-104)：

$$\begin{cases} \Delta x = \tan(\Delta A) \cdot (f_1 \cos E + \Delta y \sin E) \\ \Delta y \cos E = \left(\dfrac{\tan(\Delta E)}{f_1 \sin E \cos \Delta A} \right) \end{cases} \tag{7-104}$$

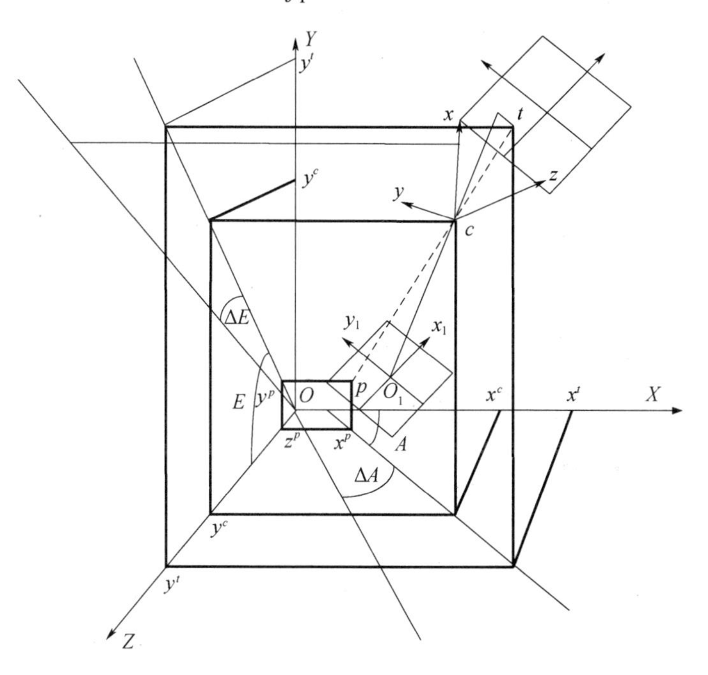

图 7-42　编码器角度与各坐标系的关系

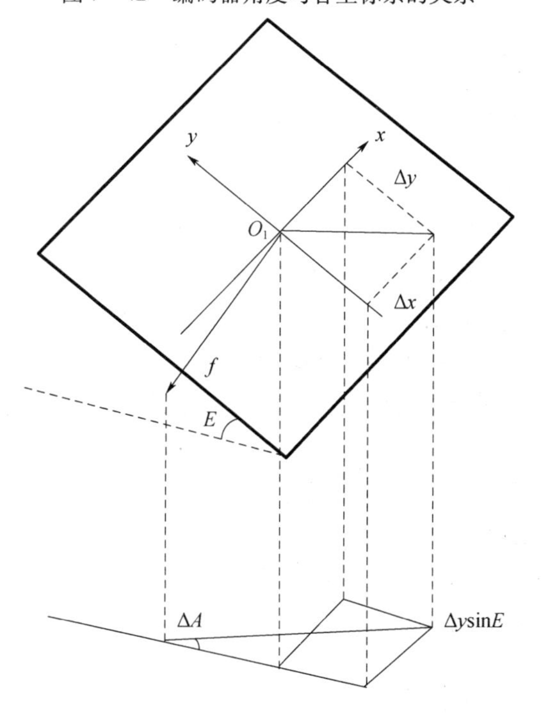

图 7-43　CCD 拼接相机模型在水平方向的投影

高精度测量设备在使用时焦距和光学畸变对测量结果的影响比较大。这里分析相机模型时考虑到它们的影响。畸变仅与物高 y 或视场角 ω 有关,随着物高 y 或视场角 ω 的符号改变而改变,故在其展开式中,只有物高的奇次项,其中第一项为初始畸变,第二项为二级畸变,第三项为三级畸变,$k_{1\sim4}$是畸变系数。

$$\begin{cases}\Delta x' = k_1\omega^3 + k_2\omega^5 + k_3\omega^7 + k_4\omega^9 + \cdots \\ \Delta y' = k_1\omega^3 + k_2\omega^5 + k_3\omega^7 + k_4\omega^9 + \cdots\end{cases} \tag{7-105}$$

ω 是视场角大小,由式(7-79)确定:

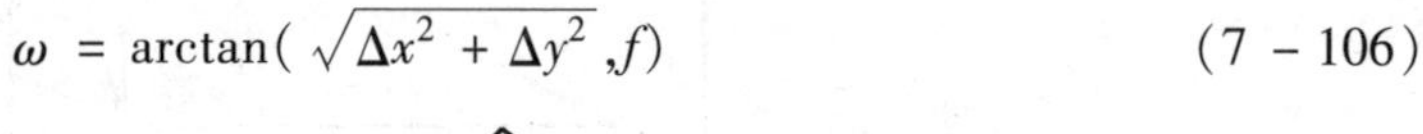

$$\omega = \arctan(\sqrt{\Delta x^2 + \Delta y^2}, f) \tag{7-106}$$

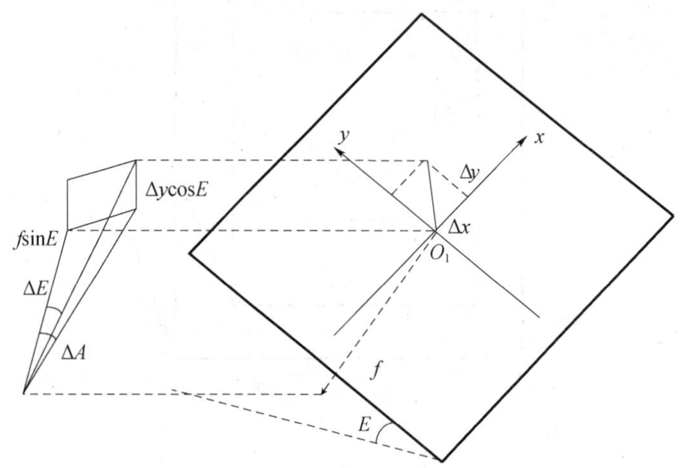

图 7-44 CCD 拼接相机模型在垂直方向的投影

将只取到四级的畸变式(7-105)代入到 CCD 拼接相机模型式(7-104)中,得到包括 CCD 拼接相机内方位元素和畸变系数的相机数学模型:

$$\begin{cases}\Delta x + \Delta x' = \tan(\Delta A)\cdot[f_1\cos E + (\Delta y + \Delta y')\sin E] \\ (\Delta y + \Delta y')\cos E = \left(\dfrac{\tan(\Delta E)}{f_1\sin E\cos\Delta A}\right)\end{cases} \tag{7-107}$$

将式(7-107)整理,得到式(7-108),即多元回归分析方程。式(7-108)中 x, y 是目标点在像面坐标系中的坐标,A, E 是 CCD 拼接相机的编码器角度值,$\Delta A, \Delta E$ 是目标点(物点)和像点连线与 CCD 拼接相机视轴之间真实的角度值在水平方向和垂直方向的投影,可以通过 T4 经纬仪在标定前测量。这些都是已知数据,$k_{1\sim4}$是各级畸变系数,$f_1, x_1, y_1, f_2, x_2, y_2$ 是 CCD 拼接相机的内方位元素。由于函数中各变量是线性关系,通过实验获得 N 组测量数据,采用基于最小二乘法的多元回归分析方法估算参数$\{f_1, x_1, y_1, f_2, x_2, y_2, k_1, k_2, k_3, k_4\}$,完成相机内方位元素和光学畸变模型的标定。

$$\begin{cases}x_1 = x - \Delta y + (1 - \sin E)\cdot(k_1\omega^3 + k_2\omega^5 + k_3\omega^7 + k_5\omega^9) - \tan\Delta A\cdot f\cos E \\ y_1 = y + (k_1\omega^3 + k_2\omega^5 + k_3\omega^7 + k_5\omega^9) - \tan\Delta E/\arccos(f\sin E/\tan\Delta A)\end{cases} \tag{7-108}$$

3)标定方法

CCD 拼接相机的标定是在室内的装校车间完成的,标定系统包括高稳定平台、CCD 拼接相机、大口径平行光管、图像采集系统、$\{f_1, x_1, y_1, f_2, x_2, y_2, k_1, k_2, k_3, k_4\}$ 编码器。标定时通过三个平行光管的交叉点保证CCD相机与T4经纬仪的位置。首先使用T4经纬仪将三个平行光管,在水平位置调整到同一交叉点,其中水平方向的两个光管夹角为90°,垂直方向两个平行光管夹角为45°。然后标定出中间平行光管的方位角度和高低角度,即$\Delta A, \Delta E$,作为多元回归分析方程的真值。将CCD拼接相机放置在高稳定平台上,使用直流电源的高亮度发光二极管,保证目标的稳定性。

7.6　能见度仪及其校准

7.6.1　能见度的基本概念

能见度即目标物的能见距离,是指观测目标物时,能从背景上分辨出目标物轮廓的最大距离,可以用能见度仪进行观测。

能见度是气象观测的项目之一,低能见度对轮渡、民航、高速公路等交通运输和电力供应以至于市民的日常生活都会产生许多不利的影响。在靶场试验中,能见度是必须知道的一个参数,例如激光测距机的测距能力,在不同的能见度下是不同的。光电观瞄系统的作用距离也是与能见度息息相关的。

能见度仪主要有透射式和散射式两种。透射仪因需要基线,占地范围大,不适用于海岸台站、灯塔自动气象站及船舶上。但其具有自检能力,低能见度下性能好等优点而适用于民航系统;散射仪以其体积小和低廉的价格而广泛应用于码头、航空、高速公路等系统[27,28]。

7.6.2　透射式能见度仪

1. 透射式能见度仪工作原理

透射式能见度仪是一种通过测量大气透明度来计算能见度的仪器。下面就其原理作简单介绍:

光在大气中的衰减为

$$I = I_0\exp(-\sigma b) \tag{7-109}$$

式中:I_0 为发射光光强;I 为接收光光强;σ 为消光系数;b 为发射器与接收器之间的距离。

透射仪即是基于此公式的仪器,光源向距离为 b 的接收器发射光束,接收器测量经过大气透射的光强。由式(7-109)可以看出,透射仪测量公式为非线性。

$$\sigma = -(1/b)\ln(I/I_0) \tag{7-110}$$

测出两点间的透射率 I/I_0,即可算出消光系数 σ,并根据柯西米德 Koschmic 原理,可得能见度为

$$L = -\ln 0.05/\sigma \tag{7-111}$$

透射式能见度仪原理如图7-45所示[29]。

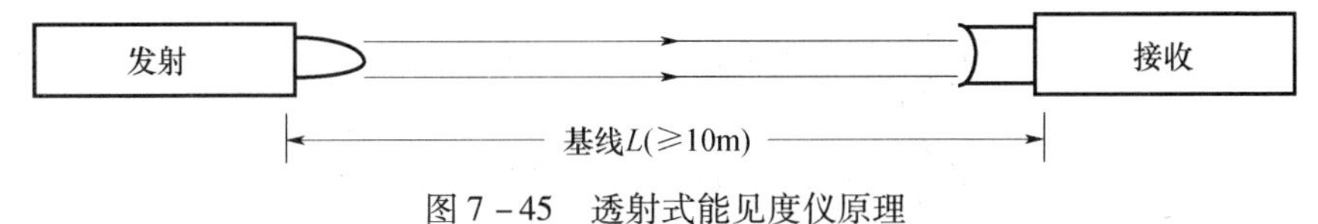

图7-45　透射式能见度仪原理

2. 多次反射法透射式能见度仪

为了进一步提高测量精度,出现了多次反射法差分透射式能见度仪。基于反射镜和位移调节器构成的多次反射法透射式差分能见度检测系统光路示意图如图7－46所示,图7－46(a)、图7－46(b)分别是A、B两镜首尾相接和A、B两镜前后重合时的情况,其中B镜的位置由位移调节器调节。A、B和C是反射镜,平行放置,三者构成开放气室,其中C是位置固定的大口径反射镜,与A、B两镜保持一定的距离,A与B是型号相同的小口径反射镜,A镜位置固定,B镜纵向位移可调。LD半导体激光光源和光电接收器位于同一端,分别位居A、B镜两侧,其中发射光源位置固定,接收探测器纵向位移可调,其与B镜在位移调节器的控制下同步纵向移动。

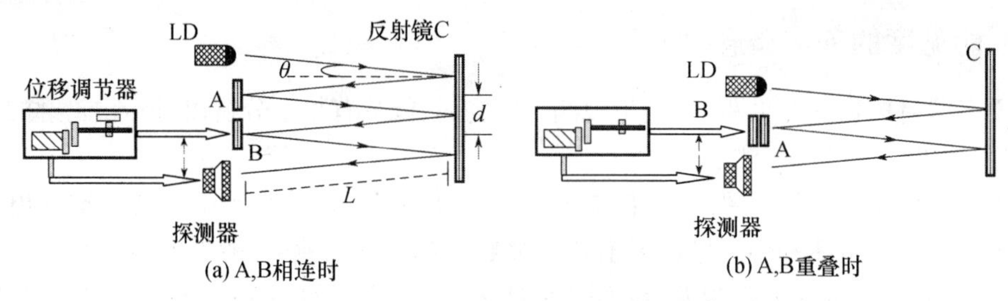

图7－46　多次反射法能见度仪测量原理

激光器发出的光,经扩束准直后,以偏角θ入射到C镜的一端,经A、B、C镜多次反射后,由C的另一端出射,经过会聚后照射到光电探测器光敏面上。由入射和出射光强的变化,探测出大气消光系数。在保持入射角度不变的情况下,探测光束在气室内往返的次数N与B镜的位置有关,所以通过位移调节器自动调节B镜的位置可以改变探测光束的光程,即改变能见度仪的灵敏度,两次测量结果即可实现差分测量。

设激光器出射光强为I_{in},经光路往返反射后,其传播距离为$2NL$(L为单倍光程),最后出射至接收端,由光电探测器件检测回波光强I_{out}。I_{out}可表示为

$$I_{\mathrm{out}}(\lambda) = I_{\mathrm{in}}(\lambda)\tau^{2N-1}\mathrm{e}^{-2NL\sigma(\lambda)} \tag{7-112}$$

式中:τ为反射镜面的透过率,其值随反射镜的镜面污染程度不同而不同($0<\tau<1$);$\sigma(\lambda)$为消光系数。

当位移调节器调节B镜的位置,使A、B两镜首尾相接时,如图7－46(a)所示,假定此时波长为λ的探测光束在气室内传播的次数为N_1,由式(7－113)知,此时回波光束的光强I_{out1}为

$$I_{\mathrm{out1}}(\lambda) = I_{\mathrm{in}}(\lambda)\tau^{2N_1-1}\mathrm{e}^{-2N_1L\sigma(\lambda)} \tag{7-113}$$

当位移调节器调节B镜的位置,使A、B两镜前后重合时,如图7－46(b)所示,假定此时同样波长的探测光束在气室内传播的次数为N_2,由式(7－114)知,此时回波光束的光强I_{out2}为

$$I_{\mathrm{out2}}(\lambda) = I_{\mathrm{in}}(\lambda)\tau^{2N_2-1}\mathrm{e}^{-2N_2L\sigma(\lambda)} \tag{7-114}$$

式(7－113)和式(7－114)两端取对数,变换得:

$$\ln\left(\frac{I_{\mathrm{out}}}{I_{\mathrm{in}}}\right) + 2N_1L\sigma(\lambda) = (2N_1-1)\ln\tau \tag{7-115}$$

$$\ln\left(\frac{I_{\mathrm{out}}}{I_{\mathrm{in}}}\right) + 2N_2L\sigma(\lambda) = (2N_2-1)\ln\tau \tag{7-116}$$

联立上式得消光系数为

$$\sigma(\lambda) = \frac{(2N_1 - 1)\ln[I_{out2}(\lambda)/I_{in}(\lambda)] - (2N_2 - 1)\ln[I_{out1}(\lambda)/I_{in}(\lambda)]}{2(N_2 - N_1)L} \tag{7-117}$$

进而可求得大气能见度。

以上述原理为基础的一种能见度检测系统结构如图7-47所示。光源、探测器、反射镜、驱动电机、信号控制与处理单元等主要器件都集成安装在探头内部,探头前面由高透过率光学玻璃罩保护,仅有反射镜C暴露于空气中,最大限度的减小环境对光学镜面的污染。

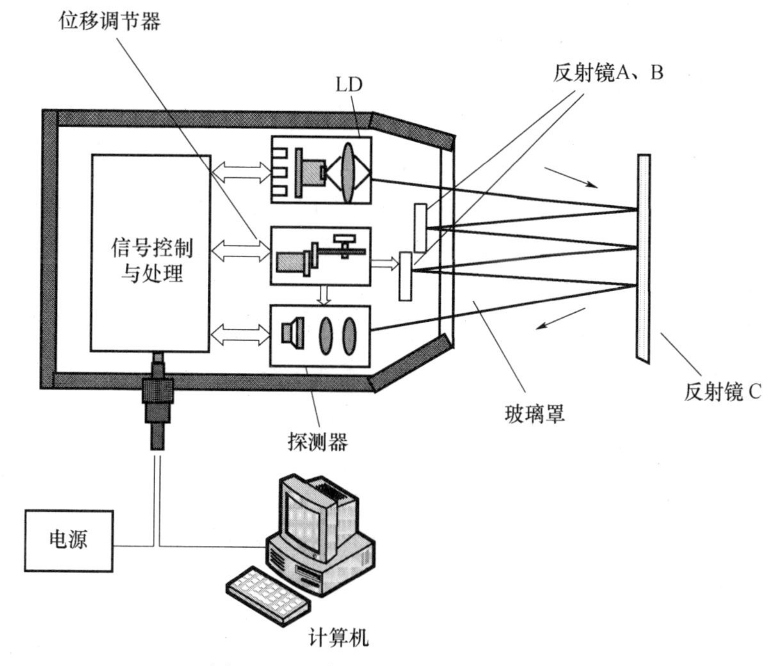

图7-47 多次反射法能见度仪结构

7.6.3 散射式能见度仪

透射仪测量的是衰减系数,而散射仪则直接测量来自一个小的采样容积的散射光强。通过散射光强来有效地计算消光系数是建立在以下三个假设的基础上:

(1) 假定大气是均质的,即大气是均匀分布的;

(2) 假定大气消光系数 σ 等于大气中雾、霾、雪和雨的散射,即假定分子的吸收、散射或分子内部交互光学效应为零;

(3) 假定散射仪测量的散射光强正比于散射系数。

在一般情况下,选择适当的角度,散射信号近似正比于散射系数。

根据散射角度的不同,散射仪又可分为三种:前向散射仪、后向散射仪和总散射仪。下面重点讨论前向散射仪[30]。

前向散射仪以其体积小、性能价格比高而得到广泛应用,目前普遍应用的前向散射仪可分为单光路和双光路两种。

1. 前向散射仪的工作原理

以水平天空为背景的黑体目标物,目标物和背景视亮度对比可以表示为

$$r = \frac{-\ln\varepsilon}{\sigma} \tag{7-118}$$

式中:r 为目标物和观测者之间的距离;ε 为视觉对比阈值;σ 为大气水平消光系数。

这就是柯西密德(Koschmieder)定律。

ε 的大小因人而异,通常取 $\varepsilon=0.02$,但在航空气象部门,为保证飞行安全,常取较高的对比感阈值 $\varepsilon=0.05$,这时气象能见度 R_m 和消光系数 σ 有下列关系:

$$R_m = \frac{1}{\sigma}\ln\frac{1}{0.05} = \frac{2.99}{\sigma} \approx \frac{3}{\sigma} \tag{7-119}$$

这就是用仪器测量能见度的基本公式,即要想得到能见度就必须先得到大气消光系数 σ,而大气消光系数是一个与人的视觉无关的量。由此解决了用仪器观测能见度问题,并建立了能见度的仪器观测与人工观测之间的关系。

前向散射式能见度仪的光路如图7-48所示。前向散射式能见度测量主要采用红外光源的前向散射体制和交叉光路结构。发射器与接收器之间的距离为1200mm,散射角为35°。仪器工作时,发射器通过红外光源发出一束中心波长为940nm的红外光射入大气中,由于聚焦透镜的影响,发射器发出的红外光成6°的发散角,相对应地我们将接收器的视场角也规定为6°。接收器将经过特定采样体积大气的前向散射光会聚到光电传感器的接收面上,并将其放大处理,可以得到与大气能见度成反比关系的电信号。

下面以芬兰 Vaisala 公司生产的 FD12P 型单光路前向散射仪为例说明能见度测量过程及主要技术指标。图7-49给出 FD12P 结构,FD12P 以支架为结构基础,支撑变换器横梁,横梁包括光学单元——发射器 FDT12B 和接收器 FDR12,包括数据处理和接口单元的控制箱固定在支架上。

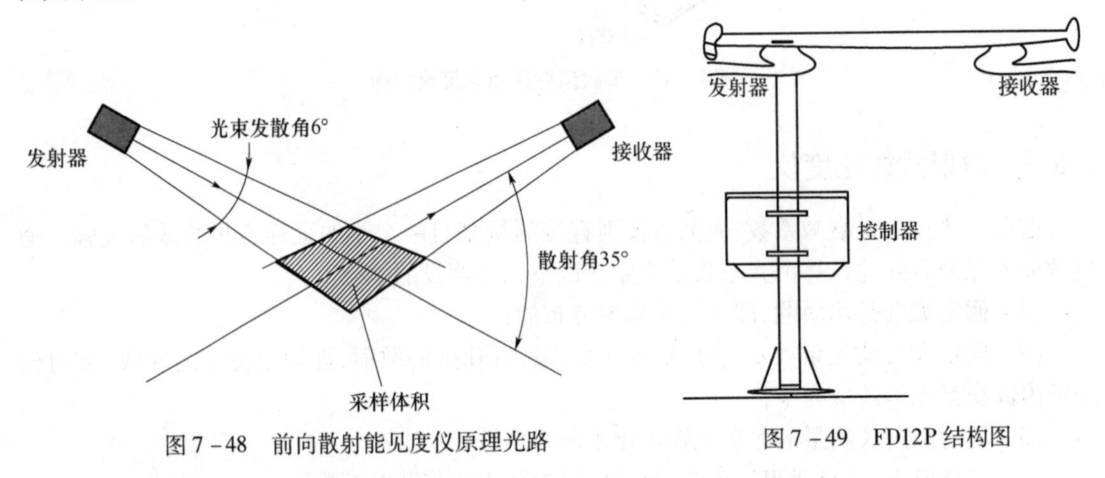

图7-48　前向散射能见度仪原理光路　　　图7-49　FD12P 结构图

系统由如下两部分组成:

(1) 光源:近红外发射二极管;最大波长:875nm;调制频率:2.3kHz;发射器透镜直径:71mm;参考光敏管:控制光源;后向散射光敏管:污染和障碍测量。

(2) 接收器:光敏管:PIN 6DI;接收器透镜直径:71mm;后向散射光源:近红外发光二极管。

能见度测量特性为：

测量范围：10～50000m（参照5%的对比临界值定义）。

准确度：±10%（10～10000m）；±20%（10000～50000m）。

时间常数：60s；更新间隔：15s。

环境特性为：

工作温度：-40～+55℃；湿度：0～100%RH；抗阵风：60m/s。

2. 双光路前向散射仪

下面以美国Qualimitrics公司生产的VS8364型双光路能见度仪为例，介绍双光路前向散射仪的主要技术指标和工作过程。该仪器最显著的特点是采用独特的双光路对称设计对采样中的大气消光系数进行测量，这样可以避免传统的传感器由于使用环境的影响而降低性能的问题。VS8364也是以支架为结构基础，其系统包括：支架、两个红外发射组件、两个硅光电探测组件及控制器等四个部分。

光源：红外发射二极管；波长：850nm；调制频率：1024Hz。

检测器：硅光电二极管。

能见度测量特性：

测量范围：10～32000m；准确度：15%；平均间隔：3min，5min或10min。

环境特性：

工作温度：-55～+55℃；湿度：5%～100% RH；抗阵风：85m/s。

下面就其采用的双光路散射系数测量并对光学污染物自动补偿的原理进行分析。图7-50给出了VS8364的光学原理。

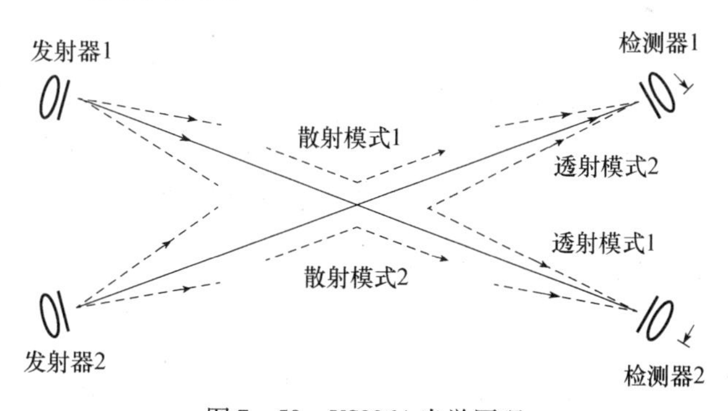

图7-50　VS8364光学原理

该传感器有两种工作模式：

模式1：发射器1工作，发射器2关闭。

探测器1按以下公式测量在35°散射角时的散射光能量：

$$D_{11} = I_1 \times T_{E1} \times S \times T_{D1} \times G_{11} \tag{7-120}$$

式中：D_{11}为模式1时，探测器1的输出；I_1为发射器1的功率；T_{E1}为发射器1透镜透过系数；S为正比于消光系数的散射系数；T_{D1}为探测器1镜面的透射系数；G_{11}为模式1下探测器1的转换因子。

探测器2测量发射器1的直射光能量：

$$D_{12} = I_1 \times T_{E1} \times T_{D2} \times G_{12} \tag{7-121}$$

式中:D_{12}为模式1时,探测器2的输出;T_{D2}为探测器2镜面的透射系数;G_{12}为模式1时,探测器2的转换因子。

模式2:发射器2工作,发射器1关闭。

探测器1测量发射器2的直射光能量,探测器2测量散射光能量,同模式1有:

$$D_{21} = I_2 \times T_{E2} \times T_{D1} \times G_{21} \tag{7-122}$$

$$D_{22} = I_2 \times T_{E2} \times S \times T_{D2} \times G_{22} \tag{7-123}$$

式中:D_{21}为模式2时,探测器1的输出;I_2为发射器2的功率;T_{E2}为发射器2的透镜透过系数;S为正比于消光系数的散射系数;T_{D1}为探测器1镜面的透射系数;G_{21}为模式2时,探测器1的转换因子;D_{22}为模式2时,探测器2的输出;G_{22}为模式2时,探测器2的转换因子。

由以下公式:

$$\begin{aligned}(D_{11} \times D_{22})/(D_{12} \times D_{21}) &= \frac{I_1 T_{E1} S T_{D1} G_{11} I_2 T_{E2} S T_{D2} G_{22}}{I_1 T_{E1} T_{D2} G_{12} I_2 T_{E2} T_{D1} G_{21}} \\ &= S^2 \times (G_{11} \times G_{22})/(G_{12} \times G_{21})\end{aligned} \tag{7-124}$$

式中:$(G_{11} \times G_{22})/(G_{12} \times G_{21})$是常数,设为$K_1$,它代表在模式1,及2时测量散射光能与直射光能时探测器灵敏度的比值,所以:

$$(D_{11} \times D_{22})/(D_{12} \times D_{21}) = K_1 S^2 \tag{7-125}$$

即

$$S = [(D_{11} \times D_{22})/K_1(D_{12} \times D_{21})]^{1/2} \tag{7-126}$$

散射系数S与消光系数σ是成比例的,其比例系数设为K_2,即

$$R = K_2 S = K_2[(D_{11}D_{22})/(K_1 D_{12} D_{21})]^{1/2} = C[(D_{11}D_{22})/(D_{12}D_{21})]^{1/2} \tag{7-127}$$

式中:$C = K_2 K_1^{-1/2}$。由此可看出,最可能发生变化的发射光强度值都被约掉了,这些变化是由于温度漂移或发射器寿命等原因造成的。另外,由于镜头污染所造成的误差积累亦不反映在σ值中,而且探测器灵敏度受温差影响而变化的因素也被排除。

7.6.4 散射式能见度仪的标定与校准

1. 用散射仪校准单元(SCU)标定

国际上大都采用散射仪校准单元作为检定基准器具提供给使用者。其标定原理:通过对定量光吸收或反射达到对光信号的衰减,然后将衰减后的光信号进行漫散射处理,在传感器的动态接收范围之内,使接收器得到一个定量数值[31,32]。

SCU一般可由散射板和衰减板(或衰减板与散射板)两部分组成,见图7-51。

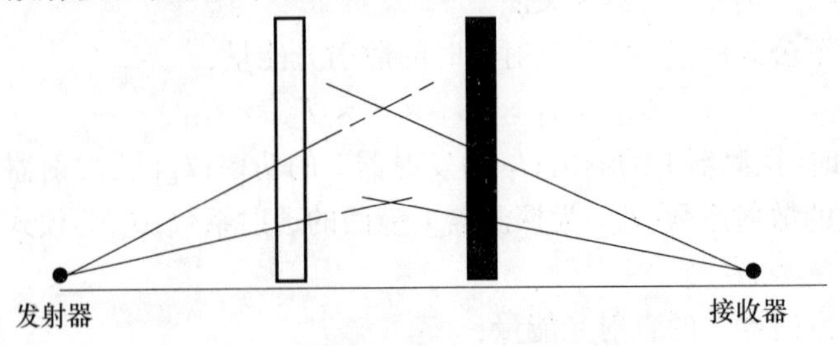

图7-51 衰减板与散射板组成散射标定器

为使用方便，可将衰减板和散射板胶合在一起，组成一个独立单元，如图7－52所示；还有两组衰减板和散射板胶合在一起组成双单元，如图7－53所示。

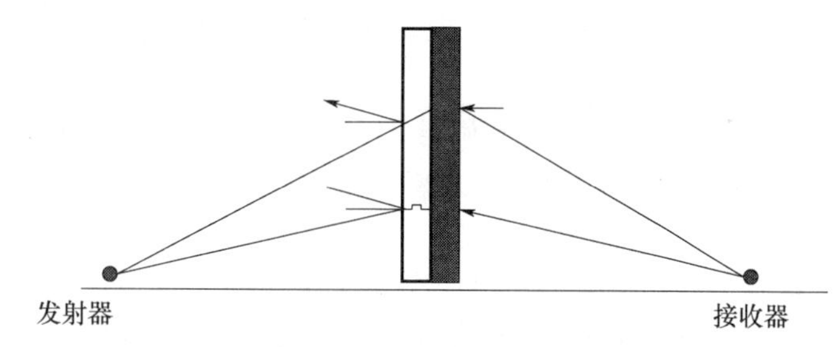

图7－52　衰减板和散射板胶合组成散射标定器

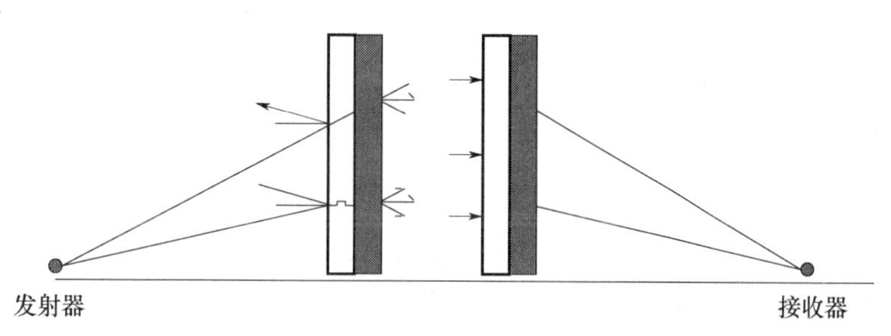

图7－53　两组衰减板和散射板胶合组成散射标定器

基准前散射仪对基准SCU进行测量和标定，产生一个额定响应，其响应可作为设定的基准标准数值，用它来校准其他前向散射仪，然后用这些前向散射仪测量对应的新SCU。

为使标定器数值稳定，要选择性能稳定，同时光学性能（光谱吸收型）符合要求的材料，如含聚苯乙烯复合材料作为标定器基材；另一种更好的方法就是采用光学玻璃为材料制作的标定器。作为标定器基材的光学玻璃性能和质量要求高。光学玻璃的质量检验包括光学性能和光学质量的检验和测试。光学性能包括折射率和色散等光学常数。光学玻璃质量是指熔制和退火过程中的各种缺陷的大小，包括光学玻璃的光学均匀性、应力双折射、条纹、气泡和由杂质引起的光吸收等。光学玻璃的光学均匀性是指同一块光学玻璃内部的折射率的不一致性，常用其内部的折射率的最大差值表示。光学玻璃的光学均匀性是非常重要的玻璃质量指标，因为它直接影响透射光学系统的波面质量，影响系统的标定误差。

前向散射仪对信号的响应取决于多种变量，如发射器的光强、接收器的灵敏度、发射频率、立体交迭散射角等，校正这些参数中任何一个参数都是很困难的。一般只有在生产厂内才能进行。

现场标定过程很简单，当能见度目视大于500m的天气就可进行校准标定：

（1）清洁窗口；

（2）阻挡光束的发射，确定零消光系数的读数；

（3）把SCU安装到传感器中进行测量，调整传感器的增益，使它等于校准器上标定的等同值。

尽管这个过程是简单的，但校准的准确性是由校准器上的“消光系数”的正确性和适当的校准步骤决定的。

2. 模拟大气能见度条件的实验室校准

在实验室条件下，通过模拟大气能见度条件，校准前向散射能见度仪，必须按照校准要求建立烟雾实验室。烟雾实验室的主要功能是模拟雾、烟、霾和其他污染物等对光辐射的散射情况。

烟雾实验室应具有烟雾可控、烟雾测量和能见度测量等功能。为实现诸项功能，烟雾实验室内，应具有能够进行水雾和烟雾生成发射，颗粒尺寸、频谱测量，能见度测量、控制和供电仪器的设备或装置。

对前向散射能见度仪进行校准时，将待校准的前向散射能见度仪放置于烟雾实验室中，用烟雾控制系统来控制实验室烟雾浓度，分别达到表 7－4 中典型大气模型状态的要求。

表 7－4 典型大气模型及其特征

类型	大气状况	能见距离/m	实测散射信号(Hz/mV)	大气散射系数/km^{-1}
1	浓雾	200	/	19.5
2	薄雾	1000	/	3.9
3	烟霾	4000	/	0.98
4	晴好	20000	/	0.195

3. 采用光学装置的外场校准

前向散射能见度仪外场校准的目的，是为了验证实验室校准的结果与实际测量结果的符合性，从而证明实验室校准的测量结果的正确性。利用双屏法，在外场对前向散射能见度仪进行校准时的示意图如图 7－54 所示。

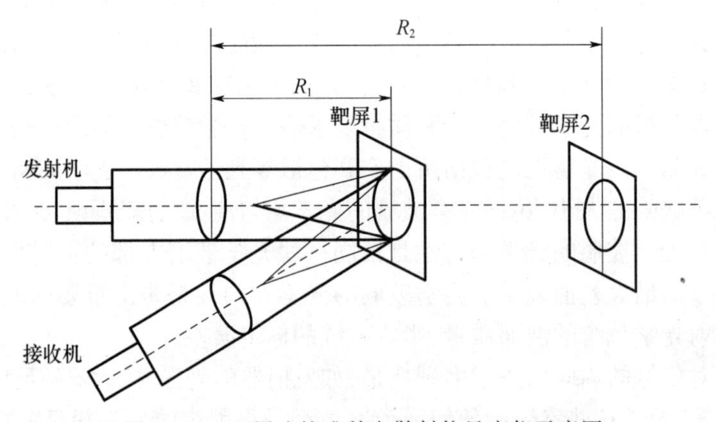

图 7－54 双屏法校准前向散射能见度仪示意图

利用以上方法，进行前向散射能见度仪外场校准，必须满足的基本条件是：测量光路上的散射粒子分布均匀，发射光束的强度要稳定，两靶屏的反射率相同，接收机透镜口径不小于 100mm；接收机的光传感器具有较高的灵敏度；接收机和光电探测器之间装有直径为 1～2mm 的光阑；接收机的透镜与光电探测器之间装有窄带滤光片，其峰值透过波长与发射机辐射峰值一致。校准应在露天条件下进行，水平光路长度应不小于 200m，靶屏 1 距发射机的距离应不小于 100m，靶屏 2 距发射机的距离应不少于 200m；校准应在能见度不小于 200m 且不大于 20km 的大气条件下进行。被校前向散射能见度仪应安装于测量光路附近不大于 1m 的距离上。

发射机发出探照光束射向靶屏 1，探照光束的一部分被靶屏 1 反射回接收机，从显示器上读取或采集反射信号。然后用一块不透明的挡板遮挡探照光束,再从显示器上读取背景光信号。去除靶屏1和挡板,对靶屏2进行同样测试。

通过校准,分别得到发射机的探照光功率F_0和由靶屏1和靶屏2反射的有效光功率F_1和F_2,接收机物镜面积为A,测量光路上的大气透射率分别为τ_1和τ_2,由此得出式(7-128)和式(7-129):

$$F_1 = U_1 - U_{B1} = F_0 A\rho\tau_1^2/R_1^2 \tag{7-128}$$

$$F_2 = U_2 - U_{B2} = F_0 A\rho\tau_2^2/R_2^2 \tag{7-129}$$

式中:F_0为发射机探照光功率;F_1为靶屏1反射的有效光功率;F_2为靶屏2反射的有效光功率;A为接收机物镜面积;ρ为靶屏反射系数;τ_1,τ_2为测量光路上的大气透射率;R_1为靶屏1到发射机的距离;R_2为靶屏2到发射机的距离;U_1为接收机接收到的来自靶屏1的反射信号;U_2为接收机接收到的来自靶屏2的反射信号;U_{B1},U_{B2}为背景光信号。

将式(7-128)和式(7-129)相除再取对数,根据朗伯-比耳定律$\tau_1 = \mathrm{e}^{-\sigma R_1}$,$\tau_2 = \mathrm{e}^{-\sigma R_2}$,最后得到

$$\sigma = \frac{\ln(F_1/F_2) - \ln(R_2/R_1)^2}{2(R_2 - R_1)} \tag{7-130}$$

用式(7-130)可计算出大气介质的立体散射系数σ,再根据式(7-119)计算气象能见距离。如果在测量光路旁边安装被校准的前向散射能见度仪,用被校准的前向散射能见度仪同时测量大气能见度值,与双屏法测量结果进行比对,就能够确定被校准前向散射能见度仪的测量误差,进而对被校前散射能见度仪进行示值误差修正。

4. 人工校准

前向散射能见度仪的人工校准方法,是用人工观测方法得到能见度的参考标准值,与仪器观测结果进行比对,得出两者间的测量误差的。由于能见度参数本来就是供人的眼睛使用观测目标物的,这种方法得到的比对数据具有实际应用价值。但人工观测能见度需对观测人员进行严格训练,比对时需取多人观测的平均值,同时利用统计方法剔除人为观测误差。

7.6.5 透射式能见度仪的校准

1. 透射式能见度仪的校准原理与方法

透射式能见度仪校准设备包括遮光屏组和计算机[33]。遮光屏组是标定过的一组中性滤光片构成的光衰减器,其透过率分别为0.900,0.750,0.500和0.250。

测试环境要求为:能见度大于20km,没有较强的上升、下降气流或大气扰动现象;测试期间大气能见度应稳定。

仪器位置及安装要求为:仪器安装应牢固,观测场地应平坦;安装地点应无光学测量阻挡物,以及明显的污染源,接收机接收方向应无光源或闪光的物体。

透过率检测:仪器校准后,在接收器连接罩上套上选定透射率标称值为T_N的光衰减器,光衰减后测得的透过率为T_{NN},归一化透过率L_N可由下式求出:

$$L_N = \frac{(T_{NN} - T_0)}{(T_{100} - T_0)} \times 100\% \tag{7-131}$$

式中:T_0为零点;T_{100}为100%点。

检测过程如下:

(1) 测量10次,求L_N的算术平均值$\bar{L}_N = \sum_{i=1}^{10} L_N$;

(2) 应用不同衰减器,其T_N透过率分别是90%、75%、50%、25%进行重复测量;

(3) 操作,求$L_{0.900}$,$L_{0.750}$,$L_{0.500}$,$L_{0.250}$相应各点的平均值$\bar{L}_N$,即$\bar{L}_{0.900}$,$\bar{L}_{0.750}$,$\bar{L}_{0.500}$,$\bar{L}_{0.250}$;

(4) 通过被测仪器对各被测点重新修正标定,测量结果的平均值与标称值误差$\Delta T_N = \bar{L}_N - T_N$应符合要求。

气象光学视程(M_{OR})检测:根据对不同透射表的M_{OR}技术要求,可选取不同基线测试。具体采用以下步骤和方法:

(1) 首先把被测透射表安装在基线长10m的机座上,调试到正常工作状态。然后按透过率检测步骤操作。同时通过计算机检测被测透射表的输出M_{OR}数据。

(2) 选用不同基线,重复测试。测量结果的阅读值应符合要求。

2. 标准能见度仪比对法

选取经过严格标定的透射型能见度仪作为标准仪器,将被测能见度仪安装在距标准仪器基线中间半径30m以内处,传感器部分处于同一高度,雾体的均匀性利用两组成直角的透射型能见度仪进行监测。以测量结果的平均值和技术指标的要求比较,确定是否合格。

7.7 校靶镜及其检定

7.7.1 校靶镜

校靶镜是在外场、内场或实验室对枪、炮和平视显示器进行检定、调校和排故的专用光学设备。照相枪校靶镜是一种有代表性的校靶镜。下面我们以照相枪校靶镜为例说明校靶镜的工作原理。照相枪校靶镜是显微式光学系统,用于对照相枪进行测试和校正,是一个光机一体化装置。照相枪校靶镜光学部分是显微式光学系统,主要由聚光镜、棱镜、反光镜、折转光路的透镜和接目镜的透镜等组成,其系统示意图如图7-55所示[34]。

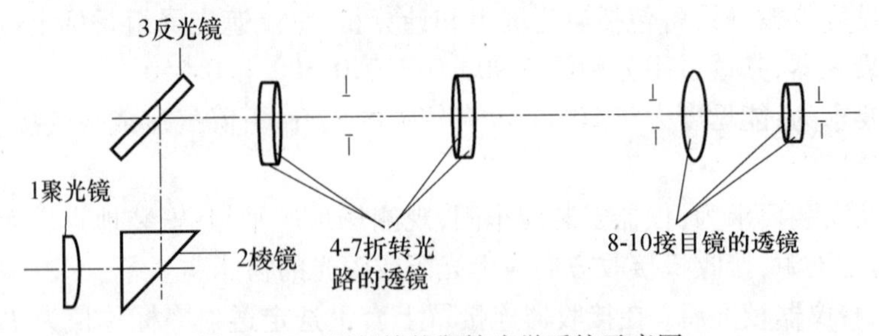

图7-55 照相枪校靶镜光学系统示意图

校靶时,校靶靶板上的十字线(称第1通道校靶)或平视显示器中心标记(称第2通道校靶),经过聚光镜1、棱镜2、反光镜3、折转光路的透镜4,5,6,7到达接目镜的透镜8,9,10。检查者通过接目镜观察照相枪环板中心十字线与校靶靶板上的十字线或平视显示器中心标记的重合情况来判断是否要对照相检查仪进行校靶。

7.7.2　人工观测检定

传统的校靶镜检定一般是在光具座上进行，在光具座上放置光源、分划板和准直平行光管，为校靶镜提供一个无穷远目标，校靶镜观察这个目标，其光路原理示意图如图7-56所示。分划板3经透镜组4和物镜5成像后与分划板7相交，人眼通过目镜8对分划板3和7的偏移量进行判读，以此检定校靶镜是否符合要求。

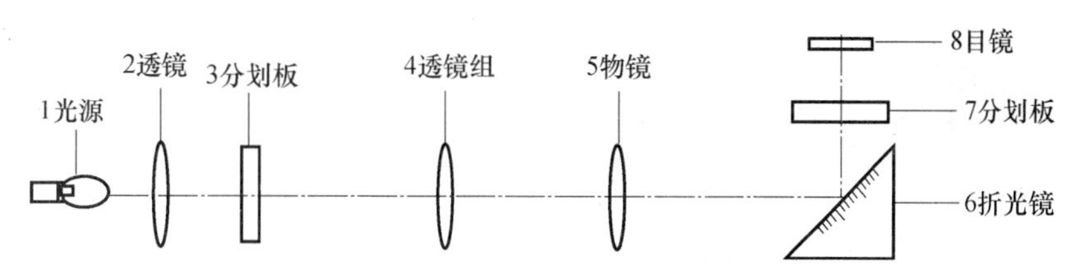

图7-56　目视法校靶镜检定光路原理示意图

在光具座上，校靶镜各参数检测方法如下：

1. 放大率检测方法

用标准口径框架和倍率计检测校靶镜的放大率。

（1）首先将校靶镜视度调整到零位；

（2）将标准口径框（其口径为被测校靶镜入瞳直径的60%~80%）安装在校靶镜物镜一方，并尽量接近于校靶镜前表面。

（3）用倍率计检测标准口径框经过校靶镜后成像的大小，校靶镜的放大率为：

$$\Gamma = \frac{D}{D'} \tag{7-132}$$

式中：Γ为校靶镜的放大率；D为标准口径框的直径；D'为标准口径框经过校靶镜成像后的直径。

2. 视差检测方法

用视度筒和平行光管检测校靶镜视差的装置如图7-57所示。

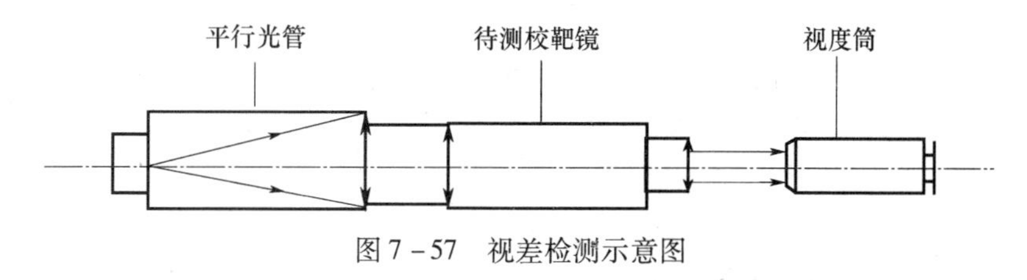

图7-57　视差检测示意图

（1）首先将校靶镜视度调整到零位；

（2）将分划板安装在平行光管的焦面上，给出一个无限远的目标，被测校靶镜对准平行光管，在它后面用视度筒观察；

（3）调节视度筒本身的目镜视主度，看清楚视度筒分划刻线；

（4）沿轴向调节视度筒物镜，直到能同时清晰地看到平行光管和视度筒的分划刻线，此时在视度筒上得到一读数$SD_{物}$；

(5) 再通过视度筒观察被测校靶镜分划刻线，调节视度筒物镜，直到被测校靶镜和视度筒分划板两样清晰，此时从视度筒又得到一个读数 $SD_{划}$，两次读数之差 $\Delta SD = SD_{物} - SD_{划}$，就是用视度差表示的被测校靶镜的视差；

(6) 计算出视差引起的物方极限瞄准误差角 ε：

$$\varepsilon = \frac{3.44 \cdot D' \cdot \Delta SD}{\Gamma} \tag{7-133}$$

式中：Γ 为校靶镜的放大率；D' 为校靶镜的出瞳直径；ΔSD 为用视度差表示的视差；ε 为视场中的物方极限瞄准误差角。

3. 出瞳直径检测方法

用倍率计检测校靶镜的出瞳直径(图 7－58)。

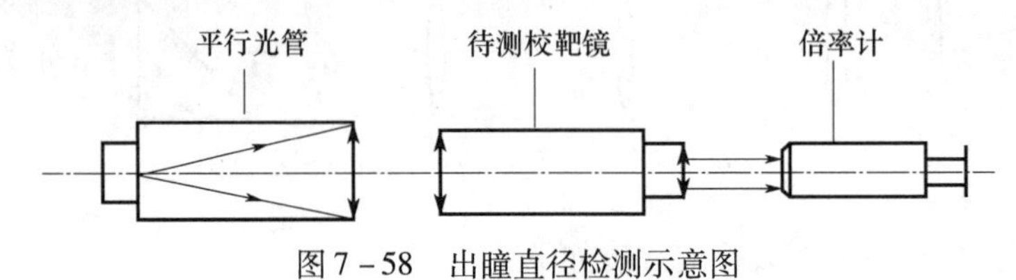

图 7－58　出瞳直径检测示意图

(1) 首先将校靶镜视度调整到零位；

(2) 将倍率计置于校靶镜目镜一方，调节倍率计目镜，使能看清倍率计分划板刻线，并使倍率计和校靶镜的光轴大致重合，沿倍率计镜外筒纵向调焦直至清晰看到校靶镜出瞳为止，并使出瞳像在视场中心；其直径与分划板标尺重合，此时从分划刻线上可正确读出被测校靶镜的出瞳直径。

4. 出瞳距离检测方法

用倍率计检测校靶镜的出瞳距离。

在上述测量出瞳直径的位置上，从倍率计外筒窗口上得到一个数值，然后推动显微镜使其在外筒内向前移动，在倍率计目镜分划板上能清晰地看到校靶镜目镜最后一个表面像，此时从倍率计外筒窗口上又可得到一个读数值，两次读数的差就是被测校靶镜的出瞳距离。

5. 视场检测方法

用视场仪检测校靶镜的视场(图 7－59)。

视场仪分划板用普通的白炽灯泡照明，或直接对向亮处，将校靶镜放在视场仪物镜前，尽量靠近视场仪物镜，并使它们处于共轴状态。测量者通过被测校靶镜直接观察视场仪分划板，此时可以观察到视场仪分划板的一部分，利用视场仪分划板上分划刻线进行读数。能看到的视场仪分划板左右(或上下)两边的最大读数之和，就是被测校靶镜的视场角。

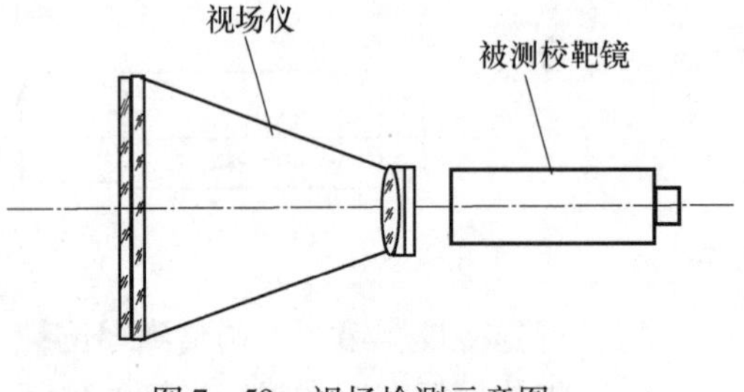

图 7－59　视场检测示意图

6. 视准轴与机械轴的不重合度检测方法

用平行光管、直角 V 形槽和经纬仪检测校靶镜的视准轴与机械轴的不重合度。

(1) 将带有十字刻线的分划板安装在平行光管的焦平面上，给出一个无限远的目标；

（2）将被测校靶镜的机械轴放入V形槽后，使校靶镜的分划板刻线对准平行光管十字刻线分划后，旋转校靶镜机械轴一周（360°），观察平行光管十字分划与校靶镜分划刻线最大跳动量。

（3）用经纬仪检测出这处跳动量的值，即为视准轴与机械轴的不重合度，一般用分（′）表示。

7.7.3 自动观测检定

由于传统的检定方法对人眼分辨力要求较高，易产生视觉疲劳。校靶镜的检测位置不同，人工操作不便，因此有人研究了一种新型的校靶镜检定装置。根据光路的可逆原理，将图7－56中目镜8改为环形光源，以满足不同的检测位置，将光源1改为CCD相机，利用CCD摄像系统替代人眼进行图像判读。

改进后的自动观测校靶镜检定装置示意图如图7－60所示，装置主要对现有各类校靶镜进行检定，检测时，将被检校靶镜插入标准套筒，通过环形光源照明，校靶镜提供的目标经过平行光管成像在焦面的分划板上，通过CCD摄像系统观察校靶镜分划板十字丝与平行光管环形分划板位置，经图像判读系统给出偏移量，经数据处理后，系统自动判定检测结果[35-37]。

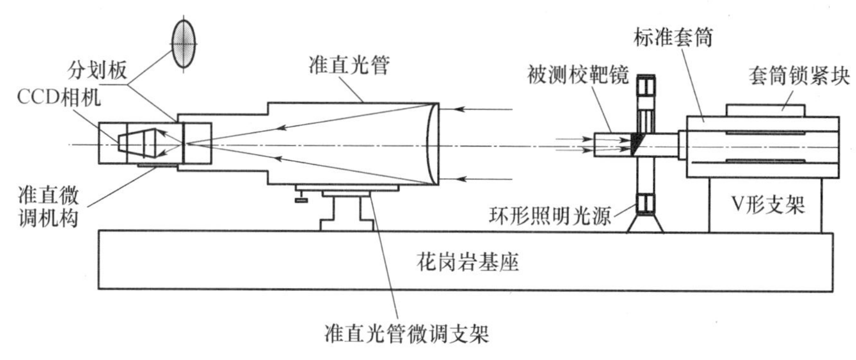

图7－60 校靶镜检定装置示意图

校靶镜检定装置主要由准直光管、CCD相机、标准套筒、V形支架、基座以及支撑等组成。

1. 外调焦平行光管

平行光管的作用是形成平行光。根据几何光学原理，无限远处的物体经过透镜后将成像在焦平面上；反之，从透镜焦平面上发出的光线经透镜后将成为一束平行光。如果将一个物体放在透镜的焦平面上，那么它将成像在无限远处。

由于该装置对不同距离的目标进行观察测量，需要对光学系统进行调焦。从结构形式上，有内调焦和外调焦之分。根据物体成像清晰度的情况，用手来调节调焦镜组，以此来保证成像的清晰有效性，本装置采用外调焦方式。

为了对20m，50m，100m以及无穷远四种模拟目标进行观察瞄准，移动物镜，使之在分划面上获得清晰的目标像，通过手动调焦的方式，在调焦时，只需用手来调节镜头外端的调焦环，调焦环上刻有被摄物体与所对应调焦量间距离的标度尺，随着调焦环的转动，带动透镜镜筒上的机械结构，使得光学系统中的整个透镜组沿轴进行轴向运动，最终使镜头的焦点落于成像的感光原件上。由于是整组镜头的移动，镜片与镜片的相对位置保持不变，因此便能始终保持像的位置处于感光原件上，所成像为最清晰有效像。

2. CCD 摄像系统

CCD 摄像系统一般由光学系统(主要指物镜)、光电转换系统(主要指 CCD)和电路系统(主要指视频处理和控制电路)三大部分组成。其工作原理如图 7-61 所示,由目标反射的可见光经光学系统成像到光敏面上,经过光电转换产生的信号电流放大后进入 CCD 摄像系统,经计算机处理后把目标图像输出到显示器上。

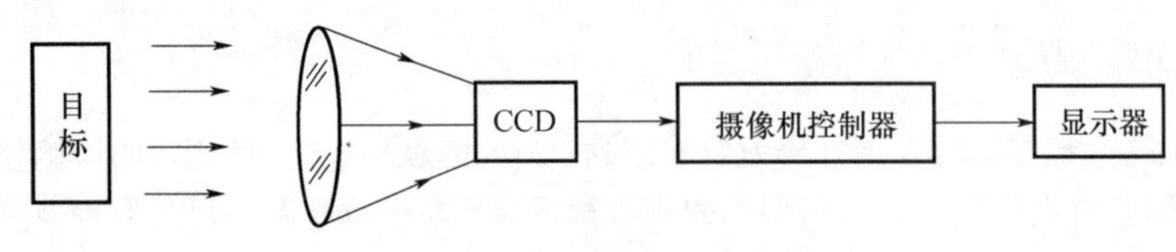

图 7-61　CCD 摄像系统工作原理

3. 图像判读及数据处理系统

1) 图像判读原理

以主镜十字丝中心为原点建立笛卡儿坐标系(判读设置时,用鼠标选定的电轴中心位置,应和图像上的电轴中心重合),设 A 点为目标点,坐标为(x_A,y_A),它偏离原点(x_o,y_o)的量称为偏离量,记做(Δx,Δy)。把测量出来的偏离量(Δx,Δy)连同光测设备的测量信息进行数据处理,可完成对目标运动参数的事后分析。图像判读原理如图 7-62 所示,则对应的偏离量为

$$\begin{cases}\Delta x = x_0 - x_A \\ \Delta y = y_0 - y_A\end{cases} \tag{7-134}$$

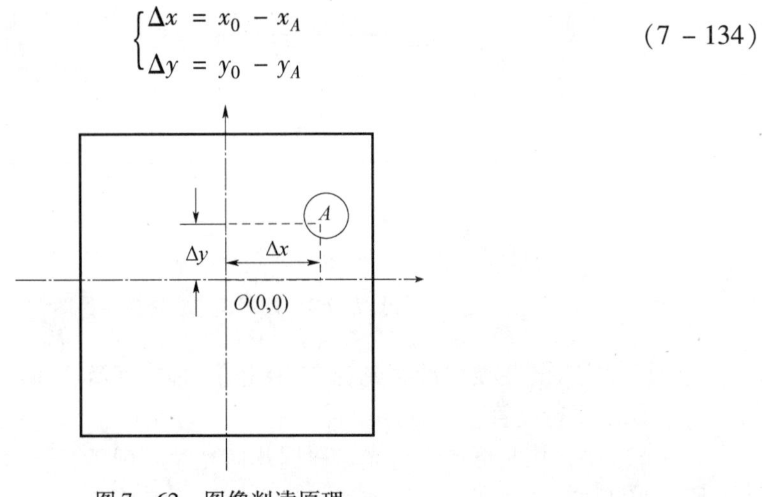

图 7-62　图像判读原理

2) 判读方法

采用环形分划板与十字丝分划板结合的方式对校靶镜的偏移量进行检定。环形分划板的分划间隔为 0.1mil(即 21.6″),以环形分划板中心为原点,十字丝交点为目标点,目标点偏离原点的距离即为被检定校靶镜的偏移量。如图 7-63 所示,通过 CCD 摄像系统观察校靶镜分划板十字丝与平行光管环形分划板位置,经图像判读系统给出偏移量,数据处理后,系统自动判定检测结果。

根据视场角公式计算可知:

$$\tan\omega = \frac{x}{f} \tag{7-135}$$

式中：$\omega=21.6''$；$f=500\text{mm}$。计算得出 x 的最小间距为0.05mm，即环形分划板最小间距为0.05mm。

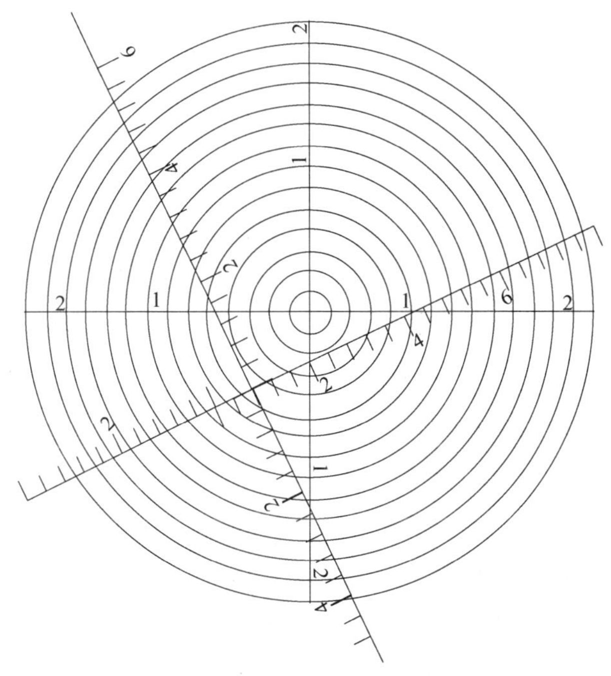

图7-63　环形分划板与十字丝偏移量判读示意图

7.8　高速摄影技术在弹道测量中的应用

7.8.1　弹道测量

摄影技术在弹道学上的应用已有100多年的历史，它是研究内弹道学、中间弹道学、外弹道学和终点弹道学的有效工具。第二次世界大战极大地推动了研究爆炸的高速电影摄影技术的发展。各类高速摄影技术已经成为现代弹道学研究和靶场测量的有效手段。

1. 内弹道学

内弹道学研究的是，从装药点火至弹丸出炮口期间的炮和弹丸，包括膛压、温度、弹丸在膛内的轴向和偏转运动等。显然，由于炮管结构的限制，摄影的关键是取得照片的途径问题。除直接沿内膛或用X射线穿过炮管观测弹丸外，还可在炮管壁上开设纤维光学窗。

为使X射线贯穿炮管，要求辐射摄影有很高的能量。在某些特殊情况下，通过制作玻璃纤维试验炮管或车去一些管壁的办法，使之易于穿透，以观测弹丸在膛内的行程与时间的关系，或射击受力状态下内部机件的特性。有时还能观测到燃烧过程中火药密度的分布。

2. 中间弹道学

这个弹道段研究的是，从弹丸出炮口瞬间到不受喷出的火药气体影响的区域。观测方法相对来说容易一些。但由于存在充满颗粒的自发光火药气体而使问题复杂化了。因此，可以采用某些特殊方法克服这些困难，例如通过X射线阴影摄影研究弹托分离机理和弹丸本身的完整性。在弹道靶道内,可用多路火花阴影和纹影摄影观测气流分布。当用激光束使炮口火药气体流产生气体击穿造成等离子体时,可用变像管照相机拍摄等离子体的扩展情况。

3. 外弹道学

外弹道学研究的是,脱离火药气体影响直至到达目标这段时间内的弹丸。此时,关心的是弹丸的偏转、转动速率、姿态、加速度和周围流爆等。如果像在靶道里一样,能够设置足够的摄影站,就能实现此类研究。这里经常采用的是火花摄影,也可用弹道同步摄影机或激光做前照明研究。普通摄影大量地用在这一弹道段内,但用 X 射线摄影却可以研究引信等的内部机件的动作,并可在弹丸强自发光条件下显示其真实形状和状况。

4. 终点弹道学

终点弹道学主要是研究弹丸撞击目标瞬间及随之而来的过程。此时碰撞引起的自发光和破片使观测变复杂了。这个区段内要求观测弹丸侵彻目标的过程、弹丸和目标随时间而变的状态、破片和激波。终点弹道涉及的目标多数是金属等不透明材料。研究中,虽然经常使用有长焦距的普通摄影法,但 X 射线提供了在侵彻时观测弹丸和目标间相互作用过程的一种特殊方法。

7.8.2 弹道测量的摄影方法

弹道摄影是弹道测量的主要手段。由于弹道学中瞬变发生的快而物体运动的速度高,为冻结运动并给出清晰的画面,通常采用短曝光。当目标运动变得更快时,必须缩短曝光时间,增加照度或用电子学方法人为地使影像增强。弹道摄影一般分为低、中速电影摄影和高速摄影。

1. 低、中速电影摄影

低速摄影采用机械式快门,曝光时胶片停留在闸门处,胶片做间歇运动,帧速达 300~400 幅/s。曝光时间通常为 1/1000s 量级。当目标运动不太快时,照片上的图像较好。中速电影摄影机,帧速大约为 1000 幅/s,在弹道测试中用途很广。由于胶片运动速度加快,为防止影像模糊,一般采用旋转玻璃块或棱镜做运动补偿。虽不够完善,但画面清晰度尚还适宜。曝光时间为 1/5 帧重复频率。

为使中速电影摄影机胶片的有效利用率达到 70%~80%,现多采用电控系统远距离控制运转速度。用脉冲发光二极管在胶片边缘上通常记上时标,供分析中确定胶片速度用。通过控制箱操纵摄影机来实现同步。

控制箱同激励电压接通,当摄影机达到运转速度后触发瞬变,胶片曝光后再切断激励电压。当自然光源不能胜任物体照明时,必须利用人工照明设备。如在野外,可采用闪光灯泡,并考虑同步问题。弹道同步是无补偿部件的中速扫描摄影机用的一种较有成效的技术。用它能拍出高质量的前照明照片,显示弹丸的状态、偏转和转速。根据预估的弹丸速度和焦距弹径比,可调整胶片速度,使穿过狭缝的影像同运动胶片相对稳定,并拍摄单个影像,摄影过程如图 7-64所示。

拍摄时胶片运动没有丝毫补偿的称为扫描摄影。这种摄影法特别适用于研究爆炸。当胶片通过透镜时得到连续曝光,以在透镜前面的狭缝限定的范围内记录边界、密度和颗粒运动。用胶片的移动使运动在时间上达到高分辨力的程度。

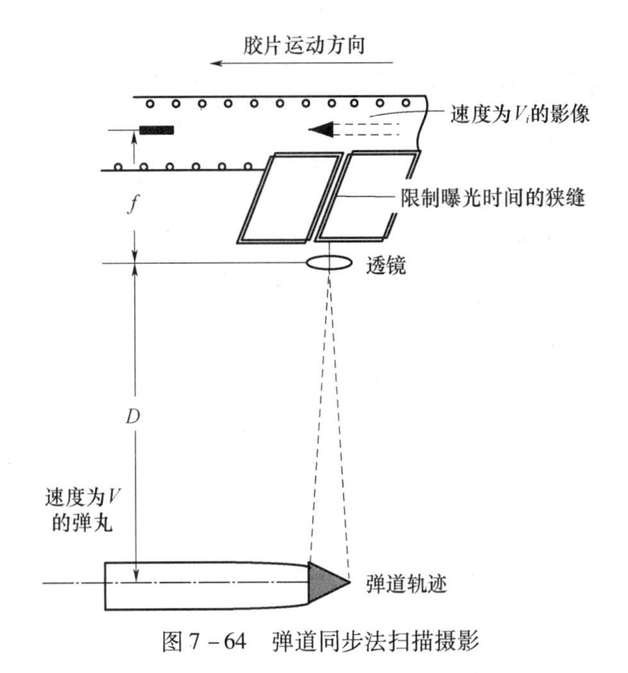

图7-64 弹道同步法扫描摄影

2. 高速摄影机

1）高速摄影的定义

高速摄影是指用很高的格速（帧率）、很短的曝光时间进行拍摄的摄影方式，其结果是能够将快速运动的物体成像为清晰的画面并将其运动速度变缓。它是研究高速运动物体或瞬间变化现象的有效方法，能把视觉无法分辨的高速过程"冻结"在（胶片、磁带、固态存储、硬盘等）记录介质上，从而提供一系列画面和时间信息。这样，就把高速过程的发生、发展和运动规律等清晰地展现在人们的面前。

从上面的定义可以看出，高速摄影包含以下两个要素：第一个要素是指用很高的格速（帧率）拍摄；第二个要素是指拍摄高速运动物体要得到清晰的画面，避免产生通常情况下的运动模糊现象。第一种情况是通过机械或光学装置高速运转或影像传感器将影像数据快速转移来实现；第二种情况则要求影像传感器有较高的感光度、摄影装置有非常快的快门机构或非常强烈的照明光源照射运动被摄体。

上面我们说的是传统意义上的高速摄影机，这种高速摄影机在靶场弹道测量和导弹发射过程测量中发挥了重要作用。例如基地光学测量在火箭起飞初始段一直采用多台固定式高速摄影机外定标的方法得到有限视场内粗略的弹道数据，跟踪火箭时获取的原始观测数据以点阵形式记录在胶片上，在数据处理前需对胶片进行冲洗和印制，然后在判读仪上判读出脱靶量。

机械式高速摄影机也存在一些缺点，例如不能对试验进行实时分析，影像分析不能令人满意，且后处理速度慢，误差较大。在试验中较易受到干扰，难以保证在试验中抓拍到物体，试验后相片的冲洗、运动物体的判读均易引起误差，这些难以满足高技术环境试验的要求。

因此，为了更好地满足对高速运动分析之需要，发展了高速电视摄像。从获得数据的实时性来看，光学机械式摄影要有足够长的事后处理过程，而高速电视摄像则能即时得到图像和所需的数据，所以它的实时性是光学机械式摄影设备所无法比拟的。

2）机械式高速摄影机

为获得短持续曝光，摄影机胶片必须加快运动速度。但胶片加速度变化率超过一定限度时，会有机械上的损坏。这就必须采用其他办法来获得较高的帧速，因此产生了扫描或分幅高速摄影机。在这种摄影机中，胶片是固定的，通过旋转反射镜或棱镜的反射，使影像扫过胶片，一般分为扫描式和分幅式两种，分别如图 7－65 和图 7－66 所示[41]。这种摄影机的记录速度为几百万幅/秒或几厘米/微秒。

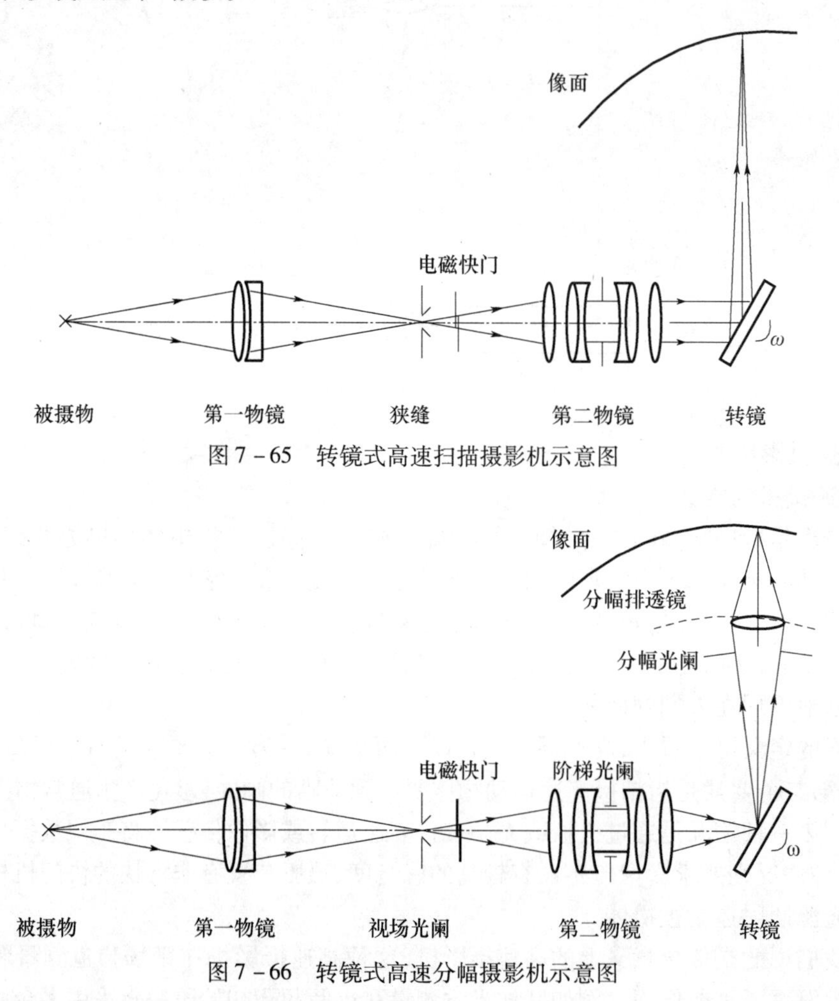

图 7－65 转镜式高速扫描摄影机示意图

图 7－66 转镜式高速分幅摄影机示意图

扫描式相机记录被观测快速变化目标的一维空间随时间变化的规律，以纳秒量级时间分辨本领，得到被观测目标在这一特定空间方向的发展过程。其光学成像系统如图 7－65 所示。被摄目标经第一物镜成像在狭缝上，狭缝经第二物镜和转镜成像在相机最终像面上。由于转镜的高速旋转，使狭缝像在像面上移动，得到物体沿狭缝方向一维空间随时间变化的扫描图像。

转镜式高速分幅相机具有亚微秒时间分辨本领，观测快速变化目标的二维空间图像随时间的变化。其光学成像系统如图 7－66 所示，被摄目标经第一物镜成像在视场光阑处，后经第二物镜成像在转镜上，再经分幅透镜成像在相机最终像面上。同时，阶梯光阑经物镜及转镜成像在分幅光阑处。当转镜旋转时，阶梯光阑像沿分幅光阑移动，形成光快门。

3）高速电视摄像系统

高速电视摄像机构成原理如图7-67所示[38,39]。

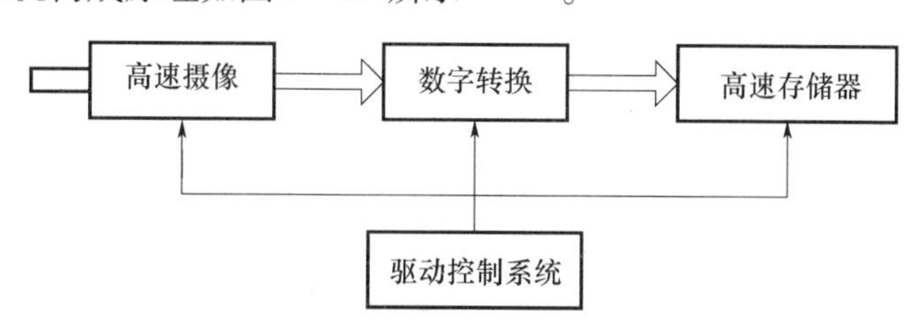

图7-67　高速电视摄像机构成原理框图

高速电视摄像头主要由图像传感器和光学系统组成。数字化单元由A/D转换器及相应电路构成，功能是将图像传感器输出的模拟信号转换为数字信号，以便能够实现数字存储和计算机处理。驱动及控制电路由时序产生电路等构成，功能是为了使CCD（或CMOS）芯片提供正确的驱动脉冲，控制系统协调工作。

高速电视摄像系统是指摄像机把被摄物体成像在摄像管靶面上（CCD阵列器件作图像传感器），靶面各像素的电荷数与图像照度成正比，然后按时序输出这一电荷图像信号，经处理后存储在磁带或磁盘上。

这类相机具有实时记录的特点，配有图像数据自动分析处理系统，使用方便，工作效率高。磁带或磁盘可以反复利用，免去了胶片记录事后各种繁琐的处理工作。

光学机械式高速摄影与高速电视摄像相比，从信息的传递和记录方式来看，前者是以并行的方式进行，即一幅图像的全部信息都是同时进行传递和记录的；而高速电视摄像信息的传递和记录则是以顺序的方式进行，即将呈现在摄像管靶面上的光学像通过电子束逐点扫描，将一幅空间图像转换成以时间为坐标的视频信号。为此要提高信息传递和记录速度，就必须扩大系统的信息容量。由此可知，拍摄频率的提高，对高速摄影相机来说，受胶片强度和机械强度的限制，而高速电视摄像则受系统带宽的限制。

从获得数据的实时性来看，光学机械式摄影要有足够长的事后处理过程；而高速电视摄像则能即时得到图像和所需的数据，所以高速电视摄影的实时性是光学机械式摄影设备无法比拟的。

3. 高速摄影机用于炮弹飞行轨迹测量

高速摄影机用于炮弹飞行轨迹测量是高速摄影技术在靶场应用的典型代表，其实验布局如图7-68所示。图中：W_1为拍摄目标飞行距离；L_2为摄像机距离目标飞行轨迹的垂直距离；α为摄像机水平视场角。摄像机与目标在同一水平高度上。此类实验对实验操作人员具有一定危险性，通常高速摄像人员需要与拍摄目标保持足够远的距离，同时还需构筑防护掩体[40]。

从上述实验布局看出，拍摄目标运动距离、摄像机与目标的垂直距离是实验操作人员非常关心的两个参数，精确设定这两个参数是顺利进行实验的保障。

7.8.3　转镜式高速扫描相机时间分辨力测量

对于转镜扫描相机，时间分辨力是检验相机质量的一项主要技术指标，它是选择相机的一项依据，也是测试结果误差分析中的重要参量。

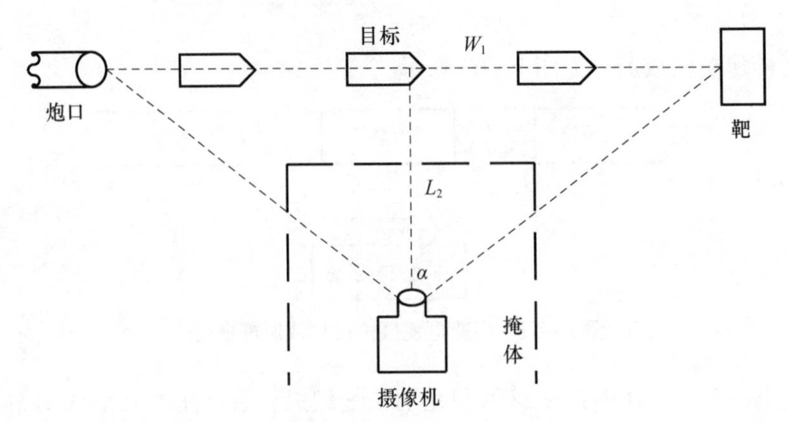

图 7-68 飞行轨迹高速摄像实验布局示意图

1. 转镜扫描相机的极限时间分辨力

我们首先分析转镜扫描相机的理论时间分辨力，然后介绍测量原理和方法[42]。

转镜扫描相机的极限时间分辨力可用下式表示：

$$t_{\mathrm{lim}} = \frac{b}{v} \tag{7-136}$$

式中：b 为相机像面狭缝像在扫描方向上的宽度；v 为狭缝在相机像面上的扫描速度。

在极限情况下，狭缝像的宽度只与相机光学系统衍射分辨力有关，这种情况下相机像面上能够分辨的狭缝像宽度可用下式表示：

$$b = 1.5F\lambda = 1.5\left(\frac{r}{B}\right)\lambda\cos\theta \tag{7-137}$$

式中：F 为系统孔径数；r 为相机扫描半径；B 为转镜宽度；λ 为入射光波长；θ 为光轴与转镜镜面法线之间的角度。

相机像面上扫描速度可用下式表示：

$$v = 4\pi r\omega = 4\left(\frac{r}{B}\right)v_p \tag{7-138}$$

式中：ω 为转镜转动角频率；v_p 为转镜最大边缘线速度。

将式(7-137)和式(7-138)代入式(7-136)，得到扫描相机极限时间分辨力为

$$t_{\mathrm{lim}} = \frac{0.375\lambda}{(v_p\cos\theta)} \tag{7-139}$$

从式(7-139)可以看出，转镜扫描相机的极限时间分辨力只与入射光波长和转镜最大边缘线速度有关。

2. 基于动态摄影分辨力的时间分辨力理论计算

设转镜扫描相机的动态摄影分辨力为 N，则时间分辨力可用下式表示：

$$t = \frac{1}{(Nv)} \tag{7-140}$$

相机的动态摄影分辨力取决于相机光学系统的衍射分辨力、实际像差校正程度、用圆柱面代替 Pascal 蜗线像面后产生的离焦、转镜在高速旋转时的柱面变形以及空气扰动、接收胶片的分辨力等因素。

实际上,影响相机摄影分辨力的主要因素就是转镜在高速旋转时的柱面变形以及空气扰动、接收胶片的分辨力,而转镜在高速旋转时的柱面变形较大,与转镜分幅相机不同的是,扫描相机中转镜在光学系统中作为孔径光阑,因此其变形对成像质量影响很大。

当转镜以转速 ω 旋转时,会产生凹面变形,该凹面的焦距可用下式表示:

$$f' = -\frac{E}{\mu\rho a\bar{\omega}^2} \tag{7-141}$$

式中:E 为转镜的弹性模量;μ 为泊松比;ρ 为密度;a 转镜厚度。

转镜表面具有柱面光焦度后,入射同心光束经它反射便成为像散光束,造成子午和弧矢方向的像散差,使得像质变差。设子午焦点和弧矢焦点的像散差为 Δr,则 $\Delta r = \frac{r^2}{f'\cos\theta}$,相机的动态目视分辨力可用下式表示:

$$N_1 = \frac{F}{\Delta r = \frac{Ff'\cos\theta}{r^2}} \tag{7-142}$$

设胶片的分辨力为 N_2,相机的实际时间分辨力计算公式可用下式表示:

$$t = \frac{\left(\frac{1}{N_1} - \frac{1}{N_2}\right)}{v} \tag{7-143}$$

3. 应用动态像质检查仪测量时间分辨力

应用动态像质检查仪测试相机的动态摄影分辨力光路布置示意图如图 7-69 所示。

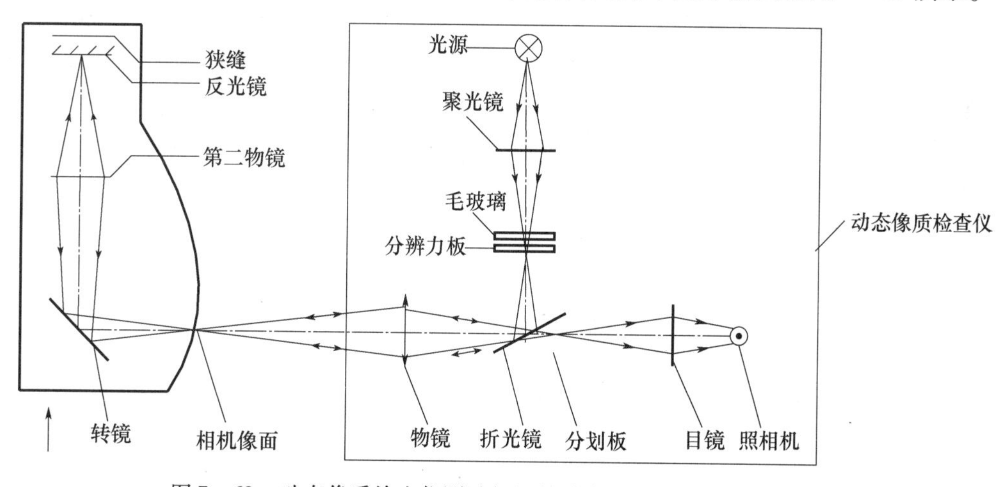

图 7-69　动态像质检查仪测试相机的动态摄影分辨力光路布置图

光源经聚光镜照明毛玻璃板及分辨力板,分辨力板经折光镜和物镜在相机像面上成像,此像经过转镜和第二物镜再成像于狭缝上。在狭缝处放置反光镜,使像返回,再次通过折光镜成像于分划板上,此时,在转镜转动条件下,通过目镜可以用肉眼观察分辨力板像,也可以用照相机对分辨力板像照相。

4. 脉冲激光照明条件下的时间分辨力测量

脉冲激光照明条件下相机动态摄影分辨力测量示意图如图 7-70 所示。激光器输出光波长 532nm,脉宽为 100ps 的脉冲激光,经扩束器和光束均匀器充满整个分辨力板,并且照明均匀,在激光脉冲与相机同步工作时,相机胶片即可接收到分辨力板像。以相机最高扫描速度15mm/μs 来计算,分辨力板像在相机像面上的移动量为 1.5μm,其对相机像质的影响可以忽略不计。

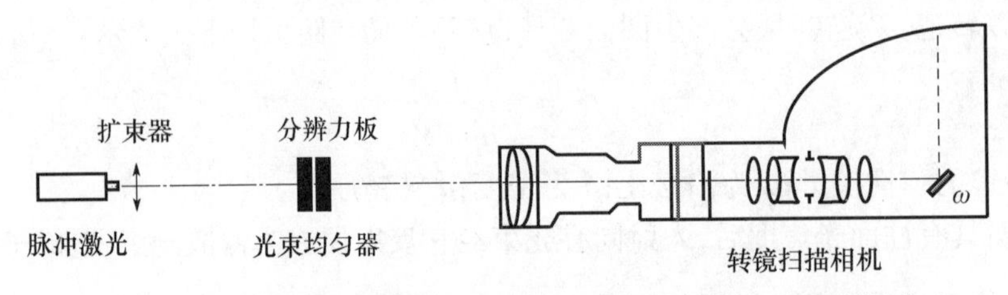

图 7-70 脉冲激光照明条件下相机动态摄影分辨力测量示意图

7.8.4 转镜式高速扫描相机扫描速度测量

1. 扫描速度的定义

在转镜式高速扫描相机各种参数中,狭缝像在底片上的扫描速度是一个非常重要的参数。扫描速度在理论上可以由下式计算:

$$v = 2L\omega(1 + a\cos\theta) \tag{7-144}$$

式中:v 为狭缝像在像面上的扫描速度(km/s);a 为转镜的转轴中心到镜面的距离(m);L 为扫描半径(m);ω 为转镜的角频率(s^{-1});θ 为光轴与转镜法线的夹角。

2. 测量装置及原理

转镜式扫描相机扫描速度测量原理如图 7-71 所示[43,44]。相机像面上装有标准双狭缝片,狭缝片上有三组狭缝(一组包含两条狭缝),一组狭缝对应一只光电倍增管,实现氙灯与相机的同步。当相机达到预设转速时,控制台触发氙灯电源使氙灯发光,三个光电倍增管先后接收到六个光信号,将其转换为六个电微分信号后由数字示波器接收。测量出扫描过每一组狭缝的时间间隔,根据每一组狭缝的间隔距离,就可以计算出该位置的扫描速度,数学模型见下式:

$$v_i = d_i/t_i \tag{7-145}$$

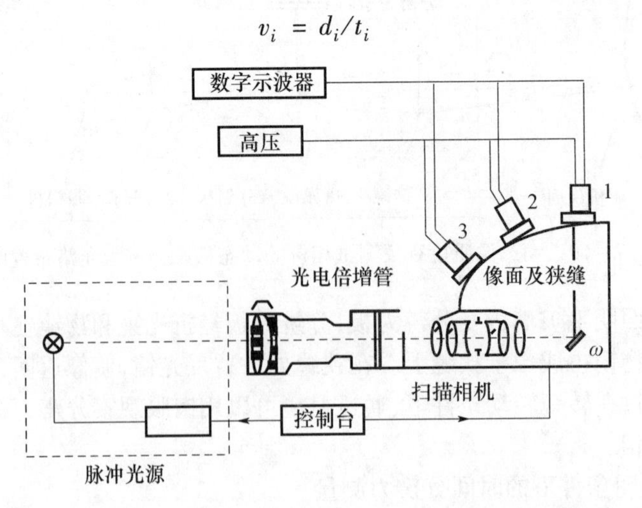

图 7-71 转镜式扫描相机扫描速度测量原理示意图

式中：v_i 为狭缝像在不同像面位置的扫描速度；d_i 为标准双狭缝片的狭缝间距；t_i 为狭缝像扫描过一组狭缝间距的时间间隔；i 为不同像面位置的编号，分别为1，2，3。

整个像面的平均扫描速度为

$$v_a = (v_1 + v_2 + v_3)/3 \tag{7-146}$$

平均扫描速度 v_a 对名义扫描速度 v_n 的百分误差为

$$\Delta v = \left[\frac{(v_a - v_n)}{v_n}\right] \times 100\% \tag{7-147}$$

它代表实际扫描速度与名义扫描速度的偏差程度；各测点的扫描速度 v_i 对平均扫描速度 v_a 的百分误差代表了扫描速度的不均匀性，此百分误差为

$$\Delta v_i = \left[\frac{(v_i - v_n)}{v_n}\right] \times 100\% \tag{7-148}$$

主要测量器具为标准双狭缝片和数字示波器，标准双狭缝片的狭缝间距最大允许误差为 3μm，数字示波器采样率为500MSa/s（Sa表示采样点），最大允许误差2ns；配套设备有脉冲氙灯、光电倍增管、高压电源等。

7.8.5　转镜式高速相机光学参数的校准

对转镜式扫描相机，需要测量和校准的主要参数除了时间分辨力、扫描速度以外，还有光学系统积分透射比、静态目视分辨力以及动态目视分辨力；对转镜式分幅相机，有静态目视分辨力、动态摄影分辨力以及分幅透镜放大倍率；转镜式高速摄影机除了光学、机械系统外，还有计算机控制台，计算机控制台需要计量的参数有周期测量相对误差和延迟时间[41]。

1. 扫描相机参数校准

1）光学系统积分透射比校准

图7-72为扫描相机光学系统积分透射比校准装置。一个带有稳定光源的平行光管作为无穷远目标，调整相机输入光轴，使其正对平行光管。在相机像面狭缝位置放置一个测量积分球，积分球入口正好处于像面位置。此时，光信号通过光电倍增管、检流计产生的电流为 I，如果移去相机，直接测量从平行光管输出的光电流为 I_0，则相机的积分透射比：

$$\tau = (\Phi/\Phi_0) \times 100\% = (I/I_0) \times 100\% \tag{7-149}$$

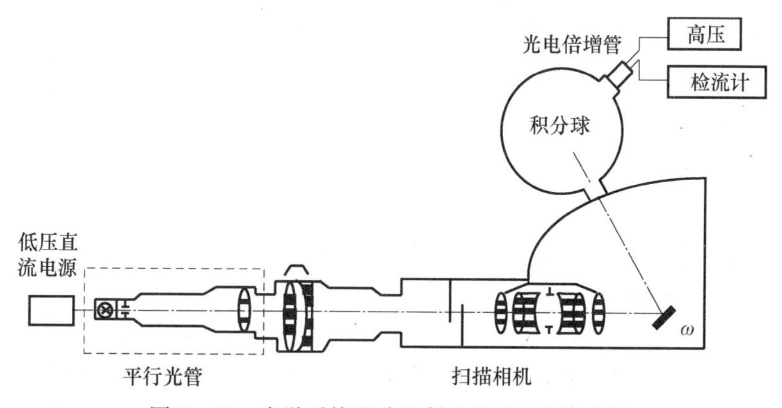

图7-72　光学系统积分透射比校准原理示意图

式中：Φ 为出射光通量；Φ_0 为入射光通量。

主要测量器具为检流计,配套设备有低压直流电源、光电倍增管、高压电源、平行光管和积分球。

2）静态目视分辨力校准

通过相机和检焦镜观察物方的分辨力板,从检焦镜中测出分辨力板像的基线距离 d',读出刚能分辨的线对组号,由分辨力板查出对应的基线距离 d 和分辨力 N_0。用下式计算相机的静态目视分辨力

$$N_J = \frac{N_0 d}{d'} \tag{7-150}$$

式中：N_0 为相机像面上人眼能分辨的分辨力板分辨力;d 为分辨力板的基线距离;d'为相机像面上分辨力板像的基线距离。

主要测量器具为分辨力板,其相对不确定度为1%,配套设备有平行光管(其相对孔径大于相机对底片相对孔径)和万能工具显微镜(用于校正检焦镜中分划板刻度)。

3）动态目视分辨力校准

动态目视分辨力校准装置如图7-73所示。光源经聚光镜照明毛玻璃板及分辨力板,分辨力板经折光镜和物镜在相机像面上成像,此像经过转镜和第二物镜再成像于狭缝上。在狭缝处放置反光镜,使像返回,再次通过折光镜成像于分划板上,此时,在高速相机转动条件下,通过目镜可以用肉眼观察到分辨力像。由于动态像质检查仪的光学系统放大倍率为1,故人眼能分辨的最大组数所对应的分辨力即是相机在此转速下的动态目视分辨力 N_D。

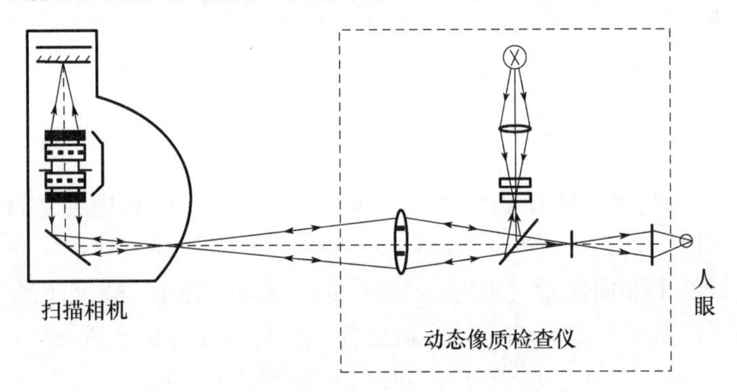

图7-73 动态目视分辨力校准装置示意图

主要测量器具为分辨力板ZBN35003,其相对不确定度为1%,配套设备是动态像质检查仪,其分辨力大于60mm^{-1}。

2. 分幅相机的校准

1）静态目视分辨力校准

该项目的校准原理、设备与扫描相机所述相同。

2）动态摄影分辨力校准

通过相机和检焦镜,观察到清晰的分辨力板像。在相机像面装上胶片对分辨力板照相,测出每一幅分辨力板像的基线距离 d',由分辨力板ZBN35003查出对应的基线距离 d 和分辨力 N_0,用下式计算相机的动态摄影分辨力 N_D:

$$N_D = \frac{N_0 d}{d'} \tag{7-151}$$

主要测量器具为分辨力板 ZBN35003，其相对不确定度为 1 %，配套设备有平行光管（其相对孔径大于相机对底片相对孔径）和万能工具显微镜。

3）分幅透镜放大倍率校准

分幅相机放大倍率标准装置如图 7－74 所示[45]。根据分幅相机的成像原理，相机的视场光阑与像面共轭，视场光阑上有刻线对，能够精确测出这些刻线的距离。光源照明置于准直镜焦面上的漫射体上，准直光线使得分幅相机的视场光阑（如图 7－75 所示，带有一对刻线 AB）被均匀照明。转镜匀速旋转，相机像面上安装的胶片得以重复曝光，视场光阑成像在胶片上。为保证测量的准确度，胶片曝光要适当，黑密度值应在 1.8 左右。

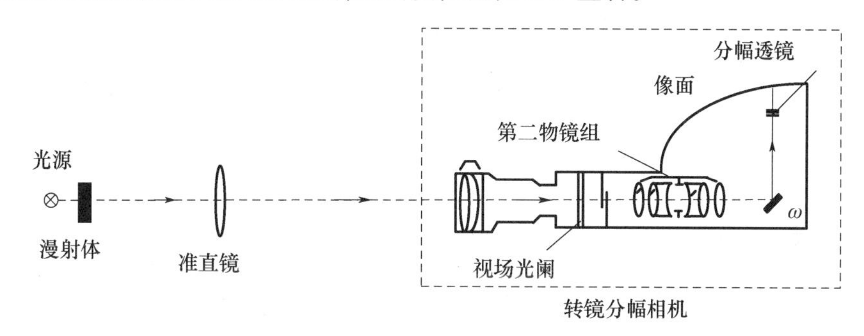

图 7－74　转镜分幅相机放大倍率校准装置原理图

假设视场光阑上刻线对 AB 的距离为 d，像面上视场光阑像刻线对的距离为 d'_i，则每一画幅的内部放大倍率 M_i 用下式表示：

$$M_i = d'_i / d \tag{7-152}$$

分幅透镜平均放大倍率 $\bar{M}$ 为

$$\bar{M} = \frac{\sum_{i=1}^{m} M_i}{m} \tag{7-153}$$

式中：m 为分幅透镜数。

为便于爆轰实验数据的处理，应求出相机各画幅的实际放大倍率对平均放大倍率的修正系数 δ_i，用下式表示：

$$\delta_i = \frac{M_i}{\bar{M}} = \frac{d'_i}{d\bar{M}} \tag{7-154}$$

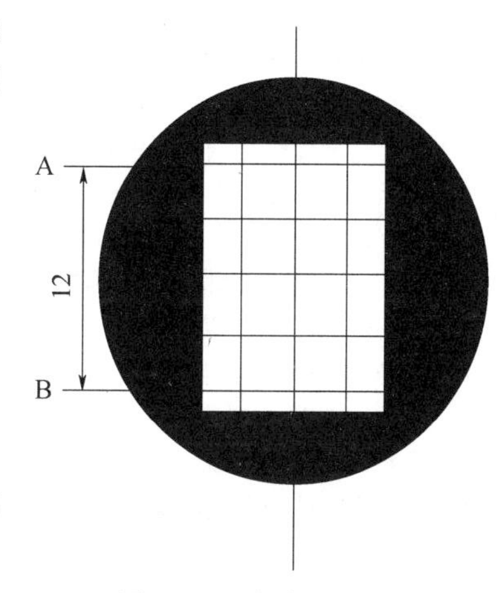

图 7－75　视场光阑

相机各画幅的放大倍率相对误差 Δ 用下式表示：

$$\Delta = (M_i - \bar{M}) / \bar{M} \times 100\% \tag{7-155}$$

3. 计算机控制台的校准

1）周期测量相对误差校准

相机控制台的周期测量方法是连续测量相机转镜传感器信号的周期时间，将点火那一周的周期时间作为控制台实测的转镜周期。以信号发生器输出的信号作为标准信号，代替转镜传感器信号输入控制台同步精测延时单元，由此测得的周期与标准信号发生器的周期相比较就得到控制台周期测量相对误差。

$$\Delta t = \frac{T - T_0}{T_0} \times 100\% \qquad (7-156)$$

式中:Δt 为控制台周期测量相对误差;T 为控制台测得的标准信号的周期;T_0 为标准信号周期。

测量器具是信号发生器,测量相对不确定度为 2.36×10^{-8}。

2) 延迟时间校准

控制台同步精测延时单元延时的不确定度主要取决于通用计数器频率的不确定度。用同步精测延时单元的“0 路输出” 作为通用计数器的开启信号,“1 路输出、2 路输出或3 路输出” 作为通用计数器的关闭信号,由此可以测量控制台各通道的延迟时间。

测量器具是通用计数器,扩展不确定度为 1.1ns。

参 考 文 献

[1] 蔡荣立,倪晋平,田会. 光幕靶技术研究进展[J]. 西安工业大学学报,2013,33(8):603-610.
[2] 倪晋平,蔡荣立,田会,等. 基于大靶面光幕靶 30mm 口径弹丸速度测试技术[J]. 测试技术学报,2008,22(1):17-23.
[3] 刘群华,施浣芳,阎秉先,等. 红外光幕靶测速系统和精度分析[J]. 光子学报,2004,33(11):1409-1411.
[4] 董涛,倪晋平,高芬,等. 大靶面激光光幕靶研究[J]. 工具技术,2010,44(6):85-87.
[5] 贾兆辉,施浣芳,葛伟,等. 光幕靶靶面光能测试系统的设计[J]. 科学技术与工程,2006,6(4):355-358.
[6] 倪晋平,魏建凯. 天幕靶技术研究进展[J]. 西安工业大学学报,2001,31(7):589-596.
[7] 董涛,倪晋平,宋玉贵,等. 高射频武器弹丸连发速度测量系统[J]. 弹道学报,2010,22(1):33-36.
[8] 邬晶,王铁岭,王松. 天幕靶测速系统标定技术的研究[J]. 中国测试,2009,35(1):114-117.
[9] 倪晋平,宋玉贵,冯斌. 双天幕靶交汇测量弹丸飞行参数原理[J]. 光学技术,2008,34(3):388-390.
[10] 倪晋平,杜文斌,董涛,天幕靶灵敏度标定方法研究[J]. 西安工业大学学报,2011,31(3):216-220.
[11] 杜文斌,范军旗. 天幕靶灵敏度的标定方法与试验[J]. 光电技术应用,2011,26(1):78-82.
[12] 董涛,倪晋平. 单线阵 CCD 相机立靶测量原理[J]. 应用光学,2011,32(3):482-485.
[13] 马卫红,倪晋平,董涛,等. 高精度 CCD 室内立靶测试系统设计[J]. 光学技术,2012,38(2):180-184.
[14] 王苗,徐玮. CCD 立靶弹丸攻角测量[J]. 光电工程,2-11,38(9):30-34.
[15] 罗红娥,陈平,顾金良,等. 线阵 CCD 立靶系统全视场测量误差分析[J]. 光学技术,2009,35(3):391-393,398.
[16] 李茂山,李琼. 光学经纬仪计量溯源检定技术研究[J]. 实用测试技术,1996(5):9-14.
[17] 中华人民共和国国家计量检定规程,JJG 414—2011,光学经纬仪检定规程,中国计量出版社,2011.
[18] 贾峰,衣同胜,李桂芝. T 型架光电经纬仪动态精度检测方法的研究与应用[J]. 光学技术,2006,32(增刊):202-206.
[19] 贾峰,李桂芝,李阳. 光电经纬仪室内检测系统的研究与应用[J]. 飞行器测控学报,2011,30(3):32-35.
[20] 李桂芝,贾峰,纪芸,等. 靶场红外成像测量设备精度检测方法研究[J]. 光学技术,2006,32(增刊):310-312,316.
[21] 贺庚贤,沈湘衡,周兴义. 光电经纬仪动态测角精度仿真测量[J]. 系统仿真学报,2008,20(12):3127-3129.
[22] 金光,王家骐,倪伟. 星体弧长法标定光电经纬仪指向精度[J]. 光学精密工程,1999,7(4):91-95.
[23] 叶剑锋. 光电经纬仪外场测角精度校准新方法[J]. 四川兵工学报,2011,32(11):116-119.
[24] 何昕,魏仲魏,郝志航. 基于单心球面系统的九块面阵 CCD 数据拼接[J]. 光学精密工程,2003,11(4):421-424.
[25] 王军,冯伟,刘金国,等. 大视场多 CCD 拼接相机标定方法研究[J]. 光学与光电技术,2004,2(6):7-9.
[26] 李益民,刘岩俊,何昕,等. 高精度 CCD 拼接相机标定方法研究[J]. 半导体光电,2008,29(5):799-802.
[27] 曾书儿,王改利. 能见度的观测及其仪器[J]. 应用气象学报,1999,10(2):207-212.
[28] 王海先. 能见度仪在激光测距能力检测中的应用研究[J]. 舰船科学技术,2008,30(6):91-94.
[29] 赵力,万晓正,齐勇,等. 多次反射法透射式能见度测量系统研究[J]. 山东科学,2011,24(6):67-70.
[30] 李孟麟,段发阶,欧阳涛,等. 前向散射式能见度测量技术研究[J]. 传感技术学报,2008,21(7):1281-1285.
[31] 王韬,吴展,王光里. 前散射能见度仪标定与误差分析[J]. 气象水文海洋仪器,2007(3):27-29.

[32] 朱乐坤,李林. 前向散射能见度仪校准技术[J]. 气象科学,2013,41(6):1003-1007.
[33] 王光里. 公路能见度概念及测量仪器的计量校准原理与方法探讨[J]. 吉林交通科技,2010(3):9-12.
[34] 赵思宏,高晓龙,贾秋锐. 某型飞机火控校靶仪的研究与设计[J]. 光学精密工程,2003,11(6):581-585.
[35] 王鑫,赵玉艳,刘立欣,等. 校靶镜检定装置设计与图像处理技术研究[J]. 长春理工大学学报(自然科学版):2013,36(5):45-47.
[36] 王鑫,向阳,车英,等. 校靶镜检定装置光学系统设计[J]. 光学与光电技术,2014,12(2):83-88.
[37] 王璇,王鑫,刘立欣,等. 校靶镜检定装置图像处理与判读技术研究[J]. 长春理工大学学报(自然科学版):2014,37(1):28-31.
[38] 陈军. 数字高速电影摄影技术研究(上)[J]. 现代电影技术,2010(2):18-22.
[39] 唐孝容,高宁,郝建中,等. 高速摄影技术在常规战斗部实验中的应用[J]. 弹箭与制导学报,2010,30(3):105-106,110.
[40] 赖鸣,兰山,黄广炎,等. 数字式高速摄像测试技术及其应用[J]. 实验技术与管理,2012,29(6):51-54,74.
[41] 汪伟,谭显祥,肖正飞,等. 转镜式高速相机的计量技术[J]. 计量技术,2006(7):41-44.
[42] 畅里华,汪伟,尚长水,等. 超高速转镜式扫描相机的时间分辨力测量[J]. 光学与光电技术,2012,10(2):32-36.
[43] 叶式灿,董金轩. 转镜式高速相机扫描速度及其不均匀性测量[J]. 爆炸与冲击,1997,17(2):188-192.
[44] 汪伟,畅里华,李剑,等. 超高速转镜扫描相机扫描速度的校准及应用方法[J]. 光子学报,2006,35(7):1113-1116.
[45] 汪伟,尚长水,谭显祥. 转镜分幅相机中分幅系统放大倍率的校正[J]. 应用光学,2008,29(5):708-712.

第8章　微光成像系统的性能测试

微光成像系统是指以微光像增强技术为基础的光电成像系统,与可见光成像系统相比,它具有像增强功能,可以在夜间观察到用可见光成像系统观察不到的目标。典型的微光成像系统有直视型微光夜视系统、增强型 CCD(ICCD)、电子轰击 CCD 成像系统(EBCCD)、微光水下成像系统等。本章重点围绕微光成像系统所涉及的光学计量测试问题展开研究和讨论。

8.1　微光成像系统概述

微光成像系统建立在微光像增强技术的基础上,是典型的光电成像系统。从成像技术上可以把微光成像系统分为两大类:一类是直视型成像系统,通常称之为像管成像;另一类是非直视成像技术,如 CCD 成像等。无论是像管成像,还是 CCD 成像,都是基于光电效应的基本原理。

8.1.1　直视型微光夜视系统

直视型是目前常见的微光夜视系统模式,在军事和民用领域具有广泛的应用。直视微光夜视系统通常由物镜、像增强器和目镜组成,通常称作微光夜视仪[1,2]如图 8－1 所示。

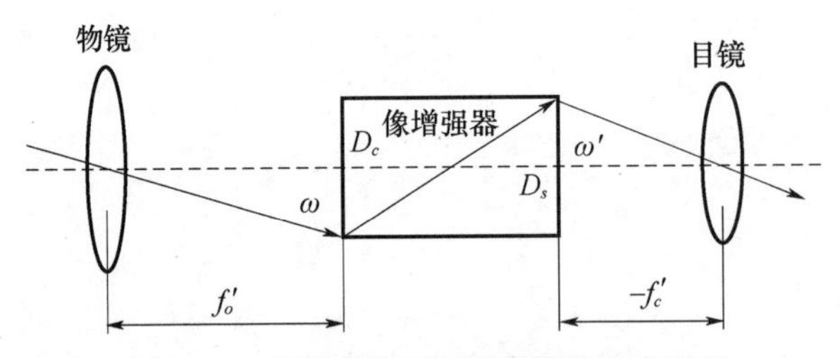

图 8－1　直视型微光夜视系统的组成原理

8.1.2　像增强 CCD 成像系统

像增强 CCD 成像系统(ICCD)是把像增强器的输出图像直接耦合进 CCD 探测器,使普通的 CCD 成像系统具备了像增强功能,因而具有像增强器和 CCD 的共同特点。在像增强 CCD 成像系统中,像增强 CCD 是系统的探测元,经过多年的发展,已经发展到了第三代,其微光性能也得到了很大提高。一般的 CCD 摄像只能在景物照度为 1lx 以上才能工作,解决微弱光条件下的摄像只能是将像增强管耦合到 CCD 上制成 ICCD[3]。

实现像增强器与 CCD 耦合的方式通常有两种:一种是纤维光锥耦合;另一种是将图像缩小,再进行纤维光学耦合,使图像尺寸与 CCD 幅面相适应。对于许多应用,单级缩小倍率的一代管与 CCD 耦合是很好的方案,其入射光照可下降两个数量级。若在前面再加一个二代薄片管,形成混合管结构,则此 ICCD 可用于景物照度低于 10^{-4}lx 的场合。若在管子内加选通,景物照度可达 $10^{-5} \sim 10^{3}$lx。

带两级微通道板(MCP)的像增强器的工作原理如图 8-2 所示。MCP 的通道有电子倍增功能,当光学图像聚焦在像增强器的光阴极时,光子就激发出光电子。光电子图像被聚焦到 MCP 表面,在两级 MCP 内,光电子图保持位置信息不变,信号幅度被放大后,撞击到荧光屏上。经过这些过程,甚至单个光子也能在像增强器上产生大约 10^{8} 个光子的输出。单光子产生的高密度光斑,能容易地被后继的成像器件探测到。

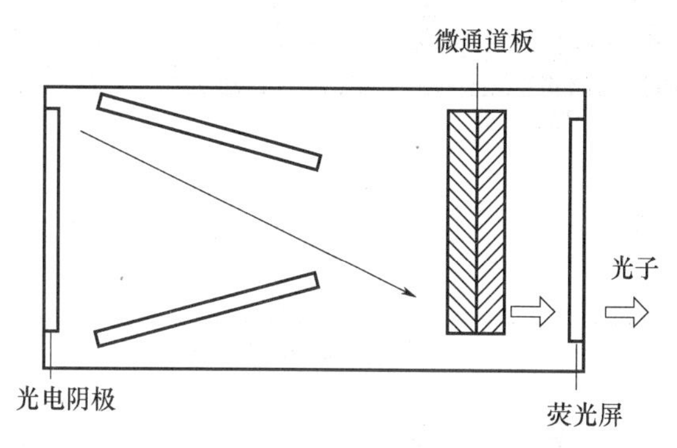

图 8-2　像增强器工作原理

ICCD 属于混合型图像传感器,其基本结构如图 8-3 所示。入射光成像在光阴极上,光阴极通过外光电效应将光子转换为光电子;光电子经 MCP 倍增后形成一电子云团;电子云团在静电加速场的作用下轰击荧光屏并激发出荧光;荧光图像经光学耦合器件(如光锥、光纤面板以及光学镜头等)被耦合至 CCD;CCD 将实时捕捉到的荧光图像通过图像采集卡输入到计算机中进行处理。

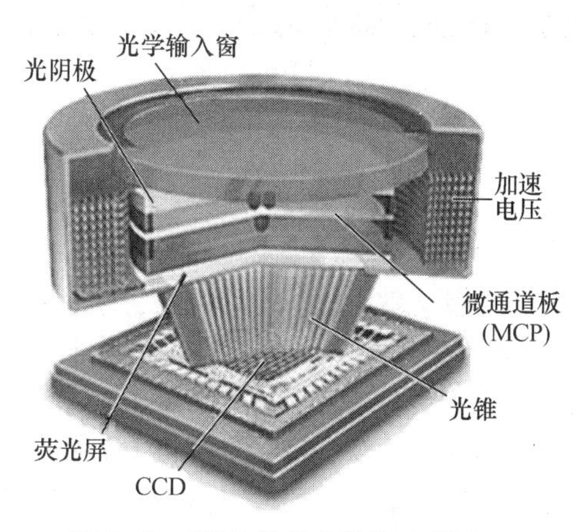

图 8-3　ICCD 的基本结构示意图

8.1.3　电子轰击 CCD 成像系统

1. 背照明 CCD

一般 CCD 摄像机感光时,入射光是从 MOS 结构的正面进入,即由带有复杂的电极结构的 SiO_2 层射入。背照式正好相反,光子由 MOS 结构的背面 Si 层射入。因为器件的背面没有复杂的电极结构,故能获得较高的量子效率,提高了 CCD 器件感光的灵敏度。

背照明 CCD(BCCD)通过背面照明和收集电荷,避开了吸收光的多晶硅电极,克服了通常前照明 CCD 的性能限制。所谓 BCCD 是指工艺上把 CCD 基片上一大块硅去除,仅保留一含有电路器件结构的硅薄层,成像光子不需要通过多晶硅门电极,毫无阻拦进入 CCD 的背面。如图 8-4(a)和(b)所示。用这种方式形成的背照明 BCCD,其量子效率可达 90%。通常 BCCD 的光敏面灵敏度可以达到 10^{-3}lx。

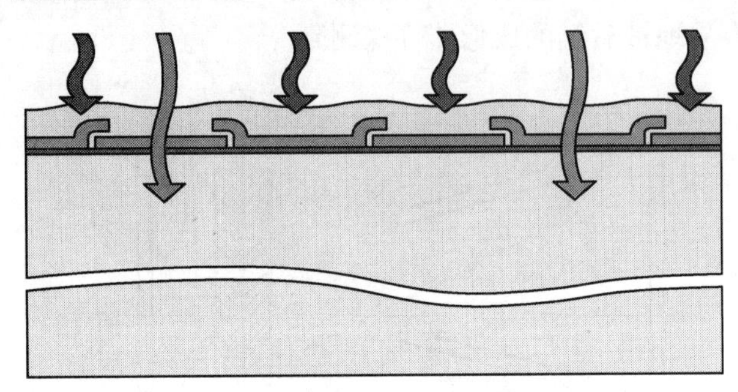

(a) 通常的前照明CCD器件

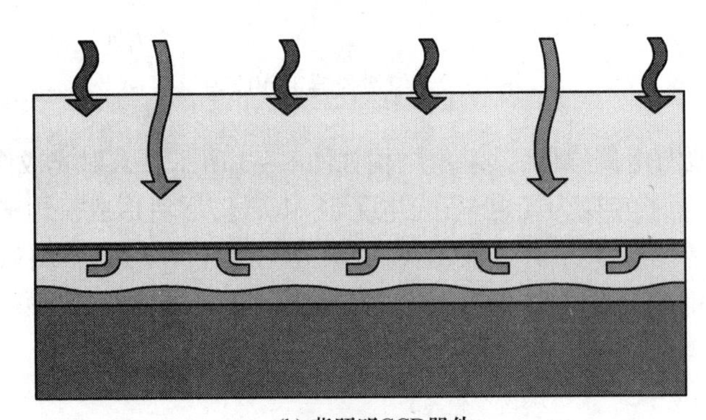

(b) 背照明CCD器件

图 8-4 背照明 CCD 原理图

2. 电子轰击 CCD

电子轰击 CCD(EBCCD)成像系统探测元为对电子灵敏的背照明 CCD,它代替通常的荧光屏。除在可见光谱区域有极高的量子效率外,BCCD 也能接受景物在紫外和软 X 射线波段辐射,带有紫外增透射涂层的 BCCD 在 200nm 波长处具有接近 50% 的量子效率。而通常前照明 CCD 的多晶硅电极将吸收几乎所有的紫外光。

电子轰击 CCD 的工作原理是:入射光子打在光阴极上转换成光电子,光电子被加速 10 ~ 15kV 后,聚焦在 CCD 芯片上,在 CCD 像敏元上产生电荷包,当积累结束时,电荷包转移输出成像。电子轰击 CCD 器件的结构如图 8-5 所示。

由图 8-5 可见:在结构上,电子轰击型 CCD 与像增强器基本类似。所不同在于像增强器中作为阳极的荧光屏被 CCD 器件取代。

电子轰击 CCD 的优点是高增益、低噪声、高分辨力,可以在很低的照度状态下工作,甚至可以记录单个光子。缺点是工艺复杂,要将 CCD 封装在管内之后制作光电阴极,装架困难,且要求封装到管中的 CCD 与光电阴极制造工艺兼容,排气温度不能太高,从而限制了光电阴极的灵敏度。该管寿命较低,约为500h;但EBCCD在光子计数成像器件中仍有着广泛的应用。

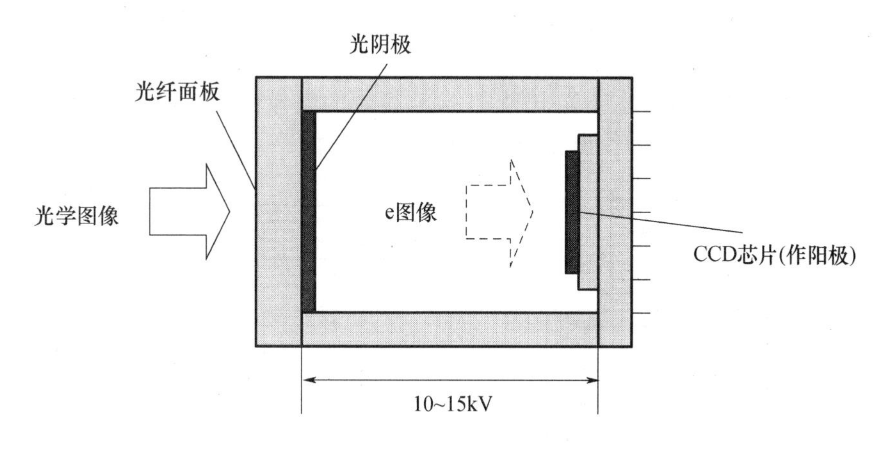

图8-5 电子轰击CCD器件的结构

在EBCCD像管中,一个特殊的对电子灵敏的背照明CCD装在管内以代替通常的荧光屏,这样便不需要微通道板、荧光屏和纤维光学耦合器。当CCD基片被减薄到8~12μm,并装到管内时,使其背面接受由光阴极射出并受到加速的光电子,如同二代近贴管与倒像管一样,它也具有近贴式与倒像式。当电子进入背照明、减薄CCD的背面时,硅使入射光电子能量散逸,产生电子—空穴对,得到电子轰击半导体(EBS)增益。EBS过程的噪声大大低于微通道板为得到电子增益所产生的噪声。从这个意义上来说,这是一种“理想”器件,它能提供几乎无噪声的增益,EBS增益在管电压10kV时为2000,足以削弱或抵消系统的噪声源。图8-6给出了倒像式EBCCD的结构简图,图8-7为利用倒像式EBCCD构成的成像系统框图。

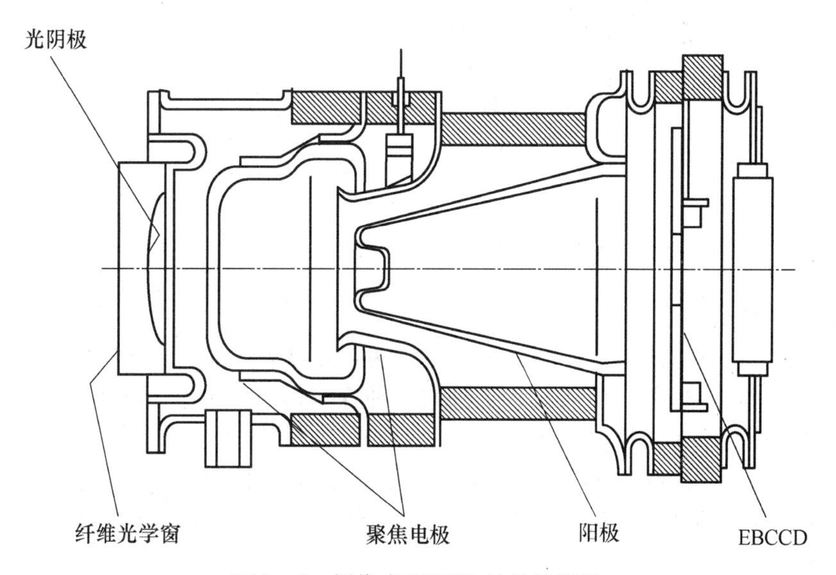

图8-6 倒像式EBCCD的结构简图

8.1.4 水下微光成像系统

水下微光成像系统是对水下特定区域实施多方位监控的光电成像系统。整个系统包括如下四个部分:控制中心、图像处理单元、通信单元和水下探测单元,系统组成框图如图8-8所示。系统通过水下探测器进行水下光电探测,探测得到的图像信号经过转换后传输到控制中心,控制中心对图像进行处理后作出相应的预警及排除措施[4]。

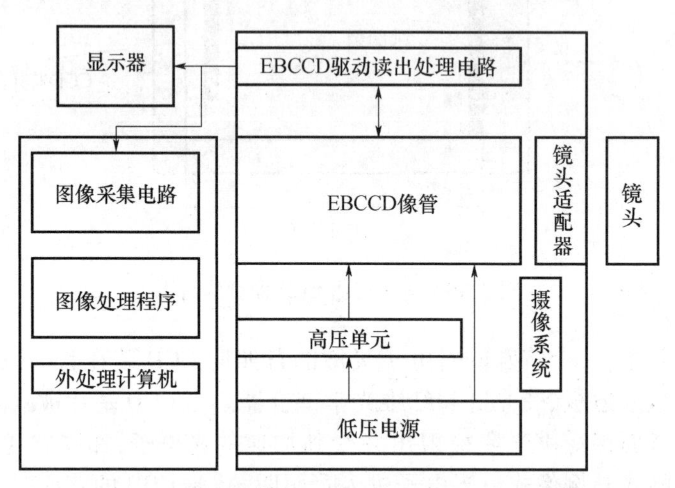

图8-7 利用倒像式EBCCD构成的成像系统框图

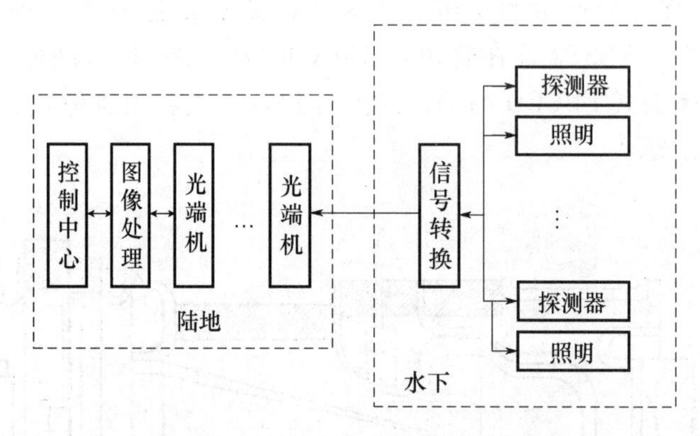

图8-8 水下微光成像系统组成框图

1. 水下探测单元

水下探测单元由水下成像探测器和水下照明两部分组成。水下成像探测器是水下微光成像系统的核心,系统有固定式、旋转式和手持式三种探测器。三种水下探测器相辅相成,使微光成像系统可适用水下不同情况的监测。

水下照明采用高亮度绿色LED面阵作为光源,并采取PID算法进行自适应控制,使光源能随环境光强的变化不断改变自身的亮度,使监测系统处于一个亮度稳定的监测环境中。

2. 通信单元

目前存在的有效水下通信有水声通信和有线传输两种。水声在水下可进行长距离传输,但其传输速率低、带宽窄,不能用于动态视频信号的传输。因此,水下的视频传输只能采用有线形式。

3. **图像处理与控制中心**

水下环境复杂,监测到的图像会出现模糊等现象,所以必须对采集的图像进行强化等处理,然后对处理所得图像进行压缩存储和目标物的提取判别,如有可疑物,则向控制中心报警,并同时将视频信息传送到控制中心。控制中心负责系统的整体控制,根据预警信息或水下监测状况作出判断,并进行相应处理。其实现框图如图8-9所示。

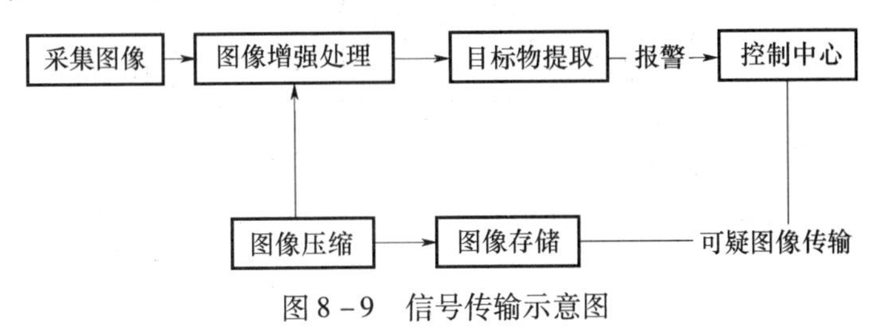

图8-9　信号传输示意图

8.1.5　水下距离选通微光成像系统

水下激光成像是利用激光和成像设备进行水下目标成像的技术。该技术基于蓝绿激光处于水中的传输“窗口”,通过激光器发射脉冲激光,测量由水下目标反射回来的反射源信息,达到对目标的位置、形状和特性的了解[5]。理论上,激光水下成像的距离可达上百米,但是,激光在水中传播时,后向散射效应随着距离的增大而增强,若超过某一距离,由于散射光的积累效应,散射光残留于接受器件的光阴极,有用的信号被散射光所淹没,不能识别目标。距离选通型水下激光成像系统能够有效抑制后向散射,提高图像对比度。它通过脉冲激光器发射激光脉冲,以时间的先后分开不同距离上的后向散射光和目标反射光,使得目标反射光在ICCD选通工作的时间内到达并成像,从而消除绝大部分后向散射光对图像质量的影响。

1. **距离选通技术**

距离选通技术是利用激光高能量、高方向性和窄脉冲宽度的特点。其工作原理(图8-10)是:激光器发射很强的光脉冲,通过透镜射向观测区,到达目标后,被反射回来进入光学接收系统。当激光脉冲处于往返途中的时间内,水下激光探测系统的接收器选通门或光闸关闭,当反射光到达接收机一瞬间,选通门开启,使目标反射信号进入图像增强器被放大,并由显示系统显示图像,从而从时间上把后向散射分开。

距离选通技术可消除大部分后向散射光的影响,在观察远距离水下目标时,可以通过增加激光功率和改进激光信号接收器的灵敏度,达到提高目标的分辨力和图像质量。而且可在不同的时间进行曝光或用多个CCD同时摄像,获取水下不同深度的图像信息。距离选通技术要求激光器具有窄的脉冲宽度,以便更好地将脉冲信号同后向散射分开;选通开关的选通宽度应尽可能接近激光脉宽,以保证仅使目标反射光全部进入接受器,从而提高信噪比。图8-11为选通门关示意图,图8-12为选通门开示意图。

2. **成像系统组成**

图8-13为同步控制距离选通成像系统框图。距离选通成像系统中,激光发射系统和ICCD成像系统是核心。激光器选择能够产生530nm波长的YAG倍频激光器。成像器件选择

像增强 CCD 成像器件。除此之外,距离选通同步控制技术也是核心技术之一。距离选通同步控制技术主要是使激光器和 ICCD 同步,并且提供选通门宽度、脉冲宽度和延迟时间的选择。同步控制电路主要由使快门开启与激光照射同步的定时电路组成,定时时间取决于目标距离和激光脉冲往返传输需要的时间。

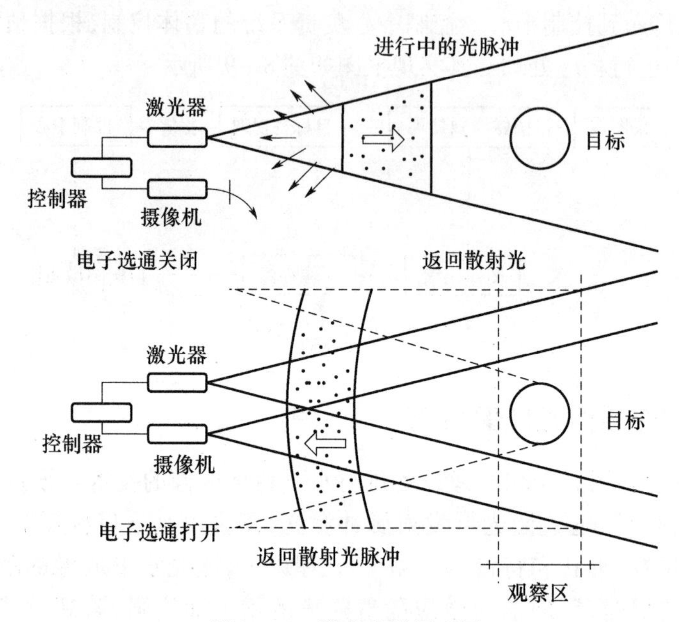

图 8－10　距离选通原理图

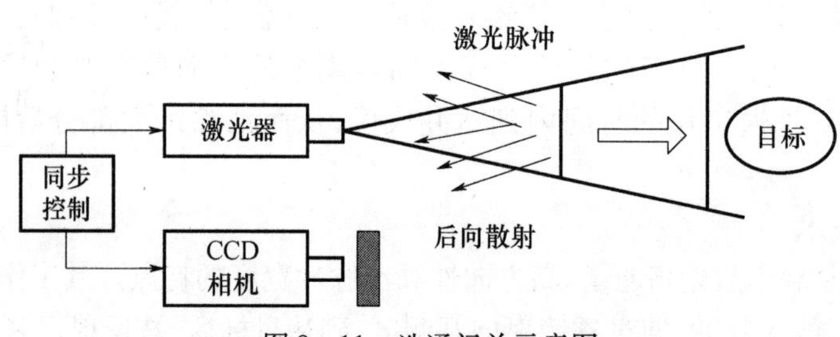

图 8－11　选通门关示意图

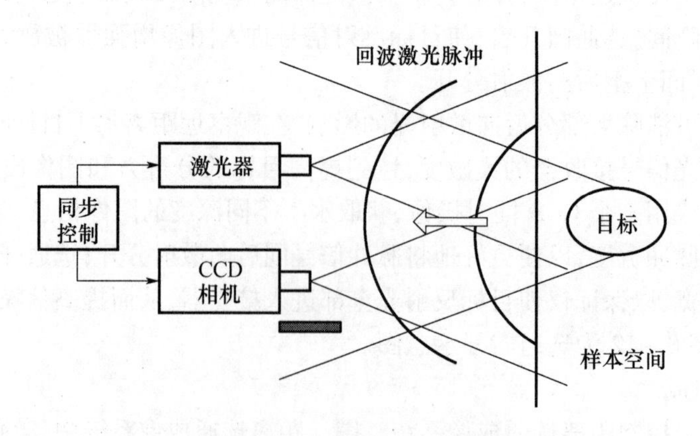

图 8－12　选通门开示意图

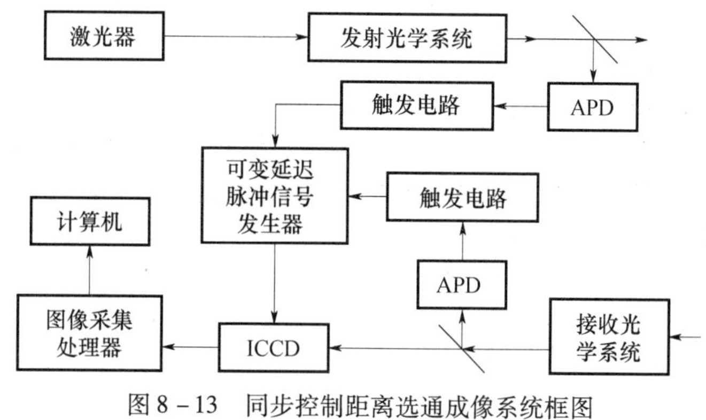

图8-13　同步控制距离选通成像系统框图

8.2　直视型微光夜视系统参数测量

直视型微光夜视系统光学性能测量是对微光夜视设备整机特性测量，是微光夜视产品的最终性能检测。反映微光夜视系统光学性能的参数主要有视场、视放大率、相对畸变、分辨力、亮度增益等，下面分别讨论这些参数的基本概念、测量原理以及测试方法[6,7]。直视型微光夜视系统通常也叫微光夜视仪，所以下面我们就按照微光夜视仪来叙述。

8.2.1　微光夜视仪的视场测量

1. 定义

夜视仪的视场是指微光光学系统所观察到的物空间的两维视场角，如图8-14所示。

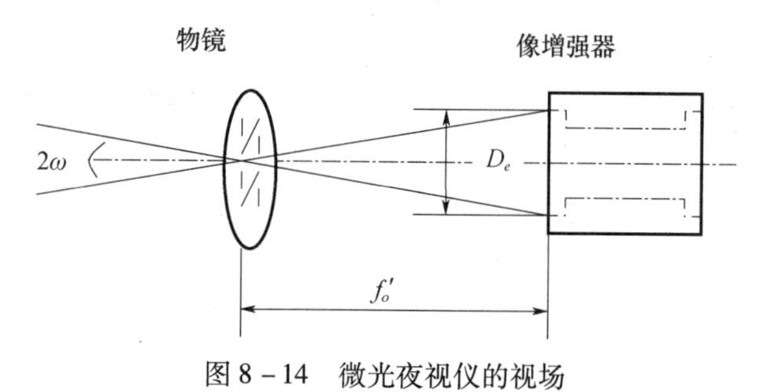

图8-14　微光夜视仪的视场

视场角有如下关系：

$$\omega = \arctan \frac{D_e}{2f_o'} \tag{8-1}$$

式中：ω 为物镜半视场角(°)；D_e 为光阴极面有效工作直径(mm)；f_o'为物镜焦距(mm)。

由式(8-1)知，当像增强器光阴极有效直径确定后，物镜焦距是决定夜视仪视场的唯一因素。

夜视仪的视场在概念上和普通光学系统相同，它属于望远系统的一种，其测量原理和测试方法也基本一致，不同之处是所用光源不同，这是因为夜视仪是在低照度下工作，普通光源不能满足它的使用要求。

2. 测量原理及测试方法

1）用视场仪进行测量

视场仪实际上是一种大视场的平行光管，又称宽角准直仪。图 8－15 为视场仪结构图。它的物镜采用在大视场下成像质量良好的广角照相物镜，在物镜焦平面上放置分划板，分划板上刻有十字分划刻线。刻线上的分划值直接刻出刻线对物镜中心的张角。十字刻线的垂直和水平刻线上都刻有角度单位的刻度值，采用度、分为单位。视场仪分划板示意图如图 8－16 所示。

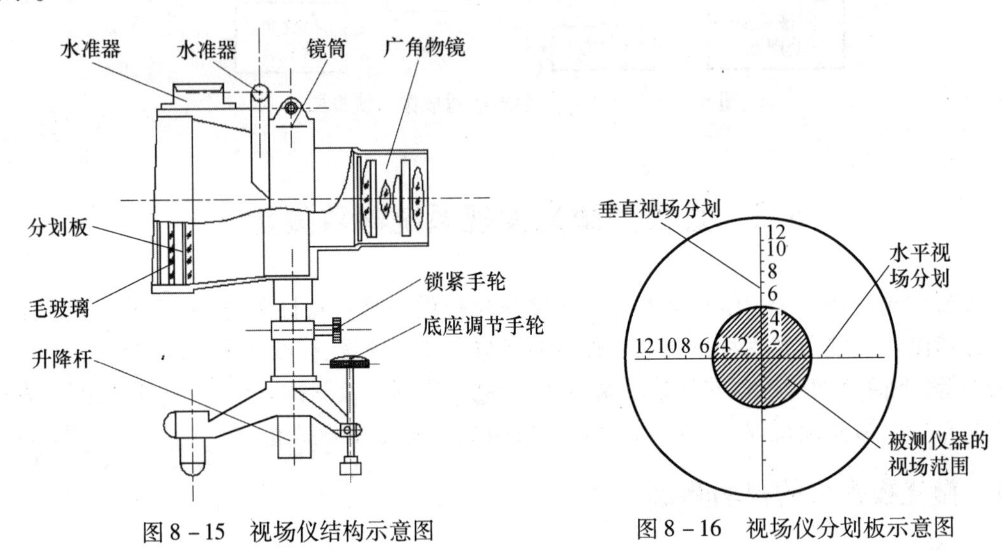

图 8－15 视场仪结构示意图

图 8－16 视场仪分划板示意图

图 8－17 为用视场仪测量夜视仪视场示意图。视场仪分划板用溴钨灯照明，照度在 10^{-1} ～ 10^{-3}lx 范围内，被测夜视仪放在视场仪后面，尽量靠近视场仪物镜，并使它们大致处于共轴情况。测量者通过被测夜视仪直接观察视场仪分划板，此时可以观察到视场仪分划板的一部分，利用视场仪分划板上分划刻线进行读数。能看到的视场仪分划板上左右（或上下）两边的最大读数之和，就是被测夜视仪的视场角。用这种方法设备简单、操作方便且准确度也较高。

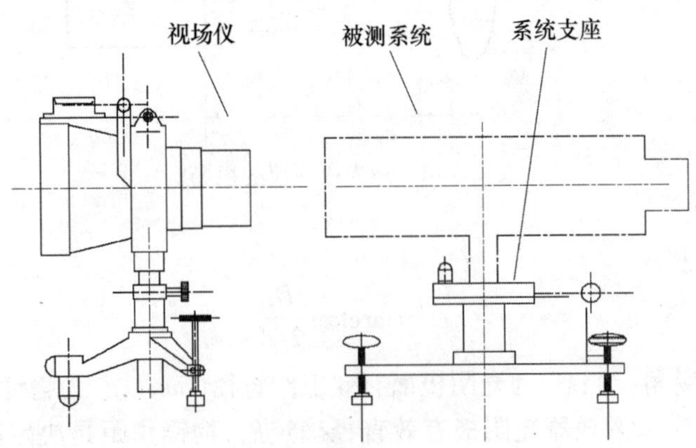

图 8－17 用视场仪测量夜视仪视场示意图

2）用狭缝和准直镜进行测量

图 8－18 是用狭缝和准直镜测量夜视仪视场的示意图。它由狭缝、准直镜和大转台组成。

狭缝目标的亮度不得大于 $3.4\times10^{-3}cd/m^2$。

被测夜视仪放在大转台上，通过夜视仪观察狭缝。先向左边转动大转台直至视场的某一边缘，记录转台的角度值。再向右边转动大转台直到狭缝位于视场的另一边缘，记录转台的角度值。所记录的两个角度值之差为视场。

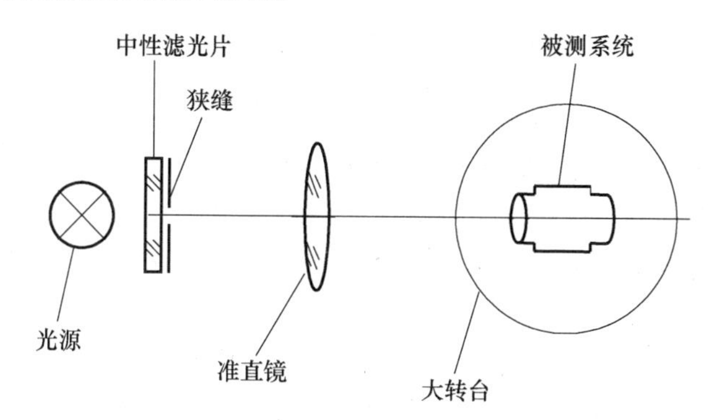

图 8－18　用狭缝和准直镜测量夜视仪视场示意图

3. 视场测量不确定度的主要来源

1）用视场仪测量

（1）视场分划线引入的不确定度分量；

（2）重复性测量引入的不确定度分量；

（3）视场仪校准引入的不确定度分量。

2）用狭缝和准直镜测量

（1）狭缝宽度引入的不确定度分量；

（2）转台角度刻线引入的不确定度分量；

（3）重复性测量引入的不确定度分量。

8.2.2　微光夜视仪的视放大率测量

1. 定义

微光夜视仪的视放大率定义同普通望远系统的视放大率的定义一样，即对于同一个目标，用望远镜观察时人眼视网膜上的像高 y_t' 与人眼直接观察时视网膜上的像高 y_e' 之比，用 Γ 表示。由上面关系得：

$$\Gamma=\frac{y_t'}{y_e'}=\frac{l'\tan\omega'}{l'\tan\omega}=\frac{\tan\omega'}{\tan\omega} \tag{8-2}$$

式中：l' 为眼睛像方节点到视网膜的距离；ω 为人眼直接观察目标的视角；ω' 为人眼通过望远镜观察目标的视角。

2. 测量原理及测试方法

由于视场测量的方法有两种，所以视放大率的测量方法也分两种，下面分别进行阐述。

1）用视场仪和前置镜测量

这是直接测量视场角 ω 和 ω'，用式(8－2)计算夜视仪视放大率的方法。测量装置示意图如图 8－19 所示。

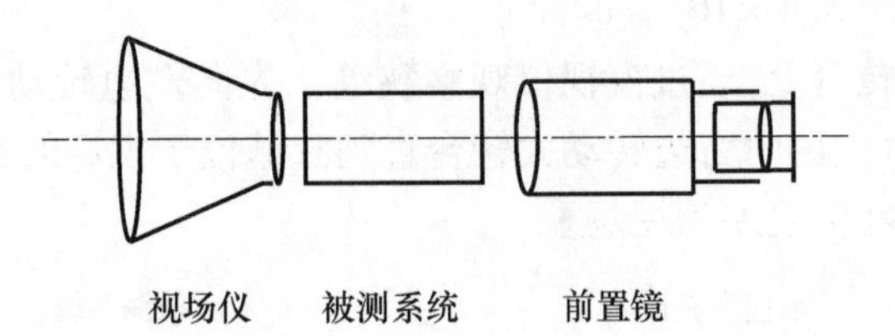

图 8-19 用视场仪和前置镜测量视放大率装置示意图

被测系统和视场仪及前置镜共轴放置。用照度为 $10^{-1} \sim 10^{-3}$lx 的光源照亮视场仪的分划板，由上述测夜视仪视场的方法测出被测系统的物方视场角 2ω。前置镜放在被测系统后面，用于测量被测系统的像方视场角 $2\omega'$。通常前置镜分划板上刻有角度分划值，测量时可直接读出 ω'值。根据式(8-2)求得被测系统的放大率。

如果目的在于检验放大率是否超差，而不需要测出 Γ 的绝对值，则可通过前置镜读出的像方视场角及被测系统的技术条件和公差直接判断视放大率是否合格。

使用这种方法设备简单，操作方便，准确度也较高，是夜视仪视放大率测量较为理想的方法。

2）用狭缝和前置镜测量

将被测系统放在图 8-20 所示的测量装置中。并将一个安装在小转台上的前置镜(此镜自身应调焦于无穷远)放置在被测系统目镜后出瞳距离处。始终保持光源照度在 $10^{-1} \sim 10^{-3}$ lx 之间。

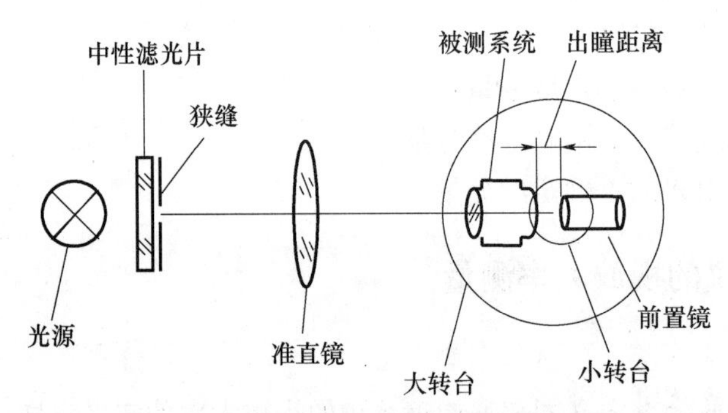

图 8-20 用狭缝和前置镜测量视放大率装置示意图

转动小转台，通过前置镜观察，使狭缝像与前置镜的十字线重合。记录此时小转台的游标刻度读数。转动大转台到光轴的任意一边的半视场角 θ_1 处。转动小转台使狭缝像同目镜分划再次重合。记录小转台读数。第二次读数与第一次读数之差，即为像的转动角度 θ_1'。当像位于光轴的另一边时重复上述步骤，记录 θ_2、θ_2'。使用 $\tan\theta'$的平均值，计算被测系统的视放大率 Γ：

$$\Gamma = \frac{\overline{\tan\theta'}}{\overline{\tan\theta}} \tag{8-3}$$

式中：$\overline{\tan\theta} = \dfrac{(\tan\theta_1 + \tan\theta_2)}{2}$；$\overline{\tan\theta'} = \dfrac{(\tan\theta'_1 + \tan\theta'_2)}{2}$；$\theta_1$，$\theta_2$ 为半视场角(°)；θ_1'，θ_2'为像的转动角(°)。

3. 视放大率测量不确定度的主要来源

1）用视场仪和前置镜测量

（1）视场分划线引入的不确定度分量；

（2）前置镜分划线引入的不确定度分量；

（3）重复性测量引入的不确定度分量；

（4）视场仪校准引入的不确定度分量。

2）用狭缝和前置镜测量

（1）狭缝宽度引入的不确定度分量；

（2）大转台角度刻线引入的不确定度分量；

（3）小转台角度刻线引入的不确定度分量；

（4）前置镜分划线引入的不确定度分量；

（5）重复性测量引入的不确定度分量。

8.2.3　微光夜视仪的相对畸变测量

1. 定义

微光夜视仪的相对畸变是指视场边缘放大率与中心放大率之差相对于中心放大率的百分比,其表达式为

$$q = \left(\frac{\Gamma_e}{\Gamma_c} - 1\right) \times 100\% \tag{8-4}$$

式中:q 为相对畸变(%);Γ_e 为边缘放大率;Γ_c为中心放大率。

2. 测量原理及测试方法

1）用视场仪和前置镜测量

在夜视仪全视场的 1/10 区域内测出中心放大率 Γ_c,在全视场 8/10 处测出边缘放大率 Γ_e。由式(8-4)算出相对畸变 q 值。

2）用狭缝和前置镜测量

用狭缝和前置镜测量夜视仪视放大率 Γ 的方法测出任意视场角ω_c(ω_e)及其对应的像的转动角ω'_c(ω'_e),可得:

$$\Gamma_c = \frac{\tan\omega'_c}{\tan\omega_c}, \Gamma_e = \frac{\tan\omega'_e}{\tan\omega_e} \tag{8-5}$$

用式(8-4)求出相对畸变 q。

3. 相对畸变测量不确定度的主要来源

1）用视场仪和前置镜测量

（1）视场分划线引入的不确定度分量；

（2）前置镜分划线引入的不确定度分量；

（3）重复性测量引入的不确定度分量；

（4）视场仪校准引入的不确定度分量。

2）用狭缝和前置镜测量

（1）狭缝宽度引入的不确定度分量；

（2）大转台角度刻线引入的不确定度分量；

（3）小转台角度刻线引入的不确定度分量；

（4）前置镜分划线引入的不确定度分量；

（5）重复性测量引入的不确定度分量。

8.2.4 微光夜视仪的分辨力测量

1. 定义

微光夜视仪的分辨力是指夜视仪刚能分辨开两个无穷远物点对物镜的张角，用 α 表示。分辨力能形象的反映夜视仪的成像质量，且测量方便，因此生产、科研部门往往用此参数评价夜视仪的整体性能。

2. 测量原理及测试方法

测量夜视仪分辨力的常用方法有两种，一种为透射式测量，透射式测量是指分辨力板为透射式；另一种为反射式测量，其分辨力板为反射式。下面将分别进行介绍。

1）用透射式分辨力板测量

微光夜视仪分辨力的表达式为

$$\alpha = 2a/f_c \tag{8-6}$$

式中：α 为夜视仪的分辨角（mrad）；a 为分辨力板线条宽度（mm）；f_c 为平行光管的物镜焦距（m）。

2）用反射式分辨力板测量

反射式分辨力板的图形与美国空军1951透射式分辨力板图形基本相同，不同的是组数略少一些。另一点是线条宽度宽，这是因为夜视仪的分辨力比像增强器的分辨力要低得多。分辨力板的背景为白色，正方形标记可用于测量暗线条亮度。反射式分辨力板的图案分为6组，每组有6个单元，表(8-1)列出了36个单元图案的线条宽度和长度。反射式分辨力板的对比度有4种，表(8-2)给出了分辨力板板号及所对应的对比度值的范围。通常将对比度值的范围为0.85~0.90的称为高对比，将对比度值范围为0.25~0.30的称为低对比。低照度、低对比下的分辨力更能反映夜视仪在野外实用时的性能。因此，低照度、低对比下的分辨力是反映夜视仪性能的一个重要参数。故常用反射式分辨力板测量微光夜视仪的分辨力。

表8-1 反射式分辨力板线条宽度和长度/mm

组号	单元号	线条宽度	线条长度	组号	单元号	线条宽度	线条长度	组号	单元号	线条宽度	线条长度
-2	1	20.00	100.00	0	1	5.00	25.00	2	1	1.25	6.25
	2	17.82	89.10		2	4.45	22.25		2	1.11	5.55
	3	15.87	79.35		3	3.97	19.85		3	0.99	4.95
	4	14.14	70.70		4	3.54	17.70		4	0.88	4.40
	5	12.60	63.00		5	3.15	15.75		5	0.79	3.95
	6	11.22	56.10		6	2.81	14.05		6	0.70	3.50
-1	1	10.00	50.00	1	1	2.50	12.50	3	1	0.625	3.13
	2	8.91	44.55		2	2.23	11.15		2	0.56	2.80
	3	7.94	39.70		3	1.98	9.90		3	0.50	2.50
	4	7.07	35.35		4	1.77	8.85		4	0.44	2.20
	5	6.30	31.50		5	1.57	7.85		5	0.39	1.95
	6	5.61	28.50		6	1.40	7.00		6	0.35	1.75

表8－2　分辨力板号与对比度值的对应关系

分辨力板号	No. 361	No. 362	No. 363	No. 364
对比度值	0.25～0.30	0.35～0.40	0.55～0.60	0.85～0.90

用反射式分辨力板测量分辨力原理如图8－21所示。光源经积分球后在出射口形成一个均匀漫射面，经中性滤光片减光后照亮分辨力板，分辨力板位于平行光管的焦平面上。光源在分辨力板侧前方45°角方向上，以能照亮整个分辨力板的距离为准。被测夜视仪放在平行光管的后面，夜视仪的物镜将分辨力板上的图案成像到微光像增强器的光阴极上，经过微光像增强器增强后，通过夜视仪的目镜直接观察分辨力板的图案。调整目镜、物镜焦距，至图像清晰为止，记录最小可分辨所对应的分辨力板的组号，如3－5组，它表示最小可分辨出第三组五单元的图形，通过表8－1查出3－5组所对应的线条宽度，由式(8－6)计算出夜视仪的分辨力。

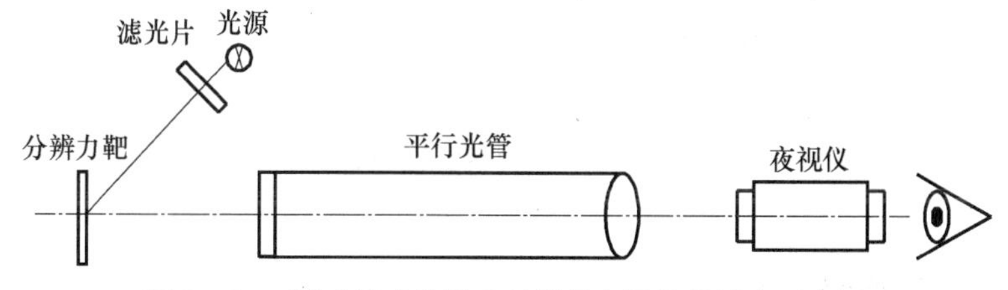

图8－21　用反射式分辨力板测量夜视仪分辨力示意图

3. 分辨力测量不确定度的主要来源

(1) 分辨力靶线条宽度引入的不确定度分量；

(2) 平行光管物镜焦距引入的不确定度分量；

(3) 重复性测量引入的不确定度分量。

8.2.5　微光夜视仪的亮度增益测量

1. 定义

夜视仪亮度增益是指夜视仪输出亮度与目标靶亮度之比，即

$$G = L_1 / L_2 \tag{8-7}$$

式中：G 为夜视仪亮度增益（倍）；L_1 为夜视仪输出亮度（cd/m^2）；L_2 为夜视仪目标靶亮度（cd/m^2）。

2. 测量原理及测试方法

光源经积分球后在出射口形成一个均匀漫射面，经中性滤光片减光后照亮漫透射目标靶（简称目标靶），目标靶位于被测夜视仪的前方至少28cm处。用亮度计测出目标靶的实际亮度和夜视仪目镜出射端的亮度。出射端的亮度与目标靶的亮度之比就是夜视仪的亮度增益。测量装置如图8－22所示。

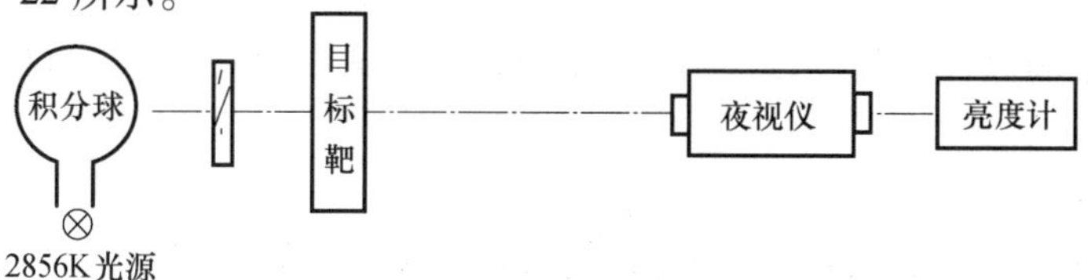

图8－22　夜视仪亮度增益测量装置示意图

点亮色温为2856K ±50K 的扩展朗伯光源。该光源照亮目标靶,被均匀照射的面积应充满夜视仪的视场,保证在光阴极的有效面积内均能被照射到。调整光源的亮度,使其亮度应在 $3.4\times10^{-4}\sim5.0\times10^{-3}\text{cd/m}^{-2}$之间。用经校准的亮度计测出由光源照射目标靶后的目标靶的亮度,并记录之。通过夜视仪观察目标靶。用同一亮度计测量夜视仪目镜的输出亮度。测量亮度时应在亮度计光轴上放置一个直径为5mm 的入瞳,该入瞳沿被测夜视仪光轴到其目镜的距离应为规定的出瞳距离。

3. 亮度增益测量不确定度的主要来源

(1) 夜视仪输出亮度测量引入的不确定度分量;

(2) 目标靶亮度测量引入的不确定度分量;

(3) 光源色温标定引入的不确定度分量;

(4) 校准亮度计引入的不确定度分量 ;

(5) 重复性测量引入的不确定度分量。

8.3 ICCD 性能测试

8.3.1 ICCD 主要性能参数

1. 分辨力

画面垂直方向或水平方向尺寸内所能分辨的黑白条纹数即为垂直分辨力和水平分辨力。

ICCD 器件的空间分辨力主要受限于像增强器与 CCD 间光学耦合时的尺寸大小。单级缩小倍率的一代管与 CCD 耦合,其探测的入射光照在普通 CCD 器件的基础上可下降二个数量级;若在前面再加一个二代薄片管,形成杂交管结构,则此 ICCD 可用于景物照度低于 10^{-4}lx 的场合;若再在管子内加选通,景物照度的动态范围可达 $10^{-5}\sim10^{3}$lx。高性能二代管通过缩小倍率的光纤与 CCD 相耦合能形成高性能的 ICCD 系统,其总尺寸小,结构紧凑,且微通道板能抗过光照防护。

2. 畸变

畸变是指边缘和中心放大率之差与中心放大率之比,即

$$D = 100\% \times (M_r - M_0)/M_0 \tag{8-8}$$

式中:D 为畸变;M_r为 ICCD 边缘放大率;M_0 为 ICCD 中心放大率。

3. 光电响应不均匀性

鉴于 ICCD 成像噪声比较严重,采用统计的方法计算不均匀性,即

$$P_{RNU} = \frac{1}{\bar{V}}\sqrt{\sum_{i=1}^{n}(V_i - \bar{V})^2/n} \tag{8-9}$$

式中:P_{RNU}为光电响应不均匀性;V_i 为灰度图像每一像素的灰度值;$\bar{V}$ 为整幅图像平均灰度值;n 为整幅图像像素个数。

4. 调制传递函数

ICCD 对正弦波空间频率的振幅响应称作 ICCD 的调制传递函数。

数学上,成像器件的光学传递函数(OTF)是其点(线)扩展函数的傅里叶变换,OTF 的模

量称为 MTF;物理上,成像器件的 MTF 等于其输出调制度 $M(N)_{出}$ 与输入调制度 $M(N)_{入}$ 之比,它们都是空间(或时间)频率 N(或 f)的函数,即

$$MTF(f) = M(f)_{出}/M(f)_{入} \tag{8-10}$$

对于 i 级线性级联成像系统,有

$$M(f)_{总} = M(f)_1 M(f)_2 \cdots M(f)_i M(f)_{入} \tag{8-11}$$

根据调制传递函数的以上定义, ICCD 的调制传递函数可表示为

$$T_{ICCD} = T_{EO} T_{OFP} T_{CCD} = \exp[-(f/f_c)^{1.5}] \times \left[\frac{2J_n(D\pi f)}{D\pi f}\right]^2 \frac{\sin(w\alpha\pi f)}{w\alpha\pi f} \tag{8-12}$$

式中:J_n 为一阶贝塞尔函数;D 为光纤的中心距;σ 为像管的线扩散函数的均方差半径;T_{EO} 为像管的 MTF;T_{OFP} 为光纤的 MTF;T_{CCD} 为 CCD 的 MTF;f_c 为空间频率常数,即

$$f_c = \frac{1}{\sqrt{2}\pi\sigma} \tag{8-13}$$

5. 信噪比

微光探测器件的探测能力主要表现在信噪比上。而信噪比主要取决于噪声抑制能力。

噪声定义为:从响应度的定义看,无论怎样小的光辐射作用于探测器,都能产生响应并被探测出来。事实并非如此,实际上,探测器都存在噪声,这是一种杂乱无章、无规则起伏的输出。这种信号对时间的平均值为零,但其均方根值却不为零,因此将这个信号的均方根值称为噪声信号。一般情况下,探测器是探测不到低于噪声信号的光辐射的,亦即噪声信号限制了探测器的灵敏度阈。

信噪比定义为:信噪比是判定噪声大小的参数,它是在探测器上光辐射产生的输出信号 S 和噪声产生的输出信号 N 之比:S/N。

假定目标是一个对比度为 100% 的正弦分布图案,则目标通过器件产生的信号 S 和噪声 N 分别为

$$S = I_p \eta G n_s \tag{8-14}$$

$$N^2 = SGF + 2GFi_{ca}n_s + i_{CCD}n_s + 2N_R{}^2 n_s \tag{8-15}$$

式中:I_p 为目标每个像元在焦平面上形成的光信号;η 为器件的量子效率;G 为增益;n_s 为正弦图案中的“白”部分的像元数;F 为增益噪声系数;i_{ca} 为每个像素在光阴极上产生的暗电流;i_{CCD} 为 CCD 每个像元的暗电流;N_R 为每个像素的读出噪声。

由式(8-14)和式(8-15),根据信噪比的定义得到

$$S/N = \frac{I_p \eta G n_s}{\sqrt{(SGF + 2GFi_{ca}n_s + 2i_{CCD}n_s + 2N_R{}^2 n_s}} \tag{8-16}$$

6. ICCD 系统的阈性能

在某一范围的输入辐照度和像对比度条件下,人眼察觉到有效信息的能力决定于 ICCD 探测的光子极限。ICCD 系统的阈性能可用探测到的光子极限来描述,即以保证图像质量所需的景物最低照度来表示。它主要受像增强器耦合 CCD 的性能所限,一般规定为:当 ICCD 的信噪比为 6dB 、分辨力为 100 电视线时能分辨图像的景物照度。

通常人眼积累时间间隔约为 0.1s,杂交管 ICCD 对应于信噪比为 6dB 、分辨力为 100 电视线时能分辨图像的景物照度在 10^{-4}lx 以下,比普通摄像器件须在 1lx 以上工作的灵敏度提高了四个数量级。

7. 动态范围

动态范围即为最大输入信号与信噪比为1时的输入信号之比。最大输入信号对应于最大输出信号,由ICCD每一像元能存储的电子最大数量确定,且与图像中的灰度级相对应;另外,由于CCD的最大电荷存储容量有限,增益越高则其动态范围越小。

8.3.2 ICCD主要性能参数测试方法

ICCD性能测试主要是指对分辨力、畸变、调制传递函数和信噪比等参数的测试[6-8]。

1. 分辨力测试

ICCD摄像头对标准分辨力靶应保持垂直摄像位置关系,适当调整摄像头与分辨力靶之间的位置关系,使分辨力靶的边框刚好充满监视器的整个屏幕;调节镜头光圈,使画面亮度适宜;旋转镜头调焦圈,使画面清晰。从黑白监视器上观测屏幕中间的黑白相间的竖条纹,按隐约可分辨为标准(这时调制度大约为5%),读取条纹对应的数字,此即为ICCD的水平极限分辨力。类似的,横条纹对应于垂直分辨力。

用ICCD成像测试软件对分辨力靶图像进行处理。用鼠标选取图像的不同位置,计算条纹对比度为

$$C=\frac{\frac{1}{m}\sum_{i=1}^{m}g_i-\frac{1}{n}\sum_{j=1}^{m}g_j}{\frac{1}{m}\sum_{i=1}^{m}g_i+\frac{1}{n}\sum_{j=1}^{m}g_j} \tag{8-17}$$

式中:g_i,g_j为极大值和极小值;m,n分别为极大值和极小值的个数。

对图像灰度值进行计算,处理结果与经验值相比较,若大于经验值则认为条纹可以分辨,读取条纹旁对应的数字;若小于经验值则认为条纹不可分辨。将计算机判断结果与人眼观察结果相比较,适当调整经验值,使之与人眼观察的结果尽量一致。

2. 畸变测试

畸变可以用畸变靶经ICCD摄像后的变形来衡量。认为靶心没有畸变,计算摄像后图像与标准图像在除中心外其他位置的差异,按照公式(8-8)即可计算畸变度。摄像机的调整方法与分辨力的测量相同。

在实际测量时发现,若ICCD噪声污染严重,则用计算机识别图像靶框位置比较困难。在同一条件同一位置下拍摄多幅畸变靶图像,并对其进行叠加平均,可大量减少噪声,然后采用二值化处理方法,将畸变后靶框和背景分开,使靶框位置易于识别。

3. 不均匀性测试

将分辨力靶换成均匀白板,并采用透射式的方法,均匀的漫射光来源于靶背面,用ICCD进行摄像后,通过公式(8-9)计算ICCD成像的不均匀性。与前两种测量的不同之处在于:测此参数时光照度比较大,可忽略暗背景噪声的影响。

4. 调制传递函数测试

采用狭缝法测量ICCD的调制传递函数。将一狭缝成像于被检测ICCD系统的输入面,若该狭缝宽度足够小,则经过被测ICCD后,输出的狭缝像空间亮度分布相当于该系统的一维线扩展函数,再对其线扩散函数进行傅里叶变换,归一化取模,最终显示出被测器件的*MTF*曲线。

5. 信噪比

信噪比是一个统计量,必须采用多幅图像叠加平均的方法进行计算,采集多幅图像时必须保证摄像机和标准靶的位置不变,否则叠加结果没有意义。图像叠加的幅数不同,所求得的信噪比也不同,幅数越多,信噪比越大。此外,信噪比也与光照有关,光照越大,信噪比越高。

8.3.3　ICCD 主要参数测量装置的组成

1. ICCD 成像特性测量装置的组成

ICCD 成像特性测量装置原理框图如图 8－23 所示,主要包括三个部分:光源及靶标、被测 ICCD 系统、图像采集处理系统。

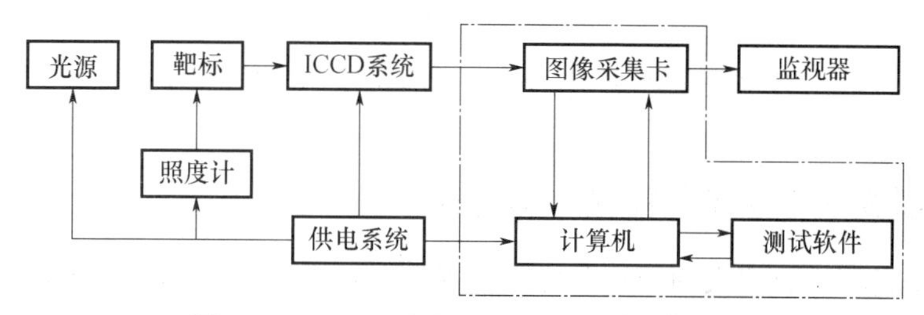

图 8－23　ICCD 成像特性测量装置原理框图

(1) 光源及靶标:标准光源(2856K)的溴钨灯,经过国家计量部门标定,通过积分球形成均匀照明漫射光照明靶标,用可变光阑改变输入积分球的光通量,以满足测试时不同照度的要求。靶标包括分辨力靶、畸变靶、均匀靶和狭缝靶。

(2) 被测 ICCD 系统是包括配套的摄像镜头及其供电装置的一整套系统。

(3) 图像采集处理系统包括图像采集卡、计算机、测试软件。

(4) 监视器主要用于调整 ICCD 位置时观察其所摄取图像的清晰度和大小。

2. ICCD 信噪比测量装置的组成

信噪比测试与分析系统的信号源是微光摄像机送来的视频信号,测试系统的结构图如图 8－24。测试系统主要由 ICCD 摄像机、图像采集系统、计算机数据处理系统以及数据显示与打印系统组成。

微光摄像机信号与噪声测试分析系统各部分的功能如下:

1) 摄像机与监视器

摄像机采用最新研制的高性能微光 CCD 摄像机,以获得高质量的微光图像视频信号,通过监视器显示,调整并监视整个系统的工作情况。

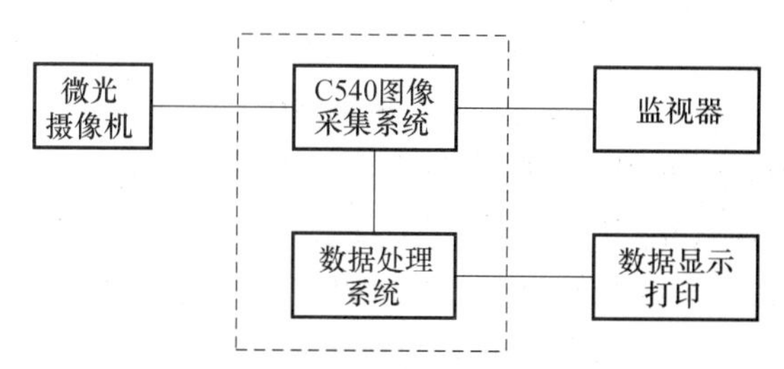

图 8－24　噪声特性测试与分析系统

2）图像采集系统

采用 $512 \times 512 \times 8$ 图像帧存储器，具有 R,G,B 三路同时采集及单路摄像机分时采集功能。帧存体内的图像除了从摄像机采集供监视器显示外，尚可由计算机读写，从帧存读取图像数据，经 CPU 处理后，再写入帧存，作为缓存或显示。

3）计算机数据处理系统

通过编制计算机软件，实现对整个系统的自动采集、控制、处理、显示和输出。

4）数据显示与打印系统

完成对测试结果及分析结果的打印、显示和输出，同时监视跟踪计算机对系统测试处理的情况。

8.4 水下微光成像系统性能评价

8.4.1 水下微光成像系统的能量传递过程

水下目标成像到接收器表面的整个传递过程受多种因素的影响。在实际工作中，水下环境千变万化，海水对光的吸收和散射作用使得水下成像系统处于低照度下工作。要求成像系统具有较高的灵敏度、较高的分辨力[11,12]。基于能量传递的成像系统性能评价原则要求：

(1) 目标像在探测器靶面上占有两个像元以上；

(2) 要求目标在探测器靶面上成像的照度值大于最低灵敏度的值；

(3) 目标在探测器靶面上成像的对比度大于 0.2。

水下微光成像系统能量传输过程如图 8－25 所示。

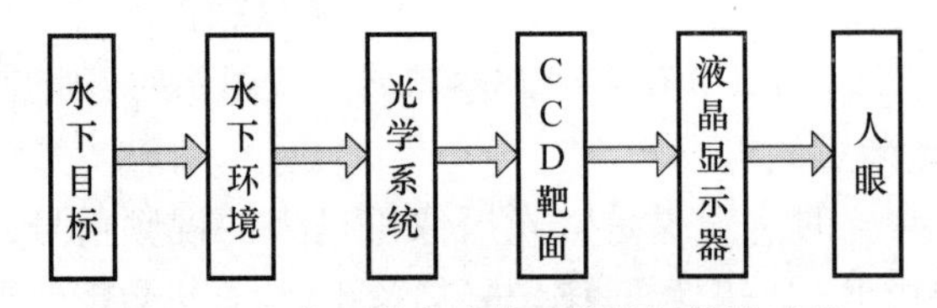

图 8－25 水下微光成像系统能量传输过程

1. 水下环境的照度变化

水下微光成像的物方光照是以自然光为主。自然光主要包括太阳光和天光。照在海面的天光和太阳光的近似比为 0.4，在海水下，自然光中的蓝绿光被称为“水下窗口”，能够以较小的衰减传送到水下。由于海水的吸收和杂质的散射作用，在不同的水深下光照度明显不同。太阳光在直射地面，地面照度为 $(1 \sim 1.3) \times 10^5$ lx，太阳与天顶角为 θ 角时，海面的照度：

$$E_0 = (1 \sim 1.3) \times 10^5 \cos\theta \tag{8-18}$$

不同的天气条件，地面所获得的太阳光照度变化很大。一般选择好的天气条件和太阳高度，才能获得水下足够的自然光照度。自然光经过水介质传入到水中，有效光谱能量随着水深的变化衰减得很快。由太阳光的光谱分布曲线可以看出：海水对长于 0.6μm 波长的光吸收严重，到水深 10m 以下，就只有蓝绿光存在了。蓝绿光约占可见光波段的 40%。对于蓝绿光传入到不同水深下的光照度可用下式表示：

$$E = E_0 e^{-k(\lambda)z} \tag{8-19}$$

式中：E 为水下光照度；$k(\lambda)$ 为不同波长的传输衰减系数；z 为水深度。

衰减系数的取值因波长而异。通常包括吸收和散射两部分。根据资料介绍：吸收部分取 40%、散射部分取 60%。实算中对衰减系数的处理，一种是选择蓝绿光谱段部分样点，取较清净的近岸水质衰减系统均值为 0.15，给出平均结果折扣 65% 的照度计算结果。

2. 水下微光成像照度的传递

水下微光成像系统是在水下低照度情况下，对水中目标进行拍摄。其工作示意图如图 8－26所示。从图中可以看到，水下环境中，在一定距离内成像的关键是目标的物方照度能否满足摄像机的最低灵敏度要求。也就是水中目标的物方照度，经过水中传输后到达成像系统，物方的照度是否满足成像系统的最低成像照度要求。这一过程是水下微光成像光照度传递的过程。

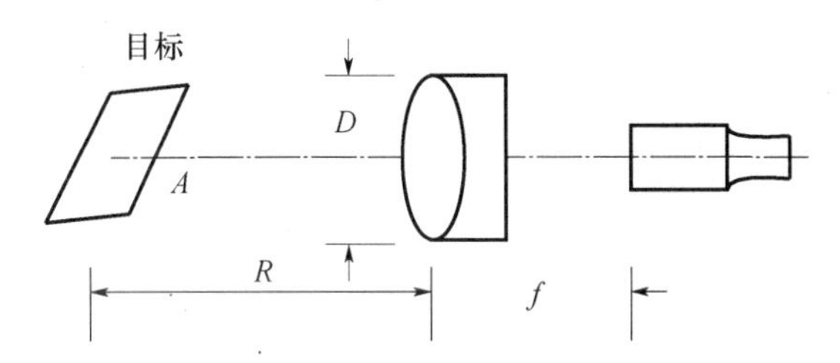

图 8－26　水下微光成像系统工作示意图

在这一过程中，被测目标可看作朗伯辐射体，水中光照度的衰减按指数衰减规律。水下微光成像照度传递过程可由以下部分组成：目标反射后的光辐射，经水下传输衰减到达光学系统，光学系统成像后到达像面。

传递后可得目标在水下的最低照度为

$$E_W = \frac{4F^2 E_X}{\rho \tau \mathrm{e}^{-\alpha R}} \tag{8-20}$$

式中：E_W为目标反射后的光辐射照度；E_X为到达成像器件的光辐射照度；ρ 为目标表面反射率；F 为光圈数；α 为水下传输的衰减系数；R 为水下成像的距离；τ 为光学系统的透过率。

3. 水下微光成像对比度的传递

水下微光图像，其对比度显著低于空气中类似图像。对比度的降低主要是由于水中的自然光非常弥散，不能投射出明显的阴影。并且在传输路径上粒子所散射的光叠加在要拍摄的影像上，降低了影像的对比度，另外，由于折射的不均匀性，影像本身在传输中遭到损害。影像的细部逐渐衰退，甚至被完全湮没。水下目标和周围背景的亮度对比通过水下传递后会逐渐变小。

结合水下成像传递的过程分析，可整理距离 R 处观测到的对比度为 C_R：

$$C_R = C_0 \mathrm{e}^{-\alpha R} \tag{8-21}$$

式中：$C_0 = |\beta \mathrm{e}^{-\alpha R} - 1|$；

$\beta = \dfrac{\rho \tau \mathrm{e}^{-\alpha R}}{4F^2}$。

8.4.2 基于能量传递链的成像性能评价

基于能量传递的水下微光成像系统的性能评价主要体现在系统的最大作用距离上。影响水下微光成像系统探测距离的主要因素有水中目标特性、水下环境特性和微光成像系统本身性能。要探测到水中一定距离的目标,必须满足三个条件:

(1) 目标在接收器上的能量高于灵敏度阈值;

(2) 目标和背景在接收器上的对比度大于接收器阈值;

(3) 目标在接收器上的成像线度大于其分辨力极限。

从能量传递的过程考虑,灵敏度是单位光功率所产生的信号电流,即单位曝光量所得到的有效信号电压,反映器件所能传感的最低辐射功率或最低照度。目标的对比度为目标和本底的面辐射强度的分数差。

通过计算,从能量传递的角度考虑水下成像系统的作用距离可知,当被测量的目标特性一定的情况下,作用距离的大小受水深和海水透明度有关的衰减系数的影响。当进入摄像机的光能量大于摄像机的海水灵敏度时,水下成像的作用距离与水的深度无关,受海水透明度影响较大。

如果物面亮度不变,在不加像增强器的情况下,提高像面照度的方法有两个,一个是增加光学系统的透过率,另一个是加大光学系统的相对孔径。提高光学系统透过率的途径是在透镜表面镀增透膜,减少光学系统中透镜的片数。像面照度与相对孔径平方成正比,加大光学系统的相对孔径可以大大提高像面照度。

提高影像对比度的方法有两种,一是增加辅助光源,二是减少传输路径中散射光的影响。在清水中,摄像机与拍摄物距离比较近时,靠近拍摄物设置辅助光源,减少弥散光,可有效提高对比度。常采取距离选通法或同步扫描法来减少传输路径中散射光的影响,提高了信噪比。

8.5 激光距离选通微光成像系统成像质量评价

8.5.1 激光主动成像系统图像特点

与可见光等其他波段图像相比,激光主动成像系统图像由于主动成像的原理和成像设备的性能,有着其独有的特点:

(1) 激光所具有的相干性和目标表面粗糙造成的散斑噪声、成像探测器(ICCD)以及大气传输、电子线路等因素使得图像噪声大,信噪比很低;

(2) 激光远距离主动成像中由于照射光强的不足,导致图像对比度低;

(3) 作为照明光源的激光器发射的光束质量不高,导致图像照度不均;

(4) 接收镜头的光学偏差以及光学系统对焦不准确等,导致目标图像模糊。

以上种种因素,都会影响激光主动成像图像的信噪比及灰度、纹理信息,造成图像质量下降[13-16]。

在激光主动成像目标图像中,通常被探测目标只占整幅图像中某一部分。因此,根据目标图像的特点进行区域划分,如图 8-27 所示。区域分为:目标分割区 S(人工分割的目标轮廓);目标区 T;局部背景区 B(为同一中心大于 T 的区域减去 T 后剩余部分)。

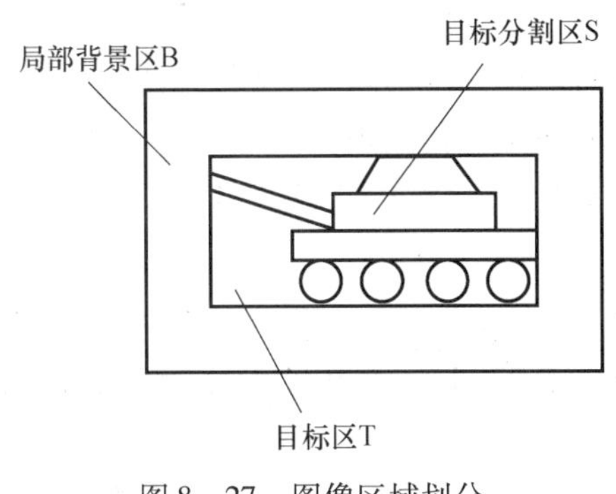

图 8-27　图像区域划分

8.5.2　图像噪声评价

对于图像信噪比的计算来说,其中关键的一步是如何估计图像噪声大小。对于场景亮度分布均匀的成像系统,可用整幅图像的灰度分布方差作为对噪声方差特征的估计。然而激光主动成像图像不是亮度均匀场景的图像,必须在图像中选择一块灰度分布比较均匀的小区域来估算整个图像的噪声方差。局域标准差法假定图像中灰度均匀区域占多数,采用盲估计法由程序自动对整个图像进行噪声方差统计。因此,可采用局域标准差法对激光主动成像图像的噪声进行评价。

局域标准差法首先把受噪声污染的图像分割成许多小块,对每块估计噪声标准方差,然后用某种方法选择其中一个比较合理的值作为实际噪声标准方差。由于激光主动成像图像的噪声是由很多机理引起的,各种噪声性质也不一样,图像位置可能会有不同的噪声大小,因此只能用平均噪声强度来衡量。

在数字图像中,由于强度和灰度在 ICCD 的响应范围内满足线性关系,可以由灰度级代替强度进行计算。利用目标区灰度均值与局域标准差之比计算图像的信噪比,具体步骤如下:

(1) 计算含噪图像中目标信号区域的灰度均值 M。当目标布满了整个图像区域时,整幅图像的灰度均值 m 即是目标区域灰度均值;当目标仅为图像中某一部分区域时,在图像中选取目标信号区域的灰度均值进行计算。

(2) 将原图像按 4×4(像素)的大小进行分块,计算出每个子图像块的局部标准差 LSD。

(3) 计算所有图像块标准差的平均值 LSD_m。

(4) 信噪比 $S/N = M/LSD_m$。

8.5.3　图像灰度信息评价

对于图像来说,首先,适当的亮度是人们观察图像的前提条件;其次,由于激光主动成像系统目标图像的对比度较低,因而对比度评价也是图像质量评价的重要内容。我们从平均亮度和对比度两方面评价目标图像的灰度信息。

1. 亮度评价

由于目标区集中了整幅图像的绝大部分信息,目标区亮度的强弱是影响激光主动成像图像质量及后续处理的重要因素,因此,图像亮度评价主要是针对目标区亮度的评价。通常认为灰度均值反映了图像的平均亮度,因而将它作为评价图像亮度的重要标准。亮度评价的步骤为：

（1）根据图像区域划分的定义，将目标区 T 从整幅图像中提取出来；

（2）对目标区 T 进行直方图均衡化处理；

（3）将目标区的平均灰度值与进行直方图均衡处理后的平均灰度值进行比较，计算出亮度失真度，如图 8－28 所示。

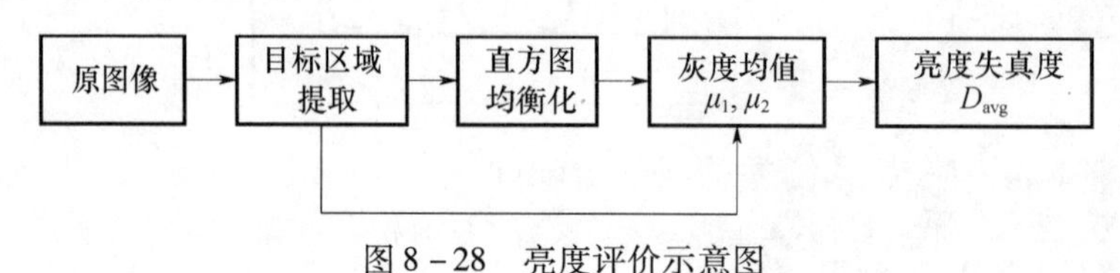

图 8－28 亮度评价示意图

设直方图均衡化前目标区的平均灰度值为 μ_1，进行直方图均衡化处理之后目标区的平均灰度值为 μ_2，定义图像的亮度失真度 D_{avg} 为

$$D_{avg} = \begin{cases} 1 - \exp\left[- \dfrac{(\mu_1 - \mu_2)^2}{\sigma_1^2} \right], 0 \leqslant \mu_1 < \mu_2 \\ 1 - \exp\left[- \dfrac{(\mu_1 - \mu_2)^2}{\sigma_2^2} \right], \mu_2 \leqslant \mu_1 < 225 \end{cases} \tag{8-22}$$

式中：$\sigma_1 = 40$，$\sigma_2 = 60$。当 $\mu_2 < 100$ 时，取 $\mu_2 = 100$，当 $\mu_2 > 150$ 时，取 $\mu_2 = 150$。D_{avg} 在 0～1 之间取值。

在实际的亮度评价中，当亮度失真度 D_{avg} 大于某一设定的阈值 d 时，即 $\mu_1 > \mu_2$ 时认为图像过亮，反之当 $\mu_1 < \mu_2$ 时认为图像过暗，d 可取经验值。

2. 对比度评价

对比度可被认为是衡量目标区域灰度值与周围区域的平均灰度值差异的一个值。一般认为，图像对比度越高其感知质量越好。图像对比度有很多定义，为了评价目标与背景之间的差异程度，采用调制对比度对激光主动成像目标图像进行评价，定义如下：

$$C = \frac{|\mu_T - \mu_B|}{\mu_T + \mu_B} \tag{8-23}$$

如图 8－27 所示，μ_T 表示目标区域 T 内像素的灰度均值；μ_B 表示目标附近的背景区域 B 内像素的灰度均值。C 的值越接近于 1，说明目标与背景之间的灰度差异越大，图像对比度越好；反之则说明对比度较低。

8.5.4 图像纹理信息评价

在激光主动成像图像中，目标纹理信息可以反映图像中物体的位置、形状、大小等特征，表征着多个像素之间的共同性质。一般来说，它既是像素的分布规律，也有其变化的表征；既有像素本身的灰度取值，也有与其相邻邻域的空间关系，纹理信息已经成为图像质量评价的一项重要依据。

灰度共生矩阵是通过研究灰度空间相关特性来分析纹理的一种重要方法，它建立在估计图像的二阶组合条件概率密度函数的基础上，通过计算图像中一定距离和方向的两个像素之间的灰度相关性，对图像的所有像素进行调查统计。

灰度共生矩阵是从图像 $f(x,y)$ 灰度为 i 的像素出发，统计与其距离为 D、灰度为 j 的像素 $(x+Dx,y+Dy)$ 同时出现的概率 $P(i,j,D,\theta)$，用数学公式表示则为

$$P(i,j,D,\theta)=\{(x,y)\mid f(x,y)=i,f(x+Dx,y+Dy)=j\} \tag{8-24}$$

式中：$i,j=0,1,2,\cdots,L-1$；x,y 为图像中的像素坐标；L 为图像的灰度级数；D 为位移量，一般取为 1；θ 为两像素连线按顺时针与 x 轴的夹角，一般取为 0°,45°,90°,135°。

为简单起见，在以下关于共生矩阵的表述中，略去方向 θ 和步长 D。在纹理特征提取之前，先对共生矩阵做正规化处理：

$$p(i,j)/R\Rightarrow p(i,j) \tag{8-25}$$

式中：R 为正规化常数。当 $D=1,\theta$ 为 0°时，$R=N_y(N_x-1)$；当 $D=1,\theta$ 为 90°时，$R=N_x(N_y-1)$，当 $D=1,\theta$ 为 45°或 135°时，$R=(N_y-1)(N_x-1)$。其中，N_x,N_y 分别为图像的行列数。

纹理信息评价常用的二阶特征量有：

（1）均匀性评价：角二阶矩（ASM）

$$ASM=\sum_{i=0}^{L-1}\sum_{i=0}^{L-1}[p(i,j)]^2 \tag{8-26}$$

（2）清晰度评价：DEF

$$DEF=\sum_{n=0}^{L-1}n^2\left[\sum_{i=0}^{L}\sum_{j=0}^{L}p(i,j)\right],\ \mid i-j\mid=n \tag{8-27}$$

（3）信息量评价：熵 ENT

$$ENT=-\sum_{i=0}^{L-1}\sum_{i=0}^{L-1}p(i,j)\lg p(i,j) \tag{8-28}$$

为获得旋转不变的纹理特征，需对灰度共生矩阵的结果作适当处理。最简单的方法是取同一幅图像的同一个特征参数在 0°,45°,90°,135°方向上的平均值，这样处理就抑制了方向分量，使得到的纹理特征与方向无关。

8.5.5　激光距离选通成像系统模拟分辨力测试

1. 大气距离选通成像系统后向散射光和信号光的模型

建立大气距离选通成像系统的后向散射光和信号光的模型是分辨力模拟测试装置设计的前提。以辐射传输理论为基础，研究在照明激光脉冲传输过程中，光电阴极面所接收的后向散射光和信号光随时间的变化规律。

距离选通成像系统的工作过程是由发射端发射出一个激光脉冲，这一脉冲光束在大气中向前传输，然后被目标反射，反射的激光脉冲返回后被探测器接收。在所发射的激光脉冲向目标方向的传输过程中，被照明的大气将产生后向散射光，后向散射光是造成像模糊的背景光，被目标表面反射返回到探测器的激光脉冲为信号光。

为了计算出到达距离选通成像系统探测器前端的信号光和后向散射光，必须首先给出距离选通成像系统的结构和相关性能参数。为此建立大气距离选通成像系统的典型光学几何结构。如图 8-29 所示，脉冲激光发射光束的中心轴为 z，接收视场的中心轴为 l，z 轴与 l 轴的夹角为 δ，脉冲激光照明器与门控选通 ICCD 摄像机相距很近，被探测目标的距离为 30～1500m，接收视场与照明激光的发散角相匹配。

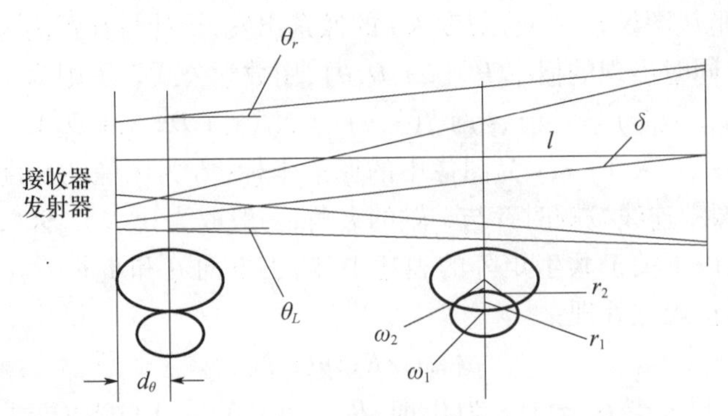

图 8－29　大气距离选通成像系统几何光学结构

假设激光照明的光束分布是均匀的，发射的激光脉冲，其单脉冲能量为 $Q(J)$，脉冲宽度为 $t_p(s)$，则照明激光功率 $P_0 = Q/t_p$。考虑到发射与接收视场的交叠情况，后向散射光在光电阴极面上的辐射照度随时间的变化为

$$E'_{pbe}(t) = \frac{\pi D_0^2 T_0 \beta_{sca}(\pi)}{4A_d c t_p} \cdot \frac{1+\cos\delta}{\cos^2\delta} P_0 \int f(z)\,\mathrm{e}^{-\beta_{ext}(z+l)}\,\frac{1}{t^2}\mathrm{d}t \tag{8-29}$$

信号光在光电阴极面上的辐射照度随时间的变化为

$$E'_{pse}(t) = \frac{\rho_{obj} D_0^2 T_0 e^{-\beta_{ext}(z_{obj}+l_{obj})} P_0}{4A_d l_{obj}^2}, (t_{obj} \leqslant t \leqslant t_{obj} + t_p) \tag{8-30}$$

式中：$\beta_{sca}(\pi)$为大气后向散射系数；T_0为接收光学系统的透射比；c 为光速；$f(z)$为重叠系数，是进入接收视场的被照面积与激光照射面积之比，它与激光发射角 $2\theta_t$、接收视场角 $2\theta_r$以及发射与接收装置的间距 d_0等参量有关；ρ_{obj}为被观察目标的漫反射系数；D_0为接收光学系统的口径；β_{ext}为大气消光系数；z_{obj}为目标在脉冲激光发射中心轴（z 轴）上的距离；l_{obj}为目标在 l 接收视场中心轴（l 轴）上的距离；A_d为光电阴极面的面积；t_{obj}为对应目标距离的照明光束的往返时间。

为了在室内模拟测试一定大气条件下距离选通成像系统的分辨力，有人建立了一套模拟测试装置。采用两个模拟光源，分别模拟到达探测器前端的信号光和后向散射光。采用阴极面等效辐射照度法，给出了模拟光源功率的确定方法。

2. 测量装置的结构与组成

测量装置建立的基本思路为：在暗室内采用两个模拟光源，分别模拟信号光和后向散射光，其发光强度随时间按一定的规律变化，从而使模拟光源在光电阴极面上的照度等效于实际系统所接收的信号光和后向散射光的照度。大气距离选通成像系统的照明光源的波长为 808nm 和 532nm，考虑到光电阴极的辐射灵敏度和实验室便于观察和调整光路的要求，模拟光源波长的最佳方案是采用可见光。半导体激光器的输入电流与输出功率的关系是线性的，并且响应速度快，调制频率可高达几兆赫，可以直接对半导体激光器进行调制。因此采用 650nm 的红光 LD，模拟光源的功率为 3 ～ 5mW。

距离选通成像系统分辨力室内模拟测试装置的结构图如图 8－30 所示。图中：被测试的选通 ICCD 作为接收系统；S 为信号模拟光源；照明透射式分辨力板（O_r为分辨力板的中心点）的图案经折光镜（O_m 为折光镜的中心点）反射后成像在选通 ICCD 的光电阴极面上；B 为后向散射模拟光源，照明透射式背景板（O_b为背景板的中心点），背景板透过折光镜成像在选通 IC-

CD 的光电阴极面上；l_1 为物镜到背景板的距离；l_2 为分辨力板中心到折光镜中心的距离；l_3 为折光镜中心到物镜的距离；S 点到 O_r 点的距离为 l_s；B 点到 O_b 点的距离为 l_b。为了使分辨力板和背景板同时成像在光电阴极面上，要求它们到物镜的距离相等，即 $l_2 = l_1 - l_3$。背景板上的后向散射模拟光源的照明充满视场。为了均匀照明分辨力板，在分辨力板的背面放置乳白塑料或毛玻璃，通过形成均匀的漫射光来照明分辨力板。采用乳白塑料作背景板，后向散射模拟光源透过背景板后形成均匀的漫射光。

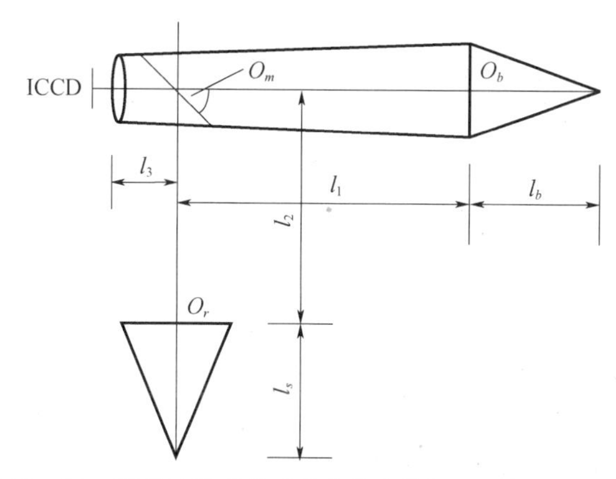

图 8－30　距离选通成像系统分辨力模拟测试装置结构图

信号和后向散射模拟光源照射光电阴极面所产生的信号光和后向散射光的电流密度应分别等于实际系统所接收的信号光和后向散射光照射在光电阴极面上所产生的电流密度，只有这样才能保证模拟测试装置所获得的图像亮度和对比度与实际系统所获得的图像亮度和对比度相同。

引入等效辐射照度的概念，等效辐射照度的定义为：当用波长为 λ_{ss} 的模拟光源模拟实际工作波长为 λ_s 的照明系统时，模拟光源在光电阴极面上的辐射照度与实际照明系统在光阴极面上的辐射照度相等。因此，信号模拟光源在光电阴极面上的辐射照度称为信号光等效辐射照度，后向散射模拟光源在光电阴极面上的辐射照度称为后向散射光等效辐射照度。因此，信号模拟光源在光电阴极面上的辐射照度称为信号光等效辐射照度，后向散射模拟光源在光电阴极面上的辐射照度称为后向散射光等效辐射照度。

当模拟测试装置采用等效辐射照度法模拟实际系统工作时，光电阴极面所接收的是等效信号光和等效后向散射光的辐射照度。因此，通过推导可得到信号模拟光源和后向散射模拟光源的功率分别为

$$P_{ss}(t) = \frac{4\pi\,(l_s\tan\theta_{ss})^2}{\beta_m T_{os} T_{plas}}\left(\frac{f'_{os} + x'_s}{D_{os}}\right)^2 \frac{S(\lambda_s)}{S(\lambda_{ss})} E'_{pse}(t),\ (t_{obj} \leqslant t \leqslant t_{obj} + t_p) \quad (8-31)$$

$$P_{bs}(t) = \frac{4\pi\,(l_b\tan\theta_{bs})^2}{T_m T_{os} T_{plas}} \frac{f'_{os} + x'_s}{D_{os}}\Bigg)^2 \frac{S(\lambda_s)}{S(\lambda_{ss})} E'_{pbe}(t) \quad (8-32)$$

式中：$P_{ss}(t)$ 和 θ_{ss} 分别为信号模拟光源的功率和发射角；$P_{bs}(t)$ 和 θ_{bs} 分别为后向散射模拟光源的功率和发射角；T_{plas} 为乳白塑料的透射比；T_m 和 ρ_m 分别为折光镜的透射比和折光镜的反射比；T_{os} 为模拟测试装置中接收光学系统的透射比；D_{os}，f'_{os} 和 x'_s 分别为模拟测试装置中接收光学系统的孔径、焦距和光电阴极面成像时的离焦量；$S(\lambda_{ss})$ 和 $S(\lambda_s)$ 分别为光阴极在模拟光

源波长 λ_{ss} 时的辐射灵敏度和光阴极在实际光源波长 λ_{ss} 时的辐射灵敏度。

实际系统照明光源的重复频率为 f_s，信号模拟光源的重复频率为 f_{ss}，它们的脉冲宽度均为 t_p。ICCD 成像可认为在一帧时间内，模拟光照射光电阴极面与实际光照射光电阴极面所产生的电子数密度相同，也就是说可认为达到了模拟的要求。因此单脉冲信号光在光电阴极面上的辐射照度 E'_{pse} 与单脉冲信号模拟光在光电阴极面上的辐射照度 E_{pse} 之间的关系为

$$E'_{pse} = \frac{S(\lambda_{ss})}{S(\lambda_s)} \cdot \frac{f_{ss}}{f_s} E_{pse} \tag{8-33}$$

单脉冲后向散射光在光电阴极面上的辐射照度 E'_{pbe} 与单脉冲后向散射模拟光在光电阴极面上的辐射照度 E_{pbe} 之间的关系为

$$E'_{pbe} = \frac{S(\lambda_{ss})}{S(\lambda_s)} \cdot \frac{f_{ss}}{f_s} E_{pbe} \tag{8-34}$$

参 考 文 献

[1] 向世明，倪国强．光电子成像器件原理[M]．北京：国防工业出版社，1999.

[2] 张鸣平，张敬贤，李玉丹，等．夜视系统[M]．北京：北京理工大学出版社，1993.

[3] 杨照金．当代光学计量测试技术概论[M]．北京：国防工业出版社，2013.

[4] 朱彩霞，闫亚东，余文德，等．水下微光成像系统[J]．舰船科学技术，2007，29(6)：56－58.

[5] 武金刚，左昉．激光距离选通技术在微光成像系统中的应用[J]．光学技术，2008，34(4)：630－632.

[6] 中华人民共和国国家军用标准，GJB 851—90 夜视仪通用规范，国防科工委军标出版发行部，1990.

[7] 郑克哲．光学计量[M]．北京：原子能出版社，2002.

[8] 曾桂林，周立伟，张彦云，微光 ICCD 电视摄像技术的发展与性能评价[J]．光学技术，2006，32(增刊)：337－343.

[9] 练敏隆，王世涛．基于 ICCD 的空间微光成像系统成像性能研究[J]．航天返回与遥感，2007，28(3)：6－10.

[10] 黄作明，从秋实．微光 CCD 信噪比测试研究[J]．兵工自动化，1998(3)：21－23.

[11] 昌彦君，彭复员．水下激光成像的实验研究[J]．实验室研究与探索，2009，28(3)：19－21.

[12] 刘艳，李卿，熊英．基于能量传递链的水下微光成像系统性能评价[J]．弹箭与制导学报，2010，30(5)：196－198.

[13] 韩宏伟，张晓晖，葛卫龙．水下激光距离选通成像系统的模型与极限探测性能研究[J]．中国激光，2009，38(1)：0109001－1～7.

[14] 戴得德，孙华燕，韩意，等．激光主动成像系统目标图像质量评价参数研究[J]．激光与红外，2009，39(9)：986－990.

[15] 李丽，高稚允，王霞，等．距离选通成像系统分辨力模拟测试装置的设计[J]．光学技术，2005，31(4)：545－547，550.

[16] 杨博，李晖，周文卷，等．激光主动探测系统成像性能评价方法综述[J]．中国高新技术企业，2010(25)：36－38.

第9章　光学隐身性能测试与计量

随着红外热成像、激光测距、光电制导等技术广泛应用于各种作战武器平台,极大地改变了现代战场的攻防态势。由于光电系统性能的提高,现代战场上,被发现往往意味着被摧毁。因此,光电隐身技术在现代战争中的作用越来越受到重视。隐身性能评价和计量测试已经成为光学工程计量一个重要的方面。本章重点围绕红外隐身、激光隐身和可见光隐身的性能测试与计量展开讨论。

9.1　隐身技术概述

隐身技术是指减小目标的各种可探测特征,使敌方探测设备难以发现或使其探测能力降低的综合性技术。隐身技术可分为可见光隐身、红外隐身、激光隐身、雷达隐身和声波隐身技术等[1-4]。不同的隐身技术具有不同的可探测特征。可见光隐身的探测特征是目标和背景之间的亮度对比度和色差。红外隐身的探测特征是目标和背景之间的温度差、辐射功率对比度。激光雷达和无线电雷达的探测特征是雷达截面。

实现目标隐身的方法主要有外形隐身技术和材料隐身技术,其中在隐身材料中,又有结构型隐身材料和涂覆型隐身材料之分。由于将涂料用于隐身技术具有许多优点,如使用方便,特别适宜现场及野战条件下对武器装备和重点目标实施快速隐身;不需对武器装备的外形作出改动,特别适宜在现场装备上推广使用;可制成隐身网或隐身罩等。因而隐身涂料在现代隐身技术中具有广阔的发展和应用前景。

据统计,空战中80%~90%的飞机损失是由于飞机易于被探测。因此,隐身的目的就是通过增加敌人探测、跟踪、制导、控制和预测平台或武器在空间位置的难度,大幅度降低敌人获取信息的准确性和完整性,降低敌人成功地运用各种武器进行作战的机会和能力,以达到提高己方生存能力的目的。

隐身武器的出现是人们千百年来不懈追求的结果。现在正在秘密研制中的隐身武器有隐身飞机、隐身导弹、隐身舰船、隐身水雷、隐身坦克装甲车辆等。未来隐身武器将朝着多兵种、全波段、全方位、更隐蔽的方向发展,使整个战场成为捉摸不定的隐身世界。

9.2　红外隐身性能测试与校准

9.2.1　红外隐身原理

从物理学可知,物体辐射能量由斯蒂芬-玻耳兹曼定律决定

$$E = \varepsilon\sigma T^4 \tag{9-1}$$

式中：E 为物体在温度 T 时的辐射能量；σ 为玻耳兹曼常数；ε 为物体的发射率；T 为物体的绝对温度。

可见，物体辐射红外能量不仅取决于物体的温度，还取决于物体的发射率。温度相同的物体，由于发射率的不同，而在红外探测器上显示出不同的红外图像。由于一般军事目标的辐射都强于背景，所以采用低发射率的涂料可显著降低目标的红外辐射能量。另一方面，为降低目标表面的温度采用热红外隐身涂料，热红外隐身涂料在可见光和近红外具有较低的太阳能吸收率和一定的隔热能力，使目标表面的温度尽可能接近背景的温度，从而降低目标和背景的辐射对比度，减小目标的被探测概率。

红外侦察系统能探测目标的最大距离 R 为

$$R = (I\tau_\alpha)^{1/2}[\pi/2D_0(NA)\tau_0]^{1/2}[D^*][1/(\omega\Delta f)^{1/2}(V_s/V_n)]^{1/2} \tag{9-2}$$

式中：I 为目标的辐射强度；τ_α 为大气透过率；NA 为光学系统的数值孔径；τ_0 为光学系统的透过率；D_0 为光学系统的接收孔径；D^* 为探测器的探测率；ω 为瞬时视场；Δf 为系统带宽；V_s 为信号电平；V_n 为噪声电平。

在式(9－2)中，第一项反映了目标的红外辐射特性和大气传输特性；第二项反映了红外探测系统中光学系统的特性；第三项反映了红外探测系统中探测器的特性；第四项反映了红外探测系统中系统特性和信号处理特性。红外隐身的目的主要是减少公式中第一项的各项取值。

9.2.2 红外隐身的性能表征与评估

1. 材料热辐射性能的表征

描述红外隐身材料辐射特性的主要参数是红外发射率。红外发射率的定义为：热辐射体的辐射出射度与处于相同温度的普朗克辐射体的辐射出射度之比，符号为 ε。发射率分为半球发射率和方向发射率两种，如果在某一方向观测，则该比值称为方向发射率，方向发射率的一种特殊情况是法向发射率，这时是在垂直于材料的表面进行测量。发射率还有全发射率和光谱发射率之分，如果测量的辐射包括整个红外波长范围，则称为全发射率；如果只测量中心波长附近一个很窄的光谱带内的辐射，则称为光谱发射率。无论是全发射率还是光谱发射率，它们都有半球发射率和方向发射率之分。一般情况下，可以把红外隐身材料当作朗伯体看待，这时方向发射率等于半球发射率，可以简称为发射率，因此我们经常采用某一波段的全发射率或光谱发射率来评价热红外隐身材料的性能。由于大多数材料都具有比较高的红外发射率，因此制备红外隐身材料主要是制备低红外发射率的材料。

除了红外发射率这个参数以外，材料的热惯量也是一个很重要的参数。为了追求材料的红外辐射特性能够全天候与背景一致，材料的热惯量必须和背景的热惯量一致，这样才可以使目标与背景随着环境温度的变化不会引起太大的温度差。这是红外隐身材料值得研究的一个性能参数。

2. 隐身效果的表征

目前对于红外隐身效果评价方法的研究主要有两条路线：一是定性评价；二是定量评价。

在定性评价方面，主要是从分析热成像系统的探测能力出发，根据目标的特性和红外辐射在大气中传输的特点，找出实现目标热红外隐身的条件，实施热红外隐身的目标一旦满足了这些条件，即认为目标实现了热红外隐身。例如，假设目标和背景的黑体等效温差为 ΔT_{os}，目标斑块间的黑体等效温差为 ΔT_o，我们关心的是 ΔT_{os} 不能大于多少，ΔT_o 在什么温差和波段范围之内方可不被热成像系统所探测到，也就是说要确定出红外隐身的波段温差阈值[5-8]。

根据热成像系统探测能力的基本参数可知，要使目标不易被热成像系统探测到或实现红外隐身的三个基本条件是：

（1）目标与背景的温度相似性。即目标与背景的等效黑体温差应小于热成像系统的温度分辨力。

（2）目标与背景的空间分布相融性。目标在采取了红外隐身或红外迷彩伪装措施后，目标等效空间宽度对热成像系统的连续张角小于热成像系统的空间分辨力。

（3）目标与背景的光谱分布相似性。采取有效技术措施，使目标光谱特征适应背景的变化，可以有效对抗双色或多色红外探测系统。

根据以上三个条件，再加上红外辐射在大气中的传输特性，即可以推出目标红外隐身的温差阈值条件，再根据目标的温度和材料的红外发射率，即可以确定对目标实施的隐身措施是否满足这个温差阈值条件。如果满足，就认为目标已实现了红外隐身，反之，就没有实现红外隐身。

这种定性评价方法是有缺陷的，因为隐身总是相对的，完全“看不见”的隐身是很难实现的，因此隐身效果评价的一个目的就是要知道目标被隐身的程度。显然，定性评价方法不能获得目标红外隐身程度的数据。因此，定量评价是非常必要的。

早在20世纪七八十年代，发达国家就曾详细地研究了各种不同目标、不同背景和不同探测器实现红外隐身的条件，当时国际上的一个经验数据为：若目标的表观温度与背景温度之差ΔT能保持在4℃以内，就能实现目标与背景难以分辨的效果。进入21世纪，红外探测器及热成像系统性能有了大幅度的提高，因此，目标与背景平均温差需要更小才能实现红外隐身。假如$\Delta T=2$℃，在经过几千米或十几千米的大气衰减后，到达探测器的等效温差可能就只有零点几度。若想以阈值信噪比(V_s/V_n)探测到目标，必须使$\Delta T=(V_s/V_n)\cdot T_{NETD}$。

在定量评价方面，主要有以下四种方法，而且适用于所有的光学成像隐身[9-12]。

（1）外场试验外场判读评价方法。通过组织成批的经过一定训练的人员用热像仪在不同距离上对实施不同红外隐身程度的目标进行现场观察，统计目标发现、识别概率等，从而做出对隐身效果的评价。

（2）外场试验室内判读评价方法。首先在野外采集大量包含背景的有关红外隐身目标的热图，然后在实验室内组织人员对热图进行判读，从而作出对隐身效果的评价，目的是减少野外人员组织的复杂性。

（3）外场试验图像分析评价方法。利用计算机数字图像处理技术，对有关包含红外隐身目标和背景的热图进行特征提取，找出合适的图像特征统计参数，目标与背景的数字统计特征参数相差越大，目标隐身效果越差，据此作出对隐身效果的评价，目的是减少每次组织人员进行判读的人力资源。

（4）图像合成室内判读图像分析评价方法。利用计算机合成目标与背景的红外热图像，组织人员进行判读，并进行图像分析，从而作出对隐身效果的评价，目的是进一步减少人力和物力资源的使用，降低成本。

其中，图像分析评价方法是红外隐身效果评价研究的发展趋势。

采用图像分析评价方法的关键是如何提取包含背景的隐身目标的图像数字统计特征，建立起与实际隐身效果如探测距离、探测概率等的对应关系。通常分三个步骤：

（1）找到合适的目标和背景统计特征，如亮度特征、纹理特征、边界特征、分形特征、颜色特征等；

(2) 根据目标和背景的统计特征选取合适的相似度量值来描述目标和背景特征分布的相似程度；

(3) 确定各种特征的综合相似度量值,建立起与实际隐身效果的对应关系,可以采用的方法主要有平均法、取极值法和加权法等。

3. 红外隐身涂层隐蔽系数

(1) 红外成像系统的综合性能参数——最小可分辨温差(MRTD)

热成像系统的性能,可以从热灵敏度和空间分辨力两个方面来评价,而且这两个方面是互相联系的,即对于目标的不同空间频率而言,其热灵敏度是不同的。MRTD 综合描述了在噪声中成像时热像系统对目标的空间分辨能力和温度分辨能力,因此是描述热像系统综合性能的有效参数。

MRTD 的定义是:用热像仪观察标准的四杆测试图案,当观察者能从仪器显示器上有把握地分辨出图案条纹时,杆形目标和背景之间的温差就是最小可分辨温差。标准测试图案由四根垂直条纹组成,条纹间隔与条纹等宽,条纹的长宽比是 7∶1,条纹目标和背景都是黑体。

MRTD 的表达式可从红外热像仪的成像原理推导,可表示为

$$\mathrm{MRTD} = \frac{K(P)}{1.52} \cdot \frac{\mathrm{NETD}\ (f_T\beta\rho)^{\frac{1}{2}}}{H_s(f_T)\ (FT_e)^{\frac{1}{2}}} \tag{9-3}$$

式中:NETD 为噪声等效温差;f_T为目标的空间频率;$H_s(f_T)$为成像系统总的调制传递函数(MTF);ρ 为噪声等效带宽修正比;T_e 为人眼的积分时间;F 为成像系统的帧速;β 为俯仰方向的瞬时视场角;$K(P)$为极限视在信噪比,定义为

$$(S/N)_{\mathrm{VI}\ \min} = K(P) \tag{9-4}$$

由式(9-3)、式(9-4)可以看出,MRTD 的大小与极限视在信噪比成正比。极限视在信噪比越大,则 MRTD 的值越大,反之则小。同时,实验研究提供的数据表明,极限视在信噪比与人眼通过热像仪观察目标时的识别概率有密切的联系,总的趋势是识别概率越大,则所需的视在信噪比越大。

统计表明,识别概率为50%时,所需的视在信噪比为2.8;当识别概率为90%时,所需的视在信噪比为4.5。

由于大多数的目标等效成矩形图案时的长宽比并不等于标准图案的 7∶1,因此在实际使用时,要对式(9-3)进行修正:

$$\mathrm{MRTD}'' = (7/\xi)^{\frac{1}{2}} \cdot \mathrm{MRTD} \tag{9-5}$$

式中:ξ 为等效图案的长宽比,即

$$\xi = 2 \cdot n_e \cdot m \tag{9-6}$$

以上两式中:n_e 为不同判读等级下的等效条带数;m 为实际目标的长宽比;MRTD 为最小可分辨温差,空间频率的函数,即可写为 MRTD(f_T),且f_T为

$$f_T = n_e R/H \tag{9-7}$$

式中:R 为热像仪与目标之间的距离;H 为目标的尺寸。

(2) 隐蔽系数与探测距离和等效温差的关系

通过热像仪对目标进行观察,可区分出不同的观察等级。观察等级是将热像系统的客观

性能与人眼视觉功能相结合的一种视觉能力评估方法。目前普遍使用的是约翰逊(Johnson)准则，它把对目标的观察效果与目标的等效条带数联系在一起。表9-1即为在50%的概率下各等级所需的等效条带数，记为n_0。在实际的应用中，n_0通常分别取值为1,4,8。

表9-1　50%概率下不同观察等级所对应的目标等效条带数

探测水平	定义	所需的等效条带数(n_0)
发现	在背景中区分出目标	1.0 ±0.25
识别	将目标分类	4.0 ±0.8
认清	确定出目标的型号及细节	8.0 ±1.5

当需要讨论其他探测概率P_d下的各观察等级所需的目标等效条带数n_e时，可利用下式计算：

$$P_d = \pi^{-\frac{1}{2}} \int_{-\infty}^{(n_e - n_0)/\sigma} e^{-z^2} dz \tag{9-8}$$

式中：σ为随观察等级而定的系数，即

$$\sigma = \begin{cases} 0.387597 & \text{发现} \\ 0.775194 & \text{识别} \\ 2.015504 & \text{认清} \end{cases}$$

由式(9-8)可以看出，P_d是n_e的函数，令

$$P_d = L(n_e) \tag{9-9}$$

则

$$n_e = L'(P_d) \tag{9-10}$$

为了描述红外隐身涂层的隐身效果，我们定义隐蔽系数为

$$S = 1 - P_d \tag{9-11}$$

根据观察等级的不同，可以有不同等级的隐蔽系数：一级S_{I}、二级S_{II}和三级S_{III}，分别可写为

$$S_{\mathrm{I}} = 1 - P_{\text{发}};S_{\mathrm{II}} = 1 - P_{\text{识}};S_{\mathrm{III}} = 1 - P_{\text{认}} \tag{9-12}$$

隐蔽系数越大，则表明涂层的隐身效果越好。涂层不同等级的隐蔽系数表征了涂层对不同观察等级的隐身效果。对于不同的隐身涂层，我们可以通过比较同级的隐蔽系数的大小来衡量不同涂层的优劣。

通常MRTD值的测量，是在判读等级为识别、正确判读概率为90%的条件下测得的，即以0.9的识别概率作为有把握分辨测试图案的标准。为了得到在不同的识别概率条件下的最小可识别温差的表达式，必须对式(9-5)进行概率修正：

$$\mathrm{MRTD}'' = K(7/\xi)^{1/2}\mathrm{MRTD}(f_T) \tag{9-13}$$

式中：K定义为具体要求的识别概率下的极限视在信噪比与90%的识别概率下的极限视在信噪比的比值，由此可以推算出表9-2。

表9-2　不同探测概率下的K值

P_d	0.1	0.2	0.3	0.4	0.5	0.6	0.7	0.8	0.9
K	0.29	0.39	0.47	0.53	0.58	0.65	0.72	0.85	1.00

MRTD″为考虑了概率修正和目标实际尺寸修正后的热像仪的最小可识别温差。当目标与

背景的等效温差 ΔT_e 小于 MRTD″时，在一定的概率下，热像仪就不能从背景中探测出目标。我们用 ΔT_e 来代替 MRTD″，将式(9－7)和式(9－8)代入式(9－13)，并将 n_e 和 P_d 用式(9－9)和式(9－10)表示，则式(9－13)可写为

$$\Delta T_e = K\left[\frac{3.5}{L'(1-S)\cdot m}\right]^{\frac{1}{2}}\mathrm{MRTD}\left[\frac{L'(1-S)\cdot R}{H}\right] \tag{9-14}$$

该式表示了热红外隐身涂层的隐蔽系数 S 和目标与等效温差 ΔT_e 之间的关系。

9.2.3 红外发射率测量

通过上面的介绍可以看出，对红外隐身性能的测试，主要集中在如下几个方面：对红外隐身材料测试它的红外发射率；对隐身后的目标，通过热像仪和红外光谱辐射计进行对比测试。其中红外发射率测量占有很重要的地位，所以本节重点讨论红外发射率各种测量方法。

红外发射率的基本测量方法是直接测量样品的辐射功率，根据普朗克公式，或斯蒂芬－玻耳兹曼定律和发射率定义计算出样品表面发射率值。由于目前辐射的绝对测量尚难达到较高精度，故一般均采用能量比较法，即在同一温度下用同一探测器分别测量绝对黑体及样品的辐射功率，两者之比就是材料的发射率值。

1. 单光路法测法向光谱发射率

单光路法测法向光谱发射率示意图如图9－1所示。图中 P 为水冷光阑。先将黑体炉 B_1 与样品炉 B_2 控制在同一温度 T。转动导轨 L，分别让黑体炉 B_1 和样品炉 B_2（其内装有待测样品 S）的辐射功率经调制盘 C 调制后，投射到单色仪 S_P 的入射狭缝上，由单色仪分光后，经出射狭缝投射到一无光谱选择性的探测器 D 上。其输出信号经选频放大器放大后由毫伏表 M 记读。由于测量条件相同，即样品的辐射和比较用的黑体辐射途经同一光路，视场角相等，具有相同的光程和衰减。因此，我们有：

$$V_{\lambda s} = R_\lambda M_{\lambda s} = R_\lambda \varepsilon(\lambda, T)\sigma T^4 \tag{9-15}$$

$$V_{\lambda b} = R_\lambda M_{\lambda b} = R_\lambda \varepsilon_b(\lambda, T)\sigma T^4 \tag{9-16}$$

式中：R_λ 为测试系统的光谱辐射功率响应度；$V_{\lambda s}$，$V_{\lambda b}$ 分别为待测样品 S 和黑体 B_1 的输出“信号电压”；$M_{\lambda s}$，$M_{\lambda b}$ 分别为待测样品 S 和黑体 B 的辐射功率密度。

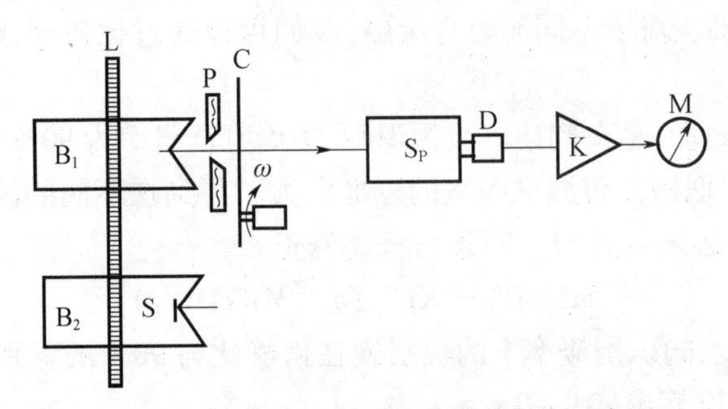

图9－1 单光路法测法向光谱发射率示意图

将式(9－15)与式(9－16)相除，便得

$$\varepsilon(\lambda, T) = \frac{V_{\lambda s}}{V_{\lambda b}}\varepsilon_b(\lambda, T) \tag{9-17}$$

式中：$\varepsilon_b(\lambda, T)$ 为黑体 B_1 的光谱发射率，是已知的。

单光路法的主要优点是系统简单，调节方便，但由于前后两次交替的测量时间间隔相对来说较长。因而，电子系统的漂移，环境不稳定等因素将带来测量误差。为了克服单光路的这一缺点，可把商品红外分光光度计改装成双光路的测试系统，测量精度较高，但价格昂贵。下面介绍的工业用数字显示双光路红外发射率测试仪，兼有操作方便、成本低廉之优点。

2. 双光路法测量法向光谱发射率

双光路法测量法向发射率框图如图9－2所示。由参考黑体b辐射的光信号I_b经球面反射镜R_b和平面镜R反射，然后透过调制盘，聚焦于单色仪的入射狭缝处。另一方面，由样品S辐射的信号I_s，经球面反射镜R_s，及调制盘C上的反射镜反射，同样聚焦于单色仪入射狭缝处。于是，在单色仪入射狭缝处的光信号即为空间上一路，时间上则是参考信号与样品信号交替脉冲。这个脉冲信号，经一定放大后，送入选通电路，由选通脉冲选出参考信号与样品信号，然后在各自相应的通道放大处理，最后同时送至除法器相除，以比较样品的辐射与参考黑体的辐射。由于被测样品的发射率$\varepsilon(\lambda,T)=\varepsilon_b(\lambda,T)\dfrac{V_{\lambda s}}{V_{\lambda b}}$，于是就可以直接显示某波长处该材料法向光谱发射率之值，或扫描绘制$\varepsilon(\lambda,T)$与λ的曲线。

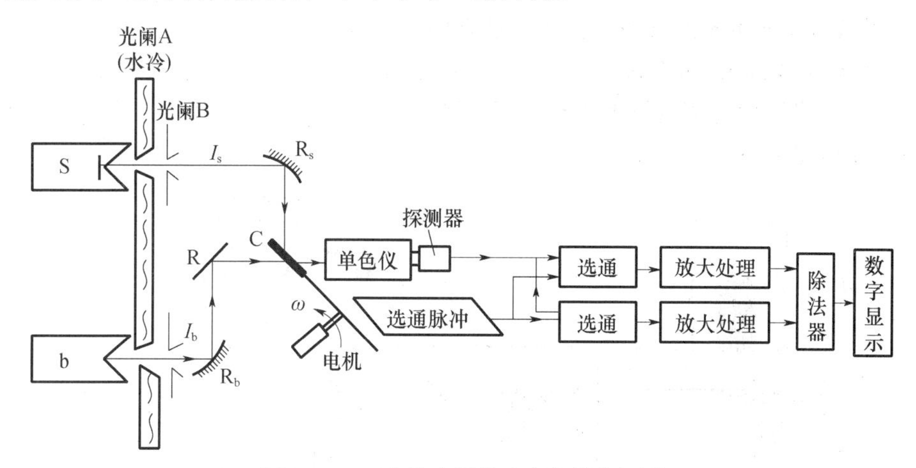

图9－2　双光路法测量法向发射率框图

以上两种测量，样品均固定不动，其缺点是样品上存在较大温度梯度，为了克服样品的温度不均匀性，可用旋转样品加热法。

比较法测量材料法向光谱发射率的误差分析：

比较法测量样品的发射率，必须使样品和黑体温度相同。否则，由于样品和黑体的温度不相同，所引起的误差与两者的温差大小、波长和实验温度有关。在波长为λ，温度为T和不确定的温差dT时，实际光谱发射率为$\varepsilon(\lambda,T)$的样品将变为$\varepsilon'(\lambda,T)$。$\varepsilon(\lambda,T)$和$\varepsilon'(\lambda,T)$的关系为

$$\begin{aligned}\varepsilon'(\lambda,T) &= \frac{M_s(\lambda,T)}{M_B(\lambda,T+\mathrm{d}T)} = \frac{\varepsilon(\lambda,T)M_B(\lambda,T)}{M_B(\lambda,T)+\mathrm{d}M_B(\lambda,T)} \\ &= \frac{\varepsilon(\lambda,T)}{1+\dfrac{\mathrm{d}M_B(\lambda,T)}{M_B(\lambda,T)}} = \varepsilon(\lambda,T)\frac{1}{1+F\dfrac{\mathrm{d}T}{T}}\end{aligned} \tag{9-18}$$

$$\varepsilon(\lambda,T) = \varepsilon'(\lambda,T)\left[1 + F(\lambda,T)\frac{\mathrm{d}T}{T}\right] \tag{9-19}$$

式中因子 $F(\lambda,T)$ 可由光谱辐射度公式导出。对该式求导数，便得

$$\mathrm{d}M_B(\lambda,T) = c_1\lambda^{-5}\left(\mathrm{e}^{c_2/\lambda T} - 1\right)^{-2}\mathrm{e}^{c_2/\lambda T}\frac{c_2\mathrm{d}T}{\lambda T \cdot T}$$

即

$$\frac{\mathrm{d}M_B(\lambda,T)}{M_B(\lambda,T)} = \frac{\mathrm{e}^{c_2/\lambda T}\cdot\dfrac{c_2}{\lambda T}}{\mathrm{e}^{c_2/\lambda T} - 1}\cdot\frac{\mathrm{d}T}{T}$$

所以

$$F(\lambda,T) = \frac{\mathrm{e}^{c_2/\lambda T}\cdot\dfrac{c_2}{\lambda T}}{\mathrm{e}^{c_2/\lambda T} - 1} \tag{9-20}$$

从 $F(\lambda,T)\dfrac{\mathrm{d}T}{T}$ 可估算出比较法测量材料法向发射率的不确定度。

3. 基于傅里叶分析光谱仪的发射率测量方法

20 世纪 90 年代以来，由于傅里叶分析光谱仪的发展和广泛应用，很多学者采用傅里叶分析光谱仪建立了光谱发射率测量系统和装置。图 9－3 示出了日本 NMIJ 的基于傅里叶分析光谱仪的发射率测量装置。

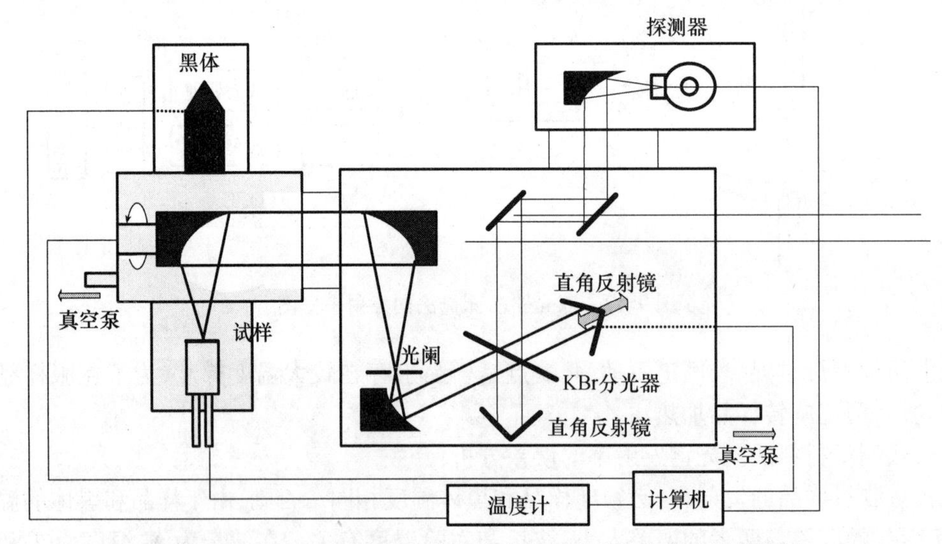

图 9－3　日本 NMIJ 的基于傅里叶分析光谱仪的发射率测量装置

该发射率测量装置采用了一个简单的 Michelson 干涉仪，光谱范围为 5～12μm，探测器为光伏型的 HgCdTe；温度范围为 －20～＋100℃；测量时间约几秒。

国内有人采用傅里叶光谱仪建立了宽光谱范围和温度范围的发射率测量装置，见图 9－4。傅里叶光谱仪采用了 MCT 和 Si 探测器，使光谱范围从 0.6μm 扩展到 25μm。采用了石墨直接加热技术，使试样温度可以控制在 60～1500℃ 范围内。配置了两个参考黑体炉：高温黑体 500～1500℃ 和低温平面黑体 60～500℃。对测量系统的杂散辐射、非线性进行校正和补偿。

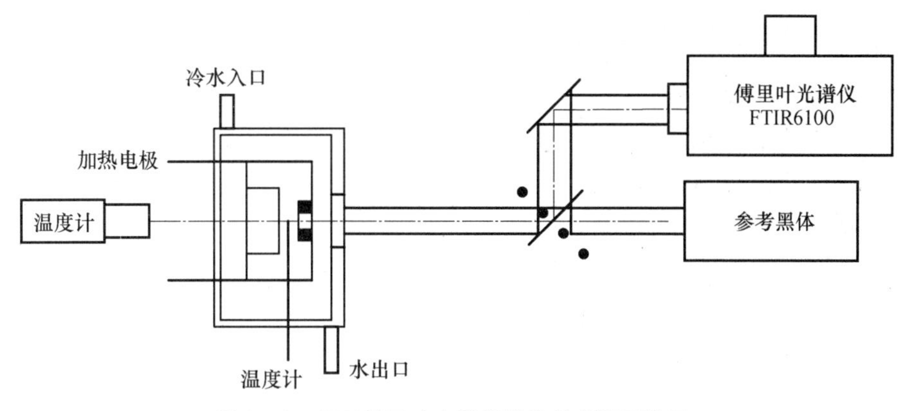

图9-4　基于傅里叶光谱仪的发射率测量装置

主要技术指标:温度范围为50~1600℃;光谱范围为0.6~25μm;测量精度为3%;测量时间为几秒;试样为粒子、气体、块材料。基于傅里叶分析光谱仪的能量法是近年来主要的发展方向,也代表了发射率测量的最高水平。目前该方法可以达到的技术指标:测量的温度范围从-20~+2000℃,测量波段从可见光到25μm以上,测量时间在1~3s,测量精度优于3%。

实际应用中,还常常采用整体黑体法和转换黑体法两种能量法测量材料的发射率,即在试样上钻孔或加反射罩,使被测材料变为黑体或逼近黑体,以此进行材料发射率的测量,整体黑体法和转换黑体法原理分别见图9-5、图9-6。

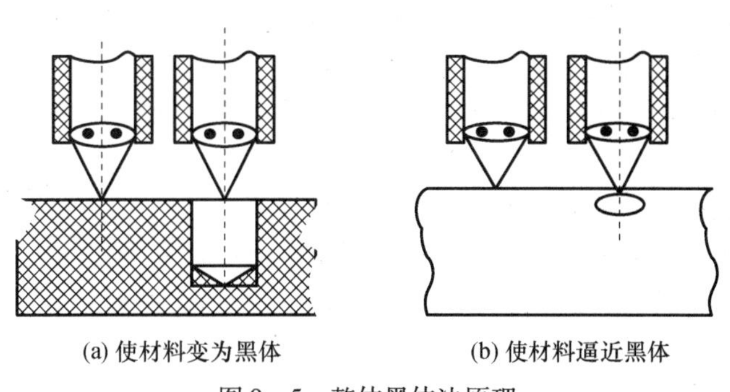

图9-5　整体黑体法原理

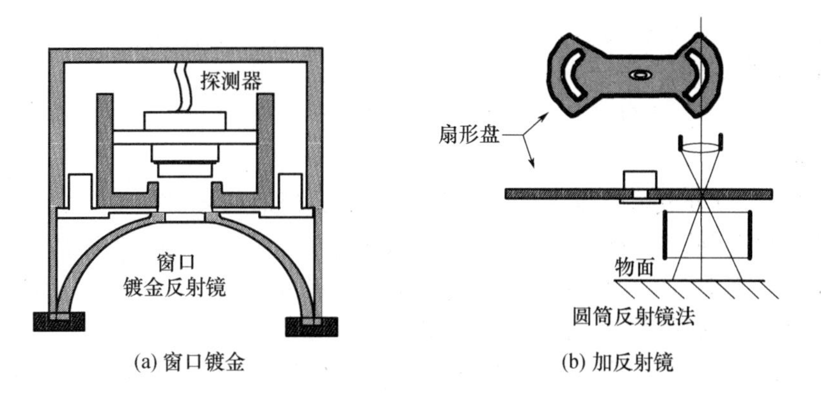

图9-6　转换黑体法原理

9.2.4 红外隐身效果外场测试

1. 用红外成像系统测量

红外隐身效果外场测量是根据隐身方法来决定的,如果采用隐身涂料减小目标与背景的温度差异,则可以通过热像仪测量隐身保护目标涂覆隐身材料前后观测效果。测量装置原理如图9-7所示。

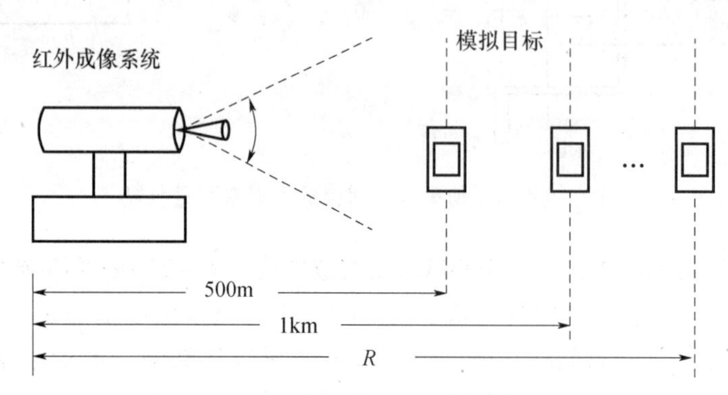

图9-7 红外隐身效果外场观测装置原理

把隐身目标设置在一定观测距离,用红外成像系统观测,把同一距离、同一气象条件下的图像信息相比较,就得到涂覆隐身材料前后的差异,也即得到隐身效果。

在指标测试方面,主要是从红外成像系统的探测能力出发,根据目标的特性和红外辐射在大气中传输的特点,找出实现目标红外隐身的条件。假设目标与背景的黑体等效温差为ΔT_{os},目标斑块间的黑体等效温差为ΔT_o,当ΔT_{os}增大时,目标与背景间的对比度增大,当ΔT_o增大时,目标各部分间的对比度增大。试验中测定在不同距离时ΔT_{os},ΔT_o的变化阈值,ΔT_{os}、ΔT_o在多大范围内变化时,目标不被红外成像系统所探测到。

首先将红外成像跟踪系统布设于实施隐身的模拟目标前方,选定某一距离,记录试验距离和初始时刻的目标与背景及目标各斑块的温度,使红外成像跟踪系统对选定空间范围内进行扫描搜索。若发现目标,调整试验距离,等待做下一次试验。若未发现目标,则对目标加热升温,直至红外成像跟踪系统发现并锁定目标,记录目标当前温度。待目标冷却后,对目标的不同斑块各自升温,直至红外热像仪识别并锁定目标,记录目标各斑块的温度。至此,一次试验结束。然后可在几个不同距离上测试红外热像仪标称识别、跟踪距离,反复进行以上试验,对不同隐身的隐身效果进行评价。

在综合评价方面,观察红外成像系统对实施不同隐身目标的发现、识别概率,从而对隐身效果作出评价。

一种方法是将红外成像跟踪系统架设于海边,隐身模拟目标于海上同一距离移动,红外成像跟踪系统对选定海域进行搜索,在锁定目标后,人为使跟踪系统偏离目标,将系统的状态改为搜索状态,如此多次对模拟目标进行搜索探测,统计对目标的探测概率。然后使目标改变距离,在不同的距离上反复进行上述试验,进而评价目标隐身的效果。

另一种方法是采用红外热像仪,在野外采集大量包含背景的有关隐身目标的红外图像,然后,组织有经验的人员对红外图像进行判读,或使用计算机数字图像处理技术对红外图像进行特征提取,找出合适的图像特征统计参数,目标与背景的数字统计特征参数相差越大,目标隐身效果越差,据此对隐身效果作出评价。

2. 用红外光谱辐射计测量

如果是通过降低目标尾部热量排放,控制发动机发热辐射等措施降低目标的可探测性能,则可以通过红外光谱辐射计测量采取隐身措施前后光谱辐射强度来测试。图9－8为采用色散棱镜红外分光光谱仪测量目标红外辐射原理图。

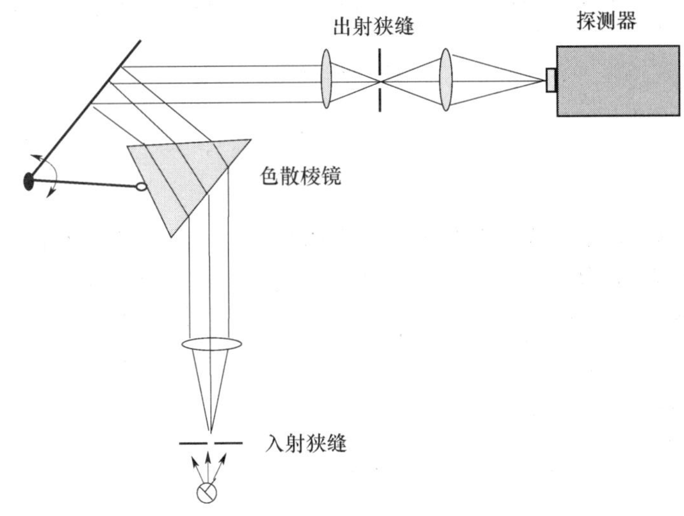

图9－8　色散棱镜红外分光光谱仪测量目标红外辐射原理

目标辐射通过入射狭缝形成线光源,辐射光谱中每个小波段的辐射经过出射狭缝被接收系统接收;其中依靠色散棱镜与反射镜组合件的旋转,可以改变通过出射狭缝的波长;色散棱镜和出射狭缝用来选择特定的波长,它可以响应到极窄的波长范围的功率。

从图9－8可以看到,狭缝以上部分都属于红外光谱辐射计,一般做成一个整体,放置在专用三角架上。测量时要选择合适的望远物镜,通过观察使目标成像在辐射计探测器上。

9.2.5　红外隐身计量

通过上面的介绍我们知道,红外隐身性能测试涉及两方面的内容。对红外隐身材料主要是测量材料的发射率。对红外隐身效果外场测试,主要是通过红外热像仪观测隐身前后的图像变化,通过红外光谱辐射计测量采取隐身措施前后目标辐射特性的变化。

以上两方面测试均有商品化仪器,各有关单位都在使用。从计量角度考虑,我们的主要任务一方面是建立高准确度测量装置,实现实验室和外场准确测量,另一方面,对测量装置进行校准和检定,开展量值传递。

由于红外热像仪校准我们在第二章已经介绍,所以这里主要介绍发射率测量装置的溯源问题。

从发射率测量原理我们知道,发射率测量是以标准黑体为基准,通过与被测样品的比较求出材料的发射率。在实验室常温条件下的发射率测量是把经过标定的标准板作为基准,求出材料的发射率。因此,红外发射率测量装置的溯源归结为对标准黑体的校准和对标准板的校准。黑体辐射源的检定一般采用零平衡检定法。标准装置采用金属凝固点黑体作为最高标准,利用零平衡检定的方法,用金属凝固点黑体检定一级标准黑体,再用一级标准黑体检定下一级标准黑体。零平衡检定的工作原理如图 9－9 所示。

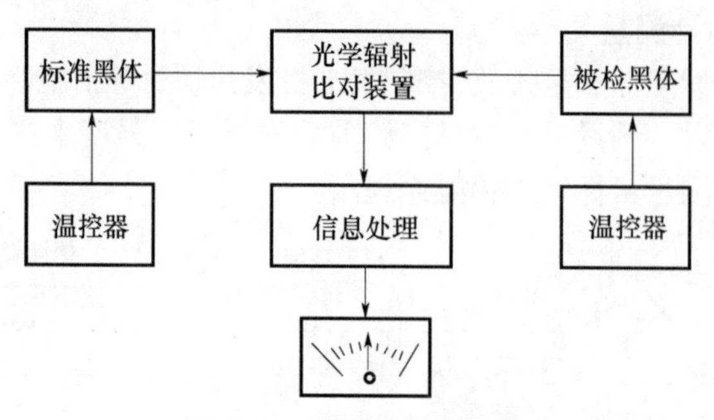

图 9－9　零平衡检定原理

标准黑体和被检黑体通过光学辐射比对装置进行辐射亮度比较，当两者辐射亮度完全相等时，比对器显示仪表的指针指向零位。在开始检定被检黑体之前，用专用黑体严格调整两通道的平衡，以消除因两光学通道透过率不一致对检定不确定度的影响。光学辐射比对装置如图 9－10 所示。

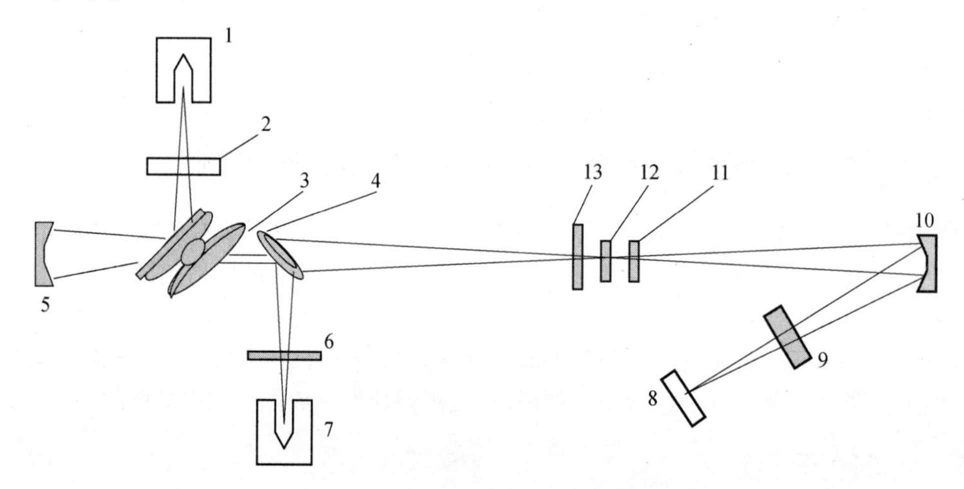

图 9－10　光学辐射比对装置简图

1—标准黑体位置；2—标准黑体入瞳；3—反射镜式斩波器；4—折转反射镜；5—球面反射镜；6—被检黑体入瞳；7—被检黑体位置；8—探测器；9—出瞳；10—球面反射镜；11—十字分划板；12—场光阑；13—滤光片转轮。

比对装置的两个通道平衡后，就可将被检黑体和标准黑体分别放至被检通道和参考通道上进行比对测量，调整标准黑体的温度，使两通道再次达到平衡，即标准黑体与被检黑体的辐射亮度相等，根据已知的计算公式，就可以计算出被检黑体的等效温度或有效发射率。这种检定方法消除了因光学参数不一致对检定结果的影响。而且，影响两通道辐射亮度的参数是由装置的共用光阑和共用探测器确定的，不会对两黑体辐射亮度带来检定误差，达到较高的检定准确度。其不确定度主要取决于对装置的平衡技术的掌握。

这种比对的方法有两种工作方式。一种是用光谱选择性探测器（PbS，InSb，HgCdTe），可计算被检黑体的等效温度（T_e）；另一种是用光谱平坦的探测器（$LiTaO_3$），可计算被检黑体的有效发射率。

使用光谱选择性探测器，当平衡时，两通道辐射亮度相等，计算公式为

$$\theta_{\Omega}A\int_{\lambda_1}^{\lambda_2}R_{\lambda}\varepsilon_{\lambda}L_{\lambda}(\lambda,T_1)\,\mathrm{d}\lambda = \theta_{\Omega}A\int_{\lambda_1}^{\lambda_2}R_{\lambda}\varepsilon_{\lambda}^{t}L_{\lambda}^{t}(\lambda,T_2)\,\mathrm{d}\lambda \tag{9-21}$$

式中：θ_{Ω}为光学比对装置的孔径角；A 为光学比对装置的采样斑面积；R_{λ} 为光学系统的光谱响应；L_{λ} 为标准黑体的光谱辐亮度；ε_{λ} 为标准黑体的光谱发射率；L'_{λ} 为被检黑体的光谱辐亮度；ε'_{λ} 为被检黑体的光谱发射率；T_1 为标准黑体的热力学温度(K)；T_2 为被检黑体的热力学温度(K)。

因为两通道具有相同的光学参数，假设 R_{λ} 和 ε_{λ} 对光谱辐射亮度的影响都归因于等效温度 T_e，则式(9－21)变为

$$\int_{\lambda_1}^{\lambda_2}L_{\lambda}(\lambda,T_{e1})\,\mathrm{d}\lambda = \int_{\lambda_1}^{\lambda_2}L'_{\lambda}(\lambda,T_{e2})\,\mathrm{d}\lambda \tag{9-22}$$

式中：T_{e1}为标准黑体的等效温度；T_{e2}为被检黑体的等效温度。T_{e1}是已知的，当平衡时，就可求得 T_{e2}。

平衡时，两通道辐射亮度相等，得

$$\theta_{\Omega}AM_b/\pi = \theta_{\Omega}AM_g/\pi \tag{9-23}$$

$$M_b = M_g \tag{9-24}$$

式中：M_b为标准黑体的辐射出射度；M_g为被检黑体的辐射出射度。

根据斯蒂芬—波耳兹曼定律，得

$$\varepsilon_b\cdot\sigma\cdot T_b^4 = \varepsilon_g\cdot\sigma\cdot T_g^4 \tag{9-25}$$

$$\varepsilon_g = \varepsilon_b\cdot T_b^4/T_g^4 \tag{9-26}$$

式中：ε_g为被检黑体的有效发射率；ε_b为标准黑体的有效发射率；T_b为标准黑体的温度；T_g为被检黑体的温度。

9.3　激光隐身性能测试与校准

9.3.1　激光隐身原理

激光隐身主要是以现代战场上使用的激光武器系统为对象，包括激光测距机、激光雷达、激光对抗、激光制导系统等。而这些激光武器系统一般采用主动探测技术，即要向目标发射一束激光，通过探测目标对激光的反射和散射信号获得目标的信息。这种主动探测要求目标相关参数的配合，如目标的反射特性、散射特性和吸收特性。因此，激光隐身是通过减小目标对激光的反射和散射信号，使目标具有低可探测性。其主要出发点是减小目标的激光雷达散射截面(LRCS)和激光反射率。LRCS 综合反映了激光波长、目标表面材料及其粗糙度、目标几何结构形状等各种因素对目标激光散射特性的影响，是用于表征目标激光散射特性的主要指标。LRCS 也是最重要的目标光学特性指标之一，在激光测距机、激光制导武器、激光雷达等激光武器系统的论证设计、性能评价中广泛应用。反射率是指当材料的厚度达到其反射比不受厚度的增加而变化时的反射比。由于在一般情况下，激光隐身材料都有一定的厚度，其厚度的变化不影响反射比。材料的反射比和入射激光波长有关，因此，一般用光谱反射比或光谱漫反射比来表征[13-19]。

1. 激光雷达截面

由于激光雷达与微波雷达工作原理相似，因此微波雷达的一些概念、理论及技术都可延伸

到激光雷达领域之中。激光雷达散射截面的定义就是用了微波雷达散射截面(RCS)的定义。

激光雷达以激光为辐射源并作为载波,具有波长短、光束质量高、定向性强的特点。激光反射波的能量大小与目标的反射率和目标被照射部分的面积密切相关。物体的激光雷达截面LRCS定义为在激光雷达接收机上产生同样光强的全反射球体的横截面积,即

$$\sigma = 4\pi\rho A/\Omega \tag{9-27}$$

式中:Ω 为目标散射波束立体角;A 为目标的实际投影面积;ρ 为目标反射比。

不同类型目标的激光雷达截面不同。其中漫反射目标的反射信号将在大范围内散射,反射光的幅度及分布由双向反射分布函数(BRDF)描述。

激光雷达截面LRCS还有另外一种表示形式

$$\sigma = 4\pi R^2 \frac{I_r}{I_i} \tag{9-28}$$

式中:R 为目标与探测器之间的距离;I_r 为反射回波在探测器处的能流密度;I_i 为入射到目标的能流密度。

上述两式中:式(9-27)形式简单,物理意义明确。激光雷达散射截面仅由目标半球反射率与目标的投影面积的乘积所决定。然而对于任意形状目标通常根本无法得到其所谓“实际投影面积”,因为这一面积除与其物理尺寸有关外,还与其形状以及激光束截面强度分布、激光入射角度等诸多因素有关,因此可以说它通常是一个“可望而不可及”的量,与式(9-27)相比,式(9-28)具有更强的实用性。利用该式可计算出一些规则目标的散射截面 σ 的具体数值。当然通过式(9-28)计算 σ 有一定制约条件,即

(1) 目标为点目标;

(2) 目标各点照度均匀;

(3) 目标为各向同性的漫反射体;

(4) 目标与反射机足够远。

在满足上述条件下,用式(9-28)计算有以下两个特点:

(1) 式(9-28)中 I_i 可由雷达系统中光源有关指标得到,I_r 及 R 可由雷达系统测出,即通过实验可测出 σ。

(2) 一些规则朗伯体可通过式(9-28)得到 σ 的理论值,即通过数学运算可得到 σ 的解析表达式,并由此可通过式(9-28)推得式(9-27),从而得到式(9-27)中 A 的具体形式。

2. 激光雷达测距方程

激光雷达接收到的激光回波功率 P_R 为

$$P_R = (P_T/R^2\Omega_T)(\rho A_r)(A_c\tau^2/R^2\Omega_r) \tag{9-29}$$

式中:P_T 为发射的激光功率;ρ 为目标的反射比;A_r 为目标面积;A_c 为接收机有效孔径面积;Ω_T 为发射波束的立体角;Ω_r 为目标散射波束的立体角;τ 为单向传播路径透射比;R 为激光雷达作用距离。

因此,非合作目标激光雷达作用距离可以表示为

$$R = [(P_T/P_R\Omega_T)(\rho A_r)(A_c/\Omega_r)\tau^2]^{1/4} \tag{9-30}$$

从激光雷达测距方程(9-30)可以看出,在测距机的性能与大气的传输条件确定以后,测程主要与目标的漫反射比有关,因此,激光隐身的核心在于对低漫反射比材料的研究。如能使目标材料的漫反射比降低一个数量级,则激光测距机的最大测程将减少1/2~1/3。

3. 临界散射截面

把激光雷达波散射截面代入测距方程，并设 R 为最大作用距离时，对应的 $\sigma=\sigma_m$ 称为"临界散射截面"，则有

$$R_{\max}=\left[\left(\frac{P_T}{P_R\Omega_r}\right)\left(\frac{\sigma_m A_c}{4\pi}\right)\tau^2\right]^{\frac{1}{4}} \tag{9-31}$$

在这个距离上若目标的散射截面 $\sigma<\sigma_m$，则目标将处于隐身状态。

4. 理论减小激光雷达截面的方法

基于矢量微扰动理论的一阶解，有人提出三种减小激光雷达截面的方法：

（1）降低表面粗糙度，把目标外形设计成大块面结构以增大可能的激光入射角；

（2）使表面随机起伏具有一维取向性；

（3）研究新技术使目标散射回波不能被相干激光雷达天线光开关有效隔离。

这三种方法都得到了实验验证。近年来一些刊物上已有关于国外采用控制表面微结构来隐身的方法在模拟飞机上试验成功的报道。

9.3.2 激光隐身性能的表征

1. 材料性能的表征

评价激光隐身材料的主要性能参数是光谱反射比，它是材料反射与入射的辐射能通量或光通量的光谱密集度之比，它包括镜面反射比和漫反射比两个部分。由于激光隐身材料通常接近于漫反射体，镜面反射比一般很小，所以不能用镜面反射比作为评价激光隐身材料的性能参数，可以用漫反射比近似评价激光隐身材料的性能。另外，根据反射率的概念，反射率是指当材料的厚度达到其反射比不受厚度的增加而变化时的反射比，由于在一般情况下，激光隐身材料都有一定的厚度，其厚度的变化不影响反射比，因此评价激光隐身材料性能的参数可以称为光谱反射比或光谱漫反射比。目标在激光工作波长的反射比越小，目标的激光隐身效果越好[20]。

2. 隐身效果的表征

通常用激光测距机的主要性能参数测准率和最大测程来共同表征目标激光隐身的效果。

测准率是指在一定条件下利用激光测距机准确测出激光隐身目标的次数与测量总次数之比，测准率越小，说明激光隐身效果越好。

在某一测准率条件下，激光测距机对激光隐身目标的最大测程可以称为隐身距离。目标在隐身距离之外就认为目标对激光测距机是隐身的，隐身距离越小，说明激光隐身效果越好。

由于隐身距离的测量受气候条件、目标大小和测试场地等的影响较大，因此可以采用消光的方法在近距离进行测试。例如，假设激光隐身目标和激光测距机间的距离为已知值，通过在激光测距机接收物镜前不断的增加经过标定的衰减片，直到衰减片组的分贝值最大且又保证隐身所要求的测准率，根据衰减片组的分贝值即可计算出实际的隐身距离。

9.3.3 激光隐身效果的评价方法

激光隐身效果的评价包括研制阶段的评估和应用阶段的评估。

在研制阶段，对于激光隐身目标隐身效果评估，就是根据目标隐身前后，其激光雷达截面

的变化对隐身效果进行定量评估。在评估时不但要考虑常见的发射与接收夹角很小的测距激光信号，更要考虑激光制导时发射的目标指示激光信号与导引头接收的激光信号存在较大夹角情况，因此，在测量目标激光雷达截面变化时要考虑当入射角保持不变时，目标的激光雷达截面与接收方向角的关系。

在应用阶段，对于已采用激光隐身技术的目标，由于在评估时，通常只有已采用隐身技术的待评估目标，因此不能采用隐身前后目标对比的评估方法，必须考虑采用新的方法。在测量时，如果用标准的漫反射板替代未隐身目标，就可以采用上述的测量方法，同样求得同一反射角度待测目标与标准漫反射板激光雷达截面 σ 的差值，该差值就表征了在某一反射角度的隐身效果，同样可以得到描述目标激光隐身效果的函数曲线。下面介绍目前通用的几种激光隐身效果评估方法[21-27]。

1. 相对反射比法

从激光隐身原理可以看出，在仅采用隐身涂层实现激光隐身的情况下，对于漫反射大目标，最大测程与涂层激光反射比的1/2次方成正比，对于漫反射小目标，最大测程与涂层激光反射率的1/4次方成正比，由于在不考虑激光测距机固有性能和大气条件下，最大测程只与涂层反射率有关，因此，定义相对反射比 X 为

$$X = \rho_1/\rho_0 \tag{9-32}$$

式中：ρ_1 为激光隐身涂层的反射比；ρ_0 为未涂敷激光隐身涂层的目标表面的反射比。

根据相对反射比的定义可以看出，用 X 评价激光隐身效果，具有很明确的物理含义，X 越小，隐身效果越好。当 $X=0$ 时，目标完全隐身；X 越大，隐身效果越差，当 $X=1$ 时，目标表面反射比与隐身涂层反射比相等，相当于未隐身。

2. 隐身距离法

在激光测距机对目标最大测程的试验中，常用到准测率这个概念，在某一距离上，激光测距机测不准目标才表明目标具有激光隐身效果。因此，目标激光隐身的条件是具有低的准测率。为此，定义在某一低准测率（通常选为20%）条件下，激光测距机对激光隐身目标的最大测程为隐身距离。只要激光隐身目标与激光测距机间的距离不小于隐身距离，则目标相对于该激光测距机就是隐身的。很明显，隐身距离越小，激光隐身效果越好；隐身距离越大，激光隐身效果越差。采用隐身距离法评价激光隐身效果具有简单、方便、直观等优点，与相对反射比评价法相比，隐身距离法评价的是目标的综合激光隐身效果，例如，目标可以不是平面测试板，而是实际的军事装备，因而具有更广的适用范围；该方法不足之处是必须规定激光测距机的主要性能参数，也就是说，隐身距离这个参数是针对于具体类型的激光测距机而言的。

3. 隐蔽系数法

定义隐蔽系数 S 为

$$S = (R_{\max0} - R_{\max1})/R_{\max0} \tag{9-33}$$

式中：$R_{\max1}$，$R_{\max0}$ 分别为目标实施激光隐身后和隐身前的激光测距机最大测程。

根据隐蔽系数的定义可以看出，用 S 评价激光隐身效果，具有很明确的物理含义，S 越大，隐身效果越好，当 $S=1$ 时，目标完全隐身；S 越小，隐身效果越差，当 $S=0$ 时，目标隐身前后最大测程相等，相当于未隐身。

1）隐蔽系数公式推导

下面我们推导隐蔽系数的表达式：

从激光测距原理可知,脉冲激光测距机的测距方程可用式(9－34)、式(9－35)表示。

对漫反射大目标:

$$R_{\max} = \left(\frac{\rho P_t A_r \cos\theta}{\pi P_{r\min}} \cdot K_t \cdot K_r \cdot T_a^2\right)^{1/2} \tag{9-34}$$

对漫反射小目标:

$$R_{\max} = \left(\frac{\rho P_t A_r A \cos^2\theta}{\pi\varphi P_{r\min}} \cdot K_t \cdot K_r \cdot T_a^2\right)^{1/4} \tag{9-35}$$

式中:$R_{\max}$为最大测程;ρ 为目标激光反射率;P_t为激光的发射功率;A_r为测距机接收端系统的接收面积;A 为目标面积;θ 为激光束照射方向与目标表面法线方向的夹角;φ 为激光光束发散立体角;K_t为发射光学系统的透过率;K_r为接收光学系统的透过率;$P_{r\min}$为接收机的最小可探测功率;T_a为单程大气透过率,可用式(9－36)表示:

$$T_a = \exp(-\mu R_{\max}) \tag{9-36}$$

式中:μ 为大气对激光的衰减系数。

由式(9－34)、式(9－35)和式(9－36)可以看出,除了激光测距机的固有性能参数以外,激光测距机的最大测程主要与目标的激光反射率和大气对激光的衰减系数有关,通过低反射率涂层、激光隐身网和外形设计等方法,可以降低目标的激光反射率,通过施放烟幕、气溶胶等手段可以阻断入射激光对目标的照射,相当于提高了大气对激光的衰减系数,从而实现激光隐身。这即是激光隐身的基本原理。

根据隐蔽系数的定义式(9－33),将式(9－36)代入式(9－34)、式(9－35),然后将式(9－34)、式(9－35)代入式(9－33),整理后得到式(9－37)、式(9－38)。

对漫反射大目标:

$$S = (\rho^{\frac{1}{2}} - \rho_1^{\frac{1}{2}})/\rho^{\frac{1}{2}} \tag{9-37}$$

对于反射小目标:

$$S = (\rho^{\frac{1}{4}} - \rho_1^{\frac{1}{4}})/\rho^{\frac{1}{4}} \tag{9-38}$$

从式(9－37)和式(9－38)可以看出,隐蔽系数仅仅与目标涂敷隐身涂层前后的表面反射比有关。激光隐身涂层反射比 ρ_1 越小,则 S 越大,即隐身涂层的隐身效果越好。

以反射率为 14.5% 的标准铝板为例,应用式(9－37)和式(9－38),结果如图 9－11 所示。

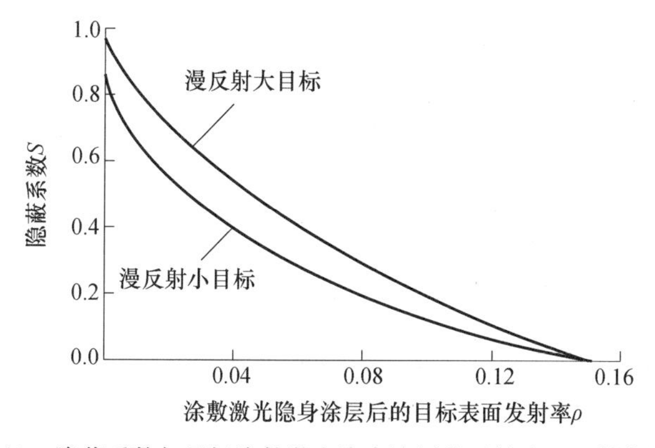

图 9－11　隐蔽系数与目标涂敷激光隐身涂层前后的表面反射率效果图

图中，当 $\rho_1=0.145$ 时，S 为 0，即没有任何隐身效果；当 $\rho_1=0$ 时，S 为 1，即完全隐身。依照上图中曲线的趋势，S 可能取负值，但实际上，隐身涂层的反射率不可能比铝板本身的反射率大，因此，S 的实际取值范围应为 0 ~ 1 之间。

同相对反射比评价法相比，隐蔽系数法评价的也是目标的综合激光隐身效果，具有更广的适用范围；同隐身距离评价法相比，隐蔽系数评价法给出的是在 0 ~ 1 间的隐身效果，具有更直观的优点，而隐身距离法必须结合激光测距机的最大测程指标才可以知道目标激光隐身的程度。隐蔽系数法的不足之处是必须两次测量最大测程：一是实施激光隐身前的最大测程，二是实施激光隐身后的最大测程，这对于已经实施了激光隐身的目标而言，采用该法评价激光隐身效果，具有不方便性。而采用隐身距离法，不需要测量实施激光隐身前的最大测程，具有更简便的优点。另外，同隐身距离法一样，隐蔽系数法也不能利用不同激光测距机来评价激光隐身效果，也就是说，不同的激光测距机对于同一激光隐身器材，也具有不同的隐蔽系数。

2）考虑单程大气透过率时隐蔽系数公式推导

在将式(9－34)和式(9－35)代入式(9－33)时，激光器的发射功率 P_t、激光束照射方向与目标表面法线方向夹角的余弦 $\cos\theta$、接收机的最小可探测功率 $P_{r\min}$、测距机接收端系统的接收面积 A_r、光束发散立体角 φ 是相同的，可以约去，但单程大气透过率则不能约去，因为它是与测程有关的，因此，这时的隐蔽系数应如式(9－39)和式(9－40) 所示。

对漫反射大目标：

$$S=\left[\rho^{\frac{1}{2}}-\rho_1{}^{\frac{1}{2}}\left(\frac{T_{a1}}{T_a}\right)\right]/\rho^{\frac{1}{2}} \tag{9-39}$$

对漫反射小目标：

$$S=\left[\rho^{\frac{1}{4}}-\rho_1{}^{\frac{1}{4}}\left(\frac{T_{a1}}{T_a}\right)^{1/2}\right]/\rho^{\frac{1}{4}} \tag{9-40}$$

式中，对于未隐身目标：

$$T_a=\mathrm{e}^{-\mu R_{\max0}} \tag{9-41}$$

对于隐身目标：

$$T_{a1}=\mathrm{e}^{-\mu R_{\max1}} \tag{9-42}$$

将式(9－41)、式(9－42) 代入式(9－39)、式(9－40)得

对漫反射大目标：

$$S=1-\left(\frac{\rho_1}{\rho}\right)^{1/2}\cdot\mathrm{e}^{-\mu(R_{\max1}-R_{\max0})} \tag{9-43}$$

对漫反射小目标：

$$S=1-\left(\frac{\rho_1}{\rho}\right)^{1/4}\cdot\mathrm{e}^{\frac{1}{2}\mu(R_{\max1}-R_{\max0})} \tag{9-44}$$

由隐蔽系数定义式(9－33)可得 $R_{\max0}-R_{\max1}=S\cdot R_{\max0}$，将其代入式(9－43)、式(9－44) 得

对漫反射大目标：

$$S=1-\left(\frac{\rho_1}{\rho}\right)^{1/2}\cdot\mathrm{e}^{\mu SR_{\max0}} \tag{9-45}$$

对漫反射小目标：

$$S=1-\left(\frac{\rho_1}{\rho}\right)^{1/4}\cdot\mathrm{e}^{\frac{1}{2}\mu SR_{\max0}} \tag{9-46}$$

由式(9－45)、式(9－46)可以看出,隐蔽系数 S 不仅与目标涂敷隐身涂层前后的激光反射率有关,还与激光测距机对未隐身目标的最大测程有关,这与前面推导的式(9－37)、式(9－38)有很大的误差。

假设标准板(或者未隐身目标表面)反射率为 15%,大气对激光的衰减系数为 0.2/km(大气能见度为 10km 时,大气对 1.06μm 激光的衰减系数),在激光隐身涂层反射率分别为 1%,3%,5% 的情况下,根据式(9－41)、式(9－42)可以分别做出隐蔽系数 S 对最大射程 R_{max} 的变化曲线,如图 9－12、图 9－13 所示。

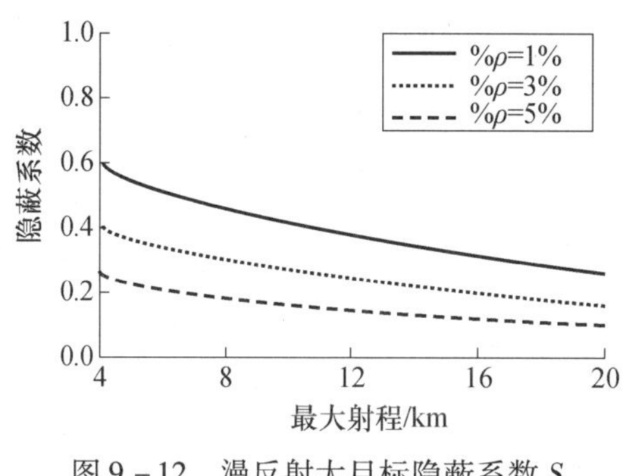

图 9－12　漫反射大目标隐蔽系数 S 随 R_{max} 变化曲线

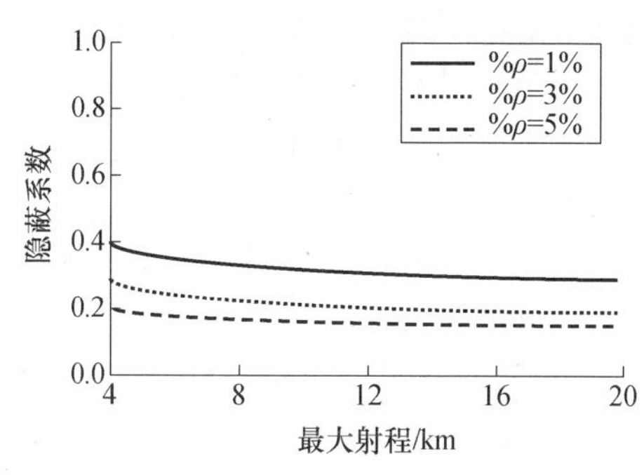

图 9－13　漫反射小目标隐蔽系数 S 随 R_{max} 变化曲线

由图 9－12 和图 9－13 可以看出,无论是对漫反射大目标而言,还是对漫反射小目标而言,隐蔽系数都与最大测程有关,并随着最大测程的增大而降低,这说明所采用的激光测距机性能越好,最大测程越大,隐蔽系数越小,激光隐身效果越差。

4. 几种方法的比较

通过上面的介绍,可以看出:

(1) 相对反射比法。该方法适用于只采用激光隐身涂层单一手段实现激光隐身目标的隐身效果的评价,只需要在实验室里测量目标表面和隐身涂层的反射率即可评价,相对反射比小,激光隐身效果越好。

(2) 隐身距离法。该方法可以评价目标的综合激光隐身效果,只需采用激光测距机测量某一低准测率条件下激光隐身目标的最大测程即可以评价,隐身距离越小,激光的隐身效果越好。

(3) 隐身系数法。该方法可以评价目标的综合激光隐身效果,只需采用激光测距机测量目标隐身前后的最大测程即可以评价,隐蔽系数越大,激光隐身效果越好。

由此得出结论,由于相对反射比法不能评价目标的综合激光隐身效果,隐身距离法和隐蔽系数法都必须对所采用的激光测距机的类型进行统一规定,但隐身距离法测量条件简化。所以在这三种方法中,采用隐身距离法评价激光隐身效果更具有优越性。

9.3.4　激光隐身性能外场测试

地面目标用激光隐身器材通用规范中,对激光隐身性能作出如下规定[28]:

1. 隐身波长

隐身器材的激光隐身波长应在产品规范中具体规定,单位为微米(μm)。隐身波长一般在0.3～11μm之间,应根据使用要求规定单一隐身波长或多个隐身波长,一般包含1.06μm。

利用相应波长的激光测距机测试器材的隐身距离来验证。如隐身距离满足产品规范的要求,则激光测距机的工作波长即为器材的隐身波长。

2. 准测率

器材的准测率应在产品规范中具体规定。在产品规范规定的隐身距离条件下,测准率一般不高于20%。

测试说明:

准测率是在产品规范规定的隐身距离和气象条件下,测试激光测距机对器材保护目标的测准率。

测试框图如图9-14所示。

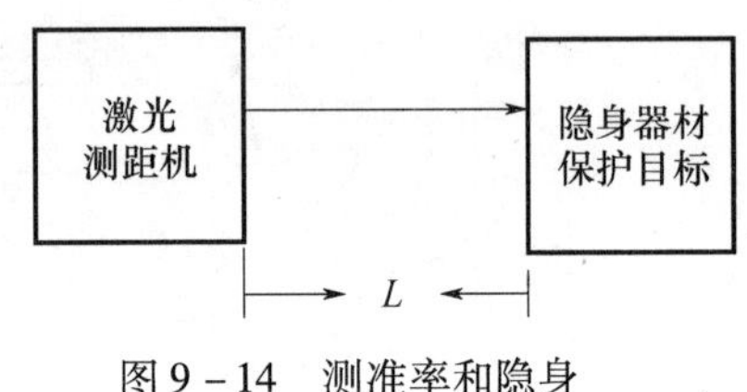

图9-14 测准率和隐身距离测试框图

测试步骤如下:

(1) 按产品规范的规定喷涂、布设器材,按图9-14布设测试仪器和设备,确保测试光路通视;

(2) 设置激光测距机与器材保护目标间的距离为产品规范规定的隐身距离;

(3) 通过激光测距机目镜瞄准目标,对器材保护目标测距 N 次,N 由产品规范规定;

(4) 改变测试点,重复步骤(3),测试点的数量 B 由产品规范规定。

按式(9-47)计算测准率:

$$P = (n/B \cdot N) \times 100\% \tag{9-47}$$

式中:P 为测准率;n 为测距误差在激光测距机测距误差范围内的测量次数;B 为测试点数;N 为一个测试点的测距次数。

3. 隐身距离

器材的隐身距离应在产品规范中具体规定,单位为千米。

测试说明:

(1) 隐身距离是在产品规范规定的气象条件和测准率条件下,测试激光测距机对器材保护目标的最远测程;

(2) 对于面目标应在产品规范中规定测试点;

(3) 当采用本方法的条件不具备时,可参照消光比试验法测试隐身距离。

测试框图见图9-14。

测试步骤:

(1) 同测准率的(1),(2);

(2) 同测准率的(3),(4);

(3) 调整激光测距机与器材保护目标间的距离 L,重复步骤(2)。

4. 消光比试验法测试隐身距离

1) 测试原理

脉冲激光测距机对漫反射大目标的测距方程如下式所示:

$$L_{\max}^2 = K' \mathrm{e}^{-2\alpha L_{\max}} \rho \tag{9-48}$$

式中:$L_{\max}$ 为隐身距离(km);K' 为激光测距机的特性常数(km^2);α 为大气衰减系数(km^{-1});ρ 为目标反射比。

当激光测距机发射光路中加入衰减片组进行消光试验时，测距方程如下式所示：

$$L_0^2 = K' e^{-2\rho L_0} \tau \rho \qquad (9-49)$$

式中：L_0 为消光试验时激光测距机与器材保护目标间的距离(km)；τ 为衰减片组的透射比。

由式(9－48)除以式(9－49)后，整理得

$$L_{max} = \frac{1}{\sqrt{\tau}} L_0 e^{-\alpha L_{max}} \cdot e^{\beta L_0} \qquad (9-50)$$

根据消光试验时激光测距机与器材保护目标间的距离 L_0、消光试验时的大气衰减系数 β、衰减片组的透射比 τ 和规定的测量隐身距离时的大气衰减系数 α，采用逼近法即可计算出隐身距离。

测试框图如图9－15所示。

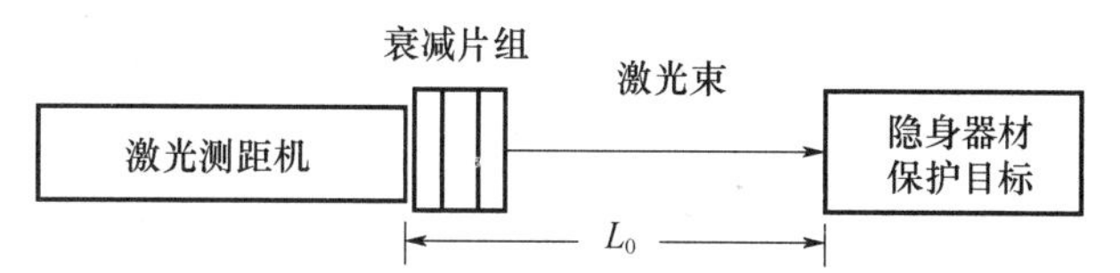

图9－15　用消光比试验法测试隐身距离测试框图

2）测试步骤

（1）按图9－15布设测试仪器设备，使激光测距机与器材保护目标间的距离 L_0，一般为 (0.500 ± 0.001) km；

（2）在激光测距机发射光路中加入接近指标要求的衰减片组，瞄准器材保护目标后测距 N 次，N 由产品规范规定；

（3）改变测试点，重复步骤(2)，测试点的数量 B 由产品规范规定；

（4）增加衰减片组的透射比，重复步骤(2)，(3)。

5. 激光探测评估法

激光隐身效果也可以通过对激光半主动寻的器对目标的探测概率作出评价。其试验方法与红外隐身效果定量评估的方法类似，如图9－16所示。将激光半主动寻的器与激光目标照射器分开一定角度架设，使实施激光隐身的目标在不同距离上运动，激光目标照射器对目标进行照射，记录、统计激光寻的器对目标的探测概率，与目标不实施隐身时的探测概率相比较，从而评价目标的隐身效果[29]。

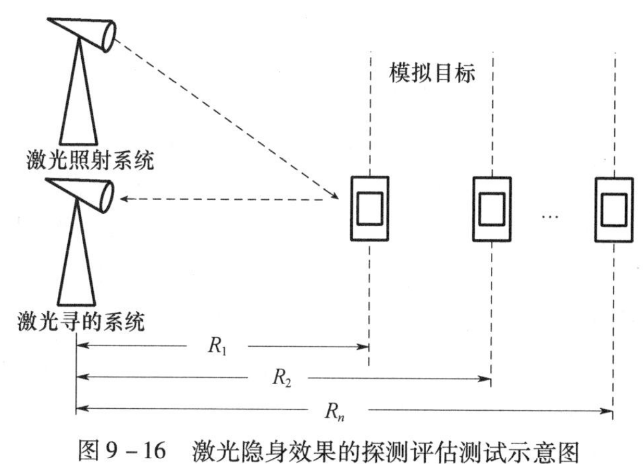

图9－16　激光隐身效果的探测评估测试示意图

9.3.5　激光隐身性能实验室测试

9.3.4 节介绍了激光隐身效果的室外综合性能测试,室外测试的测试对象是实际隐身目标。通过前面的介绍我们知道,激光隐身材料主要是降低材料对激光的反射和散射,反射包括镜面反射和漫反射;散射包括前向散射、后向散射和其他方向的散射。对激光隐身材料的实验室测试的主要是测试镜面反射比、漫反射比和散射系数等。实验室测试的对象是隐身目标的样品,是为研究隐身材料而进行实验室验证。所以下面我们介绍实验室测试的主要方法。

1. 激光隐身材料镜面反射比测量

镜面反射是严格遵守反射定律的反射,也即反射角等于入射角,测量装置如图 9－17 所示。

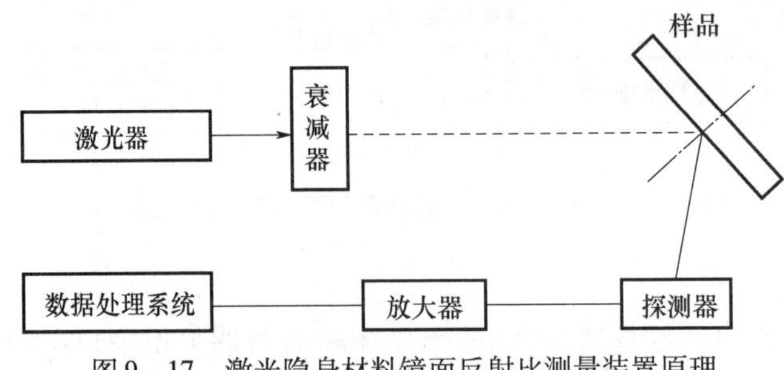

图 9－17　激光隐身材料镜面反射比测量装置原理

从图 9－17 可以看到,测量装置主要由四大部分组成:

(1) 激光光源系统。根据隐身波长选择合适的激光器,要求激光器有一定的稳定度,如果可能,对连续激光器加激光稳功仪,可使功率稳定度达到万分之一的水平。

(2) 探测系统。探测系统包括探测器、放大器和数据处理系统,探测器是核心,探测器工作波长与激光器工作波长对应。

(3) 转动工作台。测量镜面反射时,入射角和反射角相等,一般要在几个不同入射角测量,所以探测器要在转台上旋转,找到反射角度后测量。

(4) 标准样品。测量样品固定在转台旋转中心,测量不同角度下的镜面反射比。为了对测量装置进行校准,需要用经过上一级计量部门标定过的标准样品定期或不定期对测量装置校准。

2. 激光隐身材料漫反射测量

漫反射测量有两种方案,一种是让探测器绕样品在 *XYZ* 三个方向旋转,测量各个方向的反射光。另一种方案是把样品放在一个积分球内,所有方向反射的光都被积分球所收集。

漫反射比测量原理如图 9－18 所示,激光束 A 经过衰减器 B 后以适当的功率照射处于积分球后端面的样品 S。在积分球相应于样品镜面反射方向放置光学陷阱 C,将反射样品紧贴积分球样品窗口,经样品反射的规则反射部分全部进入光学陷阱被完全吸收,积分球只收集漫反射部分,其测量值为漫反射比。

图 9－18 为单光束反射比测量,通常用一标准反射板通过替代测量来实现。将一块已知反射比为 ρ_0 的标准板放置在样品窗口,测出其反射通量信号为 I_0,然后用待测样品替换标准反射板,测出其反射通量信号为 I,那么待测样品的漫反射比为

$$\rho = \rho_0 I/I_0 \tag{9-51}$$

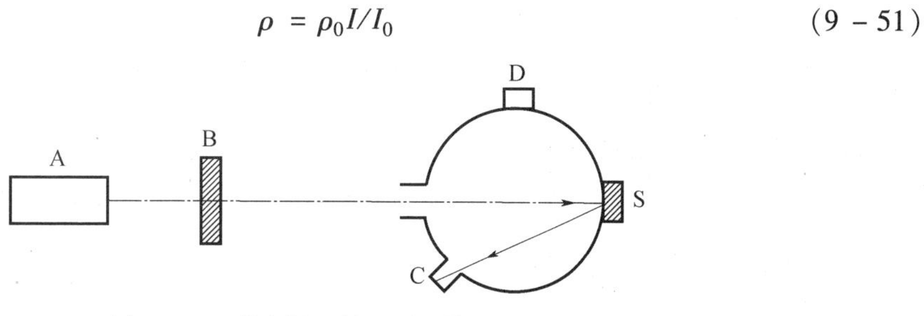

图 9-18　激光漫反射比测量装置原理

A—激光束;B—衰减器;C—光学陷阱;D—探测器;S—样品。

在双光束光路测量时,用一块与标准反射板相似的参考反射板放在参考窗口,将标准反射板放在样品窗口,进行 100% 基线校正,然后用待测样品替换标准反射板,测出样品相对于参考反射板的读数 ρ_1,那么待测样品的反射比为

$$\rho = \rho_0 \rho_1 \tag{9-52}$$

3. 后向反射和散射测量

后向反射测量就是入射光正对样品,反射光沿原光路返回,通过一个半透半反镜导入探测器测量,其原理如图 9-19 所示。

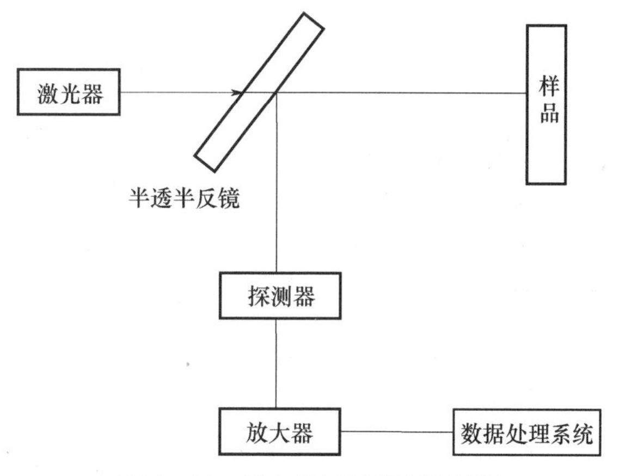

图 9-19　后向反射测量装置原理

测量时,首先把探测器放置在样品处,测量得到入射光强 I_0,然后放入样品,测量出后向反射光强 I,则由下式计算后向反射和散射系数:

$$\rho_h = I/I_0 \tag{9-53}$$

4. 总散射系数测量

图 9-20 为一种总散射系数测量装置。用准直后的激光束照射样品,样品和探测器分别位于一个半椭球的两个焦点上,从样品散射的光聚焦到探测器表面。前向散射测量时半球位于样品前面,后向散射测量时半球旋转 180 °角,位于样品后面。

用经过标定的标准样品作参考,分别测量前向散射信号和后向散射信号,由此得出前向散射系数和后向散射系数。

5. 角分辨散射测量

图 9-21 为角分辨散射测量装置。用准直激光束照射样品,探测器绕样品旋转测量各个

角度的散射光信号。

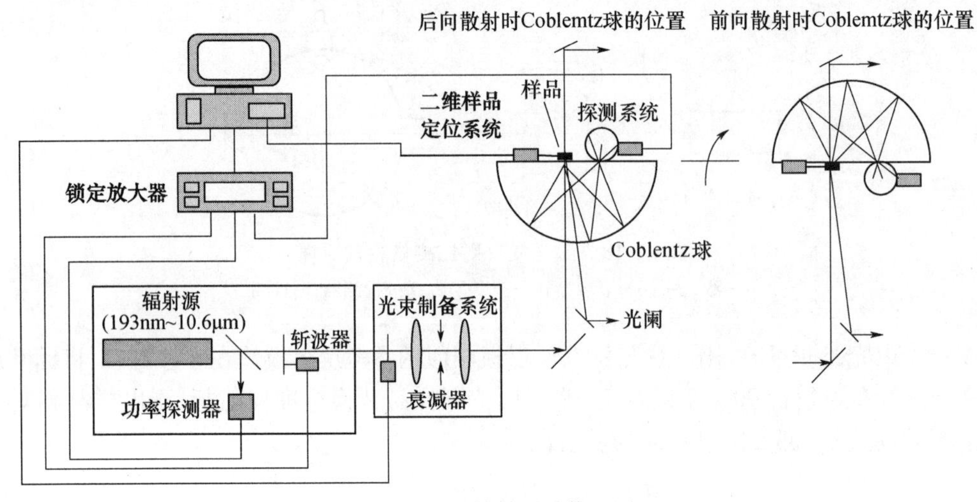

图 9－20　总散射测量装置原理

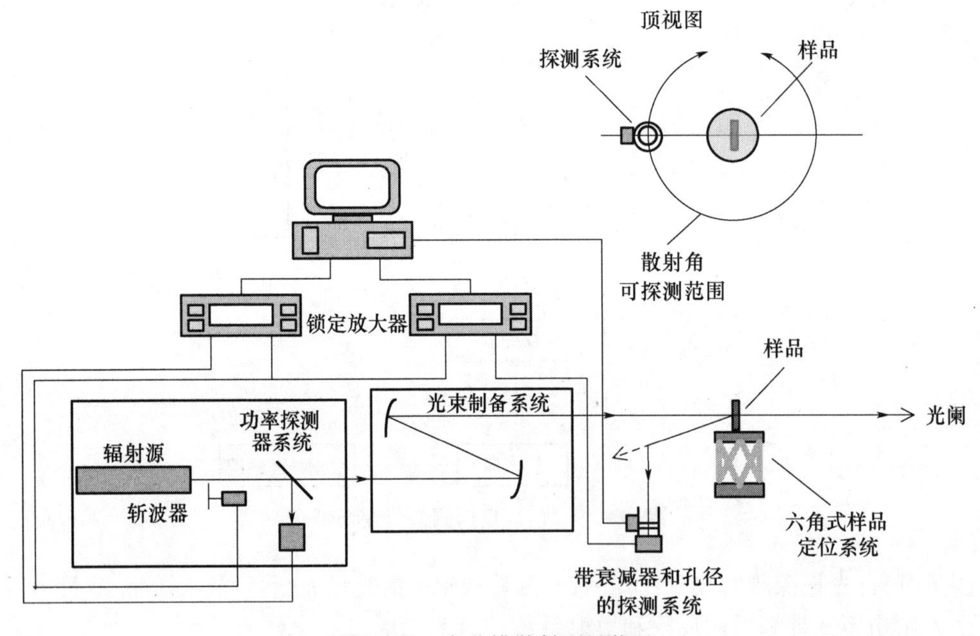

图 9－21　角分辨散射测量装置

把不放样品时探测器正对激光束测量到的信号值作为入射信号值,各个角度测量到的信号值与入射信号值之比即为角度分布散射比。

6. 利用双向反射分布函数研究目标反射和散射特性

物体表面反射光场的空间分布可以用双向反射分布函数(*BRDF*)来描述。*BRDF* 记录了物体表面对不同角度入射光在表面上半球空间中各个方向的反射分布,其测量过程复杂,数据量大。现有测量 *BRDF* 的装置主要包括两类[30]:

(1) 利用单个或多个光电探测器在待测样品表面上方作二维或一维扫描,逐点探测表面沿各个角度的反射。该装置的特点是探测器响应范围较大,配合后续电路可以实现表面沿任意角度反射光辐射通量的精确测量；缺点是耗时多，虽然采用计算机控制自动扫描可以提高测量速度，但仍不能实现在线实时测量，且测量过程中容易因光源输出功率及探测器响应度变化而影响最终测量结果，重复性也较差。

（2）利用成像系统将各个反射方向的光辐射分布成像到阵列式探测器上，再通过图像处理得到双向反射分布函数。在此装置中，各个角度的反射光辐射通量由光学成像和图像采集方法获取，可以实现在短时间内同时测量空间各个角度的光强分布，因此测量结果比较稳定，重复性好。但 CCD 等图像采集器件多为平面阵列结构，要实现对反射到整个半球空间各个方向光辐射的采集，需要适当的系统对光线方向进行变换。J. D. Kristin 采用离轴抛物面镜，将反射到不同方向的光线转换到同一方向，并通过 CCD 进行记录，但只能接收到半球空间中某一有限立体角范围内的反射光，且该方法只能对特定的样品进行测量，无法对固定的大型目标进行测量。

1）基于半球空间光纤阵列的 *BRDF* 测量装置

图 9－22 为基于半球空间光纤阵列的 *BRDF* 测量系统结构，其关键部分由均匀分布在直径 60mm 的半球壳表面上的 825 根塑料光纤组成，光纤芯径 0.5mm，包层直径 1mm，损耗 0.3dB/m。光纤的一端面法线指向球心 O，另一端面位于同一垂轴平面上，并在该平面上按极坐标排列成一圆盘阵列。半球面上光纤端面法线的指向与系统主轴 OO' 的夹角（天顶角）正比于光纤另一端轴线到 OO' 的距离，以保证自球心处反射的光在整个半球空间中的分布被位于半球面上的光纤端面接收，并传输到位于圆盘平面上的另一端。圆盘面上贴一毛玻璃薄片，自光纤端面出射的光在毛玻璃上形成一幅二维图像，其每一个像素对应于反射的某一空间角度，故该图像完整地记录了由球心处向整个半球空间各个方向反射的辐射通量的相对分布。利用面阵 CCD 可以很方便地采集到这一幅图像。激光光束经透镜会聚和分束镜分束后分别聚焦于入射光纤端面处和光电二极管的光接受面上，光电二极管对光源的输出功率进行实时监测。半球底面为一薄片光阑，其底面与半球赤道面重合，光阑表面为黑色吸光涂层，在球心位置开一直径约 2mm 的圆孔，用以限制入射光的照射方向和照射面积。入射光经光纤传输以一定的入射角照射到位于球心处的待测物体表面。三根入射光纤分别以 5°，45°，80°的入射角照射到待测表面的同一位置，光纤另一端排成平行的一列，这样使得在分束镜不动的情况下，激光器、会聚系统和光监测二极管进行垂直于系统主轴的整体平移就可以实现不同的入射天顶角，而入射方位角的变化则可以通过绕主轴旋转待测样品来实现。在测量比较小的平面样品时，将样品的待测面紧贴光阑底面放置，样品的待测区域置于光阑开孔处，沿光阑底面平移样品可以测量样品不同区域的双向反射特征。对于各向异性的表面样品，绕系统主轴 OO' 旋转样品，可以实现不同的入射方位角以测量各向异性的表面反射分布。若待测表面为不可移动的大型物体表面，可将测试装置放置于该表面上，使得光阑底面紧贴物体的待测表面进行在线测量。

2）旋转样品法的 *BRDF* 测量装置

图 9－23 为旋转样品法 *BRDF* 测定仪原理。图中 A，B，C 三个电机的轴相交在样品面上。电机 C 带动光源，电机 B 和电机 A 及样品在水平面内转动，电机 B 带动电机 A 和样品在垂直面内转动，电机 A 带动样品转动。在转动过程中，电机 B 和电机 A 的转轴方向在空间是变化的。测量时探测器的观察方向不变，光源方向始终与 B 轴一致，并能在水平面内转动。其测量原理是，在合理地选择一个三轴系统的数学坐标系的前提下，通过一定的规律来旋转样品，

能将复杂的三维空间的变角光度测量简化到二维平面上。电机A可在0°~90°之间变化,电机B和电机C可在-180°~+180°之间变化,本系统的后向遮拦角小于1°。全套系统由计算机控制。电机的转动精度由码盘确定,码盘的精度为0.1°。样品架直径为15cm,可以前后调节,能保证样品面在旋转面之上,能在离轴观测时看到样品面面积,这是非常重要的。其控制方式为

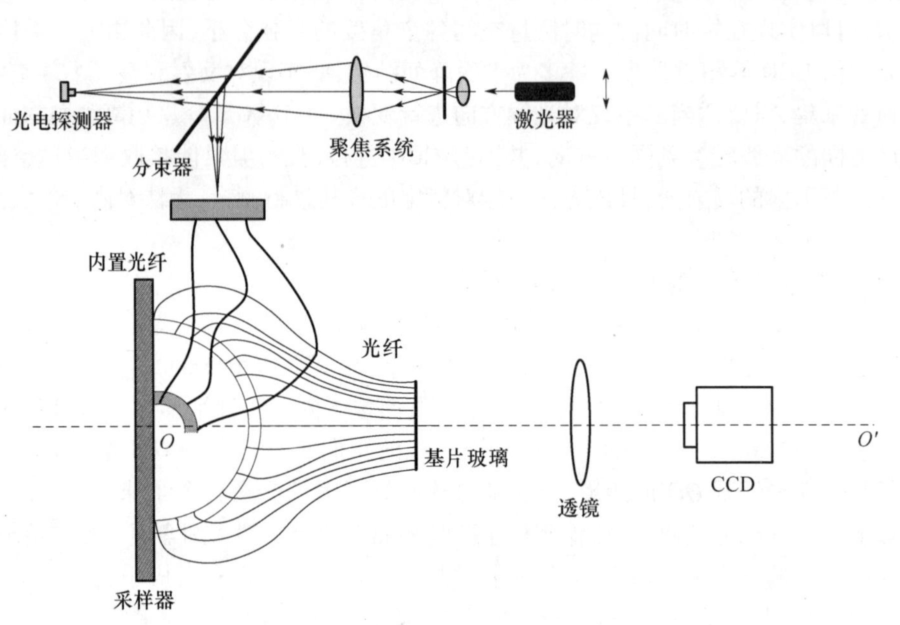

图9-22　基于半球空间光纤阵列的*BRDF*测量装置

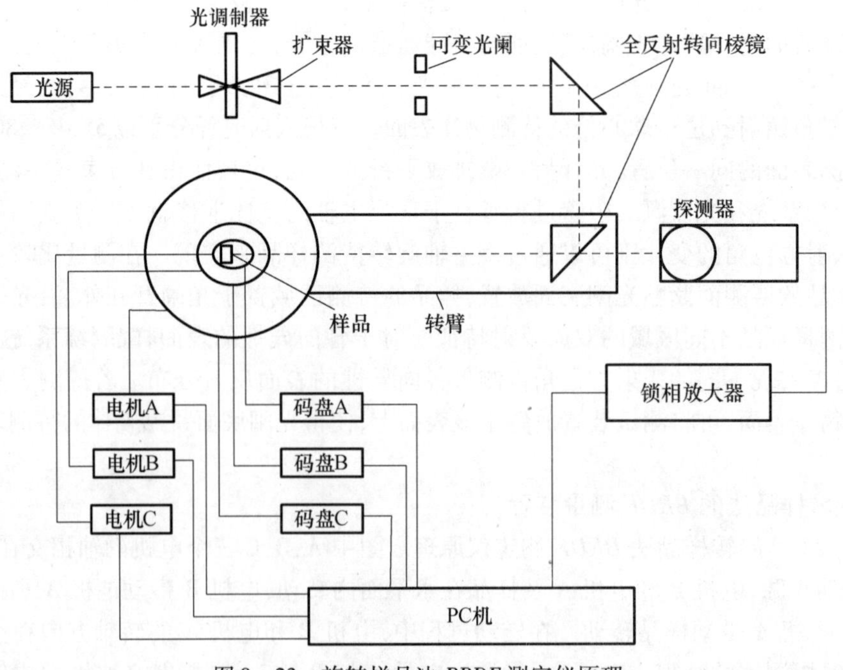

图9-23　旋转样品法*BRDF*测定仪原理

$$\theta_i = a$$
$$\phi_i = 90° - \phi_0$$
$$\cos\theta_r = \cos a \cdot \cos c - \sin a \cdot \cos b \cdot \sin c \qquad (9-54)$$
$$\cos\phi_0{}' = \sin b \sin c / \sin\theta_r$$
$$\phi_r = \phi_0{}' - \phi_0$$

式中：a，b，c 为三个电机转动的角度；θ_i 为入射天顶角；θ_r 为接收天顶角；ϕ_i 为入射方位角；ϕ_r 为接收方位角；ϕ_0 为人为定义的方位角。

9.3.6 实际隐身目标的反射散射特性测试

由于实际目标和实验室测量用的样品有一定区别，在对隐身效果进行评估时，往往要在外场对实际目标的激光反射散射特性进行测试[31-37]。一般反射率的测量可分为两种方法：绝对测量法（直接测量法）和相对测量法（比较测量法）。当被测反射功率与入射功率相比时，则为绝对测量；先测出被测目标的反射功率和已知反射率的标准反射板的反射功率，再用其比乘以已知的标准反射板的反射率，就可以得到被测目标的反射率，这种测量的方法称为相对测量。

1. 目标反射特性直接测量技术

目标反射特性直接测量法即利用目标表面漫反射定义进行测量，该方法较为直接和简单。目标反射特性直接测量原理示意图如图 9-24 所示。

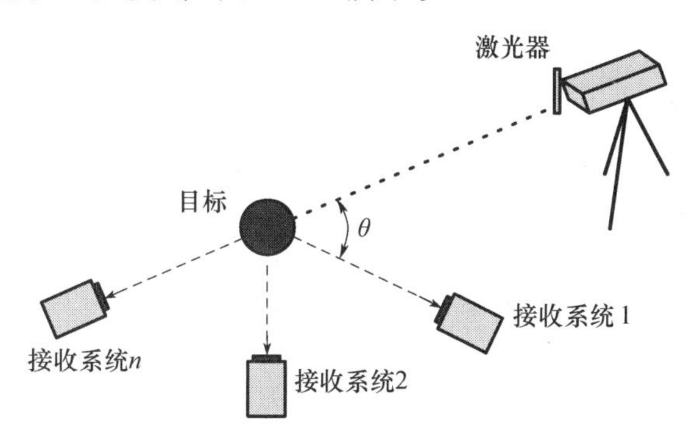

图 9-24　目标反射特性直接测量原理示意图

实际测量时，将激光器发射功率和经目标表面反射后的接收功率分别用其信号幅值代替。因发射功率比经目标表面反射的功率高得多，为保证接收系统在测量范围内的线性度，测量发射功率时，可在激光器前加一块已知透射率的衰减片。

2. 目标反射特性间接测量技术

目标反射特性间接测量法即利用已知反射特性的参考物为靶板，用它与被测目标表面反射特性进行对比测量，测量数据比直接测量结果更加直接、准确。目标反射特性间接测量法测量原理示意图如图 9-25 所示。

测量时，探测器与被测目标的布置与直接测量法相似，只是在测试过程中先用已知漫反射特性的参考板作为目标，测得参考板的标准信号幅值，然后在相同条件下，测得被测目标的反射信号幅值，为保证接收系统在测量范围内的线性度，也可在激光器前加一块已知透射率的衰减片。

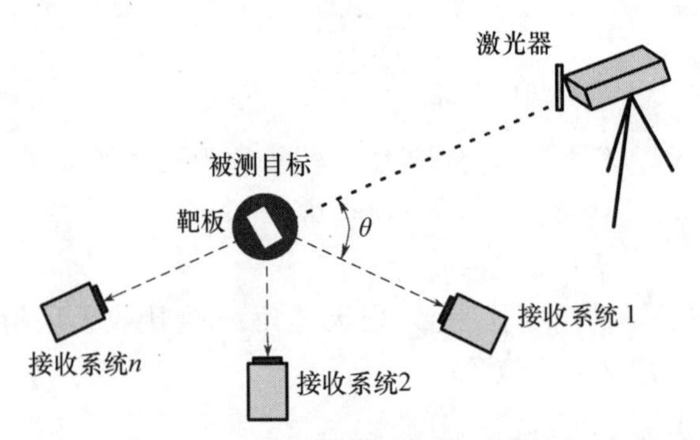

图9－25 目标反射特性间接测量法测量原理示意图

3. 激光雷达散射截面测量

激光雷达散射截面测量示意图如图9－26所示，这和激光雷达、激光测距、激光制导导弹的工作情况基本一致。

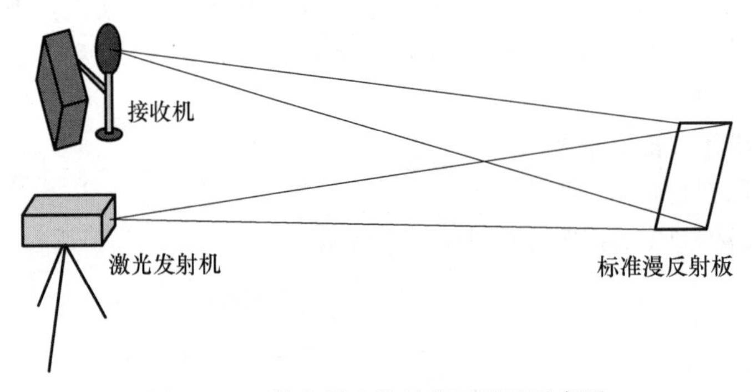

图9－26 激光雷达散射截面测量示意图

图9－26中，设激光发射机发射能量为P_t，激光器束散角为θ_0，激光器发射系统的透过率为T_t，距离漫反射板的距离为R_1，激光器至漫反射板的激光大气衰减系数为α_1，漫反射板的激光雷达散射截面为σ，接收机接收到的激光能量为P_r，接收机光学系统接收孔径面积为A_s，接收系统的透过率为T_r，接收机距离漫反射板的距离为R_2，接收机光学表面法线与漫反射板法线夹角为ε，接收机至漫反射板的激光大气衰减系数为α_2，则可得接收机的能量为

$$P_r = \frac{2P_t\sigma T_1 T_2 A_s\cos\varepsilon}{\pi^2 R_1^2 R_2^2 \theta_0^2}e^{-(\alpha_1 R_1+\alpha_2 R_2)} \tag{9-55}$$

比较测量法对于目标激光雷达散射截面的测量是：首先，用一个已知激光雷达散射截面的标准板作为参考板，进行一次测量，可得到一个激光反射接收功率P_1；其次，再在标准漫反射板的位置放置被测目标，进行激光雷达散射截面测量，接收到另一个激光漫反射功率P_2，通过式(9－55)可以看出，除了σ外，其他参量不变，将P_1和P_2分别代入式(9－55)并求比值，得到

$$\frac{P_1}{P_2} = \frac{\sigma_1}{\sigma_2} \tag{9-56}$$

则可得到被测目标的激光雷达散射截面为

$$\sigma_2 = \frac{P_2\sigma_1}{P_1} \tag{9-57}$$

在测量中,接收到的激光能量以光电探测器的电压反映出来,这样 P_1 对应 U_1, P_2 对应 U_2, 则被测目标的激光雷达散射截面为

$$\sigma_2 = \frac{U_2\sigma_1}{U_1} \tag{9-58}$$

若标准漫反射板为朗伯平板,则其理论激光雷达散射截面为

$$\sigma_0 = 4\rho_{2\pi}A_0\cos^2\theta \tag{9-59}$$

式中:σ_0 为理论激光雷达散射截面;$\rho_{2\pi}$ 为漫反射板半球反射率;A_0 为漫反射板面积;θ 为激光入射方向与漫反射板法线方向的夹角。

4. 大目标激光雷达散射截面测量

由于标准漫反射板一般较小,往往被测目标的尺寸可能远超过漫反射板的尺寸,在相同距离上对目标的激光雷达散射截面存在如图9-27所示的情况。为了测量被测目标B的激光雷达散射截面,则需调整激光束散角、激光发射机到目标的距离,以便光束罩住目标,测量出目标整体对激光的散射特性,但此时如果仍将标准漫反射板放置于B的位置,则此时光斑直径远远大于A的面积,有很大一部分激光没有照射到标准激光漫反射板上,引入大量的背景散射干扰;另外,由于激光光斑的横向能量分布是高斯分布,而非均匀分布,照射到A、B两目标上的激光能量密度会有明显差别,为了减小这种差别,最好让光斑尽可能多地笼罩目标,虽在目标上的不同位置产生差别,但是整个照射到目标上的激光总能量基本不变。

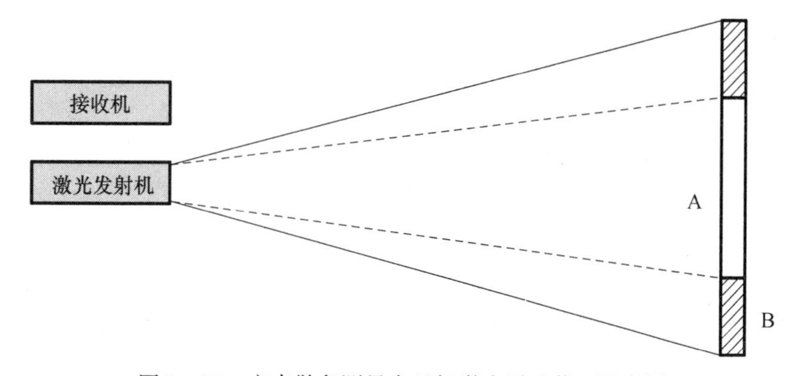

图9-27　变束散角测量大目标激光雷达截面示意图

1) 变激光束发散角法

当对大目标B进行测量时,调节激光器的束散角为 θ_b,此时光束刚好罩住目标;当对标准漫反射板A进行测量时,则调节束散角为 θ_a,此时式(9-58)变为

$$\sigma_2 = \frac{U_2\sigma_1}{U_1}\left(\frac{\theta_b}{\theta_a}\right)^2 \tag{9-60}$$

而这种测量方法的前提条件是激光器束散角能连续可调。当 θ_b 束散角照射时,通过积分中值定理可以获得一个在目标B上的平均能量密度 ρ_b,同理当 θ_a 照射时A目标上的平均能量密度为 ρ_a,设激光器稳定出光,每次能量值一定,可得到

$$\frac{\rho_a}{\rho_b} = \left(\frac{\theta_b}{\theta_a}\right)^2 \tag{9-61}$$

这也从另外一个方面理解式(9-60),实际上是式(9-58)与式(9-61)的乘积,而另一方面可看出激光雷达散射截面是目标在该方向上的平均值。

2）改变标准漫反射板的位置法

当激光器束散角调节出现限制,或不能连续调节时,则可采用变标准板位置方法进行大目标激光雷达散射特性测量。将标准漫反射板置于R_a,被测目标置于R_b,则A、B两个目标均可反射发射机的主要激光能量,如图9-28所示,则此时被测目标的激光雷达散射截面公式变为

$$\sigma_2 = \frac{U_2\sigma_1 R_{a1}^2 R_{a2}^2}{U_1 R_{b1}^2 R_{b2}^2} \mathrm{e}^{-[\alpha_1(R_{a1}-R_{b1})+\alpha_2(R_{a2}-R_{b2})]} \tag{9-62}$$

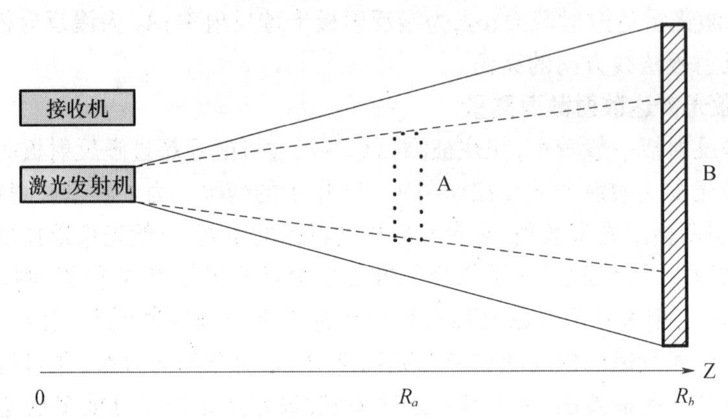

图9-28 变位置测量大目标激光雷达散射截面示意图

将发射机、接收机靠近放置,则式(9-62)简化为

$$\sigma_2 = \frac{U_2\sigma_1 R_a^4}{U_1 R_b^4} \mathrm{e}^{-2\alpha_1(R_a-R_b)} \tag{9-63}$$

从式(9-63)可以看出,知道激光通过大气的衰减系数α_1就可以获得被测目标的激光雷达散射截面。

5. 复杂目标雷达散射截面缩比模型测量

1）激光雷达散射特性的缩比测量

缩比测量就是把实际目标按照一定比例缩小,通过测量缩比目标的散射特性来反演实际目标的散射特性。由于实际目标,特别是隐身飞行器体积大,形状复杂,很难在实验室条件测量其隐身特性,而缩比测量在一定程度可以解决这个问题。

为进行隐身飞行器的缩比模型测量,必须合理设计和制造模型,并按正确方法进行缩比测量。

隐身飞行器的理想模型应当具备如下三个条件:

(1) 模型必须与原型几何相似。除外形相似外,入射激光电磁波的传播方向和极化,以及散射波的方向和极化也必须与原型的测试条件一致。

(2) 模型测试的激光波长必须以几何缩比因子的同一比例缩短,即测试波长应当与几何尺寸同步改变。

(3) 必须保持飞行器表面上模型与原型的对应部位有相同的表面阻抗(包括实部和虚部)。由于表面阻抗是频率的函数,模型上的表面阻抗是指在模型测试频率上的值。

在目标激光散射缩比理论研究和缩比模型测量中,我们将采用不改变入射波长和物体表面介质材料的方法基本上可以避免在可见光、近红外波段缩比问题中遇到的色散性和相干性问题。如果使原型目标和缩比模型的表面粗糙度基本相同,则缩比问题的研究将集中在寻求

目标激光散射特性或 LRCS 的几何缩比因子的关系上。缩比模型的制备和实验测量手段均容易实现。尽管采用这种方法,原型目标与缩比模型两电磁系统之间的经典电磁相似律不成立,但它们在各自的电磁系统均能根据电磁理论获得其散射特性与几何尺寸、形状、介电参量和表面粗糙度的变化规律。我们的研究目的是寻求原型目标系统和缩比模型系统的激光散射特性或 LRCS 与几何缩比因子的内在联系,以便从缩比模型的 LRCS 测量值预估真实原型目标的 LRCS。

2）测量原理及方法

基本原理:通过测量复杂目标单站(激光发射方向与探测器接收方向同轴)的激光散射强度随不同的入射角产生的强度分布,与标准散射板的散射强度比对定标,进而分析获得目标对激光的单站激光散射特性。测量在外场进行。

图9-29为目标激光散射特性测量方法示意图,先将目标(飞机1/8缩比模型)架于转台上,支架部分用低反射材料如黑布包裹。飞机的机头与激光入射角置于0°位置上,激光器发射激光通过扩束镜到达被测目标表面,光斑覆盖整个目标。启动转台顺时针旋转,与此同时探测器在0°位置进行测量。激光器重复频率为10Hz,每采集10个数据取一个平均值,这样一秒钟得到一个实验数据。当转台旋转360°时,停止采集数据,并将采集的数据保存。在同样的条件下,测量标准板的激光散射回波强度,并将采集的数据保存。

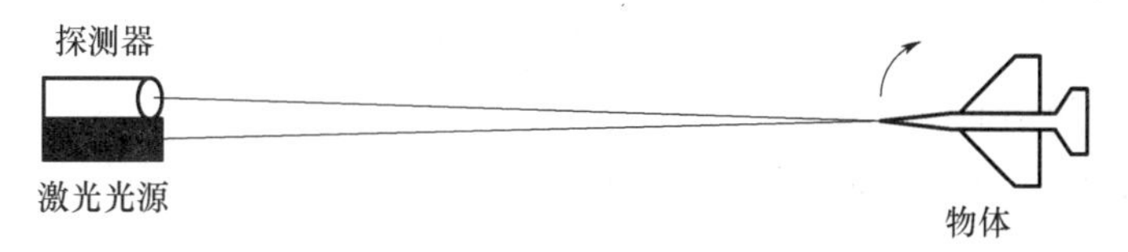

图9-29　缩比法目标激光散射特性测量方法示意图

9.3.7　激光隐身计量

通过上面激光隐身性能测试的介绍我们知道,激光隐身计量主要涉及如下方面:

(1) 激光隐身实验室测试主要是测量材料的反射比和散射系数,从而得出雷达截面。因此,要对反射比和散射系数测量装置进行校准。

(2) 外场综合性能测试是通过激光测距机测量采取隐身措施前后最大测程的变化,也就是测量隐身距离和测准率。因此,要对激光测距机的性能进行校准。

外场测试以激光测距机为测量设备,而对激光测距机的校准我们在第3章已经详细介绍,这里不再重复。

实验室测试隐身材料反射比、散射比的测量装置可以溯源于光谱反射比计量标准,而校准测量装置一般采用经过标定的标准反射板和散射板。针对不同的工作波段和要求,可以采用不同的标准板。下面我们简单介绍反射板的校准。

标准镜面反射板的标定在绝对镜面反射比标准装置上进行。定角度绝对镜面反射比标准装置采用"V—N"光路法的结构形式。入射角为近似正入射。定角度绝对镜面反射比的测量原理如图9-30所示。

图中M2,M3为辅助反射镜,S为样品。图9-30中实线为V形光路,样品不放入,辅助反射镜位置为M2′,M3′。光经过辅助反射镜M2′,M3′反射,此时的出射辐通量为

$$\Phi_1 = K\rho_2\rho_3\Phi \tag{9-64}$$

式中:Φ 为入射辐通量;ρ_2,ρ_3为辅助反射镜 M2′,M3′的反射比;K 为包含 M1 反射的由几何参数决定的系数。

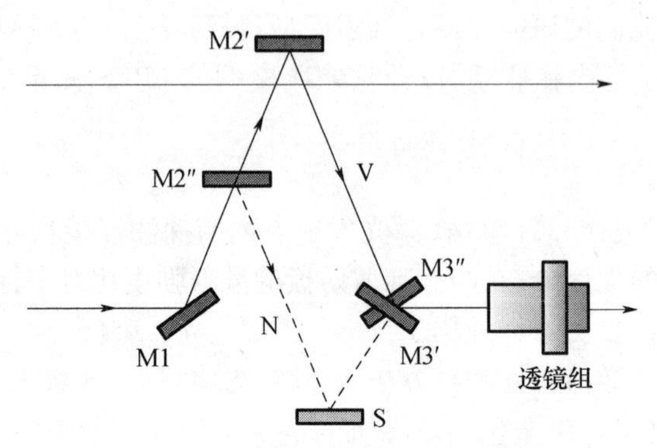

图 9-30　定角度绝对镜面反射比的测量原理

图 9-30 中虚线为 N 形光路。将样品紧贴样品定位板处,辅助反射镜放在光路位置为 M2″,M3″处,光经过辅助反射镜 M2″,M3″反射和待测样品的一次反射。光束的测量几何条件不变,这时的出射辐通量为

$$\Phi_2 = K\rho_2\rho_3\rho\Phi \tag{9-65}$$

式中:ρ 为待测样品的镜面反射比。

这样就可由式(9-66)得到待测样品在此入射角度下的绝对镜面反射比:

$$\rho = \frac{\Phi_2}{\Phi_1} \tag{9-66}$$

变角度镜面反射比采用相对测量(比较测量)的方法进行测量,变角范围为 150～700,可测量的最小样品尺寸为 25mm×25mm。变角度镜面反射比测量原理如图 9-31 所示。

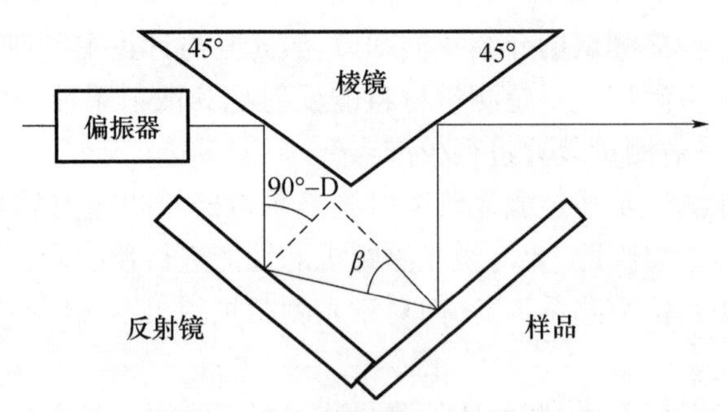

图 9-31　变角度镜面反射比测量原理

把偏振器的角度设置为 0°(S 光),用已标定的标准参考镜校正需要波长范围的仪器 100% 线,取下标准参考镜,换上待测样品,进行测量并记录测量结果,此结果记为 R_s,再把偏振器的角度设置为 90°(P 光),用已标定的标准参考镜校正需要波长范围的仪器 100% 线,取下标准参考镜,换上待测样品,进行测量并记录测量结果,此结果记为 R_p,那么待测样品的镜面反射比为

$$\rho = (R_s + R_p)\rho_0/2 \tag{9-67}$$

式中:R_s 为待测样品在 S 光时相对于标准参考镜的镜面反射比;R_p 为待测样品在 P 光时相对于标准参考镜的镜面反射比;ρ_0 为标准参考镜的绝对镜面反射比。

9.4　可见光隐身性能测试与校准

9.4.1　可见光隐身的一般原理

可见光探测系统识别目标是根据目标与环境的反差信号特征,其中包括可见光信号的频谱分布和亮度。实践表明,可见光探测系统的探测效果决定于目标与背景之间的亮度、色度、运动的对比特征,其中目标与背景之间的亮度比是最重要的因素。目标结构体表面的光反射特别是镜焰、尾迹和羽焰、灯光及照明光等,均为目标的主要亮度源。如果目标亮度与背景亮度对比差非常大,就容易被可见光探测系统发现。如果目标亮度与背景亮度相当,则它们之间的色度对比便成为目标的重要可视特征。如果目标对背景呈现强烈的亮度、色度,就很容易观察到目标相对于背景的运动,如从飞机机身或螺旋桨的闪光可观察到飞机在空中的飞行。

所谓可见光隐身,就是降低目标物本身的目标特征,使对方的可见光相机、电视摄像机等光学探测、跟踪、瞄准设备和系统不易发现目标的可见光信号。可见光隐身的技术途径就是通过减少目标与背景之间的亮度、色度和运动的对比特征,达到对目标视觉信号的控制,以降低可见光探测系统发现目标的概率[38]。

可见光隐身通常采用以下几种技术手段:

(1) 涂敷迷彩。试验表明,涂敷迷彩具有相当好的隐身效果,如用微光夜视仪观测 1000 米处坦克的发现概率,无迷彩时为 77%,有迷彩时只有 33%。现代迷彩兼有吸波作用,不仅可降低坦克的可见光探测概率,还可减弱坦克的红外辐射。

(2) 伪装遮障。遮障可模拟背景的电磁波辐射特性,使目标得以遮蔽并与背景相融合,是固定目标和运动目标停留时最主要的手段,特别适合于有源或无源的高温目标。伪装遮障综合使用了伪装网、隔热材料和迷彩涂料等技术手段,是目标可见光隐身、红外隐身的集中体现。

9.4.2　可见光隐身效果评估

1. 材料性能的表征

评价光学隐身材料的性能指标需要根据具体的波段来考虑。一般情况下,除了要求目标与背景的光谱反射率曲线尽可能一致以外,还要求光学隐身材料具有合适的亮度和光泽度[39]。

1) 紫外隐身

自然界中的紫外辐射主要来自太阳,其中 0.20 ~ 0.30μm 波段的紫外辐射几乎被大气层完全吸收,称为“日盲”区,0.30 ~ 0.40μm 的紫外辐射大部分能透过地球大气层,称为“窗口”区。军事领域的应用主要利用紫外辐射的“日盲”和“窗口”特性进行工作,在“日盲”区,由于一些军事目标的紫外辐射强于透过大气到近地面的太阳紫外辐射(如飞机和导弹的尾焰),所以目标很容易就被显现出来,相关的紫外探测系统可利用“日盲”特性迅速而准确地探测和跟踪到攻击目标;在“窗口”区,由于一些军事目标对太阳紫外光散射特性较差,因而目标会形成一个“暗点”呈现在均匀的紫外光背景之上,相关探测和跟踪设备可利用这种“暗点”特性而将所探测和跟踪的目标锁定。

根据紫外辐射的特性和紫外探测器的工作原理,紫外隐身主要是使目标在“日盲”区的辐射特性与背景一致,而在“窗口”区的反射特性与背景一致。由于在“日盲”区的紫外隐身主要是针对具有尾焰或羽烟的飞机和导弹等目标(紫外告警即利用了这一原理),背景的紫外辐射一般很小,通常用在燃油中加添加剂的方法对其进行隐身从而大大降低目标的紫外辐射特性,一般不考虑这种情况;紫外隐身材料主要是针对“窗口”区的隐身。由于目前高空侦察机、侦察卫星等携带的紫外照相设备主要用来探测与背景反射特性差异较大的雪地目标,而雪的“窗口”区紫外反射率非常高,通常达到70%以上,而雪地背景中一般目标的反射率很低,在照相底片上呈现易识别的黑色,因此紫外隐身材料主要是指具有高反射特性、能与雪地背景融合的隐身材料。

因此,评价紫外隐身的性能指标为材料在0.3~0.4μm波段的反射率,如果材料在0.3~0.41μm波段的反射率能够达到70%以上,即可以实现紫外隐身。

2）可见光隐身与近红外隐身

评价材料可见光隐身与近红外隐身性能的参数主要有色差、亮度对比和镜面光泽等参数。这涉及到材料的颜色色度学数据等。

CIE标准色度学数据采用国际照明委员会(CIE)规定的表色系统的色度参数表示。CIE规定的色度学系统包括1931CIE－RGB系统、1931CIE－XYZ系统、CIE1964均匀颜色空间(明度指数W^*,色品指数U^*、V^*)、CIE1976$L^*u^*v^*$均匀颜色空间和CIE1976$L^*a^*b^*$均匀颜色空间。最常用的表色系统为1931CIE－XYZ系统,色度参数用色品坐标x,y,z表示,CIE1976$L^*a^*b^*$均匀颜色空间,色度参数用米制明度L^*、色调a^*、彩度b^*、标准色差ΔE^*_{ab}表示。色差通常用CIE1976$L^*a^*b^*$均匀颜色空间色度系统的色差参数ΔE^*_{ab}表示。

近红外亮度因数是指在相同照明和观测条件下,波谱范围0.76~1.2μm的材料表面近红外亮度与完全反射漫射面近红外亮度的比值;亮度对比是指材料样品色与标准色在亮度或亮度因数上的相对差别,数值上等于样品色与标准色的亮度或亮度因数差值的绝对值与其中较大亮度因数之比,它包括可见光亮度对比和近红外亮度对比两种;镜面光泽通常是指材料样品色的60°镜面光泽。

可见光隐身与近红外隐身材料一般要求材料样品色与标准色的可见光亮度对比、近红外亮度对比、色差和镜面光泽等在一定范围之内,如在某些情况下要求可见光亮度对比不大于0.1,近红外亮度对比不大于0.2,色差不大于0.4,镜面光泽不大于3光泽单位等。

2. 隐身效果的表征

光学隐身效果的表征通常有两种方法,一是外场测试外场判读法,通过组织成批的经过一定训练的人员采用相应的光学侦察手段在不同距离上对实施不同光学隐身程度的目标进行现场观察,统计目标发现、识别概率等,从而作出对隐身效果的评价;二是外场测试室内判读法,首先在野外采集大量包含背景的有关光学隐身目标的照片或图像,然后在实验室内组织人员进行判读,从而作出对隐身效果的评价。另外随着现代数字图像处理技术的发展,也可以采用图像分析的方法对光学隐身效果进行表征。这几种表征方法在红外隐身一节做过详细介绍,这里不再重复。

9.4.3 可见光隐身性能测试

可见光隐身性能的测试也分外场和实验室,外场主要测量目标与背景的对比度,实验室主要是测量反射、散射特性。由于实验室测量与激光隐身实验室测量基本一样,所以这里主要介绍外场目标与背景的对比度测试[40-42]。

用于可见光目标与背景对比度测量的主要是 CCD 摄像机、可见光辐射计等。

1. 目标与背景亮度对比度的定义

关于目标与背景亮度对比度 C 的定义有两种:

(1) 第一种定义为

$$C = \frac{|L_r - L_b|}{L_b} \tag{9-68}$$

式中:L_r 为目标亮度(cd/m^2);L_b 为背景亮度(cd/m^2)。

这样定义的对比度,有时也叫做反衬对比度,或者叫反衬度。

(2) 第二种定义为

$$C = \frac{|L_r - L_b|}{L_r + L_b} \tag{9-69}$$

这样定义的对比度,也叫调制对比度。当以黑白栅格对摄像机测试时,常采用这一定义,这时信号峰值是对应白线条的输出,而信号谷值是对应黑线条的输出。实验中采用 CCD 摄像机对灰白靶板进行拍摄,所以我们采用了第二种定义。

将包含目标与背景的物理图像采集进入计算机,通过数字图像处理的方法,确定出目标与背景的对比度情况。测量局部对比度时,可以分别测得“背景”和“目标”上某一部分的灰度值,并分别算出矩形框内的平均灰度。则目标和背景的调制对比度为

$$C = \left|\frac{L_r - L_b}{L_r + L_b}\right| = \left|\frac{E_r - E_b}{E_r + E_b}\right| = \left|\frac{m - b}{m + b}\right| \tag{9-70}$$

式中:m,b 分别为由图像中目标和背景的测量区域中计算出的灰度值;E_r,E_b 分别为 CCD 像面上目标和背景对应的照度;L_r,L_b 分别为目标和背景光亮度。

2. 基于 CCD 的目标与背景对比度测量

CCD 图像传感器作为一种新型光电转换器已被广泛应用于工业检测、机器视觉、宇航遥感、微光夜视、成像制导、数字全息、自动监控等诸多领域。所以,用摄像机 CCD 来测量目标与背景的对比度也成为一种方法,而且用 CCD 摄像机来测量目标与背景对比度,还是一种比较简单和经济的方法。

1) 测量原理

CCD 电荷耦合器件是以电荷作为信号,基本功能是电荷的存储和电荷的转移。CCD 成像系统检测目标各点的亮度分布是基于像面上所获得的照度正比于物体的亮度,而且不随距离的不同和视场的变化而变化。图 9-32 中 S 为待测物面,物镜 O 将物面 S 成像在像面 Q 上。d 为物距,l 为像距,光学系统的出瞳面积为 A,光学系统的透过率为 τ。那么由光学系统出射的光通量为

$$\Phi = LS\frac{A}{d^2}\tau \tag{9-71}$$

其中,L 为发光面的亮度。

像面上的照度为

$$E = \frac{\Phi}{Q} = LS\frac{A}{d^2 Q} \tag{9-72}$$

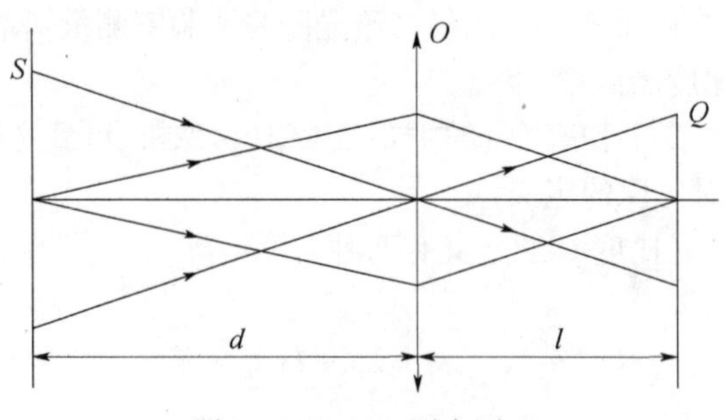

图 9 - 32 CCD 测光原理

由图 9 - 32 中的几何关系

$$\frac{S}{d^2} = \frac{Q}{l^2} \tag{9-73}$$

由式(9 - 73)代入式(9 - 72)式可得

$$E = L\tau \frac{A}{l^2} \tag{9-74}$$

又有出瞳面积

$$A = D^2 \frac{\pi}{4} \tag{9-75}$$

及物像关系

$$\frac{1}{f} = \frac{1}{d} + \frac{1}{l} \tag{9-76}$$

把式(9 - 75)和式(9 - 76)代入式(9 - 74)可得

$$E = L\frac{\tau\pi}{4}\left(\frac{D}{f}\right)^2\left(1 - \frac{f}{d}\right)^2 \tag{9-77}$$

由式(9 - 77)可知只要在检测过程中保持相应参数不变,则像面上的照度值仅与物面亮度值 L 成正比。

2) 测量装置

基于 CCD 测量目标特性的实验系统由 CCD 摄像机、图像采集卡、亮度计及计算机构成。PC 机主要负责图像的存储、摄像机控制和数据处理;采用经标定的标准白靶板和灰靶板作为被测量物。

3. 基于光辐射计的目标与背景对比度测量

1) 光辐射计

辐射计是在宽光谱区间测量辐射通量的装置。图 9 - 33 给出辐射计的基本组成。从辐射源发出的一部分辐射通量,由光学系统接收,并聚焦在探测器上。探测器产生一个正比于输入辐射通量的电信号,通过标定可以得到待测辐射源的辐射通量。为了提高测量准确度,通常在探测器前面放一个斩光器,通过调制得到一个交流信号,对交流信号进行选频放大,这样就克服了杂散光的影响。

辐射照度是用辐射计测量的一个基本参量,其他的辐射量如辐射通量、辐射强度和辐射亮度等,均可由测量的辐射照度值计算得到。

在图 9 - 33 所示的辐射计中,光谱区间由探测器的光谱响应和光学系统的透射特性决定。

如果探测器均匀的响应所有的波长，光学系统对所有波长全部透过无吸收，则输出结果将与光学系统入射光瞳上的总辐射照度成正比。

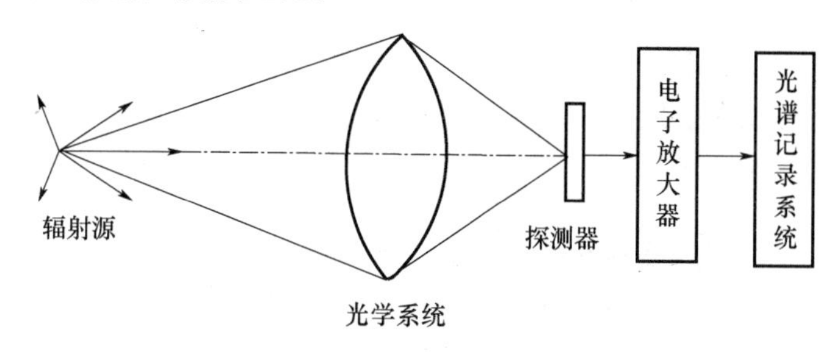

图 9－33　辐射计原理

2）光谱辐射计

光谱辐射计是在窄光谱区间测量光谱辐射通量的装置。图 9－34 给出光谱辐射计的结构框图。光谱辐射计主要由四部分组成：

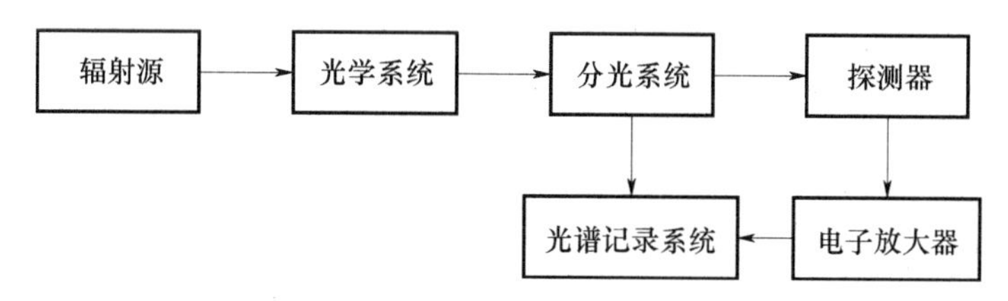

图 9－34　光谱辐射计的结构框图

（1）光学系统：和辐射计一样，把辐射源发出的光聚焦在分光系统的入射面上。

（2）分光系统：这一部分是光谱辐射计的核心，把辐射源的宽光谱变为窄光谱，一般为一台单色仪，有棱镜单色仪，也有光栅单色仪。

（3）探测器。

（4）电子放大器和光谱记录系统。

从辐射源发出的辐射通量，经过棱镜或光栅色散成光谱，通过单色仪出射狭缝的辐射投射到探测器上。出射狭缝的宽度决定了通过单色仪的光谱宽度。依靠棱镜（或光栅）和反射镜组合件的旋转，可以改变通过出射狭缝的波长，因此整个光谱辐射计就可以给出光源的辐射通量的光谱分布，即辐射通量随波长的变化关系。

图 9－35 为一种野外用便携式光谱辐射计。该光谱辐射计主要由三部分组成：滤光轮、全息光栅单色仪和硅探测器。光线通过标准余弦接收器进入光谱辐射计。进入单色仪之前先要经过一个滤波轮。滤波轮包括七个分级滤波器。七个滤波器的作用是滤除杂散光，以保证规定光谱区域以外的光不被检测到，这可以改善光谱仪的工作性能。另外滤波轮上的黑目标物起到暗参照光的作用，在每次扫描前后滤波轮转到这一位置，利用这种暗参照光，计算机将自动从探测器测量读数中减去暗参照光读数。

色散元件是全息光栅单色仪。波段宽是狭缝的函数，是可调的。在内部计算机的控制下，单色仪由步进电机驱动实现波长扫描。硅探测器可实现 300～1100nm 波段光辐射的测量。利用该光谱仪可以测量目标物的总反射率、透射率和物体颜色，可以测量目标和背景的对比度。

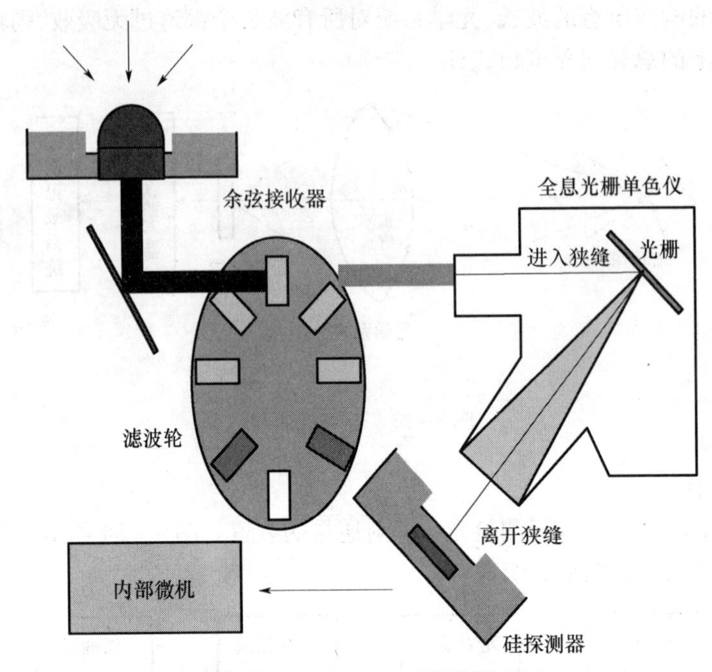

图 9-35　野外用便携式光谱辐射计

9.4.4　可见光隐身计量

通过上面的介绍我们知道,可见光隐身测试主要涉及如下方面:

(1) 对可见光隐身材料测试光谱反射比,包括漫反射和镜面反射;

(2) 外场综合性能测试,主要测试目标与背景的亮度差别,目标与背景的颜色差别。

所以,从计量角度考虑,对实验室用仪器和外场用仪器进行计量检定将是一项重要任务。对反射比测量仪器的校准,方法和激光反射比基本一样,这里不再重复。外场测量主要是使用亮度计和辐射计,所以我们简单介绍亮度计和辐射计的校准。

1. 亮度计校准

1) 校准原理及方法

光亮度标准装置主要由发光强度标准灯、光轨测量系统、标准白板、稳压电源及数字电压表等组成,如图 9-36 所示。

图 9-36　光亮度标准装置示意图

当移动标准灯时,会在被测的亮度计上产生大小不同的标准亮度值,其标准亮度值 L 为

$$L = \rho I/\pi l^2 \text{ 或 } L = \tau I/\pi l^2 \quad (9-78)$$

式中:ρ 为标准白板的反射比;τ 为标准白板的透射比;I 为标准灯的发光强度值(cd);l 为标准白板迎光面与标准灯的灯丝平面间的距离(m)。

亮度的标定依据亮度计检定规程,其原理如图 9-37 所示。

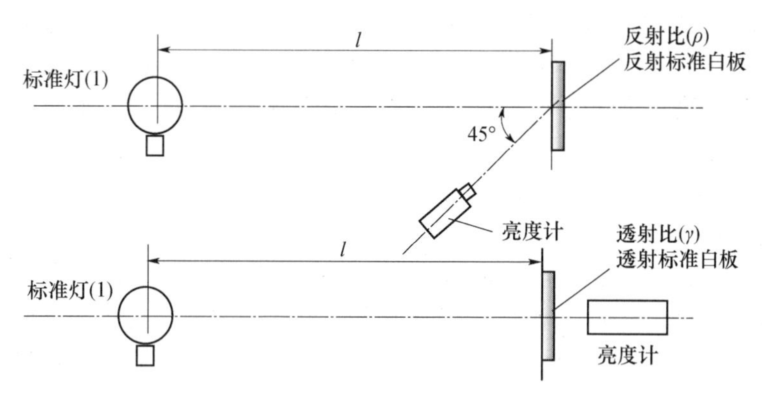

图9-37　光亮度计检定方法原理

2）测量不确定度分析

（1）输出量。

光亮度标准装置中，给出标准亮度值，检定参量为亮度计的亮度值。

（2）数学模型。

标定亮度计时，亮度值 L 由下式计算：

$$L = \rho I/\pi l^2 \text{ 或 } L = \tau I/\pi l^2$$

（3）不确定度来源。

① 标准灯的不确定度；

② 灯与接收器调整的影响；

③ 距离测量的影响；

④ 杂散光的影响；

⑤ 控制灯电流的影响；

⑥ 灯的稳定性。

（4）相对合成标准不确定度。

以某单位光亮度标准装置实际测量结果为例进行分析。由于各分量之间独立不相关，所以：$u_c = \sqrt{\sum_{i=1}^{k}(u_i)^2} = \sqrt{0.17^2+0.20^2+0.24^2+0.23^2+0.07^2+0.10^2} = 0.44\%$

有效自由度

$$v_{eff} = \frac{u_c^4}{\sum_{i=1}^{6}\frac{u_i^4}{v_i}} = 120$$

（5）相对扩展不确定度。

按置信概率 $P=0.99$，查 P 分布表得 $k_{99}(120)=2.58$，可得相对扩展不确定度为

$$U = ku_c = 2.58 \times 0.44\% = 1.14\%$$

取 $U=1.2\%$。

2. 光谱辐射计校准

使用标准光源来定标光谱辐射计是广泛采用的方法，然而，对于光谱辐射计而言，光谱辐亮度标准——高温黑体或钨带灯都没有足够大的发射面积来充满其较大的视场。因此，多使用光谱辐照度标准灯和标准漫反射板产生近似朗伯体的大面积光源来进行标定。在250～

400nm 的紫外波段，利用标准灯和漫反射板进行辐亮度定标的不确定度一直徘徊在较低的水平 5% ~8%，这主要是由于辐照度标准灯在低于 300nm 时不确定度较大，漫反射板双向反射分布函数（*BRDF*）的测量准确度不高所致。因此，高精度光谱辐射的标定均避免直接使用平面漫反射板定标方法。

近年来，有人提出了基于内部照明的积分球光谱辐亮度定标，由于抵消了漫反射板的影响，准确度得到了较大的提高。

下面介绍应用积分球光谱辐亮度定标方法，用来标定紫外、可见光谱辐射计的光谱辐亮度响应度。通过对定标数据分析与比对显示，使用积分球作为大面积均匀亮度源来定标光谱辐射计，可以极大地降低辐亮度定标不确定度，从而实现紫外、可见遥感光谱辐射计高精度光谱辐射定标。

1）积分球光源的标定

利用内部照明的积分球进行光谱辐亮度定标需要光谱辐照度传递，就是将国家计量机构标准灯的光谱辐照度传递到积分球上来，如图 9 -38（a）所示。由国家计量机构定标的 1000W 光谱辐照度标准石英卤钨灯（FEL），在 $h = 50\text{cm}, 100\text{cm}$ 的距离沿法线方向照明 30cm × 30cm 漫反射板。光谱辐射计与漫反射板法线成 33 °观测漫反射板的中心区域。应注意，辐射计和漫反射板实际上组成了新的光谱辐射计系统，用于将 FEI 标准灯的照度传递到积分球的开口上来，漫反射板 BRDF 的影响就被完全地消除了。仪器的入射狭缝距漫反射板 50cm，仪器的视场投影到漫反射板上是一个上底为 9. 5cm，下底为 11. 5cm，高为 16. 8cm 的梯形。

平面漫反射板经光谱辐照度标准灯照明，在辐射计观测方向的平均光谱辐照度由式（9 -79）可得

$$E(\lambda) = E_1(\lambda) \times \cos\theta \times w(x,y) \times f(x,y) \tag{9-79}$$

式中：$E_1(\lambda)$为国家计量院在距离（通常为 100cm）处标定的 FEI 标准灯的光谱辐照度；θ 为照明漫反射板方向相对法线的夹角；$w(x,y)$为由光源尺寸决定的离轴照明修正因子；$f(x,y)$为在仪器视场投影面积上 FEL 标准灯光谱辐照度随角度的变化函数。

由于 FEL 标准灯光源尺寸较小，修正因子 $w(x,y)$可以忽略，在将 FEI 标准灯看作均匀亮度源的情况下，式（9 -79）沿光谱辐射计观测视场的积分为

$$E(\lambda) = E_1(\lambda) \times l^2/(h^2 + r^2) \tag{9-80}$$

式中：h 为 FEL 标准灯与漫反射板之间的距离；r 为将光谱辐射计在漫反射板上的投影视场等效为相同面积的圆的半径，用 r_2 表示。

图 9 -38（b）中积分球照明漫反射板与图 9 -38（a）唯一的不同就是 FEL 标准灯的位置由积分球的开口代替了。用同一台辐射计分别对准漫射板和积分球测量，就完成了积分球出射口辐照度的标定。

2）利用积分球光源标定辐射计

在假设积分球为朗伯辐射体的情况下，距离积分球开口 d 处的照度为

$$\begin{aligned} E_d(\lambda) &= [\pi r_1{}^2/(d^2 + r_1{}^2 + r_2{}^2)] \cdot L(\lambda) \\ &= G(d, r_1, r_2) \cdot L(\lambda) \end{aligned} \tag{9-81}$$

式中：$E_d(\lambda)$为距离积分球开口 d 处的光谱辐照度；$L(\lambda)$为积分球开口处的光谱辐亮度；r_1 为积分球开口半径；r_2 为探测器接收面的半径；d 为积分球孔径到漫反射板的距离。

利用式（9 -81）可以从积分球在距离 d 处的光谱辐照度计算出积分球开口处的光谱辐亮

度，从而得到光谱辐射计的光谱辐亮度响应度(见图9－38(c))。

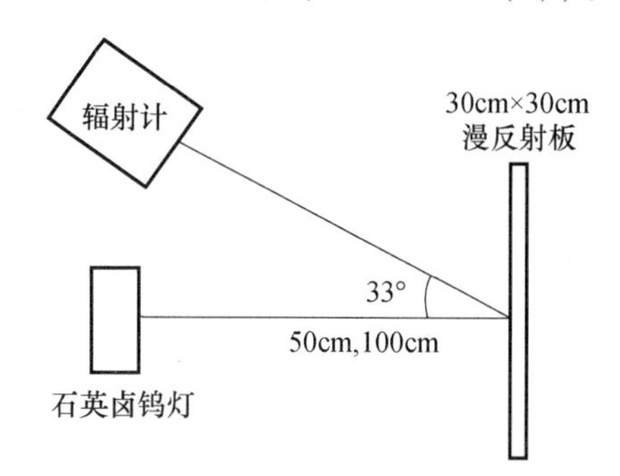

(a) FEL辐照度标定

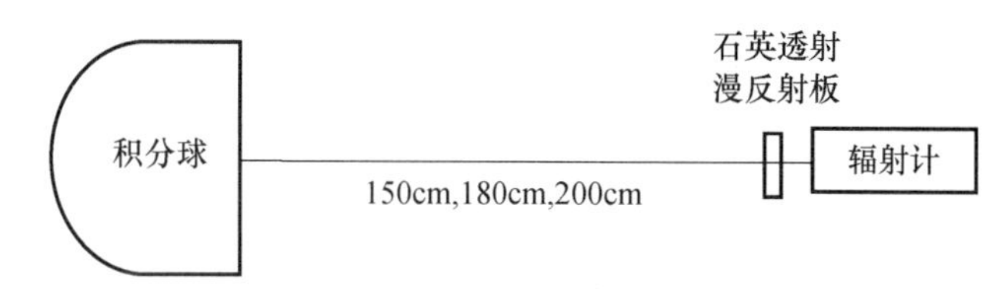

(b) 积分球辐照度标定

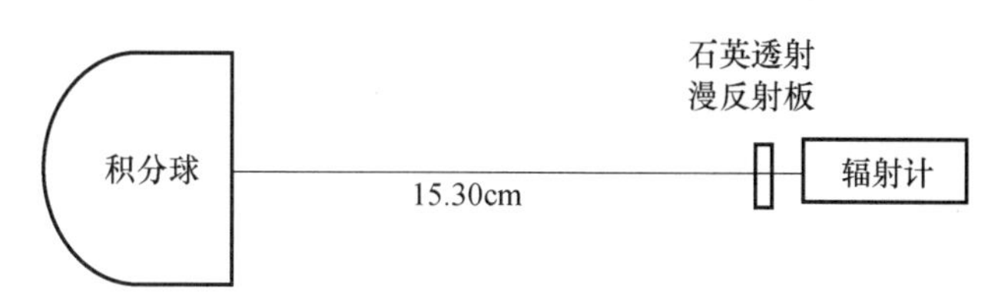

(c) 用积分球光源标定辐射计的辐亮度

图9－38　利用积分球光源标定辐射计辐照度/辐亮度示意图

参 考 文 献

[1] 钟华，李自力．隐身技术[M]．北京：国防工业出版社，1999.
[2] 杨照金．军用目标伪装隐身技术概论[M]．北京：国防工业出版社，2014.
[3] 付伟．红外隐身原理及其应用技术[J]．红外与激光工程，2002，31(1)：88－93.
[4] 蒋耀庭．王跃．红外隐身技术与发展[J]．红外技术，2003，25(5)：7－9.
[5] 王自荣，孙晓泉．光电隐身性能的表征概述[J]．激光与红外，2005，35(1)：11－14.
[6] 陈缨，杨立，张晓怀．目标红外涂料隐身技术评判标准研究[J]．光电工程，2008，35(10)：44－47.
[7] 王自荣，孙晓泉．隐身技术对涂料隐身性能要求[J]．中国涂料，2004(9)：44－45.
[8] 王博，孙晓泉，王自荣．涂层光电隐身效果评估方法研究[J]．量子电子学报，2004，21(4)：538－541.
[9] 黄峰，汪岳峰，董伟，等．基于灰度相关的红外隐身效果评价方法研究[J]．光子学报，2006，35(6)：928－931.
[10] 王博，王自荣，孙晓泉．一种评价热红外涂层隐身效果的方法[J]．航天电子对抗，2004，33(1)：63－65.
[11] 马娜，黄峰，李耀伟．基于隐身效率的红外隐身性能评估方法[J]．红外技术，2009，31(8)：491－494.
[12] 耿春萍，张建辉，张丽霞，等．激光与红外隐身效果的测量评估方法研究[J]．光电技术应用，2008，23(4)：78－80.
[13] 杨洋．激光雷达标准目标散射截面的研究[J]．光学技术，2000，26(4)：344－347.
[14] 李良超，吴振森，邓蓉．复杂目标后向激光雷达散射截面计算与缩比模型测量比较[J]．中国激光，2005，32(6)：770－774.
[15] 谭显裕．激光雷达测距方程研究[J]．电光与控制，2001(1)：12－18.

[16] 周建勋,胡江华,皮德富. 红外与激光复合隐身[J]. 红外技术,1996(5):23.
[17] 王广民,房红兵,汪贵华,等. 地面武器的红外与激光隐身技术[J]. 红外技术,1998,(2):6.
[18] 王自荣,于大斌,孙晓泉,等. 激光与红外复合隐身涂料初步研究[J]. 激光与红外,2001,31(5):301.
[19] 张晶,李会利,张其土. 激光隐身技术的现状与发展趋势[J]. 材料导报,2007,21(F05):314-318.
[20] 马超杰,吴丹,王科伟. 激光隐身技术的现状与发展[J]. 光电技术应用,2005(03):36-40.
[21] 王自荣,孙晓泉. 光电隐身性能的表征概述[J]. 激光与红外,2005,35(1):11-14.
[22] 王博,孙晓泉,王自荣. 涂层光电隐身效果评估方法研究[J]. 量子电子学报,2004,21(4):538-541.
[23] 王自荣,孙晓泉. 激光隐身效果评价方法研究[J]. 激光杂志,2005,26(4):87.
[24] 王自荣,孙晓泉,聂劲松. 对"激光隐身涂层隐身效果评估"一文的再研究[J]. 航天电子对抗,2005,21(2):59-60.
[25] 巨养锋,薛建国,张乐,等. 激光隐身效果评估方法研究[J]. 半导体光电,2011,32(3):436-438.
[26] 王博,王自荣,孙晓泉. 激光隐身涂层隐身效果评估[J]. 航天电子对抗,2003(1):41-43.
[27] 杜翠兰,周建忠. 光电隐身效果的评估方法[J]. 光电技术应用,2011,26(2):1-4.
[28] 中华人民共和国国家军用标准,GJB 5395—2005 地面目标用激光隐身器材通用规范,北京:国防工业出版社,2005.
[29] 唐平,曹红锦. 国外武器装备激光隐身评价方法研究[J]. 武器环境工程,2009(06):56-59.
[30] 王安祥,张晓军,张涵璐,等. 利用 BRDF 实验测量获取目标表面单位面积激光雷达截面[J]. 红外技术,2008,30(2):63-70.
[31] 杨洋,蔡喜平,王晓鸥,等. 1.06μm 激光雷达目标散射截面的实验研究[J]. 激光与红外,2000,30(6):337-339.
[32] 张恒伟,薛建国,郑永军,等. 大目标激光散射特性测量研究[J]. 光电技术应用,2007,22(3):49-51.
[33] 林溪波. 激光雷达散射截面和几何缩比关系[J]. 飞航导弹,1998(9):52-57.
[34] 时振栋,刘宏伟. 隐身目标雷达截面的缩比测量及反演计算[J]. 电子科技大学学报,1995,24(7):13-17.
[35] 谢国华,张佐光. 红外与雷达隐身涂层激光后向散射特性[J]. 复合材料学报,2004,21(5):93-97.
[36] 付跃刚,邱旭,刘智领. 目标激光反射率测试方法研究[J]. 仪器仪表学报,2006,27(6):1215-1216.
[37] 刘宗新,李相军,凡小杰. 激光目标反射特性测量技术研究[J]. 光电技术应用,2007,22(4):46-48.
[38] 金伟,路远,同武勤,等. 可见光隐身技术的现状与研究动态[J]. 飞航导弹,2007(8):12-15.
[39] 王自荣,孙晓泉. 光电隐身性能的表征概述[J]. 激光与红外,2005,35(1):11-14.
[40] 王博,孙晓泉,王自荣. 涂层光电隐身效果评估方法研究[J]. 量子电子学报,2004,21(4):538-541.
[41] 张晓舟,郭烨波,郑克哲. 面阵 CCD 用于目标亮度的测量[J]. 应用光学,1995,16(2):45-47.
[42] 李志宏,雷美容,周学艳,等. 基于 CCD 的目标与背景对比度测量与实验校正[J]. 长春理工大学学报(自然科学版):2008,31(1):22-24.